教育部高等学校轻工与食品学科教学指导委员会推荐教材

食品原料与资源学

陈　辉　主编

中国轻工业出版社

图书在版编目（CIP）数据

食品原料与资源学/陈辉主编. —北京：中国轻工业出版社，2022.8

教育部高等学校轻工与食品学科教学指导委员会推荐教材

ISBN 978-7-5019-5900-6

Ⅰ. 食… Ⅱ. 陈… Ⅲ. ①食品－原料－高等学校－教材 ②食品－资源开发－高等学校－教材 Ⅳ. TS2

中国版本图书馆 CIP 数据核字（2007）第 031480 号

责任编辑：秦　功　李亦兵　马　妍

策划编辑：秦　功　　　责任终审：劳国强　　　封面设计：水长流文化

版式设计：马金路　　　责任校对：燕　杰　　　责任监印：张　可

出版发行：中国轻工业出版社（北京东长安街 6 号，邮编：100740）

印　　刷：三河市万龙印装有限公司

经　　销：各地新华书店

版　　次：2022 年 8 月第 1 版第 6 次印刷

开　　本：787×1092　1/16　印张：21.5

字　　数：535 千字

书　　号：ISBN 978-7-5019-5900-6　定价：43.00 元

邮购电话：010－65241695

发行电话：010－85119835　传真：85113293

网　　址：http://www.chlip.com.cn

Email：club@chlip.com.cn

如发现图书残缺请与我社邮购联系调换

220893J1C106ZBW

编 委 会

主　编： 陈　辉（河北科技大学）

副主编： 艾启俊（北京农学院）

赵丽芹（内蒙古农业大学）

李巧玲（河北科技大学）

编　者：（按拼音字母排列）

艾启俊（北京农学院）

陈　辉（河北科技大学）

杜进民（河北科技大学）

韩敏义（河北科技大学）

李雪梅（河北科技大学）

李巧玲（河北科技大学）

李书国（河北科技大学）

王　华（河北科技大学）

张　迈（河北科技大学）

赵丽芹（内蒙古农业大学）

庄玉亭（河北科技大学）

2001～2005 年教育部食品科学与工程
教学指导分委员会委员

序

食品科学与工程作为中国高等教育的一个本科专业，在目前中国的经济建设社会发展中发挥着重要的作用。在民族复兴伟业中如何使中华民族更兴旺、人民体质更健康，食品的营养和安全是大家所关心的；在全面建设小康社会宏图中，如何使农业、农村和农民问题早日解决，使农民富裕起来，农产品加工和附加值提高是很重要的手段。食品科学与工程专业就肩负着培养这方面人才的光荣任务。本届教学指导委员会与全国具有本专业高校的教师们积极思考、努力筹划，在分析学科发展广度和深度的基础上，抓住知识模块的构建，志在培训一流的人才，适应食品广阔领域发展的要求，并承担着全面改革教学内容和课程体系、积极推动教材建设、加强师资队伍建设等多项任务。

目前食品科学与工程专业在国内高校中分布较广，现有200多所高校设有这个专业，分布在综合、工科、农科、商贸、医学、师范、民族等院校中。为了提高食品科学与工程专业的教学质量及发挥各学校的特色，培养不同风格的专业人才，本届教指委不仅研究确定和组织教育部“十五”国家级规划教材的编写，还对本专业具有影响和特色的教材进行了全面系统的评介推荐工作。“十五”期间确定推荐的特色教材共有16种，它们是(排序无先后)：

《功能性食品》
《食品物性学》
《食品物流学》
《微生物油脂学》
《食品感官鉴评》
《谷物加工工程》
《大豆制品工艺学》
《调味食品工艺学》
《食品免疫学导论》
《食品工业生态学》
《水产品加工与利用》
《食品原料与资源学》
《天然产物提取工艺学》
《油脂精炼与加工工艺学》
《食品工厂设计与环境保护》
《食品无菌加工技术与设备》

本届教指委希望通过若干年的努力，给食品科学与工程专业的教学提供优秀的教材，形成特色和品牌，为提高教学质量提供基础保证，同时，也为相关专业的教师们提供可选择的教学参考书。本届教指委衷心希望本专业同仁和相关专业的教师们对我们的工作提出宝贵意见。

感谢出版社为本届教指委教材建设的大力支持及做出的贡献。

2001 ~2005 年教育部食品科学与工程教学指导分委员会

2005 年 8 月

前　　言

人类是通过饮食来获得各类营养素和所需能量以维持生命和健康，保证身体正常生长、发育及从事各种活动。在人类发展的实践中人们不仅逐渐学会合理利用食物及食物原料，也对食品原料在食品加工中的重要作用有了更深入的认识和了解，上个世纪食品工业蓬勃发展，成为了促进当代农、牧、渔业及其他工业发展的支柱型产业，但可以看到无论加工食品形式如何，其基础都离不开食品原料，食品原料的质量、品种等因素会影响食品生产、食品的质量。如何科学合理地生产食品原料、应用食品原料成为食品工作者研究食品生产、新食品开发、食品生产标准化的首要内容之一。

《食品原料与资源学》是在应用基础化学、生物学知识基础上，从不同角度阐述各类食品原料资源的生物化学、化学、物理学性质及贮藏、运输、加工性能，同时对食品原料保健功能也做了较为详细的描述，对合理开发应用各种原料和提高食品加工品质量有较好的指导意义，因此可作为本科生、研究生、专业人员的理论教学用书和参考手册。

本书主要介绍常用、常食的原料，重点对食品原料的分类、各类食品原料的化学组成与营养价值及食品原料新资源进行说明，而对于一些食品加工、烹饪常用的调料不予以介绍。

本书在编写过程中，得到河北科技大学教务处赵江教授和生物科学与工程学院领导的支持、系部老师们的配合、家人的关心与理解，在此谨致以衷心的感谢。本书编写参考了大量文献和资料，也向所参考书目和论文的作者表达真诚的谢意。

全书分为十一章，由河北科技大学陈辉主编。参加编写的人员分工如下：绪论、第二章、第四章由陈辉编写，第三章、第十一章由李巧玲编写，第五章由韩敏义编写，第六章由李雪梅编写，第七章由庄玉亭、艾启俊编写，第八章由赵丽芹、张迈编写，第九章由杜进民、李书国编写，第十章由王华、陈辉编写，最后由陈辉统稿。

由于编写人员水平有限，书中难免有一些不足和疏漏之处，敬请广大读者批评指正，以便我们今后修订、补充和完善。

编　者

目　录

第一章　绪　　论

第一节　食品原料与资源学的基本概念

食物是人类生长发育所需要的物质基础，是人体获得各类营养素和所需能量的重要来源。自有人类出现以来，人们在实践中逐渐学习和懂得了合理利用食物是维持人体生命和健康、保证身体正常生长、发育及从事各种活动的重要因素和条件，因此古人总结有“民以食为天”、“安身之本必资于食”、“五谷为养，五果为助，五畜为益，五菜为充”等重要论述，现代人也知晓“合理营养、平衡膳食、促进健康”的深刻含义。

人类所利用的食物应包括经食品原料加工的食品及可直接食用的食品原料，国家标准食品工业基本术语中对食品（food）描述为：可供人类食用或饮用的物质，包括加工食品、半成品和未加工食品，不包括烟草或只作药品用的物质。在《中华人民共和国食品卫生法》中为“各种供人食用或饮用的成品和原料，以及按传统既是食品又是药品的物品，但不包括以治疗为目的的物品”。

可以看到无论是怎样的食品形式其基础都离不开原料（raw material）或食品资源（food resource）以及食品新资源（new resource for food）等物料。因此，对食品天然原料及资源的品种与产地、结构与理化性质、营养价值与保健功能、加工与贮藏特性以及在食品加工过程中添加的必要的配料、辅料等要素集合的研究称为食品原料与资源学，这是食品科学的重要基础组成部分。

食品原料（food raw material）：是指“可以通过加工、处理、调配、烹饪等手段或方法制成形态、色泽、风味、质地及营养价值各不相同的加工食品或者可以直接食用的各种可食性原材料”。应该包括生物性食品原料和非生物性食品原料，其中生物性食品原料来自农业、渔业、林业生产的各类产品。

食品资源（food resource）：含有营养物质，对人和动物安全无害，可作为食品或食品原料的天然物质。

食品新资源（new resource for food）：在我国新研制、新发现、新引进的，无食用习惯或仅在个别地区有食用习惯的，符合食品基本要求的物质。

配料（ingredient）：在制造或加工食品时使用的并存在（包括以改性形式存在）于最终产品的任何物质，包括水和食品添加剂。

食品添加剂（food additive）：为改善食品的品质和色、香、味，以及为防腐和加工工艺的需要，加入食品中的化学合成物质或天然物质。

食品营养强化剂（food enrichment）：为增强营养成分，加入食品中的天然或人工合成的，属于天然营养素范围的食品添加剂。

作为食品原料的品质（quality）应该具备三大要素，即营养价值、良好的口感和口味及食用的安全性，此外还应具备贮藏与加工性、流通性等商品要素。

营养价值是衡量食品原料及资源的重要因素，指该原料中所含的营养素的种类和数量及热能能够满足人体营养需要的程度。营养价值的高低取决于食物中所含营养素的种类是否齐全、数量是否充足、营养素的比例是否合理以及是否易被人体消化吸收利用。各类食品原料由于含有不同营养素因而营养价值是相对的，即使同一类食品原料其营养价值也会因产地、品系、部位、成熟度等因素而有所差异，在评价与应用食品原料的营养价值时要充分考虑这些因素。除了婴儿食用的母乳和少数特殊用途食物制品外，可以说没有一种天然食品原料可以为人体提供全部的营养素，因此在应用食品原料时要根据各种人群各自的生理特点及食品各自的营养、保健功能进行合理搭配，尽可能地合理选择不同食品原料的品种，以达到食物多样化、营养素供给平衡和促进健康的目的。

食品原料及资源的加工与食用安全性是衡量食品原料的又一个重要因素，食物安全问题一直为各国政府、国际组织所关注，食品安全不仅涉及食品原料本身的营养价值和质量问题，也包括食品原料的种养殖过程中的安全和食品加工、贮藏、流通等过程中的安全问题，在任何一个环节出现问题都会影响人类的健康与生命，甚至对国家的经济安全构成威胁。影响食品原料生产安全的主要因素有：① 食品原料生产环境对食品安全的影响；② 食品原料生产中的农业投入对食品安全的影响；③ 食品原料生产过程中，生产管理的方法及生产者的意识对食品原料安全的影响。因此世界各国都制定了相关的法律法规和依据法规制定了食品类产品的标准，在食品与食品原料生产方面也有较为详尽的卫生管理办法，特别是近些年将原应用于宇航食品卫生安全的管理制度 HACCP（Hazerd Analysis Critical Control Point）即危险分析与关键点控制——一种科学有效的食品卫生管理制度，引入到食品及食品原料生产中，确保食品及食品原料的安全。

无公害农产品：是指产地环境、生产过程和产品质量符合国家有关标准和规范的要求，经认证合格获得认证证书并允许使用全国统一的无公害农产品标志的未经加工或初加工的食用农产品。这类产品生产过程中允许限量、限品种、限时间使用人工合成的化学物质。无公害农产品标识图案见图 1－1。

图 1－1　无公害农产品标识图案

绿色食品：是遵循可持续发展原则，按照特定生产方式生产，经专门机构认定，许可使用绿色食品商标标志的无污染的安全、优质、营养类食品。“按照特定的生产方式”，是指在生产、加工过程中按照绿色食品的标准，禁用或限制使用化学合成的农药、肥料、添加剂等生产资料及其他有害于人体健康和生态环境的物质，并实施从土地到餐桌的全程质量控制。绿色食品根据标准的不同分为 A 级和 AA 级绿色食品。绿色食品标识图案见图 1－2。

有机食品：是按照有机农业生产标准，在生产中不使用人工合成的肥料、农药、生长调节剂和畜禽饲料添加剂等物质，不采用基因工程获得的生物及其产物，遵循自然规律和生态学原理，采取一系列可持续发展的农业技术，协调种植业和养殖业的关系，促进生态平衡、物种的多样性和资源的可持续利用。有机食品标识图案见图 1－3。

图 1－2　绿色食品标识图案

图 1－3　有机食品标识图案

第二节　食品原料与资源学研究的目的、意义、内容

一、研究的目的与意义

食品原料与资源学是食品科学的重要基础，人类可利用的食品原料及资源的种类繁多、构成复杂、性质多样、加工方法各异，因此，作为食品工作者或相关研究人员必须对食品原料及食品原料新资源进行深入了解与分析，才能对食品科学研究和保证加工食品的良好品质有更好的支撑，才能对各类人群的营养指导有更好的支撑，才能对逐步完善食品原料及资源学体系有更好的支撑。

二、食品原料与资源学主要研究的内容

1. 研究食品原料的种类与分类

供人食用和食品加工应用的食品原料与资源种类繁多，基于食品原料的加工应用、流通管理、品质评价等方面因素，则需要依据不同的目的对食品原料进行分类。

2. 研究食品原料的化学组成与形态结构

由于食品原料的种类不同，其化学组成与形态结构差异较大，在食用和食品加工时应首先了解和研究各类原料的化学组成、形态结构的共性与个性，以达到食品原料的有效利用。

3. 研究食品原料加工特性与可加工的食品产品

不同的食品原料的生物、化学、物理特性与食品加工方法、加工的产品之间关系密切，如何把握原料的加工程度与品质、合理设计工艺流程与控制点、突出食品原料的原有风味和特点成为研究食品原料加工特性的重要内容。

4. 研究食品原料的营养与保健功能

当人类饮食发展从茹毛饮血原始时期进入火烹器盛乃至加工食品的文明时代后，对食物的认识与应用历经食物原料的自然捕猎采摘到有意识选择性种养殖和初加工、“食不厌精”和“五味调和百味香”营养与调味的应用、医食同源的食品原料对人体健康关系的研究与探索的三个阶段，进入21世纪后，人们更关注机体健康与食物之间的关系，因此深入研究食品原料中活性物质的种类、结构、功能及应用成为食品科学领域的重要内容。

5. 研究食品原料的性质与贮藏的关系

食品原料的性质会随着成熟和存放发生变化，不仅对加工食品的品质产生影响，同时影响食品原料的采摘期、贮藏条件等，根据不同的食品原料性质研究设计不同保存、保鲜方法，可延长应用时间。

6. 研究食品原料的品质检验与鉴定

食品原料的品质包括：营养性、安全卫生性、嗜好性、流通性、加工性，是决定食品原料应用方向、食品流通的重要因素。即便是同一种原料其品质也会因产地、品种、种养殖条件等多种因素影响而有所差异，影响食用和食品加工应用。因此研究食品原料的这种差异对食品加工中原料的选择有重要意义。国际、国内的相关管理部门制订食品、食品原料的各类标准、生产规范、检验方法、管理办法等法律法规文件，目的是保证食品及原料的

品质。

7. 研究食品原料新资源与开发、利用和保护

随着时代的发展，人类所应用的食品原料范围不断扩大，在法律允许的范围内和食用安全的基础上，一些野果、野蔬、昆虫、水生生物、转基因动植物等也被应用于食品加工中，成为人类的食品。由于这类食品原料具备传统食品原料不曾有的性质、化学组成、活性成分和功能，更引起食品研究人员的注意和兴趣。按照国家的规定此类食品原料新资源必须经过科学的研究与严格的审批。当然在研究应用这类原料资源时更要做到合理开发利用、注意生态平衡、保护国家的野生资源。

8. 研究食品原料的生产、消费与流通

了解食品原料的生产、消费、流通，也是食品科学研究很重要的环节，特别是从食品原料安全角度更具有现实意义。

三、食品原料学的基础科学

由于食品原料的性质与物质范围较为复杂和丰富，既包括有生、鲜、活的动植物材料，也包括已粗加工的初产品、半成品；既有有机物质材料，也有无机物质材料。因此可以看到食品原料学的基础应包括：生物学、生物分类学、生物化学、微生物学、现代食品分析、食品化学、中医中药学、营养学、食品品质与标准、食品原料的卫生管理、农学、心理学、食品商品经济学等众多学科，可以看到食品原料是多学科交叉渗透的结果，属于大综合学科。

第三节　食品原料学发展简史

人类在种属发育和饮食营养发展的历史长河中，逐渐脱离蒙昧而进入开化文明的状态，由依靠少数天然动植物食物到不断开发利用各类食品原料，从捕捉和采摘野生食物原料到驯化、种植食物原料，从茹毛饮血到应用各种烹饪、加工手段对天然食品原料进行精深加工，从依赖一成不变的天然食物原料中固有的热能和营养素到按自身的需要应用物理、化学、生物等手段生产各类营养保健食品。

一、原始时期与新石器时代

早期的人类主要以采集、捕获自然界植物的果实、种子、块茎、叶、芽和小型野生动物为生，直到火的出现使人类的食物范围扩大、食用方式产生巨变，甚至可以说对人类的牙齿、胃肠等消化系统的形态与功能变化产生较大影响。从考古学者考察的多处旧石器遗址中发现的各类动物化石可见到动物性食物原料成为火文明之后食用的主体。“钻燧取火以化腥臊”就是对那一时期的描述。恩格斯说：火的使用“第一次使人支配了一种自然力，从而最终把人和动物分开。”

新石器时代陶器的发明使人类对食品原料的加工又有新的突破，蒸煮食物成为现实，《黄帝内传》有“掘地为臼，以火坚之”，描述了原始的陶器加工。随着各类带有风格古朴简单纹饰甚至是族标志和氏族图腾纹饰的陶灶、陶鼎、陶釜、陶鬲等烹饪器具和陶钵、陶盆、陶盘、陶碗等食具的发明，人类的食物原料范围扩大、品种增多。如植物的叶、

茎、根、花、果、种子，水中的鱼、虾、蚌、蟹、蛙，山上的猪、虎、熊、羊、鹿，空中的鸟、鸽、虫、蝶等都成为食物“燔”、“烹”原料，并且产生了原始的养殖业和种植业，特别是栽培植物性食物原料使野生的动植物原料退到次要地位，人类学会养猪、牛、羊、犬、鸡等畜禽原料，种植粟、稷、黍、稻等粮食原料及白菜、芜菁、芥菜、芋、薯蓣等蔬菜性原料。“神农尝百草”积极的探索和“神农氏分天之时，地之利，制耒耜，教民以耕”、“燧人之世，天下多水，故教民以渔”等智慧的实践，都对食品原料资源的开辟起到重要的影响，从“黄帝作釜甑”到“黄帝始蒸谷为饭、烹谷为粥”对食物原料加工有着积极的意义。同时陶器的发明还使人类“始煮海作盐”产生了调味原料。

二、先 秦 时 代

这一时期虽然没有形成饮食等方面的专著，但在《诗经》、《礼记》、《仪礼》等书籍中均有关于食品原料运用、食品烹饪方法的认识与记载。

1. 饮食发展主要特征

① 社会进入青铜器时代，金属已应用在烹饪容器和青铜刀具制作并应用于食物资源加工过程中。

② 食品的烹饪方法除了“火烹法”、“水烹法”也出现了应用动物油脂的“油烹法”。

③ 对食物原料的加工有“三羹”、“五齑”、“七菹”等精细制作，有脯、修、腊、醢等耐贮藏食品的制作方法，有淳熬、醇毋、炮豚、炮牂、捣珍、熬、渍、肝膋等烹饪手段，还有“肉曰脱之，鱼曰作之，枣曰新之，栗曰撰之，桃曰胆之，粗梨曰攒之”的原料粗处理方式与选择。

④ 食品原料的种类已达到140余种，农业生产已占主导地位，种植、养殖的食物原料非常丰富，出现“美食方丈，目不能遍视，口不能遍味”，有了“五谷”、“六谷”、“八谷”、“九谷”、“五菜”、“五果”、“五畜”、“六畜”、“六禽”等食品原料综合分类概念。

⑤ 对食物原料中的珍品也有一定的认识和了解。

⑥ 对食物原料的质量鉴别、卫生要求、原料选择的时令等方面也积累了一定的经验。

⑦ 食品盛具有新的发展，出现有优美纹饰、漂亮外型的漆器。

⑧ 开始在食物制作中应用调味料。

2. 食品原料的应用种类

谷物类：除了粟、稷、黍、稻外，又有麦、粱、菽、黑粟、菰等新的品种，周代时还将稻的种植技术传入越南和朝鲜。

蔬菜类：周代已出现专门种植蔬菜的“圃”，其中一些品种至今仍然是重要的食品加工与烹饪的原料，有萝卜、蔓菁、芥、韭、葱、蒜、水芹、落葵、莼菜（茆）、瓠瓜、菜瓜等品种，还有些蔬菜原料品种现在已很少应用，如冬葵、蜀葵、锦葵、藿、蓼、藜、蘩、荇、苹等。

果品类：周代也有种植果树的“园”，果品达到十余种，有桃、李、杏、梅、樱桃、枣、酸枣、桑葚、枸杞、柿、栗、柚、榛等。

畜禽类：动物性食物原料来源分为狩猎和养殖，前者方法主要捕猎野猪、野兔、野鹅、鹿、麝、雁、鹌鹑等，后者方法主要养殖猪、牛、羊、犬、鸡、鸭。

水产品类：《诗经》中记载鱼达18种，其中也有人类目前食用的鲤鱼、鲫鱼、鲢鱼、鲂鱼。除了鱼以外，周代民间也应用鳖作为食物原料。

调料类：先秦时期的酿酒、制醋、制酱技术已有一定水平，此外还应用梅作为酸味调料，饴糖和蜂蜜作为甜味调料，以姜调辛辣。

油脂类：主要以动物性脂肪来烹调食物。

三、秦汉以后的各时期

在秦汉以后的2000多年中，食品原料和食品制作方法的研究发展进入鼎盛时期，有了专门的著述记载。

（1）食品原料种类更加丰富

① 优良品种的选育，如品种的改良、生物遗传育种技术在农业中应用。

② 野生食品原料的人工驯化和人工栽培，特别是野生蕈类、野生鱼类、野生水产品、野生两栖类动物等。

③ 食品原料的引进，通过陆地引进胡瓜、胡豆、胡桃、蒲桃、芫荽、石榴、甘蔗、芭蕉、胡椒、莴苣、菠菜、无花果、椰枣、西瓜、丝瓜、茄子等，通过海路引进甘薯、玉米、花生、倭瓜、番石榴、芦笋、甘蓝、洋葱、苦瓜等。

（2）食品生鲜原料加工后的制品更为多样

① 方法有腌、渍、腊、熏、干、发酵等，提高食品原料的耐贮存性和改善食品原料的风味。

② 加工的原料有粮食、果品、蔬菜、肉类、水产品等。

③ 形成的原料制品有粮食制品、水果制品、蔬菜制品、肉制品、蛋制品、奶制品、水产制品等。

（3）对医食同源、药食同源有了更高的认识，使食品原料与人类健康进入了新的研究探索时期，古人留下的重要书籍中均有精辟的总结，如《黄帝内经》、《本草纲目》、《千金话食》、《饮膳正要》、《食疗本草》、《神农本草经》、《茶经》、《鱼经》、《笋谱》、《菌谱》、《野菜谱》、《蟹谱》、《酒谱》等，其中对食品原料的性味与人体的关系的描述与解释至今仍然可指导人类的饮食健康生活。

同我国一样，世界上许多国家在人类饮食生活和食品原料的开发与认知方面都历经了经验时期和理论形成时期，也留下许多文字性记载。从17世纪的实验化学到19世纪有机化学、分析化学、生物学、营养学的发展、20世纪食品分析体系的建立和食品卫生管理体系的建立与完善，都对食品原料学的研究起到积极的影响和重要意义。

随着科学的发展，各种现代科学手段被应用于食品和食品原料的研究中，对食品原料的营养成分的测定分析使人们对食品原料的营养性质和分类有了全新的认识，甚至对世界各国的膳食指南的制定具有积极的作用和影响。食品原料学基于化学、化学分析、生理学、生物化学、微生物学、营养学、农学、食品加工学、经济学等逐渐确立特有的研究领域，同时随着食品原料学的深入研究也必须同其他研究领域一样研究食品原料的资源与新资源、食品原料的供应与流通、食品原料开发与生产的可持续发展等问题。

第二章　食品原料的分类与合理开发利用

第一节　食品原料的分类

人类的食物原料很多，根据不同的研究目的、用途、来源、性质等有不同的分类方法，可按照食品原料来源的生物资源进行分类，可按照食品工业应用的用途进行分类，也可依据不同的形状、性质、功能、食用方法、营养特点等来进行分类。

一、根据来源分类

绝大多数的食品原料来源于植物界或动物界，少数来源于非生物界和经发酵形成，因此可把食品原料分为下列四类。

1. 植物性食品原料

（1）陆生植物性食品原料　主要种类有谷类、杂粮、薯类、豆类、糖类、植物油、蔬菜、果品、茶叶、咖啡、可可等。

（2）水生植物性食品原料　主要种类是海产类，如海带、鹿角菜、裙带菜、紫菜、石花菜等。

2. 动物性食品原料

（1）陆生动物性食品原料　主要种类有畜类、禽类、蛋类、乳类。

（2）水生动物性食品原料　主要种类有鱼类、虾类、贝类、蟹类、鳖类等。

3. 非生物性食品原料

在食品加工中所使用的非生物性食品原料主要有水、食盐、盐卤和某些食品添加剂等。

4. 发酵食品原料

有相当部分的食品原料是经发酵加工形成的，如酱、酱油、醋、酒、味精、酸菜、泡菜等。

二、根据食品原料生理生化特点分类

根据食品原料的生理生化特点和品质特征不同，可以分为鲜活食品原料、生鲜食品原料和干燥食品原料三类。

1. 鲜活食品原料

鲜活食品原料具有呼吸作用，如蔬菜、水果、鲜蛋和水产活品等。蔬菜和水果呼吸作用的强弱与它们的生命活动及贮存性能有密切的关系。

2. 生鲜食品原料

生鲜食品原料一般是指含有多种酶类，但不具有呼吸作用的原料，如鲜畜肉、鲜禽肉、鲜奶和水产鲜品等。生鲜食品原料内部各种生化作用仍在不断进行，外界环境条件对它们的质量变化有很大的影响。

3．干燥食品原料

干燥食品原料含水量低，在干燥环境中贮存不容易变质，在潮湿环境中贮存则会吸湿受潮引起质量变化。干燥烹饪原料主要包括两大类：

（1）粮豆类　主要有稻谷、小麦、玉米、高粱、小米、大豆、绿豆、小豆等，它们收获后经晾晒或烘干，其水分含量很低，呼吸作用十分微弱，可耐较长时间的贮存。

（2）干制品　干制品的种类繁多，主要包括下列三类：

① 植物性原料干制品：如粮食干制品、淀粉干制品、干菜、干果、茶叶、食糖、腐竹、花椒、大料和紫菜、海带等。

② 动物性原料干制品：如干肉、干鱼、虾米、海米、干贝、蛏干、牡蛎干、蛋粉、乳粉等。

③ 其他干制品：如食盐、味精和某些食品添加剂等。

三、按生产方式分类

1．农产品

在土地上种植或无土栽培得到的食品原料，如谷物、豆类、薯类、蔬菜类、水果类等。

2．畜禽产品

人工养殖的允许作为食品原料的各种动物原料，如猪、羊、牛、驴、海狸鼠、兔、狗等畜类食品原料和鸡、鸭、鹅、鹌鹑、鸽、鹧鸪、火鸡等禽类，也包括乳类和蛋品等食品原料。

3．林产品

主要是指坚果类（核桃、松子、榛子、栗子）和食用菌、山野菜等食品原料。

4．水产品

是指在各种水域捕捞或人工养殖的食品原料，如鱼、虾、蟹、贝、鳖、藻类等。

5．其他食品原料

调味料、香辛料、油脂、嗜好品、食品添加剂、水等原料。其中香辛料如花椒、桂皮、丁香、月桂叶、胡椒等，它们含有特种香味，是食品加工、烹调时不可缺少的调味辅助料。

四、按照食品膳食指南金字塔分类

1．谷类

这类食品原料是利用其种子供人们食用，包括大米、小米、大麦、小麦、高粱等，富含糖类，也含脂肪、蛋白质等营养物质，是人体能量、蛋白质、膳食纤维的主要来源，也是食品工业的重要原料。

2．蔬菜和水果

蔬菜和水果经常放在一起，因为它们有许多共性，主要提供矿物质和维生素。但蔬菜和水果终究是两类食物，各有优势，不能完全相互替代。科学研究认为红、绿、黄色较深的蔬菜和深黄色水果含营养素比较丰富，相对营养价值较高。

蔬菜按可食部分不同分为：根菜类，如萝卜、胡萝卜、甜菜等；茎菜类，如莴苣、竹笋、土豆、莲藕、姜、荸荠、洋葱、莴笋、豆芽等；叶菜类，如大白菜、结球甘蓝、菠菜、青菜等；花菜类，如黄花菜（金针菜）、菜花、花椰菜等；果菜类，如番茄、茄子、青椒、黄瓜、苦瓜、豆类、南瓜、冬瓜、甜玉米等；食用菌类，如平菇、香菇、木耳、发菜、猴头和银耳等；海藻类，如紫菜、海带、石花菜等。蔬菜富含丰富的维生素和无机盐，是人类重要的食物资源。

水果包括许多种食用水果，可直接食用，也可加工后食用，仁果类如苹果、沙果（花红）、山楂、海棠果、梨等；核果类如桃、李、杏、樱桃、梅、枣等；浆果类如葡萄、猕猴桃、草莓、木瓜等；杂果类如柿子等。还有温带和亚热带水果如柑橘、红橘、温州蜜橘、橙、柚、柠檬、金橘、佛手等柑橘类水果和荔枝、橄榄、芒果、枇杷、菠萝、香蕉等等，这类食物富含糖类、维生素类，是调节人体代谢的重要食物。

3. 鱼、肉、蛋

鱼、肉、蛋划在一类，主要提供动物性蛋白质和一些重要的矿物质和维生素，但它们彼此间也有明显区别，如鱼、虾及其他水产品含脂肪很低，而猪肉含脂肪较高。

4. 乳类和豆类食物

乳类及乳制品当前主要包含鲜牛乳和乳粉、酸奶或其他乳制品，主要提供蛋白质、钙及磷脂类。

豆和豆制品不仅提供蛋白质、磷脂，还提供丰富的矿物质和维生素，包括大豆、绿豆、大青豆、豌豆、蚕豆、红小豆等。这类食物也是用其种子供食用，由于种子中所含的糖类、脂肪、蛋白质含量差异较大可分成两大类，一类含高蛋白（35% ~40%）、中等脂肪（15% ~20%）、较少碳水化合物（35% ~40%），如大豆；另一类含高碳水化合物（55% ~70%）、中等蛋白质（20% ~30%）、低脂肪（<5%），如豌豆、绿豆等。豆类加工成各式制品，有豆腐、豆浆、豆芽、腐竹等。它们是植物蛋白的主要来源，主要提供蛋白质、脂肪、膳食纤维、矿物质和B族维生素。豆类深加工可生产出分离蛋白、浓缩蛋白、组织化蛋白、油料粕粉等产品，在食品加工业有极广泛的应用。

5. 油脂

包括植物种子经加工精炼的制品和动物脂肪，主要提供热能、不饱和脂肪酸、维生素E等，作为食品加工中的重要辅料。

五、生物学分类

在生物学的发展中，生物分类（classification）的方法大致可分为两种，一种是人为分类法（artificial classification），不考虑生物的自然性质、彼此亲缘关系及演化关系，是人们按照自己的方便，考虑生物的形态、习性或用途的一个或几个特点，作为分类的依据。18世纪瑞典博物学家林奈（1707—1778）创立了现代分类学，他在所著的《自然系统》一书中，把有花植物雄蕊的数目作为分类标准，分为一雄蕊纲、二雄蕊纲……将动物界分为哺乳、鸟、两栖、鱼、昆虫及蠕虫等6纲。我国明代李时珍所著《本草纲目》中将植物按照草、谷、菜、果、木五部进行分类，动物则按照虫、鳞、介、禽、畜分为五部，每部又细分多类。这样的分类系统是人为的分类系统（artificial system）。另一种是自然分类方法（natural classification），是根据植物的亲疏程度，作为分类标准。判断亲疏的程度，是根据植物相同点的多少，如小麦与水稻，有许多相同点，于是认为它们较亲近；

小麦与甘薯、大豆，相同的地方较少，所以它们较疏远。这样的方法是自然分类方法，这样的分类系统是自然分类系统（natural system）。

生物化学系统、统计分类学、数量分类学对植物分类及订正以前的分类提供了重要资料。生化方面的"大分子"水平的资料，有助于查明一些类群的起源。电子扫描显微镜对花粉、果实、种子和叶表面的性状的认识，也是一个重大的进展。统计数量分类学企图用数量方法重建进化关系，并判断性状和器官的进化趋向。统计分类学仅在于应用电子计算机处理数据和比较各组资料以避免或减少主观因素。有了细胞学和化学的资料还应重视形态学和解剖学。因此在分类上既要考虑分类学最近的发展，也应考虑传统的分类方法。

以水稻为例，说明它在分类上所属的各级单位。

界　植物界（Regnum vegetabile）

门　被子植物门（Angiospermae）

纲　单子叶植物纲（Monocotyledoneae）

亚纲　颖花亚纲（Glumiflorae）

目　禾本目（Graminales）

科　禾本科（Gramineae）

属　稻属（*Oryza*）

种　稻（*Oryza sativa* L.）

以鲤鱼为例，说明它在分类上所属的各级单位。

界　动物界（Animal）

门　脊索动物门（Chordata）

亚门　脊椎动物亚门（Subphylum Vertebrata）

纲　鱼纲（Pisces）硬骨鱼系（Osteichthyes）

亚纲

目　鲤形目（Cyprinifomes）

科　鲤科（Cyprinus carpio）

属　鲤属（*Cyprinids*）

种　鲤（*Common carp*）

（一）植物性食品原料

植物性食品原料是指可供人们食用的包括人工栽培的植物和一些野生植物，它们的花、果、茎、根、叶等器官含有糖类、脂肪、蛋白质、多种矿物质、维生素和一些特殊成分，如黄酮类、花青素等，这些植物性食品原料有的可直接食用，大多数要经过加工才可供食用。一些重要食品原料大多属于被子植物门，少部分是裸子植物门的部分植物。

1．被子植物门（Angiospermae）

（1）禾本科（Gramineae）　是被子植物门单子叶植物纲中最有经济价值的大科，多年生、一年生或越年生草本，禾本科有660属近10000种，作为食品原料的主要有小麦、稻、玉米、粟、高粱、大麦、莜麦、薏苡等，是人类粮食和牲畜饲料的主要来源，也是加工淀粉、制糖、酿酒的重要原料。

（2）豆科（Leguminosae）　是双子叶植物纲蔷薇亚纲的一个科，乔木、灌木、亚灌木或草本，茎直立或攀援生长，约有650属，18000种，我国有172属，1500种。荚果是辨认豆科植物最明显的一个特征。其种子常富含淀粉、蛋白质和油脂，比谷物更加富含蛋白质，有些是油料作物。作为主要食品原料的豆类作物有大豆、花生、蚕豆、豌豆、赤豆、绿豆、豇豆、菜豆、扁豆和木豆等，此外豆薯和粉葛的块状根茎含淀粉，供食用和药用。紫云英、南苜蓿是优良的绿肥和牧草。

（3）棕榈科（*Palmae*）　是单子叶植物纲槟榔亚纲的一科。乔木或灌木，有些种类攀援而多刺，具大型掌状或羽状叶片，常聚生于树干的顶端，有210属2800种。主要分布在美洲、亚洲的热带地区、大洋洲及太平洋诸岛，非洲与欧洲也有分布。油棕是重要的油料植物，其果实和种仁的含油量高达50%～60%，有“油王”之誉，由果皮榨出来的油称为棕榈油或棕油。椰子不仅可割取其汁作饮品，而且其胚乳晒干后榨出来的油还是国际贸易中的大宗商品，与油棕一样，其榨出的油可食用，也可用于制造人造奶油或奶酪。西谷椰产于东南亚及巴布亚新几内亚等地，树干髓心可制成西谷米（西米）作主粮用。

（4）蔷薇科（*Rosaceae*）　为双子叶植物纲蔷薇亚纲、经济价值较高的一个大科。绝大多数为木本，少数为草本，果实类型有蓇葖果、瘦果、梨果或核果。广泛分布于北半球温带到亚热带，南半球为数很少。有126属3300余种，中国有53属1000余种。重要的食品原料有苹果、沙果、海棠、梨、桃、李、杏、梅、樱桃、枇杷、榅桲、山楂、蔷薇果、草莓和树莓等，果实成熟时甜味和芳香物质极为丰富。扁桃仁和杏仁是著名的干果。

（5）芸香科（*Rutaceae*）　为双子叶植物纲蔷薇亚纲一个较大的科。植物体内通常有储油细胞或有分泌腔，果实类型有蓇葖果、蒴果、翅果、小核果、柑果或浆果。约有150属1000余种，主要产于热带及亚热带。我国共28属约150种，主要产于西南及南部。该科植物普遍含挥发油和300多种生物碱。柑橘属和金橘属的各类植物在食品原料中非常重要，如柑、橘、橙、柠檬、柚、金橘，其浆果具特别结构，外果皮的油点又称油胞，富含香精油，中果皮最内层为白色线网状结构，称为橘白或橘络，多数肉酸甜适度，富有香气。葡萄柚、甜橙、柠檬是本属植物在世界上栽培数量最大的果品。其果可食或用来制果汁、果酱。

（6）葫芦科（*Cucurbitaceae*）　为双子叶植物纲五桠果亚纲的一个科。草质或木质藤本，大部分有卷须，卷须侧生，果实为瓠果。约有126属900种，分布在亚热带和热带地区。我国有32属约160种，主要分布于秦岭、长江以南，少数种类在黄河以北地区栽培。作为食物原料的常见的有苦瓜、丝瓜、黄瓜、冬瓜、西瓜、香瓜、菜瓜、笋瓜、南瓜、西葫芦、佛手瓜、蛇瓜等。有些种类有重要经济或药用价值，如木鳖子、罗汉果、王瓜等。

（7）十字花科（*Cruciferae*）　为双子叶植物纲五桠果亚纲的一个科。一年、二年或多年生草本，很少呈亚灌木状。基生叶莲座状，茎生叶互生，十子形花冠，果实为角果。约有375属3200种，主要分布于北温带，地中海区域较多。我国有95属425种，124个变种和9个变型，各地均有分布，以西南、西北、东北山区和丘陵地带为多，平原和沿海地区较少。如芸薹属的芥菜、雪里蕻、油菜、芸薹、芜菁、甘蓝、青菜、结球白菜、小白菜、花椰菜等，其中芥菜的种子可用作辛香调味品，有些栽培种也是早春的蜜源植物；萝卜属的油料萝卜、嫩荚用萝卜、四季萝卜、黑萝卜和中国萝卜等变种；也有人们喜食的野菜如荠菜、诸葛菜等。

（8）唇形科（*Labiatae*）　为双子叶植物纲菊亚纲的一个科，通常为多年生至一年生草本。植株含芳香油，具有柄或无柄的腺体。约有220属6000余种，其中有近半数种产于地中海及近东中亚，我国有99属800余种，分布广泛。该科植物以富含多种芳香油而著称，其中有不少芳香油成分可供药用，如薄荷、留兰香、百里香、薰衣草、迷迭香等，工业上可提取香精作香料用的有薰衣草、迷迭香，均为世界著名香料植物。薄荷全草含挥发油，可提取薄荷脑、薄荷酮等，可用于香料、医药及食品；白苏则为有名的油料作物；紫苏可作为特种蔬菜；甘露子和地笋的地下肥大根茎可供食用。

（9）伞形科（*Umbelliferae*）　为双子叶植物纲蔷薇亚纲的一个较大的科。一年生至多年生草本，根通常直生，呈圆锥形，少数呈块状、球状或为成束的须根。茎直立或匍匐上升，通常为圆柱形，一般髓部充实，有时中空，伞形花序有伞辐数条至数十条。约有270属2800种，广布于北温带至热带和亚热带高山地区。我国约95属580余种，以西部为最多。伞形科植物的主要化学成分有香豆素类、精油、聚乙炔类、黄酮类、苯丙烷类、苯乙烯类及酚类、三萜皂苷、生物碱等，这些成分具有多种生理活性。常见栽培的蔬菜原料有芹菜、芫荽、胡萝卜、欧芹、茴香等，其中有些品种是食品香料或工业用香料。

（10）茄科（*Solanaceae*）　为双子叶植物纲菊亚纲的一个科。草本、灌木或小乔木，叶常为单叶，极少为复叶，果实为浆果或蒴果。有85属3000余种，以温带及热带地区分布较多，南美洲为最大的分布中心。我国有24属105种，以南部亚热带及热带地区种类较多。该科的植物原料具有较大的经济意义，如番茄、马铃薯、茄子、青椒、辣椒、枸杞等，该科中一些植物含甾类生物碱。

（11）百合科（*Liliaceae*）　为单子叶植物纲百合亚纲的一个科。通常为多年生草本，具根状茎、块茎或鳞茎。约有250属3500种，分布广泛，主要在温带与亚热带地区。我国有60属约560种。作为食品原料的主要有百合的鳞茎，黄花菜的花蕾、芦笋、葱、蒜、韭、洋葱、藠头、韭葱等，有些品种含有巯基性挥发物，有杀菌作用。

（12）菊科（*Compositae*）　为双子叶植物纲菊亚纲最大的一个科，有一致的小花结构。菊科共13族1300余属，除南极外，全球都有分布。我国约有220属近3000种，全国各地分布。菊科植物原料的一个重要特征是以菊糖作为多聚糖贮存方式，菊科所含有的倍半萜内酯类具有强心、抗癌、驱虫、镇痛等作用。向日葵、红花为油料植物；原产热带美洲的甜叶菊含极高糖分，为食品工业原料，引种栽培；菊芋块茎可加工成酱菜；茼蒿、莴苣、蒲公英、菊苣、牛蒡也是重要的食品原料。

（13）姜科（*Zingiberaceae*）　为单子叶植物纲姜亚纲的一个科。多年生草本，通常有芳香气味。具匍匐或块状的根状茎，或有时根的末端膨大呈块状。有52属1200种，分布于热带、亚热带地区，以亚洲热带地区的种类最为繁多，常生于林下阴湿处；我国约有21属近200种，分布于东南部至西南部各省区，以广东、广西和云南的种类最多。该科植物中包含有很多香料类植物原料，如春砂仁、草果、白豆蔻、姜、姜黄、山柰等，具有芳香健胃、驱风活络的功用。

（14）天南星科（*Araceae*）　为单子叶植物纲槟榔亚纲的一个科。草本植物。有105属2000余种。热带亚洲是本科的发源地。我国有35属208种，其中有4属20种系引种栽培，特有种占100种，如芋、紫芋、魔芋，其中魔芋的块茎加工制粉，不仅可加工成各类食品，而且是多种食品的添加剂。块茎还可入药，性味辛寒，具有消肿散结、解毒、止痛之功能。

（15）旋花科（*Convolvulaceae*） 为双子叶植物纲菊亚纲的一个科。常为草质或木质藤本，在干旱地区有些种类变成多刺矮灌丛；通常自养，少有寄生；常有乳汁；有些种类地下有肉质块根。约55属1600余种，主产美洲和亚洲的热带、亚热带。我国有22属130种以上，南、北均有，但大部分属、种产西南和华南。该科中的番薯不仅是粮食作物，由于含有黏蛋白和膳食纤维，具有食疗价值；蕹菜（又叫空心菜）为常见栽培的蔬菜类原料。

（16）蓼科（*Polygonaceae*） 为双子叶植物纲的一个科。一年生或多年生草本，稀为灌木或小乔木。茎通常具膨大的节。有40属800种，主要分布于北温带。我国有11属200余种，分布于全国各地，该科主要的食物原料是栽培作物荞麦，含有丰富的黄酮类化合物芦丁，具有食疗价值，另外蓼科有些种类属于蜜源植物。

（17）薯蓣科（*Dioscoreaceae*） 为单子叶植物纲百合亚纲的一个科。多年生草质缠绕藤本，地下茎的形状大小不一，有根茎或块茎。共10属650种，广布全球热带至温带，以热带美洲和非洲种类较多。我国仅薯蓣属1属约60种，少数分布于长江以北，其余种类分布在长江以南各省区。山药是该属的一个重要食品原料，不同地区叫法不一，如淮山（广东）、怀山药（河南）、麻山药（河北），含有特殊的黏蛋白，具有食疗价值。

（18）葡萄科（*Vitaceae*） 为双子叶植物纲蔷薇亚纲的一个科，多为攀援植物。茎通常合轴，有卷须，该科有12属约700种，主要分布于热带及亚热带。我国有8属约110种，多数分布于秦岭以南诸省区，只有葡萄属、蛇葡萄属及爬山虎属的少数种类越过秦岭分布到华北及东北。多种植物的果实可食或供酿造用，如葡萄，含有白藜芦醇、聚原花青素等成分，具有食疗价值。

（19）梧桐科（*Sterculiaceae*） 为双子叶植物纲五桠果亚纲的一个科。乔木或灌木，也有草本或藤本。茎、叶的幼嫩部分常有星状毛，树皮富含纤维。有68属约1100种，主要分布于热带和亚热带地区，个别种可分布到温带。中国有22属89种，分布以云南最多。其中可可属的可可为世界三大饮料植物之一，其种子是做可可粉和巧克力糖的原料。

（20）鼠李科（*Rhamnaceae*） 为双子叶植物纲蔷薇亚纲的一个科。乔木、灌木，果实有多种类型，核果、翅果、坚果，少数属为蒴果。共58属约900种，主要分布北温带。我国有14属130余种，主要分布于西南和华南。该科有许多是食品原料，如枣、拐枣、酸枣，后者是一种重要蜜源植物；枣有健脾作用；枣仁有镇静安神的功效；雀梅藤的果实味酸甜，可食，嫩叶可作饮料；拐枣的肉质花序轴内含多量葡萄糖和苹果酸钙，味香甜而微酸，可生食和酿酒，种子入药，为清凉性利尿药。

2. 裸子植物门（*gymnosperm*）

裸子植物是种子植物中较原始的类群，包括苏铁植物门、银杏植物门、松柏植物门等，我国是裸子植物种类、资源最丰富的国家，有12科41属200多种，有一部分属于油料作物，可作食品原料的主要是松仁、白果等。

3. 藻类（*algae*）

藻类无真正的根、茎、叶的分化，是含有叶绿素、能进行光合作用、营自养生活的低等植物，一般生长在水体中。藻类植物的特点：① 藻体各式各样，有单细胞、群体、丝状体、囊状体、叶状体、枝状体等。② 绝大多数藻类植物微小，只有在显微镜下才能看清它们的形态结构，也有少数种类的藻体大型。③ 生殖器官一般为单细胞的，有的可以是多细胞的，所有细胞都能产生生殖细胞。藻类所含的光合色素主要有4类：叶绿素、藻胆蛋白、胡萝卜素和叶黄素，少数藻类在演化过程中营腐生或寄生生活，逐渐失掉叶绿素，成为没有色素的藻类。现存藻类植物3万余种，我国约4000种，分为7~12门，广布于淡水、海水中，也分布于潮湿的土壤表面、墙壁、树皮和岩面上，有的和真菌共生形成地衣。藻类植物具有重要的经济意义，不少种类属于食品原料，有些种类是提制琼胶、卡拉胶和褐藻胶等藻胶的食品工业原料。中国的藻胶工业已年产达几万吨，产值达几亿元，仅次于美国。特别是藻类植物为水体中的初级生产者，它们是水生生物食物链的基础，是许多鱼类、贝类、虾类、蟹类等水生动物的天然饵料。

（1）红藻门（*Rhodophyta*）　藻体含有叶绿素a、叶绿素d、叶黄素和胡萝卜素，以及大量的藻红蛋白和藻蓝蛋白，常因各类色素的含量不同，使藻体出现不同的颜色，鲜红或粉红，紫，紫红或暗紫红色等。约有760属，4410种，大多数海产，少数生于淡水，分布于世界各地，包括极地。我国有127属，300种，分布于南北各海区，淡水种类极少。作为重要的食品原材料主要有紫菜、麒麟菜、海萝、石花菜、江蓠等经济种类，石花菜、江蓠、麒麟菜等属植物可用来提取琼胶和卡拉胶。

（2）褐藻门（*Phaeophyta*）　藻体细胞内含有叶绿素a、叶绿素c、胡萝卜素、墨角藻黄素和大量的叶黄素等。藻体的颜色因所含各种色素的比例不同而变化较大，有黄褐色、深褐色。光合作用的产物是海带多糖（又名褐藻淀粉）和甘露醇。绝大多数海产，现存约250属，1500种，淡水产仅8种。我国海产的约80属，250种，在四川北碚嘉陵江发现2种淡水产的层状石皮藻和河生黑顶藻。我国藻类资源丰富，而且具有广泛的用途。黄渤海沿岸常见的海带、裙带菜和南海产的马尾藻都是重要的经济海藻，前者已人工栽培，是主要食用海藻，又是提取褐藻胶、甘露醇和碘的主要原料。

（3）蓝藻门（*Cyanobacteria*）　无细胞核，有拟核，因而称为蓝细菌（Cyanobacteria）。无色素体，有类囊体，有藻胆素营养，生殖细胞都不具鞭毛，细胞壁上具有黏质缩氨肽，繁殖简单，无有性生殖。色素成分主要为叶绿素a、β-胡萝卜素、藻胆素。藻胆素是蓝藻的特征色素，包括蓝藻藻蓝素、蓝藻藻红素和别藻蓝素等。蓝藻植物体通常呈蓝色或蓝绿色。蓝藻没有色素体，有类囊体（thylakoids），单条，多分布于细胞周围原生质内，色素在类囊体上。食用蓝藻有发菜和螺旋藻，前者是我国的特产，出口外销。后者蛋白质含量居各食物之冠，且含有8种人体必需的氨基酸；脂质组成独特，不饱和脂肪酸含量高，如亚油酸1.38g/kg，γ-亚麻酸1.20g/kg；富含可抗癌、防辐射、增强免疫力的多糖（葡聚糖达到1.5%）、β-胡萝卜素和藻胆蛋白；以及含各种维生素和微量元素。目前大量培养的螺旋藻只有极大螺旋藻（*S. maxima*）和钝顶螺旋藻（*S. platensi*）。

4. 真菌类（*Eumycota*）

真菌属于真核生物。真菌广泛分布于全球各地的土壤、水体、动植物及其残骸和空气中，营腐生、寄生和共生生活，下分黏菌、藻菌、子囊菌、担子菌、半知菌等类群。真菌叫做兼性寄生菌或兼性腐生菌。有许多真菌一方面从其他活有机体摄取养料，一方面又向同一活有机体提供养料或好处，这是一种共生现象，具有共生关系的真菌称共生菌。真菌是一项丰富的自然资源。人和动物每年消耗大量的真菌菌体和子实体。真菌也是重要的药材。真菌的某些代谢产物在工业上具有广泛用途，如乙醇、柠檬酸、甘油、酶制剂、甾醇、脂肪、维生素等，已能进行大规模的生产。食用菌是指担子菌亚门（*Basidiomycotina*）下属的两纲，即有隔担子菌纲和无隔担子菌纲，前一纲包括银耳目、木耳目、锈菌目、黑粉菌目，后一纲包括伞菌目、多孔菌目、马勃菌目等。

（1）银耳目（*Tremellales*）　有隔担子菌纲的一个目。子实体呈胶质、蜡质、肉质，干燥时呈软骨质或革质，白色或黄色、橘红色。子实层单面生或两面生，以产生具十字形纵向分隔的担子为特征。子实体形态多样，有平伏、花瓣状、匙状、珊瑚状，直立分枝形或有明显菌柄和扇形菌盖。主要腐生于木质基物上，偶有寄生于其他真菌的。该目下分3科30属。我国著名的食用兼药用的菌类如银耳、金耳等都是该目的成员。

（2）木耳目（*Auriculariales*）　有隔担子菌纲的一个目。子实体呈胶质、蜡质、肉质，干燥时呈革质。子实层通常单面生在子实体的腹面，以产生被横隔分为4个细胞的担子为特征。子实体形态多样，有菌盖和菌柄或珊瑚状的子实体。该目有1科约21属，其中木耳属的多数种可食用。

（3）伞菌目（*Agaricales*）　为无隔担子菌纲层菌纲的一个目。子实体就是通常说的蘑菇。子实体伞状、肉质、易烂，很少膜质或革质，包括菌盖、菌柄、位于菌盖下面的菌褶或菌管、位于菌柄中部或上部的菌环和基部的菌托。该目又分牛肝菌科（*Boletaceae*）和伞菌科（*Agaricaceae*），作为可食性原料的前者有牛肝菌属，后者主要有香菇属（*Lentinus*）、草菇属（*Volvariella*）、蘑菇属（*Aqaricus*）等。

（4）多孔菌目（*Aphyllophorales*）　为无隔担子菌纲的一个目，主要的食品原料有灵芝、茯苓、猪苓、云芝等，是常用保健食品原料；鸡油菌、灰树花等可供食用。

5. 蕨类（*Pteridophyta*）

蕨类是以孢子繁殖的维管植物。有71科381属，蕨类植物叶上的孢子囊群约12000种。以热带、亚热带为最丰富。我国有63科224属约2400种。蕨类植物不开花结果。可食种类有蕨菜、薇菜、黄瓜香、猴腿菜等。

（二）动物性食品原料

动物性食品是人们饲养和捕捉的各类动物及其生产物（乳、蛋等），包括畜禽肉类、水产类、蛋类、乳类等，这类食物富含蛋白质和脂肪，是食品中味道鲜美、营养价值很高的一类，结合生物学分类和可食用性分为以下几类。

1. 哺乳纲（*Mammalia*）

哺乳动物属于脊椎动物，特点是全身被毛、运动快速、恒温、胎生和哺乳。它是脊椎动物中躯体结构、功能和行为最复杂的一个高等动物类群。用于食物原料的是其中一部分，多为人工饲养的种类，如猪、牛、羊、驴、兔、海狸鼠等，也包括附属产品乳类。富含蛋白质和脂肪，熟制即可食用，也可加工成多种多样的肉制品，成为商品市场的主要食品。人类可利用的乳类主要是牛乳、羊乳、马乳等，经过工业加工后，可制成炼乳、乳粉和其他多种乳制品。

2. 鸟纲（*Aves*）

鸟纲为脊椎动物亚门的一纲。体均被羽，恒温，卵生，胚胎外有羊膜。前肢成翅，有时退化，心脏是2心耳2心室，骨多空隙，内充气体。呼吸器官除肺外，有辅助呼吸的气囊。作为食物原料的是其中一部分，主要是鸡、鸭、鹅、鹌鹑、火鸡、肉鸽及所产的禽蛋，主要是鸡蛋、鸭蛋、鹌鹑蛋等，蛋白质含量较高，属于优质蛋白质，是重要的食品原料。

3. 爬行纲（*Reptilia*）

爬行纲为脊椎动物中第一个真陆栖的纲，也是羊膜动物中最低等的一纲，在陆地上产卵、孵化。爬行类的皮肤角质化程度加深，外被角质鳞或角质盾片，能有效地防止体内水分蒸发；皮肤缺乏腺体，表面干燥；蜕皮现象特别明显。作为食物原料的是其中一部分如蛇、龟、甲鱼等。

4. 鱼纲（*Pisces*）

脊椎动物亚门中，鱼纲种类最多，有24000种左右，分布在全世界各个水域中，约有2500种，绝大多数生活在海水中，海水鱼有1500多种，淡水中仅800种左右。通常根据骨骼性质的异同，将鱼类分为软骨鱼系和硬骨鱼系两大类。目前较新的材料都将这两类升为两个独立的纲，即软骨鱼纲（*Chondrichthyes*）和硬骨鱼纲（*Osteichthyes*）。

食用鱼类主要以海产和淡水类为主，概略说来，鱼贝类含蛋白质较多，一般在15%～20%，是食品工业中的主要原料，可制成多种水产制品。其主要种类如下：

（1）淡水鱼类　淡水鱼约有50种，青、草、鲢、鳙、鲤、鲥、鳊、鲻等为目前主要的养殖对象，产量也较大，其中青、草、鲢、鳙为我国闻名世界的四大特产鱼，还有东北的鲑鱼，长江流域的鲥鱼、银鱼和凤尾鱼，肉质肥美，也是我国名贵鱼类。

（2）海产鱼类　海产鱼类约有200种，其中产量最大的是大黄鱼、小黄鱼、带鱼和墨鱼，合称中国四大海产经济鱼类。

5. 甲壳纲（*Crustaceans*）

为无脊椎动物，节肢动物门中的第3个大纲，绝大多数水生，以海洋种类较多。体分节，胸部有些体节同头部愈合，形成头胸部，上被覆坚硬的头胸甲。每个体节几乎都有1对附肢，且常保持原始的双枝形，触角2对。用鳃呼吸。多数种类可供人类食用，如各种虾、蟹等，对虾是主要的最有价值的食品原料，营养价值高，为出口创汇的主要品种之一。

6. 软体动物门（*Mollusca*）

软体动物的形态结构变异较大，但基本结构是相同的。身体柔软，不分节，可区分为头、足、内脏团3部分。软体动物中有很多种类可以为人类所利用。

（1）食用原料　海产的鲍、玉螺、香螺、红螺、东风螺、泥螺、蚶、贻贝、扇贝、江珧、牡蛎、文蛤、蛤仔、蛤蜊、蛏、乌贼、枪乌贼、章鱼，淡水产的田螺、螺蛳、蚌、蚬，陆地栖息的蜗牛等，肉味鲜美，具有很高的营养价值。

（2）药用原料　鲍的贝壳中药称石决明，宝贝的贝壳叫海巴，珍珠、乌贼的贝壳叫海螵蛸，以及蚶、牡蛎、文蛤、青蛤等的贝壳等都是中药的常用药材。从鲍鱼、凤螺、海蜗牛、蛤、牡蛎、乌贼等可以提取抗生素和抗肿瘤药物。

7. 棘皮动物门（*Echinodermata*）

属后口动物，在无脊椎动物中进化地位很高。全为海产。已知现生棘皮动物有5纲1242属6413种，化石棘皮动物21纲2013属14328种。外观差别很大，有星状、球状、圆筒状和花状。成体五辐射对称，由管足排列表现出来。身体区分为有管足的辐部或步带和无管足的间辐部或间步带。内部器官，包括水管系、神经系、血系和生殖系均为辐射对称，只有消化道除外。身体有口面和反口面之分。用于食物原料的主要是海参和海蜇。从几种海参分离出的海参素和黏多糖具有抗癌活性。

六、按照中医性、味理论分类

根据中医学的观点，食物原料的客观效果与中药有相似之处，我国历代医药经典《本草》始终贯穿着“药食同源”的原则与主张，对水果、蔬菜、粮食、畜禽等都分别论述其性、味、归经、功能和主治等，其中食物原料的性主要分四性即寒、凉、温、热，此外还有介于四性之间的平性食物原料，寒性或凉性的食物原料有清热、泻火和解毒的作用，热性或温性的食物原料有温中、补虚、除寒的作用，平性食物原料有健脾、开胃、补肾等作用。食物原料的味分五味即甘、酸、苦、辛、咸，此外还有淡味、涩味，习惯上将淡味归甘，涩味归酸。食物原料不同的味归经不同，即“酸入肝，甘入脾，苦入心，辛入肺，咸入肾”；不同的味功能不一，即酸者能涩能收，苦者能泻能燥能坚，甘者能补能缓，辛者能散能横行，咸者能下能软坚，淡者能利窍能渗泄。

（一）食品原料按照四性分类

1．寒凉性食物类

鸭肉、兔肉、马肉、鸭蛋、河蟹、鳗鱼、黑鱼、鲤鱼、泥螺、文蛤、蛏子、田螺、河蚌、牡蛎、海蜇、海带、紫菜、苦瓜、茭白、荸荠、菱角、百合、藕、竹笋、绿豆芽、黄瓜、芹菜、苋菜、茄子、菠菜、油菜、白菜、冬瓜、慈姑、魔芋、空心菜、蒲公英、败酱草、鱼腥草、马齿苋、蕨菜、苦菜、荠菜、香椿、莼菜、桑葚、甘蔗、柑、柚、橙、金橘、山楂、梨、西瓜、甜瓜、柿子、香蕉、鲜百合、芒果、猕猴桃、罗汉果、杨桃、生荸荠、小米、绿豆、荞麦、大麦、豆豉、玫瑰花、食盐、绿茶等。

2．温热性食物类

羊肉、狗肉、鹿肉、麻雀、黄鳝、河虾、海虾、鹅蛋、猪肝、海马、青菜、黄芽菜、芥菜、香菜、辣椒、韭菜、南瓜、蒜苗、蒜薹、大蒜、大葱、生姜、杏、龙眼、荔枝、莲子、核桃、栗子、芝麻、腰果、杏仁、乌梅、杨梅、樱桃、石榴、木瓜、李子、橘子、桃、小麦粉、莜麦、豆油、酒、醋、辣椒、胡椒、肉桂、八角、茴香、芫荽、陈皮等。

3．平性食物类

猪肉、鹅肉、雁肉、鸽肉、牛奶、鸡蛋、鲤鱼、青鱼、银鱼、鲫鱼、鲢鱼、鳗鱼、鲥鱼、黄花鱼、带鱼、鲍鱼、甲鱼、泥鳅、海蜇、乌贼鱼、鸡血、鸡蛋、鸽蛋、鹌鹑肉、鹌鹑蛋、海参、燕窝、藕、卷心菜、番茄、豇豆、四季豆、鸡毛菜、花椰菜、甘薯、马铃薯、黑木耳、刀豆、银耳、山药、胡萝卜、洋葱、蘑菇、香菇、蚕豆、毛豆、黄豆、黄豆芽、白扁豆、豌豆、苹果、葡萄、柠檬、乌梅、枇杷、李子、酸梅、海棠、菠萝、石榴、无花果、莲子、芡实、榛子、松子、百合、银杏、大枣、南瓜子、西瓜子、芝麻、糯米、粳米、玉米、黑豆、赤小豆。

（二）食品原料按照五味分类

1．甘（淡）

白糖、红糖、蜂蜜、大枣、山药、大米、小米、糯米、高粱、薏苡仁、豇豆、扁豆、豌豆、黄豆、甘蓝、菠菜、胡萝卜、芋头、红薯、土豆、南瓜、黑木耳、香菇、罗汉果、白果、桂圆、栗子、西瓜、冬瓜、茯苓、黄花菜、花生、白菜、芹菜、藕、百合、猪肚、兔肉、羊肉、鸡肉、鸭肉、鹌鹑、草鱼、鲫鱼、黄花鱼、银鱼、鲈鱼、羊奶、牛奶等。

2．酸（涩）

乌梅、山楂、石榴、柑、橘、柚、柠檬、杏、柿子、木瓜、番茄、苹果、梨、橄榄、猕猴桃、醋等。

3. 苦

苦瓜、苦杏仁、橘皮、茶、薤白等。

4. 辛

姜、葱、蒜、韭、辣椒、胡椒、芥菜、芫荽、白萝卜、桂皮等。

5. 咸

盐、海带、紫菜、海虾、海蟹、海蜇、龟肉、狗肉、蛤蛎、猪肾等。

第二节 食品原料的合理利用与开发

我国经济体制的改革对与食品生产相关的农业、食品工业、流通业、销售业等行业也产生着巨大影响，特别是科学技术的发展和工作、生活节奏、食物结构的变化也直接影响了人们的生活意识与生活质量，因此，无论家庭还是食品加工企业、餐饮业、医药保健业等都对食品原料有了更高、更严格的技术要求，而现代生物技术、太空应用技术、农业生产技术等也对食品原料及食品原料资源的品质、品种、品控起着强有力的支撑，使食品原料的生产、消费、应用有了更加广阔的选择范围。

一、消费及应用领域对食品原料生产与开发的影响

目前食品原料生产出现了深刻的变化，计划经济时期，食品原料生产决定食品加工，食品产品决定食品市场，食品市场决定消费者的消费；市场经济的今天是消费者或应用企业对食品的消费需求决定食品市场，食品市场决定食品加工，食品加工引导食品原料生产。很明显食品原料生产（产量与品种）直接受到食品加工、居民消费、餐饮行业等的影响，直接受到市场经济的调节。

我国居民对食品的消费总量呈上升趋势。居民对食品的消费进入了理性消费阶段，食品的消费结构有着明显的变化，食物消费主要表现为：① 粮食消费量下降，尤其是细粮的消费量降低，粗粮消费量增加；② 动物性消费量增加，特别是营养价值高，含丰富优质蛋白质的禽蛋、牛乳消费量提高；③ 烟、酒、饮料、干鲜瓜果等产品的消费支出明显增加；④ 追求食品口味的多样化、方便化、安全化等，特别是冷冻食品、食品半成品的市场需求量较大。

餐饮业特别是快餐连锁业的工业化与标准化对食品原料，如原料的品种、规格、产地甚至是生产所用到的水、肥、环境等的要求更为严格。一些洋快餐餐饮业也十分注重种养殖基地建设。目前我国一些重要的大型食品企业也注重和加大对食品原料基地建设的投入，逐渐形成公司＋基地模式。

我国的食品原料生产与加工仍存在问题，发达国家食品工业的深加工产品，直接入口的必需品占主导地位，已达到80%，其食品制造业与农业总产值之比为（2.0～3.7）：1，而我国为0.4:1。我国食品工业总产值中，近50%是基础原料（粮油、饲料），深加工产品仅占11%左右，并且产品加工程度低，商品化程度低，综合利用差，附加值小。很显然，我国的食品原料生产及后加工还有较大空间。

二、食品原料生产安全问题与可持续发展

（一）食品安全与食品原料生产

1. 食品原料生产环境对食品安全的影响

食品原料生产环境与食品安全有着密切的关系。工业“三废”的不合理排放会引起大气、水体、土壤及动植物的污染，造成食品原料生产的不安全。环境对食品原料安全的影响，表现为化学性污染。各种有毒有害物质，包括各种有毒的金属、非金属、有机化合物和无机化合物对食品原料生产造成了污染。许多研究表明，很多化学性污染物对人体都有毒，即使摄入量很小，却能引起人体的急性中毒或慢性中毒。工业三废中的许多有害的化学物质如汞、砷、铅、铬、镉等金属毒物和氟化物等非金属毒物，随着三废的排放，使水、土壤和空气等自然环境受到污染，动物长期生活在这种环境中，这些有毒物质就会在体内蓄积，成为被污染的畜产品。再如公路两侧200～300m范围内的农作物会受汽车尾气中的多种有害气体和固体污染物的严重污染。

2. 食品原料生产中的农业投入对食品安全的影响

农业投入种类选择不当或投入过量，也严重影响食品原料的安全生产。农业投入包括各种农业生产资料，如化肥、农药、兽药、种子、饲料等。目前，各种投入品，特别是农药、兽药、化肥、饲料的不当使用，是食品原料安全问题产生的重要原因。这些化学药品在产品中会形成不安全的残留水平。不当使用会导致动物体内药物的滞留或蓄积，并以残留方式进入人体及生态系统。滥用兽药和非法使用违禁药物，对人类和环境造成慢性、远期和累积的危害，如致癌、体内蓄积、免疫抑制、致敏和诱导耐药菌株产生等。

3. 生产管理的方法及生产者的意识对食品原料安全的影响

食品原料生产、经营者不严格按照标准组织生产和加工，生产者对食品原料质量安全意识较差，有意使用违禁药物，造成安全隐患。

（二）农、牧、渔、林业的可持续发展与食品原料生产

无论是发达国家还是发展中国家，都面临着这样一个问题，即如何充分合理地利用自然资源，稳定、持续地发展农业，同时又保护环境和农村生态平衡。实践证明，传统的有机农业解决不了这一问题，石油农业会使问题变得更加严重。因此在20世纪70年代有学者提出一种新型农业概念——“生态农业”，并成为农业发展的正确方向。

无公害农业是20世纪90年代在我国农业和农产品加工领域提出的一个全新概念。它是指在无污染区域内或已经消除污染的区域内，充分利用自然资源，最大限度地限制外源污染物质进入农业生产系统，生产出无污染的安全、优质、营养类产品，同时，生产及加工过程不对环境造成危害。农产品生产由普通农产品发展到无公害农产品，再发展至绿色食品或有机食品，已成为现代化农业发展的一个趋势。

以生态农业为基础，与无公害农产品类似的生态标志型农产品包括绿色食品、有机农产品、生物动力学农产品等。目前，国际上与我国无公害农产品相类似的产品，有生态食品、自然食品和有机食品等。虽然称谓不同，但基本上都是指出自洁净生态环境、限制产品生产过程中化学制品的使用、加工过程符合相应操作规程而生产的食品原料。这些生态标志型农产品的主要特征包括：① 生产过程中禁止或限量使用化学合成品；② 生产的产品中有害物质的含量应该符合国家和国际上的限量标准，在当前技术和经济社会条件下，

不会对人体健康产生影响；③ 生产活动过程对于生态系统和环境保护应该有积极贡献；④ 产品需要第三方机构进行认证。国外生态农业和有机农业以及生物动力农业在科学和法律意义上基本是一致的，唯有我国的生态农业与有机农业在农用化学品施用问题上要求不同。国外有机农业和有机食品的产业化发展已经在生产资料、生产标准、生产过程、法规体系、认证体系、标志体系和国际贸易体系建设方面形成了较为完善的体系，为我国生态农业的产业化发展提供了很好的参考模式。

有机食品（或生态食品）近年来已风靡美、德、日等发达国家。以有机农业和有机食品为追求目标的计划与行动层出不穷，如德国的“蓝色天使”行动、日本的“生态”标准计划、法国的“标准－环境”计划、加拿大的“环境的选择”行动等。市场调查表明，英国已有2/5的消费者在购物时关心和询问是否为有机食品，法国消费者多选择有机食品，美国有机食品的需求已增长了30多倍。从国际市场来看，有机食品是当前国际食品的一大潮流，从食品业发展趋势看，无污染、无公害的有机食品将成为国际食品贸易的主流。在欧洲近期进行绿色食品生产的企业就有近2万个。21世纪的农业是“生态农业”，21世纪的主导食品——“天然”食品是食品的发展趋势。“天然”食品涉及的产品和技术很广，其中包括生物农业产品和没有施化肥的蔬菜瓜果，不加任何防腐剂的罐头，在食品加工过程中减少营养成分破坏的灭菌方法及保鲜保味的包装等。目前进入国际市场的食品必须注明产地、种植加工方法等内容，这对食品原料生产提出了更高的标准。

1990年，第45届联合国大会通过决议，敦促世界各国把海洋开发与保护列入国家发展战略。1992年，世界环境与发展大会通过《21世纪议程》，把海洋列为可持续发展战略的重点领域。1994年《联合国海洋法公约》生效，这标志着一套比较完整的国际海洋法律制度已经建立。在这样的国际背景下，世界各沿海国家都把海洋开发与保护提到国家发展战略高度，把合理利用资源作为求生存、求发展的基本国策。

第三章　食品原料的化学组成及在加工中的变化

第一节　植物性食品原料的化学组成及在加工中的变化

植物性食品极其重要且复杂多样，现概括各种植物的化学组成，以及植物可食部分在贮存和加工中的变化。

一、植物可食部分的化学组成

不同植物、不同植物器官和不同生理阶段的植物组织的化学组成不同，即使同种植物相同器官并且同期收获的植物组织，其化学组成也会因收获、贮藏、加工环境不同而有所不同。例如，果蔬在贮藏中，化学成分会发生各种变化，有些变化使原料损失营养成分、风味色泽变差及质地变劣。应最大限度地保存食品的营养成分，降低其在加工和贮藏过程中的色、香、味和质地的变化。了解和掌握果蔬化学成分及其在加工中性质的变化，对合理选择加工工艺和参数具有重要意义。表3－1中为可食农作物的主要化学组成，表3－2显示了主要的谷物、豆类、油料作物的化学组成，表3－3显示了主要果蔬类的化学成分，表3－4中为小麦面粉的主要化学成分，表3－5中为不同米类的主要化学成分。

表3－1　　**可食农作物的主要化学组成**　　单位：%

农作物种类	水	糖类	脂类	蛋白质
水果	80~90	5~20	0.1~0.5	0.5~3
新鲜蔬菜	80~90	2~20	0.1~0.3	5~7
豆类	10~50	6~60	1~18	5~25
坚果	3~50	10~40	2~70	3~25
谷物	12~14	65~70	2~6	7~12

表3－2　　**主要的谷物、豆类、油料作物的化学组成**　　单位：%

作物	蛋白质	脂类	糖类	作物	蛋白质	脂类	糖类
小麦	12	2.0	80	鹰嘴豆	21	5.0	71
玉米	12	6.5	70	大豆	35	21	25
马铃薯	9	0.4	82	花生	28	50	15
大米	9	2.0	82	油菜子	30	40	20
兵豆	26	1.0	56	向日葵	35	45	5
菜豆	25	2.0	70	棉子	50	30	12

表 3-3　　　　主要果蔬类化学组成（100g 中）

名称	水分	蛋白质	脂肪	糖类	钙	磷	铁	胡萝卜素	维生素类含量/mg			
	g	g	g	g	mg	mg	mg	mg	B_1	B_2	B_6	C
胡萝卜	89.3	0.6	0.3	8.3	10	29	0.7	1.65	0.04	0.04	0.4	12
白萝卜	91.7	0.6	0	5.7	49	34	0.5	0.02	0.02	0.04	0.5	30
土豆	79.9	2.3	0.1	16.6	11	64	1.2	0.01	0.1	0.03	0.4	16
黄瓜	96.6	0.6	0.2	1.6	16	29	0.3	0.16	0.04	0.04	0.3	6
茄子	93.3	2.3	0.1	3.1	22	31	0.1	0.04	0.04	0.01	0.5	3
番茄	95.9	0.8	0.3	2.2	8	24	0.8	0.87	0.02	0.02	0.6	8
葡萄	87.9	0.4	0.6	8.2	4	7	0.8	0.01	0.06	0.01	0.2	微量
苹果	84.6	0.4	0.5	13	11	9	0.6	0.08	0.01	0.01	0.1	微量
鸭梨	89.3	0.1	0.1	9	5	6	0.2	0.01	0.02	0.01	0.1	4
杏	85	1.2	0	11.1	26	24	0.8	1.79	0.02	0.03	0.6	7
香蕉	77.1	1.2	0.6	19.5	9	31	0.6	0.25	0.02	0.05	0.7	6
菠萝	89.3	0.4	0.3	9.3	18	28	0.5	0.08	0.08	0.02	0.2	24
核桃	3.6	15.4	63	10.7	108	329	3.2	0.17	0.32	0.11	1.0	

表 3-4　　　　小麦面粉的主要化学成分　　　　单位：%

名称	水分	粗蛋白	粗脂肪	糖类	粗纤维	灰分
小麦	15.0	11.0	1.9	68.5	1.9	1.7
特制粉	13.0	9.4	1.4	75.0	0.4	0.8
标准粉	13.0	9.8	1.8	73.6	0.7	1.1
全麦粉	12.0	9.4	1.9	72.9	2.4	1.4
小麦面筋	72.0	19.9	2.5	5.0	0.1	0.5

表 3-5　　　　不同米的化学成分（100g 中）

名称	水分/g	蛋白质含量/g	脂类含量/g	糖类含量/g		灰分/g	矿物质含量/mg				维生素含量/mg		
				淀粉	纤维		钙	钠	磷	铁	B_1	B_2	烟酸
粳性糙米	15.5	7.4	2.3	72.5	1.0	1.3	10	3	300	1.1	0.36	0.10	4.5
粳性精米	15.5	6.2	0.8	76.6	0.3	0.6	6	2	150	0.4	0.09	0.03	1.4
糯性糙米	15.5	7.6	2.3	72.0	1.2	1.4	10	3	290	1.1	0.36	0.10	4.5
糯性精米	15.5	6.5	0.8	76.2	0.4	0.6	6	2	150	0.4	0.10	0.04	1.5

1. 水

植物可食部分充分吸水膨胀时，膨压和细胞壁的向内压力平衡，膨压此时为 900MPa 以上，此时组织含水量为 80% ~90% 。干燥的农产品常萎蔫，并且发生一些生理变化，它们的水含量在 20% 以下。

水分对果蔬的质地、口感、保鲜和加工工艺的确定有十分重要的影响，果蔬中的水分含量很高，一般蔬菜中含有 65% ~96% 的水分，水果含有 70% ~90% ，干果含有 3% ~4% 。可将果蔬中的水分分为两大类：

（1）自由水分（游离水） 存在于果蔬组织的细胞中作为一种溶剂，热容量也较大，在细胞中能自由出入，占含水量的70% ~80%，为干制品的主要脱出成分，果蔬在贮存和加工期间所丢失的水分就是这一类水分，在冻结过程中结冰的水分也是这一类水分。

（2）结合水

① 胶体结合水：同一些胶体物质（如果胶、多糖类、蛋白质等）相结合的水。与游离水不同，胶体结合水冰点低，是干制后期主要蒸发的水分。该种水分占整个含水量的20%左右。

② 化学结合水：存在于化学物质晶格中的水，性质很稳定，在加工过程中一般不与其他物质发生作用。这类水分不仅不蒸发，人工排除也比较困难。只有在较高的温度（105℃）和较低的冷冻温度下方可分离。

2. 糖类

植物中75%的固形物是糖类，但其占植物总重的多少，因种类差异却很大。鲜果和鲜菜的糖类含量很低，有些还不足2%，富含淀粉的蔬菜中糖类含量却高于鲜重的30%，豆类和谷物中糖类常为鲜重的60%以上。糖类位于植物的细胞壁、细胞质体、液泡和细胞浆中。糖类是果蔬干物质中的主要成分，在新鲜原料中的含量仅次于水分，主要包括糖、淀粉、纤维素、半纤维素、果胶等物质。

（1）细胞壁成分 细胞壁的主要成分有纤维素、半纤维素、果胶和木素。在植物的木质部和厚壁组织、细胞壁中纤维素和木素含量很高，这些组织一般不食用。可食用的植物组织多为薄壁组织，这些组织中纤维素和木素的含量少得多。细胞壁中还有少量结构蛋白质和酶，已鉴定的酶主要为过氧化物酶和多种水解酶。

细胞壁中的果胶和半纤维素的水解是植物组织软化的重要原因。例如，无后熟现象的番茄变种里多聚半乳糖醛酸酶的含量远低于普通番茄，这种番茄采收后不易发生软化。又如猕猴桃在成熟期内多聚半乳糖醛酸酶的活性约提高一倍，它促进成熟猕猴桃软化。

植物可食部分中的纤维素对口感有一定影响。例如，鲜苹果中结晶态的纤维素使苹果吃起来有脆感，而无定形形式的纤维素增加会降低口感质量。植物在储藏中的木质化会硬化组织，在加工中加入钙盐也会因造成果胶交联而硬化组织。

（2）糖类和有关物质 糖类是米中主要成分，其中以淀粉为最多。水果和蔬菜的含糖量多少不一，熟香蕉中糖竟占到鲜重的20%。蔗糖、葡萄糖和果糖是大多数农产品中的主要糖类，木糖、甘露糖、阿拉伯糖、半乳糖、麦芽糖、山梨糖、辛酮糖和纤维二糖也天然存在，有些水果中还天然存在山梨醇和木糖醇。

果蔬中的糖类含量以蔗糖、葡萄糖、果糖最多。一般情况下，水果中的总糖含量为10%左右，其中仁果和浆果类中还原糖（葡萄糖或果糖）类较多，核果类中蔗糖含量较多，坚果类中主要是淀粉，单糖或双糖的含量较少。蔬菜中除甜菜以外，糖的含量较少。表3-6显示了部分果蔬含糖的种类及量。

糖因种类不同而甜度差别较大，糖的含量以及糖酸比对制品的口味有很大影响。糖酸比是原料或产品中糖的含量和酸的含量的比例，在使用香精对产品调味时，只有在接近天然原料糖酸比的条件下，才能使风味较好地体现。表3-7和表3-8分别列出了几种糖的相对甜度和不同糖酸比的口味。

表 3-6　部分果蔬含糖的种类及量　单位：%

果实	还原糖	蔗糖	总糖
苹果	7.35~11.62	0.27~2.99	8.62~14.61
梨	6.52~8.00	0.85~2.00	8.37~10.00
桃	0.77~3.67	8.61~8.74	10.38~12.41
李	5.84~9.05	0.01~1.85	6.85~10.70
杏	3.00~3.45	5.45~8.45	8.45~11.90
甜樱桃	13.18~16.57	0.17~0.43	13.35~17.00
酸樱桃	11.52~12.30	0.17~0.40	11.69~12.70
葡萄	16.83~18.04		16.83~18.04
甜橙	4.82	3.01	7.99
橘子	2.14	4.53	6.67
草莓	5.56~7.11	1.48~1.76	7.41~8.59

表 3-7　几种糖的相对甜度

糖类	甜度	糖类	甜度	糖类	甜度
蔗糖	100	木糖	40	果糖	173
半乳糖	32	葡萄糖	74	甘油	49
转化糖	127	乳糖	16	麦芽糖	32

表 3-8　不同糖酸比的口味

口味	糖含量/%	酸含量/%	糖酸比	口味	糖含量/%	酸含量/%	糖酸比
甜味突出	10	0.01~0.25	100.0~40.0	酸味突出	10	0.45~0.60	22.2~16.7
酸甜	10	0.25~0.35	40.0~28.6	强酸	10	0.60~0.85	16.7~11.8
酸	10	0.35~0.45	28.6~22.2				

当糖液浓度大于70%时，黏度高，在生产过程中的过滤和管道输送都会有较大的阻力，在降低温度时容易产生结晶析出。但在浓度较低时，由于渗透压较小，在暂存或保存时产品容易遭受微生物的污染。故在生产过程中，配料之前的糖液浓度一般控制在55%~65%。

豆类中一般含有1%~3%的低聚糖（棉子糖和水苏糖），由于它们不被胃消化而可供肠道产气菌利用，食入后会引起胃肠胀气，但却能促进肠道有益菌生长繁殖。谷物和荚豆种子中常含有六磷酸肌醇。

（3）淀粉和其他多糖　淀粉是由葡萄糖分子经缩合而成的多糖，相对分子质量很大。蔬菜中薯类所含的淀粉最多，可达20%左右。未成熟的仁果中含有数量不多的淀粉，随着成熟度的增加，淀粉在淀粉酶的作用下，渐渐分解，完全成熟时淀粉含量在1%左右。其他水果如桃、李、杏、柑橘等品种在成熟后基本不含淀粉；只有香蕉的淀粉含量较多，可为4.69%，未成熟时，淀粉的含量可高达26%左右，成熟后淀粉的含量大约在1%。一般蔬菜淀粉含量均高于果品。

淀粉集中在细胞内的淀粉质体（淀粉粒）中。淀粉由葡萄糖或蔗糖合成或转化而来，葡萄糖先转变为腺苷二磷酸葡萄糖（ADPG），蔗糖先转变为尿苷二磷酸葡萄糖（UDPG），ADPG 或 UDPG 再经合成酶作用生成直链淀粉，直链淀粉再经分枝酶作用而生成支链淀粉。

淀粉是小麦面粉的主要成分，约为 70%，其中支链淀粉 75%。淀粉中所含支链淀粉和直链淀粉数量的不同及淀粉粒晶体结构的差异，都会引起物理性质的差别，如淀粉的糊化性、热稳定性及低温稳定性等。不同性质的淀粉可分别作为食品的增稠剂、保湿剂、乳化剂及粘合剂等。白米中淀粉含量为 75%，其余为糊精、纤维素等；粳性米的淀粉约由 20% 直链淀粉、80% 支链淀粉组成。糯米的淀粉几乎不含直链淀粉而仅由支链淀粉组成。

可食植物的其他多糖的含量尚不准确知晓，甜玉米中存有较多 α – 1，4 – D – 吡喃多糖，芒果中发现有 β – 葡聚糖和果聚糖，甘薯中含有大量菊粉，谷物（如燕麦、大麦、黑麦）中含有较大量戊聚糖。这类发现仍在不断增多，它们有些为可溶性多糖，有些不可溶。可溶性的此类多糖在食品中表现出了一定功能性，有时却带来一定的工艺困难。例如小麦和黑麦中的戊聚糖具有吸收大量水和发生凝胶化的性质，它对面团起筋有一定重要性。燕麦和大麦中含有黏性的 β – 葡聚糖，在啤酒加工的大麦芽汁过滤中引起一定困难。菊粉、戊聚糖和 β – 葡聚糖的局部结构见图 3 – 1。

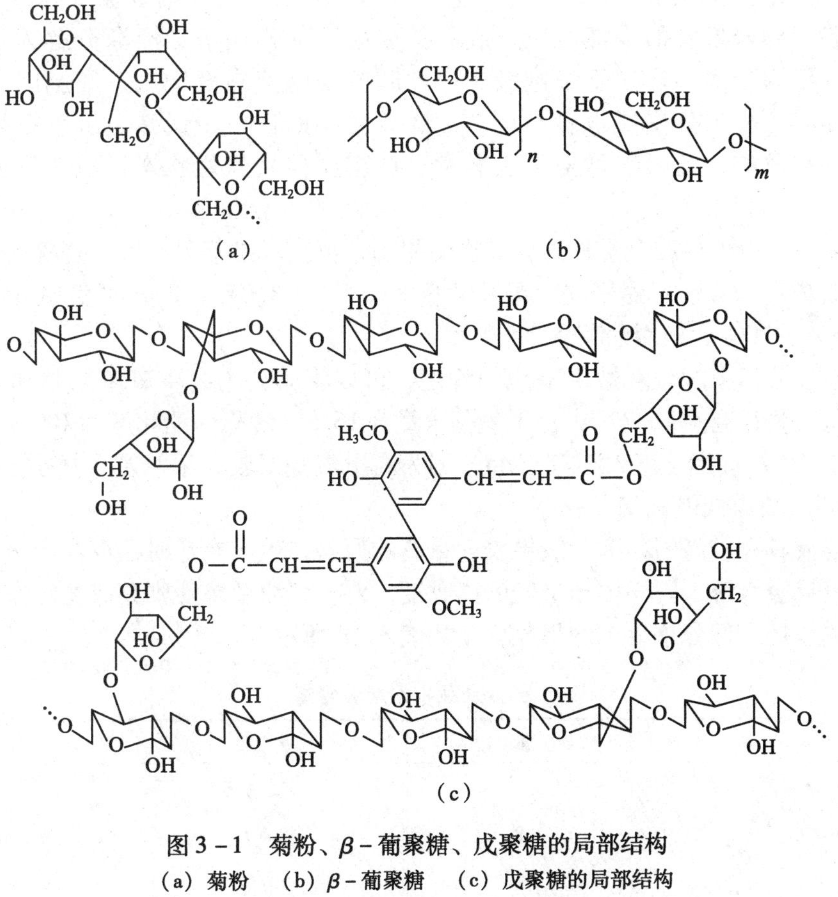

图 3 – 1　菊粉、β – 葡聚糖、戊聚糖的局部结构

（a）菊粉　（b）β – 葡聚糖　（c）戊聚糖的局部结构

（4）纤维素和半纤维素　纤维素和半纤维素在植物界分布极广，数量很多。果实中的纤维素含量在 0.5% ~2% 之间，半纤维素的含量在 0.3% ~2.7% 之间；蔬菜中的纤维

素含量在0.2% ~2.8%之间，半纤维素的含量在0.2% ~3.1%之间。纤维素和半纤维素都是植物的骨架物质，是细胞壁和皮层的主要成分，对果蔬的形态起支持作用。

幼嫩植物的细胞壁为含水纤维素，软而薄，食用时感觉细嫩、脆度高、容易咀嚼。但在老熟之后，纤维素即产生木质和角质，使植物成为坚硬而粗糙的物质，食用价值显著下降。但这种状态下的纤维素可保护果蔬免受机械损伤且能够增加果蔬的耐藏性。纤维素不能被人体吸收，但能刺激肠道蠕动，有助于消化。纤维素具有很大的韧性，不溶于水、稀酸、稀碱，但能溶于浓硫酸。

半纤维素在水果蔬菜中有多重作用，既有类似纤维素的支持功能，又有类似淀粉的贮藏功能。半纤维素也不溶于水，能溶于稀碱，也易被稀酸水解成单糖。

纤维素和半纤维素含量高的原料在加工中除了会影响产品的口感外，还会使饮料和清汁类产品产生浑浊现象，故此时一般将其作为不可食部分去掉。

（5）果胶物质　果胶是由半乳糖醛酸形成的长链。果胶物质是构成细胞壁的主要成分，也是影响果实质地的重要因素，果实的软硬程度和脆度与原料中果胶的含量和存在形式密切相关。果蔬中的果胶物质以原果胶、果胶和果胶酸三种形式存在。在未成熟的果实中，果胶物质大部分是以原果胶的形式存在。原果胶不溶于水，与纤维素结合成为细胞壁的主要成分，并通过纤维素把细胞与细胞及细胞与皮层紧密地结合在一起，此时果实显得既硬且脆。随着果实的成熟，原果胶在原果胶酶的作用下，渐渐分解为溶于水的果胶，并与纤维素分离，存在于细胞液中。此时的细胞液黏度增大，细胞间的结合变得松软，果实随之变软且皮层也容易剥离。随着果实的进一步成熟，果胶在果胶酶的作用下水解为果胶酸，此时细胞液失去黏性，原料质地呈软烂状态，原料失去加工或食用价值。

在果蔬中，山楂果胶含量较高，其次是柑橘，再其次是苹果、梨、杏等。柠檬皮中果胶含量为2.5% ~5.5%；甜橙皮中果胶含量为1.5% ~3.0%；向日葵盘白皮海绵状中果胶含量为8% ~10%；根用甜菜含果胶8%。

根据果胶分子中的羧基被甲酯化的程度，可以将其分为高甲氧基果胶和低甲氧基果胶。甲氧基含量最高为16.3%，把甲氧基含量为16.3%的称为酯化度为100%。甲氧基含量大于等于7%，即酯化度大于等于45%的为高甲氧基果胶；甲氧基含量小于7%，即酯化度小于45%的为低甲氧基果胶。

果胶溶液具有较高的黏度，故果胶含量高的原料在生产果汁时，取汁困难，要提高出汁率则需将果胶水解。同样由于果胶的高黏度，对于浑浊型果汁则具有稳定作用，对于果酱具有增稠作用。部分果蔬中的果胶含量如表3－9所示。

表3－9　部分果蔬中的果胶含量　单位：%

原料	含量	原料	含量
山楂	6.4	草莓	0.7
苹果	1~1.8	胡萝卜	1.0
桃	0.56~1.25	马铃薯	0.36
梨	0.5~1.4	花椰菜	0.51
杏	0.5~1.2		

将含有果胶的原料在一定浓度Ca^{2+}、Al^{3+}的溶液中浸泡一段时间，通过高价离子与果胶的相互作用，可以增加原料的硬度和脆度，对制品进行增硬保脆。

3. 蛋白质和非蛋白含氮物

（1）蛋白质

① 谷物蛋白质：小麦面粉含有10% ~15%的蛋白质（硬小麦蛋白含量最高），米类蛋白质含量根据品种、栽培条件的不同而异。是人们日常植物性食物蛋白质的主要来源。根据谷物蛋白质的溶解特征，将它分成清蛋白、球蛋白（溶于10%的NaCl溶液）、醇溶蛋白（溶于70%乙醇）和谷蛋白（溶于稀酸或稀碱溶液）四种。表3－10列举了不同谷物蛋白质的种类与含量。

表3－10　　几种谷物蛋白质的主要组成与含量　　单位：%

谷物	蛋白质含量（干基）	蛋白质组成			
		清蛋白*	球蛋白*	醇溶蛋白*	碱溶蛋白*
小麦	10 ~ 15	3 ~ 5	6 ~ 10	40 ~ 50	30 ~ 40
玉米	7 ~ 13	4.0	2	50 ~ 55	30 ~ 45
大麦	7 ~ 17	3 ~ 4	10 ~ 20	35 ~ 45	35 ~ 45
大米	8 ~ 10	5	10	5	80
高粱	9 ~ 13	1 ~ 8	18	50 ~ 60	30

*为占总量蛋白质的质量分数。

小麦面粉中加水至含水量高于35%时，再用手工或机械进行揉和即得到粘聚在一起并具有黏弹性的面块，这就是所谓的面团。面团在水中搓洗时，淀粉、麸皮渐渐离开面团而悬浮于水中，最后只剩下一块具有黏性、延伸性和胶性的物质，这就是“面筋”。

面筋蛋白质主要是麦醇溶蛋白（43.02%）和麦谷蛋白（39.10%），少量的清蛋白和球蛋白（二者约占4.41%）。前二者在氨基酸组成上的特点是都含有丰富的谷氨酸（主要以酰胺形式存在，约占氨基酸总数的1/3）和脯氨酸（约占氨基酸总数的1/7），而小麦清蛋白和球蛋白则富含赖氨酸和精氨酸。小麦制粉后，保留在面粉中的蛋白质主要是醇溶蛋白和麦谷蛋白。小麦粉是焙烤食品的主要原料，它在焙烤食品中发挥的功能性与面筋蛋白密切相关。在面团形成中面筋蛋白发挥其得天独厚的黏弹性，在焙烤中面团中的气体小室受热膨胀，小麦蛋白主要决定着气室壁的透气性和膨胀性，并且在最终焙烤食品中构成了应有的多孔结构。

食品工业中常加入一些添加剂来改善面团的品质。例如偶氮甲酰胺的少量加入可提高面团的筋力，半胱氨酸、连二亚硫酸盐和谷胱甘肽的加入可降低面团的筋力。前二者通过氧化作用而增加水化面筋的二硫键，后三者通过还原作用而断裂水化面筋的二硫键。

不同小麦品种、不同制粉方法、不同添加剂的使用和不同和面方法对面团特性和最终产品的质量都会产生不同影响。一般可通过面团强度、揉捏耐性、面团的拉伸特性、产品质构等指标来考查小麦粉的品质、适用性和适用的加工工艺。

米蛋白的组分以溶于稀碱的谷蛋白为主。从氨基酸组成来看，色氨酸、赖氨酸、苏氨酸、蛋氨酸比动物性蛋白少，但是比其他植物性蛋白质的赖氨酸、含硫氨基酸多。可以说，米是谷类中最好的蛋白质食物来源。

② 果蔬类蛋白质：果蔬中含氮物质的种类主要有蛋白质、氨基酸、酰胺、氨的化合

物及硝酸盐等。果实中除了坚果外，含氮物质一般比较少，在0.2% ~1.5%之间，其中仁果类为0.2% ~1.2%，核果类为0.4% ~1.3%，浆果类为0.5% ~1.5%；坚果中的含氮物质有的可高达16%左右。蔬菜中的含氮物质相对水果来讲较为丰富，一般含量在0.6% ~9%，通常叶菜类为1.0% ~2.4%；瓜果类为0.3% ~1.5%；根茎类为0.6% ~2.2%；葱蒜类为1.0% ~4.4%；豆荚类中的含氮物质含量较高，一般为4.8% ~13.6%。表3-11、表3-12所示为部分果蔬中的蛋白质的含量。

表3-11　　水果中的可食部分蛋白质含量　　单位：%

种　类	含　量	种　类	含　量
苹果	0.3~0.1	枇杷	0.4~1.1
梨	0.1~0.2	蜜橘	0.5~0.7
桃	0.5~1.7	荔枝	0.7~0.8
李	0.2~0.5	龙眼	0.2
杏	0.8~1.2	芒果	0.6~0.7
樱桃	0.1~1.4	番石榴	0.7~1.1
杨梅	0.7	菠萝	0.4~0.6
葡萄	0.4~0.7	草莓	1.0

表3-12　　蔬菜中的可食部分蛋白质含量　　单位：%

种　类	含　量	种　类	含　量
春笋	2.1~2.7	花椰菜	0.7~2.3
冬笋	4.0~4.1	番茄（红熟）	0.7~1.5
马铃薯	0.5~2.3	茄子	0.7~2.3
鲜榨菜	0.8~1.6	甜椒（红）	0.0~1.3
雪里蕻	0.9~2.8	黄瓜	0.2~0.4
甘蓝	0.2~1.4	苦瓜	0.7~1.0
菜豆	0.1~3.2	姜	0.4~2.3
青豆	4.4~7.2	藕	0.4~2.3
蚕豆（青豆瓣）	7.4~9.0	芋头	2.3~3.0
绿豆芽	0.5~3.2	大头菜	0.9~1.5
蘑菇	2.9	芦笋	0.7~1.8
胡萝卜	0.4~1.4	荸荠	0.4~1.5
大白菜	0.5~1.3	莴苣	0.4~1.3
菠菜	0.9~2.9		

果蔬中的蛋白质虽然不是人体所需蛋白质的主要来源，但是从营养角度讲，它具有提高谷物蛋白质在人体吸收率的作用；从加工角度讲，它与加工工艺的选择和确定有密切关系。

蛋白质在加工过程中易发生变性而凝固、沉淀，这一现象在饮料和清汁类罐头的加工中经常遇到，在等电点附近更易产生。采用适当的稳定剂、乳化剂及采用酶法改性工艺可以防止这类现象发生。蛋白质与单宁物质能够产生絮凝，利用这一性质可以对果蔬汁进行澄清。

贮存蛋白质的电泳图谱常用于鉴别品种、寻找栽培种的起源和筛选培育的品种。根据溶解性质常将蛋白质分为水溶蛋白、球蛋白（溶于盐溶液）、醇溶蛋白和谷蛋白（溶于稀酸）。

马铃薯中的蛋白质和氨基酸合占鲜重的2% ~4%，电泳中已检出了40种蛋白质，主要蛋白质亚基的分子量为17000~20000u。

③ 豆类蛋白质：菜豆、兵豆、豌豆、大豆、绿豆都是重要的食用豆类。豆类种子含有20% ~40%的蛋白质，其中60% ~90%是球蛋白。大豆蛋白不含谷蛋白，但豌豆和其他豆类含10% ~15%谷蛋白。

大豆一般含较高的粗蛋白质，含量范围为25.5% ~58.9%，变化幅度很大。近90%的大豆蛋白质可用水抽提出来，其中球蛋白占84.25%，白蛋白占5.36%，消化蛋白4.36%，非蛋白质6.03%，大豆蛋白质的分离包括脱脂大豆用水或碱抽提的酸沉淀法和用热水代替水抽提的钙或锰盐沉淀法。前者以等电点沉淀，后者是蛋白质中的羧基形成盐的物质沉淀，此原理可用于豆腐制造。

大豆中90%的蛋白质为球蛋白，它又可被划分为四个组分：2S组分含量低、分子量最小，其中包含有两种胰酶抑制剂和细胞色素C及一些其他蛋白质。7S组分的分子量约为190000u，它们约占大豆总蛋白的33%，包含有β-淀粉酶、脂氧合质、血球凝集素和7S球蛋白。7S组分与大豆蛋白的功能性密切相关。11S组分的分子量约为350000u，它们约占大豆总蛋白的40%。大豆蛋白的水浸出液放置在0~2℃下时，11S组分中约86%的蛋白会沉淀出来。11S球蛋白和7S球蛋白的功能性质有一定区别，7S组分含量高时，制出的豆腐更为细嫩，11S高时形成的钙凝胶更坚实。15S组分的分子量约为600000u，目前对该组分及其功能的认识还不深入。

（2）非蛋白质含氮化合物　植物组织含有的非蛋白质含氮化合物包括游离氨基酸、胺、生物碱、核苷和卟啉等。这些物质中一些有毒（例如茄碱），个别为色素（例如甜菜色素），某些是风味物的前体物（例如蒜氨酸），还有不少的非蛋白含氮物的食品性质有待认识。

蛋白质和氨基酸与产品的口味有很大关系，对饮料口味的影响尤为突出。蛋白质含量高时能够增加产品的质感，使产品的口味更加圆润柔和。除此之外，许多氨基酸、肽是多种风味的呈味物质。如甘氨酸、丙氨酸、丝氨酸、苏氨酸等具有甜味，谷氨酸具有鲜味，中性的L型氨基酸与天冬氨酸形成的二肽则具有很强的甜味。而天然疏水性的L型氨基酸和碱性氨基酸都具有苦味。在肽类中，也有苦味很强的苦味肽，如大豆蛋白用蛋白分解酶进行水解时，若水解程度控制不当，则很易产生苦味肽，而使产品具有苦味。这些苦味肽都含有疏水氨基酸残基。

含氮物质中的硝酸盐对金属罐具有加速腐蚀的作用。

4. 脂类

面粉中的脂类与烘焙品质有相当密切的关系，其脂类可分为淀粉脂类和非淀粉脂类。非淀粉脂类又分为非极性脂类和极性脂类。淀粉脂类大概在从面团形成直到烘焙过程中开始糊化之前，均无任何活性作用。但非淀粉脂类中的游离脂类和结合脂类以及加入的表面活性剂则在面粉揉和形成面团、制成面包、直到面包陈化的各个阶段起着重要作用。

在面制品中，不饱和脂肪酸的存在对产品的保存期有较大的影响，如无油饼干，虽然其脂肪含量很低，但由于不饱和脂肪酸的存在经常会引起哈败。面粉中不饱和脂肪酸的含量越低越好，否则在储藏过程中会产生陈宿味及苦味。

对于小麦面粉来说，其所含的微量脂肪对改变面粉的筋力有一定的影响。在面粉的储藏过程中，脂肪受脂肪酶的作用所产生的不饱和脂肪酸可使面筋弹性增大，延伸性及流变性变小，结果会使弱面粉变成中等筋力面粉，中等筋力面粉变成强力面粉。当然，除了不饱和脂肪酸产生的作用外，还与蛋白分解酶的活化剂——巯基化合物被氧化有关。陈粉的筋力比新粉的筋力好，就是这个道理。

在米中，脂类以米油形式主要存在于胚芽中，米油以不饱和脂肪酸多为其特点，易被氧化，含有油酸45%、亚油酸30%、棕榈酸20%，其余为花生酸、豆蔻酸等。

大豆一般约含20%的油脂。用已烷抽提、粗制的大豆油为黄褐色的，具有豆腥味，精制之后则为淡黄色，且为风味良好的食用油。大豆油中的不饱和脂肪酸含量为50.8%，大豆油不但具较高的营养价值，而且对大豆食品的风味、口感等方面有很大的影响。其脂肪酸组成情况为：棕榈酸6% ~8%，硬脂酸3% ~5%，花生酸0.14% ~1.0%，油酸25% ~36%，亚油酸52% ~65%，亚麻酸3% ~8%。

大豆中的脂类在脂肪氧化酶的作用下发生氧化降解，这是比较公认的豆腥味产生的途径，大致机制是：不饱和脂肪酸氧化后形成氢过氧化物，它们极不稳定，裂解后形成异味化合物。

加工过程中经常采用加热、调整pH、闪蒸等方法脱除豆腥味。加热的作用是为了破坏脂肪氧化酶，该酶的耐热性较低，经轻度加热处理就可达到钝化酶的要求；调整pH是为了降低酶活性，通常在pH 3.0 ~4.5和pH 7.2 ~9.0时，脂肪氧化酶的活性已比较低，一般采用Na_2CO_3和$NaHCO_3$，不但能够降低酶的活性，还能够提高蛋白质的溶出率；闪蒸可以将产生异味的成分脱除。

(1) 极性脂　水果和蔬菜中的脂含量不足鲜重的1%，其中大部分是极性脂，如膜中的磷脂和糖脂。鲜苹果可作为一个代表，它的磷脂和糖脂分别占总脂类的46%和17%。呼吸跃变型水果的脂类在呼吸跃变期到来后会突然发生氧化分解。

谷物和豆类中极性脂含量也较高，特别是在内胚乳中。小麦全粉中总脂类的一半以上是极性脂。现已初步了解，小麦极性脂以糖脂和磷脂为主，在面包烘焙过程中，极性脂可抵消非极性脂的破坏作用，改进烘焙品质。其中糖脂对于促进面团的醒发和改进面包体积最为有效，并且能够使面包质地松软、保鲜、抗老化。其机理可能与糖脂中的多元醇类的极性特性有关。

大豆中约含有8%的磷脂，这类磷脂已被分离纯化，作为食品乳化剂和功能性食品配料。

(2) 三酰甘油　三酰甘油是一些植物组织的主要贮存物质之一，例如坚果、油料子、豆类和谷物的种子里都储藏有一定量三酰甘油，特别是在胚芽和麸皮中。贮存的三酰甘油主要以直径小于10μm的脂肪粒形式存在。一些植物油中主要脂肪酸所占油脂的百分比见表3-13。

(3) 其他脂类物质　植物中含有固醇、蜡质和烃类等天然类脂成分，一些水果和蔬菜中存在有mg/100g数量的类胡萝卜素，一些水果、蔬菜和香料植物中含有较丰富的芳香油，还有一些植物含有苦味的萜烯等。植物固醇包括谷固醇、油菜固醇和豆固醇。不同植物的固醇类包含的具体种类和含量比具有特异性，可通过测定它们来防止植物油掺假。

植物的表皮组织上含有较丰富的蜡质，这些蜡质可保护叶面、种子和果皮，减少失水、病害和擦伤。图 3－2 是一些蜡质成分的结构。

表 3－13　　一些植物油中脂肪酸占油脂的质量分数　　单位：%

来源	$<C_{12:0}$	$C_{12:0}$	$C_{14:0}$	$C_{16:0}$	$C_{18:0}$	$C_{18:1}$	$C_{18:2}$	$C_{18:3}$
玉米	—	—	—	6	2	44	48	—
小麦	—	—	3	18	7	31	57	4
稻谷	—	—	1	28	2	35	39	3
大豆	—	—	—	11	2	20	64	3
花生	—	—	—	9	6	51	26	—
兵豆	—	—	1	23	5	36	21	2
棕榈	8	50	15	8	2	15	1	—
椰子	15	46	18	9	3	8	1	—
可可	—	—	—	24	34	28	—	—
橄榄	—	—	—	15	—	75	10	—
棉子	—	—	—	23	—	32	45	—
向日葵子	—	—	—	6	4	31	57	—

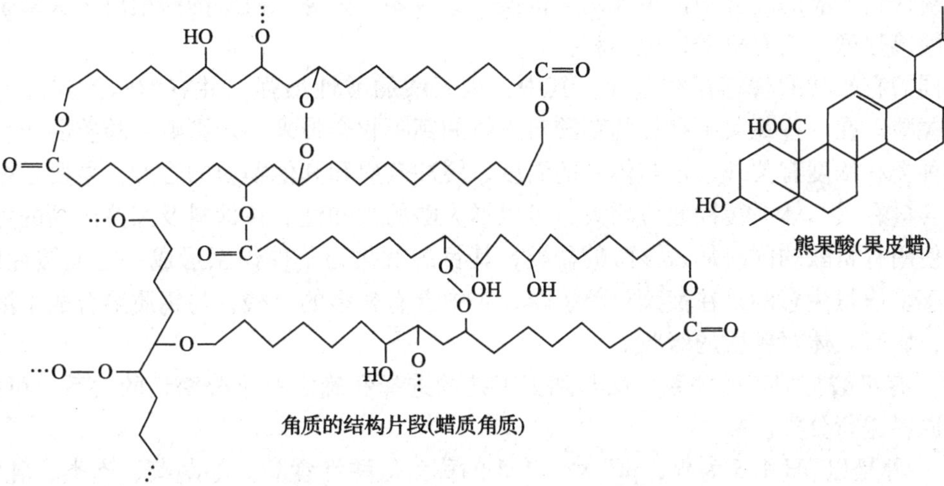

角质的结构片段(蜡质角质)

熊果酸(果皮蜡)

图 3－2　植物表皮细胞中所含有的蜡质

5. 有机酸

（1）有机酸的种类　植物组织或多或少有一定量有机酸存在，它们是三羧酸循环、乙醛酸循环和莽草酸途径的中间代谢物。在某些水果中有机酸可在液泡中积累到相当高浓度，可食部分带有明显的酸味，例如醋栗、沙棘、酸果蔓、葡萄、鳄梨、黑莓、杏等。积累的有机酸包括柠檬酸、苹果酸、酒石酸、异柠檬酸、绿原酸、奎尼酸、咖啡酸、香豆酸、阿魏酸等。菠菜中则积累相当多的草酸。在水果后熟期间，各种有机酸的总含量明显下降，前几种有机酸可作为呼吸底物，后几种多酚性质的有机酸常可作为多酚酶的底物(阿魏酸可能例外)。一些植物中还积累一定量抗坏血酸、苯甲酸、没食子酸、富马酸等，有机酸还具有抗氧化和防腐功能。几种果蔬中的有机酸含量如表 3－14 所示。

表 3-14　　几种果蔬中的有机酸含量　　单位：%

种类	柠檬酸	苹果酸	种类	柠檬酸	苹果酸
草莓	0.91	0.10	菠萝	0.84	0.12
苹果	0.03	0.02	桃	0.37	0.37
葡萄*		0.65	梨	0.24	0.12
橙	0.98	痕量	杏（干）	0.35	0.81
柠檬	3.84	痕量	洋李	0.03	0.92
香蕉	0.32	0.37	荚豌豆	0.03	0.13
甘蓝	0.14	0.10	南瓜	—	0.15
胡萝卜	0.09	0.24	菠菜	0.08	0.09
洋葱	0.02	0.17	花椰菜	0.21	0.39
马铃薯	0.51		番茄	0.47	0.05
甘薯	0.07	—			

* 含酒石酸 0.43%。

有机酸是果蔬中的主要呈酸物质，但是酸的种类对酸味的呈现具有很大的影响。例如，苹果酸、柠檬酸和酒石酸，具有佳美爽口的酸味；未成熟的果实中含有琥珀酸，具有讨厌的酸味，但对人体无大害。果蔬原料及果蔬的加工中所用的酸主要是有机酸，除磷酸外，果蔬饮料产品的配方中极少采用无机酸，这主要是因为无机酸的酸根离子大多带有苦涩味且酸感强烈，而有机酸口感柔和。

不同的有机酸的酸感存在差异，其中，酒石酸的酸性最强，并有涩味，其次是苹果酸、柠檬酸。在一些蔬菜中存在的草酸对人体的钙吸收会带来一定影响。酸感的产生除了与酸的种类和浓度有关外，还与体系的温度、缓冲效应和其他物质的含量，主要是糖和蛋白质的含量有关。体系缓冲效应增大，可以增大酸的柔和性。在饮料及某些产品的加工过程中，使用有机酸的同时加入该酸的盐类，其目的就是为了使体系形成一定的缓冲能力，改善酸感。值得注意的是在菠菜、笋、李、杏中含有较多的草酸，与钙质给合成不溶性的草酸钙，妨碍人体对钙质的吸收。

（2）有机酸与加工的关系　酸与加工工艺的选择和确定有十分密切的关系，可按 pH 将食品原料进行分类。

① 一种是以 pH 4.5 为界，pH 大于 4.5 的称为低酸性食品。如蔬菜、肉类、乳制品；pH 小于等于 4.5 的称为酸性食品，主要指水果或其他一些发酵类食品。

② 另一种是按 pH 将食品分为三种。

pH >4.5　称为低酸性食品；

pH $4.5\sim3.7$　称为酸性食品；

pH <3.7　称为高酸性食品。

酸含量的高低对酶褐变和非酶褐变有很大的影响；酸还能影响花色素、叶绿素及单宁色泽的变化；酸能与铁、锡反应，对设备和容器产生腐蚀作用；在加热时，酸能促进蔗糖和果胶等物质的水解。酸是确定罐头杀菌条件的主要依据之一，低酸性食品一般要采用高温杀菌，酸性食品则可以采用常压杀菌。另外，在某些加工过程，如长时间的漂洗等加工过程中，为了防止微生物繁殖和色泽发生变化，往往也要进行适当的调酸处理。因此掌握酸的加工特性是非常重要的。

6. 单宁和色素

单宁和色素在植物组织中广泛存在。

单宁又称鞣质，属于酚类化合物，其结构单体主要是邻苯二酚、邻苯三酚及间苯二酚。单宁与食品的涩味和色泽的变化有十分密切的关系。在食品中，单宁物质是指具有涩味、能够产生褐变及与金属离子产生色泽变化的物质，主要有两大类：水解型单宁和缩合型单宁。

（1）单宁

① 单宁的分类和含量：水解型单宁也称焦性没食子酸单宁，是由没食子酸或没食子酸衍生物以酯键或糖苷键形成的酯或糖苷，如单宁酸和绿原酸。这类单宁在热、酸、碱或酶的作用下水解成单体。

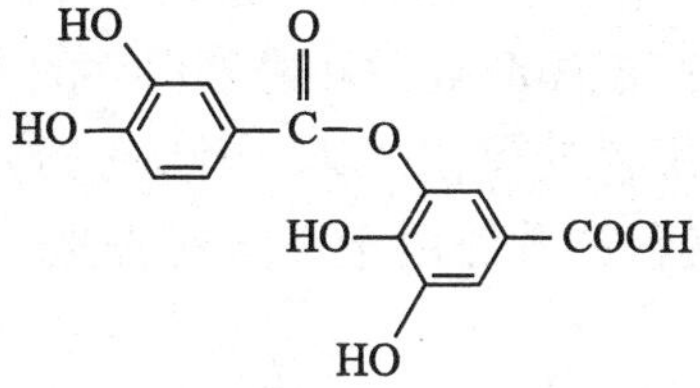

单宁酸

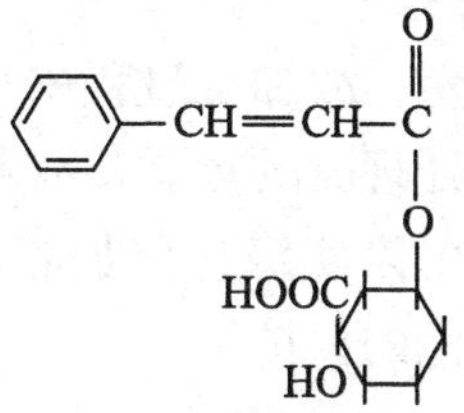

绿原酸

缩合型单宁也叫儿茶酚单宁，如儿茶素。这类单宁在酸或热的作用下不是分解为单体而是进一步缩合，成为高分子的无定形物质——红粉，也称栎鞣红。

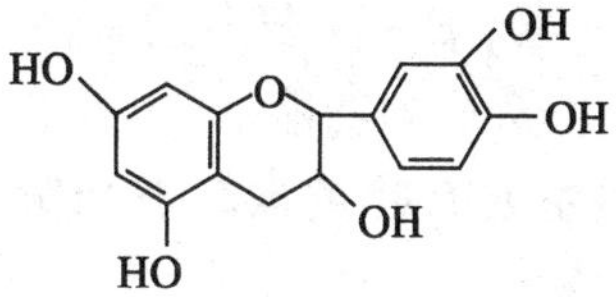

儿茶素

蔬菜中的单宁物质含量较少，单宁主要存在于果实中。几种果实中的单宁含量如表 3－15 所示。

表 3－15　　几种果实中单宁的含量　　单位：%

种类	最小量	最大量	平均量	种类	最小量	最大量	平均量
苹果	0.025	0.270	0.100	杏	0.063	0.100	0.074
梨	0.015	0.170	0.032	樱桃	0.053	0.151	0.098
李	0.065	0.200	0.127	草莓	0.120	0.410	0.200
桃	0.063	0.220	0.100				

② 单宁与加工的关系：单宁与产品的口味有很大的关系。单宁含量高时会给人带来很不舒服的收敛性涩感。但是适度的单宁含量可以给产品带来清凉的感觉，也可以强化酸味的作用。这一点在清凉饮料的配方设计中具有很好的使用价值。

有些原料的单宁含量较高，在进行加工前或食用前要进行脱涩处理。通常采用的脱涩方法是：将涩果浸泡在 40℃的水中，保持 10～15h，或将其放入密闭容器中，向容器中充入乙烯或含量为 50% 二氧化碳或喷洒 40% 的蒸馏酒，并密封保存一定时间。

单宁含量较高的原料在加工过程中，pH 的控制是十分重要的。pH 高时，易发生酶促褐变，pH 低时又易发生自身的氧化缩合，两者都会对产品的色泽产生影响。另外，单宁遇金属离子可引起变色，因此在加工过程中，与食品接触的设备和容、器具等不应用铁质材料。在用马口铁包装的果蔬产品中，防止锡离子溶出也十分重要。由于单宁遇碱可变黑，在使用碱液去皮时应特别注意这一点。单宁与蛋白质可产生絮凝作用，在果汁澄清中常利用这一性质。

（2）色素物质　按照溶解性质，可将果蔬中的色素分为两大类，一类是脂溶性色素，一类是水溶性色素（类黄酮色素）。

① 脂溶性色素：

a. 叶绿素：叶绿素不耐光也不耐热，光照或加热时叶绿素生成脱镁叶绿素，呈暗绿色至绿褐色或紫褐色，故加工过程中采用高温短时处理和避光保存的方法有利于绿色的保护。但果蔬加工预处理时的热烫却有利于绿色的保护，其原因是经过热烫驱除了果蔬组织中的空气，一方面可以使绿色更加容易显示，另外由于空气的去除，避免了叶绿素的氧化，从而有利于绿色的保护。

b. 类胡萝卜素：这类色素在动、植物中均有存在，有与脂肪酸结合成酯或与叶绿素和蛋白质共同络合成色素蛋白等形式，颜色从浅黄色到深红色，在它的分子中含有四个异戊二烯单位。这类色素从分子结构上可以分为两大类，一类是胡萝卜素类，一类是叶黄素类，它们的区别是在结构上是否发生氧化。

胡萝卜素类色素有 α - 胡萝卜素、β - 胡萝卜素、γ - 胡萝卜素和番茄红素。除番茄红素外，其他三种均具有不等的维生素 A 的功能。

c. 叶黄素类：叶黄素类色素主要有叶黄素、玉米黄素、隐黄素、辣椒红素、虾青素等，其中隐黄素可以生成维生素 A。

目前知道的类胡萝卜素有 300 种以上，总体上讲这类色素对热稳定，颜色不易产生变化。但因类胡萝卜素分子中含有多个双键，因而在光照、氧和脂肪氧化酶存在的情况下，会被氧化褪色。

② 水溶性色素

a. 花色素：花色素也称花青素或花色苷色素，是形成果蔬色泽的一种重要成分。常见的花色素的结构、颜色与存在如表 3 - 16 所示。

表 3 - 16　　常见的花色素

色素名称	结构式	颜色	存在
氯化天竺葵色素	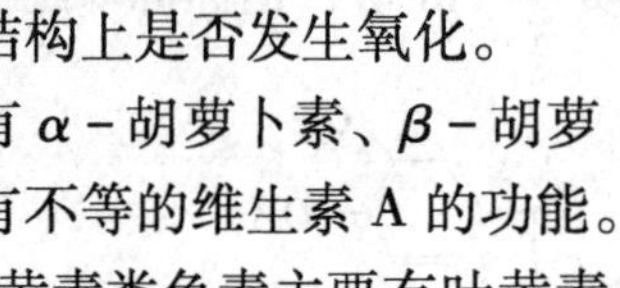	橘红色	野草莓、苹果
氯化矢车菊色素	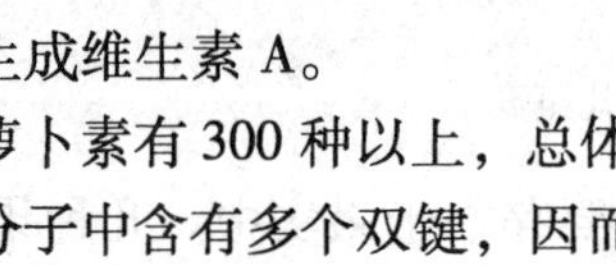	紫红色	无花果、葡萄、桑葚、茶叶

续表

色素名称	结构式	颜色	存在
氯化飞燕草色素	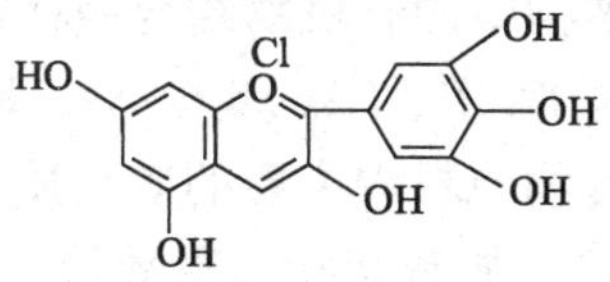	紫蓝色	茄子、茶叶、石榴
氯化牡丹色素	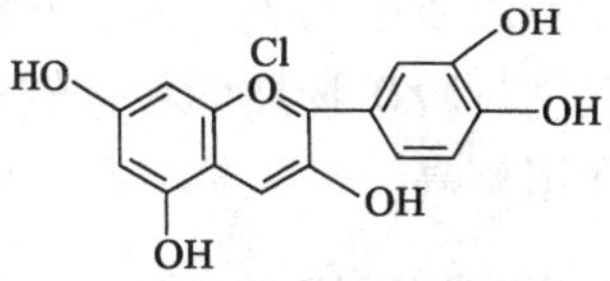	红紫色	牵牛花
氯化紫丁香色素	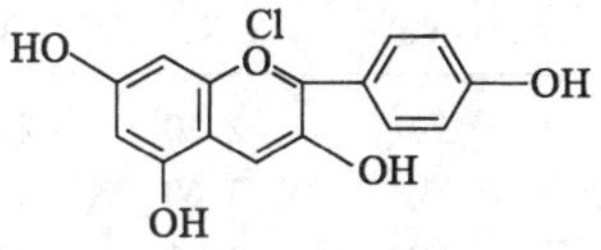	蓝色	野锦葵

花色素的性质很不稳定，受光照和加热的作用会变褐，受氧化还原作用也会褪色。如二氧化硫可使其褪色，但当二氧化硫除去之后，其色泽又会恢复。抗坏血酸存在时，尤其在加热时会分解，受酚酶作用也会氧化褪色。

此外某些金属离子如 Ca^{2+}、Mn^{2+}、Mg^{2+}、Fe^{2+}、Al^{3+} 能够与花色素形成络合物，此后其色泽不再受 pH 的影响，但与原来的色泽有所不同。花色素遇铁变成灰紫色，遇锡变成紫色，另外，花色素与 K^{+}、NH_4^{+} 等以盐的形式存在，其色泽也不受 pH 的影响。

由于花色素 1 位上的氧易带 1 价正电荷，这种结构易受介质 pH 的影响而发生变化。pH 在 3 以下，花色素为阳离子型，呈红色；pH 为 4 ~ 5，花色素呈无色至黄色；pH 为 7 ~ 8，花色素呈紫色；pH 在 11 以上，花色素呈蓝色。

b. 花黄素：属于花黄素类的色素有黄酮、黄酮醇、黄烷酮和黄烷酮醇，前两者为黄色结晶，后两者为无色结晶。

黄酮类多带有酸性羟基，因此具有酚类化合物的通性。某些金属离子如 Al^{3+}、Pb^{2+}、Fe^{2+} 等与花黄素能够形成颜色较深的络合物。花黄素的色泽也受 pH 的影响。另外，花黄素在空气中久置则易氧化而成为褐色沉淀。

c. 无色花色素：无色花色素的母体为黄烷 - 3，4 - 二醇。无色花色素具有单宁的某些性质，在酸性环境中加热时可生成花色素，使原先无色的制品带上颜色，故加工中也要多加注意。

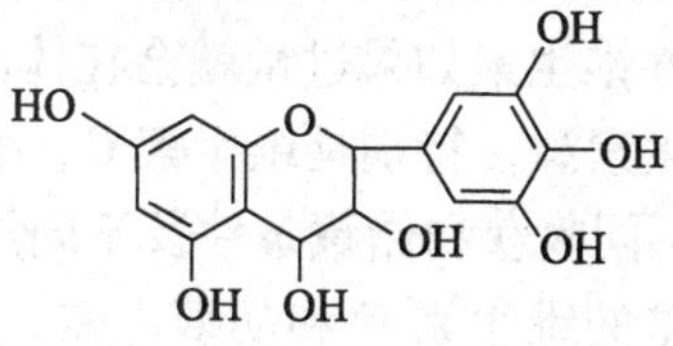

无色花色素

7. 矿物质

植物组织的总灰分为鲜重的0.1% ~5%，矿物质含量因品种、栽培条件和所采用的组织不同而不同。大部分矿物质元素都与植物中的有机物结合而存在，特别是以有机酸盐的形式存在。粮食中最丰富的矿物质元素是K、P、Ca、Mg、Na、Fe，果蔬中最丰富的矿物质元素是K、P、Ca、Mg、Fe等，一些食物原料中主要的矿物质含量见表3－17。在植物体中，这些矿物质大部分与酸结合成盐类（如硫酸盐、磷酸盐、有机酸盐）；小部分与大分子结合在一起，参与有机体的构成，如蛋白质中的硫、磷，叶绿素中的镁等。在果蔬采后储藏期间，茎、花、果、子和叶间活跃进行着矿物质的相互转移。在动物体内特别是畜类肉中铁是以血红色素形式存在，生物利用率高。

表3－17　　部分食品原料中主要矿物质元素的含量　　单位：mg/100g

原料	K	P	Mg	Ca	Na	Fe	Mn	Zn
大豆（干）	1503	465	199	191	2.20	8.20	2.26	3.34
花生仁（干）	587	324	178	39	3.60	2.10	1.25	2.50
芝麻（白）	266	513	202	620	32.2	14.1	1.17	4.21
小麦	289	325	4	34	6.80	5.10	3.10	2.33
小麦粉（标准粉）	190	188	50	31	3.10	3.5	1.56	1.64
稻米	103	110	34	13	3.80	2.30	1.29	1.70
粳米（标准一）	103	110	34	13	3.80	2.30	1.29	1.70
玉米	238	117	32	—	1.10	1.10	0.22	0.90
苹果	119	12	4	4	1.6	0.60	0.03	0.19
梨	92	14	8	9	2.1	0.50	0.07	0.46
桃	166	20	7	6	5.7	0.80	0.07	0.34
山药	213	34	20	16	18.6	0.30	0.12	0.27
茄子	142	23	13	24	5.40	0.50	0.13	0.23
番茄	163	23	9	10	5.00	0.40	0.08	0.13
大蒜	302	117	21	39	19.6	1.20	0.29	0.88
萝卜缨	424	27	27	110	91.4	1.40	0.86	0.30
猪肉（肥瘦）	204	162	16	6	59.4	1.60	0.03	2.06
牛肉（肥瘦）	216	168	20	23	84.2	3.30	0.04	4.73
鸡	251	156	19	9	63.3	1.40	0.03	1.09
草鱼	312	203	31	38	46	0.80	0.05	0.87
蘑菇（鲜）	312	94	11	6	8.30	1.2	0.11	0.92

8. 维生素

维生素分为水溶性维生素和脂溶性维生素两类。水溶性维生素是能溶解于水的维生素，包括维生素C和B族维生素（包括维生素B_1、维生素B_2、维生素B_6、维生素B_{12}等）；脂溶性维生素只能溶解于脂类物质中，难溶解于水，包括维生素A、维生素D、维生素E、维生素K四种。脂溶性维生素如果过量就会在体内蓄积起来，引起不良反应。

植物组织是几种重要的维生素源，特别是维生素C、维生素A原、B族维生素和维生素E。不同植物、不同品种、不同收获和储藏条件及不同加工方法都造成维生素含量的不同。一般来说，果蔬中含有丰富的维生素C和胡萝卜素，还含有少量的B族维生素；油料种子中富含维生素E；谷物种子富含维生素B_1、维生素B_2和维生素B_6。部分果蔬中维生素的含量如表3－18所示。

表 3-18　　部分果蔬（可食部）中维生素的含量（100g 中）

果蔬名称	胡萝卜素/μg	硫胺素/mg	核黄素/mg	抗坏血酸/mg
橙	160	0.05	0.04	33
橘	600	0.05	0.02	11
芦笋	87	0.02	0.03	19
梨	10	0.03	0.03	4
国光苹果	60	0.02	0.03	4
黄桃	90	微量	0.01	9
杏	450	0.02	0.03	4
枣	240	0.06	0.09	243
扁豆	150	0.04	0.07	13
蚕豆	310	0.37	0.10	16
竹笋	—	0.08	0.08	5
大白菜	80	0.03	0.04	28
韭菜	1410	0.05	0.09	24
芹菜	340	0.02	0.06	8
油菜	620	0.04	0.11	36

（1）维生素 C　维生素 C 是己糖衍生物，天然存在且生物效价最高的有 L-抗坏血酸，其化学结构是烯醇式己糖酸内酯，其分子中相邻的烯醇式羟基极易离解，释放出氢离子，因而具有很强的酸性和还原性。人类饮食中 90% 的维生素 C 是从果蔬中得到的，而维生素 C 在加工过程中又是很易损失的。维生素 C 是一种水溶性的维生素，在酸性溶液和浓度较大的糖溶液中比较稳定，在碱性条件下不稳定，受热易破坏，也容易被氧化，在高温和有 Cu^{2+}、Fe^{2+} 存在的条件下，更易被氧化。维生素 C 也是一种重要的抗氧化剂。

（2）维生素 A 原　维生素 A 是脂溶性的，只存在于动物性食品中，在植物性食品中只含有维生素 A 原，如胡萝卜素可转化成维生素 A，理论上讲一分子 β-胡萝卜素在动物体内可产生两分子的维生素 A，α-胡萝卜素和 γ-胡萝卜素及隐黄素可产生一分子维生素 A。维生素 A 耐热，在加工过程中损失较少，仅在有较强氧化剂存在时可因氧化而失去活性，在有光线照射的条件下会加速氧化进程。

（3）维生素 B_1　维生素 B_1 易溶于水，在酸性环境中很稳定，在中性及碱性条件下易被氧化，加热不易破坏，但受氧、氧化剂、紫外线及 γ 射线的作用很易破坏。当 pH 大于 4 时，有些金属离子（如 Cu^{2+}）、亚硫酸根可使其降解，在 pH 小于 3 时该反应进行得十分缓慢。

小麦是维生素 B_1、维生素 B_2、烟酸、维生素 B_6、维生素 E 以及铁和锌的良好来源，但由于这些营养成分大部分集中在麦粒的表皮中，所以在面粉加工的过程中大部分损失掉了，精加工程度越高面粉中维生素与矿物质的损失越严重。因此，在发达国家，面粉通常强化维生素 B_1、维生素 B_2、烟酸和铁，也有些国家添加钙、叶酸以及维生素 A、维生素 D 等。

小麦粉中的维生素 B_1、烟酸及铁的添加量一般等同于面粉加工过程中的损失量，也就是说，使小麦中的微营养成分得以恢复；对其他微营养成分，如维生素 B_2，添加量大于损失量，即为面粉强化。当总的饮食结构中特定的微营养成分缺乏，而且恢复加工过程中的损失能改善这种营养素的不足时，就要进行强化而不是恢复。

食物中的维生素比矿物质更不稳定，因为维生素对热、氧化及还原剂、光以及其他物理化学因素很敏感。尽管高的湿度和温度都对维生素 A 有不利影响，但采用预混料添加的方法，加入面粉中的维生素是稳定的。

在加工过程中，谷物制粉时，由于胚芽和麸皮的被分离，许多维生素及矿物质会损失。果蔬加工时，去掉不可食部分和烫漂清洗等工序中也有许多维生素及矿物质损失。另外，食品经热加工和收获后的储藏，维生素含量往往发生较大变动。焙烤食品，在经过高温处理后，维生素的含量更低。因此，维生素的强化对于焙烤食品来说是需要注意的一个问题。

9. 芳香物质

果蔬的香味是由其本身所含有的芳香成分所决定的，芳香成分的含量随果蔬成熟度的增大而提高，只有当果蔬完全成熟的时候，其香气才能很好地表现出来。没有成熟的果蔬缺乏香气。但即使在完全成熟的时候，芳香成分的含量也是极微量的，一般只有万分之几或十万分之几。只有在某些蔬菜（如胡萝卜、芹菜）、仁果和柑橘的皮中，才有较高的芳香成分的含量，故芳香成分又有精油之称。表 3 – 19 中显示了几种果蔬的主要香气成分。

表 3 – 19　　几种果蔬的主要香气成分

名称	主要香气成分
苹果	乙酸异戊酯、挥发性有机酸、乙醇、乙醛
梨	甲酸异戊酯、醇、挥发性有机酸
香蕉	乙酸戊酯、异戊酸异戊酯、己醇、己烯醛
桃	乙酸乙酯、δ – 癸酸内酯、挥发性有机酸、乙醛
杏	丁酸戊酯
葡萄	邻氨基苯甲酸甲酯、$C_4 \sim C_{12}$ 脂肪酸酯、挥发性有机酸
柑橘	*d* – 苧烯、辛醛、癸酸、乙酸酯
萝卜	甲硫醇、异硫氰酸丙烯酯
葱类	烯丙基硫醚、二丙烯基二硫化物、甲基硫醇、丙基丙烯基二硫化物
蒜	二丙烯基二硫化物、甲基烯丙基二硫化物、烯丙基硫醚
叶菜类	叶醇
黄瓜	壬二烯 – 2，6 – 醛、壬烯 – 2 – 醛、己烯 – 2 – 醛
蘑菇	辛烯 – 1 – 醇

芳香性成分均为低沸点、易挥发的物质，因此果蔬贮藏过久，一方面会造成芳香成分因挥发和酶的分解而降低，使果蔬风味变差，丧失食用价值和商用价值；另一方面，散发的芳香成分会加快果蔬的生理活动过程，破坏果蔬的正常生理代谢，造成贮存困难。

此外，果蔬在加工过程中，主要是在高温处理和真空浓缩过程中，若控制不好，会造成芳香成分的大量损失，使产品品质下降。对果汁、果酱等的加工，最好有芳香物质的回收装置。

10. 酶

果蔬中的酶类多种多样，对食品原料影响较大的主要有两类，一类是水解酶类，一类是氧化酶类。

（1）水解酶类　主要包括果胶酶、淀粉酶、蛋白酶。

① 果胶酶：包括能够降解果胶的任何一种酶。

在加工过程中，由于果胶酶对果胶的水解作用，有利于果汁的澄清和出汁率的提高。如用0.05%的果胶酶处理葡萄浆，则葡萄的出汁率可提高15%左右，过滤速度加快一倍，用0.5%果胶酶处理葡萄汁3h，则可达到完全澄清。

在加工过程中，并不都要利用果胶酶的水解作用，有时则要抑制果胶的水解作用。如在生产浑浊果汁、果冻或果酱等产品时，为了保持产品的黏度和稠度，则需要破坏原料中的天然果胶酶，防止其对果胶产生水解作用。

② 淀粉酶：主要包括：

α-淀粉酶：属内切酶，可随机催化淀粉分子内部的α-1，4-糖苷键水解。

β-淀粉酶：属外切酶，从淀粉分子的非还原性末端水解α-1，4-糖苷键，依次切下麦芽糖单位。

β-葡萄糖淀粉酶：属外切酶，它催化淀粉分子的非还原性末端，逐个水解下葡萄糖单位。

脱支酶：能够水解支链淀粉、糖原及相关大分子化合物中的α-1，6-糖苷键。

③ 蛋白酶：蛋白酶可以将蛋白质降解，从而降低因蛋白质的存在而引起的浑浊和沉淀。

（2）氧化酶类　果蔬中的氧化酶是多酚氧化酶，在苹果、梨、杏、香蕉、葡萄、樱桃、草莓等仁果、核果、浆果中含量较高，在橙、柠檬、葡萄柚、菠萝、番茄、南瓜等原料中含量较少。该酶诱发酶促褐变，对加工中产品色泽的影响很大，加工过程中主要采用以下几种方法来防止酶促褐变：

① 加热破坏酶的活力；

② 调pH降低酶的活力；

③ 加抗氧化剂，如喷雾添加维生素C，可以把由氧气生成的中间体——醌化合物还原；

④ 使产品与氧隔绝等。

11. 糖苷类物质

果蔬中的糖苷类物质很多，主要有以下几种：

（1）苦杏仁苷　苦杏仁苷存在于多种果实的种子中，核果类原料的核仁中苦杏仁苷的含量较多，如在杏仁中含量为0～3.5%。苦杏仁苷在酶的作用下或在酸、热的作用下能够水解为葡萄糖、苯甲醛和氢氰酸。因此，在利用含有苦杏仁苷的种子食用时，应事先加以处理，除去其所含的氢氰酸。

（2）柑橘苷（橙皮苷）　柑橘苷是柑橘类果实中普遍存在的一种苷类，在皮和络中含量较高。柑橘苷是维生素P的重要组成部分，具有软化血管的作用。柑橘苷不溶于水，而溶于碱液和酒精中，在碱液中呈黄色，溶解度随pH升高而增大。原料成熟度越高，柑橘苷含量越少。

（3）黑芥子苷　黑芥子苷为十字花科蔬菜辛辣味的主要来源，含于根、茎、叶和种子中。黑芥子苷在酶或酸的作用下水解，生成具有特殊刺激性辣味和香气的芥子油、葡萄糖和硫酸氢钾。这种变化在蔬菜的腌制中十分重要。

（4）茄碱苷　茄碱苷又称龙葵苷，是一种剧毒且有苦味的生物碱，含量在0.02%时即可引起中毒。茄碱苷主要存在于马铃薯的块茎中，在番茄和茄子中也有，特别是在薯皮和萌发的芽眼附近，以及受光发绿的部分特别多，故发芽之后的马铃薯不宜食用。在未熟的绿色茄子和番茄中，茄碱苷的含量也较多，熟后含量减少。

二、海藻类

1. 一般化学成分

海藻是广泛分布在海洋中的植物的总称，主要由绿藻、褐藻和红藻组成。绿藻在分类学上接近种子植物，其成分也有许多和种子植物相同的地方，而褐藻和红藻还有许多特异性成分。

海藻中供食用的绿藻为绿紫菜，红藻为紫菜、石花菜，褐藻为海带、裙带菜等，其一般化学成分见表3－20。

表3－20　海藻的一般成分（干物中）　单位：%

种类	水分	蛋白质	脂类	糖类	灰分	矿物质
绿紫菜	3.7	20.7	0.3	61.5	6.6	7.4
紫菜	11.4	35.6	0.7	39.6	8.0	4.7
纯海带	14.7	7.3	1.1	51.9	22.0	3.0
羊栖菜	16.8	5.6	0.8	29.8	34.0	13.0
裙带菜	16.0	12.7	1.5	46.8	18.4	3.0

2. 蛋白质及呈味物质

藻类中所含蛋白质除紫菜外，其他均比较低。由于蛋白质存在方式是与多糖类形成复合糖蛋白故分离困难，研究不多。其氨基酸组成特点是精氨酸最多，其他氨基酸组成和陆上植物的叶菜类一致，此外还含有鸟氨酸、瓜氨酸、碘酪氨酸等。

在海藻提取液中，含有各种游离氨基酸。海带中的谷氨酸分离物是典型的呈味成分，同时除了构成蛋白质的一般氨基酸外，还有特殊的氨基酸。

3. 糖类

海藻的糖类主要是海藻多糖，属于膳食纤维素，人不能消化利用。

每种海藻有独特成分。褐藻中的海带含有海藻酸。海藻酸的钠和钾盐水溶性好，可以通过加工提取制备食品、医药所用的添加剂，作为增稠剂广泛用于冰淇淋、果酱、蛋黄酱的生产。

4. 色素成分

海藻中的色素分为脂溶性的叶绿素和类胡萝卜素及水溶性色素蛋白两大类，其在各种藻类中的组成远比陆上植物复杂。在叶绿素中以叶绿素a为主要成分，其含量比陆地植物少。在光合作用时，类胡萝卜素和色素蛋白承担辅助作用。类胡萝卜素在各种藻类中以β－胡萝卜素最多，特别是紫菜中的含量更是如此。类胡萝卜素是重要的维生素A原。在红藻和蓝藻中，色素蛋白分布特殊，有红色的藻红蛋白和蓝色的藻青苷，是不含金属元素的胆汁色素。

5. 矿物质

海藻最重要的营养价值是富含矿物质。海藻干物质中含有10% ~30%矿物质。海水中有许多矿物质离子，海藻从这些离子中把钾、钙选择性地积蓄，其含量分别为干重的5%和1%左右。作为人的矿物质供给源尤其重要。此外，营养上重要的矿物质成分是碘，海带中含量最高，其他海藻中含量也较多。海藻中碘的存在形式为无机和有机两种，但由于有机碘用水抽提大部分丧失，故以无机形态占一大半。

三、食用菌类

食用菌中含有人体需要的多种营养成分，其中包括仅存在于食用菌中的一些特殊营养物质（如蘑菇多糖、香菇素等），它们在贮藏加工过程中会发生一系列物理、化学、生化的变化，并由此引起食用菌贮藏加工性能的改变和营养成分的变化。食用菌中的化学成分包括水分和干物质两大部分。食用菌的干物质中有90% ~97%是有机物，主要包括糖类、蛋白质、脂肪和矿物质。

1. 水分

鲜菇（鲜耳）的含水量通常在85% ~95%。不同种类的食用菌含水量不同，即使是同一种食用菌，其鲜菇的含水量也有相当大的变化，这种变化主要决定于培养料的组分以及水分管理措施等因素。例如，用废棉栽培的平菇、凤尾菇的含水量就比用稻草栽培的同种菇类的含水量少；用栎类段木栽培的香菇的含水量也比用枫香段木栽培的香菇的含水量少。

水分是影响食用菌鲜度、嫩度和风味的极其重要的成分之一。在贮藏保鲜过程中，如果自由水蒸腾损失过多，就会使鲜菇外观萎蔫、干瘪、风味变劣。但如果自由水含量过高，就会影响食用菌贮藏保鲜的稳定性，容易滋生霉菌，导致子实体腐烂变质，在高温季节，后一种现象更为严重。

2. 糖类

食用菌中糖类的含量占干重的50% ~70%。菌糖和糖醇的含量分别达3%，这两种糖是食用菌的甜味成分。当菇类成熟时，菌糖就水解为葡萄糖。葡萄糖是子实体呼吸作用的基质之一，所以食用菌在贮藏保鲜过程中碳水化合物容易损失。食用菌糖类中戊糖胶的含量一般在3%以下，但银耳、木耳的戊糖胶含量较多，银耳戊糖胶含量占其糖类的14%。戊糖胶是一种胶黏性物质，在胶质菌的干制加工过程中，翻拌次数不可太多，以免形成“拳耳”。

食用菌中还含有丰富的糖原（肝糖）和真菌甲壳素（几丁质），后者是食用菌纤维素的主要成分，属于食物性纤维（膳食纤维）。

3. 蛋白质

食用菌蛋白质的含量约占可食部分鲜重的4%，占干物质总量的20% ~30%，其含量是大白菜、番茄、白萝卜等常见蔬菜的3 ~6倍，是香蕉、甜橙的4倍。

食用菌中的含氮物质（蛋白质、氨基酸、酰胺等）对食用菌加工品的色、香、味和工艺过程有一定影响，如酶促褐变、遇金属变色等，含酪氨酸的子实体能在多酚氧化酶的作用下进行氧化产生黑色物质。

4. 脂类

子实体中含有脂肪、卵磷脂、麦角固醇等脂溶性物质。食用菌脂肪含量一般在10%

以下，平均为8%。食用菌脂肪的性质类似植物油，含有较多的不饱和脂肪酸，如油酸、亚油酸等。

5. 呈味物质

食用菌味道鲜美，风味独特。近年来，国外学者对双孢蘑菇、松口蘑、香菇等食用菌的鲜味及香味进行了深入的研究，发现菇类的鲜味来自不挥发性含氮化合物，而香味来自挥发性物质。

（1）鲜味物质　食用菌的鲜味与菇体中所含的多种游离态氨基酸和糖类中的D－阿拉伯糖、甘露糖等有关。在氨基酸中，谷氨酸和天冬氨酸呈鲜味，甘氨酸、丝氨酸、脯氨酸、丙氨酸等呈甜味。

（2）香味物质　一系列八碳化合物是食用菌的香味物质。这类挥发性物质包括：1－辛醇、3－辛醇、3－辛酮、1－辛烯－3－酮、1－辛烯－3－醇和2－辛烯－1－醇等。

鲜香菇虽然没有干香菇那么香，但它同样含有香味物质的前体——含八碳的醇类和含硫基的物质。干香菇的强烈芳香味是由香菇香精产生的。香菇香精在鲜香菇中几乎是检验不出来的。香菇香精是在干燥和烹调过程中，香菇酸通过酶的作用和非酶的作用生成的。

6. 维生素

食用菌含有多种维生素，大多数食用菌都含有硫胺素（维生素B_1）、核黄素（维生素B_2）、泛酸（维生素B_3）、烟酸（维生素B_5）、吡哆醇（维生素B_6）、钴维素（维生素B_{12}）、抗坏血酸（维生素C）、生物素（维生素H）、叶酸（维生素F）以及麦角固醇（维生素D原）等。含维生素A的食用菌种类较少，常见种类中只有鸡油菌、密环菌、猴头菌的维生素A含量较多。

7. 矿物质

食用菌含有人体必需的多种矿物质元素，其中钾、磷的含量最高，其次是钙和铁。它们在食用菌中比较稳定，在贮藏加工过程中变化较少。

四、油　　脂

油脂（Fats and oils）既为人们日常生活不可缺少的食品，又是十分重要的工业原料。

油脂是脂肪酸甘油三酯的混合物。从植物种子及果实或动物的组织中提取的油脂称为天然油脂（Natural oils）或称为粗油（Crude oils），简称为油脂。天然油脂中除含主要成分脂肪酸甘油三酯（占95%以上）外，还含有少量种类繁多的能溶于油脂并与油脂性质有某些相似的成分，通常称它们为类脂物，如脂肪酸、甘油一酯、甘油二酯、蜡、固醇及其酯、磷酸酯、醚酯、维生素、脂肪醇等。

对油脂而言，所有类脂物可统称为杂质（Impurity）。天然油脂经过五脱（脱胶、脱酸、脱色、脱臭及脱蜡）的全精炼工艺后，可得到含量99.8%以上的纯油脂（仍含0.2%左右的杂质），称为全精炼油脂（Fully refined oils 或 Deep refined oils），简称精炼油。

天然油脂依其所含的脂肪酸不同分为三类，即固态油脂类、半固态油脂类和液态油脂类，实际上这也是依照饱和脂肪酸量逐渐减少及不饱和脂肪酸量逐渐增加的次序排列的。这样的排列在广大的温带（15～30℃）地区还是可以的，对低温和高温地区是比较欠妥当的。主要油脂中脂肪酸的组成见表3－21。

表3－21　主要油脂中脂肪酸的组成　单位：%

油脂名称	脂肪酸种类及其含量
可可脂	软脂酸24.4，硬脂酸35.4，油酸38.1，亚油酸2.1
椰子油	己酸0.2～2.0，辛酸4.5～9.7，癸酸4.5～10.0，月桂酸45～51，豆蔻酸13.0～18.0，棕榈酸7.0～10.0，硬脂酸1.0～3.0，油酸5.0～8.3，亚油酸1.0～2.6
棕榈油	豆蔻酸0.6～1.7，棕榈酸0.28～0.4，硬脂酸3.7～5.6，油酸38.2～43.5，亚油酸6.6～11.9，软脂酸41.1～47.6，亚麻酸0.5
橄榄油	软脂酸8～17，硬脂酸2～3，棕榈油酸1，油酸65～85，亚油酸5～12，花生酸0.5～1
花生油	豆蔻酸<0.1，软脂酸6.0～15.5，硬脂酸1.3～6.5，棕榈油酸<0.1，油酸36～72，亚油酸13～45，亚麻酸<0.1，花生酸1.0～2.5，山嵛酸1.5～4.8，鳕油酸0.5～2.1，菜子油酸<0.1，木脂酸1.0～2.5
棉子油	豆蔻酸0.6～3，软脂酸17～23，硬脂酸1～3，油酸18～44，亚油酸34～55，花生酸0.1～1.5，棕榈油酸0.8～2.5
芝麻油	软脂酸7～10，硬脂酸3.5～6，花生酸0.4～1.2，油酸35～50
玉米胚油	豆蔻酸0.5～1.5，软脂酸8～13，硬脂酸1～4，花生酸0.4～1.5，木脂酸0.2，棕榈油酸0.2～1.5，油酸24～46，亚油酸34～61，亚麻酸0.6，花生四烯酸1.5～2
米糠油	豆蔻酸0.4～1.0，软脂酸12～18，硬脂酸1～3，油酸40～50，亚油酸29～42，花生酸/山嵛酸1
豆油	豆蔻酸0.1～0.4，软脂酸7～11，硬脂酸2.4～6，棕榈油酸0.1～1，油酸22～34，亚油酸50～60，亚麻酸2～10，花生酸＋山嵛酸＋木脂酸0.3～2.4
葵花子油	豆蔻油酸0.1，软脂酸6.2，硬脂酸6.2，棕榈油酸0.1，油酸19，亚油酸63.2，亚麻酸4.5，花生酸1.5
菜子油	高芥酸：软脂酸4，硬脂酸2，油酸30，亚油酸15，亚麻酸1，菜子油酸47 低芥酸：软脂酸4，硬脂酸1.7，油酸65.8，亚油酸18.6，亚麻酸7.4，菜子油酸0.5
茶油	软脂酸8.5，硬脂酸1.5，亚麻酸1.1，油酸78.8，亚油酸10.0

五、调味品和食品添加剂

调味品（Seasonings）是指增加、改变、调节食品滋味的一类食品。调味品在饮食、烹饪及食品生产中广泛应用，用以止腥、除膻、解腻、增香、调和滋味。调味品的种类很多，有天然的植物花蕾、种子、皮、茎、叶等，也有天然矿物性物质，还有来自人工酿造和提炼的产品。它们共同的特点是都具有一定的芳香味或呈味性。

调味品在食品中占有很重要的地位，它可以改善食品的感官性质，使食品更加美味，还能促进消化液的分泌和增进食欲。

调味品的种类很多，各自具有与众不同的特殊呈味物质，这些不同的呈味物质的作用如下：

（1）增加食品的营养成分，提高食品的营养价值。例如食盐为人体提供氯化钠等矿物质，食糖、酱油、味精等含有丰富的氨基酸和糖类。

（2）改善食品的感官性状，增加菜肴的色泽光彩。酱油、番茄酱等调味品在调味的同时，还能起到这种作用。

（3）除去烹饪食品的腥膻异味，调和并突出正常的口味。由于调味品在烹饪过程中发生的各种物理化学变化，使食品中的不良异味溶解或分化；另外，调味品的存在能改变食品的原有口味，增加了美味，如酒、姜、葱、蒜就能起到这种作用。

（4）诱人食欲，促进消化。正确使用调味品，使食品菜肴的色、香、味得到统一，这类食品会诱发人的食欲，并促进人体对食物的消化。

（5）杀菌消毒，保护营养。食醋、葱、蒜等调味品含有能抑制或杀死病菌的成分，正确地使用能起到杀菌消毒的作用。

（6）防止疾病，增进健康。一大批调味品，如葱、姜、蒜、辣椒、食醋、茴香、花椒、八角等，都具有一定的疗效。经常食用可防止疾病，增进人体的健康。

调味品的分类方法很多。主要按其生产方法，将其分为天然调味品、酿造调味品和食品添加剂三大类。

从宏观的角度来看，调味品也是一类食品添加剂。近年来，随着物质生活的改善和提高，人们对食品的要求也发生了一定的变化。原来只要求食品菜肴有营养，现在则要求低热量的食品，能防止高血压、心脏病的老年食品，有助于儿童生长发育的婴幼儿食品和各种速食食品。为了适应这一食品结构的变化，相应发展并形成了多种食品添加剂行业。

天然调味品主要包括：咸甜味调料（如食盐、食糖等）、香味调料（如茴香、花椒、桂皮、丁香、陈皮、八角等芳香类，菊花、桂花、玫瑰花等花卉类，香菜、香椿等菜蔬类）、辛辣味调料（如葱、蒜、葱头等葱蒜类调料和生姜、辣椒、胡椒、咖喱粉、芥末等姜椒类调料）和其他天然调味料（如香菇、芝麻油和番茄酱等）。

酿造调味品主要有酱油、酱、醋、黄酒和味精等。

食品添加剂主要包括：蔗糖、麦芽糖、葡萄糖、蜂蜜等传统的甜味添加剂和糖精钠、甜叶菊糖苷、甜蜜素、甜味素、麦芽糖醇、山梨糖醇、甘草、木糖醇、异麦芽酮糖、二氢查耳酮、三氯蔗糖、索玛啶、果葡糖浆等近年来才开发的甜味食品添加剂；酸味食品添加剂（如磷酸、乳酸、柠檬酸、苹果酸、醋酸、富马酸、酒石酸、葡萄糖酸和抗坏血酸等）；鲜味食品添加剂（如各种氨基酸、肽及核酸类物质等）；功能食品添加剂（如功能性单糖、功能性低聚糖、多元糖醇和强力调味剂等功能保健甜味剂；乳球菌（*Lactococcus*）、乳杆菌（*Lactobacillus*）、链球菌（*Streptococcus*）、明串珠菌（*Leuconostoc*）、足球菌（*Pediococus*）、双歧杆菌（*Bifidobacterium*）和某些肠道球菌（*Enterococcus*）等乳酸菌和从芳香植物的花、草、叶、枝、干、根、茎、皮、果实或树脂中提取出来的香味添加剂。

第二节　动物性食品原料的化学组成及在加工过程中的变化

动物性食品，主要包括畜禽肉类、水产类、蛋类、乳类等，其中肉占有很重要的位置。肉是营养价值较高的食品，各种肉的营养价值大致相同（见表3－22）。但根据动物的营养和生理状况，即使同类肉的营养价值也有所波动。例如鲐鱼的脂类含量的四季变化可在5.1% ~22.6%之间（季节不同、饲料不同所致）。肉不仅能提供人体所需要的蛋白质、脂肪、无机盐和维生素，而且滋味鲜美、营养丰富，肉、蛋、鱼、乳类制品化学组成成分见表3－23。

表3－22　　不同肉组织中的营养成分　　单位：%

种类	水	蛋白质	脂类	灰分
牛排	70~73	20~22	4~8	1
猪肉	68~70	19~20	9~11	1.4
鸡肉	73.7	20~23	4.7	1
羊肉	73	20	5~6	1.6
鳕鱼	81.2	17.6	0.3	1.2
鲑鱼	64	20~22	13~15	1.3

表3－23　　肉、蛋、鱼、乳类制品的化学组成成分（100g中）

种类	水分	蛋白质	脂肪	糖类	钙	磷	铁	维生素类含量/mg				
	g	g	g	g	mg	mg	mg	A/IU	B_1	B_2	B_6	C
猪肉	29.3	9.5	59.8	0.9	6	101	1.4		0.53	0.12	4.2	
猪心	75.1	19.1	6.3	0				6	0.34	0.52	5.7	1
猪肝	71.4	21.3	4.6	1.1	11	270	23.6	8.00	0.40	2.11	16.2	18
猪腰子	77.8	15.5	4.8	0.7				微量	0.38	1.12	4.5	5
牛肉	68.6	20.1	10.2	0	7	170	0.9	0	0.07	0.15	6.0	
羊肉	58.7	11.1	28.8	0.8				0	0.07	0.18	4.9	0
牛乳	87.0	3.3	4.6	5.0	120	93	0.2	140	0.04	0.13	0.2	
鸡	74.2	21.5	2.5	0.7	11	190	1.5	0	0.03	0.09	8.6	
鸭	74.6	16.5	7.5	0.5					0.07	0.15	4.7	
鸡蛋	71.0	14.7	11.6	1.6	55	210	2.7	1400	0.16	0.31	0.1	
鸭蛋	70.0	8.7	9.8	10.3	71	210	3.2	1380	0.15	0.37	0.1	
黄花鱼	81.1	17.6	0.8		33	135	1.0		0.01	0.10	0.8	
带鱼	77.1	17.8	0.8		33	135	72	238	2.9	1000	0.11	
鱿鱼	77.0	19.1	2.5	0.2	22	200	1.0		0.02	0.02	4	
海螃蟹	80.0	0.14	2.6	0.7	141	191	0.8	230	0.01	0.18	2.7	

一、畜肉和禽肉

1. 肉的化学成分

肉的化学成分主要包括糖类、脂肪、蛋白质、浸出物、矿物质、维生素和水分等。肉的组成随动物的脂肪和瘦肉的相对数量而改变，肥度高，则蛋白质和水分的含量就比较低。肉类的一般组成见表3－24。

表 3-24 **各种肉类的一般组成** 单位：%

名称	食用部分的组成				
	糖类	蛋白质	脂肪	灰分	水分
牛肉（中等脂肪）	1.0	17.5	22.0	0.9	60.0
猪肉（中等脂肪）		11.9	45.0	0.6	42.0
羊肉（中等脂肪）		15.7	27.7	0.8	56.0
马肉（中等脂肪）		20.0	4.0	1.0	74.0
鸡		22.2	12.6	1.0	66.0
鸭		16.2	30.0	1.0	52.8

哺乳动物的肌肉组织中所含固体物质的3/4是蛋白质，其余1/4为糖类，脂类，含氮与不含氮的有机物与无机物。哺乳动物肌肉的化学组成见表3-25。

表 3-25 **哺乳动物肌肉组织的化学组成*** 单位：%

水分				75.5
蛋白质	肌原纤维性	肌球蛋白A、原肌球蛋白、X-蛋白	7.5	18.0
		肌动蛋白	2.5	
	肌浆性	肌溶蛋白、球蛋白类	5.6	
		肌红蛋白	0.06	
		血红蛋白	0.04	
	线粒体性	细胞色素C	约0.002	
	肌质间肌膜结缔组织	胶原蛋白、弹性蛋白、细网蛋白、不溶性酶	2.0	
脂质				2.0
可溶性非蛋白态化合物	含氮化合物	肌酸	0.55	3.5
		IMP	0.30	
		NAD、NADP	0.07	
		氨基酸类	0.35	
		肌肽、鹅肌肽	0.30	
	糖类	乳酸	0.90	
		6-磷酸葡萄糖	0.17	
		糖原	0.10	
		葡萄糖	0.01	
	矿物质	全可溶性P	0.20	
		K	0.35	
		Na	0.05	
		Mg	0.02	
		Ca	0.007	
		Zn	0.005	
酵解的微量中间体、微量金属、维生素等				约0.30

*表中为死后僵直（成熟前）的典型的哺乳动物肌肉的生物化学组成（新鲜肉中的百分比）。

食用肉因部位不同，化学组成也不同，其性质也各异（见表3－26）。

表3－26　不同部位猪肉的化学组成　单位：%

部位	水分	蛋白质	脂肪	灰分
腿肉	74.2	20.52	4.46	1.00
背肉	73.39	22.38	3.20	1.03
里脊肉	75.20	18.72	5.07	0.93
肩肉	65.02	17.06	17.14	0.78
肋骨肉	61.50	17.47	20.15	0.88

由表中数值可以看出：猪肉的背肉和腿肉的脂肪含量少，腹部肉脂肪含量多，故前者用来制造火腿，后者用来制造卤猪肉。

（1）水　水是肉中含量最多的成分。畜肉越肥，水分的含量越少；老年动物比幼年者含量亦较少，如小牛肉含水72%，成年牛肉则为45%。各种不同肥瘦的肉类含水量如表3－27所示。水分含量与失水率成正比，即含量越高，加工时失水率也越大。

表3－27　不同种类肉的含水量　单位：%

种类	肥度	水分含量	种类	肥度	水分含量
猪肉	肥	47.9	鸡肉	肥	63.7
	中等	61.1		中等	70.0
	瘦	68.5		瘦	70.8
牛肉	肥	61.1	鸭肉	肥	48.2
	中等	68.5		中等	59.1
	瘦	74.2			
羊肉	肥	60.3			
	中等	65.4			
	瘦	71.1			

① 肉中水分存在的形式：肉中的水分绝大部分不是以自由状态存在，其存在形式大致分为三种：结合水、不易流动的水和自由水。

a. 结合水：指在蛋白质等分子周围，借分子表面分布的极性基团与水分子间的静电引力而形成的一薄层水。无流动性，蒸汽压极低，冰点－49℃，占全水量的15%～25%。

b. 不易流动水：存在于纤丝、肌原纤维及膜间的一部分水。肉中大部分水以此种形式存在，这些水能溶解盐和其他物质，在稍低于0℃结冰。肉的pH变化及向肉中添加盐（如食盐），可明显影响肉保持不易流动水的能力。

c. 自由水：存在于细胞间隙和组织间隙中，其量不多，可自由流动。

② 肉的持水性：所谓持水性，一般是指肉在冻结、冷藏、解冻、腌制、绞碎、斩拌、加热等加工处理过程中，肉的水分以及添加到肉中的水分的保持能力。

肉的持水性之高低直接影响肉制品的质地。水分的流失，其量的大小由蛋白质的凝胶网状结构中所封闭的水量及蛋白质分子所具有的引力两方面决定。

对肌肉组织来说，凝胶在膨润状态下结构比较松弛时，持水性高。

蛋白质分子所带的净电荷对蛋白质的持水性具有两方面的意义，其一，净电荷是蛋白质分子吸引水的强有力的中心；其二，由于净电荷使蛋白质分子间具有静电斥力，因而可以使蛋白质分子结构松弛，增加了持水效果。

对肉来讲，净电荷如果增加，那么持水性得以提高；净电荷若减少，则持水性降低。

由上述可知，决定持水性的重要因素是凝胶结构和蛋白质所带净电荷的数量。而由此又可推断，蛋白质本身的变性与否与持水性有密切关系。这是因为，一方面，蛋白质变性是由于分子内和分子间的交联键的形成与破坏而引起分子变形，而交联键的形成与破坏必将影响到凝胶结构的疏密；另一方面，蛋白质变性后的净电荷也必然发生变化，这些都将影响到持水性的变化。

（2）糖类　糖类在动物组织中含量很少，它以游离或结合的形式存在于动物组织或组织液中，例如，葡萄糖是提供肌肉收缩能量的来源，核糖则是细胞核酸的组成成分，而葡萄糖的聚合体——糖原，则是动物体内糖的主要贮存形式。

在肉中的糖类除了葡萄糖、糖原外，还有少量的麦芽糖、果糖、半乳糖等。

糖原又称动物淀粉，肝脏及肌肉是糖原的主要贮存部位，糖原在肝脏中及在肌肉中的含量可高达2% ~8%。在动物体内不断地进行着糖原的合成与分解。宰后肌肉中糖原的分解代谢，在肉与肉制品的贮藏与加工中有重要意义。

（3）脂类　在动物体内脂肪分布很广。一般家畜体内脂肪含量为其活重的10% ~22%，肥育阶段可高达30%以上。肉类脂肪的组成特点是以饱和脂肪酸居多，如猪油含42%，牛油含53%，羊油含57%，并且脂肪熔点较高，不易为人体消化吸收，与谷类、豆类有明显不同。

在肌肉组织的成分中，脂肪的含量变化显著。肌脂肪分两种，一种是构成肌细胞的组织脂肪（包括肌肉组织脂肪和脏器组织脂肪），一种是分布在肌肉结缔组织中的贮藏性蓄积脂肪（包括皮下脂肪、大网膜脂肪、肾周围脂肪和肌间脂肪）。各种食用的脂肪熔点、碘价见表3－28。

表3－28　　各种食用肉的脂肪性质

种类	熔点/℃	碘价	种类	熔点/℃	碘价
牛	40 ~ 50	32 ~ 47	羊	44 ~ 55	31 ~ 46
马	30 ~ 43	71 ~ 86	鸡	30 ~ 32	58 ~ 80
猪	33 ~ 46	46 ~ 66			

脂肪的熔点和口感有密切关系。猪脂比牛脂的口感滑，故猪脂的熔点比牛脂低，接近人体的体温。各种食用肉类脂肪的脂肪酸组成见表3－29。

表3－29　　各种食用肉类脂肪的脂肪酸组成　　单位：%

脂肪酸	牛	猪	绵羊	脂肪酸	牛	猪	绵羊
月桂酸（C_{12}）	0.3	0.1	—	人造奶油酸（C_{17}）	2.6	1.5	2.3
豆蔻酸（C_{14}）	2.0	2.0	2.4	硬脂酸（C_{18}）	10.5	5.2	18.5
豆蔻油酸（$C_{14:1}$）	0.6		0.8	油酸（$C_{18:1}$）	52.6	43.0	46.5
十五烷酸（C_{15}）	22.1	0.3	0.5	亚油酸（$C_{18:2}$）	4.1	20.1	3.9
软脂酸（C_{16}）	4.6	20.7	20.8	亚麻酸（$C_{18:3}$）		0.4	0.2
软脂油酸（$C_{16:1}$）		5.9	3.0				

构成肉脂肪的主要脂肪酸是油酸、软脂酸、硬脂酸和亚油酸。猪肉依饲料的不同，其脂肪含量变动很大，而牛、羊肉没有多大的变化。

此外，脂肪中还含有磷脂。磷脂在组织脂肪中的含量极显著，它高于蓄积脂肪中的含量。磷脂在空气中极易氧化变色，且产生异味，加热会促进这一作用。脑磷脂加热可产生强烈的鱼腥气，卵磷脂则具有肝脏之芳香味。磷脂变黑时，伴有酸败发生，严重影响肉和肉制品的质量。肉类氧化作用在含磷脂的部分比含中性脂肪的部分大。另外，在肉的酸败中血红素色素有催化作用，促进酸败。

（4）蛋白质　肉中蛋白质含量仅次于水的含量，大部分存在于动物肌肉中，哺乳动物的肌肉占动物体总重的40%左右，肉中的固形物有80%是蛋白质。食用肉类蛋白质在氨基酸组成比例上与人体的氨基酸组成比例接近，因此生理营养价值较高，被称为完全蛋白质或优质蛋白质。

新鲜肌肉，加以磨碎、冻结，在25～30MPa下压榨，可得60%左右的黏稠浓厚的淡赤色汁称肉浆，残余称肉基质。肉浆与其肉基质之比率，随死后时间会变化。新鲜时60%，僵直时25%。

食用肉类蛋白质根据肌肉组织的组成位置和对各种离子强度的盐液的溶解度，分为肌浆蛋白质、肌原纤维蛋白质和肉基质蛋白质。各种食用肉的蛋白质比例如表3－30所示。

表3－30　不同种类动物肉的蛋白质组成　单位：%

肉的种类	肌原纤维蛋白质	肌浆蛋白质	肉基质蛋白质
家兔肉	51	34	15
子牛肉	51	24	25
猪肉	51	20	29

① 肌浆蛋白质：肌浆是指肌细胞中环绕并渗透肌原纤维的液体和悬浮于其中的各种有机物、无机物以及细胞器如肌核、肌粒体、微粒体等。

通常将磨碎的肌肉压榨便可挤出肌浆。一般占肉蛋白质总量的20%～30%，包括肌溶蛋白、肌红蛋白、球蛋白X以及肌粒中的蛋白质等。

这些蛋白质易溶于水或低离子强度的中性盐溶液中，是肉中最容易提取的蛋白质。又因提取液黏度很低，故常称之为可溶性蛋白质。

肌溶蛋白质含有人体营养所必需的全部氨基酸成分，属于完全蛋白质。

肌红蛋白是由珠蛋白及其辅基血红素所组成的一种含铁的结合蛋白质，它是肌肉红色的主要来源。肌红蛋白有多种衍生物，如鲜红色的氧合肌红蛋白、褐色的高铁肌红蛋白、鲜亮红色的一氧化氮肌红蛋白，这些衍生物与肉及肉制品的颜色有直接关系。肌红蛋白在肌肉组织中的含量因动物的种类、年龄、肌肉的部位不同而异。

② 肌原纤维蛋白质——与收缩有关的蛋白质：肌原纤维是骨骼肌的收缩单位，由细丝状的蛋白质凝胶组成。这些细丝平行排列成束，直接参与收缩过程。肌原纤维蛋白质的含量随肌肉活动而增加，并因静止或萎缩而减少。而且，肌原纤维中的物质与肉的某些重要品质特性（如嫩度）密切相关。

肌原纤维蛋白质占肌肉蛋白质总量的40%～60%，它主要包括肌球蛋白、肌动蛋白和肌动球蛋白等。

a. 肌球蛋白（等电点为 pH 5.4）：肌球蛋白在离子强度 0.2 以上的盐溶液中溶解，在0.2 以下呈不稳定的悬浮状态；具有流动双折射现象；具有 ATP 酶的活性，Mg^{2+}对此酶起抑制作用，Ca^{2+}可以将其激活；肌球蛋白的另一个特征是能与肌动蛋白结合，生成肌动球蛋白。

肌动球蛋白是关系到肉在加工中的嫩度变化和某些其他性质的重要成分。肌球蛋白对热很不稳定，受热发生变性。变性的肌球蛋白失去了 ATP 酶的活性，溶解性降低。

b. 肌动蛋白：肌动蛋白以球状肌动蛋白（G－肌动蛋白）和纤维状的肌动蛋白（F－肌动蛋白）的形式存在。

G－肌动蛋白聚合成 F－肌动蛋白，肌动蛋白的等电点比肌球蛋白低，为 pH 4.7。

肌动蛋白对热较肌球蛋白稳定。

c. 肌动球蛋白：是由肌球蛋白与肌动蛋白结合构成的蛋白质，具有双折射性；具 ATP 酶之活性，但与肌球蛋白 ATP 酶有所不同，Ca^{2+}、Mg^{2+}均能使其活化。

肌动球蛋白在离子强度为0.4 以上的盐溶液中处于溶解状态。浓度高的肌动球蛋白溶液易发生胶凝。

将接近中性的肌动球蛋白溶液稀释到较低的离子强度，如 0.1mol/L KCl 以下，则肌动球蛋白成絮状物，此时添加少量 ATP 则絮状物收缩而形成凝胶沉淀，这样的沉淀现象称之为超沉淀，此时添加 KCl 则沉淀再次溶解，或添加大量 ATP，絮状肌动球蛋白发生溶解，此反应称为清除反应。

③ 间质蛋白质：间质蛋白质亦称基质蛋白质，主要存在于结缔组织中，它们均属于硬蛋白类，以弹性蛋白、胶原蛋白为主。

a. 胶原蛋白：胶原蛋白在结缔组织中含量特别丰富，是食品等行业明胶的来源，在肉嫩度上扮演重要角色，在皮、腱、肌膜等中广泛存在，胶原蛋白是机体中最丰富的简单蛋白质，相当于机体总蛋白质的 20% ~25% 。

胶原蛋白中含有大量的甘氨酸，约占总氨基酸残基量的 1/3，脯氨酸和羟脯氨酸亦较多。但色氨酸、酪氨酸及蛋氨酸等营养上必需的氨基酸含量甚少，故此种蛋白质是不完全蛋白质。

胶原蛋白性质：① 胶原蛋白质地坚韧，不溶于一般溶剂，但在酸或碱的环境中可膨胀；② 胶原纤维不具弹性；③ 胶原蛋白仅被胶原蛋白酶、胃蛋白酶分解，但变性后对酶抗性降低；④ 胶原蛋白与水共热至 62 ~63℃发生不可逆收缩，于 80℃中长时间加热，形成易于消化之明胶。

明胶为动物的皮、骨、腱等含有的胶原蛋白经部分水解后得到的天然多肽的高聚物，干燥状态下很稳定，潮湿状态下易被细菌分解。明胶不溶于冷水，但加水后缓慢吸水膨胀软化；明胶溶于热水，溶液冷却后即凝成胶块，因此，它可以可逆地进行溶胶与凝胶的转化。

明胶的等电点为 pH 4.7，在等电点时明胶溶液的黏度最小，也最容易硬化。

b. 弹性蛋白：弹性蛋白在很多组织中与胶原蛋白共存，它是构成黄色的弹性纤维的蛋白质，在韧带与血管中占多数。

弹性蛋白的性质：① 弹性较强，但抗断力为胶原纤维蛋白的 1/60；② 化学性质稳定，不溶于水，即使在水中煮沸后也不能分解成明胶；③ 可被无花果蛋白酶、木瓜蛋白酶、菠萝蛋白酶和胰弹性蛋白酶所水解。

弹性蛋白的氨基酸组成中也含有约1/3的甘氨酸，从营养的角度考虑，弹性蛋白也是不完全蛋白质。

不同来源的胶原纤维蛋白和弹性蛋白的氨基酸组成成分大致一致，性质类同，当然也有一定的差别。例如，赖氨酸的含量在牛的大动脉中比在韧带中多，而在耳朵弹性软骨中则含量更高。

(5) 浸出物　构成活体的物质中，除去蛋白质、脂类、色素等而剩余的肽、游离氨基酸和其他低分子含氮化合物、糖、酸等易溶于无机或有机溶剂中，这些就是所谓的浸出物成分。

在制备浸出物时，必须除去作为活体主要成分的蛋白质。因而，当使用无机或有机的蛋白质沉淀剂除去蛋白质时，从沉淀后的溶液中所分离出来的成分也可以认为是浸出物成分，但是，其中所含有的无机盐和维生素，一般是不列入浸出物成分的。

煮制肉时溶出的成分从广义上说即是浸出物，将其中的无机物、蛋白质、脂类、维生素等除去，剩余的有机物即为狭义浸出物。在浸出物中，含氮化合物最多，而氮的形态多以碱性的氨基或亚氨基形式存在。

浸出物成分中含有的主要有机物：

① 肽：肉中含有的肽主要是谷胱甘肽、肌肽和鹅肌肽。谷胱甘肽是谷氨酸、半胱氨酸和甘氨酸结合而成的三肽，肌肽和鹅肌肽都是分别由两种氨基酸构成的二肽。这些肽类占肉总量的0.3%左右，其中肌肽含量最高。

谷胱甘肽的巯基给肉以还原性，腌制过程中有促进肉制品呈色的作用；肌肽和鹅肌肽具有缓冲作用，与肉表现出的缓冲作用有密切关系。

② 核苷酸：核苷酸中最主要的成分是ATP。ATP不仅在机体内与肌肉的收缩有密切关系，而且在肉的加工中也是关系到肉的持水性的重要成分。

动物死后，在ATP酶的作用下，ATP分解为ADP，ADP又进一步分解为AMP，AMP经脱氨基作用生成IMP（次黄嘌呤核苷酸，是肉中的重要呈味物质）。

③ 胍化合物：一般具有胍基的化合物称之为胍化合物，肉中所含的这种化合物有胍、甲基胍、肌酸、磷酸肌酸、肌酐等。

肌酸含量相当多，而胍和甲基胍一般含量极微。活体的肌肉中肌酸和磷酸结合生成磷酸肌酸，其高能磷酸键贮存能量，在肌肉收缩时显示出重要作用。

在活体的肌肉中含有肌酸和磷酸肌酸的混合物，屠宰后的磷酸肌酸释放出磷酸而变成肌酸，肌酸在酸性条件下加热时，失去一分子水生成环状的肌酐。在活体中，肌酐极微量，但煮肉时，肌酸逐渐减少而肌酐量逐渐增加，同时肉的风味变好。

④ 其他非蛋白态含氮化合物：浸出物成分中，除上述含氮化合物之外，还有各种嘌呤碱基、游离氨基酸、核苷等，这些物质的含量一般随屠宰后肉的成熟而增加。在肉开始腐败时，还会产生各种胺类。

⑤ 糖原、乳酸及其他化合物：肉中的糖原含量因屠宰前及屠宰后的条件不同而有所不同。屠宰以后，动物体的糖代谢仍在进行，沿着糖酵解的途径，糖原生成乳酸。刚屠宰的动物，乳酸含量不过0.05%，但经24h后，可增加至1%～1.5%。乳酸的生成是使原

来处于中性附近的肉变为酸性的原因之一。

除去糖原、乳酸之外，浸出物中还含有微量的丙酮酸、琥珀酸、柠檬酸、苹果酸和延胡索酸等三羧酸循环中的有机酸成分，此外，还含有约0.03%的肌醇。

组织中浸出物成分的总含量是2%～5%，以含氮化合物为主，酸类和糖类含量比较少。

浸出物的成分与肉的风味、滋味、气味有密切关系。浸出物中的还原糖与氨基酸之间的非酶促褐变反应对肉的风味具有很重要的作用。而某些浸出物本身就是呈味物质，如琥珀酸、谷氨酸、肌苷酸是肉的鲜味成分，肌醇有甜味，以乳酸为主的一些有机酸有酸味等等。

由于动物的种类、性别、运动量、机能等的不同，浸出物的成分和量有所不同。浸出物含量虽然不多，但由于其能促进消化道腺体活动（如促进胃液、唾液等的分泌），因而对蛋白质和脂肪的消化起着很好的作用。

（6）维生素　肉类中各种维生素含量如表3－31所示。

表3－31　部分食品原料中维生素A的含量　单位：RE/100g

食品原料	含量	食品原料	含量
羊肝	8970	鸡蛋黄	1050
鸡肝	1527	带鱼	144.9
牛肝	5490	对虾	108
鸭肝	2670	海螃蟹	69
牛奶	42	河蟹	1788
奶酪	384	黄鳝	900
鸭蛋	414	鱼肝油	25500
鸡蛋	432	田螺	516.3

注：RE（retinol equivalent）为μg视黄醇当量，1IU＝0.3μg视黄醇当量

100g鲜肉中的维生素含量见表3－32。

表3－32　100g鲜肉中的维生素含量

种类	维生素A含量/IU	维生素B_1含量/mg	维生素B_2含量/mg	烟酸含量/mg	泛酸含量/mg	生物素含量/μg	叶酸含量/μg	维生素B_6含量/mg	维生素B_{12}含量/μg	维生素C含量/mg	维生素D含量/IU
牛肉	微量	0.07	0.20	5	0.4	3	10	0.3	2	0	微量
小牛肉	微量	0.1	0.25	7	0.6	5	5	0.3	0	0	微量
猪肉	微量	1.0	0.20	5	0.6	4	4	0.6	2	0	微量
羊肉	微量	0.15	0.25	5	0.5	3	2	0.4	2	0	微量
肝（牛）	20000	0.30	0.30	13	8	100	100	0.7	50	30	45
鸡肉	微量	0.09	0.09	8.0	0.4	3	3	0.4	1.5	0	微量
鸭肉	微量	0.15	0.15	4.7	0.4	4	4	0.3	1.8	0	微量

由表3－32可见，猪肉维生素B_1的含量比其他种肉类要多得多，而牛肉的叶酸含量则又比猪肉和羊肉为高。

肉是B族维生素的良好来源，特别是硫胺素、核黄素、烟酸、维生素B_6和维生素

B_{12}。但不同动物、不同类型以及饲料、年龄、性别和健康状况不同的肉中，B族维生素含量存在差别。肉中维生素D、维生素E、维生素K和维生素C的含量却非常低。这些维生素主要存在于瘦肉中。猪肉中维生素B_1含量受饲料影响，在0.3%～1.5%之间；牛、羊等反刍动物肉的维生素含量不受饲料影响。

（7）矿物质　肉中矿物质（灰分）的含量一般为0.8%～1.2%。肉是铁和磷的来源，若不带骨，肉中钙却很少。钾和钠几乎全部存在于软组织及体液之中。在活体中，钾主要分布于细胞内，而钠分布于细胞外，动物死后，则较均匀地分布在细胞内外。除上述元素之外，肉中尚含有微量的锰、铜、锌、镍等，其中锌对肉的持水性有影响。几种肉类的矿物质含量见表3－33。

表3－33　鸡、牛和猪肉中的矿物质平均含量　单位：mg/g

肌肉	Ca	P	Mg	K	Na	Zn	Fe
1年龄鸡腿肉	3.30	110	20.5	237	77.2	1.51	1.32
1年龄鸡胸肉	3.21	214	30.5	294	54.6	0.41	0.99
牛半膜肌	4.62	202	26.9	380	70.4	2.99	2.78
牛半腱肌	4.28	216	27	417	55.2	292	2.00
公猪半膜肌	5.47	167	21.3	283	82.8	2.09	1.54
母猪半膜肌	5.53	211	26.7	298	68.2	1.87	1.50
猪半腱肌	5.87	190	21.5	341	88.7	5.47	3.00

由表3－33可见，各种肉类的矿物质含量无重大的种类差异，此外，同一种类的不同部位的矿物质的含量通常变化也很小。矿物质含量主要与肉的水分及蛋白质部分有关，因此瘦肉要比脂肪组织含有更多的矿物质。

2. 肉类在加工过程中的变化

（1）在腌制过程中的变化　腌制是用食盐、硝酸盐、亚硝酸盐、糖及其他辅料对原料肉进行处理的工艺，其目的在于提高肉制品的贮藏性、风味、色泽、持水性等性能。

① 色泽的变化：腌制过程中硝酸盐被亚硝基化细菌作用还原成亚硝酸盐，亚硝酸盐与肉中的乳酸作用产生游离的亚硝酸，亚硝酸不稳定，分解产生NO，NO与肌红蛋白（Mb）结合形成呈粉红到鲜艳的亮红的一氧化氮肌红蛋白（NO—Mb）。

② 持水性的变化：腌制过程中，食盐和聚磷酸盐所形成的一定离子强度的环境，使肌动球蛋白结构松弛，提高了肉的持水性。

（2）在加热过程中的变化

① 色泽的变化：肉受热作用颜色发生变化，这个变化受加热方法、加热时间、加热温度等影响，但以温度的影响最大，颜色的变化是由于肉中的色素蛋白质所引起的。除色素蛋白质的变化外，还有焦糖化作用和美拉德反应等影响肉和肉制品的色泽。

② 风味的变化：生肉的香味是很弱的，但是加热后，不同种类动物的肉产生很强的特有风味。这是由于加热导致肉中的水溶性成分和脂肪的变化造成的。在肉的风味里有共有的部分，也有因肉的种类不同而特有的部分。前者主要是水溶性成分，后者则是因为不同种肉类的脂肪和脂溶性物质的不同，由加热而形成的特有的风味。肉的风味在一定程度上因加热的方式、温度和时间而不同。

③ 脂肪的变化：加热时，脂肪熔化，包被着脂肪的结缔组织由于受热收缩而给脂肪细胞比较大的压力，因而使细胞膜破裂，熔化的脂肪流出组织。随着脂肪的熔化，某些与脂肪相关联的挥发性化合物释放，给肉和汤增加了补充香气。

④ 肌肉蛋白的变化：肉经加热后，则有多量的液汁分离，体积缩小，这是构成肌纤维的蛋白质因加热变性发生凝固而引起的。

⑤ 浸出物的变化：在热加工中，蛋白质变性和脱水的结果，从肉中分离出汁液，汁液中含有浸出物。这些浸出物溶于水，易分解，并赋予煮熟肉特有风味。

⑥ 维生素和矿物质的变化：维生素在加热过程中的变化系氧化及受热所引起。加热能促进氧分子活化而使氧化作用加剧。硫胺素对热不稳定，在碱性环境中加热时易被破坏，但在酸性环境中比较稳定。在肉制品制造中可损失15%～25%的硫胺素，核黄酸、烟酸、吡哆酸也因加热有一定量损失。

肉类在水煮加热过程中，矿物质损失较多，如在预煮过程中。猪肉（中等肥度，下同）中矿物质约损失总含量的34.2%，羊肉损失38.8%，牛肉损失48.6%。在油炸过程中平均损失3%左右。

二、水 产 原 料

1. 水产原料的特性

(1) 水产原料的多样性　水产原料的种类很多，有节足动物、软体动物、棘皮动物、脊椎动物等。

水产原料品种复杂，种类不同，可食部分的组织、成分也不同。同一种类的鱼，由于大小、年龄、成熟期、渔期、渔场等不同，其组成亦不同。但从分类学来说，从低等到高等各门各属动物和藻类大都可以列为加工的对象。

(2) 水产资源的多变性　水产原料一部分由人工养殖，一部分靠天然提供，后者因资源量和资源所在，没有充分把握，又因渔期、渔场、渔获量不定，造成原料供给的不稳定性。

(3) 不同季节的鱼体成分变化　一年中鱼类有一个味道最鲜美的时期，这就意味着鱼类的鱼体成分随着季节有很大变化。

多数鱼种的味道最鲜时期和脂肪积蓄在很多时候是一致的。鱼体脂肪含量在产卵后迅速降低，风味亦随之变差。

作为鱼体主要成分的水分和脂肪含量随季节变化，贝类中的牡蛎其蛋白质和糖原含量亦变化很大。在冬季含量最多时，味最鲜美。

(4) 鱼体大小、部位对成分的影响　鱼肉的组成因年龄、性别、大小、部位而异。鱼体成分、部位不同，脂肪含量有特别明显的差别。一般鱼肉中腹肉的脂肪含量高，例如金枪鱼腹部肌肉的脂肪含量高于蛋白质含量，可达40%。

鱼体中除普通肉外，还有暗红色的肉称为"血合肉"，这种血合肉在不同鱼类中所占比例不同，同一鱼体越是接近尾部血合肉的比例越大。

(5) 容易腐败变质　鱼肉比畜肉容易腐败变质，大致有二个方面的原因，一是获得水产品的方法，另外是水产品本身的问题。

家畜一般在清洁地屠宰，立即除去内脏，而鱼类在渔获后，不是立即清洗处理，多数情况下带着容易腐败的内脏和鳃运输。还有在渔获时，容易造成死伤，就是在低温时，可以分解蛋白质的水中细菌侵入肌肉的机会也多。

此外，鱼类比陆上动物的组织软弱，容易腐败。因外皮薄，鳞容易脱落，细菌容易从受伤部位侵入，还有鱼体表面被覆的黏液，也是细菌的良好培养基。

再加上由于肌肉死后的变化与酶的作用，鱼贝类要比畜肉迅速剧烈，因此鱼类死后僵直的持续时间短，自溶迅速发生，很快就会腐败变质。

2. 鱼贝类的主要成分

概括说来，鱼贝类主要成分中，水分占70% ~80%，蛋白质15% ~20%，脂肪1% ~10%，糖0.5% ~1.0%，矿物质1.0% ~1.5%。但鱼贝类的种类很多，受多种因素的影响（如年龄、性别、季节、营养状态等），其成分也有一定差异。

在鱼贝类的一般成分中，水分和脂肪成反比的关系，在许多情况下，两者的和为80%。大的变动成分也是水分和脂肪，蛋白质的含量比较稳定。新鲜鱼类的一般化学成分如表3－34所示，鱼贝类的一般化学成分如表3－35所示。

表3－34　　鱼类的一般成分（新鲜）　　单位：%

鱼类名称	水分	蛋白质	脂肪	糖类	灰分
鳝鱼	60.7	20.0	18.0	0.3	1.0
秋刀鱼	70.0	20.0	8.4	0.3	1.3
鳕鱼	81.0	16.6	0.6	0.1	1.7
对虾	80.0	16.0	1.1	1.5	1.4

表3－35　　鱼贝类的一般成分　　单位：%

种类	水分	蛋白质	脂肪	糖类	灰分
鲔（赤身）	73.2	24.3	1.0	0.3	1.2
鲔（白身）	52.6	21.4	25.0	0.1	0.9
鰤	68.2	22.5	8.0	0.3	1.0
秋刀鱼	70.0	20.0	8.4	0.3	1.3
鲹	75.0	20.0	3.5	0.3	1.2
鲑	72.2	20.0	6.0	0.3	1.5
真鲷	77.8	18.0	2.5	0.3	1.4
鳕	81.0	16.6	0.6	0.1	1.7
比目鱼	75.7	22.0	1.2	0.3	0.8
角鲛	72.0	16.2	10.0	0.3	1.5
鲤	67.0	22.4	9.0	0.3	1.3
鳗	60.7	22.0	18.0	0.3	1.0
蛤仔	85.4	10.6	1.3	1.5	1.2
文蛤	84.8	10.0	3.6	5.1	1.7
牡蛎	79.6	10.0	3.6	5.1	1.7
鲍鱼	73.4	23.4	0.4	0.8	2.0
墨鱼	80.3	17.0	1.0	0.5	1.2
章鱼	82.9	14.6	0.6	0.3	1.8
对虾	80.0	16.0	1.1	1.5	1.4
松叶蟹	76.0	20.0	0.5	1.5	2.0
海参	91.6	2.5	0.1	1.5	4.3

（1）水分　在个体成分中水分占大部分，肌肉中的水分为自由水和结合水两种。结合水的比例由于测定方法和研究者判断的方法不同而有差异，是15% ~25%。结合水是和蛋白质及碳水化合物呈结合状态的水，例如蛋白质中的羰基、羟基、亚氨基、氨基等位置结合水。

（2）蛋白质　鱼类中蛋白质的含量为15% ~20%，其中带鱼、白鲢和黄鱼等含量较高，在18%以上，其他如虾、蟹类含量也较多。

鱼肉可食部分由横纹肌组成，肉质细嫩，是许多比较细的肌纤维的聚合体。肌纤维由被遮蔽在肌鞘里的肌原纤维及充满其间的肌原质组成。

肌原纤维蛋白主要由肌球蛋白和肌动蛋白组成。肌球蛋白存在于肌原纤维的粗丝中，肌动蛋白存在于肌原纤维的细丝中。鱼肉肌动球蛋白的肌动蛋白和肌球蛋白的结合比，依提取条件的不同而异。

将新鲜的鱼肉磨碎，用pH 6 ~8 的高离子强度的盐溶液（离子强度0.5 ~1.0，例如0.6mol/L Na_2CO_3 +0.04mol/L $NaHCO_3$溶液）抽提，则构成肌原纤维的蛋白质和构成肌浆的蛋白质大部分溶出。将溶出的蛋白质稀释约10倍，则肌浆蛋白质留在溶液里，肌原纤维蛋白质沉淀。墨鱼和虾的肌肉中所含的肌原纤维蛋白和鱼肉中所含有所不同，它们在低离子强度的溶液中溶解，抽提后的残渣不溶于稀酸和稀碱，主要是胶原蛋白和弹性蛋白，总称肉基质蛋白。鱼类肌肉中，肌原纤维蛋白比较丰富，但缺乏肉基质蛋白，这是鱼类肌肉比哺乳动物的肌肉软弱的原因之一。肌浆蛋白质可以在水和稀盐溶液（离子强度为0.05 ~0.15）中直接抽提。

一般说来，鱼在僵直前或僵直中的新鲜状态下，具有强的黏性形成能力。肌动球蛋白依鱼种不同而异，有的死后肌动球蛋白迅速发生变化使提取液量减少，持水力下降，黏性降低，鱼肉pH显著下降，如鲭鱼、沙丁鱼等红肉鱼类和冷水性的狭鳕鱼等。另一方面，也有不易发生肌动球蛋白变性，长期冷藏也能保持黏性形成能力的鱼类，如石首鱼类、鲨鱼类等。

肌原质的蛋白质约占整个蛋白质的20%，它们是属于以水或低离子强度的盐溶液可以溶出的清蛋白之类的蛋白。其主要成分为肌浆蛋白，也含有与分解糖系有关的酶类和肌红蛋白等。

鱼肉组织比畜肉组织软，其原因是鱼肉基质蛋白中的胶原和弹性蛋白少。例如硬骨鱼约为3%，软骨鱼（鲨鱼）不到10%，而牛肉则有15%。

鱼贝类蛋白质的氨基酸组成与食用肉的组成较相似，生理营养价值较高，是优质的蛋白质食物，尤其含有较多的必需氨基酸如赖氨酸，对以谷类为主食的人们来说，补充赖氨酸的不足更显出其重要性。

甲壳类中色氨酸和精氨酸的含量与鱼肉相比稍有差异，软体动物中贝类和鱿鱼之甘氨酸、酪氨酸、脯氨酸、赖氨酸含量亦与鱼类有差异。甲壳类肌肉蛋白质中的缬氨酸、赖氨酸含量相当低。此外，贝类的蛋氨酸、苯丙氨酸、组氨酸含量比鱼类和甲壳类低，精氨酸含量比其他水产品高。

（3）脂肪　鱼类组织中有较多的脂肪，存在于皮下组织、肠间膜、脏器间的结缔组织、肝脏、头盖腔中，内脏中脂肪含量以肝脏为最多。从肌肉组织看，一般是腹肉比背肉、颈肉比尾肉、表层肉比内层肉、血合肉比普通肉的脂肪含量高。

鱼贝类脂肪的含量如前所述，随季节、鱼龄等有很大变化。而且，即使在同一个体中也多呈现出不均匀的分布。例如鲭鱼、秋刀鱼、沙丁鱼等的脂肪积累在肌肉中，而鳕鱼、鲛鱼类则积累在肝脏中。

鱼贝类脂肪物质的主要成分一般均为甘油三酯。鱼贝类脂肪的特征是比食用肉脂肪和食用植物油含有更多量的高度不饱和脂肪酸，因此鱼油易被氧化。

甘油三酯以外的成分有磷脂、固醇及其酯、蜡、碳氢化合物等。磷脂在卵巢中非常多，有的占粗脂肪的一半以上。固醇类主要成分为胆固醇，从软体动物、棘皮动物、腔肠动物等中可检出许多固醇类物质。高级醇的脂肪酸酯在许多鱼类中含量极少。碳氢化合物在深海性的鲛鱼类的肝油中含量多，其主要成分为二十碳六烯，是胆固醇的前体，含量可达70% ~90% 。

此外，尤其鱼肝油含有相当多的维生素 A、维生素 D、维生素 E 等脂溶性维生素。

鱼油的碘价一般要比陆上动、植物油高，生活在冷水区域的鱼类比生活在暖水区域的鱼类鱼油的碘价有升高倾向。

碘价：每 100g 脂肪或脂肪酸吸收碘的克数。

碘价的高低能反映油脂不饱和双键的多少。通常用碘价来表示脂肪酸及脂肪的不饱和程度。

水产动物脂肪中，不饱和脂肪酸的含量占绝大部分，故其碘价一般要比陆上动物、植物油高。

（4）浸出物（提出物）

① 浸出物的含量：肌肉的浸出物含量一般为 2% ~5% ，可分为含氮的成分和不含氮的成分二种，一般以前者为多。含氮量以红肉鱼类为多；非蛋白态氮量以鲨、鳐类为多，并随墨鱼和甲壳类、红肉鱼类、白肉鱼类顺序依次减少。鲨、鳐类含有多量的非蛋白态氮，主要是由于含有多量的尿素和氧化三甲胺（TMAO）所致。

软体动物肌肉的浸出物含量有 5% ~6% 。

② 氨基酸：肌肉浸出物的含氮化合物主要成分是氨基酸和低分子肽。构成肌肉蛋白质的氨基酸，大部分在浸出物中可以见到，还有少部分在蛋白质中不存在的氨基酸（如鸟氨酸等）在浸出物中也存在。

游离氨基酸分布不同直接影响鱼肉的风味。

③ 尿素：饵料中的氮化合物最终代谢物之一是氨。在陆上生活的哺乳动物其代谢产物是变成尿素排泄掉。

鱼类氮化合物代谢排泄类型为：淡水产硬骨鱼是氨，海产硬骨鱼是氨或氧化三甲胺，海产软骨鱼是尿素和氧化三甲胺。而软骨鱼类其代谢物又被肾脏（肾小球）再吸收，蓄积在体内作为调节渗透压之用。

在鲜度下降过程中，尿素被细菌的尿素酶水解变成氨。软骨鱼类鲜度下降开始时就有明显的氨臭气，这是由于肌肉组织中含有多量的尿素和氧化三甲胺，被细菌的酶作用分别生成氨和三甲氨。

④ 氧化三甲胺（TMAO）：TMAO 为淡甜味物质，由于细菌的氧化三甲胺还原酶的还原作用生成三甲胺（TMA），这就是鱼特有腥味的原因。

TMAO 在海产动物组织中分布很广，淡水产动物组织中几乎没有。TMAO 可和尿素一起调节渗透压。

⑤ 肌苷酸：肌肉中存在参与各种代谢的高能磷酸化合物三磷酸腺苷和二磷酸腺苷。动物死后，高能磷酸化合物经由腺苷酸和肌苷酸生成肌苷和次黄嘌呤。肌苷酸是重要的鲜味物质成分。

⑥ 甜菜碱：甜菜碱是碱性化合物，具有爽快的甜味。鱼类肌肉中甜菜碱的含量不超过0.1%。无脊椎动物中，以墨鱼类、章鱼类、虾类的肌肉中甜菜碱含量高，虾类中其含量占浸出物总量的5%～11%。甜菜碱和甘氨酸都是形成肌肉甜味的原因。

⑦ 糖类及有机酸：水产动物肌肉中存在有多糖类的糖原，游离的糖有葡萄糖和核糖。鱼类肌肉的糖原分解生成乳酸，在浸出物中乳酸含量最多。在贝类肌肉中含有较多的琥珀酸，可能参与贝类特有风味的形成。

（5）色素

① 肌肉色素：鱼肉中的色素为水溶性色素蛋白和脂溶性类胡萝卜素两大类。有些所谓红身鱼肉的色系为色素蛋白引起，白身鱼肉与其不同的是90%以上为肌红蛋白。

鱼类的类胡萝卜素中最重要的物质为虾青素。虾青素广泛分布在水产动物中，鱼皮和甲壳类特别多。在生物体中已与蛋白质结合成为青色的色素蛋白。

② 血液色素：动物由于种类不同血液色素种类也显著不同。鱼类的血液色素和哺乳动物一样为血红蛋白，软体动物、节足动物的血色素为含铜的血蓝蛋白，还有含钒的hemovanadin，含锰的pinnaglobin，其中最主要的是血蓝蛋白，它是甲壳类的虾、蟹，软体动物的墨鱼、章鱼等的血液色素。还原型的血蓝蛋白为无色，氧化型的为蓝色。

③ 皮的色素：鱼类的皮中有黑色色素细胞、黄色色素细胞、红色色素细胞、白色色素细胞等，由于它们的配比、收缩和扩张，使鱼呈现出微妙的色彩变化。鱼皮中主要色素是黑色素、各种类胡萝卜素、胆汁色素等。有的鱼的表皮呈银光，这主要是鸟嘌呤在尿酸中沉淀，因光线折射之故。这种鸟嘌呤是人造珍珠的涂层材料。

鱼皮的红和黄呈色物质，主要是类胡萝卜素、红色的虾青素、黄色的叶黄素，此外还有蒲公英黄质、玉米黄质等。

（6）鱼贝类的呈味成分　具有独特风味的鱼贝类含有的呈味成分甚多。

在鱼贝类的味中起主要作用的物质是谷氨酸，核苷酸是氨基酸以外特别重要的呈味成分，其他重要的呈味物质是贝类的琥珀酸。

鱼贝类有美味最佳时期，研究认为此时期是在产卵期之前。蟹的美味最佳期与糖原含量最大时期一致，而且此期间浸出物中的鲜味成分增加，脂质的含有量增加。

（7）其他成分　近年来的研究表明，水产动物中含有多种生物活性物质，例如鲨鱼软骨中含有酸性黏多糖，亦称6－硫酸软骨素，它具有抗肿瘤、抗凝血、降血脂等作用；姥鲨肝中含有角鲨烯，它具有抗肿瘤及防治心血管疾病的功能。

3. 鱼贝肉在加工过程中的变化

（1）物理变化

① 冷冻的变化：鱼肉冷却到0℃左右时，不会有太大的变化。温度进一步下降，肌肉中的水分开始冻结，肉质变硬。同一种鱼因肉的鲜度不同，其冰点也不同。一般鲜度高的冰点偏低，这是由于新鲜肉比鲜度下降的肉中结合水的比例高，自由水中的溶质浓度高的缘故。

② 加热的变化：鱼贝肉蒸煮时，当肉温达到35～40℃时，透明的肉质变成白浊色的肉；继续加热到50～60℃时，组织收缩，重量减少，含水量下降，硬度增加。

③ 盐渍的变化：鱼肉盐渍时，食盐渗入肌肉的同时，肉的水分和重量发生变化，肉质变硬。原料鱼脂肪含量高时，皮下脂肪层厚，明显妨碍盐分的渗入；鲜度也影响盐分渗入；鱼体有无表皮，在盐渍初期，同样影响食盐的渗入。

另外，干腌时，鱼肉中水分减少，用盐量多，脱水量也多。湿腌时，脱水因所用食盐水的浓度、温度而定。

（2）化学变化

① 蛋白质的变化：鱼类肌肉蛋白质的加热变性和畜肉相似，但比畜肉的稳定性差。和畜肉同样会发生汁液分离、体积收缩、胶原蛋白水解成明胶等。加热时由于蛋白质的巯基暴露，在海产鱼类中会使氧化三甲胺还原为三甲胺；同时，含硫氨基酸分解会产生硫化氢。

冷冻鱼肉贮藏时，以肌球蛋白类的不溶性变化为主要特征。原料鱼的状况和贮藏条件对其有着重要影响。

另外，肌原纤维蛋白质在不同离子强度的盐溶液中会表现出不同的形态，但在盐浓度比较高的情况下，则表现为变性。

② 脂肪的变化：在低温贮藏中，脂肪由于其自身脂肪酶的作用发生水解；鱼体在水中加热时，皮下脂肪的一部分会脱离组织，浮在水面上，脂肪和水一起，在高温高压下发生水解。

③ 变色：

a. 肌肉色素和血液色素：冷冻的金枪鱼肉在贮藏中会发生褐变，主要是由于肌红蛋白氧化的结果，该过程同时伴随有构成肌红蛋白的珠蛋白的变性。

蒸煮的金枪鱼肉有时产生淡绿色到灰绿色的变色，这种变色和TMAO有关。

在蟹肉罐头中使用的一些部位的肉（如肩肉和近关节的棒肉两端或血管部分）中会发现有浓蓝色斑点，它是由含铜的血蓝蛋白形成的。老、大蟹和鲜度低下的蟹的肉容易变蓝。

鲑鱼类在冷冻、盐藏中褪色，主要是由于类胡萝卜素的氧化，鲷类等红色鱼在冰藏中表皮褪色也属于这种原因。

b. 酶褐变和非酶褐变：

酶褐变：虾类在冰藏或冷冻贮藏中，表面往往产生黑斑，使商品价值降低。其原因是酪氨酸在酶的作用下发生氧化。为了防止虾的黑变，可使用亚硫酸氢钠进行护色。

非酶褐变：是由美拉德反应所引起的褐变，在不同的情况下，有时需要利用，有时需要避免。一些红烧类的加工产品，常需要利用美拉德反应所生成的色泽和香气；而在更多的加热、干燥、贮藏中则需尽量避免，以防止色泽变褐变暗。

由重金属离子引起的变色：铁、铜离子会促进脂肪和类胡萝卜素的氧化，活化酚酶和催化美拉德反应进行。除间接参加的反应外，自身也能直接形成各种着色体，引起食品变色。

微生物引起的变色：很多微生物能产生色素，在食品中繁殖引起变色，盐藏鱼的变红即是微生物所引起。

三、乳类原料

乳和乳制品是营养价值很高的食品之一。对于所有的哺乳动物来说，生命的最初几个月中，几乎全靠乳汁供给身体所需的养分。因此，乳汁是一种营养素十分全面的食品，其营养价值是其他任何食物难以代替的。即使在成年之后，许多国家的居民仍然大量消费牛乳，对强健体质、维持营养平衡起到了重要的作用。

乳制品加工用乳主要是牛乳，其次是山羊乳，我们主要介绍牛乳。

1. 牛乳的化学组成

牛乳的化学成分依条件而显著不同，既决定于动物体的生理状态，又取决于外界环境条件。正常的牛乳中各种成分的组成大体上是稳定的，但也有个体差异，同时受外界条件的影响，其中变化最大的是脂肪，其次是蛋白质，乳糖及灰分则比较稳定。饲料对牛乳的组成影响很大；个体对乳的组成也有影响，这主要是遗传因素所致；不同的泌乳期及不同的健康状况也会影响牛乳的组成，形成所谓异常乳，这在乳品生产中应严加控制。

牛产后数天分泌出的乳称为初乳，其成分变化较大，1 周后乳组成没有大的变化。初乳浓，色带黄，其化学成分中固形物、蛋白质、钙、脂溶性维生素含量较多，乳糖较少，蛋白质中球蛋白含量特别多，这与免疫性有关。

造成牛乳组成变化的最主要的是乳牛的品种，各种品种乳牛的牛乳成分组成范围为：总固形物 11.91% ~14.15%，无脂固形物 8.35% ~9.19%，蛋白质 3.05% ~3.66%，脂肪 3.56% ~4.97%，乳糖 4.61% ~4.70%，灰分 0.73% ~0.77%。

（1）牛乳中的脂质　牛乳的主要成分中变动最大的是脂肪，牛乳、乳制品的成分中以脂肪为主，因此从成分上来说，脂肪含量也是最重要的。牛乳的脂质组成中甘油三酸酯占 99%，其余的 1% 中大部分是磷脂（卵磷脂、脑磷脂及神经磷脂）和微量的胆固醇及其他脂类。乳脂的脂肪酸与体脂的脂肪酸有很大的差别，例如反刍动物的沉积脂肪缺乏短链脂肪酸，而乳脂中则含有较多的短链脂肪酸，尤其以含有酪酸为其特征。然而，牛乳、乳制品若变质，则产生酪酸水解特有的难闻刺激味。牛乳和人乳的甘油三酸酯的脂肪酸组成中，牛乳比人乳的 $C_4 \sim C_{10}$ 这类低碳数脂肪酸约多 3 倍，亚油酸、亚麻酸明显地少，其中丁酸是反刍动物乳脂中的特有脂肪酸。14、16、18 碳的脂肪酸存在数量也较多。

牛乳中已被分离出来的脂肪酸达 400 种之多，其中包括碳链长度从 2 ~28 的各种脂肪酸，奇数碳原子和偶数碳原子的脂肪酸，直链的脂肪酸和饱和的以及不饱和的脂肪酸，甚至酮酸、羟酸、环状脂肪酸等等。然而，奇数碳原子、分支的和其他罕见的脂肪酸的存在数量极小。

牛乳中的脂肪酸部分来源于血脂，部分在乳腺中合成。这两个来源的脂肪酸成分颇不相同。乳腺中合成的脂肪酸多为短链到中链的脂肪酸，而血液来源的脂肪酸包括部分 16 碳的脂肪酸和全部的 18 碳脂肪酸。分子内和分子间脂肪酸的组成对乳脂肪的性质具有最大的影响。脂肪酸在甘油三酸酯 3 个位置中的分布与乳脂肪的熔点和水解性等物理化学性质有关，因而这方面的研究较多。一般的规律是，短链脂肪酸主要在 3 - 位出现，而亚油酸往往处于 2 - 位。

乳脂肪主要以脂肪球的形式存在，其直径在 1 ~10μm 之间。脂肪球表面有一层脂蛋白膜，可防止脂肪球发生凝聚，也阻碍了脂酶对乳脂肪的水解。它来自分泌细胞的细胞质和细胞质膜，主要成分为磷脂和糖蛋白。

牛乳脂肪的熔点范围较宽，从 -40 ~ 72℃。在室温下，乳脂肪呈固态，实际上是固态脂肪溶于液态脂肪的混合体。牛乳的脂肪结晶通常为 α 型，虽然对大多数脂肪来说 α 型是最不稳定的晶型，然而在乳脂肪中它十分稳定，可能是由于乳脂肪中成分过于复杂，结晶仅能以此形式存在。

给予乳油以机械撞击，可使脂肪球由粒状集聚制成奶油。奶油的主要成分是脂肪，组成奶油脂肪的脂肪酸随季节显著变化，例如软脂酸夏季少，冬季多，与此相反油酸夏季多而冬季少。夏季奶油中维生素 A 和胡萝卜素多，冬季奶油中则含量少。这表明牛乳的维生素 A 与乳中的饲料有密切关系。即乳牛吃青草时期，乳中的胡萝卜素和维生素 A 含量高。

（2）牛乳中的蛋白质　牛乳中的蛋白质含量比较恒定，在 3.0% ~ 3.5%。乳中所含的氮约 95% 以蛋白质的形式存在，其余 5% 是非蛋白质含氮化合物，其中有尿素、氨、氨基酸、尿酸、肌酸和肌酐等。它们有些可来自血液，有些则是乳腺的排泄物或代谢产物。乳蛋白主要由酪蛋白和乳清蛋白组成。可用各种方法将酪蛋白和清蛋白分开，例如酯化沉淀、凝乳酶聚和超速离心等。不同品种的动物乳中酪蛋白和清蛋白的差异很大。例如人乳比牛乳所含酪蛋白少，而非酪蛋白部分则较多，牛乳属酪蛋白型，人乳属清蛋白型，如表 3-36 所示。在制酸奶和乳酪时沉淀的蛋白质主要是酪蛋白，约占牛乳蛋白质的 80%；乳清中的蛋白质属于乳清蛋白，约占总蛋白质量的 20%。

表 3-36　　酪蛋白型和清蛋白型乳

种类	酪蛋白型			清蛋白型		
	牛乳	绵羊乳	山羊乳	人乳	马乳	狗乳
酪蛋白	85	80	75	51	65	50
清蛋白（含球蛋白）	15	20	25	49	35	50

注：表中数值为占全蛋白质的百分数。

在乳中，酪蛋白具有特定的四级结构——大小不等的酪蛋白胶束。直径差别很大，在 20 ~ 600nm 之间，平均直径在 140nm 左右。它们对光的散射造成了牛乳的乳白色泽。

酪蛋白可分为 α-、β-、γ-酪蛋白。它是一种磷蛋白，呈酸性，在乳中主要以酪蛋白钙的形式存在。它在乳中呈球形颗粒，称为“微团”，每个微团由许多酪蛋白分子组成。酪蛋白分子团（微团）在牛乳中是稳定的，若添加酸和凝乳酶或进行冻结、加热杀菌等，则分子团的稳定性遭到破坏，牛乳凝固。因此牛乳液态保存时，必须保持酪蛋白分子团的稳定性。凝固的性质可用来制造酸乳和乳酪之类的乳制品。

酪蛋白一般对热比较稳定，但如果在 130℃加热几分钟，则引起酪蛋白粒子变性而凝固沉淀。此时，凝固物中也含有热变性的乳清蛋白质。

牛乳中酪蛋白沉淀下来以后，保留的上清液，即乳清中的蛋白质称为乳清蛋白。乳清蛋白中有许多组分，其中最主要的是 β-乳球蛋白和 α-乳清蛋白。β-乳球蛋白是一种简单蛋白质，约占乳清蛋白质的 50%，其分子上含有游离的巯基，加热牛乳散发出来的气味可能与之有关。

（3）乳糖　大多数哺乳动物乳中的主要糖类是乳糖，它全部消解在乳清中。乳糖是由血液来的葡萄糖在乳腺中的腺胞中合成的。它是乳腺中特有的化合物，即在动物的其他器官中没有这种糖。乳糖在所有动物乳中的含量都很高，它也是维持渗透压的重要成分。

乳糖占牛乳的4.1% ~4.5%，在乳固形物成分中占37% ~40%。乳糖是乳中特有的糖类，甜味比蔗糖弱，为蔗糖的1/6 ~1/5。乳糖以外的碳水化合物如葡萄糖、半乳糖等在牛乳中有微量存在。

乳糖有两种异构体，区别是水解后除都生成一分子β-半乳糖外，一种产生α-葡萄糖，另一种产生β-葡萄糖，分别称为α-乳糖和β-乳糖。在常温下，自乳糖溶液中析出的结晶为带有一分子结晶水的α-乳糖。一般常见的是α-型含水乳糖。在一定温度的水溶液中，α-乳糖和β-乳糖的含量永远保持一定的比例，这种状态称之为平衡状态。

（4）矿物质和维生素　牛乳中的矿物质包括钠、钾、钙、镁、氯、磷、硫、铜、铁、钴、碘、锰和锌等，其中钠、钾初级离子基本上完全存在于溶液中，而钙和磷分布在溶液和胶体相中。Ca^{2+}的浓度与酪蛋白的稳定性有关，而铜、铁离子的存在与牛乳的风味劣变有关。乳中的矿物质主要来自血液，约占0.75%，在营养上价值较大。不同品种动物的乳中某些矿物质成分的含量有明显的变化。

牛乳中含有几乎所有种类的维生素，特别是维生素B_2的含量很丰富，但维生素D的含量不高，各种维生素的数量差异较大。脂溶性维生素存在于脂相中，而水溶性维生素存在于水相。乳清所呈现的淡黄绿色便是核黄素的颜色。

2. 乳中成分在食品加工与储藏中的变化

（1）酪蛋白胶束在加工中的变化　酪蛋白体系的稳定与许多因素有关，在加工中，即使十分微小的条件变化也会影响酪蛋白体系的平衡状态。这些因素包括pH的变化、Ca^{2+}的浓度、温度和酪蛋白胶束的组成等。

乳清中的磷酸钙和柠檬酸钙为饱和或过饱和的状态，其Ca^{2+}的浓度对酪蛋白胶束的稳定性影响很大（钙敏感蛋白在Ca^{2+}浓度增加时溶解性降低），加入钙盐则会增加钙离子浓度，增加磷酸钙胶体的形成，降低体系中pH，从而使胶束稳定性下降。提高pH、降低可溶性钙的浓度都有利于胶束的稳定；加入钠离子可置换胶束中的钙，从而提高胶束的稳定性；多价阴离子，如聚磷酸盐和柠檬酸盐等都是良好的稳定剂，因为它们增加了胶束的净电荷，并通过整合作用降低了钙离子浓度。

巴氏消毒或超高温杀菌均会不可逆地增加胶体磷酸钙的含量，而降低离子化钙和可溶性磷酸钙的含量。在此过程中，磷酸二钙的形成不仅来自于乳清中的钙，而且还来自与蛋白质结合钙的解离。

在较低温度（如0 ~4℃）下，酪蛋白胶束对离子强度和pH的变化不甚敏感。在高温下的稳定性则与pH有关。不同类型的牛乳在pH区间中的稳定性具有差异。A型牛乳在pH 6.6 ~6.9的范围中稳定性最佳，而B型在pH 6.6以上稳定性上升。这种稳定性的差异可能是由于β-乳球蛋白和κ-酪蛋白的比例不同造成的；添加κ-酪蛋白可使A型牛乳向B型转化，而添加β-乳球蛋白可造成反方向的变化。

牛乳在巴氏消毒或超高温杀菌中往往会产生令人不愉快的“加热臭”，这是因为β-乳球蛋白的不可逆部分变性造成的。变性使分子中的巯基暴露，发生二硫键结合，于是改变了酪蛋白胶束的表面性质。这个热处理虽然使β－乳球蛋白部分变性，却会避免长时间加热后β－乳球蛋白与κ－酪蛋白结合所造成的不稳定效应。

随着加热的剧烈程度上升，二硫键和磷酸丝氨酰残基发生β－消除反应，脱氢丙氨酰残基数量随之上升，天冬酰胺基和谷氨酰胺基的水解脱氨反应加剧，美拉德反应速度提高。高热下，脱氢丙氨酰残基与赖氨酸中的ε－氨基发生交联生成ε－赖氨酰丙氨酸，或是与半胱氨酸的巯基反应生成羊毛硫氨酸。长时间的加热（140℃下20～40min）可破坏酪蛋白胶束的稳定性，形成凝胶。这种变化是由于乳糖分解、磷酸氢钙和磷酸二氢钙向羟磷灰石转化、磷酸丝氨酸的水解等因素造成pH下降引起的。其中，磷酸盐的变化较为迅速，而乳糖分解和丝氨酸水解较为缓慢，到pH 4.9左右即发生蛋白质的凝聚。

凝乳酶的作用使κ－酪蛋白的亲水性大大降低，其净电荷可减少40%，从而使酪蛋白胶束稳定性下降。然而它仍不会立即沉淀，而是在0℃或钙离子浓度上升时才发生迅速的凝聚。在牛乳中添加其他物质也会影响酶蛋白的稳定性。例如，加入乙醇引起酪蛋白分子失去水膜而沉淀，而卡拉胶等大分子胶质可起到稳定酪蛋白的作用。

酪蛋白在pH 6以上具有良好的溶解性、热稳定性以及乳化性，往往作为其他食品的蛋白质添加物或是品质改良剂。目前主要的酪蛋白产品有：酸性酪蛋白、凝乳酶酪蛋白、酪蛋白酸盐和酶蛋白共沉淀物等。

酸性酪蛋白可简单地通过等电沉淀方法获得，凝乳酶酪蛋白是由凝乳酶作用而获得，它们的水溶性均不理想，特别是在Ca^{2+}存在时。这是因为其中κ－酪蛋白的极性区域已被除去之故。酪蛋白共沉淀物和变性的乳清蛋白具有更好的溶解性质，在将pH调节至碱性、加入聚硝酸盐之后可溶。这些产品适合作为早餐谷物制品、点心、焙烤食品等的添加物，可改善面团的性质，产生更好的质地和口感。

溶解性最好的是酪蛋白酸盐，它是在干燥之前对酸性酪蛋白进行中和得到的产物，包括钠盐、钾盐和钙盐，其中钠盐和钾盐具有非常好的溶解性和热稳定性，其水合性、乳化性、增稠性、泡沫形成性和胶凝性在加工中都具有价值，因此，它们在肉制品、组织化植物蛋白产品、人造奶油、咖啡伴侣等产品中有着广泛的应用。

（2）乳清蛋白在加工中的变化　在70℃以上，乳清蛋白便开始发生变性。在一般加工程序中，乳清蛋白总会发生部分变性。加热中乳清蛋白的变性可以分为两个阶段：首先是蛋白质二级和三级结构的变化，然后是蛋白质的凝聚。部分变性后的乳清蛋白较变性前溶解度下降，更加容易因Ca^{2+}而沉淀，并往往与酪蛋白发生连接。因此，在乳酪制造中，部分变性的乳清蛋白与酪蛋白一起沉淀。

各种乳清蛋白的热稳定性顺序是：α－乳清蛋白＞牛血清白蛋白＞免疫球蛋白＞β－乳球蛋白。然而，α－乳清蛋白的变性是可逆的，如果按照不可逆变性的顺序，则应排列为：免疫球蛋白＞牛血清白蛋白＞β－乳球蛋白＞α－乳清蛋白。

然而，β－乳球蛋白与κ－酪蛋白结合会影响凝乳酶的作用，因而在乳酪制造中应避免这种情况。此外，乳清蛋白的变性情况与其在酸性饮料中的应用及作为脂肪替代物的应用都有密切的关系。

乳清蛋白浓缩物（WPC）或分离物（WPI）在食品加工中具有应用价值。由于乳清蛋白在处理中极易变性，变性后蛋白质的溶解性降低，乳化性质和起泡性也受到严重影响，影响了它们的应用。此外，产品中微量的矿物质和脂类的存在也会对起泡性造成影响。

（3）乳脂肪在加工中的变化　乳脂肪在食品中主要以三种形式被利用：在全脂牛乳中被均质化，被离心分离成奶油，或分离制成黄油。

任何会引起酪蛋白凝聚的因素，如凝乳酶处理、酸化处理和过度加热等，都会造成脂肪球的聚集，因此，经过均质的牛乳与未经均质的牛乳相比，其热稳定性较后者为低。此外，均质后的乳脂肪球更易受到光氧化和脂酶的作用，而且产生一种不良风味。

未均质牛乳在室温或较低温度下离心可获得稀奶油。低温下（5~10℃）离心对脂肪球的破坏较小，因而获得的奶油较稠，并含有较多免疫球蛋白。

搅拌奶油造成脂肪球膜的破坏，约有50%的脂肪球膜随酪乳流失。冷冻-融化过程也会破坏脂肪球膜。失去了脂肪球膜保护的乳脂肪便发生凝聚而上浮，同时失去其乳白的颜色，而表现出脂肪中所溶解的类胡萝卜素的黄色。制作黄油实际上是水包油型乳状液向油包水型乳状液转变的过程，产品中，脂肪为连续相，其中有2%~46%的脂肪以脂肪球的形式存在，水以微滴的形式存在。在脂肪全部呈液态或固态的情况下，乳脂肪的成块和聚集不能很好地发生。因而制作黄油需要控制恰当的温度，使脂肪中固体与液体的比例符合要求。

乳脂肪对乳制品的外观、质地、风味和满足感影响很大。由于甘油三酯的组成会影响脂肪的熔点、结晶性等重要特性，为了得到性质理想的牛乳脂肪组分，可采用酯交换反应、脂肪组分分离法、固相化脂酶处理或超临界萃取法以得到适合某一种食品特殊要求的脂肪组分。

（4）乳糖在加工中的变化　乳糖的甜度较低，但它对口感、质地的贡献与蔗糖等较甜的糖并无差别。此外，乳糖可增强风味，促进钙等矿物质的吸收，并能够促进美拉德反应的发生。因此，在一些需要较低甜度的食品中，使用乳糖代替蔗糖是有意义的。

在温度高于100℃时，乳糖发生分解反应，产生甲酸等有机酸和异构化乳糖（由半乳糖、果糖形成的二糖）。乳糖分解产酸是高温下酪蛋白沉淀的重要因素之一。

在加热条件下，乳糖、异构乳糖与赖氨酸的ε-氨基的美拉德反应速率上升，即使在储藏条件下仍然会继续进行；在冷冻食品中，由于纯水组分结冰，使溶液中的各种溶质受到浓缩，溶解度低的α-乳糖易生成结晶，α-乳糖结晶的同时往往伴随着酪蛋白的凝聚。

四、蛋　　类

禽蛋是用途最多的一种天然食物。禽蛋从营养角度看是最完美的食品之一，亦是世界各地区普遍食用的几种食品之一。蛋液经过均质处理和巴氏杀菌后，或进行包装制成新鲜液蛋和冷冻蛋制品，或经过脱水成为干燥蛋制品。在西方国家，蛋品工业几乎只涉及鸡蛋的加工，是食品工业的重要组成部分，加工过程中对蛋制品的质量控制要做到加工后的蛋制品不仅卫生，而且要有良好的色泽和风味。蛋品所特有的性能使其在焙烤食品、糖果和面条等许多食品中成为不可替代的重要原料。

1．蛋的组成

蛋类中含有丰富的营养物质，特别是蛋白质，在氨基酸组成上与人体组织蛋白质最为接近，因此其生理营养价值最高。常用的蛋类以鸡蛋为主，其蛋黄和蛋白的组成见表

3－37。不同禽蛋的化学成分组成见表3－38。

表3－37　蛋黄和蛋白的化学组成　单位：%

成分	蛋黄	蛋白	成分	蛋黄	蛋白
水分	48.7	87.9	糖类	1.0	0.9
蛋白质	16.6	10.6	矿物质	1.1	0.6
脂类	32.6	微量			

表3－38　不同禽蛋的化学成分组成（可食部分）　单位：%

蛋别	水分	固形物	蛋白质	脂肪	灰分	糖类
鸡全蛋	72.5	27.5	13.3	11.6	1.1	1.5
鸭全蛋	70.5	29.2	12.8	15.0	1.1	0.3
鹅全蛋	69.5	30.5	13.8	14.4	0.7	1.6
鸽蛋	76.8	23.2	13.4	8.7	1.1	—
火鸡蛋	73.7	25.7	13.4	11.4	0.9	—
鹌鹑蛋	67.49	32.27	16.64	14.4	1.203	—

（1）蛋黄的化学组成　蛋黄的总固形物含量一般为52%，在蛋的贮藏期间，水分从蛋白中转移到蛋黄内，使蛋黄量增加。蛋黄中固形物的主要成分是蛋白质和脂肪，蛋黄中脂肪含量的变化主要取决于母鸡的品系，在32%～36%范围内。蛋黄脂类的特点是磷脂类含量高，其组成为：甘油酯62.3%，磷脂质32.8%，固醇4.9%。磷脂质由卵磷脂（58%）和脑磷脂（42%）组成，在蛋黄中大部分和蛋白质结合构成的脂肪酸中，不饱和脂肪酸较多，非常易被氧化。蛋黄的乳化作用主要是脂蛋白及其组成成分卵磷脂引起的。

蛋黄蛋白质大部分是脂类蛋白质，其中主要的物质是脂黄磷蛋白和脂蛋黄类黏蛋白，两者均含有多量的脂类，其蛋白质部分均为磷蛋白质，分别称为蛋黄磷蛋白和蛋黄类黏蛋白。卵黄中另一种蛋白——蛋黄高磷蛋白，约含磷10%。

蛋黄中含有丰富的维生素A、维生素D、维生素E和维生素K，以及1.1%（以灰分计）的无机盐，它们主要有磷、钙、钾、铁。从营养学的角度看，鸡蛋是脂肪、蛋白、维生素和矿物质尤其是铁的良好来源。

蛋黄的色素主要为黄体素、玉米黄质等叶黄素类物质，含量随饲料而变化。

（2）蛋白的化学组成　蛋白中虽然大部分是水，但其中12%的固体是高质量蛋白质。蛋白中通常不含脂类物质，矿物质含量变化很大。蛋白是维生素B_2的丰富来源。蛋白中存在9种以上的蛋白质，如卵白蛋白、伴白蛋白、类卵黏蛋白、卵球蛋白、卵黏蛋白、黄素蛋白等。

卵白蛋白是蛋白中的主要蛋白质，是三种不同的混合物。伴白蛋白与铁的结合力十分强。类卵黏蛋白为糖蛋白，具有和膜蛋白酶结合而阻止其作用的性质。卵球蛋白G_1成分和溶菌酶一样。卵白素具有和二硫酮结合而使其作用无效的性质。卵黏蛋白为糖蛋白，与浓厚蛋白组织的维持及蛋白的起泡性有关。值得注意的是蛋白中含有的抗生物素蛋白和抗胰蛋白酶，前者能够在肠道内与生物素结合成被人体难以吸收的化合物，而后者能够抑制胰蛋白酶的活力，从而妨碍蛋白质的消化吸收，因此生食鸡蛋对人体没有好处。

2. 蛋及其制品在加工的变化

（1）蛋制品种类　用从带壳蛋中取出的蛋液可以加工出不同的制品。供食品加工用的蛋制品有冷藏液蛋、冷冻液蛋和脱水蛋品等。

（2）蛋液的稳定化　因为蛋白是由稠蛋白和稀蛋白两部分组成，所以蛋液离开打蛋机后必须通过均质处理，然后再行冷冻或干燥。均质处理通常是在装有搅拌桨的贮罐中用低压均质法来完成的。有些工厂采用高压均质，得到的是蛋黄或全蛋的均质浆。

蛋黄液在冷冻时要发生不可逆的胶凝作用，添加某种物质如蔗糖、食盐、丙三醇或其他成分可以制止这种作用，添加量为5% ~15%。

全蛋和蛋黄干燥时，添加某些糖类可以防止其发泡率的损失。喷雾干燥前添加含10%蔗糖的干燥蛋白发泡性很好。

（3）巴氏杀菌　禽蛋蛋白质对热非常敏感，并且容易变性。因此液蛋巴氏杀菌的条件是以时间和温度为依据，既要保证杀灭沙门氏菌等病原菌，又能保持蛋液的良好性能。

第四章　植物性原料——粮食类

第一节　谷物类原料

一、概　　述

谷物类是人类的主要食物之一，特别是在我国膳食构成中占有重要地位，也是重要的烹饪原料。我国古代就有“五谷为养”之说，表明谷类对人类的养生意义。古代“五谷”是指：稻、黍、麦、菽、粟，现代食品原料中谷物类不仅包括禾本科的稻、麦、玉米、莜麦及其他杂粮，也包括蓼科作物荞麦。谷物类经过加工、烹饪可制成各式主食制品，主要给人类提供糖类、蛋白质、膳食纤维及 B 族维生素等。人体每天所需的热量有 60% ~ 70% 来源于谷类，所需的蛋白质也有相当数量是来自谷类及其制品。谷物类的营养成分随种类、品种、地区、气候、土壤及施肥、灌溉等耕作措施的不同而不同，也与加工方法和精度有密切关系。同时谷物类也是酿造业、制药业及养殖业的重要原料和饲料。

（一）形态与结构

谷粒的营养素分布见表 4 – 1。

表 4 – 1　　谷粒的营养素分布

	整粒	胚乳	胚芽	谷皮 + 糊粉层
水分/%	14.5	13.0	12.5	12.5
粗蛋白/%	11.0	10.5	35.7	16.4
糖类/%	69.0	74.3	31.7	43.6
脂肪/%	1.2	0.8	13.1	3.3
灰分/%	1.7	0.7	5.7	6.0
纤维素/%	2.6	0.7	1.8	18.0
维生素 B_1/（mg/kg）		3.0	64.0	33.0
维生素 B_2/（mg/kg）		32.0	26.0	42.0
泛酸/（mg/kg）		43.0	7.0	50.0
烟酸/（mg/kg）		12.0	2.0	86.0
吡哆醇/（mg/kg）		6.0	21.0	73.0

各种谷物类种子的大小、形状有差异，但结构基本相似（荞麦除外），由谷皮、糊粉层、胚乳和胚四部分组成，如图 4 – 1 所示。

1. 谷皮

谷皮是谷粒外层的被覆物，包括果皮和种皮等，占谷粒的 13% ~ 15%，主要由多层坚实的角质化细胞组成，其成分主要是纤维素、半纤维素等，并含有较多的矿物质、B 族维生素及其他营养素，谷皮在加工过程中作为麸糠被除去，因此相当数量的 B 族维生素和矿物质随麸糠一同流失。目前国内外有食品加工企业利用麸糠提取二十八烷醇等产品。

2. 糊粉层

糊粉层介于谷皮与胚乳之间，占谷粒的 6% ~7%，由大型多角细胞组成，除含有纤维素外，还含有较多的磷和丰富的 B 族维生素及部分蛋白质、脂肪，在碾磨加工时，易与谷皮同时脱落而混入糠麸中。

3. 胚乳

胚乳是谷粒的主要部分，占谷粒的 80%，由许多淀粉细胞组成，含大量淀粉和一定量的蛋白质，是加工成面粉的主要成分。蛋白质靠近胚乳周围部分含量较高，越向胚乳中心，含量越低。其他成分如脂肪、维生素、无机盐和纤维素含量较低。

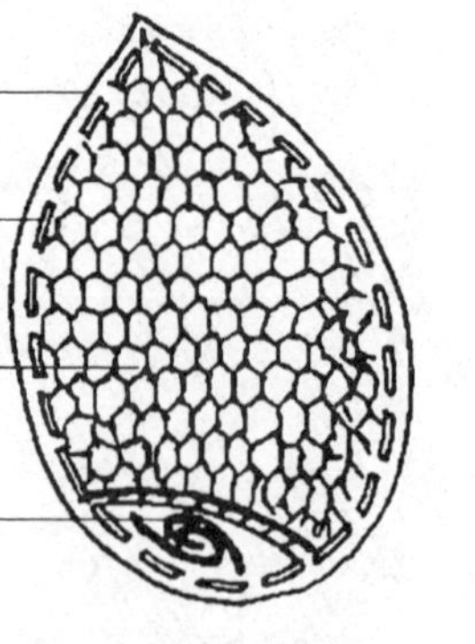

图 4-1 谷粒的结构示意图

4. 胚

胚位于谷粒的一端，占谷粒的 2% ~3%，由胚根、胚轴、胚芽等组成，富含脂肪、蛋白质、B 族维生素和维生素 E。胚芽质地比较软而有韧性，不易粉碎，加工时易与胚乳分离进入麸糠中。

（二）化学组成与营养特点

1. 糖类

谷类中的糖类主要是淀粉，其平均含量为 70% 左右，精米可达 90% 左右。依据淀粉分子的结构又可分为直链淀粉和支链淀粉两部分，两者的比例因谷物种类不同而稍有差别。淀粉在加工或烹调受热时可发生糊化作用，糊化淀粉又称 α-淀粉，更容易为人体消化吸收，是人体最理想而经济的热能来源。部分谷物类淀粉显微照片见图 4-2。

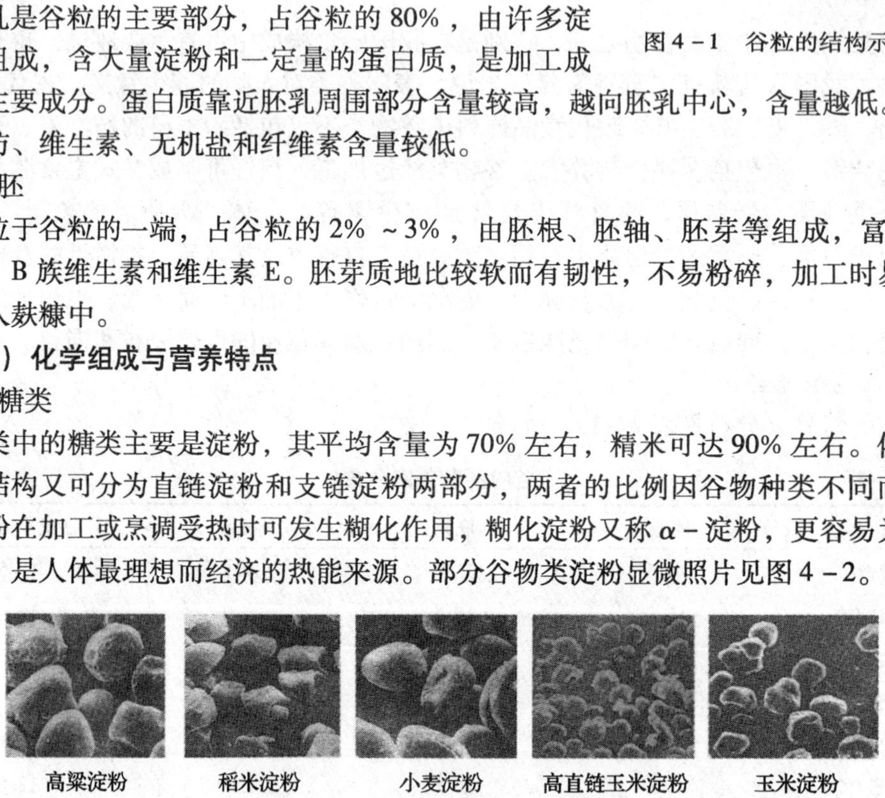

图 4-2 部分谷物类淀粉显微照片

利用玉米等作物加工淀粉已成为重要工业，淀粉可进一步转化为葡萄糖、淀粉糖浆和果葡糖浆等，淀粉及加工后产物可广泛应用在食品、医药、纺织、酿造等工业，目前国内外开发研究可降解的淀粉塑料膜和淀粉容器。

麸糠中膳食纤维含量最高，精米中膳食纤维含量最低。膳食纤维具有多种预防疾病的功效，特别是在防止结肠癌、直肠癌的发生、协助糖尿病的治疗等方面有重要的意义。

2. 脂肪

谷粒的总脂肪含量不高，主要集中在谷皮和胚中，不饱和脂肪酸占 80%，其中亚油酸 60%。胚芽的营养价值较高，有些现代化谷物加工企业将胚芽进一步深加工成如胚芽油、维生素 E 等抗衰老、抗疲劳的功能性食品。

3. 蛋白质

谷物中蛋白质由于氨基酸组成差异，营养价值不完全相同。评价谷物蛋白质时也常常从蛋白质含量、蛋白质氨基酸组成、消化率、利用率等角度进行比较，如生物价（biological value，BV）可反映食物蛋白质消化吸收后被机体利用程度，再如蛋白质功效比值（protein efficiency ratio，PER）是以体重增加为基础的评价方法。

谷物蛋白质含量为8% ~16%，燕麦的蛋白质含量最高达15.6%，谷物蛋白质有四种不同的组分，白蛋白、球蛋白、醇溶蛋白和谷蛋白，后两种含量大，是面筋的主要成分；谷物蛋白的赖氨酸、苯丙氨酸等含量较低，所以生物价较低。谷物类食品的第一限制性氨基酸是赖氨酸，因此需要强化或提倡与其他食物如大豆蛋白混合食用，以达到必需氨基酸平衡，提高蛋白质的营养价值。谷物蛋白质的BV和PER值与鸡蛋蛋白质的BV和PER值比较见表4-2。

表4-2　谷物蛋白质的BV和PER值与鸡蛋蛋白质的BV和PER值比较

	BV	PER
大米	77	2.16
小麦	67	1.0
玉米	60	1.2
鸡蛋	94	3.92

4. 维生素

谷物是人体膳食中B族维生素的重要来源，主要集中在谷皮、糊粉层和胚芽中，加工时易进入麸糠中，因此谷物加工越精细B族维生素损失就越大。谷物中的部分烟酸是结合态的，适当加工后转变为游离态可被人体利用。谷类一般不含维生素C、维生素D和维生素A，黄色玉米和小米含有少量的胡萝卜素。

5. 无机盐

谷类食物均含有一定数量的无机盐（1.5% ~3%），主要含有钙、铁、锌、磷、铁、铜、锰、钾等，集中分布在谷皮和糊粉层中。

（三）加工、烹调对谷物营养价值的影响

1. 加工

谷物加工的目的是经适当碾磨除去谷皮，以便于烹饪和利于人体消化吸收，由于谷粒的营养素分布不均一，在加工时会因加工程度不同产物的营养素含量不同。谷物类加工精细、出粉（米）率低，感官品质好，消化吸收率高，但有些维生素和无机盐等重要的营养素进入麸糠中；谷物类加工粗糙、出粉（米）率高，营养素损失少，但感官品质差，且消化吸收率也相应降低。由于植酸和纤维素含量较多，还将影响其他营养素的吸收，如植酸与钙、铁、锌等螯合成植酸盐，不能被机体利用。近20年来，随着经济水平的快速发展，我国居民对精米、白面的食用比例加大，因而在有些人群中出现B族维生素缺乏。为保障人民的健康，应采取对米面的营养强化措施，提倡粗细粮混食等方法来克服精白米、面的营养缺陷。也可研究改良谷类加工工艺与设备，在保持良好感官性状的同时尽可能最多保留糊粉层从而极大限度防止营养素流失。在发达国家，全麦粉的加工食品拥有更多的受众，谷物加工的副产品米糠也被进一步开发应用。表4-3显示了不同出粉率面粉和不同出米率大米的营养成分变化。

表4-3　不同出粉率面粉和不同出米率大米的营养成分变化　单位：%

营养组成	小麦出粉率			大米出米率		
	72	80	85	92	94	96
水分	14.5	14.5	14.5	15.5	15.5	15.5
粗蛋白	8~13	9~14	9~14	6.2	6.6	6.9
粗脂肪	0.8~1.5	1.0~1.6	1.5~2.0	0.8	1.1	1.5
糖类	1.5~2.0	1.5~2.0	2.0~2.5	0.3	0.4	0.5
无机盐	0.3~0.6	0.6~0.8	0.7~0.9	0.6	0.8	1.0
纤维素	0.2	0.2~0.4	0.4~0.9	0.3	0.4	0.6

2. 烹调

谷物烹调的目的是让谷物更易于人体消化吸收利用，不同的烹调方式使营养素损失的程度不同，主要是对B族维生素的影响，因蛋白质和无机盐在烹调中损失不大，但用高温油炸时损失较大。如油条制作，因加碱及高温油炸会使维生素 B_1 全部损失，维生素 B_2 和烟酸仅保留一半。面食在焙烤时，还原糖与氨基化合物发生褐变反应（又称美拉德反应）产生的褐色物质，在消化道中不能水解，故无营养价值，而且使赖氨酸失去效能。因此焙烤温度和糖的用量是影响焙烤食品营养价值的因素。

二、谷物主要种类与加工

（一）稻与米

1. 稻的主要品种与加工

稻谷（图4-3）属于禾本科（*Gramineae*）稻属，大多是半水生的一年生草本植物，也有陆生稻种。7000多年前，我国即掌握稻子的种植，至殷商时期稻谷已跃为五谷之首。周朝时，我国的稻谷传入越南和朝鲜，汉时始传入日本。我国是世界上产稻最多的国家，占世界稻谷总产量的1/4左右。

稻的种类繁多，按成熟期又分早稻、晚稻，按所含淀粉结构情况可分为籼稻、粳稻、糯稻，按生长条件又可分为普通水稻和陆稻。也有学者认为稻米品质可以按用途分为食用、工业用、饲料用三类。稻粒的纵切与横切解剖图见图4-4。

图4-3　稻

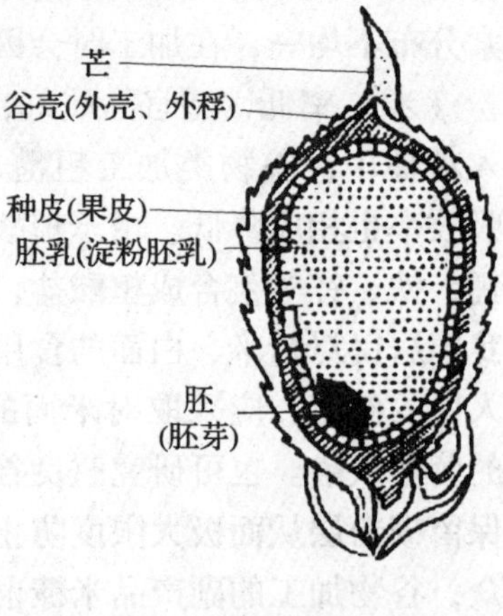

图4-4　稻粒解剖图

大米是稻谷经清理、砻谷、碾米、成品整理等工序后制成的加工品，稻谷去壳（稃）成糙米，再碾去部分果皮和胚为大米。稻谷籽粒各部分营养成分分布见表4-4。

表4-4　稻谷籽粒各部分营养成分分布

名称	水分	粗蛋白	粗脂肪	粗纤维	灰分	无氮抽提物
稻谷	11.68	8.09	1.80	8.89	5.02	64.52
糙米	12.16	9.13	2.00	1.08	1.10	74.53
胚乳	12.40	7.60	0.30	0.40	0.50	78.80
胚	12.40	21.60	20.70	7.50	8.70	29.10
米糠	13.50	14.80	18.20	9.00	9.40	35.10
稻壳	8.49	3.56	0.93	39.05	18.59	29.38

稻谷的谷皮和胚碾去越彻底，大米精度越高，外观质量越好。胚乳所含成分大部分是淀粉，而其他营养物质如维生素、脂肪和矿物质的大部分及部分蛋白质随谷皮、胚和糊粉层被碾去。尤其是精度高的大米，这些营养物质的损失更大，因之适当保留一部分大米的外层物质，不但能增加出米率，而且能提高营养价值。但从对外贸易角度看，精度是决定大米质量优次的重要因素，故供出口的大米仍要求有较高的精度。

（1）根据粒形和粒质分类　我国和国际市场通常根据粒形和粒质（直链淀粉和支链淀粉的比例）将大米分为籼米、粳米和糯米三类。

① 籼米：籼米系用籼型非糯性稻谷制成的米。米粒粒形呈细长或长圆形，长者长度在7mm以上，蒸煮后出饭率高、黏性较小，米质较脆，加工时易破碎，横断面呈扁圆形，颜色白色透明的较多，也有半透明和不透明的。根据收获季节，稻谷分为早籼米和晚籼米。早籼米米粒宽厚而较短，呈粉白色，腹白大，粉质多，质地脆弱易碎，黏性小于晚籼米，质量较差。晚籼米米粒细长而稍扁平，组织细密，一般是透明或半透明，腹白较小，硬质粒多，油性较大，质量较好。在国际市场上，有按籼米米粒的长度分为长粒米和中粒米者。长粒米粒形细长，长与宽之比一般大于3，一般为蜡白色透明或半透明。性脆，油性大，煮后软韧有劲而不黏，食味细腻可口，是籼米中质量最优者。我国广东省生产的齐眉、丝苗和美国的蓝冠等均属长粒米。中粒米粒形长圆，较之长粒米稍肥厚，长宽比在2~3之间，一般为半透明，腹白多，粉质较多，煮后松散，食味较粗糙，质量不如长粒米。我国两湖、两广、江西、四川等省所产的大米多属中粒米。美国的齐奈斯也属中粒米。泰国根据长度将大米分为特长型（7mm以上）、长型（6.6~7mm）、中型（6.2~6.6mm）和短型（6.2mm以下）4种。

② 粳米：粳米是用粳型非糯性稻谷碾制成的米。米粒一般呈椭圆形或圆形。米粒丰满肥厚，横断面近于圆形，长与宽之比小于2，颜色蜡白，呈透明或半透明，质地硬而有韧性，煮后黏性、油性均大，柔软可口，但出饭率低。粳米根据收获季节，分为早粳米和晚粳米。早粳米呈半透明状，腹白较大，硬质粒少，米质较差。晚粳米呈白色或蜡白色，腹白小，硬质粒多，品质优。粳米主要产于我国华北、东北和苏南等地。著名的小站米、上海白粳米等都是优良的粳米。粳米产量远较籼米为低。

③ 糯米：糯米又称江米，呈乳白色，不透明，煮后透明，黏性大，胀性小，一般不做主食，多用于制作糕点、粽子、元宵等，以及作酿酒的原料。糯米也有籼、粳之分。籼糯米粒形一般呈长椭圆形或细长形，乳白不透明，也有呈半透明状的，黏性大；粳糯米一般为椭圆形，乳白色不透明，也有呈半透明的，黏性大，米质优于籼糯米。

上述3种大米尤以籼米的贸易量为最大。东南亚、非洲和拉丁美洲以消费籼米为主，尤以长粒米最受欢迎。日本、朝鲜、意大利等国人民喜食粳米。欧洲地区，籼、粳两种大米均有消费。

（2）根据加工方法分类　国际市场上，根据稻谷加工精度和加工方法分为糙米、白米、蒸谷米、碎米。糙米尚裹有皮和完整的胚，因此耐贮藏。日本历来以糙米形式储存，消费时才加工成精白米。稻谷加工成大米时增加了破碎粒，并含有不同程度的糠层，米粒外露，直接与外界环境温度因素发生联系，米粒系富含营养物质的亲水胶体体系，极易受物理、化学因子影响及虫、霉菌生物性侵害。糙米的背部和腹部（带胚的一面）各有纵沟两条，背沟较腹沟深。

① 糙米：稻谷经加工仅碾去谷壳后为糙米，糙米是一个完整的果实。糙米一般需经过进一步加工才能食用。糙米的贸易量不大。

② 白米：糙米经继续加工，碾去皮层和胚（即细糠），基本上只剩下胚乳，即我们平时食用的白米或大米。我国大米分特等、标准一等、标准二等、标准三等四个级别。特等米：基本上除净了糙米的皮层、糊粉层和胚，所以淀粉含量在几类大米中最高，粗纤维素、灰分含量则最低，维生素 B_1、维生素 B_2 和烟酸以及钙、磷、铁等含量低于我国暂定的营养供给量标准，尤其是维生素 B_2 和钙。不过特等米的胀性好、出饭率高，食用口感好，消化吸收率也最高。标准一等米：加工精度次于特等米，食用品质、出饭率和消化吸收率略低于特等米，但维生素、矿物质、脂肪、蛋白质含量均高于特等米。标准一等米中维生素 B_2 和钙、铁含量仍偏小，烟酸含量略低于营养标准。标准二等米：日常供应的大米。这类大米尽管淀粉含量较特等米和标准一等米为低，出饭率和消化吸收率也较低，但粗纤维素、灰分含量高，维生素 B_1 和烟酸含量能满足人体需要，唯有维生素 B_2 和钙的含量达不到营养标准。标准三等米：因保留了大量的皮层和糊粉层，所以维生素和矿物质的含量最高，但因为含有较多的粗纤维和灰分，其出饭率和食用品质都不及上述三个等级的大米。所以标准三等米一般不加工。

③ 蒸谷米：蒸谷米是将稻谷浸在热水中，经蒸汽加热再使之干燥后，经碾制而成的大米。蒸谷米刚性增强，出米率较普通稻谷高；谷皮的养分经水浸后渗入大米内部，提高了大米的营养价值；煮食容易，但由于米经处理后，米色变黄，带有油腥味，故未能被消费者普遍接受。

④ 碎米：大米在加工时被碾碎的部分称为碎米。

另外还有各种特用米（新型米），其特征和用途见表4－5。

2．大米的化学成分分布与特点

大米形状因品种而异，有细长、长圆、椭圆和短圆等。糙米是由谷皮（5%～6%）、胚（2%～3%）、胚乳（91%～92%）和糊粉层所组成。胚乳的硬度因大米品种的不同而异，一般说，粳米硬度高于籼米，晚稻又高于早稻。胚在加工时脱去，碾磨程度越高，胚脱去越彻底。胚占米粒的比重越小，大米成品率越高，但营养素损失越大。

表 4-5　　特用米（新型米）的特征和用途

名称	特　性	炊饭适性	用　途
低直链淀粉米	直链淀粉含量小于 20%	米饭、饭团、方便米饭	方便米饭、盒饭、酥脆米饼、年糕、汤圆、α 化米
高直链淀粉米	直链淀粉含量大于 25%	烩肉饭、炒米饭	米粉、米线、硬脆米饼
香米	米饭有特殊香气	咖喱饭、烩肉饭、炒米饭	米点心、加工米饭
巨胚米	胚芽是普通米的 2～3 倍	胚芽饭	营养食品、健康食品
紫黑米	糠层含有花青素	米饭、米饼、八宝粥	点心、饴糖、黑米酒
红米	糠层含有单宁色素	红米饭	红米酒
低球蛋白米	蛋白质含量小于 4.0%	食疗米饭	过敏体质米饭
低谷蛋白米	蛋白质含量小于 4.0%	食疗米饭	肾脏病食疗米饭
高蛋白米	精米蛋白质含量大于 10.0%	米饭	营养米饭
大粒米	千粒重大于 25g	粥、面酱	面酱、酒、小吃
超级稻米	产量高	米饭	食品工业用

（1）蛋白质　大米中的蛋白质含量会因品种、产地、种植情况而有差异。蛋白质在谷皮、糊粉层、胚乳、胚中都存在，蛋白质主要是谷蛋白、球蛋白、白蛋白和醇溶蛋白，其中米谷蛋白占到 70% ～80%。尽管大米蛋白质的赖氨酸含量相对其他谷物蛋白要高、生物价（BV）和功效比值（PER）要好，但赖氨酸仍然是第一限制性氨基酸，此外苏氨酸是第二限制性氨基酸。大米蛋白质的必需氨基酸组成和 WHO 认定的蛋白质氨基酸最佳配比模式（%）如表 4-6 所示。

表 4-6　　大米氨基酸组成及 WHO 模式

必需氨基酸	大米蛋白质（样品数 =12）	WHO 模式
胱氨酸	1.7 ±0.2	3.5
蛋氨酸	2.24 ±0.3	3.5
赖氨酸	4.0 ±0.1	5.5
异亮氨酸	4.1 ±0.1	4.0
亮氨酸	8.2 ±0.3	7.0
苯丙氨酸	5.1 ±0.2	6.0
酪氨酸	5.2 ±0.3	6.0
苏氨酸	3.5 ±0.2	4.0
色氨酸	1.7 ±0.3	1.0
缬氨酸	5.8 ±0.4	5.0

（2）脂肪　脂肪主要存在于谷皮、糊粉层、胚里，胚当中含量最多，米中的脂肪含量与稻谷加工精细度相关，常用于测定精米程度，也可用作判断米新陈的指标，从而可用

来预测货架期。

（3）淀粉　淀粉主要存在于胚乳中，胚乳占糙米的最大部分，是主要食用部分，淀粉是大米的主要成分，含量占大米总量的80%左右。大米淀粉在谷物淀粉中颗粒最小，5～15个淀粉单粒聚合成复合淀粉粒填充成米淀粉细胞，填充度愈好米愈透明，否则被称为垩白米。大米淀粉分为直链淀粉和支链淀粉，直链淀粉被认定是影响大米蒸煮食用品质的主要因素。

（4）维生素　胚中维生素含量占整粒米维生素含量的56%左右，稻米中不含维生素A、维生素D和维生素C，维生素B_1、维生素B_2主要存在于胚和糊粉层中，维生素E主要存在于糠层中。

（5）矿物质　矿物质主要分布于谷皮、糊粉层、胚中，主要有钾、磷、镁、锌、铁、锰等。

（6）其他　纤维素分布于谷皮、糊粉层中，加工后的米糠就是由谷皮和糊粉层组成，含有丰富的纤维素，可用于商品型膳食纤维素的加工利用。

3. 大米的营养价值与应用

大米及米制品中的营养成分见表4－7。

稻米可加工烹调成为各式食物，作为主食的有蒸煮米饭、华南一带的米粉、东南地区的米粉干、大米粉末产品，特色米类食品有粽子、糍粑、元宵、汤圆、年糕、八宝饭、八宝粥、米豆腐等，以大米为原料发酵制成的有米酒、米醋、醪糟等。另外，一些工业化大米制品或半成品也随人群的需求而发展，如方便米饭、速煮米等。

表4－7　　大米及米制品中的营养成分（每100g可食部分含量）

名称	水分/g	能量/kJ	蛋白质/g	脂肪/g	糖类/g	硫胺素/mg	核黄素/mg	维生素B_6/mg
粳米（极品）	13.9	1412	6.4	1.2	78.1	0.06	0.02	—
籼米	13.1	1374	7.5	1.1	78.0	0.07	0.02	0.07
血糯米	13.8	1435	8.3	1.7	75.1	0.31	0.12	
粳糯米	13.8	1435	7.9	0.8	76.7	0.2	0.05	
籼糯米	13.8	1473	7.9	1.1	78	0.19	0.04	
黑米	14.3	1393	9.4	2.5	72.2	0.33	0.13	
香米	13.5	1400	8.4	0.7	77.2	0.03	0.02	—
河粉	11.2	1491	7.7	1.5	79.2	0.02	0.02	0.04
籼米饭	70.1	474	3.0	0.4	26.4	0.01	0.01	—

大米煮成的粥有很大的食疗价值，被称为“世界第一补物”。我国食粥历史可谓源远流长，“黄帝炊谷为饭，烹谷为粥”。粥历来受到人们的喜爱。《本草纲目》记载，“粳米粥：利小便，止烦渴，养肠胃。”北宋文人张来的《粥记》云：“每日起，食粥一大碗，空腹胃虚，谷气便作，所补不细。又极柔腻，与肠胃相得，最为饮食之良。”清·王士雄《随息居饮食谱》更干脆提出“粥饭为世间第一补人之物”。粥之所以如此受到重视，不

仅因其能充饥和食味清馨，更主要是由于粥有很好的食疗价值。粥不仅含有米谷的所有营养成分，而且十分易于消化，加入多种营养食物后，保健疗病作用就更大。如红枣粥，具有补脾益胃、养心安神的功效，可用于体质虚弱、贫血、过敏性紫癜诸症。红枣扁豆粥，适合肠胃虚弱、食欲不振、消化不良、大便溏薄者食用。鲜藕粥，可治肠胃虚弱、食少便溏、体倦乏力、热病烦渴、吐血及小便赤痛等症。萝卜粥，有止咳、消食利膈功效，十分适宜老年性支气管炎、糖尿病、消化不良病人食用。羊肉粥，尤其适合气血亏损、畏寒怯冷、腰膝酸软的中老年人服食。枸杞粥，具有补精益肾之功，对心血管系统疾患人慢性肝炎、肺结核、糖尿病患者有相当好的疗效。古人介绍春天吃菜粥，夏天喝绿豆粥，秋天进藕粥，冬天食羊肉粥，可保四时平安康健。

祖国医学认为，稻米性味甘、平，归脾、胃、肺经，有补中益气、健脾和胃等功效。

（二）麦与面粉

1. 麦的主要品种与加工

小麦又称淮小麦，是禾本科植物。麦粒在植物学上称为颖果，在种子学上则称为种子，通常称为小麦。小麦是世界上栽培最多、分布最广泛的粮食作物，我国是小麦的发源地，有近5000年的种植历史。小麦的品种很多，其性质与营养成分与品种相关。

按麦粒皮色的不同，可分为白皮小麦（简称白麦）和红皮小麦（简称红麦）两种。由于品种和受环境影响不同，红皮小麦有深红色和红褐色，白皮小麦又有白色、乳白色或黄白色之分。白皮小麦呈黄色或乳白色，皮薄，胚乳含量多，出粉率较高；红皮小麦呈深红色或红褐色，皮较厚，胚乳含量少，出粉率较低。

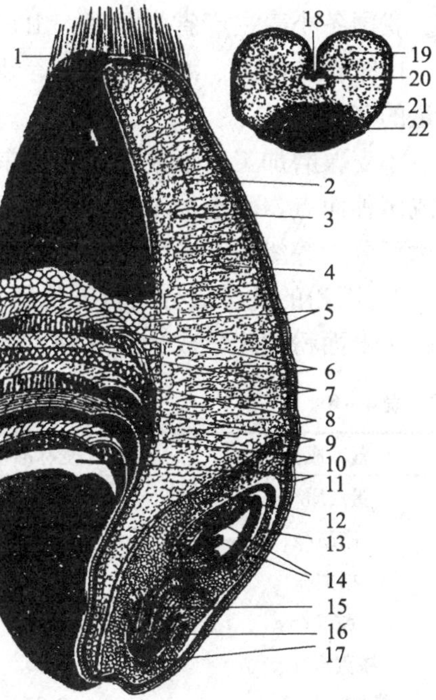

图4－5　小麦籽粒的纵切与横切解剖图

1—茸毛　2—胚乳　3—淀粉细胞　4—细胞的纤维壁　5—糊粉细胞层　6—珠心层　7—种皮　8—管状细胞　9—横细胞　10—皮下组织　11—表皮层　12—盾片　13—胚芽鞘　14—胚芽　15—初生根　16—胚根鞘　17— 根冠　18—腹沟　19—胚乳　20—色素束　21—皮层　22—胚

按播种季节可分为冬小麦和春小麦两种。春季播种的小麦称春小麦，秋季播种的小麦称冬小麦。我国以冬小麦为主。春小麦籽粒两端较尖，腹股沟深，皮层较厚，故出粉率较低。按籽粒胚乳结构呈角质或粉质的多少，可分为硬质小麦和软质小麦。角质又叫玻璃质，其胚乳结构紧密，呈半透明状；粉质胚乳疏松，呈石膏状。凡角质部分占粮粒横截面1/2以上的籽粒称角质粒，含角质粒70%以上的小麦称为硬质小麦。凡角质部分不足本粮粒横截面1/2的籽粒称粉质粒。含粉质粒70%以上的小麦称为软质小麦。小麦籽粒的纵切与横切解剖图见图4－5。

我国小麦国家标准（GB 1351—1999）把小麦细分为9类：

① 白色硬质冬小麦　种皮为白色或黄白色的麦粒不低于90%，角质率不低于70%的冬

小麦。

② 白色硬质春小麦　种皮为白色或黄白色的麦粒不低于 90%，角质率不低于 70% 的春小麦。

③ 白色软质冬小麦　种皮为白色或黄白色的麦粒不低于 90%，粉质率不低于 70% 的冬小麦。

④ 白色软质春小麦　种皮为白色或黄白色的麦粒不低于 90%，粉质率不低于 70% 的春小麦。

⑤ 红色硬质冬小麦　种皮为深红色或红褐色的麦粒不低于 90%，角质率不低于 70% 的冬小麦。

⑥ 红色硬质春小麦　种皮为深红色或红褐色的麦粒不低于 90%，角质率不低于 70% 的春小麦。

⑦ 红色软质冬小麦　种皮为深红色或红褐色的麦粒不低于 90%，粉质率不低于 70% 的冬小麦。

⑧ 红色软质春小麦　种皮为深红色或红褐色的麦粒不低于 90%，粉质率不低于 70% 的春小麦。

⑨ 混合小麦　不符合① 至⑧各条规定的小麦

我国冬小麦主产省为河南、山东、河北等省，其中硬冬白麦主要分布在河南省黄河以北，山东省的济南、潍坊、胶东等地区，河北省南部。这三个省硬冬白麦产量约占全国总产量的 73%。

小麦碾磨加工后形成的面粉是东方人膳食中的主食，也是食品工业的重要原料，可加工成多种面点。碾磨加工时出粉率不同面粉的色泽、营养成分变化较大，按加工的精度和用途可分为等级粉和专用粉，例如标准粉、面包粉、饺子粉等。

2. 面粉的化学成分与营养价值

小麦面粉的化学成分因品种、产区、气候、加工程度等因素差异较大，见表 4－8。

表 4－8　面粉的主要营养成分（每 100g 可食部分含量）

营养成分	小麦标准粉	小麦特一粉	全麦粉
蛋白质/g	15.7	12.3	9.4
脂肪/g	2.5	1.5	1.9
糖类/g	70.9	74.9	72.9
硫胺素/mg	0.46	0.11	0.40
核黄素/mg	0.05	0.03	0.1
维生素 B_6/mg	0.07	0.06	—
维生素 B_{12}/μg	0	0	0
叶酸/μg	23.3	10.3	—
烟酸/mg	1.91	0.94	4.0
维生素 C/mg	0	0	0
钙/mg	31	27	38
磷/mg	167	114	330
钾/mg	190	128	500

续表

营养成分	小麦标准粉	小麦特一粉	全麦粉
镁/mg	50	32	—
锌/mg	0.2	0.39	—
硒/μg	7.42	6.79	—
铜/mg	0.06	0.03	—
锰/mg	0.10	0.04	—
铁/mg	0.6	0.7	3.0

面粉中糖类占70%～80%，其他营养素随加工程度和生产要求不同变化较大。小麦内的蛋白质含量较稻米高，小麦蛋白组分中，醇溶蛋白和谷蛋白占到80%～85%，面粉加水制面团时，这两种蛋白质迅速吸水胀润，形成网状结构，被称为湿面筋，具有特殊的黏性和延展性，面筋的含量与质量会影响面制品的质量。

祖国医学认为，小麦性味甘、凉，归心、脾、肾经，具有养心益脾、除烦躁等功效，有专治疗脏躁症的名方叫甘麦大枣汤，由大枣、淮小麦和甘草三味药组成，治疗神志不宁、烦躁不安等症。

（三）玉米

1．主要品种与籽粒结构

玉米（*Zea mays*）又称玉蜀黍，俗称苞谷、棒子、珍珠米等，是重要的粮食和饲料作物。原产墨西哥或中美洲，栽培历史4500～5000年，但其起源和进化过程仍无定论。大约于15世纪初传入中国，已有400多年玉米栽培历史。分布于北纬58°至南纬40°之间的温带、亚热带和热带地区，从低于海平面的盆地到海拔3600m以上地区，都能种植。以北美洲最多，次为亚洲、拉丁美洲和欧洲。在世界各类作物中，玉米种植总面积和总产量，仅次于小麦、水稻而位居第三，单位面积产量居世界谷类作物之首。种植面积和产量以美国第一，中国次之，巴西居三。中国集中分布在从东北经华北走向西南的斜长形地带内，其种植面积约占全国总面积的85%。中国可分为6个玉米种植区：北方春玉米区，黄淮海平原夏玉米区，西南山地玉米区，南方丘陵玉米区，西北灌溉玉米区和青藏高原玉米区。玉米的品种较多，按色泽分为黄、白、紫色玉米，按内部结构分为硬粒与粉质玉米，不同品种的玉米其用途不同。根据子粒形状、胚乳淀粉性质及稃壳大小，可分为马齿型、硬粒型、甜质型、糯质型、爆裂型、粉质型、有稃型7个类型。

中国各玉米区的主要种植制度：东北、华北北部及西北部分地区为一年一熟春玉米区；华北平原以一年二熟夏玉米为主；西南和南方丘陵山区地形复杂，高寒山区以一年一熟春玉米，丘陵山区以一年二熟夏玉米，平原和浅山区以一年三熟秋玉米为主。

另外黑玉米是玉米的一种特殊类型，其籽粒角质层不同程度地沉淀黑色素，外观乌黑发亮。黑玉米不仅色泽独特，而且营养丰富、香黏可口，最宜鲜食。籽粒富含水溶性黑色素及各种人体必需的微量元素、植物蛋白质和各种氨基酸，营养含量明显高于其他谷类作物。

玉米的种子包括果皮、种皮、胚和胚乳，但果皮和种皮紧密连结，不易分开。胚乳分糊粉层和淀粉层。籽粒因品种不同有黄、白、紫红、条斑等色，最外一层果皮通常是透明无色的，只有少数品种是紫红或条斑色。胚位于籽粒基部一侧，占籽粒总重的10% ~15%，胚乳占80% ~85%，果皮和种皮占6% ~8%。籽粒形状、大小和透明度等随品种类型而不同，如马齿型品种粒大，扁平近长方形；硬粒型品种粒小，近于圆形，透明度好。玉米籽粒纵切及横切解剖图见图4 -6。

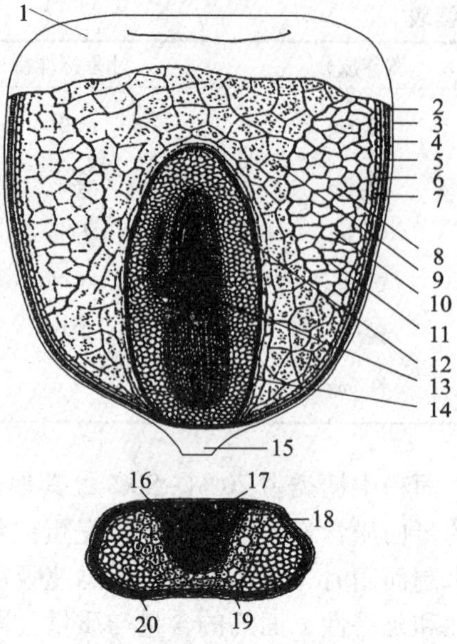

图4 -6　玉米籽粒纵切及横切解剖图

1—皮壳　2—表皮层　3—中果皮　4—横细胞　5—管状细胞　6—种皮　7—糊粉层　8—角质胚乳　9—粉质胚乳　10—淀粉细胞　11—细胞壁　12—盾片　13—胚　14—初生根　15—基部　16—盾片　17—胚轴　18—果皮　19—粉质胚乳　20—角质胚乳

2. 化学成分与营养价值

玉米各部分的平均化学组成见表4 -9。

(1) 蛋白质　玉米蛋白质含量为6.5% ~13.2%，在不同部位含量不一，大部分分布在胚乳和胚中，主要是谷蛋白、球蛋白、白蛋白和醇溶蛋白。玉米胚乳蛋白中醇溶蛋白占45%，谷蛋白占40%，胚中谷蛋白、球蛋白、白蛋白各占30%，玉米醇溶蛋白中不含赖氨酸，因此营养价值不高，玉米胚中蛋白质氨基酸种类相对要齐全。玉米醇溶蛋白不溶于水并具有较好成膜性，可利用其特点研究开发可降解的包装材料。玉米面中蛋白质的氨基酸组成见表4 -10。

表4 -9　玉米各部分的平均化学组成　单位:%

籽粒部位	占整粒的量	淀粉	糖类	蛋白质	油脂	灰分
胚乳	81.9	86.4	0.64	9.4	0.8	0.31
胚芽	11.9	8.2	10.8	18.8	34.5	10.10
种皮	5.3	7.3	0.34	3.7	1.0	0.84

表4 -10　玉米面中蛋白质的氨基酸组成　单位：mg/100g

氨基酸种类	玉米面（黄）	玉米面（白）
异亮氨酸	294	287
含硫氨基酸	357	349
芳香族氨基酸	663	648
苏氨酸	245	239
精氨酸	356	348
天冬氨酸	490	478
脯氨酸	608	593
亮氨酸	935	913
蛋氨酸	142	139
苯丙氨酸	388	379

续表

氨基酸种类	玉米面（黄）	玉米面（白）
色氨酸	74	73
组氨酸	194	190
谷氨酸	1497	1461
丝氨酸	318	311
赖氨酸	244	238
胱氨酸	215	210
酪氨酸	275	269
缬氨酸	408	398
丙氨酸	564	551
甘氨酸	273	266

（2）脂肪　玉米中脂肪含量为5%～6%，其中80%～85%集中在胚中，高达34%～47%，其中44.8%～45.1%为不饱和脂肪酸。目前利用玉米加工后的副产物玉米胚芽生产玉米胚芽油。

（3）淀粉　玉米淀粉主要存在于胚乳中，含量为70%左右，淀粉颗粒平均粒径15μm，玉米品种不同，淀粉中直链淀粉和支链淀粉比例有一定差异，淀粉糊的性状亦不同。各种玉米淀粉糊的特性见表4－11。

表4－11　各种玉米淀粉糊的特性

功能特性	普通玉米	糯玉米	高直链淀粉玉米
易糊化度	较强	很强	一般
保水性	较强	强	差
抗老化性	较强	强	差
搅拌耐性	较强	差	较强
易凝胶性	较强	一般	很强
增黏效果	较强	较强	差
透明度	较强	强	差
胶体保护性	较强	强	差
成膜性	一般	一般	强
易水解性	较强	强	一般

（4）维生素　玉米含有多种维生素，特别是黄玉米含有较多的β－胡萝卜素，含有维生素E、维生素B_1、维生素B_6，烟酸主要以结合形式存在。

（5）矿物质　矿物质主要有钾、磷、镁、锌、铁、锰等。

（6）其他　纤维素主要在种皮中，有中性膳食纤维、酸性膳食纤维、戊聚糖、半纤维素、纤维素、木素、水溶性纤维素。玉米含有生物碱、槲皮素等成分。

另外玉米中含有单糖、寡糖等多种糖类，特别是甜玉米中含有一定的蔗糖。

一些学者研究发现，中美洲的印第安人几乎没有高血压病。美国霍普金斯大学进一步研究发现与当地居民喜食玉米有关。一是玉米中含有大量钙，而钙有降压的作用。玉米还有抗血管硬化的作用。玉米含的脂肪虽然比精米、精面高 5～6 倍，但它所含的脂肪主要是不饱和脂肪酸，其中亚油酸占了一半。玉米中卵磷脂、谷固醇含量也很多，因而玉米具有降低血胆固醇，防止高血压、冠心病发病，延迟细胞衰老和脑功能衰退的作用。玉米中的镁含量十分可观，镁是维持心肌正常功能的重要元素，因而玉米可以说是一种保护心血管的食物。玉米的抗癌作用已引起了人们的高度重视。粗磨玉米面中含有大量的赖氨酸，对癌肿的防治有显著的效果。匈牙利学者通过动物试验证明，赖氨酸不但能抑制抗癌药物的毒副作用，而且可控制肿瘤的生长。玉米中所含谷胱甘肽对癌症有抑制作用。玉米中还含有硒，硒是一种抗氧化剂，能加速体内过氧化物的分解，导致肿瘤细胞得不到分子氧的供应。玉米中的胡萝卜素含量也极为可观，它有抑制致癌物质诱发肿瘤的作用。玉米中的大量纤维素，可刺激胃肠蠕动，促进排便，从而减少了肠内微生物生成致癌物质的机会。天然维生素 E 则有促进细胞分裂、延缓衰老、降低血清胆固醇、防止皮肤病变的功能，还能减轻动脉硬化和脑功能衰退。玉米含有的黄体素、玉米黄质可以对抗眼睛老化。

祖国医学认为，玉米性味甘、平，归胃、大肠经，具有调中健胃、利尿消肿功效。

3. 玉米的利用

由于玉米籽粒和植株在组成成分方面的许多特点，决定了玉米的广泛利用价值。世界上玉米总产量中直接用作食粮的只占 1/3，大部分用于其他方面。

（1）食用　玉米是世界上最重要的食粮之一，特别是一些非洲、拉丁美洲国家。现今全世界约有 1/3 的人以玉米籽粒作为主要食粮，其中亚洲人的食物组成中玉米占 50%，多者达 90% 以上，非洲占 25%，拉丁美洲占 40%。玉米的营养成分优于稻米、薯类等，缺点是颗粒大、食味差、黏性小。随着玉米加工工业的发展，玉米的食用品质不断改善，形成了种类多样的玉米食品。

a. 特制玉米粉和胚粉：玉米籽粒脂肪含量较高，在贮藏过程中会因脂肪氧化作用产生不良味道。经加工而成的特制玉米粉，含油量降低到 1% 以下，可改善食用品质，粒度较细，适于与小麦面粉掺和作各种面食。由于富含蛋白质和较多的维生素，添加制成的食品营养价值高，是儿童和老年人的食用佳品。

b. 膨化食品：玉米膨化食品是 20 世纪 70 年代以来兴起而迅速盛行的方便食品，具有疏松多孔、结构均匀、质地柔软的特点，不仅色、香、味俱佳，而且提高了营养价值和食品消化率。

c. 玉米片：是一种快餐食品，便于携带，保存时间长，既可直接食用，又可制作其他食品，还可采用不同作料制成各种风味的方便食品，用水、奶、汤冲泡即可食用。

d. 甜玉米：可用来充当蔬菜或鲜食，加工产品包括整穗速冻、籽粒速冻、罐头三种。

e. 玉米啤酒：因玉米蛋白质含量与稻米接近而低于大麦，淀粉含量与稻米接近而高于大麦，故为比较理想的啤酒生产原料。

（2）饲用　世界上大约 65% 的玉米都用作饲料，发达国家高达 80%，是畜牧业赖以发展的重要基础。

① 玉米籽粒：玉米籽粒，特别是黄粒玉米是良好的饲料，可直接作为猪、牛、马、鸡、鹅等畜禽饲料，特别适用于肥猪、肉牛、奶牛、肉鸡。随着饲料工业的发展，浓缩饲

料和配合饲料广泛应用，单纯用玉米作饲料的量已大为减少。

② 玉米秸秆：也是良好饲料，特别是牛的高能饲料，可以代替部分玉米籽粒。玉米秸秆的缺点是含蛋白质和钙少，因此需要加以补充。秸秆青贮不仅可以保持茎叶鲜嫩多汁，而且在青贮过程中经微生物作用产生乳酸等物质，增强了适口性。

③ 玉米加工副产品的饲料应用：淀粉、啤酒、糊精、糖等加工过程中生产的胚、麸皮、浆液等副产品，也是重要的饲料资源，在美国占饲料加工原料的5%以上。

（3）工业加工　玉米籽粒是重要的工业原料，初加工和深加工可生产二三百种产品。初加工产品和副产品可作为基础原料进一步加工利用，在食品、化工、发酵、医药、纺织、造纸等工业生产中制造种类繁多的产品，穗轴可生产糠醛。

① 玉米淀粉：玉米在淀粉生产中占有重要位置，世界上大部分淀粉是用玉米生产的。美国等一些国家则完全以玉米为原料。为适应对玉米淀粉量与质的要求，玉米淀粉的加工工艺已取得了引人注目的发展。特别是在发达国家，玉米淀粉加工已形成重要的工业生产行业。

② 玉米的发酵加工：玉米为发酵工业提供了丰富而经济的糖类。通过酶解生成的葡萄糖，是发酵工业的良好原料。加工的副产品，如玉米浸泡液、粉浆等都可用于发酵工业生产酒精、啤酒等许多种产品。

③ 玉米制糖：随着科技的发展，以淀粉为原料的制糖工业正在兴起，品种、产量和应用范围大大增加，其中以玉米为原料的制糖工业尤为引人注目。专家预计，未来玉米糖将占甜味市场的50%，玉米在21世纪将成为主要的制糖原料。

④ 玉米油：是由玉米胚加工制得的植物油脂，主要由不饱和脂肪酸组成。其中亚油酸是人体必需脂肪酸，是构成人体细胞的组成部分，在人体内可与胆固醇相结合，呈流动性和能正常代谢，有防治动脉粥样硬化等心血管疾病的功效。玉米油中的谷固醇具有降低胆固醇的功效，富含维生素E，有抗氧化作用，可防治干眼病、夜盲症、皮炎、支气管扩张等，并具有一定的抗癌作用。由于玉米油的上述特点，且还因其营养价值高、味觉好、不易变质，因而深受人们欢迎。

（四）粟与黍

1. 粟［*Setaria italica*（L.）Beauv.］

粟（图4－7）为禾本科黍族狗尾草属中的一个栽培种属，一年生草本植物。脱壳前称为“谷子”，脱壳后称为“小米”。小米也称粟米，是我国北方地区的主粮之一。原产中国，公元前2700年已列为祭品。起源有二：大粟（*S. italica race maxima*）源起于中国，小粟（*S. italica race moharia*）源起于欧洲。甲骨文中有“禾”的记载，即为粟。《尔雅》中称为“秫”，古书中称为“粱”。汉以后穗大毛长者为“粱”，而以穗细毛短者为“粟”。《齐民要术》中称为“谷”，明以后称为“粟”。20世纪90年代初期，全世界粟的总产量约为2800万t，其中印度总产居首位，约占1/3。中国其次，年产约500万t，主要产区可分为华北平原区、东北平原区、内蒙古高原区及黄土高原区，多以

图4－7　粟

春播为主，生育期110～130d；温度较高的地区也有夏播品种，生育期85～90d。华北平原区的粟产量约占全国总粟产量的一半，山东省总产量居全国之首。

小米也分粳、糯两种。每100g粟米含蛋白质9.7g，较一般的稻米为高，脂肪1.7g，糖类76.1g，都不低于稻、麦。更重要的是小米含有一般粮食中不含有的胡萝卜素，小米每100g含量达0.12mg，维生素B_1的量也居所有粮食之首，为稻米的5～6倍。由于小米不含有面筋蛋白，所以不适于制作面包等食品。糯性小米又称小黄米，可用于制作糕点、米酒、醋，也可以制作特殊人群的食品。小米的主要营养成分和小米中蛋白质的氨基酸组成见表4－12、表4－13。

表4－12　　小米的主要营养成分（每100g可食部分含量）

成分	含量	成分	含量	成分	含量
能量/kJ	1498	核黄素/mg	0.1	钠/mg	4.3
蛋白质/g	9.7	烟酸/mg	1.5	镁/mg	107
脂肪/g	1.7	维生素C/mg	0	铁/mg	5.1
糖类/g	76.1	维生素E/mg	3.63	锌/mg	1.87
膳食纤维/g	1.6	α－维生素E	0	硒/μg	4.74
灰分/g	1.2	(β－γ)－维生素E	0	铜/mg	0.54
维生素A/μg	17	δ－维生素E	3.63	锰/mg	0.89
胡萝卜素/mg	0.12	钙/mg	41	碘/μg	3.7
视黄醇/mg	0	磷/mg	229		
硫胺素/mg	0.33	钾/mg	284		

表4－13　　小米中蛋白质氨基酸组成　　单位：mg/100g

成分	含量	成分	含量	成分	含量
异亮氨酸	392	亮氨酸	1166	赖氨酸	176
含硫氨基酸	512	蛋氨酸	291	胱氨酸	221
芳香族氨基酸	753	苯丙氨酸	494	酪氨酸	259
苏氨酸	327	色氨酸	178	缬氨酸	483
精氨酸	315	组氨酸	168	丙氨酸	803
天冬氨酸	682	谷氨酸	1871	甘氨酸	245
脯氨酸	658	丝氨酸	408		

祖国医学认为，粟米性味甘，微寒，归肺、胃、大肠经，有清胃热、止消渴、止泻等功效。《本草纲目》论述："治反胃热痢，煮粥食，益丹田，补虚损，开肠胃。"说明粟米除去有清胃止呕作用外，尚有解毒、止血和补虚的功效。现代医学研究表明，小米中色氨酸含量较高，色氨酸能促进大脑神经细胞分泌一种催人欲睡的"血清素"，因此小米有较好的催眠效果。

2. 黍（*Panicum miliaceum*）

黍（图4-8）为禾本科黍属，一年生草本植物，起源于欧亚大陆，粳者古称稷、穄，又称稷子、糜子。糯者古称黍，又称黍子、黏糜子或黄粟。是一种早熟、耐旱的粮食和饲料作物。

图4-8 黍

多种资料研究表明黍起源于中国，在陕西、山西、甘肃、新疆和黑龙江等地的新石器时代遗址中，都发现有黍的遗存物。陕西临潼姜寨遗址史家地层中发现的黍朽粉，距今已有5000~5500年。华北、西北广泛分布一种与栽培黍同种的野生糜，野生性状十分明显，与栽培种能杂交，可能是中国黍的祖先。世界上黍主产国为前苏联和中国。亚洲、欧洲和美洲一些国家也有少量栽培。中国主要分布在西北、华北、东北地区，南方只有零星种植。黍种子称为大黄米，含粗蛋白质10%~16%，无氮浸出物70%左右，粗纤维10%左右。蛋白质品质较好，含有较多的苏氨酸、蛋氨酸和亮氨酸。黍米可煮饭，用籽粒加工而成的炒米是蒙古族人民喜爱的食品。前苏联和东欧一些国家常用以制作黍片粥和糕饼。黍米是中国北方的主要糯食，也是酿造黄酒的原料。黍籽粒还是家禽的精饲料。秸秆可供饲用。由于再生能力强，一年可刈割数次，是优良的一年生禾本科牧草。另外，黍耐旱、耐热、耐盐碱，适于生荒地栽种，常作为开荒、改造盐碱地和沙漠的主要先锋作物。因其生育期短，又可作干旱地区的补救作物。黄米的营养成分和黄米中蛋白质的氨基酸组成见表4-14、表4-15。

表4-14　　黄米的营养成分（每100g可食部分含量）

成分	含量	成分	含量	成分	含量
能量/kJ	1431	硫胺素/mg	0.09	镁/mg	0
蛋白质/g	9.7	核黄素/mg	0.13	铁/mg	0
脂肪/g	1.5	烟酸/mg	1.3	锌/mg	2.07
糖类/g	76.9	维生素C/mg	0	硒/μg	0
膳食纤维/g	4.4	维生素E/mg	4.61	铜/mg	0.9
灰分/g	0.8	钙/mg	0	锰/mg	0.23
维生素A/mg	0	磷/mg	0	碘/μg	0
胡萝卜素/mg	0	钾/mg	0		
视黄醇/mg	0	钠/mg	3.3		

表 4－15　　黄米蛋白质中氨基酸组成　　单位：mg/100g

成分	含量/mg	成分	含量/mg	成分	含量/mg
异亮氨酸	407	亮氨酸	1240	赖氨酸	284
含硫氨基酸	577	蛋氨酸	279	胱氨酸	298
芳香族氨基酸	891	苯丙氨酸	552	酪氨酸	339
苏氨酸	341	色氨酸	185	缬氨酸	542
精氨酸	357	组氨酸	213	丙氨酸	925
天冬氨酸	769	谷氨酸	1518	甘氨酸	245
脯氨酸	836	丝氨酸	522		

（五）大麦与青稞

大麦（*Hordeum sativum* Jess，图 4－9）为禾本科大麦属一年生草本作物，系皮大麦或稃大麦和裸大麦的总称。因用途可分为皮大麦、裸大麦及啤酒大麦，按照穗、轴、每节上的小穗发育和着生形式可分为三棱大麦、四棱大麦、六棱大麦。裸大麦在植物学上属于栽培大麦的变种，因地区不同，又有米大麦、元麦、青稞和米麦等俗称。在中国以及国际上发布的产量数字中，均对裸大麦和皮大麦未予明确分开，统称为大麦。

图 4－9　大麦

大麦起源有两种不同的观点：一是从小亚细亚到中东、埃及、北非、俄罗斯说，另一说认为中国青海、西藏、四川西部是野生大麦起源地之一。在中国，大麦栽培历史悠久。据考证，在青海诺木洪遗址、新疆哈密古墓内及甘肃省民乐县东灰山遗址，发现新石器时代的裸大麦炭化籽粒，在新疆哈密五堡乡的墓葬内，也曾出土新石器时代的青稞穗壳。在殷商甲骨文中也有麦来、麦牟的记载。公元前 300 年《吕氏春秋·任地篇》也有相关记载。说明距今 5000 年前中国先民在黄河上游和西北干旱地区曾栽培裸大麦。20 世纪 90 年代初期，全世界大麦总产量约为 1.7 亿 t，俄罗斯产量最高，约占全世界总产量的 1/6，其次为加拿大、美国、德国、法国、英国、哈萨克斯坦、西班牙等国。在中国，20 世纪 80 年代总产量曾达 650 万～750 万 t，以后逐年减少，1995 年，总产量降至 350 万 t。年产在 10 万 t 以上的省（自治区）依次为江苏、浙江、四川、安徽、云南、河南、湖北等地，约占裸大麦总种植面积的 80%。根据栽培制度在中国可划分为：

春播大麦区：主要是青藏高原，该区地处高寒处，无霜期短，降雨量少，大麦几乎为唯一可生长的作物，上限可达海拔 4750m。一年一熟。

冬大麦区：包括长江流域和云贵高原，该区无霜期长，水热资源丰富，秋播，一年可两熟或三熟。

冬春混播区：包括河北、山西、山东、陕西和甘肃。该地区冬季较冷，但秋播仍能越冬。

大麦籽粒解剖图见图 4－10。

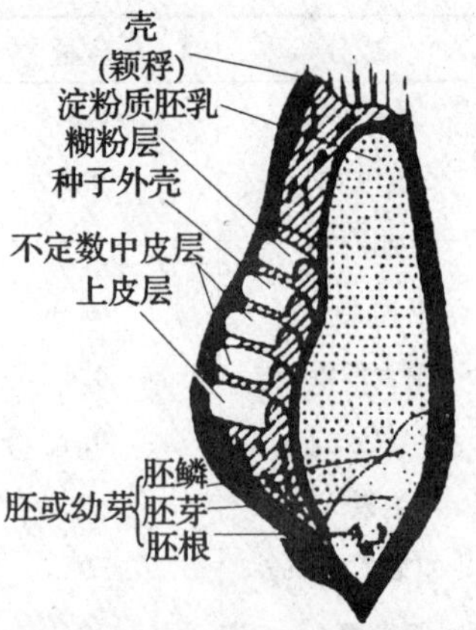

图 4－10　大麦籽粒解剖图

将裸大麦炒熟、磨粉，用奶茶调食，称为“糌粑”，是中国藏族人民的主要粮食，也是酿制青稞酒的主要原料。大麦芽是青黄不接季节家畜的维生素补充饲料，常用以饲喂幼畜、种畜和高产奶牛。在北欧畜牧业发达的国家多以大麦作为主要精饲料，并用大麦的有效能值作为评定饲料有效能值的基准。美国用于饲料的大麦约占大麦总产量的60%，西欧畜牧业发达的国家则占到70%～90%。

裸大麦粗蛋白质含量高于皮大麦。大麦中的粗纤维含量都高于玉米，与小麦近似；皮大麦则仅次于稻谷、谷子等。从常规饲料成分看，都表现出了能量饲料特点。但皮大麦的有效能值比裸大麦低0.42～0.84MJ/kg。

裸大麦与皮大麦在能量饲料中都是蛋白质含量高而品质较好的谷实类，有些大麦品种的粗蛋白质含量高出玉米1倍以上，氨基酸含量也较高，如赖氨酸含量，最高可达0.6%，有些品种赖氨酸含量也比玉米高出约1倍。从蛋白质质量的角度看，大麦作为配合饲料原料有其独特可取之处，另外裸大麦与皮大麦中矿物质及微量元素含量在谷实类中也都属于含量较高的品种。

国家标准GB/T 11760—1989《米大麦》将商品用裸大麦命名为“米大麦”，又名元麦及青稞。按体积质量分为3级，1、2、3级大麦的体积质量分别为760g/L、740g/L及720g/L。2级大麦为中等质量，低于3级者为等外品。农业行业标准NY/T 118—1989《饲料用皮大麦》中规定以粗蛋白质、粗纤维、粗灰分为质量指标，按含量分为三级，各项质量指标含量均以87%干物质为基础计算，三项质量指标必须全部符合相应等级的规定，二级品为中等质量指标，低于三级品者为等外品。大麦的营养成分见表4-16。

表4-16　大麦的营养成分（每100g可食部分含量）

成分	含量	成分	含量	成分	含量
能量/kJ	1284	硫胺素/mg	0.43	镁/mg	158
蛋白质/g	10.2	核黄素/mg	0.14	铁/mg	6.4
脂肪/g	1.4	烟酸/mg	3.9	锌/mg	4.36
糖类/g	73.3	维生素C/mg	0	硒/μg	9.8
膳食纤维/g	9.9	维生素E/mg	1.23	铜/mg	0.63
灰分/g	2	钙/mg	66	锰/mg	1.23
维生素A/mg	0	磷/mg	381	碘/μg	0
胡萝卜素/mg	0	钾/mg	49		
视黄醇/mg	0	钠/mg	0		

祖国医学认为大麦性味甘、咸，凉，归脾、肾经，有健脾消食、除热止渴等功效。《本草纲目》记述其宽胸下气、凉血，有消积进食作用。《食性本草》记载其“补虚劳，壮血脉，益颜色，为面，胜小麦，无燥热。”

（六）燕麦与莜麦

燕麦属的植物包括普通燕麦（皮燕麦）、莜麦（裸燕麦）、野燕麦等品种，全世界大约有十种，主要分布在寒温带地区，性喜凉爽。一年生草本，根系发达。穗和其他麦类不同，向四周开散，分成许多小穗，单产很低。所以适宜在地广人稀的地区种植。用于牲畜饲料，人类也以此作为食品，秸秆也作为牲畜青饲料，主要用来为马、奶牛等需要精饲料的牲畜提供营养。

中国燕麦的栽培始于战国时期，种植地域遍及各山区、高原和北部高寒冷凉地带。历年种植面积1800万亩（1亩=666.6m^2，下同），其中裸燕麦1600多万亩，占燕麦播种面积的92%。主要种植在内蒙古、河北、山西、甘肃、陕西、云南、四川、宁夏、贵州、青海等省、自治区，其中前4个省、自治区种植面积约占全国总面积的90%。种植燕麦的有210个县，但集中产区是内蒙古自治区的阴山南北，河北省阴山和燕山地区，山西省太行山和吕梁山区，陕、甘、宁、青的六盘山、贺兰山和祁连山，云、贵、川的大、小凉山高海拔地区。

其中大粒裸燕麦（*A. nuda* L.）起源于中国，是中国燕麦的主要品种。在内蒙古、山西北部种植较多。青海省有些燕麦品种及野燕麦由于在成熟期易于脱粒潜入土壤，可在2~3年后不断萌发，形成恶性草害，在20世纪70年代以后成为消灭对象。在中国可划分为冬性与春性两大生态区，西北、华北、东北为春燕麦区，晚春播种秋收；云南、贵州、四川为弱冬性燕麦区，秋播翌年收获。20世纪90年代初期，全世界总产量约4500万t，次于小麦、水稻、玉米、大麦、高粱，居第六位。俄罗斯总产量约占全世界总产量的1/3，其次为美国、加拿大、德国、乌克兰、法国、波兰、芬兰等国。中国的总产量约200万t，在内蒙古、陕西北部、山西北部等地栽培的裸燕麦（*A. nuda L.*）俗称莜麦，多供食用。

1. 燕麦

燕麦为禾本科燕麦属一年生草本作物。属于世界性栽培作物，分布在五大洲42个国家，但集中产区是北半球的温带地区。世界各国主要栽培品种有六倍体带稃型的普通燕麦（*Arena sativa* L.），其次是东方燕麦（*A. oientalis* Schreb.）、地中海燕麦［*A. byzantina*（C. Kook）Tell］。最早亚洲的野燕麦或欧、亚两洲的野生红燕麦可能是今日燕麦的祖先。燕麦籽粒见图4－11。

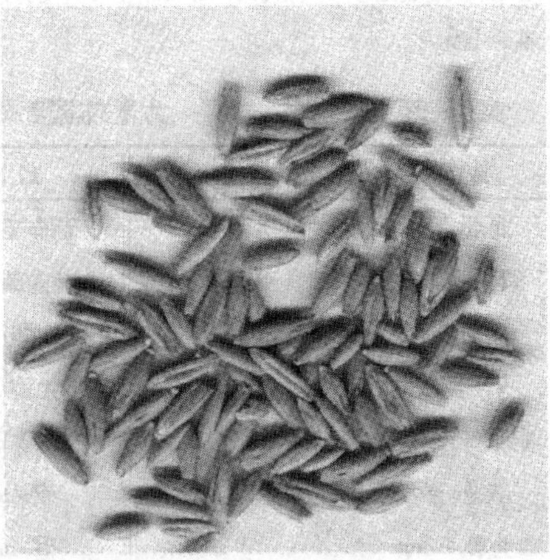

图4－11　燕麦籽粒

中国目前尚无食用燕麦及饲用燕麦质量标准。美国按粒色将燕麦分为白、灰、赤、黑、混合色5种，按体积质量分为4等。

整粒燕麦中含稃壳20%~25%，高者可达50%，去稃燕麦中粗脂肪含量较高，比小麦约高1倍，但由于脂肪中主要含亚油酸、不饱和脂肪酸，与其他谷物相比，不易贮存，带稃燕麦过去多供作马料。

在我国人民日常食用的小麦、稻米、玉米等9种食粮中，以燕麦的经济价值最高，其主要表现在营养、医疗保健和饲用价值均高。蛋白质含量15.6%，是小麦粉、大米的1.6~2.3倍；赖氨酸含量很高，每百克含680mg，是大米、小麦粉的6~10倍；油脂含量8.8%，其中80%为不饱和脂肪酸，而亚油酸含量极为丰富，占不饱和脂肪酸的35%~52%，占籽粒重的2%~3%；释热量及磷、铁、钙含量也为粮食作物的首位；维生素E

含量高于大米、小麦；可溶性纤维素量达4% ~6%，分别是小麦和玉米的4.7倍和7.7倍。燕麦中的B族维生素、烟酸、叶酸、泛酸都比较丰富，特别是维生素E，每100g燕麦粉中高达15mg，燕麦中还有其他谷物缺乏的皂苷。长期食用燕麦片，有利于糖尿病和肥胖病的控制。因燕麦含的水溶性纤维主要是β－聚葡萄糖，能够进入血管，具有降解低密度胆固醇以及甘油三酯的功效，一般被认为对心血管有益。此外，由于燕麦在处理加工过程中，保留较多的外表层纤维，因此亦比其他谷类食品有更多膳食纤维，可促进肠道蠕动，以及加大粪便体积。

此外燕麦的饲用价值高。燕麦叶、秸秆多汁柔嫩，适口性好。据《家畜饲养学》报道，裸燕麦秸秆中含粗蛋白5.2%、粗脂肪2.2%、无氮抽出物44.6%，均比谷草、麦草、玉米秆高；难以消化的纤维28.2%，比小麦、玉米、粟秸低4.9% ~16.4%，是最好的饲草之一。其籽实是饲养幼畜、老畜、病畜和重役畜以及鸡、猪等家畜家禽的优质饲料。

2. 莜麦

莜麦（图4－12）俗称油麦，别名裸燕麦，属禾本科植物。我国西北、华北、内蒙古等地区均有栽培。在粮食作物中其营养价值较高。莜麦制成莜面后，含蛋白质15%，而且氨基酸组成比较平衡，各种必需氨基酸的含量接近或略高于世界卫生组织推荐值，尤其是赖氨酸的含量较高。显然，莜麦是一种高蛋白、低糖的食物，对糖尿病人是很适宜的。

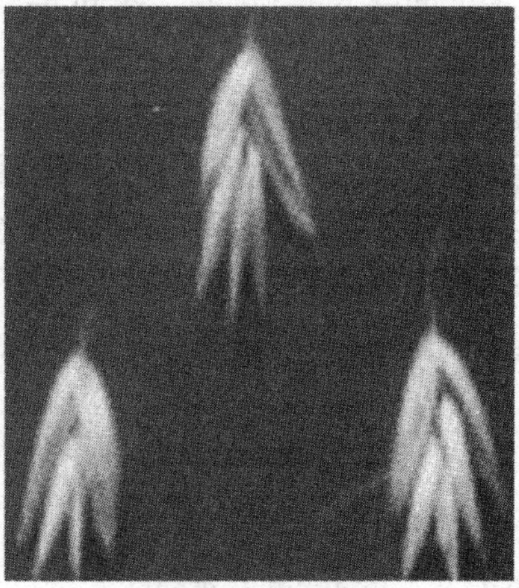

图4－12　莜麦

中国医学科学院卫生研究所综合分析，我国裸燕麦含粗蛋白质达15.6%，脂肪8.5%，还有淀粉释放热量以及含有磷、铁、钙等元素，与其他8种粮食相比，均名列前茅。蛋白质的氨基酸组成比较全面，人体必需的8种氨基酸含量均居首位，尤其是含赖氨酸含量每百克高达0.68g。莜麦的营养成分见表4－17。

表4－17　莜麦的营养成分（每100g可食部分含量）

成分	含量	成分	含量	成分	含量
能量/kJ	1531	硫胺素/mg	0.39	镁/mg	146
蛋白质/g	15	核黄素/mg	0.04	铁/mg	13.6
脂肪/g	5.5	烟酸/mg	3.9	锌/mg	2.21
糖类/g	64.8	维生素C/mg	0	硒/μg	0.5
膳食纤维/g	4.6	维生素E/mg	7.96	铜/mg	0.89
灰分/g	1.8	钙/mg	27	锰/mg	3.86
维生素A/mg	3	磷/mg	35	碘/μg	0
胡萝卜素/mg	20	钾/mg	319		
视黄醇/mg	0	钠/mg	2.2		

据1981—1985年中国农科院与北京市心脑血管研究中心、北京市海淀医院等18家医疗单位5轮动物试验和3轮997例临床观察研究证明，裸燕麦能预防和治疗由高血脂引发的心脑血管疾病。即服用裸燕麦片3个月（日服100g），可明显降低心血管和肝脏中的胆固醇、甘油三酯、β-脂蛋白，总有效率达87.2%，其疗效与冠心平无显著差异，且无副作用。对于因肝、肾病变，糖尿病、脂肪肝等引起的继发性高脂血症也有明显的疗效。

临床试验证实，在服用降糖药的同时，选食不同的食物，结果发现，莜面和相等量的标准小麦粉或稻米相比，空腹血糖和尿糖明显要低。在停用或减少药物的情况下，吃莜面的人，空腹血糖和尿糖仍有不同程度的下降，试验中还看到每日如能吃一次莜面，自觉症状即能明显减轻。由此可见，莜面的确是糖尿病患者的理想食物。因此，莜麦的营养价值高于其他谷类，主要加工成莜麦面、莜麦片。食用莜麦能够抗饥耐寒，但易腹胀。因此，食用前应经过“三熟”，即收割时须成熟，加工时要炒熟，食用时要蒸熟，否则不易消化。

（七）荞麦

荞麦（*Fagopyrum escm* Moench，图4-13）为蓼科荞麦属一年生草本植物。荞麦又名花麦、甜麦、三角麦，有甜荞（*F. esculentum* Moench.）、苦荞［*F. tatarium*（L.）Gaertn.］、翅荞（*F. emarginatum* Mitissner）、米荞（*Fagopyrum* sp.）4个栽培种。甜荞、翅荞、苦荞籽粒外形见图4-14。多数学者认为荞麦原产在中国北方边缘地区或东北部等，另一说认为原产亚洲西南部湿润山区。北宋时期在中国已广泛种植，至明末，经土耳其和俄国传至欧洲；20世纪90年代初期，全世界总产量约为300万t，前苏联产量最高，其次为中国及波兰、加拿大、巴西等国。生育期短，抗逆性强。在中国的华北、西北及东北栽培较多。种子多呈棱形，种壳占18%～20%，出粉率70%～75%。

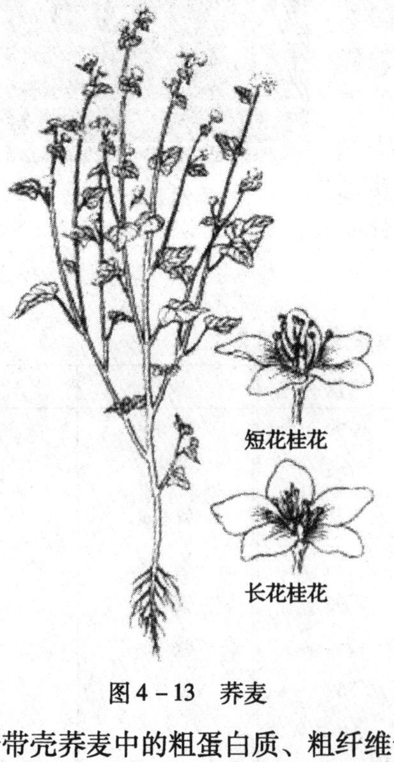

图4-13　荞麦

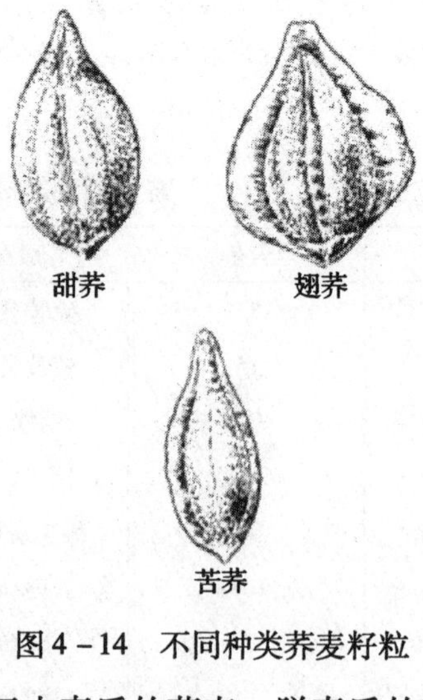

图4-14　不同种类荞麦籽粒

风干带壳荞麦中的粗蛋白质、粗纤维含量均高于去壳后的荞麦。脱壳后的荞麦中无氮浸出物含量均明显降低。对猪的消化能可从10.5～12.2MJ/kg，与其他麦类相似。矿物质、微量元素及氨基酸均不能满足需要。荞麦含有70%的淀粉和7%～13%的蛋白质，且氨基酸组成比较平衡，赖氨酸、苏氨酸的含量较丰富。荞麦面蛋白质生物价高达80%，是谷类中的佼佼者。荞麦面还含有丰富的维生素 B_1、维生素 B_2、烟酸和各种矿物质，其中维生素 B_1、维生素 B_2是小麦粉的3倍，烟酸是小麦粉的4倍，而铁的含量是小麦粉的3～20倍，为一般谷类所罕见。荞麦的最大营养特点是含有特殊成分芦丁。芦丁具有降低血脂和血清胆固醇的效果，对高血压和心脏病有防治作用。矿物质主要为钙、磷、铁、镁、铬等，荞麦近些时候在国际上很受欢迎，因为它的营养成分十分有利于人类的健康。荞麦的营养成分和荞麦蛋白质的氨基酸组成见表4－18，表4－19。

表4－18　荞麦的营养成分（每100g可食部分含量）

成分	含量	成分	含量	成分	含量
能量/kJ	1356	视黄醇/mg	0	钠/mg	4.7
蛋白质/g	9.3	硫胺素/μg	0.28	镁/mg	258
脂肪/g	2.3	核黄素/mg	0.16	铁/mg	6.2
糖类/g	73	烟酸/mg	2.2	锌/mg	3.62
膳食纤维/g	6.5	维生素C/mg	0	硒/μg	2.45
胆固醇/mg	0	维生素E/mg	4.4	铜/mg	0.56
灰分/g	2.4	钙/mg	47	锰/mg	2.04
维生素A/mg	3	磷/mg	297	碘/mg	0
胡萝卜素/mg	20	钾/mg	401		

表4－19　荞麦蛋白质氨基酸组成　　单位：mg/100g

成分	含量	成分	含量	成分	含量
异亮氨酸	321	亮氨酸	638	赖氨酸	568
含硫氨基酸	548	蛋氨酸	155	胱氨酸	393
芳香族氨基酸	981	苯丙氨酸	596	酪氨酸	385
苏氨酸	299	色氨酸	182	缬氨酸	427
精氨酸	826	组氨酸	222	丙氨酸	407
天冬氨酸	792	谷氨酸	1533	甘氨酸	413
脯氨酸	543	丝氨酸	417		

祖国医学认为，荞麦味甘，性微酸、寒，归脾、胃、大肠经，具有健脾除湿、开胃宽肠、解酒、消积、止汗等功效。祖国医学《本草纲目》记载：苦荞麦性味苦、平、寒，“实肠胃，益气力，续精神，利耳目”，“降气宽肠，磨积滞，消热肿风痛。”《备急千金要方》、《群芳谱·谷谱》、《齐民要术》等都有苦荞麦治病之说。《随息居饮食谱》说它“开胃宽肠，益气力，御寒风”，《中国药植图鉴》则说它“可收敛冷汗”。现代临床医学观察表明，苦荞麦面具有降血糖、降血脂、增强人体免疫力、疗胃疾、除湿解毒、治肾炎等功效，对糖尿病、高血压、高血脂、冠心病、中风、胃病患者都有辅助治疗作用。这些作用都与苦荞麦中含有的营养成分有关。研究表明，荞麦对心脑血管的保护作用主要与荞麦中含有丰富的维生素P（柠檬素、芦丁）相关，该物质可以增强血管壁的弹性、韧度和致密性，故具有保护血管、促进细胞增生的作用，并可防止血细胞的凝集，还有调节血

脂、扩张冠状动脉并增加其血流量等作用。另外荞麦还含有4-羟苯甲胺、N-水杨叉替水杨胺等成分，也具有抗高血压的功效。荞麦所含镁和铬有利于防治糖尿病，特别是其中的铬，更是一种理想的降糖物质，它能增强胰岛素的活性，加速糖代谢，促进脂肪和蛋白质的合成。通过临床观察发现，糖尿病患者使用荞麦后，血糖和尿糖均有不同程度的下降，究其原因，很可能与荞麦所含铬元素密切相关。荞麦所含热量虽高，却不会引起肥胖，恰恰相反，还会起到调脂减肥的作用。

在此也要指出，荞麦中所含蛋白质及其他过敏物质，可引起某些人的过敏反应，凡体质易过敏者当慎重或不食荞麦。除此之外，荞麦人人皆可食，尤其适宜于高血压、血脂异常、冠心病、糖尿病、肥胖症、动脉硬化症、食欲不振、胃肠积滞、慢性泄泻以及自汗盗汗等患者食用。

目前主要加工产品有精选荞麦、荞麦米、荞麦皮、精制荞面、荞麦烘烤粉、荞麦烘烤米。

（八）高粱

高粱（*Sorghum vulgare* Dears，图4-15）为禾本科高粱属一年生草本植物，秆高3~4m，有髓。颖果呈褐、橙、淡黄或白色。种子卵圆形，微扁。我国广泛栽培，以东北各地最多。高粱米为禾本科植物的种仁，供食用、酿酒或制饴糖。高粱又名蜀黍、茭子，古称蜀黍、蜀秫、芦粟。《尔雅》中的"稷"一说即为今之高粱，被列为五谷之一。关于高粱的起源多数学者认为起源于非洲。埃及和印度的古代就盛行栽培。20世纪90年代初期，全世界高粱总产量约7000万t。盛产国家有美国、印度、阿根廷、墨西哥等。高粱在中国粮食作物中的比重逐年下降，1998年，中国年产量约409万t，居全世界第三位，约占全国谷类粮食作物总产量的第五位。从南到北均可种植，总产量在40万t以上的省份依次为吉林、黑龙江、山西等。按气候条件及栽培制度可划为春播早熟区、春播晚熟区、春夏兼播区及南方区，按性状及用途可分为食用高粱、饲用多穗高粱及帚用高粱等。国家标准GB/T 8231—1987《高粱》根据高粱的粒质及用途分为食用高粱及其他高粱两大类，按体积质量分成3个等级。其他高粱比食用高粱的要求约低一个档次，1~3等高粱的体积质量分别为740g/L、720g/L和700g/L。高粱有5个基本族（basic races），即：双色族（bicolor）、几内亚族（guinea）、顶尖族（caudatum）、卡佛尔族（kafir）、都拉族（durra）；以及由这5个基本族形成的15个中间族。此外，近年来还有多穗高粱、杂交高粱等栽培种。

图4-15　高粱

高粱籽粒解剖图见图4-16。高粱中含有约70%的糖类及3%~4%的脂肪，按国际饲料分类原则属能量饲料。在谷实类中有效能值仅次于玉米。但高粱和其他谷实类一样，不仅蛋白质含量低，同时所有必需氨基酸含量都不能满足畜禽的营养需要。特别是在限制性氨基酸中赖氨酸、含硫氨基酸及色氨酸含量不及猪、鸡需要量的一半。另从高粱中的矿物质及微量元素含量分析，除了铁以外，所有矿物质也都不能满足猪、鸡的营养需要，在总磷含量中约有一半以上是植酸态磷，同时还含有0.2% ~0.5%的单宁，两者都属于抗营养因子，前者阻碍矿物质、微量元素的吸收利用，而后者则影响蛋白质、氨基酸以及能量的利用效率。高粱米的营养成分和蛋白质的氨基酸组成见表4-20、表4-21。

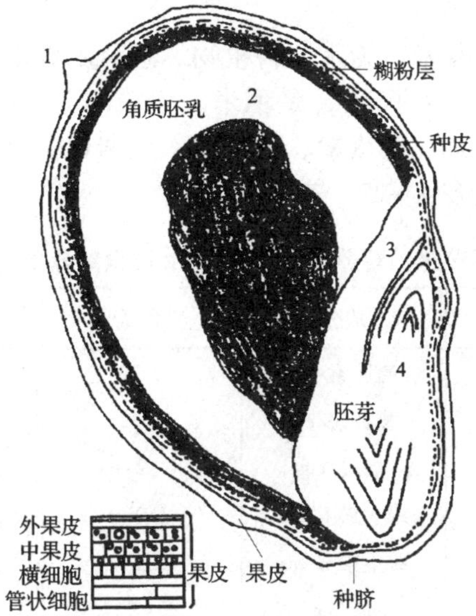

图4-16　高粱籽粒解剖图

1—花柱残迹　2—胚乳　3—盾片　4—胚轴

表4-20　高粱米的营养成分（每100g可食部分含量）

成分	含量	成分	含量	成分	含量
能量/kJ	1469	硫胺素/μg	0.29	镁/mg	129
蛋白质/g	10.4	核黄素/mg	0.1	铁/mg	6.3
脂肪/g	3.1	烟酸/mg	1.6	锌/mg	1.64
糖类/g	74.7	维生素C/mg	0	硒/μg	2.83
膳食纤维/g	4.3	维生素E/mg	1.88	铜/mg	0.53
灰分/g	1.5	钙/mg	22	锰/mg	1.22
维生素A/mg	0	磷/mg	329	碘/mg	0
胡萝卜素/mg	0	钾/mg	281		
视黄醇/mg	0	钠/mg	6.3		

表4-21　高粱米蛋白质氨基酸组成　单位：mg/100g

成分	含量	成分	含量	成分	含量
异亮氨酸	459	亮氨酸	1506	赖氨酸	231
含硫氨基酸	496	蛋氨酸	251	胱氨酸	245
芳香族氨基酸	990	苯丙氨酸	655	酪氨酸	335
苏氨酸	334	色氨酸	0	缬氨酸	562
精氨酸	361	组氨酸	151	丙氨酸	962
天冬氨酸	686	谷氨酸	2541	甘氨酸	309
脯氨酸	782	丝氨酸	482		

祖国医学认为高粱性味甘、涩，温，归脾、胃、肺经，有和胃健脾、消积止泻、化痰安神等功能。《本草纲目》记述有凉血解毒的作用。高粱米糠内含大量的鞣酸及鞣酸蛋白，因而具有良好的收敛止泻作用。

（九）薏苡米

薏苡米又称薏米仁、六谷米，为禾本科植物。薏苡米含蛋白质16.2%，约为稻米的3倍，接近面粉的2倍；含脂肪4.65%，是稻米、面粉的3~5倍；含糖类79.17%。薏苡米还含有多种氨基酸、维生素、薏苡素、薏苡酯，三萜化合物等。薏苡米的营养成分和薏苡米蛋白质的氨基酸组成见表4-22、表4-23。

表4-22　　薏苡米的营养成分（每100g可食部分含量）

成分	含量	成分	含量	成分	含量
能量/kJ	1494	硫胺素/μg	0.22	镁/mg	88
蛋白质/g	12.8	核黄素/mg	0.15	铁/mg	3.6
脂肪/g	3.3	烟酸/mg	2	锌/mg	1.68
糖类/g	71.1	维生素C/mg	0	硒/μg	3.07
膳食纤维/g	2	维生素E/mg	2.08	铜/mg	0.29
灰分/g	1.6	钙/mg	42	锰/mg	1.37
维生素A/mg	0	磷/mg	217	碘/mg	0
胡萝卜素/mg	0	钾/mg	238		
视黄醇/mg	0	钠/mg	3.6		

表4-23　　薏苡米蛋白质氨基酸组成　　单位：mg/100g

成分	含量	成分	含量	成分	含量
异亮氨酸	505	亮氨酸	1773	赖氨酸	233
含硫氨基酸	348	蛋氨酸	348	胱氨酸	0
芳香族氨基酸	1145	苯丙氨酸	645	酪氨酸	500
苏氨酸	242	色氨酸	0	缬氨酸	781
精氨酸	449	组氨酸	206	丙氨酸	1216
天冬氨酸	842	谷氨酸	3192	甘氨酸	313
脯氨酸	1337	丝氨酸	481		

祖国医学认为薏苡米性味甘、淡、凉，归脾、胃、肺经，有利湿健脾、舒筋除痹、清热排脓等功效。《食疗本草》早就有“去干湿脚气，大验”的记载。现代研究发现薏苡米对由病毒感染引起的赘疣、初期癌瘤有一定的疗效。对细胞免疫、体液免疫有促进作用。

第二节 豆类原料

豆类是人类三大食用作物之一。世界上大豆主要生产国是美国、巴西、中国和阿根廷，在欧美诸国，大豆多数作为食用油原料和饲料蛋白源；亚洲则多以大豆为传统食品。欧洲国家由于畜牧业发达，主要进口大豆饼粕作饲料；亚洲国家则主要进口大豆和大豆油。大豆最大出口国是美国。世界上保存一年生大豆品种资源最多的是中国，其次是美国；保存多年生野生大豆资源的是澳大利亚和美国。迄今已经报道的多年生野生种有15个。由于有丰富的品种资源，便于抗性基因的鉴定与筛选、高蛋白和高脂肪的选育，已经育成一批高抗性、高蛋白和高脂肪的品种。

豆类种类繁多，包括大豆（黄豆、黑豆、青豆)、豌豆、蚕豆、豇豆、绿豆、赤豆等，按食用种子的营养成分可分成两大类，一类含高蛋白(35% ~40%)、中等脂肪（15% ~20%)、较少糖类（35% ~ 40%)，如大豆；另一类含高糖类(55% ~70%)、中等蛋白质（20% ~30%)、低脂肪（ <5%)，如豌豆、绿豆等。豆类可加工成各式制品，有豆腐、豆浆、豆芽、腐竹等，它们是植物蛋白的主要来源，主要提供蛋白质、脂肪、膳食纤维、矿物质和B族维生素。豆类深加工可生产出分离蛋白、浓缩蛋白、组织化蛋白、油料粕粉等产品，在食品加工业有极广泛的应用。豆类解剖示意图见图4－17。

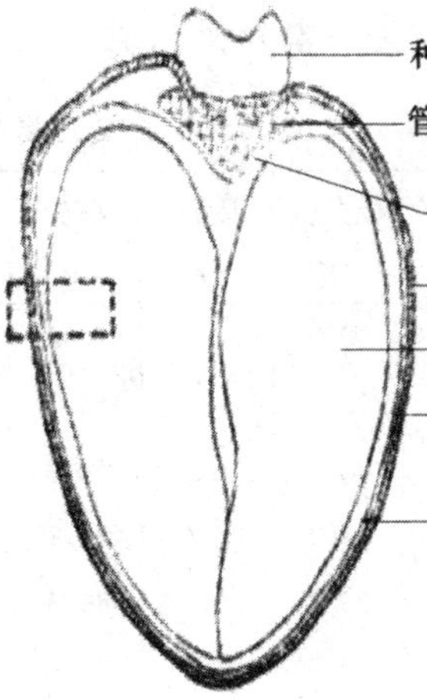

图4－17 豆类解剖示意图

（一）形态与结构

豆科作物的结构基本相同，属于双子叶植物，由种皮、子叶和胚构成。

1. 种皮

种皮位于种子的外层，约占豆粒的5%，成分主要是粗纤维、核黄素、少量无机盐。种皮的颜色有黄、黑、红、青绿、褐及杂色，以此可区别豆类的不同品种。

2. 子叶

豆类的子叶肥厚，是储存营养物质的部位，约占豆粒的90%，富含蛋白质、脂肪和糖类。

3. 胚

豆类的胚由胚芽、胚轴和胚根构成，胚占豆粒的5%，是豆粒发芽形成植株的部位，含丰富的蛋白质、脂肪、维生素A、维生素E、维生素B_2和烟酸，矿物质主要有钙、磷和铁等。

（二）化学组成与特点

1. 蛋白质

豆类的蛋白质属于完全蛋白质，氨基酸模式与人体接近，特别是含有谷物类缺乏的赖氨酸。

2. 脂肪

豆类脂肪组成中有85%是不饱和脂肪酸，并且以亚油酸为主（占51% ~57%），对降低人体血液中的胆固醇、防止动脉硬化有意义。豆类还含有丰富的磷脂。

3. 糖类

不同豆类的糖类组成有一定差异，大豆糖类中有一半不能被人体利用。绿豆、赤小豆的糖类含量高，主要是淀粉。

4. 维生素

豆类富含B族维生素，有的品种也含有维生素A和维生素D，鲜豆和豆芽富含维生素C。

5. 无机盐

豆类含有较丰富的钙、磷、铁、硒、钾、镁等。豆类中的营养成分见表4－24。

表4－24　豆类的营养成分（每100g可食部分含量）

豆类	水分/g	蛋白质/g	脂肪/g	糖类/g	纤维素/g	无机盐/mg			维生素/mg			
						钙	磷	铁	A/IU	B_1	B_2	烟酸
大豆	8.0	40.0	18.0	27.0	3.5	190	500	7	10	0.5	0.2	3.0
豌豆	13.4	21.7	1.0	55.7	6.0	58	360	5	100	0.5	0.15	4.5
蚕豆	13.6	26.0	1.2	50.9	5.8	100	129	7	150	0.5	0.1	3.0
绿豆	13.6	23.0	1.7	54.7	4.0	110	430	6	100	0.5	0.24	3.0
豇豆	17.0	23.9	2.0	49.3	4.7	75	570	4	—	—	—	—
小豆	14.9	20.9	0.7	54.9	5.0	75	430	4	20	0.5	0.1	2.5
扁豆	14.8	19.6	1.6	54.5	5.9	75	570	4	—	—	—	—

（三）豆类中抗营养素因子

豆类的组成中有一些成分直接影响豆类食用和消化率，甚至能引起中毒和影响动物发育。

1. 抗胰蛋白酶因素（soybean trypsin inhibitor，SBTI）

许多豆科植物都有抗胰蛋白酶物质，主要抑制人体胰蛋白酶、胃蛋白酶、糜蛋白酶等13种与蛋白质分解消化相关物质的活性，统称蛋白酶抑制剂，典型代表是大豆胰蛋白酶抑制剂（SBTI），过量食用可造成生长发育抑制、胰腺肿大。但同时可看到胰蛋白酶抑制剂的医用价值，在生物体内，胰蛋白酶抑制剂可以调控很多重要的生理过程，在疾病的临床诊断、治疗等方面都有广阔的应用前景，广泛应用于急性胰腺炎、外科手术、脑血管疾病、妇产科疾病、休克以及抗肿瘤治疗中新型药物的开发。在临床上的最早应用就是用于治疗急性胰腺炎，日本早在20世纪80年代中期做的一系列有效实验证明了胰蛋白酶抑制剂治疗急性胰腺炎的有效性和安全性。

2. 植物红细胞凝血素（phytohemagglutinin，PHA）

植物红细胞凝血素能凝集动物和人的血红细胞，轻者恶心、呕吐，影响动物生长发育，重者会引起死亡。通常豆类经浸泡后在常压下蒸汽处理1h，或高压蒸汽处理15min可使其失活。目前有学者从大豆里提取植物红细胞凝血素作为抗癌药物。

3. 植酸（肌醇六磷酸酯）

植酸广泛存在于植物种子内，谷物、油料作物中植酸含量达1% ~3%，豆类中所含的钙、镁、钾、锌等元素以植酸盐的形式存在，因而影响锌、钙、镁、铁等元素的吸收。豆类发芽，植酸酶活性大大升高，植酸被分解，游离的氨基酸、维生素C量则有所增加，使原来被螯合的元素释放出来，变成可被人体利用的状态。把大豆制成豆浆或豆腐，也是同样的道理，提高了豆类食品中钙、锌、铁、镁等无机盐的利用率。

但植酸本身也同样有其应用意义，在动物有核红细胞内，可促进氧合血红蛋白中氧的释放，改善血红细胞功能，延长血红细胞的生存期。植酸在人体内水解产物为肌醇和磷脂，前者具有抗衰老作用，后者是人体细胞重要组成部分。

4. 豆腥味

主要是豆类的脂肪氧化酶氧化脂肪产生的中等长链的羰基化合物如醛、酮类产生豆腥味。脂肪氧化酶的耐热性较低，80℃是其是否有活性的界限。一般采用干热灭酶或80℃以上温度热处理等方法，即可使脂肪氧化酶灭活。

（四）主要种类与营养特点

1. 大豆

大豆（*glycine max*（L.）Merrill）是一年生草本植物，属于豆科（leguminosae）、蝶形花亚科（papilionoideae）、大豆属（glycine）植物，其种子也称为大豆，是世界上最重要的豆类。《诗经》中就有："中原有菽，庶民采之"的记载，西晋杜预对菽字的注释："菽，大豆也"，自秦汉以后就以豆字代替菽字了。先秦时大豆就已成为重要的粮食作物，唐宋以来大豆种植地区逐步向长江流域扩展，大豆在中国栽培并用作食物及药物已有5000年历史，于1804年引入美国，20世纪中叶，在美国南部及中西部成为重要作物。大豆是豆科植物中最富有营养而又易于消化的食物，是蛋白质最丰富最廉价的来源。我国主要分布于东北三省，河北、山西中北部，陕西北部及西北各省（区）。夏大豆大多在小麦等冬季作物收获后再播种，耕作制度为麦豆轮作的一年二熟制或二年三熟制。我国主要分布于黄淮平原和长江流域各省。秋大豆通常是早稻收割后再播种，当大豆收获后再播冬季作物，形成一年三熟制。我国浙江、江西的中南部、湖南的南部、福建和台湾的全部种植秋大豆较多。冬大豆主要分布于广东、广西及云南的南部。这些地区冬季气温高，终年无霜，春、夏、秋、冬四季均可种植大豆。

大豆按其播种季节的不同，可分为春大豆、夏大豆、秋大豆和冬大豆四类，但以春大豆占多数。按其种皮色分为黄豆和杂色大豆（青色、黑色、褐色、棕色、赤色等单一颜色大豆等）两类，按用途可分为食用大豆（粮用大豆、油用大豆）和饲料用大豆，按其粒型分为大、中、小粒。

（1）大豆的化学组成与营养　大豆含蛋白质35% ~40%，其氨基酸组成接近人体的需要。500g黄豆的蛋白质含量，约相当于1000g瘦肉、1500g鸡肉或6000g牛奶中的蛋白质含量，所以黄豆又被称为"植物肉"或"绿色牛乳"，特别是它含有丰富的赖氨酸、苏氨酸，分别比谷类粮食高10倍和5倍，而赖氨酸、苏氨酸正好是谷类粮食所缺乏的，为此把大豆及其制品与谷类粮食混合食用可明显提高混合食物的蛋白质营养价值。表4-25显示了大豆蛋白的氨基酸组成。

大豆中的糖类含量为25.3%，其组成比较复杂，多为纤维素、大豆低聚糖，大豆低聚糖（soy oligosaccharides）是大豆中可溶性糖的总称。大豆低聚糖主要含有水苏糖（stachyose）、棉籽糖（raffinose）等，由于它不能被人体消化，所以不产生热能，对减肥和限制热能者有益；大豆低聚糖是人体肠道内双歧杆菌的必需营养成分，起到双歧杆菌、乳酸菌群的增殖作用，可促进人体肠道内微生态平衡，因此在治疗慢性腹泻、小儿消化不良、防治人体内菌群生态失调以及抗老防衰方面有重要意义。目前已可从大豆中提取该类低聚糖作为商品出售或添加在其他食品中。大豆低聚糖除在大豆中存在外，在豇豆、扁豆、豌豆、绿豆和花生中均有存在。

表 4-25　　大豆蛋白的氨基酸组成（以100g 可食部计）　　单位：mg

氨基酸	主要种类	
	黄豆	黑豆
异亮氨酸	1853	1463
含硫氨基酸	902	398
芳香族氨基酸	3013	2884
苏氨酸	1435	1363
精氨酸	2840	2665
天冬氨酸	3997	4214
脯氨酸	1863	2612
亮氨酸	2819	2681
蛋氨酸	385	398
苯丙氨酸	1844	1690
色氨酸	455	370
组氨酸	968	840
谷氨酸	6258	6004
丝氨酸	1846	1797
赖氨酸	2237	1955
胱氨酸	517	0
酪氨酸	1169	1194
缬氨酸	1726	1704
丙氨酸	1542	1392
甘氨酸	1600	1449

大豆含脂肪 15% ~20%，主要为不饱和脂肪酸，其中亚油酸占 55%，油酸占 35%，亚麻酸约 6%，此外还含 1.64% 的磷脂。这些不饱和脂肪酸能起到减少人体动脉壁上胆固醇沉积的作用，因此被营养学家推荐为防治冠心病、高血压、动脉粥样硬化的理想保健食品。黄豆中含有丰富的卵磷脂，卵磷脂是大脑细胞的组成成分，对增进和改善大脑机能有重要作用。

大豆黄酮具有降低血脂及抗氧化、抗溶血、抗真菌等作用。

大豆皂苷（soyasaponin，SS），是从大豆中提取的具有较强生物活性的物质，属于苷类，其分子由低聚糖与齐墩果稀三萜连接而成，即由萜类同系物（称为皂苷元）与糖缩合形成的一类化合物。SS 属五环三萜类皂苷，经酸水解后，其水溶性组分主要为糖类，如葡萄糖、半乳糖、木糖、鼠李糖、阿拉伯糖和葡萄糖醛酸等。大豆皂苷可以降低血液中胆固醇和甘油三酯的含量，抑制血清中脂类的氧化，抑制过氧化脂的生成，经国外临床实验证明，大豆皂苷对高脂肪膳食导致的高脂血症具有预防降低作用，对治疗肥胖症也有明显的疗效。大豆皂苷能直接破坏肿瘤细胞膜的结构，抑制 DNA 的合成和细胞转移，对 X 射线有防护作用，对治疗肿瘤所使用的化疗产生的副作用有拮抗作用。可以降低血液中的胆固醇，抑制血小板凝固。对防治动脉粥状硬化以及心脑血管疾病有明显疗效，并对 DNA 病毒和 RNA 病毒有显著拮抗作用。大豆皂苷能有效地抑制肿瘤细胞生长和血小板凝聚，促使血管收缩，防治动脉粥样硬化，调节机体的免疫能力。大豆皂苷可作为医药中间体、食品添加剂和营养补充剂制成药品和保健食品。大豆皂苷具有发泡性和乳化性，可在食品、药品、化妆品中作添加剂广泛应用，并且在啤酒中添加大豆皂苷可增加泡沫的体积，保持泡沫的稳定性，同时有利于改善啤酒的风味。日本的一些学者在此领域研究得较为深入，开发研制了含大豆皂苷的保健食品、减肥食品及皂苷汁、皂苷饮料等。大豆皂苷可阻止由脂质过氧化引起的皮肤疾患，减少皮肤病的发生，国外将其应用于化妆品等领域。

大豆异黄酮是从大豆中提取的天然活性功能因子，属黄酮类化合物，其结构类似于人体雌激素，因此大豆异黄酮也被称为天然植物雌激素。大豆异黄酮最显著的生理功能是其在人体内具有雌激素作用，这一点已被国外广泛的实验研究和人群研究所证实，它能缓解妇女更年期因雌激素分泌量急剧下降而引起的一系列症状。大豆异黄酮还能降低破骨细胞的活力，避免钙从骨骼中游离出来，防止骨质疏松。但是德国食品化学家和毒物学家们在检查大豆制品在人体内消化过程的跟踪调查中发现，大豆异黄酮严重影响了体细胞的有丝分裂过程。研究小组组长曼弗雷德·迈茨勒称："这说明大豆异黄酮和它的消化分解物属于潜在的致癌物质。"而这是否也影响人体的组织器官，还有待于通过进一步的动物试验来证明。

祖国医学认为，大豆性味甘、平，归脾、胃、大肠经，有宽中导滞、健脾利水、解毒消肿等功效。

黑大豆（black soyabean）为豆科植物大豆的黑色种子，性味归经：甘，平，入脾、肾经。含有优质植物蛋白、脂肪酸、糖类、胡萝卜素、叶酸、烟酸、大豆黄酮苷、异黄酮苷类物质，具有补肾益精、活血泽肤、美发护发之功效。黑豆中含有的黄酮类物质有雌激素类物质的作用，经常食用可乌发美发，使头发富有光泽和弹性。

（2）大豆加工

① 油脂：除了加工成大豆油外，还可制造人造奶油、起酥油等工业化油脂产品。

② 豆腐：早在公元前汉代刘安首即制成了豆腐，至今已有 2000 多年历史。豆腐还可进一步压制成豆腐干、豆腐皮。豆腐含有蛋白质 7.4g/100g，脂肪 3.5g/100g，钙 279mg/100g。大豆加工后，蛋白质消化率可明显提高，整粒豆子炒后蛋白质消化率为 65.3%，而豆腐达 92.7%。祖国医学认为豆腐有益气和中、生津润燥、清热解毒的功效。清·姚可成所著《食物本草》记载："凡人初，到地方，水土不服，先食豆腐，则渐渐调妥。"可见豆腐尚有抗过敏的作用。王士雄的《随息居饮食谱》将豆腐的性能说得更为透彻，说豆腐能"清热、润燥、生津、解毒、补中、宽肠、降浊"。

③ 豆浆：豆浆是一种很好的代乳品，含蛋白质约 4g/100g、脂肪 1.8g/100g、糖类

1.5g/100g，还有一定量的铁、钙和B族维生素。制豆浆时，应加热煮沸，以破坏生大豆中的胰蛋白酶抑制因子。

豆芽：豆芽是把大豆放在避光的环境下使之发的芽，由于富含维生素及游离氨基酸，所以营养价值较高。每100g黄豆芽中含蛋白质3g、脂肪0.1g、糖类2.2g、无机盐0.3g、维生素C 25mg。黄豆芽中还含有大量能保护皮肤和毛细血管、降低血胆固醇的不饱和脂肪酸，可防止动脉硬化，还能营养毛发，使头发保持乌黑光亮。由于黄豆芽中的胰蛋白酶抑制素已被破坏，故较干大豆更易消化。

发酵豆制品：豆经过霉菌发酵酶解而加工成的制品有豆酱、豆豉、豆腐乳等，不仅可提高大豆营养成分的利用率，还可使维生素B_{12}的含量提高，维生素B_6及核黄素的含量亦增高。豆类发酵食品也是我国古代在食品科学上的一项重大发明。

日本的纳豆是用枯草杆菌发酵的大豆制品，研究发现其具有许多生理学功能，纳豆含有多种成分，如蛋白酶、多种维生素、γ-谷氨酰基转肽酶、α-多聚谷氨酸等，具有降血压、抗肿瘤、抗氧化性、溶血栓等作用。从纳豆和未经发酵的大豆的对比试验可以看出，纳豆显示了比未经发酵的大豆高得多的抗氧化性，它可抑制氧化达91%，而后者只能抑制13%，这可能与纳豆中含有的抗氧化物质，如异黄酮和α-生育酚（即维生素E）有关。另外，纳豆对过氧化物所引起的细胞伤害也有疗效，并且无论是对不饱和脂肪酸，如亚油酸、亚麻酸，还是对受伤细胞，纳豆的抗氧化作用都等同于甚至好于α-生育酚的效果。因此纳豆具有降血压、抗肿瘤、抗氧化性、溶血栓等作用。

大豆蛋白制品及多肽：现代工业可以将大豆蛋白进一步精制加工成大豆分离蛋白、大豆浓缩蛋白、大豆组织化蛋白、水解蛋白、大豆寡肽等，并应用于各领域。例如大豆浓缩蛋白中含有60%以上的优质植物蛋白，除含硫氨基酸含量略低之外，人体必需的八种限制氨基酸比例平衡，是一种营养价值很高的蛋白质。大豆浓缩蛋白具有乳化性、发泡性、吸水性、保油性、黏性和凝胶性等性能，可在食品加工行业得到广泛的应用。应用时大豆蛋白的溶解度是衡量品质的重要指标。

2. 绿豆

绿豆（*Vigna radiata*）又名植豆、文豆，为豆科菜豆族豇豆属植物中的一个栽培种。绿豆的起源中心或最主要的多样性中心是东南亚。一些中外学者认为绿豆起源于中国。中国学者曾在云南、广西等地发现野生绿豆。中国绿豆品种资源遍布全国各地，数量多、类型丰富，并有2000多年悠久的栽培历史。绿豆在温带、亚热带、热带地区广泛种植，以亚洲的印度、中国、泰国、缅甸、印度尼西亚、巴基斯坦、菲律宾、斯里兰卡、孟加拉、尼泊尔等国家栽培最多。近年来在美国、巴西、澳大利亚及其他一些非洲、欧洲、美洲国家，绿豆的种植面积也在不断扩大。我国各地都有种植，主要集中在黄淮河流域及华北平原，以河南、山东、山西、河北、安徽、四川、陕西、湖北、辽宁等省较多。

绿豆的营养成分比较丰富，是经济价值和营养价值较高的一种豆类。绿豆属于高蛋白、中淀粉、低脂肪豆类，籽粒每100g含蛋白质22%~25%、脂肪1.2%~2%、糖类58%~60%、粗纤维4.2%、钙49mg、磷268mg、铁3.2mg、胡萝卜素0.22mg、核黄素0.12mg、烟酸1.8mg。绿豆中的蛋白质以球蛋白类为主，为近全价蛋白质。脂肪则以磷脂为多，绿豆还含有生物碱、香豆素、植物固醇等生理活性物质，对人类和动物的生理代谢活动具有重要的促进作用，因此它具有某些特殊的保健作用。

绿豆秸秆含蛋白质16.2%、粗脂肪1.9%，量均高于玉米茎叶，是牲畜的好饲料。

绿豆的最大营养特点是解毒，《本草纲目》称可解金石、砒霜、草木等毒。实践证明，绿豆对农药、附子、巴豆、铅、酒精、野蕈中毒有良效。甚至煤气中毒时，也可以用绿豆粉沸水冲服解之。绿豆和生甘草共煎，其解毒作用更佳。

绿豆是我国夏季常食的豆类，祖国医学认为，绿豆性味甘、寒，归心、肝、胃经，具有清热解毒、消暑、利水等功效。《本草纲目》中就曾有“绿豆煮食，可消肿下气、清热解毒、消暑止渴”之说，近代医学研究也证实绿豆皮有抗菌作用，绿豆有利尿、促进机体代谢及促进体内毒物排泄、降脂保肝的作用。中医认为绿豆属清热解毒类药物，具有消炎杀菌、促进吞噬功能等药理作用，并认为绿豆、豆皮、豆芽、豆叶及花均可入药。绿豆性味甘、寒，入心、肺二经。内服具有清热解毒、消暑利水、抗炎消肿、保肝明目、止泄痢、润皮肤、降低血压和血液中胆固醇、防止动脉粥样硬化等功效，外用可治疗创伤、烧伤、疮疖痈疽等症。

绿豆适口性好，易消化，加工技术简便，不仅是饮食中的重要原材料，也是酿酒等工业加工原料。绿豆淀粉可制成粉丝、粉皮、凉粉等。

3. 赤小豆

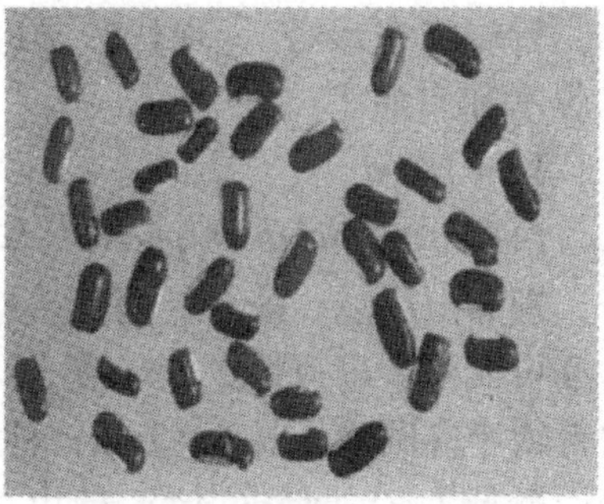

图4－18　赤小豆外形

赤小豆（图4－18）为豆科一年生直立草本植物赤小豆（*Phaseolus calcaratus* Roxb.）或赤豆（*Phaseolus angularis* Wight）的种子，别名：赤豆、红豆（通称）、朱小豆、红饭豆、米赤豆等。小豆起源于中国，在喜马拉雅山山区有野生种和半野生种，日本的小豆由中国经朝鲜传入，并在日本形成次生中心。栽培面积以中国最大，次为日本、朝鲜。中国的小豆有各种不同的生态类型，分布于华北、东北、黄河流域、长江流域和华南地区。名贵品种天津红小豆分布在天津及河北省廊坊地区。小豆生产几乎遍及全国。赤小豆始载于《神农本草经》，列为中品。苏恭称赤小豆为“赤豆”。《本草纲目》列入谷部菽豆类，俗名“红豆”。李时珍曰：“此豆以紧小而赤黯色者入药，其稍大而鲜红、淡红色者，并不治病。俱于夏至后下种，苗科高尺许，枝叶似豇豆，叶微圆峭而小。至秋开花，似豇豆花而小淡，银褐色，有腐气。结荚长二三寸，比绿豆荚稍大，皮色微白带红，三青二黄时即收之。”李时珍指出有“紧小而赤黯色者”和“稍大而鲜红、淡红者”两种，但这两种植物的外形或习性都很相似。按上所述，并参阅《证类本草》和《植物名实图考》赤小豆附图，赤小豆应为 *Phaseolus* 属植物，“紧小而赤黯色者”系指赤小豆 *P. calcaratus* Roxb.，而“稍大而鲜红、淡红色者”系指赤豆 *P. angularis* Wight。

赤小豆呈长圆形而稍扁，长0.5～0.8cm，直径0.3～0.5cm，表面暗紫红色，一侧有线形突起的种脐，偏向一端，白色，约为全长的2/3，种脐处有明显的凹陷成纵沟，另一侧有不明显的棱脊。质硬，不宜破碎。主产于浙江、江西、湖南、广东、广西等省区，产量较小。

赤豆（图4－19）呈圆柱形，两端较平截钝圆，直径0.4～0.6cm，表面棕红色，种脐中央不突起，中间纵沟不明显。主产于吉林、北京、天津、河北、陕西、山东、安徽、江苏、浙江、江西、广东、四川、云南等省市，产量大。销售全国，为我国多数地区使用品种。

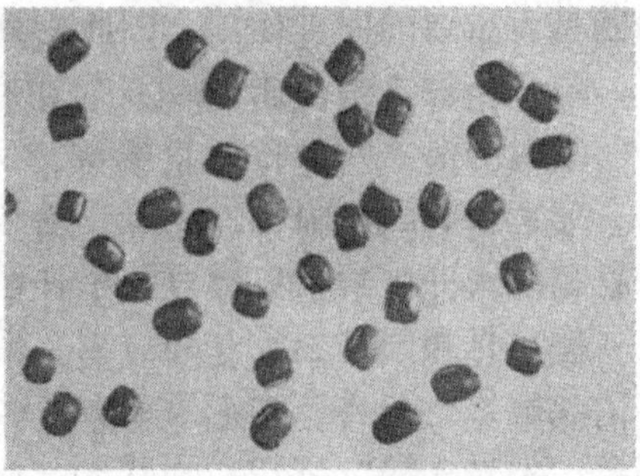
图4－19　赤豆外形

现代研究证实，赤豆种子所含的蛋白质量为α－、β－球朊约20%，脂肪0.75%、脂肪酸约0.71%、三萜皂苷0.27%，此外还有糖类58%、粗纤维4.9mg、钙67mg、磷305mg、铁5.2mg、维生素B_1 0.31mg、维生素B_2 0.11mg、烟酸2.7mg、植物固醇等营养和功能性成分。

祖国医学认为，赤小豆性平微寒，味甘、酸，归心、小肠、脾经，有健脾利湿、和血排脓、消肿解毒的功效。《别录》："主寒热，热中，消渴，止泄，利小便，吐逆，卒辟，下胀满。"《日华子本草》："赤豆粉，治烦，解热毒，排脓，补血脉。"《本草纲目》："赤小豆，其性下行，通乎小肠，能入阴分，治有形之病，故行津液，利小便，消胀除肿，止呕而治下痢肠僻，解酒病。除寒热痈肿，排脓散血而通乳汁，下胞衣产难，皆病之有形者。"现代医学应用赤小豆的利尿作用，可治疗心性、肾性水肿，肝硬化腹水等病症。

4．白扁豆

白扁豆［*Lablab purpureus*（*Linn.*）Sweet］为豆科一年生缠绕草本植物扁豆的白色种子，别名南扁豆、蔽豆、藤豆、峨眉豆，我国南北各地均有栽培，生用或炒用，其花、种皮亦可入药。扁豆原产于印度、印度尼西亚等地，约于汉、晋之间引进我国。荚果扁，镰刀形或半椭圆形，长5～7cm；种子3～5颗，扁长圆形，白色或紫黑色。荚果供食用。干燥白色种子名"白扁豆"，种皮名"扁豆衣"，开放的花名"扁豆花"，均供药用。豆和衣的功能为和中化湿、消暑解毒、健脾胃、止泻痢，花能清暑化湿、治下痢脓血。种子含脂肪油、蛋白质、糖类、烟酸、氨基酸、维生素A、维生素C、生物碱。

白扁豆的营养较为丰富，每100g的干豆中含蛋白质22.7g、脂肪1.8g、糖类57g、钙46mg、磷52mg、铁1mg、锌2.44mg、胡萝卜素0.02mg、维生素B_2 0.10mg，此外，含植酸钙镁247mg、泛酸1232μg。种子中含胰蛋白酶抑制物、淀粉酶抑制物、血球凝集素A、B，尚含豆甾醇、磷脂、蔗糖、棉籽糖、水苏糖、葡萄糖、半乳糖、果糖、淀粉、氰苷、酪氨酸酶等。豆荚含哌啶酸－2，含蔗糖、葡萄糖、水苏糖、麦芽糖及棉籽糖。

祖国医学认为，白扁豆性味甘、平，归脾、胃经，具有健脾和中、消暑化湿的功效。《食疗本草》记载："主呕逆，久食头不白。"说明扁豆尚有止呕和养发的作用。梁代陶弘景所著的《名医别录》有相关记载。《本草纲目》言"硬壳白扁豆，其子充实，白而微黄，其气腥香，其性温平，脾之谷也"，可"止泄痢，消暑，暖脾胃，除湿热，止消渴。"《本草图经》记载"主行风气，女子带下，兼杀酒毒，亦解河豚毒。"扁豆花，为扁豆的花，有化湿解暑之功，主要用于夏季暑湿、发热、心烦、胸闷、吐泻等症。扁豆衣为扁豆的干燥种皮，性味和功效同扁豆，而功力稍逊，主要用治疗呕吐、腹泻、酒精中毒和脚气足肿等症。

现代医学研究，扁豆本身有提高鼻咽癌病人的淋巴细胞转化率功能，扁豆体外试验有抑制肿瘤细胞生长的作用。植物血细胞凝集素可使恶性肿瘤细胞发生凝集反应，肿瘤细胞表面结构发生变化，进而发挥细胞毒的作用；植物血细胞凝集素可促进淋巴细胞的转化，从而增强对肿瘤的免疫能力。扁豆还可刺激体内淋巴细胞转化为杀瘤细胞，从而起到防治肿瘤的作用。

5. 蚕豆

蚕豆（*Vicia faba* L.）属豆种植物，又称胡豆、南豆、罗汉豆、佛豆。原产于黑海南部，我国已有2000多年栽培历史，是汉代张骞出使西域时引入。据《本草纲目》解释，“豆荚状如老蚕，故名蚕豆”。

蚕豆（带皮），每100g含可食用部分93g，其中蛋白质24.6g、脂肪1.1g、糖类49g、膳食纤维10.9mg、维生素 B_1 13mg、维生素 B_2 23mg、烟酸2.2mg、维生素C 16mg、维生素E 4.9mg、维生素A 8mg、视黄醇11.5μg、胡萝卜素2.9μg、钙49mg、镁113mg、铁2.9mg，锰1mg，锌4.76mg、铜64mg、钾992mg、磷339mg、钠21.2mg、硒4.29μg。

现代研究证实蚕豆种子含磷脂、胆碱、哌啶酸-2和植物凝集素。茎含山柰酚、对羟基苯甲酸、延胡索酸、白桦脂醇，茎、叶、花、豆荚都含D-甘油酸，叶及种皮含多巴。

祖国医学认为，蚕豆性味甘、微辛、平，归脾、胃经，有治疗脾胃不健、水肿等病症的功能，还有和脏肺、益脾胃、调中气、止血、解毒之功效。

蚕豆中含有毒的β-氰基丙氨酸和L-3，4-二羟基丙氨酸。β-氰基丙氨酸是一种神经毒素，中毒后会出现肌肉无力、腿脚麻痹等症状。L-3，4-二羟基苯丙氨酸是“蚕豆病”的致病因子，病症表现为急性溶血性贫血，患者多为儿童，食后5~24h发病。通常加热烹制可消除其毒性。

6. 豇豆

豇豆也可称饭豆、腰豆，嫩荚可作菜蔬，老熟的种子也可食用。豇豆在新石器时代已有栽培，是世界最古老的作物之一。豇豆广泛分布于热带、亚热带和温带地区，以非洲最多，主产国为尼日利亚。中国主要产地为山西、山东、陕西等地。

豇豆（紫）每100g含糖类58.9mg、蛋白质18.9mg、脂肪0.4mg、膳食纤维6.9mg、维生素 B_1 0.22mg、维生素 B_2 0.09mg、烟酸2.4mg、维生素E 11.42mg、维生素A 3μg、胡萝卜素3.7μg、视黄醇11.2μg、铁7.9mg、锰0.98mg、锌1.61mg、铜1.42mg、钾500mg、磷345mg、钠4mg、硒1.52μg、钙67mg、镁41mg。

祖国医学认为，豇豆性味甘、咸、平，归脾、肾经，有开胃健脾、补肾、生精髓等功效。

7. 豌豆

豌豆（*Pisum sativum*）是豆科豌豆属一年生或二年生攀援草本植物种子，又称毕豆、雪豆、冬豆、麦豆、寒豆等。栽培种中有两个变种：白花豌豆，又名蔬菜豌豆；紫花豌豆，又名红花豌豆或谷豌豆。此外也有少数紫花和白花混杂种，种子比上述两类更小。荚果，长圆柱形。种子圆形，光滑或皱缩，有黄、绿等色。性喜凉爽湿润的气候，耐寒，不耐高温，原产欧洲和亚洲，我国各地均有栽培。鲜嫩豆粒、嫩苗作蔬菜，种子可制淀粉，茎、叶可作饲料或绿肥。

豌豆每100g含糖类55.4g、蛋白质20.3g、脂肪1.1g、膳食纤维10.4g、维生素 B_1

0.49mg、维生素 B_2 0.14mg、烟酸 2.4mg、维生素 E 8.47mg、维生素 A 42μg、胡萝卜素 2.4μg、视黄醇 10.4μg、铁 4.9mg、锰 1.15mg、锌 2.35mg、铜 0.47mg、钾 823mg、磷 259mg、钠 9.7mg、硒 1.69μg、钙 97mg、镁 118mg。

中医认为，豌豆性味甘平，有补中益气、利小便的功效，是脱肛、慢性腹泻、子宫脱垂等中气不足症状的食疗佳品。中医典籍《日用本草》中有豌豆"煮食下乳汁"的记载，因此，哺乳期女性多吃点豌豆可增加奶量。此外，豌豆含有丰富的维生素 A 原，食用后可在体内转化为维生素 A，有润肤的作用，皮肤干燥者应该多吃。但豌豆吃多了容易腹胀，消化不良者不宜大量食用。

第三节 薯类及薯蓣类

（一）概述

薯类及薯蓣类是植物的块根、块茎，包括甘薯、木薯、马铃薯、山药等，既可当粮食食用，也可当菜食用。鲜薯中水分 70% ~80%，其余主要是淀粉和多糖类，占干物量的 80% 左右。薯类蛋白质是完全蛋白，营养价值高于谷物。如将薯类与其他谷物混合食用，可使营养互补，提高蛋白质的营养价值。薯类中维生素含量丰富，特别是鲜薯中含较多的维生素 C。由于该类食物有类似的营养成分，因此在食品加工、工业应用上有近似用途。另外薯类淀粉的用途较为广泛。

（二）主要种类与营养价值

1. 马铃薯

马铃薯（*Solanum tuberosum* L.）为茄科多年生草本植物马铃薯的块茎，又名洋芋、土豆、山药蛋、地蛋、荷兰薯、阳芋，与小麦、玉米、稻谷、高粱并称为世界五大作物。起源于秘鲁和玻利维亚的安第斯山区，1650 年传入中国，广泛栽培。马铃薯块茎成椭圆形，大小不一，外皮和薯肉颜色依品种不同而异，薯块上分布很多呈螺旋状排列的芽眼。目前种植的主要商业品种为大叶（Kennebec）、五峰三号（Wu-foon）及卡地娜（Cardinal），冬春交接之际为盛产期。形态有球形、长筒形、椭圆形、卵圆形，皮色有：红、白、黄、紫。薯肉的颜色有：白、黄两种，亩产量可达4t。目前全世界的马铃薯种植面积为 3 亿亩，总产量约为 3 亿 t，位居世界粮食总量的第四位，仅次于小麦、水稻和玉米。中国马铃薯的种植面积位居世界前列，但是亩产和质量均远远低于发达国家，平均亩产仅为 900kg 左右。而芬兰马铃薯的平均亩产达到 3000kg，英国和美国的马铃薯亩产也在 2165 ~2600kg 之间。如果中国通过引进新品种、新技术和先进的管理经验，使马铃薯亩产达到 2600kg 以上，就等于使种植马铃薯的产出提高 3 倍左右。中国北方大部分地区春夏干旱少雨，秋天雨水相对较多，加上气候温凉，昼夜温差大，土壤质地疏松且富含钾元素，非常适宜种植马铃薯。

（1）品种及特点　市场上常见的马铃薯，按皮色可以分为以下四种类型：

① 白皮种：表皮呈淡黄色，芽眼鲜红色，肉为白色的，水分多。

② 红皮种：表皮呈红色，块茎呈圆形，芽眼比较深，肉为淡黄色的。品质中等，耐贮藏。

③ 黄皮种：表皮呈黄色或淡黄色，块茎为长块状扁圆形或圆筒形，肉为黄色或淡黄

色，芽眼深浅不同，视品种而定。品质优良。

④ 紫皮种：表皮呈紫色，块茎呈圆形，芽眼浅而少，肉为黄白色的，品质好。

马铃薯含的淀粉的量相当高，一般都在 12% ~20%，所以它所提供的热量也比较多。它的磷和维生素 B_1 的含量也不少，特别是钾的含量高，是少有的“高钾藏菜”之一。但马铃薯含钙和其他维生素较少。

马铃薯性味甘平，有和胃调中、健脾益气、消炎之功效，可用于治疗胃弱腰痛、体虚、便秘、腮腺炎和烫伤等症。

（2）质量要求　马铃薯以个形整齐、表皮光滑、不伤不烂、无虫眼、无病斑、个重在 100g 以上者为佳。

马铃薯中含有一种有毒的物质龙葵素。马铃薯发芽时，龙葵素的含量急剧增高，集中分布在芽、芽眼、皮肉和腐烂处。如吃了这种发芽的马铃薯，30min 后即可出现中毒症状，表现为口干、发麻，以后出现恶心呕吐、腹痛腹泻。症状严重时可有发热、呼吸困难、抽搐等。轻者可喝些淡盐水或糖水，以补充损失的液体与盐分，中毒较重者需尽快送医院抢救治疗。

日常生活中，如发现马铃薯发芽或皮肉青紫变绿色，应将其彻底挖去，放在冷水中浸泡 0.5 ~1h，使残余的毒素溶解于水中。煮食时放些食醋，食用起来就比较安全了。如马铃薯生芽过多，芽长超过 1cm，或整个薯块都已变紫变黑，则不能食用了。

马铃薯中糖类占 14.6% ~25.8%，主要由淀粉和糖分组成，淀粉中支链淀粉约占 80%；糖分约含 1.5%，主要是葡萄糖、果糖和蔗糖。新收获的马铃薯含糖量较低，贮藏一段时间后糖分增加。尤其是在 0℃贮藏时，对还原糖蓄积特别有利，糖分最高时可达鲜重的 7% 左右。

鲜马铃薯的脂肪含量较低，平均为 0.1% 左右。

马铃薯的蛋白质含量平均为 2.3% 左右，主要由球蛋白和白蛋白组成，其中球蛋白约占 2/3，属全价蛋白。

100g 马铃薯中含钙 11mg，磷 64mg，铁 1.2mg。

100g 马铃薯中含胡萝卜素 0.01mg，硫胺素 0.1mg，核黄素 0.03mg，烟酸 0.4mg，维生素 C 16 ~20mg。刚收获的马铃薯，维生素 C 含量高达 26mg。

2. 甘薯

甘薯［*Ipomoea batatas*（Lam）L.］是旋花科一年生植物的块根，又称红薯、白薯、番薯、地瓜、山芋、红苕等。不同地区人们对它的称呼也不同，山东人称其为地瓜，四川人称其为红苕，北京人称其为白薯，福建人称其为红薯。

红薯品种颇多，形状有纺锤、圆筒、椭圆、球形之分，皮色有白、淡黄、红、黄、紫红之别，肉色有黄、杏黄、紫红诸种。通常以产块根或叶为主。块根是由不定根二次肥大而成，长于表土 25cm 深处。每株能生产数个块根。

红薯原产中美洲与墨西哥，在该地栽种已很久。欧洲第一批红薯是由哥伦布于 1492 年带回，然后经葡萄牙人传入非洲，并由太平洋群岛传入亚洲。红薯最初引入我国是在明代万历年间，当时福建华侨陈振龙常到吕宋（现今菲律宾）经商，发现吕宋出产的甘薯产量最高，于是他就耐心地向当地农民学习种植的方法，并且克服许多困难，把红薯种带回福州。后来经过陈氏家族的推广，红薯在全国普遍栽种。

红薯含有丰富的糖、蛋白质、纤维素和多种维生素，其中β-胡萝卜素、维生素E和维生素C尤多。特别是红薯含有丰富的赖氨酸，而大米、面粉恰恰缺乏赖氨酸。红薯与米面混吃，可以得到更为全面的蛋白质补充。就总体营养而言，红薯可谓是粮食和蔬菜中的佼佼者。欧美人赞它是第二面包，前苏联科学家说它是未来的宇航食品，法国人称它是当之无愧的高级保健食品。

红薯的主要营养成分是糖类，其蛋白质、氨基酸组成与大米相似，维生素C、胡萝卜素及矿物质元素钙、镁含量丰富，属生理碱性食品。每100g甘薯含水分61.1g、蛋白质1.8g、脂肪0.2g、糖类29.5g、粗纤维0.5g、灰分0.9g、钙18mg、磷20mg、铁0.4mg、胡萝卜素1.31mg、硫胺素0.12mg、核黄素0.04mg、烟酸0.5mg、抗坏血酸30mg。红皮黄心薯所含维生素A较多。

《本草纲目》记载，红薯有补虚乏、益气力、健脾胃、强肾阴的功效。红薯蒸、切、晒、收，充作粮食，称做薯粮，使人长寿少疾。《本草纲目拾遗》说，红薯能补中、和血、暖胃、肥五脏。《金薯传习录》说它有多种药用价值：治痢疾和泻泄，治酒积和热泻，治湿热和黄疸，治遗精和白浊，治血虚和月经失调，治小儿疳积。《陆川本草》说，红薯能生津止渴，治热病口渴。《本草求真》说它："凉血活血，宽肠胃，通便秘，去宿瘀脏毒，舒筋络，止血热渴，调中补虚。"《随息居饮食谱》说它："煮食补脾胃，益气力，御风寒，益颜色。"

祖国医学认为，甘薯性味甘、平，归脾、肾经，有健脾胃、补虚乏、益气力、宽肠通便、生津止渴等功效。

现代研究表明，红薯含有大量不易被消化酶破坏的纤维素和果胶，能刺激消化液分泌及肠胃蠕动，从而起到通便作用。另外，含有的丰富β-胡萝卜素是一种有效的抗氧化剂，有助于清除体内的自由基，具有抗衰老和预防动脉硬化作用，红薯所含黏液蛋白能保持血管壁的弹性，防止动脉粥样硬化的发生；红薯中的绿原酸，可抑制黑色素的产生，减缓机体的衰老进程，并能防止肝、肾中的结缔组织萎缩，预防心脏病、关节炎等疾病。红薯是具有特殊营养价值的健康食品。在调查广西西部地区百岁以上老人的生活习惯时，发现一个共同的特点，即这些老人对红薯有着特殊的嗜好，可见，红薯和长寿之间存在着一定的关联。

日本国立癌症预防研究所对有明显抗癌效应的蔬菜排名，其中熟红薯、生红薯被排在第一、二位。美国生物学家瑟·施瓦茨教授从红薯中分离出一种叫DHEA的活性物质。他将这种物质注入用于培养癌细胞而喂养的白鼠体内，结果发现这些小白鼠比一般的白鼠寿命延长1/3。

3. 木薯

木薯（*Manihot esculenta* Crantz），别名树薯、木番薯、南洋薯。大戟科木薯系多年生灌木，地下部块根，是世界三大薯类（木薯、马铃薯、甘薯）之一。分甜味种、苦味种，原产于南美洲的巴西，约有4000年的栽培历史，为热带及亚热带地区主要淀粉作物之一。目前世界上有30个国家都在种植，是食品和工业原料。秘鲁是木薯生产大国，该国民众喜欢将木薯作为主食配菜，或者将它油炸或制成木薯片当零食吃。我国于19世纪20年代引种栽培，分布于淮河、秦岭一线和长江流域以南，以西南、华南和台湾省栽培较多，云南、贵州、四川、湖南、江西等省亦有少量栽培。

一棵木薯块根可达50kg左右。木薯的营养成分与甘薯相似，鲜品淀粉约为28%，蛋白质 1.0%，脂肪 0.2%。100g 木薯中含钙 85mg、磷 30mg、铁 1.3mg、维生素 B_1 0.08mg、维生素 B_2 0.9mg 以及维生素 C 22mg。

秘鲁国际马铃薯研究中心最新研究成果显示，经常食用木薯可以防止患胃癌和肝脏疾病，并能延缓衰老。

研究表明，红心木薯含有丰富的维生素 A 和维生素 C 以及钾和铁元素，这些物质能够降低人体患胃癌和肝脏疾病的危险。而深紫色果肉的木薯由于具有抗氧化功能，能够延缓人体衰老。另外，它富含维生素和蛋白质，含量甚至超过马铃薯，因此十分适合营养不良和正处于成长期的人食用。

木薯中含有毒成分木薯苷，木薯苷在木薯苷酶作用下，水解生成具有剧毒的氢氰酸，人摄入 0.06mg 氢氰酸就会严重中毒，出现头晕目眩、呼吸困难等中毒症状，甚至死亡。因此木薯不能生食，木薯毒素大部分集中在薯皮中，食用前应剥去薯皮，并将去皮薯肉用水浸泡 2h，换水洗净，使有毒成分含量降至卫生标准以下。

在中国木薯主要用作饲料和提取淀粉。木薯淀粉可制酒精、果糖、葡萄糖、麦芽糖、味精、啤酒、面包、饼干、虾片、粉丝、酱料以及塑料纤维、塑料薄膜、树脂、涂料、胶黏剂等化工产品。作为饲料，木薯粗粉可代替所有谷类成分，与大豆粗粉配成畜禽饲料，为一种高能量的饲料成分。

4. 山药

山药（*Dioscorea opposita* Thunb.，图 4－20）又名淮山药、薯蓣、薯药、长薯，是薯蓣科多年生缠绕草本植物的块根，生产于河南、山西、陕西等省，山东、河北、浙江、湖南、四川、云南、贵州、广西等地也栽培。块茎中含皂苷、甘露聚糖、植酸、尿囊素、胆碱、多巴胺、山药素、精氨酸、淀粉酶、蛋白质、脂肪、淀粉及碘质等。

图 4－20　山药

我国食用山药已有 3000 多年的历史，以淮山药最为著名。山药含水分 75%、糖类 14.4%～19.9%、蛋白质 1.5%～2.2%、脂肪 0.1%～0.2%、薯蓣皂苷 50μg/100g 及 B 族维生素、维生素 C、维生素 E，糖类以淀粉为主。山药中还含多种酶，尤其是淀粉酶含量较高。山药的营养成分见表 4－26。

表 4－26　山药的营养成分（以可食部计）　单位：mg/100g

成分	含量	成分	含量	成分	含量
能量/kJ	234	核黄素/mg	0.02	镁/mg	20
蛋白质 g	1.9	烟酸/mg	0.3	铁/mg	0.3
脂肪/g	0.2	维生素 C/mg	5	锌/mg	0.27
糖类/g	12.4	维生素 E/mg	0.24	硒/μg	0.55
膳食纤维/g	0.8	钙/mg	16	铜/mg	0.24
硫胺素/mg	0.05	磷/mg	34	锰/mg	0.12
维生素 A/mg	3	钾/mg	213		
胡萝卜素/mg	20	钠/mg	18.6		

祖国医学认为，山药性味平、甘，无毒，入脾、胃、肺、肾四经，有益肾气、强筋骨、健脾胃、止泄痢、化痰涎、润皮毛、治泄精健忘等功效。山药是一种上等的保健食品及中药材料，在东南亚一带自古被广泛地作为医疗食补之材，常食可健脑轻身、延年益寿。作为中药主要用于治脾虚泄泻、久痢、虚劳咳嗽、消渴、遗精、带下、小便频数。

现代药理学研究发现，山药块茎还含有皂苷、黏液质（是由甘露聚糖与球蛋白结合而成的黏蛋白）、胆碱、16种游离氨基酸、多酚氧化酶、3，4－二羟基苯乙胺、尿囊素，因此山药有降血糖、增强免疫力的作用，可预防心血管脂肪沉积，有助于胃肠的消化吸收。

5. 芋头

芋头（*Colocasia esculentum*）又称芋、芋艿，天南星科，芋属。多年生草本，1年生栽培。地下有肉质球茎（图4－21），含丰富淀粉。叶基生，2～3片或更多，叶柄长于叶片，绿色或紫色，叶片卵形，盾状着生。花序柄常单生，短于叶柄。形状、肉质因品种而异，通常食用的为小芋头。肉质为黏质，水分含量是薯类中最高的。

图4－21　芋头

（1）品种及特点　芋艿可分为以下三种类型：

① 多子芋：子芋多而肥大，易与母芋分离。子芋肉质细嫩，多为黏质的，品质好。母芋肉质粗，味劣。以食子芋为主。

② 魁芋：子芋少而母芋大，母芋肉质细软，水分较少，淀粉含量多，香味浓，质量好，耐贮存。以食母芋为主。

③ 多头芋：母芋和子芋没有明显的差别，并密结成一大块。这类芋头的水分较少，组织较致密，食味很好。但产量低，故栽培不多。

（2）营养价值及功用　100g芋头所含营养成分：热量330.22kJ，蛋白质2.2g，脂肪0.2g，糖类17.1g，膳食纤维1g，钙36mg，铁1mg，磷55mg，钾378mg，钠33.1mg，铜0.37mg，镁23mg，锌0.49mg，硒1.45μg，维生素A 27μg，维生素B_1 0.06mg，维生素B_2 0.05mg，维生素C 6mg。所含糖类主要成分是淀粉，约占干物质的70%。此外，还含聚半乳糖、多缩戊糖、还原糖和非还原糖。芋头的黏性物质是多聚半乳糖的复合物，芋头中维生素C含量很少，煮30min约损失一半。灰分中70%～80%是钾，属碱性食品。

《本草纲目》记载“芋子，辛、平、滑、有小毒。宽肠胃，允肌肤，滑中。冷啖，疗烦热，止渴。令人肥白，开胃通肠闭；产妇食之，破宿血；饮汁止渴去死肌。和鱼煮食，甚下气，调中补虚”中医认为芋艿性平滑，味辛；入脾、胃经；芋艿可以解毒消肿、益胃健脾、调补中气，主治肿块、痰核、瘰疬、便秘等病症。

经过研究认为芋艿具有以下食疗作用：

① 解毒消肿：芋艿含有一种黏液蛋白，被人体吸收后能产生免疫球蛋白，或称抗体球蛋白，可提高机体的抵抗力。故中医认为芋艿能解毒，对人体的“痈肿毒痛”包括癌

毒有抑制消解作用，可用来防治肿瘤及淋巴结核等病症。

② 调节酸碱平衡：芋艿为碱性食品，能中和体内积存的酸性物质，调整人体的酸碱平衡，产生美容颜、乌发的作用，还可用来防治胃酸过多症。

③ 调补中气：芋艿含有丰富的黏液皂素及多种微量元素，可帮助机体纠正微量元素缺乏导致的生理异常，同时能增进食欲、帮助消化。故中医认为芋艿可补益中气。

（3）质量要求　一般母芋个大，淀粉多，组织较粗，食用质量较差，而子芋和孙芋个小，含淀粉少，质量较高。

6. 魔芋

魔芋（*Amorphophallus rivieri*，图4－22）为单子叶植物纲天南星科多年生草本植物膨大的地下块茎，又名蛇六谷、麻芋子、蛇头草、花秆天南星和蒟蒻等。地上部分为一单片叶，叶片掌状深裂，能开花结实，但主要以地下块茎及肉质走茎（芋鞭）进行快速繁殖。块茎扁球形，直径达25cm。叶1枚，三出复叶，小叶2歧分叉，裂片再羽状深裂，末回小裂片椭圆形至卵状长圆形；叶柄长40～80cm，青绿色，有暗紫色或白色斑纹。先叶开花，佛焰苞长20～30cm，卵形，下部呈漏斗状筒形，外面绿色而带紫绿色斑点，里面黑紫色；肉穗花序约2倍长于佛焰苞，下部为雌花，上部为雄花，顶端附属体呈圆柱形，长达25cm。原产斯里兰卡，我国西南及长江流域地区多有栽培。魔芋有多个栽培品种，凉山州各地广泛分布，其中常见的是花魔芋和白魔芋。

图4－22　魔芋

（1）品种及特点　中国所产魔芋能食用者有：

① 花魔芋：为食用魔芋中栽培较广的一种，在中国汉中平原、四川及华南各省普遍栽培。

② 东川魔芋：产于云南东北部。

③ 疏毛魔芋：为中国特有，产于江苏、浙江、福建大部分地区。

④ 疣柄魔芋：产于广东、广西南部、云南南部海拔750m以下热带地方。

此外，在四川西部的白魔芋，其肉色洁白、品质优良。

魔芋块茎加工后可制成魔芋豆腐，也可作果酱、人造肉胶体、水果糖的配料；掺入面粉中制成面条、挂面及酿酒；入药有消肿、解毒功效；工业上用魔芋胶体作钻井液，可以加固井壁，提高工程质量，也可代淀粉作建筑涂料等。

（2）营养价值及功用　魔芋是一种低热量、高纤维素的传统食品。中华民族是研究和利用魔芋最早的民族。早在西汉时期的《神农本草经》中就首次确认魔芋是治病的药物，后在元、明、清代均有魔芋入药及荒年充饥的记载。《本草纲目》中还系统地介绍了魔芋的生态环境、栽培方法、主治功能、服用方法和加工烹调技术。现代《中药大辞典》也肯定了魔芋作为中药具有解毒、抑菌、化痰、散结、行淤等功能。

近年来，魔芋食品以它奇特的保健和医疗功效而风靡全球，并被称为“魔力食品”。

魔芋含有独特的营养，据分析，每100g魔芋球状茎中，含葡萄甘露聚糖高达50g，还含有葡萄糖、果糖、蔗糖等。每100g魔芋精粉中含蛋白质4.6g、脂肪0.1g、钙45mg、磷272mg、铁1.6mg、锌2.05mg、锰0.88mg、铬0.25mg、铜0.17mg、葡萄甘露聚糖74.4mg。近年来的研究证明，魔芋具有防治便秘、胆结石、糖尿病、降低胆固醇、血脂浓度、缓解心血管病等功能，魔芋中所含的葡萄甘露聚糖对降低糖尿病人的血糖有较好的效果，因其分子质量大、黏性高，能延缓葡萄糖的吸收，有效地降低餐后血糖，从而减轻胰岛的负担。又因它吸水性强、含热量低，既能增加饱腹感，减轻饥饿感，又能降低体重，所以它又是糖尿病病人和体胖减肥者的理想食品。

7. 豆薯

豆薯（*Pachyrrhizus erosus*，图4－23）又名凉薯、沙葛，为豆科一年生或多年生草质藤本植物。豆薯原产热带美洲。美洲栽培历史很久，哥伦布发现新大陆后由西班牙人传入菲律宾，以后传到世界各地。我国以广东和广西的栽培面积最大。豆薯肉质块根富含淀粉、糖分和蛋白质，脆嫩多汁，皮薄而坚韧，容易剥除，可供生食、炒食、做饲料。加工制成沙葛粉，有清凉去热的功效。豆薯块根耐贮藏，可调节蔬菜周年均衡供应。种子及茎叶含鱼藤酮，对人畜有毒，不能食用，但可提取杀虫剂。

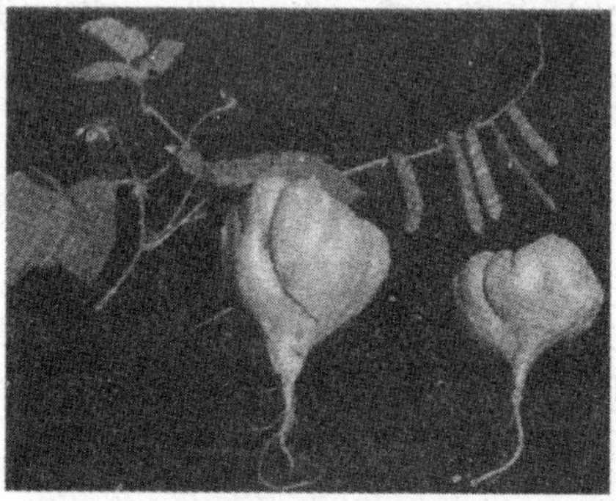

图4－23　豆薯

豆薯按其块根形状分为扁圆、扁球、纺锤或圆锥形等。按成熟早晚分为早熟种、中熟种和晚熟种三类。

早熟种：植株生长势中等，叶片较小，块根膨大较早，生长期较短。块根扁圆或纺锤形，皮薄，纤维少，单根重0.4～1kg，鲜食或炒食。目前应用的品种有：贵州黄平豆薯、四川遂宁豆薯、成都牧马山豆薯、台湾马来种、广东顺德沙葛等。

晚熟种：植株生长势强，生长期长，块根成熟较迟。块根扁纺锤形或圆锥形，皮较厚，纤维多，淀粉含量高，水分较少，单根重1～1.5kg，大者可达5kg以上。适于加工制粉。常用的品种有：广东湛江大葛薯、广州郊区迟沙葛、台湾圆锥形种等。

北方地区宜选用扁圆形种，此类品种叶片较小，生长势中等，成熟早，品质好，单薯重250～500g，块根表面有纵沟4～10条。

豆薯的地下块根和甘薯相似，生熟都可吃，生吃味甜，豆薯也是生产淀粉的基本原料之一。豆薯含有大量糖类、水分、维生素、矿物质、胆碱、氨基酸、豆薯黄酮、豆薯皂苷等营养素，对人体健康有很大益处。豆薯的营养成分见表4－27。

祖国医学认为，豆薯性味甘、凉，有生津止渴、清热除烦、解酒毒、降血压等功效。《四川中药志》记载，豆薯拌白糖服食，尚有解酒毒、治疗慢性酒精中毒的作用。

豆薯子及豆薯叶中含有一种称为豆薯苷的物质，它有很强的毒性，对中枢神经系统特别是呼吸中枢毒性很大。大量摄入还能直接影响心脏，而使心率减慢。误食后可引起恶心、呕吐、腹痛、腹泻、头晕、发热，严重时抽搐、昏迷、呼吸衰竭，甚至死亡。因此，必须特别强调，豆薯子一般不作药用，即使应用，只能外用，绝对不能内服。

表 4-27　　豆薯的营养成分（以 100g 可食部计）

成分	含量	成分	含量	成分	含量
能量/kJ	230	烟酸/mg	0.3	钾/mg	11
蛋白质/g	0.9	维生素 C/mg	13	钠/mg	5.5
脂肪/g	0.1	维生素 E/mg	0.86	镁/mg	14
糖类/g	13.4	α-维生素 E	0.32	铁/mg	0.6
膳食纤维/g	0.8	(β-γ)-维生素 E	0.45	锌/mg	0.23
视黄醇/mg	0	δ-维生素 E	0.09	硒/μg	0.16
硫胺素/mg	0.03	钙/mg	21	铜/mg	0.07
核黄素/mg	0.03	磷/mg	24	锰/mg	0.11

第五章 植物性原料——蔬菜类

蔬菜大部分属于草本植物，我国的蔬菜种类繁多（据不完全统计有将近400种）。全国主要的蔬菜有80多种，形成规模栽培的有60种，其中大多数为陆地栽培，也有一些水生蔬菜生长在浅滩、湖泊或近海领域。

蔬菜是人们生活中不可缺少的食物，因为蔬菜中含有多种营养素，是无机盐和维生素的主要来源，尤其是在膳食中缺少牛奶和水果时，蔬菜就显得格外重要。

蔬菜中含有大量的水分，水对于人体来说，是最容易被忽视的营养素，人体不摄入某些必需维生素或矿物质，尚可继续存活数周或数年，而缺水情况下，人类的平均存活时间仅为3d。水是保证和维持蔬菜品质的重要成分。正常的含水量是衡量蔬菜新鲜程度的重要指标，一般鲜菜中含有65%～97%的水分，如大白菜中含有95.6%的水分，黄瓜为96.9%，番茄为95.9%，洋葱为88.3%，荸荠为74.5%，慈姑为66.0%。只有含水量充足时，蔬菜才能具有鲜嫩多汁的食用品质；如果失去了正常的含水量，蔬菜组织的细胞膨压减小，就会使蔬菜变得萎蔫而降低品质。不过也正是由于蔬菜的含水量大，给微生物繁殖提供了有利条件，才使得蔬菜一般很难贮运，非常容易腐败变质。

蔬菜是人体所需维生素的重要来源。人体每天摄取的维生素C几乎都来源于蔬菜和水果。从提供维生素的品种和数量来看，绿叶菜是属于营养价值最高的一类。绿叶菜能提供丰富的维生素C和胡萝卜素，也是维生素B_2的重要来源之一。胡萝卜素是蔬菜中所含的重要维生素之一，在人体内可以转化为维生素A。虽然维生素A主要含于肝、蛋类食品中，但由于我国人民的膳食结构以素食为主，因此，蔬菜中的胡萝卜素就成为我们摄取维生素A的主要来源。此外，蔬菜还是核黄素的主要来源。

蔬菜中含有丰富的矿物质如钙、磷、铁、碘、硅、锰、锌、钼、钴、硒等。人体所需要的钙和铁有很大部分是由蔬菜供给的。

蔬菜均含有较多的纤维素。纤维素虽不能被人体吸收，但可以促进肠道的蠕动，有利于粪便的排出，减少肠道疾病的发生。

但是除了豆类蔬菜的蛋白质含量稍高，藕、荸荠、慈姑等含糖类较多外，一般蔬菜的蛋白质、脂肪和糖类的含量较低。一些可菜可粮的类别如马铃薯、山药、芋头、红薯中以淀粉为主。

瓠果和茄果类蔬菜如冬瓜、丝瓜、南瓜、苦瓜、黄瓜、番茄、茄子、辣椒等，含糖类、维生素C、胡萝卜素较多。番茄中维生素C的含量相当丰富；丝瓜中含有大量黏质、瓜氨酸；南瓜中含有瓜氨酸、精氨酸；苦瓜中含有苦瓜苷、5－羟色胺和多种氨基酸；茄子中含有特别丰富的维生素P。

鲜豆类蔬菜如毛豆、扁豆、蚕豆、豌豆、豇豆等，含有植物蛋白质、糖类、维生素和无机盐比其他蔬菜高。维生素的含量以B族维生素较高。

最近，科学家分析各种蔬菜的营养成分后，发现一个规律：蔬菜的颜色深，营养价值就高，颜色浅的营养价值就低。这遵循着绿色、黄色、白色这一规律。绿色蔬菜中包含菠菜、青菜、韭菜、芹菜等，主要含有维生素C、维生素B和胡萝卜素，并含有较多的叶酸及胆碱，无机盐的含量较丰富，尤其是铁和镁的含量较高。而这类蔬菜在市场上的价格往往是最便宜的；黄色蔬菜主要有番茄、胡萝卜、红薯、南瓜、大头菜等，它们的营养价值居中，笋等白色蔬菜的营养价值最低。

除了鲜食以及烹调食用以外，很多蔬菜还可以用于加工。蔬菜的加工是以新鲜蔬菜为原料，依据不同的理化特性，采用不同的方法，制成各种制品的过程。主要的制品有脱水蔬菜、蔬菜脆片、蔬菜罐头、菜汁、腌制菜、速冻蔬菜制品等。蔬菜加工品有别于新鲜原料在于它通过各种手段抑制和钝化了外界微生物和内在的酶，采用适当的保藏措施，使制品可以长期保藏。

蔬菜加工的方法较多，其性质相差很大。不同的加工方法和制品对原料均有不同的要求，生产高质量的蔬菜加工品必须抓住基础原料、科学合理的加工工艺、良好的设备和现代包装四个环节。在一定的工艺、设备和包装条件下，原料的产量和质量非常重要，现代食品工业强调农业生产提供适合于加工的种类品种。蔬菜加工也同样兼有综合利用的一面，对于一些加工废料、野生资源若采用一定的科学方法，同样可以提高这些原料的自身价值，甚至可以生产出优质名牌产品。

要进行加工保藏，除了要了解工程基础知识外，还要知道蔬菜本身的原料特性、食品的主要腐败原因等，只有这样，才能提出适合于原料品质、能最大限度地保持原料品质的加工保存方法。

蔬菜加工品质与下列因素有关：

① 原料的种类和品种：蔬菜的种类和品种繁多，但不是所有的种类和品种都适合于加工，更不是都适合加工成同一种加工品。就蔬菜原料的加工特性而言，因为所应用的器官或部位不同，其结构与性质也相差很大。因此，正确选择适合于加工的种类品种是生产品质优良的加工品的首要条件。而如何选择合适的原料，就要根据各种加工品的制作要求和原料本身的特性来决定。

② 原料的成熟度和采收期：蔬菜原料的成熟度、采收期适宜与否，将直接关系到加工成品质量高低和原料的损耗大小。不同的加工品对蔬菜原料的成熟度和采收期要求不同。因此，选择其恰当的成熟度和采收期，是各种加工制品对原料的又一重要要求。

③ 原料的新鲜度：原料越新鲜，加工的品质越好，损失率也越低。因此，从收来到加工应尽量缩短时间，这是为什么加工厂要建在原料基地附近的原因。蔬菜多属易腐农产品，某些原料如番茄，不耐重压，易破裂，极易被微生物侵染，给以后的加工带来困难。这些原料在采收、运输过程中，极易造成机械损伤，若及时进行加工，尚能保证成品的品质，否则这些原料严重腐烂导致其失去加工价值或造成大量损耗，影响企业的经济效益。

④ 原料的安全性和洁净度：随着现代经济的高速发展和人们认识水平的不断提高，人们对食品的选择已不再局限于价格、新鲜度和相关的质量上，而是越来越关注入口食品的安全性和洁净度，我国的绿色食品便是在这种背景下提出的。绿色食品即指：无污染的安全、优质、营养的食品。专家们已经指出：21世纪的主导食品是绿色食品，

绿色食品犹如保证人体健康的卫士，已成为大势所趋。因此，蔬菜加工制品要想达到绿色食品的标准，满足人们对食品安全的需要，保证人体健康，其最根本的一点就是选择加工的原料也要能达到绿色食品的要求，否则，采用被农药或其他环境有毒物质污染的原料进行加工，纵然生产加工技术再高新、设备再先进，其生产出的产品也仍然是对人体健康有害的非绿色食品。长此下去，不仅影响了加工企业今后的发展，无法参与国际市场的竞争，更重要的是纵容了原料生产基地继续污染，不利于农业生产的可持续发展。

我国栽培的蔬菜种类繁多，其中主要栽培的有80多种。在同一种中，有许多变种，每一变种又有不同的变种，科学界和消费者的认识常常有不同，为了便于学习和研究，可以把蔬菜进行分类。分类的方法很多，按植物学分类，中国栽培的蔬菜有35科180多种；按农业生物学分类可分为白菜类、甘蓝类、根菜类、绿叶菜类、葱蒜类、茄果类、豆类、瓜类、薯芋类、水生蔬菜、多年生蔬菜、野生蔬菜和食用菌类13类；按食用器官则可分为根菜、叶菜、茎菜、花菜和果菜5类；按对温度的要求分为耐热、喜温、耐寒、半耐寒和耐寒而适应广5类；按光周期反应则可分为长光性、中光性和短光性蔬菜等。本章按食用器官把蔬菜分为5类：根菜类、茎菜类、叶菜类、花菜类、果菜类，不同的种类包括的具体蔬菜如下：

① 根菜类：以植物膨大的变态根作为主要的食用部位，包括萝卜、胡萝卜、芜菁（蔓菁）、芥菜、牛蒡、首乌等。

② 茎菜类：以植物的嫩茎或变态茎为主要的食用部位，其中地上茎含茎用莴苣、竹笋、芦笋、茭白、水芹、菜薹、茎用芥菜等；地下茎含球茎如荸荠、慈姑等，块茎包括菊芋等，根状茎含莲藕、姜，鳞茎含葱头、蒜、百合等。

③ 叶菜类：以植物的叶片和叶柄作为主要的食用部位，包括普通叶菜、香辛叶菜和结球叶菜。普通叶菜中含小白菜、乌塌菜、叶用芥菜、菠菜、茼蒿、叶用莴苣、荠菜、苋菜、莼菜、冬葵、马兰头、枸杞头、香椿、紫苏、大小蓟等，香辛叶菜中含芹菜、芫荽、茴香、韭菜、葱，结球叶菜包括大白菜、结球甘蓝、抱子甘蓝等。

④ 花菜类：以植物花部器官作为主要的食用部位，包括花椰菜、青花菜、朝鲜蓟、黄花菜、霸王花、金银花、木槿花、食用菊等。

⑤ 果菜类：以植物的果实或幼嫩的种子作为主要的供食部位，包括豆类、茄果类和瓠果类。豆类包括菜豆、豇豆、刀豆、荷兰豆、扁豆、四角豆，茄果类包括番茄、茄子、辣椒，瓠果包括黄瓜、冬瓜、西葫芦、南瓜、丝瓜、苦瓜等。

第一节　根　菜　类

一、萝　　卜

萝卜（*Raphanus sativus*）又名莱菔、芦菔，为十字花科萝卜属的一两年生草本植物。根为肉质根。萝卜的品种很多，因人工培育形成各种形状，如圆锥形、圆球形、长圆锥形、扁圆形等。萝卜肥厚多肉，有白、绿、红、紫等色，可作水果、蔬菜食用，供食用的是它那肥大的直根。也可加工腌制、酱制食用。萝卜用途广、品种多，能在各种季节栽培，又耐运输贮藏，可全年供应，栽培容易，产量高，为我国人民喜爱的重要蔬菜之一。

1. 主要品种

萝卜不仅全国各地都有栽培，而且各地都具有许多优良品种。萝卜的种类可依据根形、根色、用途、生长期长短和栽培情况分类，如根形可分为长、圆、扁圆、卵圆、纺锤、圆锥等形；依根皮色可分为红、绿、白、紫等色；依用途可分为菜用、水果及加工腌制等类；依生长期的长短可分为早熟、中熟及晚熟类；依生长季节的不同，可分为秋萝卜、春萝卜、夏萝卜和四季萝卜。徐州白萝卜见图5－1。

图5－1 徐州白萝卜

（1）秋萝卜 这类萝卜栽培面积最大，供应期最长，耐贮藏，是产量较高、品质好的一种类型。

① 心里美：肉质根长10cm左右，横径12cm，扁圆筒形，1/2露出地面，上部淡绿色，下部白色，细根粉红色。肉为鲜艳的紫红色，极美丽，为我国著名的水果萝卜品种，皮薄肉脆、味甜多汁，单果重500～1200g。

② 浙大长萝卜：肉质根长圆柱形，1/2露出地面，最长达70cm，横径达10cm左右，尾部钝尖，皮肉皆为白色，表皮光滑，侧根少，平均重1.5～2kg。适于煮食和加工腌制。

③ 太湖长白萝卜：根长圆柱形，皮肉皆为白色，重0.5～1kg，根部细长，全部生在土中。品质特佳，汁多味甜，宜生吃、熟食或腌制加工，煮食易烂。

④ 青皮脆萝卜：肉质根长15～17cm，横径7～10cm。其根部有9/10在地上。外皮绿色，地下皮白色，肉翠绿色。肉质根为尾端稍瘦的长卵形，重500g左右，质脆、味甜、水分多，宜生食。

⑤ 卫青萝卜：内质根细长筒形，根部稍弯，长20～25cm，横径5cm，约4/5露在地上。外皮绿色，入土部分为白色，肉浅绿色。重400g左右。肉质脆，水分多，为主要生食品种。

⑥ 露八分：肉质根圆筒形，长25cm，横径9cm，根有8/10露在地上。出土部分外皮较光滑，为淡绿色，入土部分白色，肉绿白色，重1.5kg左右。适于熟食或腌渍。

⑦ 大红袍：肉质根圆形或长圆形。肉质根1/2露在地上，皮细，鲜红色，肉白色。品质好，耐贮藏，宜熟食。

（2）夏萝卜 皮暗红色，下部色淡，肉白色，汁多味甜，宜煮食。优良品种有北京锥子把萝卜、广州耙齿萝卜、南京五月红萝卜、泡里红萝卜、青岛红萝卜、杭州小钩白、三堡萝卜等。

（3）春萝卜 肉质根，顶部有细颈，根扁圆球形，全部在土中，重150～200g。汁多味甜，极脆嫩，宜生吃。优良品种有杭州的洋红萝卜、迟花萝卜，甘肃的天鹅蛋萝卜，裕大的小五缨萝卜等。

（4）四季萝卜 肉质根，扁圆形，皮为玫瑰紫红色，根尾白色，味甜多汁，肉质脆嫩，宜凉拌生食。这类萝卜都是扁圆形或长形的小型萝卜，如上海小红萝卜。

2．营养成分

萝卜的营养比较丰富，每100g萝卜含水分91.7g，蛋白质0.6g，糖类5.7g，钙49mg，磷34mg，铁0.5mg，胡萝卜素0.02mg，维生素C 30mg，另含有锌、淀粉酶、葡萄糖、氧化酶、胆碱、芥子油、木素等多种成分。新鲜的萝卜含有比较多的糖类和多种维生素、脂肪、钙、磷、铁等矿物质，其中维生素C的含量比苹果、梨还多。

3．食疗与保健作用

《本草纲目》记载萝卜“化积滞，解酒毒，散淤血，甚效。末服治五淋；丸服治血浊；煎汤洗脚气；饮汁治下痢及失音，并烟熏欲死；生捣涂打扑、烫火伤。”萝卜生吃可以止渴消胀气，熟食可以化痰助消化。祖国医学认为，萝卜味辛甘、性凉，有消食、顺气、醒酒、化痰、治喘、解毒、散淤、利尿、止渴和补虚等功效，适用于消化不良、胃脘胀满、咳嗽痰多、胸闷气喘、伤风感冒等症。萝卜肉质根含芥子油和淀粉酶，有促进新陈代谢、促进食欲和帮助消化的作用。吃了油腻食物后，可以吃些生萝卜帮助消化。其所含有的木素还可以增强人体的抗癌能力。值得一提的是萝卜缨中所含的钙、磷和维生素A、维生素C比萝卜本身的含量还多。

4．加工利用

萝卜除作为蔬菜鲜食外还可加工成产品，如咸萝卜干、豆萝菜、萝卜丸、萝卜片、萝卜合、五香萝卜丝、兰花萝卜、萝卜条、蜜枣萝卜头等小食品及佐餐食品。

5．质量要求

萝卜以皮光、不伤、不冻、不糠、不裂、不烂、不带叉、无黑心、无切顶、个重在500g以上者为佳。

二、胡　萝　卜

胡萝卜（*Daucus carota* var. *sativa*，图5－2）为一两年生草本植物，根菜类蔬菜，肉质根肥大。表皮红色或黄色，肉色橙红、红或红褐。既可生吃，也可熟食，是一种营养丰富的蔬菜，并可代粮和作饲料。为便于贮藏、供应期长的冬春季主要蔬菜之一。

图5－2　胡萝卜

1．主要品种

胡萝卜全国各地均有种植。胡萝卜肉质根形状上的变异虽没有萝卜那样大，但肉质根的色泽却是多种多样的，有红、黄、白、橙红、橙黄、紫红和黄白色等多种。肉质根红色愈浓含胡萝卜素愈多，红色胡萝卜比黄色胡萝卜中胡萝卜素的含量多10倍以上。而在白色胡萝卜中则缺乏胡萝卜素。根据其肉质根的形状可分为圆锥形及圆柱形两种。

(1) 圆锥形

① 烟台三寸：短圆锥形，外皮与内部均为橘红色，单重100～150g。肉肥厚，较甜，宜生食。

② 烟台五寸：短圆锥形，外皮与内部浅橘红色，单重200～250g。中柱稍粗，肉质致

密汁多、味甜，宜煮食或生食。

③ 汕头红：肉质根长圆锥形，略扁。长40～46cm，皮肉橙红色。耐寒耐贮，水分多而味甜。

④ 江米条：肉质根长圆锥形，皮橙红色，长22～26cm。味甘，质细而脆。

⑤ 二金红：肉质根长15～20cm，直径4～7cm，为圆锥形。皮肉均呈红色，皮色深而肉色淡。单重为200～250g。

（2）圆柱形

① 南京长红：根长圆柱形，外皮和内部均为橘红色，单重150～250g。心柱细，韧皮部肥厚，肉质致密，汁少，宜煮食或腌渍。

② 常州胡萝卜：肉质根，长可达66cm，为上端粗而下部略细的长圆柱形。皮色有金黄及橙红两种，表面光滑。水分多，味甘而质细，熟食、生食或腌渍都可以。单重250g左右。

③ 广州胡萝卜：肉质根，长圆柱形，末端较钝，长12cm，横径4cm，皮较光滑，橙红色，心柱较粗，侧根少。品质中等。

④ 西安红胡萝卜：肉质根，圆柱形，肉色鲜红，髓部细，汁多味甜，质地脆嫩；耐贮藏；单重100～150g。

2. 营养成分

胡萝卜的肉质根富含蔗糖、葡萄糖、淀粉和维生素A，也含有多量的钾、钙、磷、铁等盐类，其中以维生素A的含量最多。每百克新鲜胡萝卜中含9mg维生素A，比番茄高1.5倍，比花椰菜高9倍。含蛋白质0.6g，脂肪0.3g，糖类7.6g，胡萝卜素3.62mg，钙32mg，磷30mg，铁0.6mg，硫胺素0.02mg，核黄素0.05mg，烟酸0.3mg，维生素C 13mg，另含有氟、锰、钴等微量元素。维生素A是防治夜盲症和呼吸道疾病的主要营养物质。因此，胡萝卜是对人体健康很重要的蔬菜，也是很有发展前途的一种蔬菜。值得注意的是胡萝卜中维生素A的含量又与根色有关，红色胡萝卜中含量最高，黄色含量低。同时胡萝卜有一种芳香甜味，还含有丰富的胡萝卜素。胡萝卜素被人体吸收后能转变成维生素A，可维护眼睛和皮肤的健康。胡萝卜中的胡萝卜素在高温下不易破坏，但加醋太多却极易被破坏，故烹调时以不加或少加醋为好。

3. 食疗与保健作用

据《日用本草》中记载，胡萝卜“味甘辛，无毒”，食用胡萝卜可以“宽中下气，散胃中邪滞。可治疗夜盲、营养不良、小儿软骨病、食欲不振、眼干燥症等，健脾，化滞。”《本草纲目》记载“下气补中，利胸膈肠胃，安五脏，令人健食。”据近年来报道，胡萝卜中含有琥珀酸钾盐，有降低血压的作用。

4. 加工利用

胡萝卜除作为蔬菜鲜食外，还可进行深加工及精细加工，深加工包括生产胡萝卜汁、胡萝卜糖果、胡萝卜冰淇淋粉、胡萝卜酥、胡萝卜烤制食品、胡萝卜素酱、胡萝卜酒、胡萝卜奶、胡萝卜蜜饯、胡萝卜醋等，市场前景十分广阔；精细加工如提取胡萝卜素，并将其加工成纳米粉体，利用胡萝卜渣加工食品内包装纸和快餐盒；胡萝卜叶经干燥粉碎后，可做家禽粗饲料；胡萝卜精细加工不仅能提高胡萝卜加工与转化技术水平及其资源利用率，同时可增加胡萝卜生产的附加值。

5. 质量要求

胡萝卜以个体肥大、表皮光滑、色泽鲜艳、不裂、不烂、不带叉、无黑斑、肉厚而心小、个重在150g以上者为佳。

三、芜菁（蔓菁）

芜菁（*Brassica campestris* ssp. *rapifera*，图5-3）又称为大头菜、盘菜、大头芥、辣疙瘩、圆根、盘菜、芥菜疙瘩等，十字花科，芸薹属。直根肥大，质地较萝卜致密，有甜味，呈球形、扁圆、心脏、圆锥、圆筒或纺锤形，主要是白色。芜菁为一年生或二年生草本植物芜菁的根，可以炒，可以腌制。原产我国及欧洲北部，我国南北各地均有栽培，主要分布在云南、贵州、四川、湖北、广东、浙江、江苏、山东、辽宁等省。采收后的大头菜有很强烈的刺鼻辣味，而且苦味很浓，不宜生食，而宜于加工成腌制品。

图5-3 芜菁

1. 主要品种

芜菁的品种很多，按其形状可分为以下三种类型：

(1) 扁圆芜菁　扁圆芜菁肉质根呈扁圆形，近根的部位比较细，出土的部分为绿色，入土的部分为白色；肉质根，表皮平滑，肉质坚实，品质好，适宜加工腌制用。

(2) 长圆芜菁　长圆芜菁肉质根呈长圆形，表皮黄白色，有环状纹突起；其肉质坚实，组织细致，纤维少，品质好，既可以腌制，又可以熟食。

(3) 圆锥芜菁　肉质根呈圆锥形，根肩部分平圆，下部渐尖。其根有2/3露出地面，露出地面的部分为浅绿色，入土的部分为乳白色；皮厚，表皮光滑，肉质坚实，最宜于加工腌制。

2. 营养成分

每100g芜菁中含水分50.3g，蛋白质1.4g，糖类6.3g，胡萝卜素2.38mg，粗纤维1.7g，钙41mg，磷31mg，铁0.5mg，硫胺素0.07mg，核黄素0.04mg，烟酸0.3mg，维生素C 3.5mg。芜菁含维生素B_1、维生素C和烟酸均比较多，另外维生素、矿物质、糖类和蛋白质含量也很丰富，是营养价值比较高的蔬菜。

3. 食疗与保健作用

芜菁性辛、甘、平，无毒。入脾、胃经。《随息居饮食谱》记载“芜菁，腌食咸甘，下气开胃；析醒消食，荤素皆宜，肥嫩者胜，诸病无忌，其子入药，明目养肝。”现代医学认为食用芜菁可以下气消食、清热除湿、利尿解毒。

4. 加工利用

芜菁块根可鲜食，也可加工制成紫香菜、龙须菜、辣片、什锦菜等，也可入药。

5. 质量要求

大头菜以个头大周正、表皮光滑、肉质坚实、无叉、无须根、不伤不烂者为佳。

四、芥　　菜

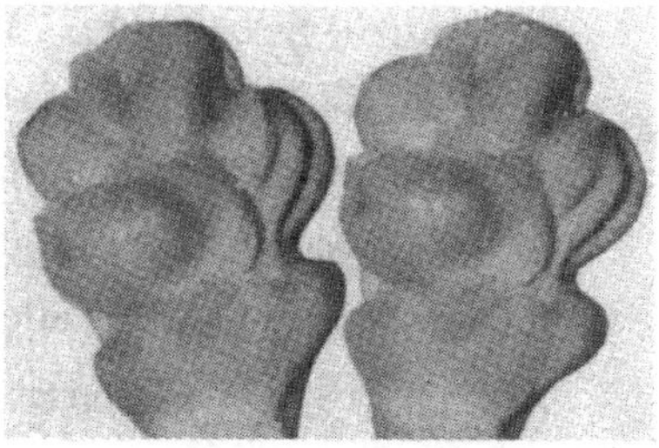

图5-4　芥菜

芥菜（*Brassica juncea*，图5-4）又名芥、辣菜、腊菜、水苏、劳祖、大芥、皱叶芥、黄芥等，为十字花科，芸薹属一两年生草本植物。芥菜在我国栽培历史悠久，多分布于长江以南各省。芥菜是我国原产的栽培蔬菜之一。

1. 主要品种

（1）叶用芥菜　二年生植物，叶片发达，以叶供食用。

（2）茎用芥菜　短缩茎肥大，形成不同的瘤状突起，适宜加工成榨菜，四川的涪陵、浙江的斜桥栽培较多。

（3）薹用芥菜　花茎肥大，浙江、上海、广东、云南、贵州有栽培。

（4）芽用芥菜　以肥大的腋芽为主要供食部分，分布于四川各地。

（5）根用芥菜　肉质很肥大，根的形状因品种而异，南北各地都有栽培。

2. 营养成分

每100g芥菜中含水分90.3g，蛋白质1.2g，脂肪0.1g，糖类4.9g，膳食纤维2.1g，硫胺素0.01μg，核黄素0.1mg，烟酸0.6mg，维生素E 0.88mg，钙51mg，磷22mg，钾126mg，钠1164mg，镁25mg，铁1.4mg，锌0.56mg，硒2.48μg，铜0.09mg，锰0.33mg。

3. 食疗与保健作用

中医认为芥菜性味苦辛、温，无毒，入肺、大肠经，有解表利尿、宽肺化痰、利肠开胃功效，主治小便不畅、咳血、痢疾、咽痛声嘶等症。芥菜略带表散之功，与番薯同煮食，可帮助表散寒邪，宽中利肠胃。

现代医学认为，芥菜富含维生素、矿物质、膳食纤维等成分，尤其含有可消除强力雌激素作用的成分，以避免肿瘤受刺激而生长，在日本国家癌症研究中心公布的20种抗癌蔬菜“排行榜”上，芥菜位列其中。

4. 加工利用

芥菜主要供加工榨菜，也可鲜食。可腌制成酸菜，或加工成菜干，还可采用先进的真空冷冻干燥法脱水工艺制成脱水蔬菜，以保持食品的色、香、味、形，保存维生素、蛋白质等营养物质。

五、牛　　蒡

图5-5　牛蒡

牛蒡（*Arctium laalim.*，图5-5）为菊科草本直根类植物，别名大力子、东洋参、牛鞭菜等。原产我国，公元920年左右传入日本，在日本栽培驯化出多个品种，20世纪80年代末由日本引种菜用牛蒡，大部分出口，少量进入国内市场。牛蒡在我国长期作为药用，近年来才开始对牛蒡的营养价值、食用价值和药理进行研究。在日本，牛蒡成为寻常百姓家强身健体、防病治病的保健菜。它可以与人参相媲美，因此被称作东洋参。牛蒡以其肥大的肉质根供食用。

1. 主要品种

中国栽培牛蒡历史很短，尚无自己育成的品种，多从日本引进。

（1）按生育期长短，牛蒡可分为三种类型。

① 早熟品种：生长期90d左右。肉质根长30～35cm，粗1～1.5cm。又名小牛蒡。

② 中熟品种：生长期150d左右。植株大小介于早、晚熟品种之间。又叫中牛蒡。

③ 晚熟品种：生长期180d左右。肉质根长70～140cm，粗3～4cm。又叫大牛蒡。

（2）目前国内常用的品种

① 柳川理想：是中国栽培的主要品种，属大牛蒡类型。肉质根长75cm，粗3cm。该品种裂根少，肉质柔嫩，香气浓，品质好。

② 渡边早生：根长70cm。肉质柔嫩，香气浓，品质佳。

③ 地皇牛蒡：肉质白嫩，裂纹少，品质较好。

④ 野川：是中晚熟品种，大牛蒡类型。根长100cm左右。头部较粗，皮色深褐，易糠心，早春易抽薹。

⑤ 松中早生牛蒡：早熟类型。肉质柔嫩，白色，无涩味，烹饪时不变黑。根毛少，裂根少，根长70～75cm，根形整齐一致，收获期较长。

2. 营养成分

每100g中含水分约87g，蛋白质4.1～4.7g，糖类3.0～3.5g，脂肪0.1g，纤维素1.3～1.5g，胡萝卜素390mg（所含胡萝卜素比胡萝卜高280倍），维生素C 1.9mg。矿物质元素钙240mg，磷106mg，铁7.6mg，并含有其他多种营养素。

3. 食疗与保健作用

《本草经疏》称牛蒡为“散风除热解毒三要药”。《本草纲目》称其“通十二经脉，洗五脏恶气”，“久服轻身耐老”。牛蒡享有蔬菜之王的美誉，在日本可与人参媲美，是一种营养价值极高的保健产品。

经常食用牛蒡根有促进血液循环、清除肠胃垃圾、防止人体过早衰老、润泽肌肤、防止中风和高血压、清肠排毒、降低胆固醇和血糖的作用，并适合糖尿病患者长期食用（因牛蒡根中含有菊糖），对类风湿、抗真菌有一定疗效，对癌症和尿毒症也有很好的预防和抑制作用，因此被誉为大自然的最佳清血剂。台湾民间把牛蒡作为补肾、壮阳、滋补之圣品。

牛蒡的作用和价值正被人们更深入的认识和发掘。我国《现代中药学大辞典》、《中药大辞典》等国家权威药典中把牛蒡的药理作用概括为三个方面：第一，有促进生长作用；第二，含有抑制肿瘤生长的物质；第三，有抗菌和抗真菌作用。牛蒡根的主要功能是疏风散热、解毒消肿，用于风热感冒、咳嗽、咽喉肿痛、便秘、头晕、耳鸣耳聋、目眩。牛蒡根作为中药，古代医学文献《本草纲目》、《名医别录》、《药性论》、《新修本草》、《本草拾遗》、《分类草药性》、《中国药膳大宝典》等著作中均有详细记载。

4. 加工利用

牛蒡在日本、中国台湾、韩国作为高档食品十分盛行，作为强身健体的保健蔬菜（茶），牛蒡根同人参一起被卫生部列入可用于保健食品原料的名单。正是由于牛蒡的营养价值和药用功能使有识之士开发出牛蒡菜、牛蒡茶、牛蒡酒、牛蒡糊等系列产品。牛蒡在我国也将成为新世纪的保健品而受到欢迎。

六、葛　根

葛根（*Pueraria lobatai*，图 5－6）为豆科多年生落叶藤本植物葛或甘葛藤的干燥根，亦名干葛、甘葛、粉葛等。是我国南方一些省区的一种常食蔬菜和常用的传统中药，也属于我国卫生部公布的药食共有资源。2000 多年前我国第一部药物专著《神农本草经》中已有记载。《中国药典》（1995 年版）和《中药志》（第一册）收载，我国的葛根资源丰富，除西藏、青海、新疆外，其他省区均有分布。

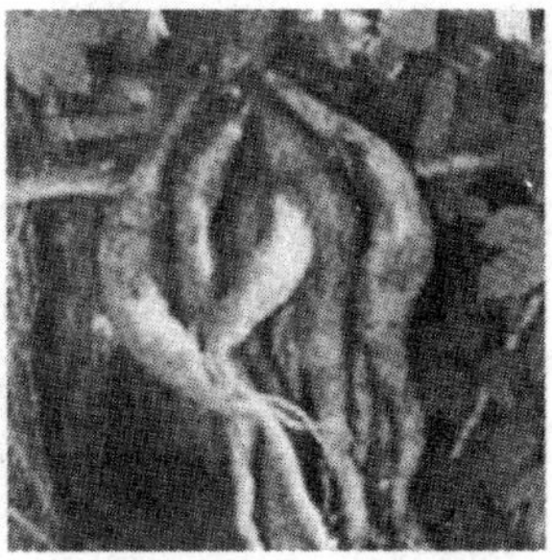
图 5－6　葛根

1．营养成分

葛根主要含糖类、植物蛋白、多种维生素和矿物质，此外还含有黄酮类物质大豆素、大豆苷，还有大豆素－4，7－二葡萄糖苷、葛根素、葛根素－7－木糖苷、葛根醇、葛根藤及异黄酮苷等，另外还含有丰富的淀粉、异黄酮类物质，又含有钙、硒、铁、铜、磷、钾等十多种人体所必需的微量元素。

2．食疗与保健作用

葛根味甘、辛，性平，入脾、胃经。20 世纪 70 年代以来，国内外学者对葛根的功能进行了大量的研究，主要有九方面的功能：① 降低血压，减慢心率，扩张冠状血管，改善微循环，抑制动脉硬化，抗心率失常，调养脑循环；② 抗血小板聚集；③ 降血糖；④ 降血脂；⑤ 抗肿瘤；⑥ 抗缺氧，抗氧化；⑦ 收缩和舒张平滑肌；⑧ 益智；⑨ 解热、解酒、解毒。动物实验证明，葛根对心血管系统的心肌、冠状动脉、血压都有很好的正面作用。

3．加工利用

近年来，以葛根为原料制成的系列保健食品，如葛根面包、葛根面条、葛根口服液、葛根饮料、葛根冰淇淋、葛根保健酒、葛根软糖、葛根红肠、葛根豆腐、葛根冻等均已面市，这些食品在日本均为畅销食品，在国内也有较好市场。葛根素是非常好的医药原料，是从野葛中提取的一种黄酮苷，具有广泛的药理作用，临床上主要用于心脑血管疾病的治疗，如治疗心律失常、心绞痛、冠心病、心肌梗死、心力衰竭、高血压、脑水肿等。

七、首　乌

首乌（*Polygonum multiflorum* Thunb）为蓼科蓼属植物何首乌的块根，系著名滋补性中药，产于我国华中及华南各省。

1．主要品种

首乌按加工方式可分为生首乌和制首乌两种。生首乌是挖出的何首乌洗净晒干或烘干后直接药用，制首乌是将生首乌与黑豆同煮后晒干的首乌，是一味补肝肾、益精血、养心宁神的良药。主要用于治疗因肝肾不足、精血亏损而引起的腰膝酸软、头晕眼花、心悸失眠、头发早白等症。何首乌的乌发功能是通过补肾、益精、养血宁神的作用发挥出来的。

2. 食疗与保健作用

首乌补肝肾，益精血，壮筋骨。《开宝本草》称：首乌“止心痛，益血气，黑髭发，悦颜色，久服长筋骨、益精髓、延年不老”。李时珍指出：首乌“养血益肝，固精益肾，健筋骨，乌髭发，为滋补良药，功在地黄、天门冬诸药之上”。

3. 加工利用

近年来，国内外学者运用现代科学手段，对何首乌的化学成分、药理作用、临床效果等进行了全面系统的研究，进而对其真正功效有了更为确切的认识，为它成为“医疗、保健、食用”传统名贵养生珍品提供了更加详实的理论依据。近年来，我国食品工业界也开发了一部分首乌食品，如首乌粉、首乌松针茶、首乌肝片、首乌水、首乌蛋等。

第二节 茎 菜 类

一、地 上 茎

1. 茎用莴苣

莴苣是冬春主要蔬菜之一，是菊科的一年生或二年生蔬菜。茎用莴苣（*Lactuca sativa* var. *angustana*，图 5－7）花基肥大，肉质能食用，形如笋，故称为莴苣笋或莴笋。叶茎鲜嫩清脆，其味清香稍有苦味，可熟食，也可生食，清脆爽口；茎用莴苣是生产酱菜的主要原材料之一。在我国南北各地普遍栽培，在长江流域是3～5月的主要蔬菜之一。

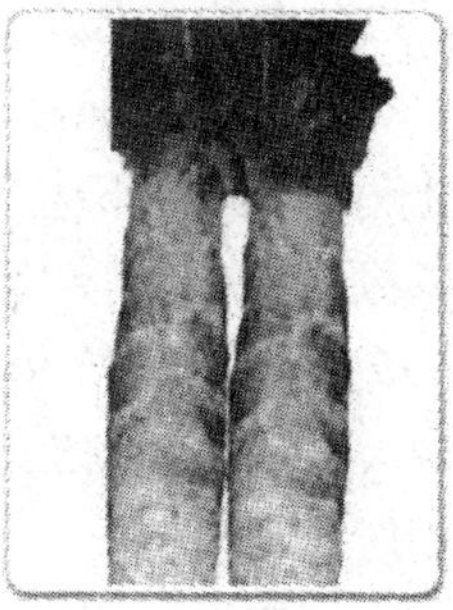

图5－7 茎用莴苣

（1）主要品种 莴苣因食用器官不同可分为叶用莴苣和茎用莴苣，前者见后面章节。茎用莴苣叶较狭，茎部肥大，为主食部分，莴笋按叶片形状和颜色可分为以下三种。

① 圆叶种：多是早熟品种，植株较小，叶浅绿色，倒卵形，顶部稍圆。肉淡绿色，皮薄，肉质致密，脆嫩；含水分较多，品质上等，生、熟食均可。如北京的白笋、上海的大圆叶、南京的白皮香等。

② 尖叶种：多是晚熟品种，植株高大，叶片为绿色或浅绿色，披针形，似柳叶。其皮较薄，肉质脆嫩、微甜，含水较少，品质中等，生、熟食均可。也可以加工腌渍。如柳叶莴苣，北京的紫叶莴笋，陕西的尖叶白笋、尖叶青笋，上海的大尖叶，湖南的大尖叶，贵州的双尖莴笋等。

③ 紫叶种：为晚熟品种。植株较高，叶的边缘为紫红色。皮薄，肉质脆嫩，含水分较多，品质好，生、熟食均可。

（2）营养成分 莴苣茎并不是营养很丰富的蔬菜，每100g莴苣含水分96.4g，蛋白质0.6g，脂肪0.1g，糖类1.9g，粗纤维0.4g，钙7mg，磷31mg，铁2mg，胡萝卜素0.02mg，硫胺素0.03mg，核黄素0.02mg，烟酸0.5mg，维生素C 1mg。但是，莴苣叶要比莴苣茎的营养丰富得多。莴苣叶中所含的脂肪、胡萝卜素、维生素B_1、维生素B_2、烟酸、钙、磷、铁等，在蔬菜中都是属于比较高的。

（3）食疗与保健作用　莴苣性味苦甘、凉。据《日用本草》记载："味苦，寒平。"主治为小便不利、尿血、乳汁不通。《日用本草》中记载："利五脏，补筋骨，开肠热，通经脉，去口气，白齿牙，明眼目。"现代医学认为，莴苣有以下保健作用：

① 开通疏利、消积下气：莴苣味道清新且略带苦味，可刺激消化酶分泌，增进食欲；其乳状浆液可促进胃液、消化腺和胆汁的分泌，从而增强各消化器官的功能，对消化功能减弱、消化道酸性降低和便秘的病人尤其有利。

② 利尿通乳：莴苣含钾量是含钠量的27倍，有利于体内的水电解质平衡，促进排尿和乳汁的分泌，对高血压、水肿、心脏病人有一定的食疗作用。

③ 强壮机体、防癌抗癌：莴苣含有多种维生素和矿物质，具有调节神经系统功能的作用。其所含化合物中富含人体可吸收的铁元素，十分有利于缺铁性贫血病人。莴苣的热水提取物对癌细胞有90%的抵制率，故又可用来防癌抗癌。

④ 宽肠通便：莴苣含有大量植物纤维素，能促进肠壁蠕动，帮助大便排泄，可用于治疗各种便秘。

（4）加工利用　莴苣除作为蔬菜鲜食外还可加工成莴苣饮料、莴苣脯等。

（5）质量要求　莴苣以叶茎鲜嫩、皮薄，剥叶后，笋白占笋身3/4以上，直径5cm以上，无烂伤，削去老根的为佳。

2. 竹笋

竹笋（*Phyllostachys pubescens*，图5－8）是竹子的嫩芽，在我国江南各省产量都很多，是当地一种普通的蔬菜。竹笋多为尖圆形，外边被黄褐色的皮重重包裹着。任何竹种都有产笋，但可作为蔬菜食用的竹笋，必须是组织柔嫩，无苦味或其他恶味，或稍带有苦味，经处理后，去除苦味也可食用。

图5－8　竹笋

（1）主要品种

① 毛笋：个大，粗壮，皮黄灰色，肉为黄白色，单个重在1kg以上。

② 春笋：春季即出芽生长，长出地面者称为"春笋"。身短粗，紫皮带茸，肉为白色，形如鞭子。

③ 冬笋：冬季在土中已肥大，而可采掘者称为"冬笋"。冬笋呈长腰圆形，驼背，两端尖，根尖较粗，顶尖细，外皮鳞片略带茸毛，皮为黄白色，肉淡白色，味鲜美，品质好。

（2）营养成分　竹笋的味极鲜美，但营养价值不高，而且有较多的草酸，影响人体对钙的吸收。每100g鲜笋中，含蛋白质4.1g，糖类5.7g，钙61mg，磷129mg，铁5.2mg，其钾的含量很多，含有维生素B_1与维生素B_2等。

（3）食疗与保健作用　竹笋性微寒，味甘，无毒；入胃、大肠经。《食物本草》中指出"治小儿痘疹不出，煮粥食之。解毒"。竹笋有以下保健作用：

① 开胃健脾：竹笋含有一种白色的含氮物质，构成了竹笋独有的清香，具有开胃、促进消化、增强食欲的作用，可用于治疗消化不良。

② 宽胸利膈、通肠排便：竹笋甘寒通利，其含有的植物纤维可以增加肠道水分的贮留量，促进胃肠蠕动，降低肠内压力。减少粪便黏度，使粪便变软利于排出，用于治疗便秘，预防肠癌。

③ 开膈消痰：竹笋具有低糖、低脂的特点，富含植物纤维。可降低体内多余脂肪，消痰化淤滞，治疗高血压、高血脂、高血糖症，且对消化道癌肿及乳腺癌有一定的预防作用。

④ 增强机体免疫力：一般都将竹笋视为"引油去脂"之品，而且竹笋中植物蛋白、维生素及微量元素的含量均很高，有助于增强机体的免疫功能，提高防病抗病能力。

(4) 加工利用　竹笋加工主要产品有保鲜笋、绿笋干、天目笋干、发酵笋干、玉兰片、盐笋干等。竹笋加工，目前生产量最大的是水煮笋，其加工工艺技术成熟，生产设备齐全，其次是绿笋干和发酵笋干。天目笋干、羊尾笋等传统特色笋干加工量比较少。调味笋这些年发展很快，无论是生产厂家还是产量，在竹笋加工中所占比例都越来越大。

3. 芦笋

芦笋（*Asparogus officinalis*，图 5－9）又称石刁柏、龙须菜，为百合科多年生植物。原产地中海东岸及小亚细亚，19 世纪末传入中国，在中国仅有百余年栽培历史。目前，芦笋是中国主要创汇蔬菜，但在国内市场上仍属销量较少的稀特蔬菜。山东省是芦笋生产的主要基地，年出口芦笋罐头约占全国出口总量的1/3，在全国芦笋生产和出口中占有举足轻重的地位。中国的芦笋主要销往美国、日本、欧洲等国和中国香港。

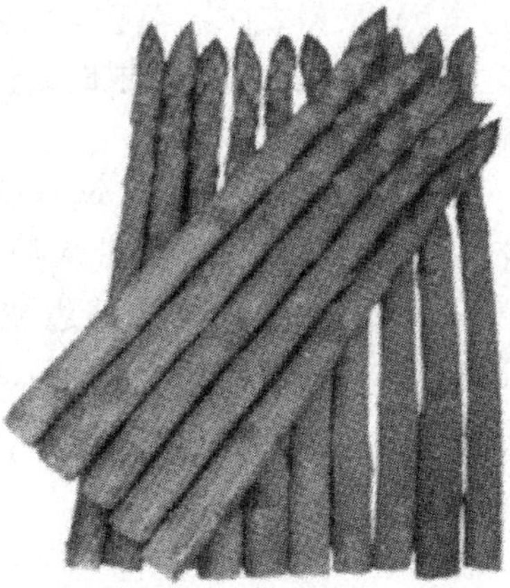
图5－9　芦笋

(1) 主要品种　芦笋按嫩茎抽生早晚分早、中、晚三类。早熟类型茎多而细，晚熟类型嫩茎少而粗。中国品种多引自欧、美等国家，目前常见的品种如下。

① 玛丽·华盛顿：由母本玛丽与父本华盛顿杂交育成的品种。嫩茎深绿色，茎尖端带有浓厚的紫色，尖端紧密。嫩茎粗大、整齐，扁平茎少。高温下鳞片很少散开。

② 玛丽·华盛顿 500：也叫加州大学 500，是从玛丽·华盛顿品种中选出的优良雌雄株，经杂交培育而成。嫩茎比玛丽·华盛顿稍细，但发芽多，而且粗细均匀、产量稍高，但抗病性差，成熟不一致。

③ 玛丽·华盛顿 500W：是从加州大学 500 里选出的优良雌雄株，经杂交育成的早熟高产品种，适于加工和鲜销。植株高大，嫩茎浅绿色，生长较为一致，尖端紧密，质量优良。

④ UC309：植株高大，嫩茎肥大，大小整齐，茎顶鳞片包裹紧密，圆钝，不易开散，外观与品质俱佳。

⑤ UC157：系美国加州大学育成的普通 F1 品种，具有长势强健、耐瘠、丰产、萌芽

性早、嫩茎色浓绿、较粗、大小整齐、顶部鳞片包裹紧密、高温时不易开散、适应性广等特点。

⑥ UC72：系美国加州大学育成。萌芽性较晚，植株高大，长势强健，嫩茎粗大，茎数多，头部紧密，色泽浓绿，大小整齐，空心笋少。

⑦ UC873：由玛丽·华盛顿500中的高产雌株与其优良雄株D37交配育成，具有高产、品质好的优点，但嫩茎大小不匀、细茎多。

⑧ 巨大新泽西：是爱利逊于1984年育成的全雄一代杂种。植株特别高大，长势强健，丰产，嫩茎较粗，头部紧密。但嫩茎曝光后变深紫色。

此外，还有新泽西的绿色伟奇、法国的利玻赖西沃·鲁梅依罗，均为全雄一代杂种。

（2）营养成分　芦笋具有营养丰富、味美醇香、脆嫩爽口、清淡开胃、食而不腻的特点，是一种低热量、营养价值高的蔬菜。与番茄相比，其胡萝卜素含量高出1~2倍，维生素C含量高出1.5~2倍，烟酸含量高出1~2.5倍，维生素B_1和维生素B_2量分别高出3~6倍和3~7倍。每100g芦笋嫩茎含蛋白质3.4g、脂肪0.3g、糖类2.2g、胡萝卜素0.76mg、烟酸1.8mg、维生素B_1 0.24mg、维生素B_2 0.36mg、维生素C 51.0mg、钾71.6mg、钠20.2mg、镁22.5mg、铁54mg，其中还有酰胺及盐类。

（3）食疗与保健作用　常食能增强人体新陈代谢，使体力充沛、精神倍增，特别对人体蛋白质代谢和肝机能障碍等症，有着独到的调节和改善功效。因此，芦笋被国内外医学界公认为是对肝硬化、急慢性肝炎及糖尿病、结石病、膀胱炎、排尿困难等疾病有较好疗效的保健食品。

芦笋还含有一般蔬菜所没有的芦丁甘露聚糖以及胆碱等成分，特别含有异亮氨酸、亮氨酸、赖氨酸、丙氨酸、缬氨酸、色氨酸、苏氨酸、精氨酸等十几种氨基酸，故而对高血压及脑溢血等症有很好的功效。此外，芦笋还含有十分丰富的叶酸、核酸及芳香苷等物质，故对癌症也起到一定的预防作用，并且对心脏疾病、动脉硬化、妊娠中毒、低钾症和缺钠、镁等症有很好的理疗功效，被列入世界“十大名菜”之一。

芦笋还含有丰富的被誉为人体“第7营养素”的粗纤维，可促进胃肠蠕动、排除毒素、帮助消化、增进食欲，且还有预防、治疗心血管疾病的作用。同时，芦笋还是一种碱性食品，食用后会使其中的碱性成分中和人体内的一些酸性物质，起到改变体内酸性环境，达到酸碱平衡的作用，有利于营养的均衡吸收，避免和减轻酸性产物对身体的危害。

（4）加工利用　芦笋幼茎嫩芽营养丰富，可炒、可拌、可汤，是宴席上的稀珍菜肴，但在烹饪时一定不要将其苦涩之味除尽，因其苦涩味是一种特有的“苷”素，是一种“苦寒无毒，益体健身”的成分，特别在炎夏盛暑食后，有保健强身之效。因此，在烹饪时，直接将其切成丝、片或丁（块）后烧制，以保持其原有营养元素不受损失。通常以芦笋作主料的菜肴有炒蛋皮丝、茭白丝、煲母鸡或煲老鸭、干贝（或虾米）煸烧芦笋片、油焖红烧芦笋、凉拌芦笋丝以及西餐中的黄油芦笋、芦笋炒牛肉丝或片、色拉芦笋等。

（5）质量要求　芦笋以鲜嫩整条带笋尖，呈白色，切口平整，笋尖紧密，形态完整良好，没有硬化粗纤维组织，不带泥沙，无空心、开裂、畸形、病虫害、锈斑和其他损伤，长度12~17cm，基部平均直径1~3cm者为佳。

4. 茭白

茭白（*Zizania caduciflora*，图5－10）又叫茭笋和茭瓜，为禾本科多年生宿根性沼泽草本植物，是我国特有的水生蔬菜，在我国种植范围较广，华东、东南和西南部有种植。茭白呈长纺锤形，于5～6月和9～10月间采收上市。食用的是肥大的茎部，其茎部是因受一种可食用的黑穗菌的寄生，在生长过程中形成一个中心充实的长纺锤形的苗瘿，积贮了大量养分，形成组织柔嫩、白色的肉质茎。其颜色为乳白色，肉质柔嫩，纤维少，味清香，多与肉共炒或用来做汤。

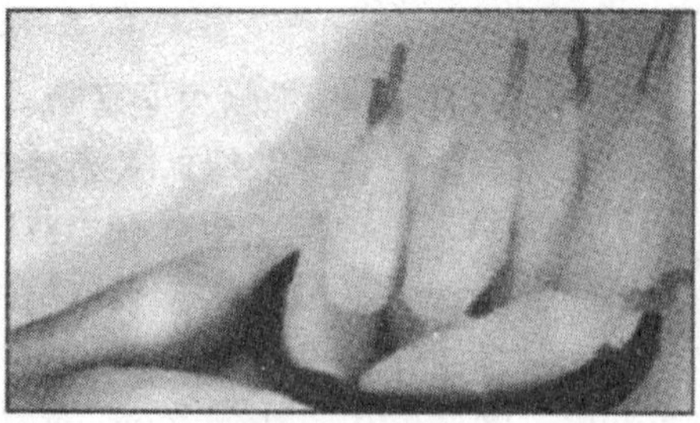
图5－10　茭白

（1）主要品种　茭白依孕期的不同，可以分为两熟茭和一熟茭两类。

① 两熟茭：多在南方栽培。两熟茭的优良品种有苏州的大、中、小蜡茭、两头茭、吴江茭、无锡的中介茭、常熟的黄霉茭等。

② 一熟茭：即在春季或夏季栽培后，每年秋季采收一次。一熟茭的优良品种有山东的大青苗，湖南的红麻壳、青麻壳，广东的软尾茭、硬尾茭，江苏的寒头茭和四川的鱼尾茭，浙江的象牙茭等。

（2）营养成分　茭白的营养比较丰富，每100g含有水分93.0g，蛋白质1.4g，脂肪0.3g，糖类3.5g，钙24mg，磷45mg，铁1.1mg，胡萝卜素0.02mg，维生素C 0.6mg，硫胺素0.02mg，核黄素0.02mg，烟酸0.4mg。有一定的药用价值。在未老熟前，有机氮素是以氨基酸状态存在，味鲜美，营养价值较高。

（3）食疗与保健作用　茭白性味寒、甘，无毒，其主要功用为解热毒，解烦渴，利大小便，治烦热、消渴、黄疸、痢疾、目赤、风疮。《本草拾遗》中记载：其“去烦热，止渴，除目黄，利大小便，止热痢，解酒毒。”

值得注意的是茭白含有草酸，如果食用过多，会影响人体对钙的吸收。

（4）加工利用　茭白通常以鲜食为主。在有条件的地方茭白除了可进行必要的贮藏（冷藏）增值外，也可进行加工，如加工成盐渍半成品、即食茭白、泡茭白、休闲蜜饯型茭白等。

5. 水芹

水芹（*Oenanthe stolonifera*，图5－11）又叫水芹菜、野芹菜，水芹原产于东南亚，我国自古就有栽培，我国长江中下游各省和南方各省还广泛生长着野生种，自生于水沟或低洼潮湿地区。不过，经过人工驯化的栽培品种品质更佳。目前在浙江、广东和江西等地已有大量作为商品蔬菜进入市场。

图5－11　水芹

（1）主要品种　水芹品种按叶片形状分为尖叶芹和圆叶芹两种。尖叶型品种叶片尖，植株较高，适合于深水栽培。圆叶型品种叶片近圆形，植株较矮，适合于浅水栽培或旱地栽培。市场上常见的水芹优良品种有：

① 玉祁大黄叶头芹：为锡山市玉祁镇地方品种，在无锡、常州、宜兴种植较多。茎上部青绿色，下部白绿色。茎粗壮，中间充满薄壁细胞，香味较浓，纤维少，品质优。

② 玉祁实茎芹：为锡山市玉祁镇地方品种。茎粗壮，实心。耐寒，抽薹较晚，4月下旬采收。

③ 苏芹：为苏州市郊区娄葑乡地方品种。柄基部粗壮，生长势弱。纤维含量少，口感好。

④ 小青种：为常熟市地方品种，在常熟、昆山、张家港等地种植较多。茎上部青绿色，水中部分绿色。茎中空。

⑤ 常熟白芹：为常熟市地方品种，主要分布于常熟、张家港等地。茎绿白色，纤维少，香气较浓。

⑥ 宜兴水芹：为宜兴市地方品种，主要分布在溧水、溧阳等地，株高50cm左右。叶柄长35cm左右，叶柄上部青色，下部白色，叶柄紧抱似茎秆状。叶片绿色，叶面有皱纹，叶缘缺刻较深。香气浓，粗纤维少，品质好。

⑦ 溧阳白芹：为溧阳市地方品种。叶柄地上部分青绿色，土中部分白色。该品种在溧阳地区以旱作为主，也能在浅水田栽培。香味浓，口感脆嫩、微甜。

⑧ 扬州白芹：为扬州市地方品种，纤维含量中等。有清香味，口感较好。

⑨ 大叶水芹：为湖南省长沙市地方品种。茎绿色，叶片深绿色，品质较好。

⑩ 广州水芹：为广州市地方品种，属尖叶形品种。

⑪ 泰州青芹：为泰州市地方品种。

⑫ 常州圆叶芹：为常州市地方品种。叶片卵圆形，绿色，纤维少，口感脆嫩，有清香味。

此外，安徽的桐城水芹、江西的景德镇水芹等也较著名。

（2）营养成分　水芹以嫩茎及叶柄作为蔬菜食用，每100g可食部分含蛋白质1.5g、脂肪0.3g、糖类25g、粗纤维1g，另含有人体必需的钙、磷、铁等元素，还含有芸香苷、水芹素和槲皮素等，使水芹具有一定医疗保健功能。

（3）食疗与保健作用　中医认为水芹味甘辛、性凉，入肺、胃经，有清热解毒、养精益气、清洁血液、降低血压等功效。水芹可治小便淋痛、大便出血、黄疸、风火牙痛、痄腮等病症。常食用水芹具有降血压、清血液、护发等功效，对肝炎、肝硬化、糖尿病等疾病的治疗有一定辅助作用。

（4）加工利用　水芹以嫩茎及叶柄供食，可生拌、炒食，另外水芹还可加工成饮料等产品。

6. 菜薹

菜薹（*Brassica compestrip* ssp. *chinensis* var. *utills*）是以嫩薹为食用部分，多和肉类一同炒食。北方是冬末春初上市，南方一年四季都可以栽培。

（1）主要品种　市场上常见的菜薹主要有以下三种类型：

图5－12　紫菜薹

① 紫菜薹（图5－12）：以武昌洪山紫菜薹最出

名，主产于武汉东部的洪山区，与武昌鱼并称为楚天两大名菜，视为园蔬珍品。洪山菜薹生长期在冬春季，以春节前后食用最佳。其苗肉极其脆嫩，味香甜，纤维少，品质好。紫红的茎，滚圆肥嫩，爆炒起锅，菜鲜味美，常食不厌，是武汉一带居民十分喜爱的菜肴。近些年来，武汉人出差到北方城市，也把洪山菜薹作为馈赠亲友的佳品。

② 油菜薹：形状类似青帮油菜，其肉质脆嫩、纤维少、品质佳，适宜于炒食。

③ 广东菜薹：产品为嫩薹，品质柔嫩，风味可口，能周年栽培；又叫青梗叶菜尖，其肉质脆嫩、纤维少、品质佳，适宜炒食。

（2）营养成分　菜薹所含的维生素 C 比较多，此外，菜薹还含有较多的钙和磷。

（3）质量要求　菜薹以肥嫩、棵条均匀、鲜嫩、无纤维、薹长 20 ~ 30cm、粗细均匀、少数开花、无病虫害、不开苞、不带大叶、纯薹重占 80% 以上者为佳。

7. 茎用芥菜

茎用芥菜（*Brassica juncea* var. *tsatsai*）别名青菜头、榨菜。原产我国，属十字花科，二年生草本，为芥菜的一个变种。其茎基部膨大，叶子着生的基部突起，形成瘤状的肉质茎。类型和品种之丰富居世界之冠。以膨大的瘤状茎供食用。因将其嫩茎经过腌渍、压榨加工成微干状态后供食用而得名。成品榨菜质地脆嫩、风味鲜美、香气诱人。以四川栽培的茎用芥菜数量最多，品质最好。四川涪陵榨菜是我国名品。

（1）主要品种　优良品种有草腰子、三层楼等。江浙地区多利用果园套种或冬闲地进行春季栽培。在广东粤北地区亦已引种成功。

（2）营养成分　茎用芥菜营养丰富，每 100g 榨菜中含蛋白质 4.4g、脂肪 1.2g、糖类 5.6g、粗纤维 3.1g、钙 2.24mg。

（3）加工利用　茎用芥菜主要用作加工原料生产榨菜。

（4）质量要求　茎用芥菜在四川省产区的收获期在立春至雨水之间，要求菜头形状良好，凸起物圆钝，凹沟浅。组织细嫩，紧密，皮薄，粗纤维少，含水量应低于 93%。不空心，不黑心。

8. 球茎甘蓝

球茎甘蓝（*Brassica oleracea* var. *caulorapa*，图 5 - 13）又叫苤蓝、芥兰头，为十字花科芸薹属甘蓝种中能形成肉质茎的变种，二年生草本，原产地中海沿岸。茎短缩，圆或扁圆，肉质，皮色绿或绿白，少数品种紫色。与结球甘蓝相比，其食用部位不同，以肥大的茎供食用。其肉质紧密、脆嫩。北方和云南栽培较多。

图 5 - 13　球茎甘蓝

（1）主要品种　球茎甘蓝依球茎的色泽可分为绿白色、绿色及紫色三种，以绿白色的品质较好。依生长期的长短可分为小型的早熟种和大型的晚熟种。根据球茎大小，可分为以下两种类型：

① 小型种：多为早熟，球茎重一般不超过 500 ~ 1000g。

② 大型种：多为晚熟，球茎重达几千克到十几千克，有的重达一二十千克。

（2）营养成分　每 100g 球茎甘蓝含水分 93.7g，蛋白质 1.6g，糖类 2.7g，粗纤维 1.1g，钙 32mg，磷 33mg，铁 0.3mg，硫胺素 0.05mg，核黄素 0.02mg，烟酸 0.4mg，维生素 C 76mg。由此可见球茎甘蓝含有较多的维生素 B_1、维生素 C，它还含大量的钾，而维生素 E 的含量也超过“每日建议摄取量”的 10%。

（3）食疗与保健作用　球茎甘蓝所含的维生素 C 等营养成分，有止痛生肌的功效，能促进胃与十二指肠溃疡的愈合。它含有大量水分和植物纤维，有宽肠通便的作用，可增加胃肠消化功能，促进肠蠕动，还可以增强人体免疫功能，防治便秘，排除毒素。球茎甘蓝所含维生素 C 量高达 76mg/100g，还含有丰富的维生素 E，二者都有增强人体免疫功能的作用。球茎甘蓝中的吲哚，可在消化道中诱导出某种代谢酶，从而将致癌原灭活，所含微量元素钼能抑制酸胺的合成，因而具有一定的防癌作用。《滇南本草》记载球茎甘蓝“生食止渴化痰，煎服治大肠下血”，中医认为它还有止咳化痰、清神明目、醒酒降火的作用。尤其是鲜品绞汁服用，对胃病有治疗作用。

（4）加工利用　可供鲜食、炒食及腌渍。

（5）质量要求　球茎甘蓝以个头周正、表皮细薄而光滑、肉质脆嫩、不伤、不烂、不糠、削头去根、单个重量在 0.5kg 以上者为佳。

二、地　下　茎

（一）球茎

1. 荸荠

荸荠（*Eleocharis tuberosa*，图 5－14）为莎草科植物荸荠的球茎，为多年生浅水草本植物，主茎极短缩，向下生须根，侧生地下匍匐茎。早期的匍匐茎先端再生新株，晚期的顶端生球茎，即荸荠。我国荸荠主要分布在长江以南各省、市，以浙江、福建、广东和广西等地为集中产区。北方的山东、北京和河北省也有少量种植。荸荠扁球形，表面平滑，初生时白色，老熟后如栗壳色。

图 5－14　荸荠

（1）主要品种　荸荠的品种很多，商业上一般分成干、湿两类。干的称为马蹄，湿的称为地栗。马蹄为球茎，呈扁圆形或圆球形，40～80 只/kg。由于成熟期早晚不一，色泽有黑紫、紫红、淡紫、红等不同颜色，顶芽也有高低之分；地栗为正扁圆形，果个较马蹄小，汁多、肉嫩、味稍淡，皮色有紫红与紫黑之分。

（2）营养成分　荸荠营养丰富，含有蛋白质、淀粉、糖类，还含有多种维生素、钙、磷、铁等营养物质，尤其是淀粉含量较高，加上低聚糖和单糖，每 100g 大约含有 21g。

（3）食疗与保健作用　中医认为荸荠性寒，味甘；入肺、脾、胃经。《本草纲目》记载“主消渴痹热，温中益气，下丹石，消风毒。除胸中实热气”。荸荠具有以下功效：清热化痰，化积利肠，生津止渴，通淋利尿，消痈解毒。主治热病消渴、黄疸、目赤、咽喉肿痛、小便赤热短少、外感风热、痞积等病症。

刚出土的荸荠带有泥沙，特别是湿地栗往往带有姜片虫，因此，在鲜食前一定要冲洗干净，最好放在万分之三漂白水中浸5~6min消毒，然后洗净再吃。

(4) 加工利用　荸荠肉质细嫩、爽脆多汁、鲜甜可口，生食、煮食和炒食皆宜，还可进行加工，如加工成荸荠罐头、糖渍荸荠、荸荠粉、荸荠糕、荸荠脯、荸荠糖等。

(5) 质量要求　荸荠以个大、洁净、新鲜的为上品，以色泽紫红、顶芽较短、皮薄、肉细、汁多、味甜、爽脆、无渣者为质优。

2. 慈姑

慈姑（*Sogittaria sogittifolia*，图5-15）又叫茨菰、茨菇，属于水生蔬菜。食用部分为地下肥大的球茎。南方生产较多。

图5-15　慈姑

(1) 主要品种　慈姑品种较多，主要品种有：

① 刮老乌：又叫紫圆，产于江苏各地。球茎圆形，皮青色带紫，肉为白色，顶芽粗壮，多向一边弯曲，品质较粗。

② 苏州黄：又叫白衣，产于苏州。球茎卵形，皮为黄色，肉为白色，品质好。

③ 沈荡慈姑：产于浙江海盐。球茎呈椭圆形，球茎表面和肉均为黄白色，鳞片棕褐色，含淀粉多，品质较好，无苦味。

④ 白肉慈姑：产于广州市郊。球茎扁圆形，皮为白色，肉也是白色，质较坚实，品质优良，而且耐贮藏和运输。

⑤ 沙菇：产于广州市郊。球茎卵形，肉为黄白色，含淀粉多，无苦味，品质优。但因肉质疏松，不耐贮藏和运输。

(2) 营养成分　慈姑含磷和钾特别多，含糖类达25.7%，在水生蔬菜中为最多。慈姑营养价值很高，含有丰富的淀粉、蛋白质、脂肪以及维生素B、维生素C等，还含有甜茶碱、胆碱及秋水仙碱等。

(3) 食疗与保健作用　《本草纲目》记载慈姑“主疗肿，攻毒，破皮，解诸毒、蛊毒、蛇虫狂犬伤”，中医认为慈姑性味苦甘，微寒，无毒。主治痰核瘰疬、肿块疮疖、肺热咳嗽、喘促气憋、心悸心慌、水肿、小便不利等病症。

(4) 加工利用　慈姑具有较好的食用和药用价值。它既可以进行保鲜处理进入超市，又可以深度开发，加工成淀粉或不同风味的休闲食品，如慈姑饮料、慈姑奶、慈姑软糖等。

(5) 质量要求　慈姑以个体周正、表皮光滑、新鲜肥大、不伤、不烂者为佳。

3. 菊芋

菊芋（*Helianthus tuberosus*，图5-16）又称洋姜、地姜，为菊科向日葵属一年生宿根性草本植物，菊芋生长适应性强，宜种植于十年九旱多大风的山区、丘陵地带和土壤瘠薄、气候温凉地域。另外，种植菊芋可固沙、防沙尘、改善生态环境。

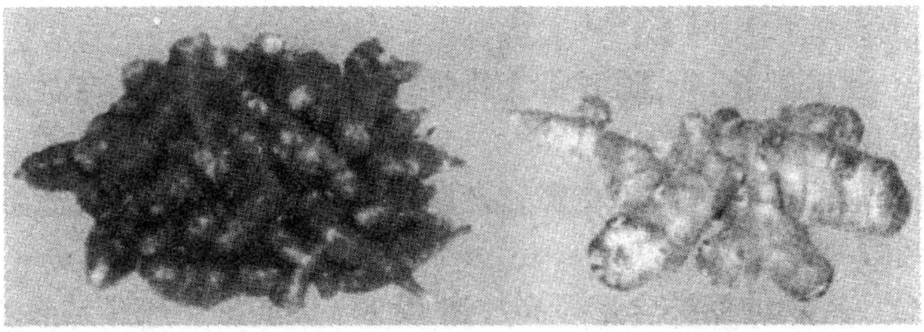

图 5－16　菊芋

（1）主要品种　按块茎的皮色，菊芋可分为红皮和白皮两个品种，它们所含的成分和各自的用途均不相同。

白色皮的叫象牙白，纤维含量较低，含水分较多，用它来腌制咸菜，主要是出口日本、韩国、东南亚等喜欢吃小菜的国家。

紫色皮的叫作大红袍，它含有大量的硒，纤维含量也很高，达 18.3%，这种菊芋主要用来加工菊粉，品质很好。

（2）营养成分　分析表明，菊芋块茎含有较为丰富的营养成分，含有维生素 C、维生素 B_1、维生素 B_2、维生素 A 和丙氨酸等 14 种氨基酸。

（3）食疗与保健作用　菊芋可药用，其块茎性味甘，平，无毒，含葡萄糖、淀粉、多缩戊糖，能利水去湿、和中益胃；可作利尿剂，有清热解毒作用，为糖尿病患者的良好食品。鲜嫩叶或鲜根加食盐少许，捣烂外敷患处，治小儿无名痄腮。

在世界范围内，有五种植物含硒量高，第一种是我们国家的大蒜，第二个就是菊芋，第三个才是灵芝（其最主要的价值在于硒的含量高），而且它的甜度是蔗糖的 1/4，含糖量非常低，是糖尿病患者最好的一种膳食。

（4）加工利用　目前在我国对菊芋的利用还基本上停留在腌菜的水平，而在国际上，已有不少菊芋制品问世。菊芋的根可制菊粉（菊糖）及低聚糖，也可做菊芋笋、菊芋脆片等。其嫩叶属高档蔬菜，可用于制罐头。随着人们消费习惯及口味的改变，菊芋及其加工品已越来越受到消费者的欢迎，如鲜菊芋、菊芋干、菊芋粉、菊芋茶等，菊芋规模化的种植和加工品必将引发新的市场发展机遇。

（二）根状茎

1．莲藕

莲藕（*Nelumbo nucifera*，图 5－17）又叫藕、菜藕、蓬菜。《本草纲目》记载“夫藕生卑污，而洁白自若。质柔而穿坚。居下而有节。孔窍玲戏，丝纶内隐。生于嫩弱，而发为茎、叶、花、实。又复生芽，以续生生之脉，四时可食，令人心欢，可谓灵根矣”。藕在我国分布较广，在西北、华北、华东、华南、西南许多省份的湖沼、多水地区都有种植。

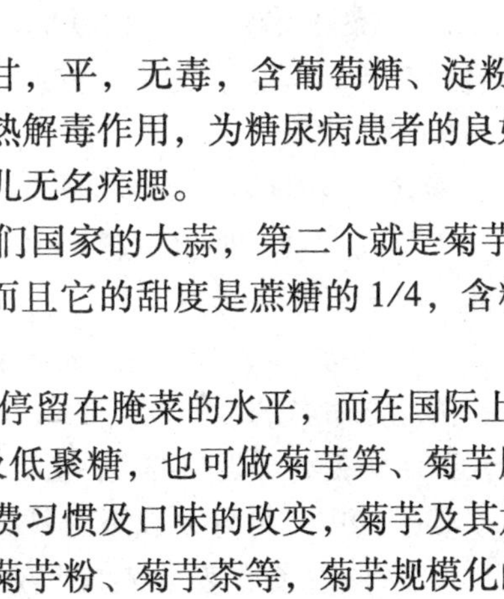

图 5－17　莲藕

（1）主要品种　莲藕按藕节的形状可分为以下三种类型。

① 短粗节藕：藕节短粗，孔道较大，肉厚质嫩，含淀粉少，味甜，品质佳，生、熟食都很好。

② 肥长节藕：藕节肥长，孔道较细，肉质脆嫩，组织结实，含淀粉较多，味甜，煮熟也不面，品质优良，生、熟食均可。

③ 瘦长节藕：藕节瘦长，比较粗糙，老藕淀粉较多，煮熟食之较面，品质中等，最适宜做藕粉，也可以熟食。

（2）营养成分　莲藕的糖类含量很高，达19.8%，能提供较多的热量。莲藕的维生素B_1、维生素C和磷也较多，还含多种维生素和蛋白质，藕还富含钙、碘、铁等矿物质。

（3）食疗与保健作用　莲藕性平，味甘涩，无毒，《食疗本草》中记载“藕，主补中焦，养神，益气力、除百病。久服轻身耐寒，不饥延年”。它的功用包括清热凉血、散淤止泻、健脾生肌、开胃消食、益血止血，主治肺热咳嗽、烦躁口渴、脾虚泄泻。妇女产后生冷皆忌，惟有莲藕不忌，就是因为它能消淤的缘故。藕节有止血的功效，常用于治疗吐血、咳血、尿血、便血、鼻出血及子宫出血等症，藕节含有丰富的单宁酸，有收缩血管的作用，故可止血。

（4）加工利用　藕生食脆甜、熟食香糯，是春、夏蔬菜淡季时的重要蔬菜品种，还可做蜜饯和加工成藕粉，莲子嫩时生食，老熟后煮食，也可做蜜饯，为滋补珍品。

（5）质量要求　以藕节肥大、表皮鲜嫩、不冻、不烂、不伤、不带叉、不带尾、中节直径在5cm以上者为佳。同时还要求水分多而甜，带有清香。

2. 姜

姜（*Zingiber officinale*，图5－18）为姜科植物姜的根茎，是一种调味蔬菜，可以生食，也可以炒食或加工腌制。生姜多盛产于江南各地，北方地区主要分布在山东及河南、陕西、辽宁的部分地区。

（1）主要品种　生姜的品种较多，有的是按根茎皮色命名或按根茎上的苗芽色命名，也有按地方命名的，如浙江的红爪姜、黄爪姜，湖北的来凤姜、枣阳姜，四川和安徽的白姜，云南的黄姜，贵州的大白姜，广州的大肉姜，山东的片姜，陕西的黄姜等。

姜按其皮色可分为以下三种类型。

① 灰白皮姜：姜块表皮呈灰白色，光滑，每个小姜块互相联接成像手掌样的一个整块。嫩姜辣味小，肉质脆嫩，可以炒食或腌渍糖渍。老姜辣味强，肉质坚实，呈黄色，有香味，水分少，品质佳，主要供调味或药用。

② 白黄皮姜：姜块表皮呈白黄色，较平滑，整块姜有单、双排列。姜肉呈淡黄色，肉质柔软。辛辣味不烈，品质佳。此类姜个大，最适宜腌制、糖渍，也可以调味或作香料、药用。

③ 黄皮姜：整块表皮呈鲜黄色或浅黄色，比较光滑，每个小姜块联结成一个大整块。姜肉蜡黄或黄白色，纤维少，辛辣味强，品质佳。嫩姜辣味小，肉质脆嫩，可腌渍或糖渍。老姜辣味浓，有香味，可作姜汁、

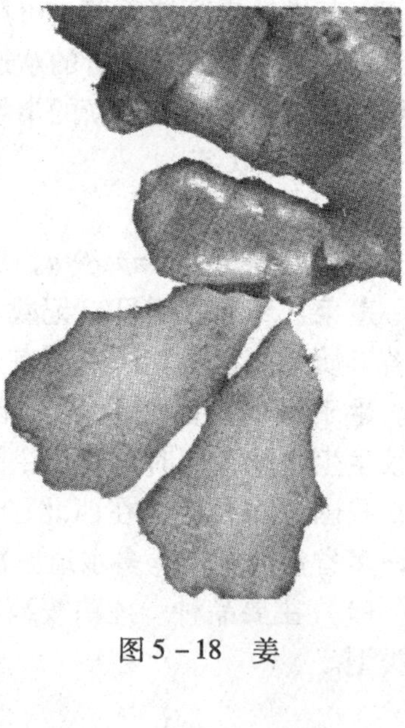

图5－18　姜

姜酒、姜油的原料，也可做干姜粉或药用。

（2）营养成分　姜的营养价值并不高，每100g姜含水分87g，蛋白质1.4g，脂肪0.7g，糖类8.5g，钙20mg，磷45mg，铁7mg，胡萝卜素0.18mg，维生素C 4mg，还有姜烯、姜酮、龙脑、硫胺素、核黄素、烟酸等。除铁、钾含量较高外，它所含的各种维生素、矿物质在蔬菜中均不多。姜的辛辣成分主要是姜醇、姜烯、姜烯酮、姜辣素等。

（3）食疗与保健作用　《本草纲目》记载“生用发热，熟用和中”。中医认为姜发汗解表、温中止呕、温肺止咳、解毒，主治外感风寒、胃寒呕吐、风寒咳嗽、腹痛腹泻、中鱼蟹毒。

生姜不能食用过多，过多可致口干、喉痛、便秘等症。阴虚内热者忌服。

（4）加工利用　姜除用作调味料外，现在加工出来的产品种类很多，如姜片、糖姜片、姜块、姜酒、姜茶、姜糖、姜饮料、姜口气清新剂等，更深入的还有姜精油、皂素等。

（5）质量要求　姜以姜块肥大、表皮光滑、不碎、味正、不冻、不烂、不伤者为佳。

（三）鳞茎

1. 葱头

葱头（*Allium cepa*，图5－19）又称洋葱、圆葱，为百合科植物洋葱的鳞茎，具强烈的香气。鳞茎大，球形或扁球形，外包赤红色皮膜。叶圆柱形，中空；长25～50cm，径1～1.5cm，中部以下最粗，绿色，有白粉。以肥厚叶鞘供食用。我国南方各城市郊区栽培较普遍。

图5－19　葱头

（1）主要品种　洋葱可分为普通洋葱、顶生洋葱和分蘖洋葱三种类型，但常见的为普通洋葱。

普通洋葱植株健壮，每株通常只形成一个鳞茎，品质好。普通洋葱按鳞茎皮色，可分为黄皮种、红皮种和白皮种。

① 黄皮葱头：鳞茎扁圆或圆球形。外皮黄色，肉质浅黄而柔嫩，组织细密，辣味较淡。如东三省及河北的黄天葱，皮黄色，每个葱头重150～200g，品质好；天津的荸荠扁，外皮黄褐色，鳞茎淡黄色，水分少，品质好；南京的黄皮，外皮黄色，肉白色，鳞片肉厚紧密，味甜。

② 红皮葱头：鳞茎外皮紫色或红色，扁圆或圆球形。质地脆嫩多汁，辣味较浓。如西安红皮葱头。

③ 白皮葱头：鳞茎外皮为白色或略带绿色，肉质也为白色，肉质细密，但鳞茎小，辣味也小，品质极优，不耐贮存，易抽薹。

（2）营养成分　葱头是营养比较丰富的蔬菜，每100g洋葱含水分91.6g、蛋白质1.6g、粗纤维0.5g、钙12mg、磷46mg、铁0.6mg、胡萝卜素1.2mg、烟酸0.5mg、糖类6.3g，另外还含有葱蒜辣素、硫化丙烯等。它还含有比较多的钙、磷、铁，特别是它含的硫化丙烯有杀菌作用。

（3）食疗与保健作用　《本草纲目》记载“蒜葱，按孙真人食忌作胡葱，因其根似胡蒜故也。欲称蒜葱，正合此义”。中医认为洋葱性温，味辛；入心、脾、胃经。它的主要功用为发散风寒、温中通阳、消食化肉、提神健体、散淤解毒，主治外感风寒无汗、鼻塞、食积纳呆、宿食不消、高血压、高血脂、腹泻痢疾等症。

（4）加工利用　洋葱可以加工成洋葱汁、洋葱葡萄酒、洋葱脱水蔬菜等，深加工包括生产洋葱浸膏、洋葱油、洋葱酱等。

（5）质量要求　葱头以大小适中、球形端正、组织充实、色泽良好、不裂、无虫害、不抽薹者为佳。

2. 蒜

大蒜（*Allium sativum*，图 5－20）为百合科植物大蒜的鳞茎，是一种重要的香辛蔬菜。其供食用部分是蒜头，蒜头有特殊的辛辣味，多用来调味或腌制。印度医学的创始人查拉克说："大蒜除了讨厌的气味之外，其实际价值比黄金还高。"俄罗斯医学家称大蒜是土里长出的盘尼西林（青霉素）。

图 5－20　大蒜

（1）主要品种　我国大蒜品种资源十分丰富，南北各地均有名特产区，并形成了许多优良品种。依鳞茎的大小、多少，可分大瓣蒜和小瓣蒜；依鳞茎外皮的色泽可分为紫皮蒜和白皮蒜。

① 紫皮大蒜：鳞茎外皮浅红或深紫色，有辛辣香味，品质好。如黑龙江阿城大蒜，叶色浓绿，蒜皮紫红色，单个蒜头重 30g，品质优良；辽宁开原大蒜，蒜皮紫红色，单个蒜头重 20～30g，辣味浓厚；陕西蔡家坡红皮蒜，叶深绿色，蒜薹粗长，蒜头大，圆锥形，蒜头皮色为浅红，蒜瓣大，外皮浅红色，辣味浓，香味浓，品质佳；山东安丘大蒜，蒜头大，红皮，适宜生食或做调味品。

② 白皮大蒜：鳞茎外皮白色，辣味稍淡。如吉林白皮马牙蒜，蒜头皮白色，蒜瓣斜长三角形，辣味较淡，品质优良；山东苍山大蒜，蒜薹粗壮，皮白色，蒜瓣肥大，蒜瓣外皮稍带浅红色，平均单头重 40g 左右，品质好；拉萨白皮大蒜，蒜头肥大，每头鲜重 250g，皮白色，适于腌制；狗牙大蒜蒜瓣小而多，外大里小，辣味浓，适宜生食。

（2）营养成分　大蒜具有较高的营养价值，是很好的滋补强身食品。每 100g 蒜含水分 69.8g，蛋白质 4.4g，脂肪 0.2g，碳水化合物 23.6g，钙 5mg，磷 44mg，铁 0.4mg，维生素 C 3mg，此外，还含有硫胺素、核黄素、烟酸、蒜素、柠檬醛以及硒和锗等微量元素。

（3）食疗与保健作用　大蒜的某些成分有特殊的健身作用，如蒜素有较强的杀菌作用，抑制了胃内产生亚硝酸盐的细菌，从而减少胃癌发生的机会。另外，大蒜中含的烯丙基二硫化物等有降低血脂的作用。需要注意的是，蒜素遇热和碱很快失去效用，所以，大蒜食用或药用以生吃为佳。

《新修本草》记载大蒜"下气，消谷，化肉"。中医认为大蒜性温，味辛平；入脾、胃、肺经。食用大蒜可以消肿、解毒、杀虫，主治痈疖肿、毒痢疾、泄泻以及钩虫、蛲虫等病症。

大蒜刺激性强，不宜空腹食用，也不宜一次吃得过多，以免引起急性胃炎。有溃疡病和慢性胃炎者，最好不吃。

（4）加工利用　蒜多用来调味或腌制，也可加工成产品，如蒜酒、蒜粉、脱水蒜片、咸味蒜米等。

（5）质量要求　大蒜以个大均匀，直径3cm以上，不带把、根，不糠，不伤，不散，无虫咬者为佳。

3. 百合

百合（*Lilium brownii* var. *viridulum*，图5－21）又叫菜百合，为百合科植物百合的鳞叶，多年生草本植物。其鳞茎呈球状，白色，肉质，先端常开放如荷花状，下面着生多数须根。鳞片肉质肥厚，色白稍带紫，熟食有特殊的风味，是蔬菜中的珍品。花可供观赏。

图5－21　百合

（1）主要品种　百合的种类较多，可供食用的有卷丹和山丹等。

① 卷丹：又称虎皮百合，其鳞茎扁球形，直径可达6～9cm，重250g以上，排列紧密，色白稍带黄，淀粉含量多，微有苦味。

② 山丹：鳞茎卵形，鳞片尖灰白色，苦味极少；鳞茎圆球形，鳞片肥厚，白色或带淡红色。

另外，还有小卷丹和白花百合等。

（2）营养成分　每100g百合鳞茎含蛋白质3.36g、蔗糖10.39g、还原糖3g、果胶5.61g、淀粉11.46g、脂肪0.18g，还含有水解秋水仙碱等多种生物碱。

（3）食疗与保健作用　百合富含淀粉和蛋白质等营养成分，历来被认为是滋补佳品。百合味甘淡、性微寒，有润肺止咳、清心安神的功效，可用于治疗肺热、肺燥咳嗽、劳嗽咯血、低热虚烦、惊悸失眠等症。《神农本草经》记载百合主“邪气腹胀心痛，利大小便，补中益气”。

（4）加工利用　百合除作为蔬菜食用外，还可加工成百合粉、枣仁百合糕、百合芦荟饮料、百合酒、熟食百合片、百合初乳羹、百合啤酒、百合虫草养身露酒、百合菊花茶、百合梨汁等产品。

第三节　叶　菜　类

一、普通叶菜

1. 小白菜

小白菜（*Brassica campestris* ssp. *chinensis* var. *communis*，图5－22）简称白菜、青菜，北方人称油菜。为我国长江流域各省普遍栽培的一种大众化蔬菜。在全国均有栽培，北方也有较多的种植。产品鲜嫩，营养丰富，鲜食、腌渍皆宜。

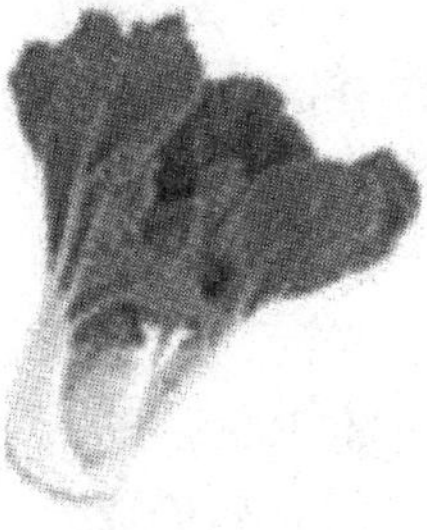

图5－22　小白菜

（1）主要品种　可分为普通白菜类和塌菜类。

① 普通白菜类：株型直立或开展，高矮不一，品种甚多，产量高，品质好。优良品种有江、浙、沪的花叶高脚白菜，南京的

矮脚乌叶白菜，扬州的大头矮，上海的二月慢、三月慢，长沙的迟白菜，安徽的四月青等。

② 塌菜类：植株塌地或半塌地。叶片浓绿至墨绿，叶面平滑或皱缩，有光泽。优良品种有常州乌塌菜，上海小八叶、中八叶、大八叶，以及南京瓢儿菜，安徽的黄心乌和昆明、四川的乌鸡白等。

（2）营养成分　小白菜是营养很丰富的蔬菜之一，每100g小白菜可食部分含水分93g，蛋白质2.6g，脂肪0.4g，糖类2.0g，钙140mg，磷30mg，铁1.4mg，维生素A 3.15mg，维生素B_1 0.08mg，维生素B_2 0.11mg，维生素C 51mg，烟酸0.9mg，胡萝卜素3.15mg。其胡萝卜素和钙的含量都很高，维生素B_1、维生素B_2、维生素C和铁的含量也都比较高。

（3）食疗与保健作用　中医认为小白菜性温，味甘，无毒；入肺、胃、大肠经。小白菜的主要功用为清热除烦、行气祛瘤、消肿散结、通利胃肠，主治肺热咳嗽、身热、口渴、胸闷、心烦、食少、便秘腹胀等病症。

（4）质量要求　小白菜以鲜嫩、叶肥、无虫、无病、无黄叶、不出薹者为佳。

2. 乌塌菜

乌塌菜（*Brassica campestris* ssp. *chinensis* var. *rosularis*，图5－23）又名塌棵菜、菊花菜等，为十字花科云薹属云薹种白菜亚种（小白菜）的一个变种，乌塌菜由芸薹进化而来，原产我国，主要分布在长江流域。在中国有近千年的栽培历史，在宋代、明代的有关文献中已有记载。可周年生产、四季供应。特别是冬季，是主要的越冬蔬菜之一。在北方，仅在大城市附近有零星栽培。其外形美观、口感鲜嫩，入冬经霜后味更鲜美，经济价值很高，仍属稀特蔬菜行列，深受广大消费者的喜爱，被视为蔬菜中的珍品。

图5－23　乌塌菜

（1）主要品种

按叶形及颜色分：

① 乌塌菜：叶片小，色深绿，叶色多皱缩。代表品种有小八叶、大八叶。

② 油塌类：系乌塌菜与油菜的天然杂种，叶片较大，浅绿色，叶面平滑。代表品种有黑叶油塌菜。

按植株的塌地程度分：

① 塌地类型：叶丛塌地，叶椭圆形或倒卵形，墨绿色，叶面微皱，有光泽，四周向外翻卷。叶柄浅绿色，扁平。生长期较长，单株重400g左右。代表品种有常州乌塌菜、上海小八叶、中八叶、大八叶、油塌菜等。

② 半塌地类型：叶丛半直立，叶圆形，墨绿色。叶面皱褶，叶脉细稀。叶柄扁平微凹，光滑、白色。半结球，叶尖外翻，翻卷部分黄色，有菊花心之称。生长期80～120d，单株重150～380g。代表品种有南京瓢儿菜、黑心乌、成都乌脚白菜等。

（2）营养成分　乌塌菜产品鲜嫩、外形美观，入冬经霜冻后味更甜更鲜美，为春节前后之佳蔬。乌塌菜营养丰富，产品中除含有蛋白质、糖类和粗纤维外，还含有大量的矿物质和维生素。每100g鲜叶中含维生素C高达7mg、钙18mg，以及较多的铁、磷、镁等矿物质。乌塌菜所含维生素 C 量较为突出，成人每天食用 100g 鲜菜，人体所需维生素 C 已足够。

（3）食疗与保健作用　乌塌菜有很高的药用价值，在《食物本草》中载："乌塌菜甘、平、无毒"，能"滑肠、疏肝、利五脏"。常吃乌塌菜可防止便秘，增强人体防病抗病能力，泽肤健美。

（4）加工利用　乌塌菜食用方法很多，可清炒、煮汤，或做成各种配菜，还可腌渍，色、香、味俱佳，深为广大群众所喜爱。

（5）质量要求　无病叶、无黄叶、无老叶、不抽薹，具有商品价值。

3. 叶用芥菜

叶用芥菜（*Brassica juncea*，图 5－24）又名芥、辣菜、腊菜、水苏、劳祖、大芥、雪里蕻、皱叶芥、黄芥等。芥菜为十字花科，芸薹属一两年生草本植物。芥菜在我国栽培历史悠久，是我国原产的栽培蔬菜之一。西安半坡村仰韶文化遗址曾出土有芥菜子。先秦文献里也有芥的记载，如《礼记·内则》曰："脍春用葱，秋用芥"。汉朝刘向《别录》也讲述了当时尹姓的都尉写了本种蔬菜的书，其中就有芥菜。芥菜多分布于长江以南各省，类型和品种很多，有根用、茎用、叶用、薹用、芽用、种子用很多变种。

图 5－24　叶用芥菜

（1）主要品种　叶用芥菜叶片发达，以叶供食用，有以下主要类型。

① 大叶芥：植株和叶片均较大。叶缘波状或钝锯齿状，缺裂少，我国各地均有栽培。

② 花叶芥：叶缘有明显缺裂，各地常以叶缘细裂程度命名，如上海的金丝芥、银丝芥。

③ 瘤芥菜：叶柄发达，上有不同的突起或瘤状物，如上海的弥陀芥。

④ 包心菜：叶炳和中肋增宽，中心叶片折叠包心成为叶球，分布于华南地区。

⑤ 分蘖芥：其短缩茎上侧芽发达，形成分蘖，分蘖多少因品种而异。长江流域上海、浙江、江苏、湖南等地良种很多。

（2）营养成分　见前面根用和茎用芥菜章节。

（3）食疗与保健作用　见前面根用和茎用芥菜章节。

（4）加工利用　除鲜食外主要是腌制。

4. 菠菜

菠菜（*Spinacia oleracea*）又称赤根菜。其叶片叶梗色深翠绿、细微柔软，生食、熟食、做馅皆宜。全国各地均有种植。

（1）主要品种　菠菜按叶型分为三种类型。

① 尖叶菠菜：又称中国菠菜，在中国栽培普遍。叶片窄小，尖端似箭形，基部多裂刻，叶柄长，叶肉较薄，叶小而平整，纤维细，水分多。主根粗壮，粉红色，含糖多，有甜味。抗寒性好，品质较好。可供炒食。如黑龙江双城菠菜、猪耳朵菠菜；浙江绍兴菠菜；杭州塌地菠菜；广州大叶乌菠菜；唐山中舌菠菜等。

② 圆叶菠菜：叶片呈圆形，叶柄短宽，叶大而肉厚，组织柔嫩，纤维少，水分多，味甜，品质好，可供炒食。如沈阳大叶菠菜、西安春不老菠菜、上海圆叶菠菜、南京大叶菠菜、湖北沙洋菠菜、法国菠菜等。

③ 大叶菠菜：又称洋菠菜，棵大，叶片呈阔箭头形，叶面不平整，有皱纹及瘤状突起，叶片大而肥厚，质地柔软，纤维相对最少，品质好，适宜熟食。

（2）营养成分　菠菜是营养很丰富的蔬菜，每100g菠菜含水分91.8g，蛋白质2.4g，脂肪0.5g，碳水化合物3.1g，粗纤维0.7g，灰分1.5g，胡萝卜素3.87mg，维生素B_1 0.04mg，维生素B_2 0.13mg，烟酸0.6mg，维生素C 39mg，钙72mg，磷53mg，铁1.8mg，钾502mg，钠98.6mg，镁34.3mg。它的胡萝卜素含量很高，维生素B_2、维生素C、烟酸、铁和钙的含量也比较高，能供给人体多种营养物质；其所含铁质，对缺铁性贫血有较好的辅助治疗作用。但可惜的是菠菜含有较多草酸，影响钙的吸收，也不宜和其他含钙多的食物一起食用。补救的办法是先用开水将菠菜烫一下，可除去部分草酸。

（3）食疗与保健作用　《本草纲目》记载菠菜可以“逐血脉，开胸膈，下气调中，止渴润燥”。菠菜性凉，味甘辛，无毒；入肠、胃经。食用菠菜可以补血止血、利五脏、通血脉、止渴润肠、滋阴平肝、助消化，主治高血压、头痛、目眩、风火赤眼、糖尿病、便秘等病症。

（4）加工利用　菠菜除鲜食外，还可进行速冻、加工脱水菠菜，加工成干菠菜、菠菜纸、菠菜原汁等产品。

（5）质量要求　菠菜以鲜嫩、叶肥、无虫、无病、无黄叶、无泥土、不浸水、切根后以根长不超过半扁指者为佳。

5. 茼蒿

茼蒿（*Chrysanthemum coronarium* var. *spatiosum*）又称蓬蒿和蒿子秆，为一两年生草本植物。叶厚，长形，淡色。我国南北各地都有种植。其幼苗或侧枝嫩梢为食用部分，可以凉拌及炒食。每年冬春上市较多。

（1）主要品种　茼蒿按叶形可以分为两种类型：

① 大叶种：叶大而肥厚，叶缘缺裂浅，质鲜嫩，水分较多，纤维少，味清淡而略带有香味，品质优良，宜于凉拌和炒食。

② 小叶种：叶狭长，叶缘缺裂深，质鲜嫩，水分较多，纤维少，味清淡略有香味，宜于凉拌或炒食。

（2）营养成分　每100g茼蒿含水分95.8g，蛋白质0.8g，脂肪0.3g，糖类1.9g，粗纤维0.6g，灰分0.9g，胡萝卜素0.28mg，维生素B_1 0.01mg，维生素B_2 0.03mg，烟酸0.2mg，维生素C 2mg，钙33mg，磷18mg，铁0.8mg，钾207mg，钠172mg，镁19.6mg，氯240mg；另含丝氨酸、天门冬素、苏氨酸、丙氨酸等。茼蒿叶中的胡萝卜素、维生素B_2、钙和磷都较丰富，而茼蒿秆中含的维生素和矿物质较少。茼蒿含铁较多，适于儿童和贫血患者食用。

（3）食疗与保健作用　茼蒿性温，味甘涩；入肝、肾经。祖国医学认为茼蒿平补肝肾、缩小便、宽中理气，主治心悸、怔忡、失眠多梦、心烦不安、痰多咳嗽、腹泻、脘胀、夜尿频繁、腹痛寒疝等病症。

（4）质量要求　茼蒿以新鲜脆嫩、茎叶肥壮、无虫害、无黄叶、不出薹者为佳。

6. 叶用莴苣

叶用莴苣即生菜（*Lactuca sativa*），叶茎鲜嫩清脆，味清香略苦。生菜在各个大城市均有栽培，南方广东、广西栽培较多。

（1）主要品种　叶色为深绿、浅绿或紫红色等，叶面平滑或皱缩，全缘或有缺刻。不结球的称散叶莴苣，结球的称结球莴苣，可分为三种：

① 结球莴苣：叶全缘，有锯齿，叶面平滑或微皱缩，心叶形成叶球，呈圆球至扁圆球形，外叶开展，如广州的玻璃生菜和青生菜。

② 直立莴苣：叶全缘或稍有锯齿，外叶直立，一般不结球，或结成圆筒形或圆锥形的叶球，如广州的牛利生菜。

③ 皱叶莴苣：叶具有深缺刻，叶缘皱褶，结成松散的叶球。

（2）营养成分　生菜的营养丰富，100g 叶用莴苣含水分 95.8g，蛋白质 1.3g，脂肪 0.3g，糖类 2g，膳食纤维 0.7g，维生素 A 298mg，胡萝卜素 1790mg，硫胺素 0.03μg，核黄素 0.06mg，烟酸 0.4mg，维生素 C 13mg，维生素 E 1.02mg，钙 34mg，磷 27mg，钾 170mg，钠 32.8mg，镁 18mg，铁 0.9mg，锌 0.27mg，硒 1.15μg，铜 0.03mg，锰 0.13mg。它含的胡萝卜素、维生素 B_1、维生素 B_2、钙和铁都比较多。

（3）加工利用　主要供生食，是西餐中常用的蔬菜。嫩生菜含纤维少，加糖做成菜泥，供婴儿食用。

（4）质量要求　生菜以棵体整齐、叶质鲜嫩、无病斑、无虫害、无干叶、不烂者为佳。

7. 荠菜

荠菜（*Capsella bursa pastoris*，图 5－25）又称野菜、护生草，为十字花科植物一年生或二年生草本植物。叶质嫩，茎叶清香，风味鲜美，为绿色野味的上等品。荠菜适应性很强，产量较高，可一种多收，是几乎可周年供应的蔬菜。植株含矿物质和维生素，具有特殊风味。幼苗供炒食、做馅或烧汤。

图 5－25　荠菜

（1）营养成分　荠菜营养丰富，蛋白质、脂肪、糖、维生素、钙、磷、铁等含量都比较高，叶绿素和纤维素的含量也很丰富。

（2）食疗与保健作用　荠菜有明目、清凉解热、利尿等功效，治疗小儿消化不良、腹泻病有特效，还有降血压，治鼻出血、咯血、功能性子宫出血和痢疾等功能。可以预防高血压、中风，又可延年益寿，故古书中谓荠菜糊为“百岁羹”。

8. 苋菜

苋菜（*Amaranthus mangostanus*）为苋科植物苋的幼苗及嫩叶茎，是夏季主要蔬菜之一，以幼苗和嫩茎叶供食。浙江、江苏等省也有专取食其肥大的茎部者。南方栽培很普遍。

（1）主要品种　苋菜按叶茎颜色可以分为两种类型。

① 绿苋菜：茎叶为绿色或黄绿色，品质较好。

② 红苋菜：茎叶为红色，或茎为红色，叶片有红色斑块，其食味及软滑方面均不及绿苋菜好。

（2）营养成分　苋菜是一种营养价值高的蔬菜，每100g苋菜含水分90.1g，蛋白质1.8g，脂肪0.3g，糖类5.4g，粗纤维0.8g，灰分1.6g，胡萝卜素1.95mg，维生素B_1 0.04mg，维生素B_2 0.16mg，烟酸1.1mg，维生素C 28mg，钙180mg，磷46mg，铁3.4mg，钾577mg，钠23mg，镁87.7mg，氯160mg。它含有丰富的钙、铁及胡萝卜素、维生素B_2、烟酸和比较丰富的维生素C，苋菜也含有草酸，但数量比菠菜少得多，苋菜中还富含蛋白质、脂肪、糖类，其所含的蛋白质比牛乳更能充分被人体吸收，所含胡萝卜素比茄果类高2倍以上，可为人体提供丰富的营养物质，有利于强身健体，提高机体的免疫力，有“长寿菜”之称。

（3）食疗与保健作用　《本草纲目》记载“六苋，并利大小肠。治初痢、滑胎”。苋菜性凉，味微甘；入肺、大肠经。食用苋菜可以清热利湿、凉血止血、止痢，主治赤白痢疾、二便不通、目赤咽痛、鼻出血等病症。

（4）加工利用　苋菜可以炒食，凉拌或做汤，老茎也可以剥皮腌制。

9. 莼菜

莼菜（*Brasenia schreberi*）又名莼头、马蹄草，为睡蓬科植物莼菜的茎叶。莼菜原产我国，史籍《诗经》、《楚辞》、《博雅》、《诗疏》、《齐民要术》、《本草纲目》中都有记载，是我国江南的名菜，民间采取野生或半野生的食用或出售。在长江流域中下游地区的湖泊、河道、港汊、塘堰都有分布，尤其是浙江杭州的西湖、江苏的太湖、上海青浦的淀山湖、浙江萧山的湘湖、湖北利川市福宝山古刹清泉的高山湖泊中，栽培较多，形成了有名的“西湖莼菜”、“太湖莼菜”、“淀山湖莼菜”、“利川福宝山莼菜”等派系。

（1）主要品种　目前在长江流域栽培的莼菜主要有以下几个优良品种：

① 西湖红叶莼菜：属杭州特产蔬菜，叶正面深绿色，背面紫红色，叶片较小，生长势强，卷叶上胶质较厚，品质好。

② 太湖绿叶莼菜：原产于江苏太湖地区，叶正面绿色，背面边缘紫红色，中央淡变成绿色，卷叶绿色，其上胶质厚，加工后色泽美观、品质优良，为理想的加工品种。

③ 利川红叶莼菜：原产湖北利川市，叶正面深绿色，叶背面鲜红色，主脉绿色，卷叶绿色，包有厚胶质，品质优良。

（2）营养成分　莼菜主要以嫩梢及初生卷叶供食用，其地下茎富含淀粉，可制馅，嫩茎外附透明胶质，含多种氨基酸、多糖及维生素B_1、维生素B_2，莼菜嫩叶不仅含有丰富的蛋白质，多种氨基酸、各种糖类，还含有多种矿物质，尤其含有较多的锌。莼菜对锌具有很强的富集能力，吸收利用环境中锌的能力远远超过其他植物，是一种强集锌植物，而锌是人体所必需的一种微量元素，是人体内多种酶的组成元素，它参与机体内的各种新陈代谢，因此，锌被誉为“生命元素”。

（3）食疗与保健作用　莼菜性寒，味甘；入肝、脾经。中医认为莼菜清热利水、消肿解毒、止咳、止泻，还可治疗痈疽、疔疮、胃痛、高血压等病症。由此可见，莼菜不仅是味道鲜美的一种水生蔬菜，而且还有很高的药用价值，可治疮毒。据近代药理研究，莼菜含有丰富的多糖物质，而多糖是一种较好的免疫促进剂，能促进巨噬细胞吞噬异物的功能，从而抑制肿瘤产生和生长。

（4）加工利用　莼菜可制成莼菜罐头食用，口感滑而不腻、清香可口、甘甜鲜美、别具风味，且具有减肥消肿、壮肾益智、清热利尿、解百毒、防癌之功效，是一种营养极为丰富的绿色蔬菜珍品。

10. 冬葵

冬葵（*Malva verticillata*）别名冬苋菜、冬寒菜、葵菜等，因口感及营养欠佳，唐代以后种植渐少，明代已很少种植，并不再当蔬菜看待。它是一二年生草本植物。叶圆形，稍皱缩，嫩时可作蔬菜。我国历史文献和古典诗词中有许多冬葵的记载。《乐府诗集》以收集汉、魏南北朝诗歌（民歌）为主，在《十五从军征》（又名《紫骝马歌》）中，有“中庭生旅谷，井上生旅葵。舂谷持作饭，采葵持作羹”的诗句。此诗中的“葵”即为“冬葵”。

冬葵性味甘寒，无毒，其功用为利水、滑肠、下乳、解毒排脓、消散痈肿。《神农本草经》记载冬葵“主五脏六腑寒热羸瘦，五癃，利小便。久服坚骨长肌肉，轻身延年”。冬葵性滑利，可通治五淋、癃闭不通，又可滑肠治大便不通，故常用于老年人二便不畅通、水肿病等。对于妇人乳汁不通、乳房肿痛症，可用其滑利之性，通乳消肿。还可用冬葵甘寒之性，治疗痈疖毒热内攻、脓出未畅者。现代研究发现，冬葵子含脂肪油及蛋白质、单糖、淀粉、蔗糖等，冬葵叶（即葵菜）含锦葵酸、黏液质，冬葵花含花青素。

11. 马兰头

马兰头（*Kalimeris indica*，图5－26）又叫路边菊、鱼鳅串，菊科马兰属多年生草本植物。是一种野生蔬菜，原产亚洲的南部及东部，我国以江苏、安徽等省采食较普遍，尤以南京人特别喜爱采食，每到阳春三月，南京人纷纷走出家门，到田边、河畔采摘马兰头，用于尝鲜或馈赠朋友。

图5－26　马兰头

（1）营养成分　马兰头中的各种营养成分均很丰富，除含有纤维素、糖类、蛋白质、脂肪等一般营养成分外，还含有可观的微量元素、胡萝卜素和多种维生素。每100g马兰头中含钙141mg、磷69mg、钾533mg，均超过菠菜，胡萝卜素的含量几乎与胡萝卜相等，维生素A的含量超过番茄，维生素C的含量超过柑橘类水果。此外还含有乙酸龙脑脂、甲酸龙脑脂、倍伴萜烯、二聚戊烯和辛酸等挥发油。

（2）食疗与保健作用　马兰头的药用价值很好，其性甘、凉，无毒；具有清热解毒、抗菌消炎、凉血、利湿之功效，适用于吐血、衄血、急性肝炎、咽喉炎、扁桃体炎、腮腺炎和乳腺炎等症，另外对创伤出血、痔疮、痈肿、毒蛇咬伤等病症均有一定疗效。《本草正义》记载：“马兰头，最解热毒，能专人血分，止血凉血，尤其特长。内服外敷，其用甚广，亦清热解毒之要品也”。

（3）质量要求　马兰头以叶片大、色鲜嫩绿、气味芳香者为优。因其略带涩味，食用时先用开水焯一下，再用清水浸泡除去涩味，炒食、凉拌均可。

12. 枸杞头

枸杞属茄科多年生灌木，广泛分布于中国温带至亚热带地区。枸杞头（*Lycium chznensis*）

是枸杞枝上嫩梢、嫩叶，又称枸杞叶、枸杞尖、枸杞苗。《本草图经》称其“甜菜”。枸杞菜食用从古就有，明代徐光启《农政全书》：“枸杞头，生高丘，实为药饵出甘州，二载淮南实不收，采春采夏还采秋，饥人饱食为珍奤。救饥，村人呼为甜菜头。”栽培食用最多的是广东、台湾和广西等地。随着人们生活水平的不断提高，在北方菜市场和餐桌上日渐增多。

（1）营养成分　枸杞头中含有丰富的叶绿素及多种营养成分，含蛋白质、胡萝卜素、硫胺素、维生素、氨基酸等物质，还含有多酚、黄铜苷等成分。

（2）食疗与保健作用　枸杞头营养价值较高，是极好的保健食品，含有丰富的甜菜碱，用于胃酸缺乏、动脉粥样硬化疾病的治疗，能帮助肝脏解毒，实乃一味良药。长期食用有清心明目、爽神的作用。可预防干眼症、夜盲症。

（3）加工利用　枸杞作为良药，人所共知，把它作为蔬菜则鲜为人知。枸杞头叶肉较厚，做菜味香浓。枸杞头食用方法很多，可素炒、凉拌、生食蘸酱、做汤或与肉类同炒、做涮锅的配菜，其味皆佳。

13. 香椿

香椿（*Toona siensis*，图5－27）属楝科，又叫红椿、香椿芽。原产我国，供食用的部分为嫩芽和嫩叶，其质地脆嫩、无纤维。香椿属落叶乔木，主要分布于黄河中、下游及长江两岸。山东是重点产区，香椿芽产量占全国椿芽总产量的60%以上；其次是安徽、江苏北部。明朝王象晋在《群芳谱》中描述香椿芽是“叶自发芽，及嫩时，皆香甘。生熟盐腌皆可茹，世皆尚之”。目前香椿芽不仅是城乡人民喜爱的传统蔬菜，且已进入饭店和宾馆。同时，还出口到东南亚各国，在国际市场上很受欢迎。

图5－27　香椿

（1）主要品种　目前国内生产的香椿主要分为两大类，即红油椿和黑油椿，市场上供应的香椿芽以安徽省太和县生产的太和黑油椿和太和红油椿的品质和声誉最好，尤其是太和黑油椿以含油量高、香味浓和营养品质好而闻名于世；其次，山东、河南、陕西等地均有自己培育的优良品种，大部分以红油香椿为主，其适应性和品质各有所长。

① 黑油椿：芽粗壮肥嫩，油脂厚，香味浓，无苦涩味，嫩叶有皱纹。椿薹和叶轴紫红色，背面绿色。食之无渣，品质上等。

② 红油椿：嫩叶有皱纹，肥厚，香味浓，有苦涩味，生食时需用开水速烫。椿薹及叶轴粗壮肥嫩，色微红，食之无渣。

③ 红香椿：芽初放时为棕红色，随芽生长除顶部保留红色外，其余部分转为绿色。嫩叶皱缩，鲜亮，多汁少渣，无苦涩味，品质佳，生长迅速，产量高。成材红褐色。芽较耐低温，早熟，在高水肥条件下生长很快，是适合日光温室及保护地栽培的好品种。

④ 水椿：薹粗壮肥嫩，含纤维少，多汁，香味较淡，无苦涩味，鲜食最好，清脆可口。

⑤ 青油椿：梗和椿薹肥嫩无渣，多汁，椿芽不易老化，香味较浓，无苦涩味。

⑥ 薹椿：嫩芽味甜，多汁，香味浓，品质好。

⑦ 红芽绿椿：芽香味淡，芽薹粗壮宜鲜食。

（2）营养成分　香椿嫩芽叶含糖、脂肪、蛋白质、粗纤维、维生素 B_1、维生素 B_2 和维生素 C 及多种矿物微量元素和十几种氨基酸，是一种高营养蔬菜。

（3）食疗与保健作用　香椿叶具有保健医疗功效，能清热解毒、杀菌消炎，将其与大蒜捣碎加盐调匀外敷，可治疥、疮痈肿毒等症；以食醋冲调香椿芽汤，可治伤风感冒，喉咙干哑；香椿芽煮粥，有健胃、理气、清热作用，可治痢疾、肠炎、小便短赤、泌尿系统感染等疾病。民间有“食用香椿，不染杂病”之说，因此食用椿芽能使胃口顿开，食欲增加，对身体大有裨益。现代医学研究还证实，用鲜香椿芽汁液抹面，可滋润肌肤，具有较好的养颜美容功效。

（4）加工利用　春季采摘嫩芽叶，用沸水焯后可做凉拌粉丝、豆腐、凉面等；熟食可炒肉、炒蛋、清蒸；也可制作腌椿芽，仍能保持较高的营养成分；还可将其加工成香椿泥、香椿酱、香椿罐头等。安徽省太和县的“五香椿芽”素来享有盛名。山东莱芜、新泰香椿加工厂研制出多种配料的香椿芽、香椿酱、香椿饮料等系列 16 种产品，深受消费者欢迎。

（5）质量要求　香椿以枝叶肥嫩、梗内无丝、香味浓、芽长不超过 16cm、无虫眼、无杂质者为佳。

14. 紫苏

紫苏（*Perilla frutescens*），别名荏、赤苏、白苏、香苏等，一年生草本植物。紫苏在农村称为苏子，又称之为油王苏里娜，是卫生部首批颁布的既是食品又是药品的 60 种物品之一。方形茎，卵形叶，夏季开淡红色花。原产中国，如今主要分布于印度、缅甸、中国、日本、朝鲜、韩国、印度尼西亚和俄罗斯等国家。在我国种植应用有近 2000 年的历史，我国华北、华中、华南、西南及台湾省均有野生种和栽培种。

（1）营养成分　紫苏全株均有很高的营养价值，它低糖、高纤维、高胡萝卜素、高矿物质元素等。在嫩叶中每 100g 含蛋白质 3.84g，纤维素 3.49～6.96g，脂肪 1.3g，胡萝卜素 7.94～9.09mg，维生素 B_1 0.02mg，维生素 B_2 0.35～1.3mg，维生素 C 55～68mg，钾 522mg，钠 4.24mg，钙 217mg，镁 70.4mg，磷 65.6mg，铜 1.84mg，锰 1.25mg，锶 1.50mg，硒 3.24～4.23μg，挥发油中含紫苏醛、紫苏醇、薄荷酮、薄荷醇、丁香油等。抗衰老素 SOD 在每毫克苏叶中含量高达 106.2μg。紫苏种子中含大量油脂，出油率高达 45% 左右，油中含亚麻酸 62.73%、亚油酸 15.43%、油酸 12.01%。种子中蛋白 25%，内含 18 种氨基酸，其中赖氨酸、蛋氨酸的含量均高于高蛋白植物籽粒苋，此外还有谷维素、维生素 E、磷脂等。

（2）食疗与保健作用　中医认为紫苏性辛、温，归肺、脾二经，可发表散寒、行气宽中、解鱼蟹毒，主要用于治疗风寒感冒、脾胃气滞及进食鱼蟹导致的腹痛、腹泻，还能宽胸利膈、顺气安胎，有止咳驱痰及利尿之功等。

紫苏油的主要功能有抗癌、抗过敏、抗炎、抑菌、降血脂、抗血栓、提高记忆和视觉。另外，紫苏叶还具有抗菌防腐作用，可促进分泌消化酶，增进食欲，调整胃肠功能。紫苏叶中丰富的铁、维生素 C 对预防贫血十分有效。

（3）加工利用　紫苏茎叶、子实均可入药，具有特异的芳香，主要用于药用、油用、香料、食用等方面。近年来，紫苏因其特有的活性物质及营养成分，成为一种备受世界关注的植物。俄罗斯、日本、韩国、美国、加拿大等国对紫苏属植物进行了大量的商业性栽种，开发出了食用油、化妆品等几十种紫苏产品。

15. 大小蓟

蓟是多年生直立草本，菊科植物的全草。有大蓟（*Carduus crispus* L.）和小蓟（*Cirsium segetum* Bge.）两种。完整的叶片呈长椭圆形或长圆状披针形，长 3 ~ 12cm，宽 1.5 ~ 3cm；全缘或微齿裂至羽状深裂，齿尖具针刺；上表面绿褐色，下表面灰绿色，两面均具白色柔毛。头状花序单个或数个顶生；总苞钟状，苞片 5 ~ 8 层，黄绿色；花紫红色。味微苦。全草供药用。嫩茎叶可食用或作饲料。如罗平蓟、贡山蓟全国大部分地区有分布。药材全国大部分地区均产，常见于田埂、地头、沟旁、湿地，为到处野生的小草。华北地区及山东、江苏、安徽、四川、浙江、福建等地多用全草，中南及西南地区多用根。

从中医上讲，大、小蓟甘、凉、无毒，入肝经。大、小蓟均有清热解毒、消炎、止血以及恢复肝功能、促进肝细胞再生的作用，适用于急性热病、炎症性出血、黄疸、肝炎、热淋、尿血等。

二、结 球 叶 菜

1. 大白菜

白菜可分为大白菜（*Brassica campestris* ssp. *pekinensis*，图 5 - 28）和小白菜。通常所称白菜一般都是指大白菜，又叫结球白菜、黄芽菜，为十字花科植物大白菜的茎叶。其叶洁白鲜嫩、质细味美，是供食用的部分。大白菜耐贮藏和运输，是秋、冬、春季的重要蔬菜之一。

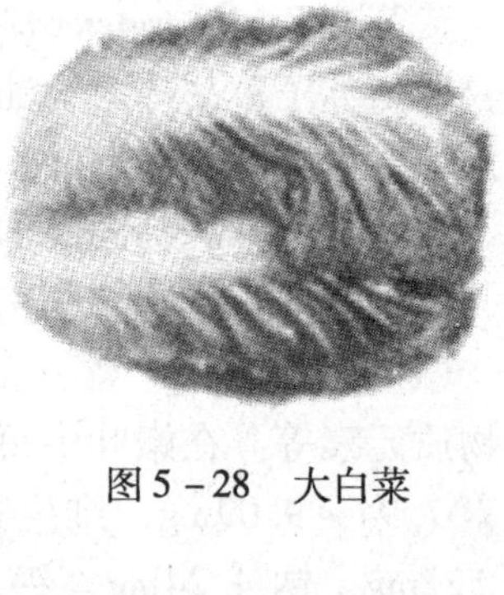

图 5 - 28　大白菜

（1）主要品种　大白菜的品种极为丰富，结球白菜顶芽发达，形成坚实的叶球，顶生叶全部抱合，先端不向外翻卷，叶球顶端近于闭合或完全闭合。可按形状和成熟期两种分类方法进行分类。

根据形状可分为三个基本类型：

① 卵圆形：叶球卵圆形，叶顶尖锐或钝圆，近于闭合，中生叶的叶形与顶生叶相似。主要分布于辽东半岛、江浙沿海，以及四川、贵州、云南等温和湿润地区。

② 平头形：叶球倒圆锥形，上大下小，叶球平坦、叠抱。主要分布于陇海线由陕西的西南部至山东南部及江苏北部，以及由河南南部至河北中部以及山西中部和南部一带。

③ 直筒形：叶球细长圆筒形，球顶尖，近于闭合。顶生叶及中生叶皆阔披针形，中生叶第一叶环及第二叶环半直立，第三叶环顶生。主要生产于冀东地区和沿海地区。

根据成熟期的不同，可分为三种类型：

① 早熟品种的大白菜：这类大白菜叶大，白嫩，水分多，易发热，结球不坚实，心叶顶部向外翻卷，每年中秋节前后上市，不耐贮藏。

② 中熟品种的大白菜：这类大白菜的收获时间介于早熟品种与晚熟品种之间，其抗

寒、抗病的性能都很好，但耐贮性能略次于晚熟品种。

③ 晚熟品种的大白菜：这类大白菜叶大，菜棵高大粗壮，色泽浓绿，叶球剥开五、六层仍带淡绿色，包头，水分较少，耐寒，耐贮藏。

（2）营养成分　大白菜含有蛋白质、脂肪、多种维生素和钙、磷、铁等矿物质。白菜中还含有大量的粗纤维，可以促进肠壁蠕动，帮助消化，防止大便干燥，保持大便通畅。由于在秋、冬、春大白菜是人们餐桌上的重要蔬菜，甚至是主要蔬菜，所以，尽管大白菜中的维生素 C、维生素 B_2和钙的含量不很丰富，却仍然是人们所需维生素的重要来源之一。大白菜含锌的数量之高在蔬菜中是屈指可数的，含的铜、锰、钼和硒也很丰富。

（3）食疗与保健作用　《本草拾遗》记载："食之润肌肤，利五脏，且能降气，清音声。惟性滑泄，患痢人勿服。"大白菜性平，微寒，味甘；入肠、胃经。功效清热除烦、通利肠胃、消食养胃，主治肺热、咳嗽、咽干、口渴、头痛、大便干结、丹毒、痔疮出血等病症。

（4）加工利用　大白菜除鲜食外，还可进行深加工，主要产品有脱水大白菜、酸白菜、辣白菜、甜酸辣白菜、咸辣白菜和糖醋白菜等。

（5）质量要求　大白菜以心坚实、无虫、无病、不冻、不损伤、不崩裂、不浸水、不带老帮散叶、削根后根茬不超过 5cm 者为佳。

大白菜是冬季贮藏最多的一种蔬菜，如保藏不好，容易腐烂。白菜腐烂后，由于细菌毒素的作用，使大白菜中的硝酸盐变成有毒的亚硝酸盐。亚硝酸盐可使血液中的低铁血红蛋白氧化，变成高铁血红蛋白，丧失带氧能力，故吃了烂白菜可引起中毒，一般 15min ~ 3h 出现中毒症状，如头晕、头痛、恶心呕吐、心跳加快、昏迷等，应及时送医院救治。同时，也不能用腐烂的白菜作饲料喂猪，以免引起猪的中毒。

2. 结球甘蓝

结球甘蓝（*Brassica oleracea* var. *capitata*，图5 - 29）又叫包心菜、洋白菜、圆白菜、莲花白。为十字花科植物昏蓝的茎叶，二年生草本植物。茎短缩，密生莲座叶和球叶，叶柄短，叶片近圆形，平滑无毛。外叶 10 ~ 30 片，向外开展。球叶向内包卷，互相重叠，抱合成叶球，色白绿，质嫩，为食用部分，营养丰富。耐贮藏和运输，能四季生长，周年供应，是重要蔬菜之一。食用方法多种。全国各地均有栽培。

图 5 - 29　结球甘蓝

（1）主要品种　结球甘蓝依叶球的颜色和形状，可分为白球甘蓝、赤球甘蓝和皱叶甘蓝。白球甘蓝的叶球为淡绿或黄绿色，赤球甘蓝的叶缘为紫红色，皱叶甘蓝的叶球皱缩。我国栽培的甘蓝多为白球甘蓝，依其叶球的形状可分为尖头、圆头和平头三类。

① 平头型结球甘蓝：植株较大，叶球扁平，直径大，结球紧实，品质好，如上海的黑叶小平头，植株大小中等，外叶较少，灰绿色，蜡粉多，叶球扁圆形，绿色，结球紧实，单个重 1.5kg 左右。另外，还有山西大同茴子白以及南方普遍种植的大平头等，为晚

熟品种。

② 圆头型结球甘蓝：植株中等大小，叶球圆形，结球紧实，球形整齐，品质好。如北京早熟，株形较小，外叶少，浅绿色，叶球圆形，结球紧实，每个重600g左右，品质良好。另外还有迎春甘蓝、狄特409、小金黄和金旱生等，为晚熟品种。

③ 尖头型结球甘蓝：叶球小而尖，呈心脏形，叶片长卵形，中肋粗，肉茎长。如鸡心甘蓝，叶尖钝圆，倒卵形或倒卵圆形，表面平滑，深绿色，叶球小，每个重500g左右，较紧实，球顶尖呈圆锥形。

（2）营养成分　结球甘蓝的营养价值比大白菜略强一点，其维生素C的含量明显高于大白菜，胡萝卜素的含量也略高于大白菜。圆白菜还含有较多的微量元素钼，维生素P的含量在蔬菜中也名列前茅。

（3）食疗与保健作用　结球甘蓝性平，味甘；入脾、胃经。中医认为结球甘蓝补骨髓、洞脏腑、益心力、壮筋骨、清热止痛，主治睡眠不佳、多梦易醒、耳目不聪、屈伸不利、胃脘疼痛等病症。据《本草纲目》中记载，甘蓝（包心菜），煮食甘美，其根经冬不死，春亦有英，生命力旺盛。故人们誉称为“不死菜”。

（4）加工利用　结球甘蓝除鲜食外还可酱渍及脱水干制。

（5）质量要求　结球甘蓝以叶球包心紧实、叶鲜嫩洁净、不带烂叶、不带大根和泥土、无机械伤、无病虫害、无散叶、不崩、不烂、不浸水者为佳。其中叶球的紧实程度是主要标准。

3. 抱子甘蓝

抱子甘蓝（*Brassica oleracea* var. *gemmifera*，图5－30）别名芽甘蓝、子持甘蓝，十字花科芸薹属甘蓝种二年生草本植物，为甘蓝种中腋芽能形成小叶球的变种。以鲜嫩的小叶球为食用部位，原产于地中海沿岸，是近两个世纪以来欧洲、北美洲国家的重要蔬菜之一，在英国、德国、法国等国家种植面积较大，美国、日本等国家也有栽培，我国台湾省有少量种植。近几年抱子甘蓝引入我国，在北京、广州、云南等省市已有种植，面积并不大，主要是供应大型饭店和宾馆，百姓的餐桌上还不多见，不过随着许多新特蔬菜的发展，抱子甘蓝在我国的生产及市场是很有潜力的。

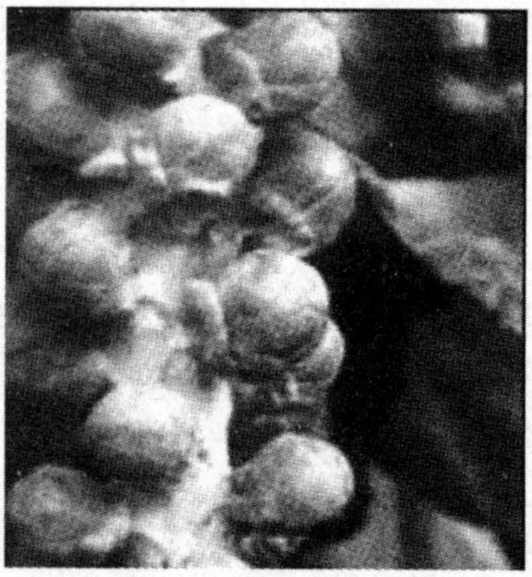

图5－30　抱子甘蓝

（1）主要品种　抱子甘蓝可分为高、矮两种类型。

① 矮生种：早熟棵矮，植株高度一般在50cm左右，生长期较短，叶球密生而数少，但球较大。

② 高生种：株高达100cm以上，叶球疏生，小形而数多，晚熟，生长期较长。

现在国内栽培的品种均由国外引进，主要有日本引进的早生子持、增田子持和长冈交配早生等，从荷兰引进的有探险者、斯马谢、多拉米克，从美国引进的有王子等优良品种。可按栽培条件和市场需要加以选择。

（2）营养成分　抱子甘蓝的小叶球鲜嫩，营养丰富。每100g抱子甘蓝小叶球含干物质约11g，其中还原糖0.75～1.01g，粗蛋白3.71～4.9g，脂肪0.4g，纤维素1.71g，胡萝卜素3.246mg，维生素C 105.3～114.1mg，维生素B_1 0.14mg，维生素B_2 0.16mg，钾356～413mg，钠11.69mg，钙45～70mg，镁21.82mg，磷75.49mg，铜0.204mg，铁2.34mg，锌0.395～0.61mg，锶0.236～0.345mg，锗0.22mg，硒2.84～5.20μg，以及微量元素钼等，是一种营养丰富、对人体有保健作用的珍贵特色蔬菜。

三、香 辛 叶 菜

1. 芹菜

芹菜（*Apium graveolens*，图5－31）又叫香芹、胡芹，为伞形科一二年生草本植物，可分为水芹和旱芹两种，生于沼泽地带的叫水芹，生于旱地的叫旱芹。芹菜叶柄发达，有数条明显的槽纹，主要以叶柄供食，组织柔软，风味甚佳。我国南北各地都有栽培，其中以河北的宣化、山东的潍县、河南的商丘等地为有名的产区，是一种别有风味的香辛蔬菜。

图5－31　芹菜

(1) 主要品种　按产地可以把芹菜分为本芹（中国类型）和洋芹（欧洲类型）两种。我国以本芹为主，在上海、北京及少数沿海地区也有洋芹的种植。本芹叶柄细长，洋芹叶柄宽厚。本芹又依叶柄的颜色分为白色种和青色种，白色种叶较细小，淡绿色，叶柄黄白色，植株较矮小而柔弱，香味淡，品质好，易软化。青色种叶片较大，绿色，叶柄粗，植株高大而强健，香味淡，丰产，软化后品质较差。

本芹有山东的青苗，上海、江苏的黄心芹、四月慢芹，天津的白庙芹菜，河北、山西的铁杆芹菜和辽宁的菊花大叶芹菜等。

洋芹中有北京的棒儿春芹菜和细皮白芹菜，河南的西芹，上海、江苏的洋白芹等品种。

(2) 营养成分　每100g芹菜含水分94g，蛋白质2.2g，脂肪0.3g，糖类1.9g，粗纤维0.6g，灰分1g，胡萝卜素0.11mg，维生素B_1 0.03mg，维生素B_2 0.04mg，烟酸0.3mg，维生素C 6mg，钙160mg，磷61mg，铁8.5mg，钾163mg，钠328mg，镁31.2mg，氯280mg；还含有挥发油、芹菜苷、佛手柑内酯、有机酸等物质。

(3) 食疗与保健作用　中医认为芹菜对高血压、血管硬化、神经衰弱、小儿软骨病等有辅助治疗作用。同时芹菜还含有挥发性的芹菜油，具香味，能促进食欲。芹菜中含的芹菜碱还有降低血压的作用。

据《随息居饮食谱》记载，芹菜有“甘凉清胃，利口齿、咽喉，明目”的作用。另外，芹菜有醒脑健神、润肺止嗽的功效。芹菜清热除烦、平肝、利水消肿、凉血止血，主治高血压、头痛、头晕、暴热烦渴、黄疸、水肿、小便热涩不利、妇女月经不调、赤白带下、瘰病、痄腮等病症。

(4) 加工利用　芹菜除鲜食外，还可加工成芹菜纸、即食方便芹菜、即食芹菜叶软包装罐头、芹菜叶蔬菜片、芹菜叶饮料和芹菜风味灌肠等产品。

2. 芫荽

图5－32　芫荽

芫荽（*Coriandrum sativum*，图5－32）又名胡荽、园荽、香荽、香菜，为伞形科一年生草本植物，具有特殊的香味，叶柄绿色或淡紫红色，为重要的香辛菜之一。食用部分为茎叶。果实种子又称芫荽子或胡荽子。全株有特殊香气。全国各地均有栽培。

（1）营养成分　芫荽是营养非常丰富的蔬菜，每100g芫荽含有水分88.3g，蛋白质2g，脂肪0.3g，糖类6.9g，钙170mg，磷49mg，铁5.6mg，胡萝卜素3.77mg，维生素C 41mg，还含有硫胺素、核黄素、烟酸、正癸醛、壬醛、芳樟醇、二氢芫荽香豆精、异香豆酮A、B和香柑内酯等。它的胡萝卜素、维生素B_1、维生素B_2、烟酸、钙和铁的含量都很高，维生素C和磷的含量也比较高。芫荽子含挥发油、苹果酸、钾盐、有机酸、钙盐、脂肪、蛋白质、多种维生素以及含氮物质。

（2）食疗与保健作用　《本草纲目》记载“胡荽辛温香窜，内通心脾，外达四肢，能辟一切不正之气”。中医认为芫荽性温，味辛；入肺、胃经，可以发汗透疹、消食下气、醒脾和中，主治麻疹初期、透出不畅、食物积滞、胃口不开、脱肛等病症。

（3）加工利用　食鸡、鸭、羊、鱼、猪肉时，加入芫荽能令味美而去腥臭。食毒菌中毒，服芫荽子可解毒。芫荽子制成芳香性乳剂溶液，用于化脓性疾病的疮面，有使疮面干净、促进肉芽形成的作用。干芫荽煎汤饮之，可治产后无乳。芫荽不可多食、久食，疹子已发透者不可用。

（4）质量要求　芫荽以棵壮叶肥、色鲜质嫩、无病虫害、无黄叶、叶根不烂、不出薹者为佳。老熟出薹后，不可食用。

3. 茴香

茴香（*Foeniculum vulgare*）又称茴香菜、茴香苗，是一种香辛蔬菜，其嫩茎和嫩叶供作食用部分。其种子可作药用或香料，茴香菜有特殊的香气，人们常用来做馅。

（1）主要品种　茴香菜通常可分为三种：

① 小叶茴香菜：食用株高20～33cm，叶柄较短，叶间距离短，嫩株可供食用，具特有的清香，味浓，主要做馅。

图5－33　球茎茴香

② 大叶茴香菜：食用株高33～46cm，叶柄长，叶间距长。嫩株可供食用，具有特殊的清香。主要做馅。

③ 球茎茴香菜（图5－33）：是国外引进品种，食用株高33～133cm，叶柄长，叶间距离长，植株基部肥大呈扁球形。嫩株可供食用，纤维少，柔嫩，特有的清香味稍淡，可炒食或做馅。

（2）营养成分　茴香菜是营养很丰富的蔬

菜，它的胡萝卜素和钙的含量很高，维生素 B_1、维生素 B_2、维生素 C、烟酸和铁的含量也比较高。

（3）加工利用　茴香食用、药用价值极高，根、茎、叶、子综合利用广泛，可以加工提纯小茴香油、茴香橘核丸、茴香脑、茴香霉素、茴香烟等多种附加值较高的产品。

（4）质量要求　茴香菜以棵体整齐、鲜嫩体肥、无虫、无病、无黄叶、不出薹者为佳。

4. 韭菜

韭菜（*Allium tuberosum*，图 5－34）又称韭、起阳草。《尔雅》："种而久者，故称为韭；韭者，懒人菜"。为百合科多年生草本蔬菜。叶扁平而厚，翠绿色，肉质柔软。叶鞘包裹成假茎，中心有抽生花茎，伞形花序。栽培方式多样，每年都有多种产品上市，对调节市场起着重要作用。

图 5－34　韭菜

（1）主要品种　我国韭菜品种资源十分丰富，按叶片的宽窄可分为宽叶韭和窄叶韭两大类。

① 宽叶韭：叶片宽厚，色泽浅绿或绿色，纤维较少，品质好，香味稍淡。如北京大白根，叶片绿色，较宽大扁平，叶鞘绿白色，较粗短，叶肉较厚，质嫩，香味淡，纤维少，品质好；陕西汉中冬韭，淡绿色，叶尖钝圆，叶鞘呈绿白色，叶质鲜嫩，纤维少，香味较淡，品质好；黑龙江竹竿青韭菜，叶厚，绿色，叶鞘基部浅绿色，品质好，辣味浓。

② 窄叶韭：又称线韭。叶片细长，叶色深绿，纤维稍多，香味较浓。如北京的铁丝韭，叶片细窄，绿色，叶鞘较细，浅绿色，叶鞘外皮常带紫红色，香味较浓。京津地区的大青苗，叶色浓绿，叶片较窄而长，叶肉较厚，其断面略呈三角形，叶鞘绿色，横断面椭圆形，纤维少，辣味浓，品质佳。另外还有东北三省的三棱韭、南京的寒青韭、广州的细叶韭等。

由于栽培方法不同，冬春季上市的韭菜又有许多名称：

① 盖韭：23～26cm 长，根白色，呈圆形，一节黄，一节绿，叶深绿色，叶梢发紫。其质嫩，具有韭菜特有的香辣气味。

② 冷韭：长 16～20cm，根较粗，叶厚，根白，叶绿，无黄腰。头茬冷韭较辣，味美。

③ 敞韭：长 16～20cm，根特粗，白色，腰黄，叶绿，稍带紫尖，辣味浓，宜炒食，不宜做馅。

④ 青韭：根圆，白色，叶淡绿色，带有土味。

⑤ 黄韭：棵粗细同青韭，呈淡黄色，质地鲜嫩，含水分多，香味浓，宜于炒食或做馅。

（2）营养成分　每 100g 韭菜中，含有蛋白质 2.1g，脂肪 0.6g，糖类 3.2g，钙 48mg，磷 46mg，铁 1.7mg，胡萝卜素 3.21mg，硫胺素 0.03mg，核黄素 0.09mg，维生素 C 39mg；还含有挥发性物质硫代丙烯，以及杀菌物质甲基蒜素类，其维生素及粗纤维含量也很高。

（3）食疗与保健作用　韭菜在肠内有消毒、灭菌的功能，故可治肠炎痢疾。中医认为，韭菜味辛、性温，有温中行气、散血解毒的功效，可用于反胃呕吐、消渴、鼻出血、吐血、尿血、痔漏以及创伤淤肿等症。叶和根有散淤、活血、止血、止泻补中、助肝通络等功效，适用于跌打损伤、噎嗝反胃、肠炎、吐血、鼻血、胸痛等症。韭菜子有固精、助阳、补肾的功能，适用于阳痿、早泄、遗精、多尿等症。

据《本草纲目》记载："韭菜春食则香，夏食则臭，多食则神昏暗，酒后尤忌"。一般认为，胃虚有热、消化不良者不宜食用。韭菜中含粗纤维较多，而且比较坚韧，不易被胃肠消化吸收，故一次不宜多食。

（4）加工利用　韭菜嫩叶、花茎熟食或腌渍。青韭可遮光软化成韭黄、白韭，为蔬菜珍品。叶、根和种子均可作药用。

5. 葱

葱（图5-35）是百合科、多年生草本植物。茎呈盘状短缩，叶呈筒状，中空，端尖，绿色，叶下部为叶鞘，抱合成假茎。地上淡绿色，入土部分为白色，称葱白。

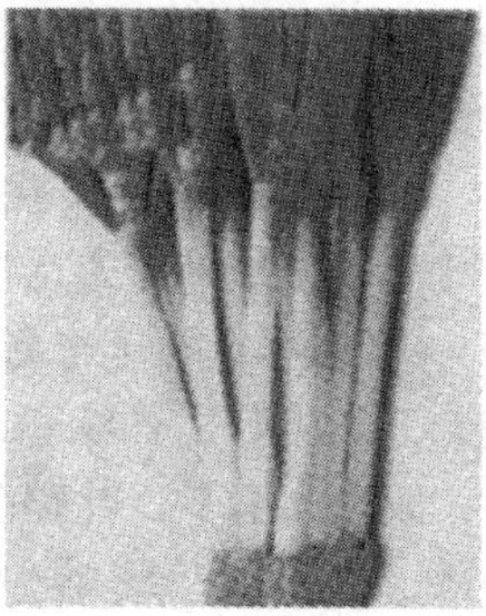

图5-35　葱

（1）主要品种　葱主要有大葱、小葱、胡葱和楼葱以及它们的变种。

① 大葱（*Allium fistulosum*）：大葱为我国原产，植株较高，叶身圆而中空。以北方栽培最普遍，如山东的章丘、历城，河北的赵县，辽宁的盖县、朝阳，吉林的公主岭，陕西的华县等。而章丘大葱葱白肥大、洁白、脆嫩、滋味美好，是葱类中的珍品。依葱白的长短，分为长葱白和短葱白类型。

a. 长葱白类型：植株比较高大，葱白长，一般在30cm以上，辣味较淡。如山东章丘大葱，葱白肥嫩，辣味淡，味甜，产量高；陕西华县孤葱，叶深绿色，蜡粉较薄，肉质脆嫩，稍甜，辣味小，品质好；辽宁盖县大葱，叶色深绿，细长，品质较好。

b. 短葱白类型：植株较矮，葱白短而粗，一般在30cm以下，味辛辣。如山东章丘的鸡腿葱，辣味强，香味浓，品质优；河北的对叶葱，管状叶粗，近对生，质地细密，味甜稍辣。

②小葱（*A. fistulosum* var. *caespitosum*）：植株矮小，假茎细而短，叶色浓绿，葱白部白色，葱叶辣味淡，品质好。如上海的小葱、杭州的春葱。

③ 胡葱（*Allium ascalonicum*）：又称火葱。叶淡绿与大葱相似，呈圆筒状，先端尖，唯较大葱细而短。鳞茎的外皮赤褐色或铜赤色。质柔味淡，以食青叶为主。

④ 楼葱（*A. fistulosum* var. *viviparum*）：又称龙爪葱，四川称观音葱。植株直立，葱长20~30cm，洁白，味甜，品质不佳，作为食用栽培较少。主要分布在西北各地，如陕北的楼子葱。

（2）营养成分　每100g葱含水分90g，蛋白质2.5g，脂肪0.3g，糖类5.4g，钙54mg，磷61mg，铁2.2mg，胡萝卜素0.46mg，维生素C 15mg；此外，还含有原果胶、水活性果胶、硫胺素、核黄素、烟酸和大蒜素等多种成分。从中可以看出，葱中磷的含量较高，含胡萝卜素多，含维生素 B_1 和钙也比较多。

（3）食疗与保健作用　大葱表皮含有的挥发油具有特殊的辛辣味，能帮助消化，并可杀灭和抑制多种致病菌。中医认为，大葱味辛、性温，有解毒通阳之功效，可用于治疗感冒风寒、发热头痛、阴寒腰痛以及泻痢等症。葱汁能“散淤血，止衄，止痛，治头痛耳聋，消痔漏，解众药毒”。葱须有“疗饱食房劳，血渗入大肠，便血，肠痹成痔”的功效。葱叶能利五脏、益目、疗足肿、治疗伤风感冒、急性热病、头痛、畏寒、鼻塞及皮肤生疮等症。我国民间常用葱捣烂擦脚心、手心、背中心治疗伤风感冒，或将葱液滴鼻治疗慢性鼻炎。也可将葱捣汁，敷在化脓的疮面上，有抑菌、促使疮面愈合的作用。我国北方有吃生葱的习惯，吃生葱可杀灭口腔中的病菌，在呼吸道、肠道传染病流行时，吃点大葱有益。葱的表皮细胞含有大量挥发性油，叫葱蒜辣素，有异样的香辣味。从葱的浸出液中析出的挥发性物质，可以杀死病菌。它所含有的磷酸糖和苹果酸等，能兴奋神经系统，刺激血液循环，促使汗腺及消化腺分泌。葱所含的维生素和矿物质还可以促进发育，供给体内大量热能，有利于健康。

（4）加工利用　大葱是常吃的一种调味蔬菜，生食或熟食或速冻均可。其叶、茎（葱白）、根须均可作药用，以鲜品或晒干后入药。

（5）质量要求　大葱以棵大均匀、茎粗 1.5cm 以上、茎长 30cm 以上、无泥土、不烂、无虫、无病害者为佳。

第四节　花 菜 类

1. 花椰菜

花椰菜（*Brassica oleracea* var. *botrytis*，图 5－36）又名菜花、花菜，为十字花科植物。其供食用部分为幼嫩的花枝和花蕾发育成的花球。花椰菜洁白，适宜炒食，也可凉拌。在一些大城市周围栽培普遍。

图 5－36　花椰菜

（1）主要品种　花椰菜按收获季节可分为三种类型：

① 春菜花：花球一般近似圆形，花球球体小，结球紧实，每个球重 1kg 左右，花球洁白，肉质脆嫩，品质好。

② 夏菜花：花球一般有圆形、扁形或半球形，花球较大，结球紧实，每个重 0.5～1kg，大的可达 1.5kg；花粒较细，花枝短肥，肉厚，有白色也有黄白色的花球，品质好。但也有少数品种花粒偏粗，花枝细长，品质较差。

③ 秋菜花：花球一般近圆形或扁圆形，花球大，肉厚坚实，花球面凸凹不平，每个重 1kg 左右，花球粒细，花枝肥大，肉厚紧实，色洁白，品质好。

（2）营养成分　花椰菜的营养比较丰富，它含的维生素 C 很多，含的维生素 B_1、维生素 B_2、烟酸也比较多。每 100g 含蛋白质 2.4g，脂肪 0.4g，糖类 3g，钙 18mg，磷 53mg，铁 0.7mg，胡萝卜素 0.08mg，维生素 C 88mg 以及维生素 A、维生素 B、硒、芳香异硫氰酸。

（3）食疗与保健作用　中医认为花椰菜性平，味甘；入肾、脾、胃经。花椰菜可补肾填精、健脑壮骨、补脾和胃，主治久病体虚、肢体痿软、耳鸣健忘、脾胃虚弱以及小儿发育迟缓等病症。《菜蔬果品食谱大全》:"常食之能树人体正气,增强抗病防病能力,泽肤,明目,抗癌长寿"。它的主要功用包括以下方面。

① 防癌抗癌:花椰菜含维生素 C 较多,是大白菜的 4 倍,番茄的 8 倍,芹菜的 15 倍,尤其是在防治胃癌、乳腺癌方面效果尤佳。研究表明,患胃癌时,人体血清硒的水平明显下降,胃液中维生素 C 的浓度也显著低于正常人,而花椰菜不但能给人补充一定量的硒和维生素 C,同时也供给丰富的胡萝卜素,起到阻止癌前病变细胞形成的作用,抑制癌肿生长。据美国营养学家研究,花椰菜内还有多种吲哚衍生物,此化合物有较肯定的降低人体内雌激素水平的作用,可预防乳腺癌的发生。此外,研究表明,花椰菜中提取的一种酶能预防癌症,这种物质为萝卜子素,有提高致癌物解毒酶活性的作用。

② 增强机体免疫功能:花椰菜的维生素 C 含量极高,不但有利于人的生长发育,更重要的是能提高人体免疫功能,促进肝脏解毒,提高人的体质,增加抗病能力。

(4) 加工利用　花椰菜除鲜食外,还可制成干菜花、速冻菜花等产品。

(5) 质量要求　菜花以花球鲜嫩、紧实肥大、白而无斑、花粒细密、枝短肥、无烂、无虫、无毛花者为佳。

2. 青花菜

青花菜(*Brassica oleracea* var. *italica*)又名西兰花、茎椰菜、意大利芥蓝、绿花菜、木立花椰菜、嫩茎花椰菜等,青花菜由甘蓝演化而来,演化中心为地中海东部沿岸地区。青花菜栽培历史较短,但发展很快,英国、意大利、法国、荷兰等广为种植,19 世纪传入美国,后传到日本。19 世纪末或 20 世纪初传入中国。目前,台湾省栽培较为普遍,南方地区和北方大城市近郊有零星种植,供应城市居民需要。总体看来,栽培面积不大。由于近年来出口量渐增,生产基地开始成片地规模种植,逐渐发展起来。它是一两年生草本植物,以绿色的花球供食用。其风味好,营养价值高。鲜绿脆嫩的质地,清爽适口的风味,具有食疗功效,国际市场十分畅销,也是我国近年来重要的出口创汇蔬菜。

(1) 主要品种　青花菜按成熟期可分为早、中、晚熟三个类型。我国目前栽培的青花菜品种多数由美国、日本等国家引进。根据不同的栽培季节应选择不同适宜的品种,夏季生产应选择耐热性强、早熟的品种;冬季生产应选择耐寒、株型紧凑、花球坚实的品种,主要选用中熟或中早熟品种。

① 美国西兰花:由美国引进的杂种一代,株高 55cm 左右,花球松,深绿色,单个顶球重 300~400g。侧枝发达,侧球产量高。

② 珠绿:株高 40cm 左右。花球重约 350g,色浓绿。适宜春季和夏秋季播种栽培。

③ 绿岭:由日本引进的杂种一代。植株生长势强,株高 40cm 左右。花球扁圆形,淡绿色。花球重 500~700g,球紧实。

④ 秋绿:由日本引进的杂种一代,定植后约 80d 可收获,属中熟种。花球重约 400g,凸凹少。花球紧凑,蕾粒细密,均一。主茎稍粗,不易空心,可进行秋冬季栽培。

(2) 营养成分　每 100g 青花菜食用部分,含蛋白质 3.6g、脂肪 0.3g、糖类 59g、钙 103mg、磷 78mg、铁 1.1mg、胡萝卜素 25mg、维生素 C 113mg。维生素 A 含量达 3800IU,比白菜高 100 倍,因此青花菜是营养齐全,色、香、味齐备的高档蔬菜。

(3) 加工利用　青花菜色、香、味俱佳，可炒食、汤食，并可冷冻和制蔬菜罐头。正是由于其丰富的营养，所以在国际市场上逐渐畅销起来。青花菜食用方法很多，与肉、蛋、虾搭配炒食，味道十分鲜美，与其他蔬菜凉拌色泽鲜艳，还可与香肠、火腿肉片等做拼盘，口感爽脆，独具风味，是营养价值和色、香、味俱佳的高档蔬菜。

3. 朝鲜蓟

朝鲜蓟（*Cynara scolymus*，图 5－37），别名洋蓟、法国百合、荷花百合，为菊科菜蓟属多年生草本植物。是由菜蓟演变而成。朝鲜蓟在欧洲地中海沿岸有悠久食用历史。据报道，早在 2000 多年前罗马人已食用此菜。目前以法国、意大利、西班牙栽培最多，已成为欧洲许多国家的高档菜蔬。19 世纪由法国传入我国上海。目前我国主要在上海、浙江、湖南、云南等地有少量栽培。近年来，美国及西欧等发达国家对朝鲜蓟的消费和进口量不断增加，罐头制品在国际市场供不应求，为适应国际市场的需要，我国台湾省有较大面积种植，产品供出口创汇。朝鲜蓟以花蕾供食，叶柄经软化栽培后可煮食。

图 5－37　朝鲜蓟

(1) 营养成分　朝鲜蓟的花蕾营养丰富，每 100g 食用部分含水分 86.5%，蛋白质 2.8g，脂肪 0.2g，碳水化合物 9.9g，维生素 A 160IU，维生素 B_1 0.06mg，维生素 B_2 0.08mg，维生素 C 11mg，钙 51mg，磷 69mg，铁 1.1mg。

(2) 食疗与保健作用　茎叶经软化后可煮食，味清新。朝鲜蓟花蕾或叶含菜蓟素、菜蓟苦素、大海米菊素、木犀草苷等成分，故有利肝保肝、降低胆固醇、排除人体多余水分等功用，对咳、喘、痰等症均有疗效，对人体癌细胞也有一定消除作用。

(3) 加工利用　医药上已利用茎叶加工成助消化片剂和开胃酒。供食部分为花蕾的总苞和花托部位，有似板栗的香味，可鲜食、制酱，做汤料或加工成罐头。目前世界上朝鲜蓟罐头年需求量 10 万 t 以上。

4. 黄花菜

黄花菜（*Hemerocallis citrine*，图 5－38）又称金针菜、安神菜，属百合科萱草属的多年生草本植物。花蕾呈小棒槌状，上部浅黄色，基部为浅黄绿色。花蕾开放后，花冠为金黄色，蕾期花冠肥厚，品质好，香味浓。金针菜食用部分为含苞未放的花蕾，是一种营养价值很高的蔬菜。南北各省均有种植，主要以江苏、四川、湖南、陕西、甘肃、河南和山西栽培为最多。

(1) 主要品种　黄花菜基本品种包括以下几种：

① 马蔺黄花菜：花药黄色，筒部长 4～5cm，干菜身条较粗、肉质较薄，每千克有 1600 条左右。抗旱、抗寒性强。

图 5－38　黄花菜

② 线黄花菜：花药黄色。筒部长 3～4cm，干菜身条较细、肉质较厚，每千克 2000 条左右。线黄花抗寒、抗旱，品质极佳，唯产量低。

③ 短棒黑嘴黄花菜：筒部长 2.5～3.0cm。花蕾短而粗，嘴部有黑色斑点，花色淡黄，花为褐色。

④ 高葶黄花：筒部长 3cm，嘴部无黑色斑点，花蕾黄色稍带翠绿色。

⑤ 四月黄花菜：因于农历四月间开花而得名。每花葶仅有 4 朵花。

（2）营养成分　黄花菜含有丰富的营养，每 100g 黄花菜鲜花蕾含蛋白质 5.1g，脂肪 3.2g，粗纤维 9.3g，糖类 30.8g，胡萝卜素 0.69g、维生素 B_1 0.06mg，维生素 B_2 0.16mg，维生素 PP 0.7mg，维生素 E 3.64mg，钾 719mg，钙 367mg，铁 5.8mg，锌 8.02mg，磷 146mg；此外，还含有谷氨酸、赖氨酸、精氨酸等氨基酸及琥珀酸、谷固醇、秋水仙碱等。

（3）食疗与保健作用　黄花菜具有很高的药用价值，它的叶、根、茎、花均可入药。据《本草纲目》中记载："甘、凉、无毒"。功用为利湿热、宽胸膈，治小便赤涩、黄疸、胸膈烦热、夜少安寐、痔疮便血，可用于头晕耳鸣、咽痛、心悸、吐血、衄血、便血、乳疮、水肿等症。黄花菜根有利尿、消肿、消炎、解热和止痛的作用。

（4）加工利用　吃黄花菜引起中毒多在鲜黄花菜大锅炒食时发生。一般食后 0.5～4h 出现中毒症状，轻者恶心、呕吐，重者腹痛、腹胀、腹泻等，因此，食用已经过加工的干品为好。

（5）质量要求　以色泽金黄、油性大、条子长、粗壮均匀、少量裂嘴、不超过 1cm、无霉变、无杂质、无虫蛀者为佳。

5. 其他花类

（1）霸王花　霸王花（*Hylocereus unclatus*）又称剑花、量天尺、霸王鞭、大王花，由于它有着硕大无比的花朵而得名。它是仙人掌科量天尺属中以花器供食用的栽培种，多年生肉质草本植物。霸王花呈漏斗形，花萼为管状，呈黄绿色或淡红紫色，花瓣为白色，多轮排列。原产于墨西哥至巴西一带，我国主要分布在广东和广西，以广州、佛山、肇庆为主产区。霸王花一般作为烹饪原料。

霸王花中磷的含量较高，与黄花菜以及菌类原料相近。霸王花与黄花菜的蛋白质含量均不高，这与大多数的蔬菜类原料相同。因主要取食部位为花，而非茎、叶等，所以粗纤维的含量较低，有别于大多数的蔬菜类原料。霸王花具有较高的营养价值和食用价值，是一种有广阔发展前景的花类蔬菜，其主要营养素的含量与黄花菜差不多，食用方法也相似。霸王花还是一种保健食品，具有较佳健脑抗衰老功能，适于神经过度疲劳的人食用，还有利于预防老人智力衰退，与瘦肉末、木耳、糯米制成粥，可利尿、消肿、安脏明目。

（2）金银花　金银花（*Lonicera japonica* Thunb.，图 5－39）又名双花、忍冬花、银花、金花、金藤花等，为忍冬科忍冬属植物。主产于山西、河南、湖南等省，以山东产的品质为最佳。每当夏秋季来临，我国南北诸省的山区、丘陵，都有这种蔓藤爬攀植物，开黄白两色的鲜花，清香扑鼻。花开时初为纯白，继而变黄。

图 5－39　金银花

据有关文献记载，金银花在我国已有2200多年种植史。早在秦汉时期的中药学专著《神农本草经》中，就载有忍冬，称其“凌冬不凋”；金代诗人段克诗曰：“有藤鹭鸶藤，天生非人有，金花间银蕊，苍翠自成簇”。

① 主要品种：金银花的主要栽培品种有：

a. 湖南金银花品种：目前湖南省溆浦县金银花有野生小叶忍冬（又叫细叶银花）、野生岩花、“湘蕾”1号（金花）、“湘蕾”2号（银花）、“湘蕾”3号（铜花）、“湘蕾”4号（玉花）系列良种金银花。湖南金银花的单位面积产量居全国之首，“湘蕾”系列良种金银花为重点推广品种。

b. 山东金银花品种：目前山东省金银花主产于平邑县，自然形成了很多品种或品系，优劣混杂、良莠难分。现普遍性品种有毛花系列、鸡爪系列及选育推广品种“蒙花一号、二号”。

c. 河南金银花品种：“金封一号”为目前河南推广栽培的主要品种。

② 食疗与保健作用　《本草纲目》记载“金银花，善于化毒，故治痈疽、肿毒、疮癣……”。自古以来，金银花常用于清热解毒，治疗温病发热、热毒血痢、痈疡等症，亦用于风热感冒、支气管炎等病症。现代药理研究表明，金银花具有抑菌、抗病毒、消炎、解热、调节免疫等作用。

随着医药技术的发展，人们对金银花的认识有了进一步的提高。按药理分析，金银花的茎、叶、花中主要成分为绿原酸，绿原酸在临床上具有抗菌消炎的作用。另外，花中含有肌醇、皂苷、挥发油、黄酮等，叶中含有单宁、忍冬苷。

③ 加工利用　金银花的用途越来越广，开始由单一的中草药逐步向茶叶、饮料、食品和日用化工产品等方面发展。金银花的原花冲之代茶，嗅之气味芬芳，饮后神清气爽。夏秋服用金银花茶，既能防暑降温、降脂减肥、养颜美容，又能清热解毒、百病不生，是现代人保健养生和防疫防病的绝好佳品。

（3）木槿花　木槿花（*Hibiscus syriacus* L.，图5-40）又名面花、朝开暮落花、喇叭花，又称佛叠花、鸡腿蕾、白牡丹、篱障花等，为锦葵科木槿属落叶灌木或小乔木。木槿花于夏秋季开花，朝开暮落，日日不绝。花色有白有紫，有米黄色，也有淡红色。

图5-40　木槿花

木槿花营养丰富，每100g食用部分含蛋白质1.68g、脂肪0.19g、总酸0.38g、粗纤维1.40g、干物质10.3g、还原糖2.10g、维生素C 24.6mg、氨基酸总量1.19g、铁0.8mg、钙60.66mg、锌0.30mg，并含有黄铜苷、大量皂苷及黏液质等。

木槿花富含丰富的天然药用成分和人体必需的钙、磷、铁、还原糖、蛋白质等营养成分；性味甘凉、苦，质滑如葵，具有清热解毒、利湿、凉血的功效，对粉刺、暗疮等有明显的食疗效果。

（4）食用菊　食用菊（*Chrysanthemum sinense*）是菊科茼蒿属中以花器供食的栽培种，为多年生宿根草本植物。1997年从日本引进，是目前新型创汇经济作物。食用菊株高60～100cm。叶互生，披针形，羽状浅裂或深裂。平均每株可采摘300朵花，每朵花重约5g，食用菊主要品种有蜡黄、细黄、细迟白、广州红等，广东为主要产地。

食用菊主要作为酒宴汤类、火锅的名贵配料，流行、畅销于港澳地区。菊花小吃名目繁多，如菊花糕、菊花羹、菊花粥等数不胜数，尤其菊花粥可“养肝血，悦颜色，清风眩，除热解渴明目，煮粥去蒂晒干，磨粉和入”。白菊花粥清肺，黄菊花粥理气。既尝美食，又健身体。“菊花杏仁奶露”是将两朵菊花洗净捣烂，用纱布绞出汁，放入由开水、杏仁露烧开后加入鲜牛乳的汤中，烧至微沸，用湿淀粉勾芡，即成具有清甜香味的可口饮料了。

第五节　果　菜　类

一、豆　类

1. 菜豆

菜豆（*Phaseolus vulgaris*，图 5－41）又称四季豆、芸豆、架豆等。菜豆的豆荚和种子都可食用，其肉质鲜嫩，可炒食，也可腌制。全国各地均有栽培。

图 5－41　菜豆

（1）主要品种　菜豆分芸豆、爬豆（架豆）两个类型。

芸豆：茎矮生，不爬蔓，生长期短，成熟快。分青荚与黄荚两种。

① 青荚芸豆：豆荚绿色，长形，稍弯曲，表面光滑，较充实，横断面椭圆形。老熟后转为黄色，荚长 15cm 左右，宽 1.6cm 左右，果肉较薄，纤维较多，易形成羊皮纸膜变老，味较鲜美，但不及圆荚菜豆。每荚内有种子 5～6 粒，肾形。

② 黄荚芸豆：豆荚黄色，长形，扁平而伸直，荚长 16cm 左右，宽 1cm 左右。果顶部较大，横断面长圆形。荚软，肉较厚，纤维较少，不易变老，风味不如青荚品种鲜美。种子肾形。

爬豆：又称架豆，茎蔓生，支架生长，成熟迟，质量好。又分圆荚及扁荚两种。

① 圆荚爬豆：豆荚绿色，老熟后转为黄色，长形而弯曲，先端极尖有嘴，横断面卵圆形。荚长 18cm 左右，宽 1.3cm 左右。肉厚，不易老，品质佳，荚中有种子 8～10 粒，肾形。

② 扁荚爬豆：豆荚绿色，长形，扁平，横断面呈长椭圆形。荚长 20cm 左右，宽 1.6cm 左右。肉质薄，纤维多，易变老，品质较差，荚中有种子 6～9 粒，肾形。

（2）营养成分　菜豆是营养丰富的蔬菜，100g 菜豆含水分 91.3g，蛋白质 2g，脂肪 0.4g，糖类 5.7g，膳食纤维 1.5g，维生素 A　35mg，胡萝卜素 210mg，硫胺素 0.04mg，核黄素 0.07mg，烟酸 0.4mg，维生素 C 6mg，维生素 E　1.24mg，钙 42mg，磷 51mg，钾 123mg，钠 8.6mg，镁 27mg，铁 1.5mg，锌 0.23mg，硒 0.43μg，铜 0.11mg，锰 0.18mg。它的维生素 B_1、维生素 B_2、烟酸、钙、磷和铁的含量都比较高。但菜豆的某些品种含皂苷、红细胞凝集素等物质，在烹制不熟时，吃了可能发生食物中毒，特别在秋季下霜后更易中毒，所以菜豆以焖熟吃最安全。

（3）食疗与保健作用　《本草纲目》记载：“止泄泻，消暑，暖脾胃，除湿热，止消渴。”《滇南本草》记载：“治脾胃虚弱，反胃冷吐，久泻不止，食积痞块，小儿疳疾”。

（4）质量要求　菜豆以豆荚条形肥大、端正、色鲜脆嫩、不伤、不烂、无虫眼者为佳。

2. 豇豆

豇豆（*Vigna unguiculata* spp. *Sesquipedalis*，图5-42）又称长豇豆、带豆、豆角、饭豆、长豆、腰豆、浆豆等。在华东、华中、华南及西南各地分布有独特的优良地方品种，如上海市和江苏省产的盘香豇品种（豆荚卷曲，状如盘香）、四川成都的红嘴燕品种均为地方良种，红嘴燕已被中国很多地区引种成功。嫩荚肉质肥厚、脆嫩，是夏秋季的主要蔬菜之一，全国各地均有栽培。

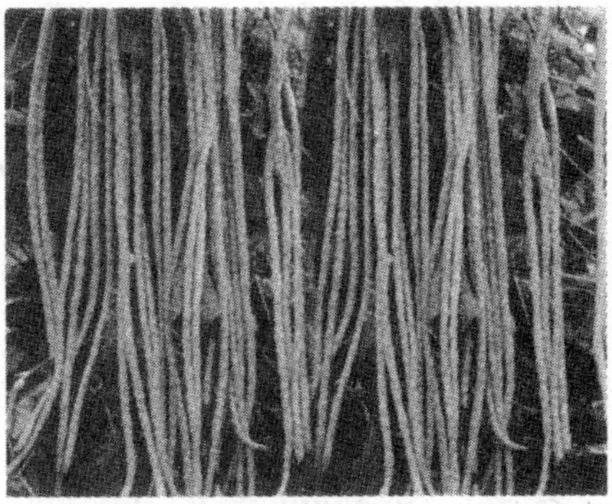

图5-42　豇豆

（1）主要品种　豇豆根据荚果的颜色可分为青荚、白荚和红（紫）荚三个类型，每类各有许多品种。

① 青荚类型：茎蔓细，叶片较小，叶色浓绿，荚果细长，绿色。嫩荚肉较厚，质脆嫩。能忍受稍低温度，但耐热性稍差，采收期较短，产量较低。主要品种有广东的铁线青、细叶青、竹叶青，浙江的青豆角、早青红，山东青岛的青丰、大条青，贵州的朝阳线等。

② 白荚类型：茎蔓较粗大，叶片较大而薄，绿色。荚果较肥大，浅绿或绿白色，肉薄，质地较疏松，种子容易显露，耐热性较强，产量较高。主要品种有广东的长身白、金山白，浙江白豆角，湖北的白鳝鱼骨，四川的五叶子，云南白，广西桂林白，陕西罗裙带，以及分布各地的红嘴燕等。

③ 红荚类型：茎蔓较粗壮，茎蔓和叶柄间有紫红色，叶较大，绿色。荚果紫红色，较粗短，嫩荚肉质中等，容易老化，采收期较短，产量较低。主要品种有上海、南京等地的紫豇豆，广东的西圆红，湖北的红鳝鱼骨、紫荚、白露，北京紫豇等。

（2）营养成分　豇豆是营养丰富的蔬菜，100g豇豆含蛋白质2.9g，脂肪0.3g，糖类5.9g，膳食纤维2.3g，维生素A 42mg，胡萝卜素250mg，硫胺素0.07μg，核黄素0.09mg，烟酸1.4mg，维生素C 19mg，维生素E 4.39mg，钙27mg，磷63mg，钾112mg，钠2.2mg，镁31mg，铁0.5mg，锌0.54mg，硒0.74μg，铜0.14mg，锰0.37mg。它的胡萝卜素、维生素B_1、维生素B_2、烟酸、钙、磷、铁的含量都比较高。豇豆提供了易于消化吸收的优质蛋白质，适量的糖类及多种维生素、微量元素等。可补充机体的营养成分，豇豆所含维生素B_1能维持正常消化腺分泌和胃肠道蠕动的功能，抑制胆碱酯酶活性，可帮助消化，增进食欲。

（3）食疗与保健作用　《本草纲目》记载豇豆“理中益气，补肾健胃，和五脏，调营卫，生精髓，止消渴、吐逆、泄痢”。中医认为豇豆性平，味甘；入脾、胃、肾经。祖国医学认为豇豆可健脾益气、补肾益精、止消渴，主治脾胃虚弱、呃逆呕吐、消渴、遗精、白带、白浊、小便频数等病症。

（4）加工利用　豇豆除鲜食外，还可加工成豇豆干、速冻豇豆等。

（5）质量要求　豇豆以豆荚细长、长短一致、新鲜脆嫩、富有光泽、没有病虫害者为佳。

3. 刀豆

刀豆（*Canavalia gludiata*，图5－43）为豆科植物，原产西印度、中美洲和加勒比海地区，在我国已有1500多年的栽培历史。

图5－43　刀豆

（1）主要品种　刀豆的主要品种有：

① 白豆角：豆荚浅绿或者白色，长30～90cm，品质柔滑而绵。

② 红嘴燕：荚长45～50cm，淡绿白色，先端紫红色，肉厚，纤维少，品质佳。早熟。全国均有栽培。

③ 十八子：深绿色，无纤维，长60～70cm。肉质细密而脆，品质好，中早熟。东北各省、北京和陕西等地栽培。

④ 紫双豆：荚长30～40cm，紫红色，末端绿色，肉质嫩，质优，晚熟。上海和南京等地栽培多。

（2）营养成分　刀豆含有丰富的蛋白质、淀粉、类脂物、可溶性糖等，还含刀豆氨酸、刀豆四胺、γ－胍氧基丙胺、氨丙基刀豆四胺、氨丁基刀豆四胺、凝集素及刀豆球蛋白A等。洋刀豆含蛋白质、淀粉、脂质、总糖和还原糖等，还含脂肪酸、羽扇豆醇、豆固醇、β－谷固醇、皂苷、刀豆球蛋白B、L－刀豆氨酸及刀豆毒素等，具有较高的营养价值。

（3）食疗与保健作用　刀豆性温，味甘，无毒，入脾、胃、肾经。据《本草纲目》记载："温中下气，利肠胃，止呃逆，益肾补元"。主治虚寒呃逆、呕吐、腹胀、肾虚腰痛、咳喘等病症。刀豆所含成分可维持人体正常代谢功能，促进体内多种酶的活性，从而增强抗体免疫力，提高人的抗病能力。刀豆所含刀豆赤霉素和刀豆血球凝集素能刺激淋巴细胞转变成淋巴母细胞，具有抗肿瘤作用；血球凝集素对用病毒或化学致癌物处理后而得的变性细胞的毒性，大于正常细胞的毒性，还可使部分肿瘤细胞重新恢复到正常细胞的生长状态。

4. 荷兰豆

荷兰豆（*Pisum sativum*，图5－44）又名豌豆、青小豆。荷兰豆是以采收嫩荚为商品的豌豆品种，为豆科豌豆属一年生或越冬草本植物。荷兰豆的食用部分为嫩荚，荷兰豆在欧美国家普遍种植，在我国的南方如广东、广西、四川、云南等省广泛种植，是一种出口蔬菜。随着人民生活水平的不断提高，近几年宾馆、饭店的大量需求，荷兰豆的种植面积也在扩大，平常百姓也开始食用，并深受生产者和消费者的欢迎。

图5－44　荷兰豆

（1）主要品种　荷兰豆按其茎的生长习性可分为矮生、半蔓生和蔓生三种类型。

① 矮生大荚荷兰豆：是从国外引进的品种中选育的大荚品种。豆荚宽大扁平，长10～12cm、宽2.5～3cm，质地软，纤维少。种子光滑，圆球形，黄白色。

四川种植较多。

② 溶糖：矮生种，结荚部位在株高50cm左右，花紫红色，嫩荚绿色，荚长11～12cm、宽2.5cm左右，肉较厚。种子圆、光滑、乳白色。

③ 京引8625：从欧洲引种的品种中选出，属短生型品种。株高60～70cm，豆荚圆柱形，横切肉厚而爽脆。长约6cm、宽1.2cm。每荚内有种子5～6粒，排列紧密，老熟后呈近似正方形，干子绿色，千粒重201g。可分期播种，作为周年生产的品种。

④ 京引92－1：引自日本，属矮生型品种。株高70～80cm。豆荚圆柱形，粒大肉厚，种子排列紧密，干子呈短圆柱形。质爽脆味甜，可生食。

⑤ 京引92－2：引自日本，属短生型品种。株高70～80cm，豆荚深绿色，圆柱形，肉厚味甜，干子绿色。

⑥ 京引92－3：引自日本，属半蔓生型品种。嫩荚青绿色，厚肉型，可春秋栽培。

⑦ 大荚抗病豌豆：从日本引进的抗白粉病荷兰豆品种。蔓生型，豆荚绿色，长约12cm，宽1.5cm。

⑧ 大荚豌豆：蔓生型，豆荚大，长12～14cm，宽3～4cm，浅绿色，荚略弯且硬，荚内种子凸起而不平滑。每千克鲜荚约40个，荚内有种子5～7粒。鲜种子大而丰满，干种子呈褐色或棕色，种皮略皱缩，千粒重约480g。豆荚爽脆，略有甜味，纤维少，品质佳。

⑨ 台湾11号：为我国台湾省育成的豌豆新品种。蔓生型，豆荚扇形稍弯，长6～7cm、宽约1.5cm，青绿色。品质脆嫩，纤维少，有甜味，耐贮运，鲜销与加工两用。速冻或加工罐头后，荚形不变，色泽鲜绿。种子粒形较小，黄褐色，略带浅红色，较光滑。大荚豌豆分枝多，叶大质柔软。

⑩ 夏滨豌豆：是从日本引进的耐热型荷兰豆品种。荚中等大小，少纤维。

⑪子宝三十日软荚豌豆：是从日本引进的优良品种。豆荚较小型，长约6.5cm、宽1.3cm，鲜绿色，品质脆嫩，风味好。

⑫ 乙女二号：软荚荷兰豆，是从日本引进的耐病品种。半蔓生型。豆荚青绿色，长7～8cm、宽1.5cm。

⑬ 松岛三十日：软荚荷兰豆，是从日本引进的优良品种。豆荚中型，长约8cm、宽1.5cm，豆荚较直，鲜绿色，品质好。耐贮藏，加工后外观好。

⑭ 食荚大菜豌1号：矮生品种，不需搭架。双荚率高，每株可结嫩荚10～20个，多的可达20多个，荚长12cm、宽2.5～3cm，每荚内有种子5～6粒。荚绿色，每500g鲜荚65个。

⑮ 草原21号：中早熟食荚品种。嫩荚浅绿色，长10cm、宽2.5cm。品质鲜嫩，适宜整荚炒食，并可加工速冻。

⑯ 莲阳双花：荚深绿色，种子圆形，黄白色，嫩荚供食，品质好。

⑰ 饶平大花：广东的品种。荚长10～12cm、宽2.5cm。嫩荚品质好，稍有弯曲。

（2）营养成分　荷兰豆营养丰富，据分析，每100g荷兰豆苗，含蛋白质0.49g、脂肪0.3g、糖类2.6g、胡萝卜素1.59mg、硫胺素0.15mg、核黄素0.19mg、烟酸0.6mg、维生素C 52mg。每100g鲜豌豆粒，含蛋白质7.2g、糖类12g、钙17mg、磷90mg、铁0.8mg、胡萝卜素0.15mg、硫胺素0.54mg、核黄素0.09mg、烟酸2.8mg、维生素C 14mg。

（3）食疗与保健作用　荷兰豆性平，味甘；入脾、胃、大肠经。它的主要功用为和中下气、止泻痢、调营卫、利小便、消痈肿、解乳石毒，主治脚气、痈肿、乳汁不通、脾胃不和之呃逆呕吐、口渴泄痢等病症。豌豆中富含人体所需的各种营养物质，尤其是含有优质蛋白质，可以提高机体抗病能力和康复能力。豌豆中富含胡萝卜素，食用后可防止人体致癌物质的合成，降低人体癌症的发病率。豌豆中富含粗纤维，能促进大肠蠕动，保持大便通畅，起到清洁大肠的作用。

（4）加工利用　荷兰豆的食用方法多样，其嫩荚、嫩子可炒、煮等，目前可制罐头或速冻供出口。

（5）质量要求　荷兰豆要求荚长 7cm 以上，无斑点、无虫伤或机械损伤，无弯荚，豆荚鲜嫩，有光泽，半鼓粒。

5. 扁豆

扁豆（*Lablab purpureus*，图 5－45）又称鹊豆、眉豆等，全国各地均有栽培。

图 5－45　扁豆

（1）主要品种　扁豆按其颜色可分为赤色和白色两类：

① 白扁豆：荚长 10cm 左右，白蜡色，稍弯曲，边缘有突点；子粒扁圆形或圆形，白色或淡褐色，荚肉厚，鲜嫩清香，品质较好。可供炒食或煮食。

② 赤扁豆：豆荚有宽扁、窄长、短小等形。荚长 10cm 左右，淡绿色或紫红色，每荚有种子 3～6 粒，黑色或褐色，荚肉肥厚，嫩脆，煮熟后质软、面，其扁豆风味较浓、品质好。

（2）营养成分　每 100g 扁豆含蛋白质 22.7g、脂肪 1.8g、糖类 57g、钙 48mg、磷 52mg、铁 1mg、植酸钙镁 247mg、泛酸 1232μg、锌 2.44mg，此外，还含有胰蛋白酶抑制物、淀粉酶抑制物、血球凝集素 A、B 以及蔗糖、葡萄糖、柿子糖、半乳糖、果糖等物质。

（3）食疗与保健作用

① 抗病毒：扁豆含有抑制病毒的成分，这种活性成分在水溶性的高分子和低分子部分都有，能有效地抑制病毒的生长。

② 降血糖：扁豆中所含的淀粉酶抑制物在体内有降低血糖的作用。

③ 增强细胞免疫功能：扁豆含有多种微量元素，刺激骨髓造血组织，提高造血功能，对白细胞减少症有效。

④ 抗癌防癌：扁豆中的植物血细胞凝集素能使癌细胞发生凝集反应，使肿瘤细胞表面的结构发生变化，促进淋巴细胞的转化，增强对肿瘤的免疫能力，抑制肿瘤的生长，起到防癌抗癌的效果。

（4）质量要求　扁豆以个体肥大、肉厚嫩脆、无病、无虫、无伤者为佳。

6. 四棱豆

四棱豆（*Psophocarpus tetragonolobus*）别名翼豆、四稔豆、四角豆、杨桃豆、翅豆、热带大豆等，为豆科四棱豆属的一年生或多年生缠绕性草本植物。四棱豆起源于热带非洲和东南亚，在巴布亚新几内亚和缅甸有较大规模生产，在东南亚、印度、孟加拉和斯里兰卡广泛栽培。我国海南岛、广东、广西、云南、湖南、四川等地均有分布。主要以嫩豆荚、嫩叶、嫩梢供菜用。

（1）主要品种　四棱豆中有两个品系：印尼品系和巴布亚新几内亚品系。

① 印尼品系：属多年生，豆荚长18～20cm，个别长达70cm以上。中国南方栽培的多属此类。

② 巴布亚新几内亚品系：一年生，早熟，茎、叶和荚均含有花青素。荚长6～26cm，表面粗糙，种子和块根的产量较低。

（2）营养成分　四棱豆的营养十分丰富，四棱豆种子的蛋白质、脂肪含量和质量都可与大豆媲美。100g四棱豆含蛋白质37g、脂肪18g，最高分别可达45g和27.8g，其中71g的脂肪为不饱和脂肪酸。蛋白质中赖氨酸、亮氨酸、缬氨酸的含量均高于大豆。嫩叶中维生素A的含量是热带植物中最高的，达20000IU/100g鲜重。块根中蛋白质含量是马铃薯的4倍、甘薯的5倍、木薯的10倍。嫩荚含蛋白质5.9%～10%，其蛋白质、氨基酸、维生素和矿物质的含量雄居豆类作物之冠。近年来四棱豆逐渐走入普通消费市场，受到人们的青睐，成为蔬菜大家族中的新贵。

（3）食疗与保健作用　四棱豆不仅营养丰富，还有较高的药用价值。叶片、豆荚、种子及块根均可入药，对冠心病、动脉硬化、脑血管硬化、不孕、习惯性流产、口腔炎症、泌尿系统炎症、眼疾等疾病有良好疗效，还是一种很好的减肥食品，因此，人们把四棱豆誉为“绿色的金子”和“奇迹植物”。

二、茄　果　类

1. 番茄

番茄（*Lycopersicum esculemtum*，图5－46）又称西红柿、洋柿子、番李子、火柿子，为茄科植物番茄的新鲜果实，一年生或多年生草本。果实有圆形、椭圆形和扁圆形，呈红、粉红、橙黄、金黄等色。它的味道甜而微酸。全国均有栽培。

图5－46　番茄

（1）主要品种　番茄按色泽可分为红色、粉色及黄色等三种类型。

① 红色番茄：果实为大红色，一般呈扁球形，脐小、肉厚、味甜、汁多爽口、风味好，生、熟食均适宜，也可加工成番茄汁、番茄酱。

② 粉色番茄：果实为粉红色，近圆球形，脐小，果面光滑，味酸甜适宜，品质较好，生、熟食均适宜。

③ 黄色番茄：果实为橘黄色，呈圆球形，果大，肉厚，肉质又面又沙，生食味浓，适宜熟食。

（2）营养成分　番茄含有丰富的维生素、矿物质、糖类、有机酸和少量的蛋白质。番茄所含的糖类中，主要以葡萄糖和果糖为主，而淀粉及蔗糖的含量很少。每100g新鲜番茄中，含灰分0.4g、钙8mg、磷37mg、铁0.4mg、胡萝卜素0.31mg、维生素B_1 0.03mg、维生素B_2 0.02mg、烟酸0.6mg。番茄中维生素C的含量是很可观的，据分析，

500g 番茄中维生素 C 含量 52mg，相当于 1250g 苹果、1500g 香蕉和 2200g 梨的含量。番茄带酸性，有保护维生素 C 的作用，烹调煮熟过程中不易破坏。番茄中还含有维生素 A 及磷、铁等矿物质及助消化、改口味的柠檬酸、苹果酸和糖类等物质。

（3）食疗与保健作用

① 促进消化：番茄中的柠檬酸、苹果酸和糖类，有促进消化作用，番茄素对多种细菌有抑制作用，同时也具有帮助消化的功能。

② 保护皮肤弹性，促进骨骼发育：番茄中含有胡萝卜素，可保护皮肤弹性，促进骨骼钙化，还可以防治小儿佝偻病、夜盲症和眼干燥症。

③ 防治心血管疾病：番茄中的维生素 B 可保护血管，防治高血压。

④ 抗癌、防衰老：番茄内含有谷胱甘肽物质，这种物质在体内含量上升时，癌症发病率则明显下降。此外，这种物质可抑制酪氨酸酶的活性，使沉着的色素减退消失，雀斑减少，起到美容作用。

⑤ 抗疲劳、护肝：番茄中所含的维生素 B_1 有利于大脑发育，缓解脑细胞疲劳；所含的氯化汞，对肝病有辅助治疗作用。

《陆川本草》记载："生津止渴，健胃消食，治口渴，食欲不振"。中医认为番茄性微寒，味甘酸；入脾、胃、肾经。生津止渴、健胃消食、凉血平肝、清热解毒，主治食欲不振、肝阳上亢、胃热口苦、烦热等病症。

（4）质量要求　番茄以新鲜、颜色鲜艳、个大均匀、无畸形、无虫眼、无伤疤、不裂、不烂者为佳。

2. 茄子

茄子（*Solanum melongena*）又名落苏、酪酥、昆仑瓜，在我国南北方都有栽培，为茄科植物茄的果实。茄子优质高产、营养丰富、供应期长，是解决 7、8、9 月高温淡季的主要蔬菜种类之一。

（1）主要品种　茄子依其果形可分为圆茄、长茄及卵茄等三种类型：

① 圆茄类：果形为扁圆、长圆或圆形。果色有深紫色、紫红色、绿色、白色。如北京五叶茄，果圆球形，外皮黑紫色，有光泽，单果重 150～200g，肉质细密；天津大民茄果皮紫黑色而稍厚，果实球形，单果重 1kg，大的达 2kg；山东高唐紫茄，果实高圆形，皮紫红色，单果重 750～900g，品质好。

② 长茄类（图 5－47）：果实长棒状，果长有的达 30cm 以上。果皮较薄，肉质较软嫩，种子较少。果实有紫色、青绿色、白色等。主要优良品种有杭州的紫红大茄、上海条茄、成都的墨茄、东北的鹰嘴线茄、哈尔滨科选一号、沈阳的柳条青以及北京的线茄等。

③ 卵茄类：果实为椭圆或卵圆形，皮黑紫、赤紫，蒂部绿色。嫩果可供炒食、煮食、腌制、酱渍和晒干加工。其花、茎、根、果实和种子均可供药用。

（2）营养成分　茄子的营养价值不高，几种主要维生素和矿物质的含量都不高。

图 5－47　长茄

（3）食疗与保健作用　中医认为茄子性凉，味甘；入胃、肠经。具有清热凉血、消肿解毒的作用，主治肠风下血、毒疮痈、皮肤疮疡等病症。

（4）加工利用　嫩果可供炒食、腌制、酱渍和晒干加工。其花、茎、根、果实和种子均可药用。

（5）质量要求　茄子以鲜嫩不烂、不伤、个大均匀、单个重量200g以上者为佳。

3. 辣椒

辣椒（*Capsicum frutescens*，图5－48）又叫番椒。果实为浆果，有扁圆、圆球、长圆、圆锥和长角形。生长时下垂或向上，嫩果绿色，成熟后有黄、红、紫等色。辣椒含有辣椒素，其肉厚鲜嫩，味甜又稍带有辣味，辣味浓淡因品种而异。果实含有丰富的维生素C。全国各地均有栽培，西北、西南及湖南、江西等省多喜爱栽种辣味强的品种，而华北、华东、华南以及各大城市多栽种辣味轻的品种或甜辣椒。

图5－48　辣椒

（1）主要品种　辣椒依其食味和果形可分为四种类型：

① 灯笼椒类：果实大，呈扁圆形、圆形、圆筒形，色红或黄，味甜，少辣或不辣。按其果实形状又可分为大甜椒、大柿子椒和小圆椒三个品种。

a. 大甜椒：果实圆筒形或钝圆形，果肉味甜、辣味少，如上海的茄门椒、北京的甜椒、东北的大甜椒、柿子椒等，味甜、肉厚作为鲜菜炒用。

b. 大柿子椒：果实扁圆形，纵沟较多，果肉较厚或中等，味甜，稍有辣味。

c. 小圆椒：果实扁圆形，果形较小，果皮深绿而无光泽，肉较厚，微辣，适宜腌渍。

② 长椒类：果实为长角形，常弯曲，辣味强。按形状又可分为短羊角椒、长羊角椒和线辣椒三个品种。

a. 短羊角椒：果实为短角形，肉较厚，味辣。如北京大青椒等。

b. 长羊角椒：果实细长，为长羊角形，果皮稍厚或稍薄，味辣。如各地的长角椒苏密斯克。

c. 线辣椒：果实为线形，稍弯曲或果面皱褶，辣味很强。

③ 簇生椒类：果实细长，果肉薄，种子多，色红，辣味极强。

④ 圆锥椒类：果实为圆锥形或圆筒形，果小，辣味强。

（2）营养成分　每100g辣椒含水分85.5g，蛋白质1.9g，脂肪0.3g，糖类0.6g，钙20mg，磷40mg，铁1.2mg，胡萝卜素1.43mg，维生素C 171mg；此外，还含有硫胺素、核黄素、烟酸、苹果酸、柠檬酸和辣椒红素等。

（3）食疗与保健作用　辣椒可用于食欲不振、消化不良，有消食杀虫、疗风湿、治冻疮的功用。日常生活中，辣椒多作为蔬菜及调味品食用。因辣椒含辣椒碱，能刺激唾液及胃液分泌，健脾开胃、促进食欲，所以，吃辣椒不仅下饭快，而且能使食量增加。对胃寒、胃痛患者，食用少量辣椒，可温中散寒、制酸止痛。辣椒也可外用，可使皮肤局部血管扩张，促进血液循环，对防治风湿痛、腰肌劳损有一定疗效。龋齿牙痛时，用棉花蘸点辣椒油塞在龋洞中，有止痛作用。

辣椒不宜多吃，多吃容易引起胃痛或诱发痔疮。患胃溃疡、肺结核、食道炎、高血压、牙痛、咳痛、火眼、痔疮、疖肿感染等疾病的人，都不宜吃辣椒。外用时，量也不宜过多，时间不宜过久，否则可引起红肿，甚至起泡。

(4) 加工利用　辣椒宜于炒食，也可生食、腌渍、干制或制粉作调味品。我国药典记载，辣椒制剂有辣椒酊和辣椒软膏等。辣椒酊内服用于食欲不振、消化不良，辣椒软膏主要外用于风湿病、神经痛和痔疮等病。

三、瓠　　果

1. 黄瓜

黄瓜（*Cucumis sativus*）又叫胡瓜。果实为瓠果，圆筒形或棒形。大小、长短因品种而异，有刺瘤或无刺瘤。嫩瓜呈浓绿、淡绿、黄或白色，老瓜为黄色。以幼嫩的果实供食，全国各地均有栽培，每年2~8月采收。

(1) 主要品种

黄瓜按其形状常分为三种类型：

① 刺黄瓜：一般是早熟品种，果形大，果面具有稠密凸起的果瘤，果瘤上生着白色、黑色或棕黄色刺毛，果肉厚。如北京大刺瓜，瓜条棒状，长35~45cm，横径3~4cm。靠近果柄部分较细。单瓜重200~300g，色浓绿。瘤上着生白色大刺，品质好。南京大刺瓜，瓜长圆筒形，稍弯曲，嫩瓜青色，刺大而密。一般长55cm，横径6cm。单瓜重1kg左右，品质好；长沙刺黄瓜，果实较大，绿或浓绿色，果瘤突起明显，大而稀，刺黑色，其皮薄、肉厚、瓤小、子少、肉质脆嫩、味清香、品质好，生熟食均可。冬季温室栽培的黄瓜即是刺黄瓜。

② 鞭黄瓜：多是中晚熟品种，呈长棒形。因形似长鞭，故称“鞭黄瓜”。果形大，果面表皮比较光滑，没有或仅有稀疏的果瘤和刺。果肉较薄，胎座较大。如北京大鞭瓜，嫩瓜呈棒状，淡绿色，顶端微带黄色。瓜长40~60cm，表面光滑无果瘤，刺毛无或很少，品质中等；杭州青皮，瓜圆柱形，略弯，嫩瓜青绿色，长30cm左右，横径4cm左右，表面光滑，瘤状物细小，黑刺。

③ 秋黄瓜：为晚熟品种，因在秋末上市，故称“秋黄瓜”。瓜呈棒形，皮深绿色，具有光泽，表皮有小棱和刺毛，瓜顶部黄条线显著；皮肉厚，瓤较小，肉质脆，水分多，品质较好，生食、熟食均宜。如广州二青瓜，长18cm左右，短圆筒形，青绿色；上海黄瓜，瓜长25cm左右，表面较光滑，为深绿色（老熟后转乳黄色）。着生黑刺但较稀少，单瓜重200g左右，品质好。

另外，还有专供腌制的乳黄瓜。

(2) 营养成分　每100g黄瓜含蛋白质0.6~0.8g，脂肪0.2g，碳水化合物1.6~2.0g，灰分0.4~0.5g，钙15~19mg，磷29~33mg，铁0.2~1.1mg，胡萝卜素0.2~0.3mg，硫胺素0.02~0.04mg，核黄素0.04~0.4mg，烟酸0.2~0.3mg，维生素4~11mg；此外，还含有葡萄糖、鼠李糖、半乳糖、甘露糖、果糖、咖啡酸、绿原酸、多种游离氨基酸以及挥发油、葫芦素、黄瓜酶等。

(3) 食疗与保健作用　黄瓜味甘、性凉，有清热、利水、解毒之功效，可用于治疗热病烦渴、咽喉肿痛、目赤、吐泻等症。据药理研究认为，鲜黄瓜中含有丙醇、乙酸等成分，有抑制糖转化为脂肪的作用，故多吃黄瓜可以减肥。黄瓜中还含有细嫩的纤维素，能促进胃肠蠕动，加速体内腐败物质的排泄，并有降低胆固醇的作用。

黄瓜还有以下保健食疗作用：

① 抗肿瘤：黄瓜中含有的葫芦素具有提高人体免疫功能的作用，达到抗肿瘤目的。此外，该物质还可治疗慢性肝炎和迁延性肝炎，对原发性肝癌患者有延长寿命的作用。

② 抗衰老：黄瓜中含有丰富的维生素 E，可起到延年益寿、抗衰老的作用；黄瓜中的黄瓜酶有很强的生物活性，能有效地促进机体的新陈代谢。用黄瓜捣汁涂擦皮肤，有润肤、舒展皱纹的功效。

③ 防酒精中毒：黄瓜中所含的丙氨酸、精氨酸等对肝脏病人，特别是对酒精性肝硬化患者有一定辅助治疗作用，可防治酒精中毒。

④ 降血糖：黄瓜中所含的葡萄糖苷、果糖等不参与通常的糖代谢，故糖尿病人以黄瓜代淀粉类食物充饥，血糖非但不会升高，甚至会降低。

⑤ 减肥强体：黄瓜中所含的丙醇二酸可抑制糖类物质转变为脂肪，此外，黄瓜中的纤维素对促进人体肠道内腐败物质的排除和降低胆固醇有一定作用，能强身健体。

⑥ 健脑安神：黄瓜含有维生素 B_1，对改善大脑和神经系统功能有利，能安神定志，辅助治疗失眠症。

（4）加工利用　黄瓜生吃、凉拌、炒食均可，并是腌渍、酱制的主要原料。

2. 冬瓜

冬瓜（*Benincasa hispida*）又称东瓜、枕瓜、白瓜、水芝、地芝，为葫芦科植物冬瓜的果实，一年生草本植物。果实圆、扁圆、长圆筒形。种子白色、扁平。嫩瓜绿色或间有淡绿花斑，密生刺毛，老熟瓜刺毛脱落。多数品种表面有白粉，肉厚白色。其肉质细嫩，味清淡。冬瓜是盛暑季节的重要蔬菜之一，对调节蔬菜淡季供应有重要作用。全国均有栽培。

（1）主要品种　冬瓜按果实大小可分为两种类型。

① 小型冬瓜：果型小，多为圆形或短圆筒形，成熟早。如北京一串铃冬瓜，果实为短圆筒形，果皮呈绿色，上有白粉，单果重 1～2kg。另外，还有四川的五叶子冬瓜、吉林小冬瓜等。

② 大型冬瓜：果型大，多为长或短圆筒形和扁圆形，果皮青绿或浓绿色，多数披白色蜡粉，老熟时采收，耐贮藏。如北京的车头冬瓜，单果重 8～10kg，扁圆形，脐和梗部略凹陷，果皮深绿色，上生白粉；广东的青皮冬瓜，为圆筒形，基部平而顶部稍尖，单果重 10～15kg，大者可达 30kg，果皮深绿，上有淡绿色星状花斑，果面具有蜡质和白刺毛，无白粉，其果瓤小，子少而肉多；另外，还有西安笨冬瓜、湖南长沙粉皮冬瓜、福建沙县冬瓜、云南三棱子冬瓜等。

（2）营养成分　每 100g 冬瓜含蛋白质 0.4g，糖类 2.4g，灰分 1.1g，钙 19mg，磷 12mg，铁 0.3mg，胡萝卜素 0.04mg，维生素 C 16mg，硫胺素 0.01mg，钾 135mg，钠 9.5mg；此外，还含有维生素 B_2、烟酸、丙醇二酸等。

（3）食疗与保健作用　《神农本草经》中记载冬瓜“令人悦泽好颜色，益气不饥，久服轻身耐老”。中医认为冬瓜可以清热利水、生津止渴、润肺化痰、解暑，主治水肿、喘咳、暑热烦闷、疮疡痈肿等病症。

冬瓜还具有以下的保健功效：

① 利尿消肿：冬瓜含维生素C较多，且钾盐含量高，钠盐含量较低，适合高血压、肾脏病、浮肿病等患者食之，可达到消肿而不伤正气的作用。

② 减肥：冬瓜中所含的丙醇二酸能有效地抑制糖类转化为脂肪，加之冬瓜本身不含脂肪，热量不高，对于防止人体发胖具有重要意义，可以帮助体形健美。

③ 清热解暑：中医认为冬瓜性寒味甘、清热生津、解暑除烦，在夏日服食尤为适宜。

(4) 加工利用　冬瓜适宜熟食，也可干制或加工成蜜饯。

3. 西葫芦

西葫芦（*Cucurbita pepo*，图5-49）又称搅瓜、美洲南瓜，原产北美洲南部，19世纪中叶中国开始栽培，在世界各地均有分布，欧、美洲最为普遍，是夏季主要蔬菜之一。其瓜肉鲜嫩、质地细柔，有多种吃法，全国都有栽培。

图5-49　西葫芦

(1) 主要品种　西葫芦依皮色可以分四种类型：

① 青皮西葫芦：呈长圆筒形，瓜皮青绿色或青花绿色，有网状浅绿色不规则条纹，瓜肉绿白色，质地细致，纤维少，品质较佳。

② 黄皮西葫芦：呈圆筒形，瓜皮黄色或黄红色，表皮光滑，肉质细嫩，水分多，味稍淡，品质中等。

③ 白皮西葫芦：呈圆筒形，瓜皮乳白色，有不太明显的纵棱，瓜肉乳黄白色，肉质鲜嫩，纤维少，品质佳。

④ 墨绿皮西葫芦：呈长筒形，顶部平圆，脐部稍凹；瓜表面有5条不明显的纵棱，瓜皮墨绿色，有细密网纹，瓜老熟时，外皮转为红黄色，瓜肉乳黄白色，肉质鲜嫩，纤维少，品质佳。

(2) 营养成分　西葫芦的营养价值不高，几种主要的维生素和矿物质含量都不高，每100g西葫芦含蛋白质0.9g，脂肪0.2g，糖类2.5g，膳食纤维0.9g，钙10mg，铁0.2mg，磷21mg，钾320mg，钠40.4mg，铜0.03mg，镁9mg，锌0.1mg，硒0.28μg，维生素A 42μg，维生素B_1 0.01mg，维生素B_2 0.03mg，维生素B_6 0.09mg，维生素C 2mg，维生素E 0.34mg，维生素K 35μg，胡萝卜素0.25mg，叶酸36μg，泛酸0.4mg，烟酸0.2mg。

(3) 食疗与保健作用　西葫芦具有清热利尿、除烦止渴、润肺止咳、消肿散结的功能，可用于辅助治疗水肿腹胀、烦渴、肝硬化腹水等症。西葫芦含有一种干扰素的诱生剂，可刺激机体产生干扰素，提高免疫力，发挥抗病毒和肿瘤的作用。而且西葫芦富含水分，有润泽肌肤的作用。具有促进人体内胰岛素分泌的作用，可有效地防治糖尿病，预防肝、肾病变，有助于肝、肾功能衰弱者增强肝肾细胞的再生能力。除此之外，西葫芦还具有消除致癌物（亚硝胺）突变的作用。

4. 南瓜

图5-50 南瓜

南瓜（*Cucurbita moschata*，图5-50）又叫中国南瓜、倭瓜、麦瓜、番瓜、饭瓜等，为葫芦科，一年生蔓生藤本植物。果实有圆、扁圆、长圆或葫芦形，先端多凹陷，表面光滑或有瘤状突起和纵沟，成熟后有白霜。肉厚，黄白色，老熟后有特殊香气，味甜而面。种子扁，种皮灰白色或茶褐色，边缘明显粗糙。

（1）主要品种　南瓜在我国各地均有栽培。品种较多，主要品种有：

① 叶儿三南瓜：瓜呈长圆筒形，果皮光滑，有相间白绿条纹，老熟时瓜皮橙红。瓜重1.5~3.5kg。肉质粉，水分少，主要以嫩瓜供食。为早熟种。

② 十姊妹：瓜呈长形而略带弯曲，先端膨大，近果梗一端细长，为实心。其中又分大种和小种两个品系。大种瓜重达10kg左右，小种每个瓜重2~4kg，品质比大种好。成熟后果肉细致、味甜、水分少，为早熟种。

③ 黄狼南瓜：瓜呈长纺锤形，瓜中下部细长实心，上部膨大，整个瓜形像黄狼故称为“黄狼南瓜”。嫩瓜皮青而发黑，老瓜皮呈棕红色或紫黑色，表面有白色蜡粉，单个重1.5~2.5kg，皮薄肉厚，肉质细致而糯，味甜；煮熟后皮肉自行分离，品质极佳，为早熟品种。

④ 枕头南瓜：瓜短圆筒形，中部较细，表面有瘤状突出。因瓜形似枕头，故称“枕头南瓜”。嫩瓜浓绿色，老熟后黄色，具网状花纹及斑点。

⑤ 小磨盘：瓜形扁圆，似磨盘，青熟时瓜皮为深绿色，老熟时呈棕红黄色，果肉甘面，品质优良。

⑥ 大磨盘：瓜呈扁圆形，皮为黄色，上生白粉，品质佳。老瓜果肉橙红色，肉厚而细，味甜。较耐贮藏，为晚熟种。

⑦ 癞皮南瓜：瓜呈扁圆形，嫩瓜暗绿色，老熟瓜橙黄色，表面密生瘤状突出物，成纵条排列，单瓜重3.5~4kg，味甜，品质优良。

（2）营养成分　每100g南瓜含蛋白质0.6g，脂肪0.1g，糖类5.7g，粗纤维1.1g，灰分0.6g，钙10mg，磷32mg，铁0.5mg，胡萝卜素0.57mg，核黄素0.04mg，烟酸0.7mg，维生素C 5mg；此外，还含有瓜氨素、精氨酸、天门冬素、葫芦巴碱、腺嘌呤、葡萄糖、甘露醇、戊聚糖、果胶等。

（3）食疗与保健作用　南瓜性味甘、温，入脾、胃经。《本草纲目》记载：“甘、温、无毒，补中益气”。功用：补中益气、消炎止痛、解毒杀虫。南瓜子性味甘、平，主治绦虫、蛔虫、产后浮肿、百日咳、痔疮。南瓜叶有治痢疾、疳积和创伤之功效。南瓜花清湿热、消肿毒，治黄疸、痢疾、咳嗽、痈疽肿毒。南瓜根性平、味淡、无毒，利湿热，通乳汁，治淋病、黄疸、痢疾、乳汁不通等症。南瓜蒂有治痈疡、疔疮、烫伤之功能。南瓜藤味甘苦，性微寒，无毒。南瓜藤功用：清肺、和胃、通络，用于治疗肺结核低热、胃病、月经不调和烫伤等。南瓜瓤主治烫伤、创伤等。

（4）加工利用　南瓜嫩瓜可作蔬菜，是夏秋季的瓜菜之一，味甘适口。老熟南瓜耐贮藏运输，对调节市场供应有着重要的作用。老瓜可作饲料或代粮，所以不少地方称之为

"饭瓜"。也可以加工成蜜饯南瓜、南瓜粉、南瓜全肉饮料及南瓜干等。

5. 丝瓜

丝瓜（*Luffa cylindrica*，图 5－51）又称天丝瓜、天罗、蛮瓜，为一年生草本植物。果实的大小、长短因品种而异，呈长圆柱形或棒槌形。嫩果表面有耳毛，无棱，有细皱纹或浅槽。瓜绿白色，肉质细软。种子扁，表面光滑，无边缘，黑色或白色。我国南北皆有种植，但以南方栽培极为普遍，尤以华南、西南及江、浙、沪一带较多。

图 5－51　丝瓜

（1）主要品种　丝瓜有两种类型：

① 普通丝瓜：果实为长圆筒形，嫩果有密毛、无棱，皮光滑或具细皱纹，肉细嫩。种子扁平而光滑，有翅状边缘，黑色或白色。如南京长丝瓜，又称蛇形丝瓜，瓜长 1.5m 左右，上端直径 3～4cm，下端直径 5cm，绿色。果肉柔嫩，纤维少，品质好。上海香丝瓜，果为圆柱形，肉厚有弹性，果皮淡绿色，并有黑色斑点，果实有香味，品质最佳。另外，还有湖南肉丝瓜、武汉的白云霜、浙江的青柄白肚、四川的马尾丝瓜等。

② 有棱丝瓜　瓜长棒形，有明显的棱角。种瓜纤维发达。种子为短圆形，稍厚，无明显边缘。在华南地区栽培较多，如广州的乌皮丝瓜，瓜长棒形，长 40cm，横径 4.5cm。瓜皮浓绿色，具 10 棱，棱边深绿色，肉白色，皮稍薄，皱纹较少，品质好；青皮绿瓜，瓜木棒形，青绿色或黄绿色，具棱 11 条左右，肉白色，单瓜重 250～500g，皮薄肉厚，品质优良。

（2）营养成分　丝瓜的营养价值比较高，每 100g 丝瓜含蛋白质 1.4～1.5g，脂肪 0.1g，糖类 4.3～4.5g，粗纤维 0.3～0.5g，灰分 0.5g，钙 18～28mg，磷 39～45mg，核黄素 0.03～0.06mg，烟酸 0.3～0.5mg，维生素 C 5～8mg；此外，还含有皂苷、丝瓜苦味质、瓜氨酸等。

（3）食疗与保健作用　丝瓜药用价值高，全身都可入药。丝瓜性味甘、凉。据《本草纲目》记载："甘、平、无毒"。功用为清热、化痰、凉血、解毒，可治疗痰喘咳嗽、肠风痔漏、崩带、血淋、疔疮、乳汁不通、痈肿等症。

（4）加工利用　幼嫩丝瓜含粗纤维不多，宜与肉同炒食或煮汤。老熟后纤维坚韧不堪食用。丝瓜络可供工业上应用，又可入药。丝瓜也可进行深加工，如加工成丝瓜美白柔肤水、人参皂苷丝瓜美容精、全天然丝瓜水美容液、丝瓜络复合制品等产品。

6. 苦瓜

苦瓜（*Momordica charantia*，图 5－52）又称为凉瓜、癞瓜、锦荔枝，为葫芦科植物苦瓜的果实。因其果实含有特殊的苦味，故名苦瓜。是我国南方夏季主要瓜菜之一。

图 5－52　苦瓜

（1）主要品种　在南方各省比较普遍栽培的品种有：

① 大白苦瓜：瓜长条形，瓜皮白色，肉厚，子少，品质优良。

② 滑身：又称滑线。瓜长圆锥形。果面有平滑纵沟，深绿色，瘤状突起较少，味较好，品质好，单瓜重0.25kg。

③ 大顶苦瓜：又称雷公凿，瓜呈短圆锥形，青绿色，瘤状突起，苦味较少，品质优良，单瓜重0.25～0.6kg。

（2）营养成分　苦瓜的营养价值比较高，每100g含蛋白质1.2g，脂肪0.1g，糖类3g，钾343mg，钠1.8mg，磷36mg，胡萝卜素0.08mg，烟酸0.8mg，硫胺素0.01mg，维生素C 125mg；此外，还含有粗纤维、苦瓜素、苦瓜苷等物质。

（3）食疗与保健作用　《本草纲目》记载苦瓜"苦寒无毒，除邪热，解劳乏，清心明目，益气壮阳"。中医认为苦瓜性寒，味苦；入心、肝经。它的主要功效为清热祛暑、明目解毒、利尿凉血，主治热病烦渴、中暑丹毒、目赤痈肿、痢疾、少尿等病症。

苦瓜具有以下保健食疗作用：

① 促进饮食，消炎退热　苦瓜中的苦瓜苷和苦味素能增进食欲，健脾开胃；所含的生物碱类物质奎宁，有利尿活血、消炎退热、清心明目的功效。

② 防癌抗癌　苦瓜蛋白质成分及大量维生素C能提高机体的免疫功能，使免疫细胞具有杀灭癌细胞的作用；苦瓜汁含有类似奎宁的蛋白成分，能加强巨噬细胞的吞噬能力，临床上对淋巴肉瘤和白血病有效；苦瓜种子中提炼出的胰蛋白酶抑制剂可以抑制癌细胞所分泌出来的蛋白酶，阻止恶性肿瘤生长。

③ 降低血糖　苦瓜的新鲜汁液含有苦瓜苷和类似胰岛素的物质，具有良好的降血糖作用，是糖尿病患者的理想食品。

（4）加工利用　苦瓜以食幼瓜为主。其瓜肉柔嫩、清香可口，可供炒食或腌渍。深加工产品包括低糖苦瓜蜜饯、天然苦瓜茶、苦瓜汁、苦瓜保健酒、苦瓜果酱、苦瓜降糖多肽等。

第六章 植物性原料——水果类

第一节 概 述

水果营养丰富、品种繁多、来源广泛，是人类膳食中的必需食品之一，中国居民平衡膳食宝塔中所推荐的每日摄入量为100～200g，再加上其特有的色、香、味和保健作用，深受人们喜爱。

我国的水果品种繁多，分类方法也各不相同，下面只介绍三种常用的分类方法：

（1）按果皮的形成分类 如果果实的果皮完全由子房发育而成，则称为真果。有些植物的果实除子房外，还有其他部分参加果皮的形成，如花被、花托以至花序轴，这类果实称为假果，如苹果、瓜类、菠萝等。另外，一朵花中如果只有一枚雌蕊，以后只形成一个果实的，称为单果。如果一朵花中有许多离生雌蕊，以后每一雌蕊形成一个小果，相聚在同一花托之上，称为聚合果，如草莓。如果果实是由整个花序发育而来的，花序也参与果实的组成部分，就称为聚花果，或称花序果，也称复果，如桑葚、菠萝、无花果等。

（2）按果皮的质地和性质分类 果实成熟时，根据果皮质地的不同可将水果分为两大类，即肉质果（通常称为鲜果）和干果。

肉质果的果皮柔软多汁且通常具有鲜艳的色彩，日常鲜食的各种水果大多数为肉质果。肉质果按果皮来源和性质不同又可划分为以下几种类型。

① 核果：通常由单雌蕊发育而成。三层果皮明确可分，外果皮极薄；中果皮是发达的肉质食用部分；内果皮的细胞经木质化后，成为坚硬的核，内部包含有一枚种子，所以称为核果。如桃、杏、李等。

② 仁果：又称梨果。果实不是由单一的子房发育而成，而是由子房和花托愈合在一起共同发育而成的假果。花托形成的果壁与子房发育形成的外果皮及中果皮均为肉质，界限不明显，内果皮为革质，内部包含有数枚种子。如梨、苹果等。

③ 浆果：是由一个或几个心皮形成的果实。果皮除外面几层细胞外，中果皮与内果皮均为肉质，柔嫩而多汁，内含多枚种子。如葡萄、番茄、柿等。

④ 瓠果：主要指葫芦科植物的果实，果实的肉质部分是子房和花托共同发育而成的，所以也属于假果。花托与子房发育而成的外果皮结合为坚硬的果壁，中果皮、内果皮肉质包含有数枚种子。如西瓜、哈密瓜、白兰瓜等。

⑤ 柑果：也称橙果，主要指柑橘类的果实，它的外果皮为坚韧革质，有很多油囊分布。中果皮为疏松髓质，有维管束分布其间，内果皮膜质，分为若干室，室内充满含汁的长形丝状细胞。如常见的柑橘、柠檬等。

干果则是指果实成熟后果皮干燥而坚硬，缺少汁液和诱人的色彩，仅有核仁可以食用的水果或种子，如核桃、板栗、榛子等。

（3）按果树本身的特征分类

① 落叶果树水果

仁果类：苹果、梨、山楂等。

核果类：桃、杏、李、梅、樱桃等。

浆果类：葡萄、草莓、猕猴桃、桑葚、木瓜等。

坚果类：核桃、板栗等。

杂果类：柿、枣等。

② 长绿果树类水果

柑橘类：柑橘、柚、柠檬等。

其他类：枇杷、杨梅、荔枝、龙眼、橄榄、芒果等。

③ 多年生草本类水果

香蕉、菠萝等。

本章结合几种分类方法按鲜果和干果两大类分别进行介绍。

第二节　鲜　果　类

一、仁　果　类

1. 苹果

苹果（*Malus pumila*，图 6－1），又名超凡子、天然子、平波、苹婆等，古代别名为柰、频婆，是蔷薇科植物苹果的果实，原产于欧洲中部和东南部、中亚细亚以及我国新疆一带，是世界主要水果品种之一。我国的苹果栽培历史悠久，资源非常丰富，主要集中在渤海湾、西北黄土高原、黄河故道和西南冷凉高地等四大产区，其中西北黄土高原和渤海湾产区是世界优质苹果生产的最大产区，特别是山东烟台和青岛以及辽宁等地，苹果产量高且品质好，备受食用者的赞誉。

图 6－1　苹果

（1）主要品种　原产于我国的苹果为绵苹果，目前在陕西、甘肃、青海和新疆等地仍广泛分布，但作为经济作物栽培的苹果品种，绝大多数都是从国外引进的西洋苹果。

苹果的种类很多，我国常见的大约有 400 多个品种，市场上常见的也有几十种，按其成熟度不同可分为三种，即早熟品种、中熟品种和晚熟品种。

① 早熟品种：又称伏苹果，成熟期为 6 月中旬至 7 月下旬，生长期短，肉质松，味酸，不耐贮藏，产量较少，如辽伏、早金冠、贝拉、安娜、早捷、伏帅等。

② 中熟品种：成熟期为 8 月上、中旬至 9 月下旬，有的果实质松，有的较脆，较耐贮藏，如乔纳金、红星、新红星、红玉、华冠、红元帅等。

③ 晚熟品种：成熟期为 10 月下旬至 11 月上旬，果实质地坚实，脆甜稍酸，耐贮藏，如富士、国光、青香蕉、秦冠等。

（2）营养成分　苹果外形美观、香气浓郁、肉质细嫩、酸甜适口且营养丰富，是一种深受人们喜爱的大众水果。据测定，苹果每 100g 可食部含水分 85.9g、蛋白质 0.2g、脂肪 0.2g、糖类 13.5g、维生素 B_1 0.06mg、维生素 B_2 0.02mg、维生素 C 4mg、钙 4mg、磷 12mg、钾 119mg，此外，还含有其他一些维生素和矿物质。

(3) 食疗与保健作用　民间有句谚语“一日一苹果，医生远离我”，说明苹果具有特殊的保健功效。

祖国医学认为，苹果味甘、微酸、性凉，具有生津、润肺、开胃、解暑、醒酒、止泻等功效。

现代医学认为，苹果对胃肠功能有双向调节作用，既能止泻，又可通便。苹果中含有鞣酸、果胶等成分，它们具有抑制和消除细菌毒素以及收敛的作用，因而能止泻。而苹果中的有机酸和纤维素有刺激、促进肠道蠕动的作用，因而可通便。

最近发现，苹果能降血脂和降胆固醇。原因是苹果本身不含胆固醇，能促进胆固醇从胆汁中排出，苹果含有大量果胶可促进肠蠕动，苹果在肠道内分解出来的乙酸有利于胆固醇代谢，苹果中丰富的维生素 C、果糖、镁等也可促进胆固醇代谢。由于苹果有这种特殊的降脂功能，因此十分适合高血压、高血脂、冠心病和动脉硬化等病人食用。

苹果不仅能减肥，还可使皮肤润滑柔嫩。苹果所含热量不高，每 100g 所含的热量仅 280.8J 左右。苹果中的营养成分可溶性大，易被人体吸收，有“活水”之称。这种“活水”有利于溶解微量元素硫，而硫是一种可以使皮肤润滑柔嫩的物质。同时，苹果中还含有少量的铜、碘、锰和锌，这些元素有防止皮肤干燥、皲裂的作用。

另外，苹果还有解毒、保护肝脏、增加免疫功能等作用，这显然与苹果含有丰富的维生素 A、维生素 C、维生素 B_1、维生素 B_2、烟酸，矿物质钾、钙、镁、铁、磷、硫是分不开的。

(4) 加工利用　苹果主要用于鲜食，也可以根据果实的品质和消费者的需要来制作各种食品，包括饮品。如果汁、果酒、果醋；罐头，如糖水罐头；大众食品，如果干、果脯、果泥、果糕、果酱等；甜菜或配料，如拔丝苹果、熘苹果、苹果焖鱼等。其中果汁和果酒加工对原料有特殊的要求，包括合适的糖酸比（12∶1）、高含量和高质量的芳香物质、尽可能高的出汁率以及较好的保藏性能等，主要加工专用品种包括瑞丹、瑞林、上林、甜麦、甜格力和苦绯甘等。

2. 梨

梨（*Pyrus*，图 6－2）又名快果、玉乳、玉露等，是蔷薇科植物的果实。产量很高，仅次于苹果，中国自周朝起即已栽培种植。古时视梨为上品，有“百果之宗”的声誉。

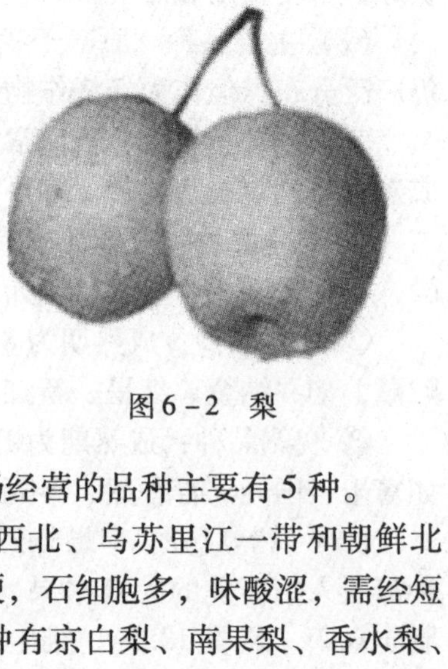

图 6－2　梨

(1) 主要种类和品种　梨的适应性很强，在很多地区都有栽培。根据其起源可分为两大类，即中国梨和西洋梨。中国梨起源于我国，迄今已有 3000 多年的栽培史。西洋梨约在 1870 年由美国传教士引入我国，至今已有 100 多年的历史。

梨属植物约有 30 多个品种，我国约有 13 种，作为市场经营的品种主要有 5 种。

① 秋子梨类：主要分布在我国东北、华北、内蒙古、西北、乌苏里江一带和朝鲜北部。果实多数呈圆形或扁圆形，果形较小，皮绿色，肉质硬，石细胞多，味酸涩，需经短期贮藏，肉变软、味变甜后方可食用。其中品质较好的品种有京白梨、南果梨、香水梨、

秋子梨、鸭广梨和延吉苹果梨等。秋子梨类的大多数品种品质较差，不耐贮藏，因而生产中很少进行长期贮藏。

② 白梨类：主要分布于河北、山东、辽宁、山西等地，西北、华北地区和淮河流域也有栽培。果实为卵圆形或倒卵形，果形一般较大，初熟时果皮绿色，后转为黄色或黄白色，果面有细密果点，果肉细脆，汁多味甜，采后不需经后熟即可食用，但香味较淡。白梨优良品种较多，著名的品种有鸭梨、雪花梨、秋白梨、长把梨、栖霞大香水梨等。白梨类一般均具有商品性状好、耐贮运的特点。

③ 沙梨类：分布于长江流域及其以南各省，日本和朝鲜也有分布。果实近球形，也有部分椭圆形或倒卵形。果形中等大或特大，果皮淡黄或褐色，有浅色果点，果肉清脆多汁，酸甜适中，采收后即可食用。著名品种有浙江三花梨、威宁大黄梨、四川苍溪梨、云南宝珠梨、富源黄梨、江西麻酥梨等。日本梨品种也属本种，如二十世纪、二宫白、明月梨等。沙梨类耐藏性不及白梨，一般采后即上市销售或者只进行短期贮藏。

④ 新疆梨类：原产我国，是西洋梨与白梨的自然杂交种，分布于新疆、甘肃、青海等地。果实较小，果形为卵圆或倒卵圆形，采收后即可食用，且耐贮性好。主要有30多个栽培品种，以新疆梨区栽培最多。如新疆库尔勒香梨、甘肃长把梨等。

⑤ 西洋梨类：西洋梨原产欧洲中部、东南部以及中亚地区，1870年前后引入我国栽培。果实多呈葫芦形或倒卵形，果柄长而粗，果皮黄色或黄绿色，果皮细密，果肉质细多汁，石细胞少，香气浓郁，采后需经后熟软化方可食用。主要品种有巴梨（香蕉梨）、茄梨、三季梨、日面红和贵妃梨等。西洋梨类一般耐贮性较差。

（2）营养成分　梨是我国的大宗水果，产量仅次于苹果和桃。鲜梨有的脆嫩，有的细软，有的酸甜多汁，有的香味浓郁，是深受百姓喜爱的大众果品。据测定，梨每100g可食部含有水分85g左右、果糖6~9.7g、葡萄糖1~3.7g、蔗糖0.4~2.6g，钙5mg、磷6mg、铁0.2mg、维生素C 4mg。此外，梨还含有一定量的蛋白质、脂肪、胡萝卜素、维生素B_1、维生素B_2及苹果酸等。

（3）食疗与保健作用　祖国医学认为，梨味甘、微酸、性凉，有生津止渴、清热润燥、降火解暑、化痰、解酒毒的作用，并有“梨生者清六腑之热，熟者滋五脏之阴”之说。

现代医学研究认为，梨有降低血压、养阴清热、镇静、保肝的作用，因而高血压、心脏病、肝病患者宜食梨。梨皮能清心润肺、降火生津，常用来治疗暑热烦躁、咳嗽、痢疾等症。

（4）加工利用　梨除生食外，还可加工成梨汁、梨膏、梨酱、梨干、梨脯、罐头、梨酒、梨醋等食品，也可用来烹饪菜肴或作为烹饪配料使用。产品除供应国内市场外，每年均有较多鲜果和加工品出口，鲜果出口量占全国出口总量的33%左右。

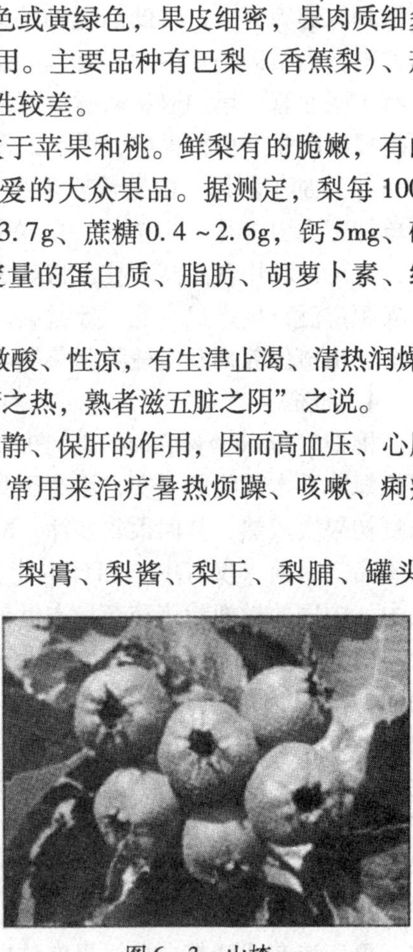

图6-3　山楂

3. 山楂

山楂（*Crataegus pinnatifida*，图6-3）是蔷薇科落叶灌木或小乔木植物野山楂或山楂的成熟果实，又名红果、山里红、胭脂果等，原产于我国，是我国特有的水果，品种很多，辽宁、山东、河北、河南、北京和天津的部分地区为山楂的主要产地，其中以北方的大山楂质量最好。每年九、十月成熟上市。山楂既是水果，又是中药，生熟食均可，古今被视为养生食疗之佳品。

（1）主要品种

① 大山楂：又称方果山楂、大楂，主要产于辽宁。果个大，果皮深红，有果点，近萼部细密。肉紧密，粉红色，近梗凹处青黄色，味酸微甜，汁多。

② 小山楂：又称面楂，主要产于山东。果个小，浓红色，密布褐色细斑点，萼开张。肉紧密，粉红色，酸甜适度，贮放后果肉变面。

③ 野山楂：又称南山楂、小叶山楂、红果子等。果实较小，类球形，直径0.8～1.4cm。山楂果表面棕色至棕红色，并有细密皱纹，顶端凹陷，有花萼残迹，基部有果梗或已脱落。质硬，果肉薄，味微酸涩。

（2）营养成分　山楂不但颗颗滚圆，红似玛瑙，令人喜爱，而且有很高的营养价值。在100g鲜山楂果肉中，维生素C含量高达89mg，在水果中仅次于红枣、猕猴桃，居第三位。其次是含钙量，高达85mg，也名列果蔬前茅，最适合小儿、孕妇及老年人对钙质的需求。胡萝卜素含量也相当可观，此外还含有铁、烟酸以及蛋白质、脂肪、糖类等营养成分。

（3）食疗与保健作用　山楂性味酸、甘、微温，归脾、胃、肝经。祖国医学认为，山楂具有健脾开胃、帮助消化的功效。中药中有名的“焦三仙”是助消化、治腹泻的常用方剂，山楂即是其中“一仙”。而现代药理研究证明，山楂含有三萜类和黄酮类成分，具有扩张血管、增加冠状动脉血流量、降血压、降低血清胆固醇以及杀菌、防癌等作用。值得提醒的是，山楂虽好，但孕妇及消化性溃疡患者不宜多食，一般空腹时也不宜多吃。

（4）加工利用　山楂营养丰富、酸甜可口，具有养生、食疗及药用价值，既可将其简单加工成山楂片、山楂糕、山楂卷、果丹皮、山楂酱、山楂罐头、冰糖葫芦等大众食品，也可以利用食品高新技术将其深加工成果粉、果茶、果冻、饮品及药用或保健品。原料来源广泛，生产成本低，效益高。另外，也可以用于煲汤、熬粥或制作菜肴，如山楂绿豆汤、山楂保养粥及山楂降脂菜等。

4．枇杷

枇杷（*Eriobotrya japonica*，图6－4）又称卢橘、芦橘、芦枝、金丸等，是蔷薇科枇杷属长绿小乔木植物的果实，原产于我国西部，因其叶形似琵琶而得名。枇杷秋冬开花，春末夏初果实成熟，其肉柔软多汁，酸甜适口，是水果淡季之珍品。目前，仅有中国和日本能为国际市场提供产品。其中，中国的枇杷栽培和产量占世界总量的2/3以上。

（1）主要品种　枇杷品种很多，其分类方法也各不相同。按果肉颜色可分为红肉类（红砂类）和白肉类（白砂类）。红肉类枇杷果实为圆形或倒卵形，果皮橙红色或浓红色，较厚，易剥离，味甜质细，品质较好。主要优良品种有浙江的大红袍、尖脚、洛阳青，福建的解放钟、圣钟、早黄、泰城4号，安徽的大红袍和湖北的华宝2号等。白肉类枇杷果实呈圆形或稍扁，果皮薄，易剥离，果面淡黄或微带白色，果肉洁白或微带黄色，汁多味

图6－4　枇杷

甜，果肉质细而鲜美，核小。主要优良品种有福建的白梨、江苏的白玉、浙江的软条白砂等。枇杷也可以根据果形不同分为圆果类和长果类。圆果类核较多，果较小，肉薄；长果类果大，核少，肉厚，罐藏、加工性能均好，属进化类型。

（2）营养成分　枇杷果实外形美观、色泽艳丽，果肉柔软多汁、酸甜适度、味道鲜美，富含人体需要的多种营养成分。优良品种果实可食率一般在65% ~75%，果汁含可溶性固形物8% ~19%，每100g可食部分中含蛋白质0.4g、脂肪0.1g、糖类7g、粗纤维0.8g、灰分0.5g、钙22mg、磷32mg、铁0.3mg、胡萝卜素1.33mg，维生素C 3mg。此外，果实中还含有苦杏仁苷，为防治癌症的特效药。

（3）食疗与保健作用　枇杷的果实、花、叶、树皮、根具有较高的医疗价值。祖国医学认为枇杷果实味甘酸、性凉，归肺、脾经，具有止渴、润肺、清热、止咳、健胃之功效。用枇杷叶制成的枇杷露有清肺、和胃、下气、降火、化痰、止咳之功效，用于治肺热咳痰多、呕逆、口渴诸症。民间以枇杷叶，加鲜果榨的汁、冰糖，文火熬成中成药“枇杷膏”，具有清肺、宁咳、润喉、解渴、和胃功效，主治慢性支气管炎、肺逆咳嗽等，疗效显著。枇杷叶冲剂有清肺、化痰的作用，用于治疗久咳喑哑、痰中带血、肺痿肺疽、口干烦渴等症。枇杷花性味淡微温，可治疗伤风感冒、寒性咳嗽，将枇杷花与蜂蜜同蒸，然后服用，有解表润喉止咳的功效。枇杷核性味苦平，有化痰止咳、疏肝理气功效。用枇杷核晒干捣碎，每次20 ~25g水煎，煮沸，文火煎10多分钟，临服加入适量冰糖，口服两次治咳嗽。

（4）加工利用　枇杷果实除供鲜食外，也可以用来加工制成糖水罐头或果酱、果酒、果汁、果膏、果露等。枇杷还可以用来制作甜菜，如豆沙酿枇杷、冰糖玫瑰枇杷等。

5. 海棠

海棠（*Malus prunifolia*，图6－5）原产我国，分布于西北、华北、东北各地，又叫“海红”、“楸子”，为蔷薇科落叶小乔木。叶卵圆至椭圆形，有锐锯齿。花白色，果圆形或卵圆形，黄色而有红晕，9月成熟。除少数改良品种的果实供生吃外，大多供加工用。

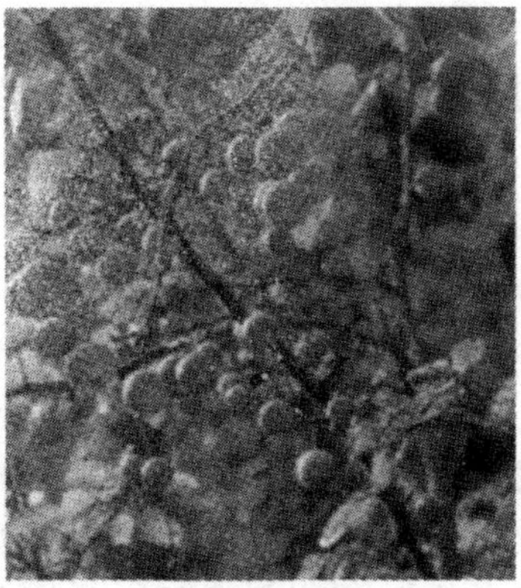

图6－5　海棠

海棠，是丽江的一道风景，海棠春观花，秋采实，既美化了环境，又有不错的经济效益。丽江海棠有三种类型，一是木瓜海棠（又名贴梗海棠），主要用于庭院美化，意在观花，花谢后结出的果实是木瓜而非海棠果；其次是西府海棠（又名海红、子母海棠、小海棠果），西府海棠着果艳甜；再是垂丝海棠，花色娇媚，形似小莲，是海棠花中名品，春花秋实，美不胜收。丽江海棠果多制成干品出售，有散装、袋装，纳西语叫“多利久补”，是治肾炎、糖尿病的药食兼用的干果，尤其适宜不善服药的儿童食用。

二、核　果　类

1. 李

李（*Prunus salicina*，图6－6），又名嘉庆子，为蔷薇科植物李的果实，是我国最古老的栽培水果之一，分布很广，在我国各地均有栽培。李的果实多为圆形或长圆形，皮为绿色、黄色、红色或紫红色，而果肉则为黄色、红色或青色。果实一般在夏、秋季节成熟，形态美艳，口味甘甜，也是人们喜食的传统水果之一。

图6-6 李

(1) 主要种类　李种类很多，主要栽培种有4个，即中国李、杏李、欧洲李与美洲李，其中以中国李的栽培最普遍。李也可以根据其果皮和果肉的颜色进行分类，包括红皮红肉、红皮黄肉、青皮红肉、青皮青肉和黄皮黄肉等种类。常见的品种有檇李、朱砂红李、玉皇李、西安大黄李、济源黄甘李、绥德转子红李等。

(2) 营养成分　同其他鲜果一样，李子中也含有很多人体所需要的营养成分。每100g可食部含有水分90.0g、糖类8.7g、粗蛋白0.7g，此外，还含有维生素B_1、维生素B_2、维生素C、钙、磷、铁及氨基酸等成分。

(3) 食疗与保健作用　李子自古被列为“五果”之首，除具有很好的营养价值之外，还具有很好的药用和保健作用。祖国传统医学认为，李，性凉，味酸甘，具有清热、生津、止渴、利水等功效，适用于阴虚内热、咽干唇燥、津少口渴、水肿、小便不利等症。李子对肝病也有较好的保养作用。唐代名医孙思邈评价李子时曾说：“肝病宜食之”。现代医学有关实验表明，李子还有促进血红蛋白再生的作用，贫血者适度食之对健康大有益处。另外，李子花具有奇特的养容功效，是现代美容不可多得的天然精华。值得注意的是李子虽好，但要食之有度。俗话说“桃养人，杏害人，李子树下睡死人”，讲的就是这个道理。由于李子性寒，多食会使人生痰，助湿，甚至令人发虚热，所以肠胃消化不良者应少吃。另据前人的经验，忌食未成熟的李子，并且李子不能与雀肉或蜂蜜同食。

(4) 加工利用　李子除鲜食外还可制果干、果脯、蜜饯、罐头或含果肉李汁饮料等，其解渴和提神的功能尤其明显。也可以用李子来自制李子汁、李子羹、李子粥或泡李子酒等。但李核含有氢氰酸化合物，所以除核作业必须小心，不能使李核受伤。

2. 桃

桃（*Prunus persica*，图6-7）是蔷薇科植物桃树的果实，形状各异，包括扁平、扁圆、椭圆、卵圆、尖圆、圆等，表面有茸毛，中果皮肉厚多汁，是食用的主要部位。桃原产于我国，和李一样是我国古老的水果之一，并且分布很广，在全国各地都有栽培，其中以浙江栽培最多，河南次之，再次为山东、河北、陕西、甘肃和云南等地栽培较多。

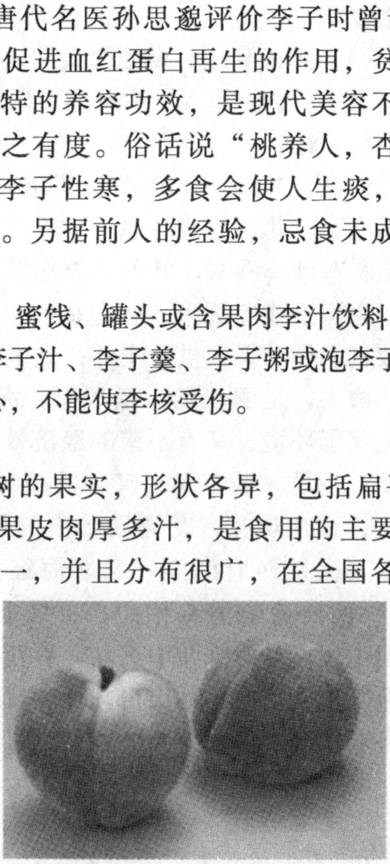

图6-7 桃

(1) 主要种类和品种　桃的分类方法有很多，按栽培学特征分类可分为五个类群。

① 北方桃品种群：产于长江以北及黄河流域，以山东、河北两省为主。果形圆，果顶尖而突起，缝合线较深而明显，肉质紧密少汁，较耐贮运。如

山东肥城桃、河北深州水蜜桃等。

② 南方桃品种群：产于长江流域及以南地区，以江苏、浙江、上海栽培较多。果实顶部平圆，果肉柔软多汁，不耐贮藏。著名品种有上海水蜜桃、奉仙玉露桃等。

③ 黄肉桃品种群：产于西北、西南地区，以黄皮黄肉而得名，果肉紧密强韧，适合于加工成罐头。如宁夏的黄甘桃、华北的黄金桃等。

④ 蟠桃品种群：以江、浙两省栽培最多，果形扁圆，两端凹入，肉质柔软，味甜多汁，如撒花红蟠桃、白芒蟠桃等。

⑤ 油桃品种群：产于新疆、甘肃等地，果实表面无毛，肉质硬脆，汁少味酸。品质较好的如新疆的黄李光桃、甘肃的紫脂桃等。

（2）营养成分　桃色泽鲜艳，果味甜美，含有许多人体所必需的营养成分。据分析，每100g桃肉中所含营养成分为蛋白质0.9g、脂肪0.1g、糖类12.2g、钙6mg、磷20mg、铁0.8mg、维生素B_1 0.01mg、维生素B_2 0.03mg、烟酸0.7mg、维生素C 7mg以及胡萝卜素20mg。

（3）食疗与保健作用　桃不仅具有很高的营养价值，而且具有很好的药用价值和保健作用。

中医认为，桃味甘酸，性微温，具有补气养血、养阴生津、止咳杀虫等功效。由于桃性温，因此适合瘦弱而体质虚寒者食用；桃中铁含量丰富，故吃桃能防治贫血；桃中富含果胶，经常食用可预防便秘。

桃的药用价值主要在于桃仁，桃仁中含有苦杏仁苷、脂肪油、挥发油、苦杏仁酶及维生素B_1等，对治疗肺病、敛汗、止血有特效；唐代名医孙思邈曾称桃为“肺之果，肺病宜食之”。

桃叶味苦、性平，有很好的发汗和杀虫作用。民间常用桃叶治疗淋巴腺炎、鼻中生疮、足癣及灭跳蚤等。

桃花也可入药。将白桃花焙干研成细末，每次1~3g蜜水调服，对浮肿腹水、大便干结、小便不利疗效显著。而桃树皮中分泌的树脂，性黏稠，味甘苦，无毒，也具有药用价值，可治疗乳糜尿、糖尿病等症。

未成熟桃的果实干燥后，称为碧桃干，性味苦、温，有敛汗、止血之功能。阴虚盗汗、咳血的患者，将碧桃干10~15g加水煎服，有治疗作用。

值得注意的是桃虽好吃，但不可多食。李时珍曾说：“生桃多食，令人膨胀及生痈疖，有损无益。”常言“桃养人”，但要食桃适度，恰到好处。

（4）加工利用　桃既可生食，也可以加工成桃干、桃脯、桃酱、蜜饯、糖水罐头及饮料等。一般加工桃汁饮料时，通常先用桃制备桃原浆，有时还制成桃浓缩浆，然后再用桃原浆或浓缩浆制备含果肉的桃汁饮料。桃在烹饪中也可以用于甜菜的制作。而核仁和桃叶则可供药用。

3. 杏

杏（*Prunus armeniaca*，图6-8），又名甜梅杏实，蔷薇科植物杏树的果实。原产于我国和中亚地区，迄今已有4000多年的栽培史。杏的成熟期一般在6、7月份，迟于草莓、樱桃，而早于李和桃，是水果淡季的主供品种，但耐贮性较差。

（1）主要种类和品种　杏有家杏和山杏两种。家杏以食果实为主，果肉黄软，酸甜多汁，是夏季的主要水果之一。主要品种如兰州大接杏、仰韶黄杏、沙金红杏等；山杏以食杏仁为主，又称仁用杏，习惯上将其划分为甜杏仁和苦杏仁两大类。甜仁的俗称大扁杏或杏扁，都是园艺栽培品种。苦仁的则是以西伯利亚杏或山杏为主的野生或半野生种类。

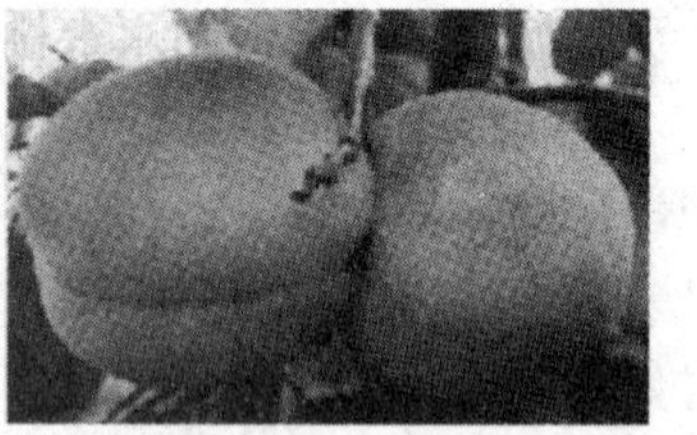

图6-8　杏

（2）营养成分　鲜食的杏果实含有丰富的营养成分。据测定，每100g果肉含糖9.1g、蛋白质0.9g、单宁0.074g、果胶0.5~1.2g、酸0.2~2.6g、钙14mg、磷15mg、铁0.6mg、维生素C 4mg、维生素A 1.75mg以及其他多种维生素。其中维生素A含量在几种常见水果中居于首位，含量为柑橘的10~15倍。

（3）食疗与保健作用　从中医角度看，杏性平和，味带甘酸，生吃润肺止渴，干果亦有同效。但《本草纲目》谓其“酸、热、有小毒，生食多，伤筋骨”。俗语也有“桃养人，杏害人”之说。所以杏虽好吃，但不可食之过多。

杏的药用和保健作用主要在于杏仁。苦杏仁能止咳平喘、润肠通便，可治疗肺病、咳嗽等。甜杏仁和日常吃的干果大杏仁偏于滋润，有一定的补肺作用。现代科学研究证明杏仁还含有丰富的黄酮类和多酚类成分，这些成分不但能够降低人体内胆固醇的含量，还能显著降低心脏病和很多慢性病的发病危险。同时还有美容功效，能促进皮肤微循环，使皮肤红润光泽。苦杏仁中含有的苦杏仁苷还具有杀伤癌细胞、抑制癌细胞增长的作用，具有很好的防癌、抑癌效果。但苦杏仁苷经酶或酸分解后可释放出剧毒物质氢氰酸而导致组织细胞窒息，严重者会抑制中枢神经，导致呼吸麻痹甚至死亡。因此，未成熟的杏不可生吃，苦杏仁的使用也一定要谨慎。一般将苦杏仁用水浸泡或进行加工后，其毒性作用可以消除。但产妇、幼儿、病人特别是糖尿病患者，不宜吃杏或杏制品。

（4）加工利用　杏果可以生食，也可以用未熟果实加工成杏脯、杏干、杏酱、杏罐头、杏果丹皮等，也可以用来酿制杏酒或果醋。甜杏仁可以作为休闲小吃，也可做凉菜用；而苦杏仁一般用来入药，但“有小毒”，故不能多吃。

4．梅

梅（*Prunus mume*，图6-9）为蔷薇科植物，是我国特有的果树之一，在我国栽培历史悠久，多分布于长江以南各省。梅的外形与杏相近，但二者并非同一种。梅以清酸称绝，少量食用爽口生津，素有“望梅止渴”之说。

（1）主要种类和品种　梅的品种很多，其分类方法不尽相同，一般按果实的颜色分为白梅、青梅、花梅三大类。白梅成熟时黄白色，质粗味苦，多用于制干；青梅将熟时青色，熟时青黄色，味酸稍带苦涩，肉质清脆；花梅又称红梅，果实向阳面成熟时有红晕，质地细脆而味清酸，为梅中上品。鲜食梅的质量以果色新鲜、质脆清酸、肉厚核小者为佳。

（2）营养成分　梅果含有单宁酸、柠檬酸、苹果酸等成分，未熟果实内更含有苦味酸、氰酸，不宜入口。成熟后具酸涩味，不宜生食，仅供加工用。梅果含有多

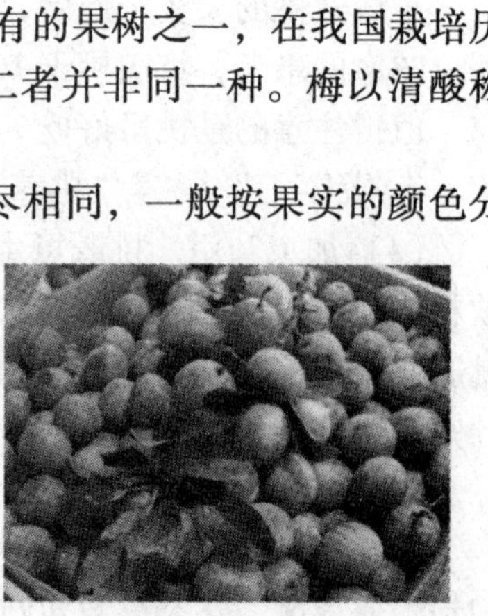

图6-9　梅

量的有机酸，但各种有机酸的含量依成熟度的不同而有增减。成熟果以柠檬酸含量最多，其次为苹果酸。此外，梅果实中也含有较其他水果丰富的钙、磷、铁等矿物质，这些成分在我们的饮食中是不可或缺的。

（3）食疗与保健作用　祖国医学认为，梅味酸、性平，有利咽、生津、涩肠止泻、利筋脉等功效。

（4）加工利用　梅可鲜食，也可以制成系列产品供家庭烹调、菜肴配料、家居旅行使用，是老少皆宜的四时绿色食品。如熏制的乌梅、饯制的话梅、陈皮梅以及酸梅汤、梅酱、梅醋和梅酒等。

5. 樱桃

樱桃（*Prunus pseudocerasus*，图6－10），又名荆桃、含桃、莺桃、朱樱及朱果等，是蔷薇科李属樱亚属植物樱桃树的果实。于春末夏初即可应市，是我国长江流域和淮北地区果实成熟最早的一种果树，被誉为“开春第一果”。

图6－10　樱桃

（1）主要种类和品种　樱桃的种类很多，目前我国生产上作为果树栽培的主要种类有中国樱桃、欧洲甜樱桃（简称甜樱桃）、欧洲酸樱桃（简称酸樱桃）和毛樱桃四种，其中又以中国樱桃和甜樱桃为主要的栽培品种。

中国樱桃原产于我国，迄今已有3000多年的栽培史，果实呈球形，色泽艳丽，果肉甜中带酸，营养丰富，以江苏、浙江、山东、北京、河北栽培较多。主要优良品种有安徽太和的金红樱桃、大鹰嘴甘樱桃，山东龙口的黄玉樱桃，江苏南京的东塘樱桃，浙江诸暨的短柄樱桃等。

甜樱桃又称“西洋樱桃”，果实成熟早且色、香、味俱佳，营养也很丰富。主要优良品种有大紫、水晶、那翁、鸡心等。

（2）营养成分　中医古著《名医别录》中有记载：“吃樱桃，令人好颜色，美志”。樱桃含有丰富的蛋白质，维生素A、B族维生素、维生素C，还有钾、钙、磷、铁等矿物质以及多种生物素，低热量，高纤维。最新的科学研究还发现，樱桃中还含有花色素、花青素、红色素等多种生物素，这些生物素有很重要的医药价值。

（3）食疗与保健作用　祖国传统医学认为，樱桃味酸甘、温涩、无毒，有益脾养胃、滋养肝肾、涩精、止泻、祛风湿等功效。现代医学研究证明，樱桃中铁含量很高，因此具有防治贫血的效果。樱桃中所含有的花色素、花青素、红色素等多种生物素一方面是很有效的抗氧化剂，具有比维生素E更强的抗衰老效果，同时也可以促进血液循环，有助于尿酸的排泄，能缓解因痛风、关节炎所引起的不适，其止痛消炎的效果，被认为比阿司匹林还要好。另据临床报道，樱桃有杀菌消毒作用，对治疗冻伤有较好的疗效。

按中医说法，樱桃属火性，大热，平素有热性病及喘嗽者不可食用。并且樱桃仁含氰苷，水解产生氢氰酸，误食樱桃核过多可出现中毒症状。因此，用樱桃核入药时，应当慎重。

（4）加工利用　樱桃可鲜食，也可以加工成果酱、果汁、果酒、罐头。在蛋糕和菜肴中也经常用樱桃作为装饰。

6. 枣

枣（*Zizyphns jujuba*，图 6 – 11）为鼠李科枣属植物，原产于我国，至今已有4000多年的栽培历史，国外栽植量很少，也未形成商品和规模。因此枣树为我国特产果树，栽培面积和总产量均占世界的90%以上。除东北严寒地区及西藏外，全国各地均有栽培，其中河北、山东、河南、山西、陕西等省最多。

图 6 – 11 枣

（1）主要种类和品种　现在全世界枣属植物有100多种，我国约有14种，其中主要的有酸枣、普通枣和毛叶枣3种。

酸枣，古称“棘”，原产我国，分布较广，尤以北方为多。果实较小，形状有圆、扁圆、卵圆、长椭圆和柱形等。果面红色。果肉薄，味酸甜。核较大，多呈圆形，核面有花纹，含种子1～2粒，多饱满。酸枣遍生山野，是枣的原生种，可栽培用于取仁入药。

枣，又叫栽培枣或普通枣，为落叶乔木。果实较大，果形变异也较大，长圆形至卵圆形，也有扁圆形。果皮深红色，肉厚，可食率80%以上。果皮含酸量少，含糖量高，味甜，品质佳。果核随果形的变化而不同，多为长椭圆形或纺锤形，两头较尖，含种仁1～3粒，但多不饱满。在长期栽培中形成了一些变种，如无刺枣、龙须枣、缢痕枣、宿萼枣等。

毛叶枣，又称滇刺枣、印度枣、缅枣等，属小乔木或灌木。果实个小，圆形、椭圆形等，可食、味淡，品质较差。种子宽而扁，多干制供药用，树皮也可入药。毛叶枣产于云南、台湾、海南岛、广西、四川、福建等地。在印度、越南、缅甸、斯里兰卡、马来西亚、泰国、印度尼西亚、大洋洲、非洲均有分布和栽培。

枣树在长期栽培过程中，经过人工选择，产生了很多品种。据调查，我国的枣品种有近800个，其中北方枣的品种占全国总数的75%以上。但目前我国对枣品种的分类方法尚未统一，一般是按地理分布、果实大小和用途进行分类。

① 按地理分布分类：由于各地自然条件不同，全国枣品种以年均15℃等温线（秦岭、淮河）为界，可概分为南枣和北枣两大生态型品种群。南枣耐高温、多湿气候和酸性土壤，多分布在长江流域及其以南省份。一般果实较大，含糖量较低，水分多，多用于鲜食和加工蜜枣。著名品种有浙江义乌、兰溪的大枣，安徽宣城的圆枣、尖枣，江苏泗洪的霸王枣，吴县的白蒲枣，湖北随县的秤砣枣，湖南溆浦的鸡蛋枣等；北枣耐低温、干旱和盐碱土壤，多分布在黄河中下游地区，是我国枣的主产区。果实一般含糖量高，含水分少，多用于晒制干枣，如河北、山东的圆铃枣，河北赞皇的大枣，沧州的金丝小枣等。

② 按果实大小和果形分类：按果实大小和果形可把枣分类为小枣、长枣、圆枣、扁圆枣等。

③ 按用途分类：枣树可分为干制品种（其特点是肉厚核小，汁少，含糖率和干制率均很高，如圆铃枣、长木枣、无核小枣等）、鲜食品种（一般称脆枣，其特点是皮薄、肉

质脆嫩、汁多味甜、稍酸，生食味美可口，如冬枣、梨枣、绵枣等）、兼用品种（既可鲜食，也可干制，如金丝小枣、赞皇大枣、酸枣等）和蜜枣品种（其特点是果大而整齐，肉厚质松，汁少、皮薄，含糖率较低，细胞空室较大，易吸糖汁，如义乌大枣、马枣、花红枣等）。

（2）营养成分　枣果含有丰富的能量物质、维生素和矿物质元素，是重要的补养食品。据分析，枣的含糖量居各类果品之首。鲜枣含糖量为25% ~35% （干枣含糖量为60% ~75%），含蛋白质1.2%、脂肪0.2%、钙22mg/100g，磷23mg/100g，铁1.2mg/100g。枣果中还含有丰富的维生素，如维生素A、维生素B_1、维生素B_2、维生素C等，特别是维生素C，100g鲜枣含量可达243mg，酸枣中的含量更高，可达900mg/100g。因此，枣果被人们称为“维生素C丸”。此外，枣果中还含有黄酮类物质、生物碱、大量的环磷酸腺苷（CAMP）、环磷酸鸟苷（CGMP）以及苹果酸等，这些物质对人体健康十分有益。

（3）保健和药理作用　红枣历来被人们视为滋补佳品，同时也具有很高的药用价值。中医认为，枣味甘、性温、无毒，归脾、胃二经，有补中益气、养血安神、生津液、解药毒等功效。《神农本草》、《本草纲目》对其医疗价值均有记载，认为枣有健脾养胃、益血壮神之功效。《尔雅》也有“枣为脾之果”之说。现代研究发现，枣果中富含的维生素C可以软化血管，是预防高血压、冠心病和动脉硬化的理想药物。而黄酮类物质、生物碱和环磷酸腺苷（CAMP）等可促进蛋白质的合成，增加机体抵抗力，还有益于保肝、镇静、降压、抗过敏和抑制癌细胞的增殖，因而有抗癌、抗菌、镇咳的作用，对气血不足、贫血、肺虚、咳嗽、神经衰弱、失眠、高血压、败血病和过敏性紫癜等均有疗效，为国内外医药界重视的营养滋补剂。民间曾流传“日食三枣，长生不老”的说法，又充分说明了枣还具有护肤养颜的功效。

但需注意的是，枣味甘，能助壅气，多食容易腹部胀满。因此，吃枣要适度。糖尿病患者除配药外，以不食枣为宜。

（4）加工利用　枣果耐贮运，除鲜食外，可制成多种加工品，如蜜枣、乌枣、酥枣、醉枣等食品，还可酿制成枣醋、枣酒、枣茶、枣汁等饮料，或制成枣泥、枣蓉等食品配料。其中红枣和蜜枣是我国传统出口商品，在国际市场上享有一定的声誉。

三、浆　果　类

1. 葡萄

葡萄（*Vitis vinifera*，图6-12）又名草龙珠、山葫芦、蒲桃等，为葡萄科植物的果实，是一种世界性水果，种植面积和产量都居世界首位。葡萄是一种很古老的植物，迄今已有5000多年的种植历史。中国古时在陇西、敦煌的山谷原野中早就有野生的葡萄，但正式栽培是在汉朝张骞出使西域后引种传入的。

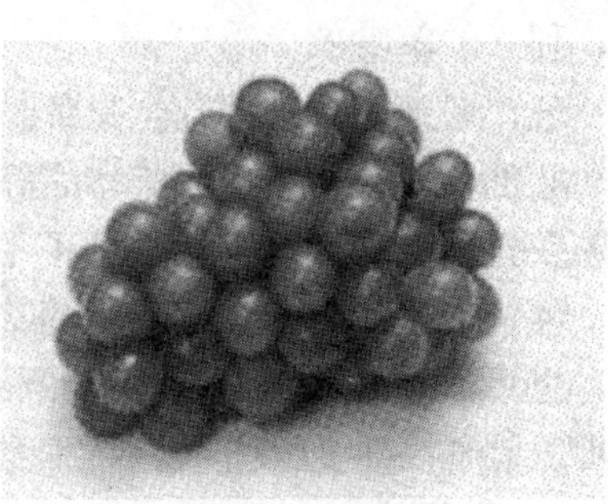
图6-12　葡萄

（1）主要种类和品种　根据地理分布不同，真葡萄亚属各种可分为三个种群。

① 欧亚种群：原产于西亚、东欧和北非，为栽培价值最高的种，广泛分布于世界各地。著名的鲜

食品种和加工品种多属于此种，根据其分布特点又主要包括三个生态地理品种群，即东方群（主要分布在中亚、东亚地区）、西欧群（主要分布在西欧各国）及黑海群（主要分布在黑海沿岸各个国家）。

② 北美种群：包括28个种，仅有几种在生产上和育种上加以利用，多生长在北美东部的森林、河谷中。在栽培和育种中常用的种有：美洲葡萄、河岸葡萄、沙地葡萄和伯兰氏葡萄等。

③ 东亚种群：包括39种以上，生长在中国、朝鲜、日本、俄罗斯远东等地的森林、山地、河谷及海岸旁。在中国生长约30种，变种及类型丰富，主要用作砧木、供观赏及作为育种原始材料。主要品种有：山葡萄、葛及刺葡萄等。

葡萄也可以根据用途进行分类，主要包括四个品种：

① 鲜食葡萄品种：如沙巴珍珠、早玫瑰、山东早红、早玛瑙、玫瑰香、龙眼、牛奶、吐鲁番红葡萄、巨峰、藤稔、黑奥林、白香蕉等。

② 酿酒葡萄品种：如白诗南、雷司令、意斯林、霞多丽、米勒、白羽、赤霞珠、黑比诺、佳利酿、法国兰、北醇、公酿1号等。

③ 无核与制汁品种：如无核白、京早晶、无核紫、大无核白、红脸无核、红宝石无核、金星无核、紫玫康 、康可 、康早 、黑贝蒂等。

④ 砧木品种：如久洛、3309、5BB、SO4、420A、110R、101－14、和谐、山葡萄等。

葡萄还可以根据其色泽分为红葡萄和白葡萄。红葡萄主要用于酿制各类餐酒，色泽包括黑、蓝、紫和深红色，著名品种有赤霞珠、品丽珠、美诺、甘美等。白葡萄主要用于酿制白葡萄酒和香槟酒，色泽包括青色和黄色等，著名品种有佳丽酿、黑品乐、白诗南和龙眼等。

（2）营养成分　葡萄是一种营养丰富的多汁浆果。葡萄含糖量为15%～30%，并且大部分是易被人体吸收的葡萄糖、果糖，少量蔗糖和木糖。还含有蛋白质、有机酸（酒石酸、苹果酸、枸橼酸）、果胶、胡萝卜素、维生素A、维生素B_1、维生素B_2、10余种游离氨基酸、多种矿物质和花色素等。

（3）食疗与保健作用　葡萄营养价值很高，古时就有对葡萄的评价，秦汉时《神农本草经》中即已指出："葡萄味甘、性平，主筋骨湿痹，益气倍力、强志、令人肥健，耐饥，忍风寒……"，说明葡萄有强壮保健作用。

祖国医学认为，葡萄味甘、酸，性平，归肺、脾、肾经，有补气血、强筋骨、生津液、利小便等功效。

现代研究发现，葡萄全身都是"宝"。葡萄汁可降血压；葡萄子含低聚原花青素，丰富的亚油酸、维生素E、植物固醇及白藜芦醇等，具有很好的抗氧化、抗衰老、抗疲劳、抗癌及抗诱变作用；葡萄皮则可用于提取酒石酸和单宁酸等药物。

（4）加工利用　鲜葡萄和葡萄干大量应用于食品加工业中。鲜葡萄除大量直接食用外，也可以用来制干、制汁、酿酒或加工罐头，还可以用作烹饪菜肴的配料。葡萄干同样也可以制作各种美味佳肴，特别是在点缀、美化、装饰糕点制品时是必不可少的产品。

2. 猕猴桃

猕猴桃（*Actinidia chinensis*，图6－13）又名杨桃、山洋桃、毛梨、藤梨等，英国称之为“中国鹅莓”，美国称之为“中国醋栗”，日本称之为“中国猕猴桃”，新西兰则称之为“凯维果”。是原产我国的野生藤本果树的果实，迄今已有4000多年的栽培历史，而中国食用猕猴桃的历史也已有1200多年。据唐《本草拾遗》载：猕猴桃味咸温无毒，可供药用，主治骨节风、瘫痪不遂、长年白发等。明代李时珍《本草纲目》记载猕猴桃：其形如梨，其色如桃，而猕猴喜食，故有诸名。100多年前，新西兰从我国引入猕猴桃并栽培成功，此后很多国家竞相引种试栽。目前猕猴桃已经成为国际上的一种新兴水果，并被称为“果中之王”、“世界珍果”。

图 6－13　猕猴桃

（1）主要种类和品种　猕猴桃属的植物种类很多，据专家考证，全世界猕猴桃共有63个品种，中国占了59个，其中果实最大、经济价值最高的是中华猕猴桃和美味猕猴桃两个种。中华猕猴桃果实上的茸毛短而柔，果实成熟时几乎完全脱落，故果皮较光滑（有时也略粗糙）。果肉多为金黄色或浅绿色。美味猕猴桃果实上的毛较长、较粗硬，脱落晚，果熟时硬毛犹存，故果皮较粗糙，一般耐贮性较好。多为绿色肉果。我国现在广为栽培的为中华猕猴桃，北方的陕西、甘肃和河南，南方的两广和福建，西南的贵州、云南、四川，以及长江中下游流域的各省都有，尤以长江流域最多。

猕猴桃原本野生于山林中，我国栽培化较晚。近年已陆续从野生猕猴桃及引入品种中选出一批优良的株系和品种，其中综合性状且耐贮性较好的优良品种（株系）有庐山香、魁蜜、金丰（江西79—3）、武植3号、湖北通山5号、怡香、皖蜜、秋魁、金魁、徐香、琼露以及从新西兰引入的品种海沃德、布鲁诺、蒙蒂等。

（2）营养成分　猕猴桃果实气味芳香，营养丰富，素有“果中之王”的美誉，深受消费者喜爱。富含蛋白质、脂肪、糖、钙、磷、铁、镁、钠、钾及硫等，还含有胡萝卜素和丰富的维生素，其中维生素C含量高达62mg/100g，是营养丰富、含水量大、产热量低的果品。有人认为，猕猴桃是各种水果中营养成分最丰富、最全面的水果。

（3）食疗与保健作用　猕猴桃富含人体所需的氨基酸、多种微量元素和维生素及果胶、鞣酸、柠檬酸、黄酮类物质等，特别是维生素C的含量更为丰富。研究表明，这些营养物质可明显提高肌体活性，促进新陈代谢，协调肌体机能，阻断致癌物质，增强体质，延缓衰老。长期食用猕猴桃鲜果及加工产品，可降低血脂和血压，对心脑血管疾病、癌症、消化道疾病、胃病、糖尿病、肝炎、尿道结石等多种常见病、多发病均有良好的防治效果，被称为“水果之王”、“营养金矿”、“保健奇果”。另外，动物实验结果显示，猕猴桃汁能明显提高小白鼠对缺氧的耐受力，存活时间延长，说明猕猴桃对人体缺氧可能具有保护作用。

猕猴桃还具有广泛的药用价值。中医认为，猕猴桃味甘、酸，性寒，无毒，具有润中理气、生津润躁、解热止渴、利尿通淋的作用，适用于消化不良、食欲不振、呕吐及维生素缺乏等症。

但是，猕猴桃性寒，易伤脾胃而引起腹泻，故不宜多食。脾胃虚寒者应慎食，先兆性流产、月经过多和尿频者忌食。

（4）加工利用　我国野生猕猴桃资源极为丰富，除鲜食外，猕猴桃的加工制品也很多，如果汁、果酱、果脯、果冻等。因果实中果胶物质的含量较丰富，故最适合于制作果酱。

3. 柿子

图6-14　柿子

柿子（*Diospyros kaki*，图6-14）是柿树属植物柿树的果实，又名米果、猴枣。形状扁圆，不同的品种颜色不同，从浅橘黄色到深橘红色，大小从2~10cm，重量从100~350g。柿子原产我国，品种资源丰富，在各地分布较广，以河北、河南、北京、山东、山西、陕西等地栽培较多，迄今已有2000多年的栽培历史。目前，中国、日本、韩国和巴西是主要产地。

（1）主要种类和品种　柿子的品种很多，据不完全统计，有柿种800多个，一般可分为涩柿和甜柿两大类。涩柿在软熟前不能脱涩，采后必须经过人工脱涩和后熟作用才能食用。引起涩柿涩味的物质基础是鞣酸（又称单宁酸）。脱涩的方法一般有放置一段时间、用温水或石灰水浸泡等方法。我国上市的柿子大多数属于此类。甜柿在树上软熟前即能完全脱涩。柿子由于采后在较短的时间内即软化，不耐贮运，所以，柿子贮藏难度较大。著名品种有河北、北京一带的磨盘柿、莲花柿、甜心柿，山东的牛心柿、镜面柿，陕西的鸡心柿，浙江的铜盆柿以及日本富有柿和次郎柿等。

（2）营养成分　脱涩后的柿，汁多、味甜、肉细、爽口，古人赞它“色胜金衣美，甘逾玉液清”。不仅如此，柿中还含有丰富的营养。据分析，每100g柿子含糖18.5g，主要是蔗糖、葡萄糖、果糖；蛋白质0.4g、脂肪0.1g、磷23mg、铁0.2mg、钙9mg，还含有多种维生素（包括维生素A、维生素B、维生素C、维生素P）及胡萝卜素等营养成分。尤其值得一提的是，柿的含碘量较高，每100g柿子中碘的含量可达50mg，此外，柿子维生素C的含量约为30mg/100g，高出一般水果1~2倍。

（3）食疗与保健作用　中医认为，柿子味甘、涩，性寒。有清热去燥、润肺化痰、软坚、止渴生津、健脾、治痢、止血等功能，可以缓解大便干结、痔疮疼痛或出血、干咳、喉痛、高血压等症。所以，柿子是慢性支气管炎、高血压、动脉硬化、内外痔疮患者的天然保健食品。同时，中医临床经验表明，柿蒂、柿霜、柿叶也均可入药。柿蒂味苦、性涩，具有降逆气、止恶心的功能。柿叶味甘、性寒，主治咳嗽、肺气肿、各种内出血等症，有抗菌消炎、止血降压的作用。如果用柿子叶煎服或冲开水当茶饮，能够起到促进机体新陈代谢、降低血压、增加冠状动脉血流量及镇咳化痰的作用。

柿子虽好，但不能多吃，也不能空腹时吃，更忌与酸性食物同吃。因为柿子含有大量的鞣酸、树胶和果胶，鞣酸在胃内经胃酸的作用，就会沉淀凝结成块留在胃中，形成“胃柿结石”。胃柿结石会愈结愈牢，不易粉碎，会引起胃黏膜充血、水肿、糜烂、溃疡，严重者可引起胃穿孔。另外，要注意不要吃未成熟的柿子，柿子皮不能吃，柿子不能与蛋白质含量高的蟹、虾等食物同食，糖尿病人也忌食柿子，否则会引起一些不良的后果。

（4）加工利用　柿子含糖量高，含酸量低，在水果中甜味居于首位。除鲜食外，也可以加工成柿饼、柿酒、柿醋、柿脯、柿粉、柿霜、柿茶、冻柿子等，还是各种菜肴和糖果点心的蜜饯，用柿子做的醋呈琥珀色且风味独特，是许多菜肴的调味剂。

4. 草莓

草莓（*Fragaria ananassa*，图 6－15）又叫红莓、地莓、草果等，是蔷薇科草莓属植物果实的泛称，全世界有 50 多种。草莓原产于欧洲，20 世纪初传入我国。当今，美国、波兰和俄罗斯是世界上种植草莓最多的国家。我国种植草莓的时间不长，但全国许多地区都有栽培。

图 6－15 草莓

草莓果实是由花托发育而成的肉质聚合果，表面着生多枚种子状瘦果。外观呈心形，鲜美红嫩，果肉柔软多汁、酸甜可口、香味浓郁，不仅有色彩，而且还有一般水果所没有的宜人的芳香，是水果中难得的色、香、味俱佳者，因此常被人们誉为“果中皇后”。

（1）主要种类和品种　世界上栽培的草莓品种不少于 2000 种，而且更新换代时间短。目前我国栽培面积较大的自产品种主要有鸡心、大鸡冠、明晶、紫晶、狮子头、新明星等。另外，国外也有一些优良品种，如日本早熟品种鬼怒干，美国培育的大果型、早熟新品种大将军，荷兰培育的高产型中熟品种草莓王子，法国中早熟品种达思罗，西班牙早熟品种弗杰尼亚等。

（2）营养成分　草莓不仅果肉细嫩多汁、酸甜爽口，而且营养价值很高。据分析测定，每 100g 草莓中含有蛋白质 1g、脂肪 0.2g、粗纤维素 1.1g、糖 7.1g、维生素 C 47mg（比西瓜、苹果、葡萄高 7～10 倍）、钙 18mg、铁 1.8mg、磷 27mg，而且苹果酸、柠檬酸、维生素 B_1、维生素 B_{12} 以及胡萝卜素的含量也比苹果、梨、葡萄高 3～4 倍。草莓的营养成分容易被人体消化、吸收，多吃也不会受凉或上火，是老少皆宜的健康食品。

（3）食疗与保健作用　祖国医学认为，草莓性味甘酸、凉，有润肺生津、补血益气、清热凉血、健脾解酒等功效。近年来，又发现它有益心健脑的特殊功效，对防治动脉粥样硬化、冠心病和脑溢血等有重要意义。

现代医学研究认为，草莓对胃肠道和贫血均有一定的滋补调理作用。草莓除了可以预防坏血病外，对防治动脉硬化、冠心病也有较好的功效。草莓中的维生素及果胶对改善便秘和治疗痔疮、高血压、高脂血症均有一定效果。草莓中含有一种胺类物质，对白血病、再生障碍性贫血等血液病也有辅助治疗作用。更值得一提的是，草莓所含有的活性物质鞣酸，在体内可吸附和阻止致癌化学物质的吸收，具有较高的防癌抗癌作用。

另据美国纽约某营养学教授研究发现，女性常吃草莓，对头发、皮肤均有保健作用。因此草莓也是一种美容食品。而在德国，草莓也被誉为“神奇之果”。

（4）加工利用　草莓除直接鲜食外，也可以加糖制成果酱、果汁、果酒或罐头等，而在西餐中，大都是拌以奶油或甜奶，制成奶油草莓来食用，风味十分别致，备受消费者喜爱。

5. 石榴

石榴（*Punica granatum*，图 6－16）是一种珍奇的浆果，又名安石榴、珍珠石榴、海石榴、若榴、丹若、天浆等，是石榴科石榴属的落叶灌木或小乔木，原产伊朗、阿富汗及印度西北部地区。据资料记载，我国的石榴是张骞出使西域时带回的。目前在全国部分地区有分布。石榴果实子房5~7室，受精结果后子房不断肥大，形成多室多子的浆果。每室有多数种子，种子由外种皮、内种皮和胚组成。外种皮为肉质，汁多，味甜或酸，有红、粉红或白色，此即为食用部分。内种皮一般为角质而硬，但也有退化而可嚼碎的，食用时不必去种子，这类品种一般叫软子或无子石榴，常视为珍种。石榴自开花至果实成熟约需要120d，9月下旬成熟。

图6-16 石榴

（1）主要种类和品种 石榴可分为花榴和果榴两类。花榴果小或不结果，仅供观赏。果榴以利用果实为主，我国约有100个品种。一般果实呈圆球形，按子粒风味又可分为甘石榴和酸石榴，甘石榴可以作为水果直接食用，著名品种有陕西临潼石榴（如白皮甜石榴，子粒似雪如玉，多浆，极甜；红酸石榴，子粒水红晶莹，味酸）、云南青壳石榴、四川青皮石榴、山东枣庄软子石榴、安徽淮远白子糖石榴、广西胭脂红石榴等。而酸石榴则可入药或加工成饮料或石榴酒等。

（2）营养成分 石榴是我国中秋节的应时果品，民间常视其为吉祥、喜庆的象征。不仅果实色彩绚丽，子粒晶莹，酸甜可口，营养价值也很高。据测定，一般石榴果实的可食部分约占57%，其中，水分约79%，含糖18.7%，果酸0.46%~0.68%，蛋白质1.4%（其中含有18种氨基酸，包括人体必需的8种，尤其是色氨酸、苯丙氨酸、赖氨酸等），维生素C 9mg/100g，灰分0.6%（以磷和钙较多），另外还含脂肪和花青素等。

（3）食疗与保健作用 中医学认为，石榴性味甘、酸、温、涩，无毒，具有生津化食、抗胃酸过多、软化血管、止泻、解毒、降温等多种功能，对急性扁桃体炎、咽喉炎及口疮等具有良好的保健和治疗作用。其根皮、果皮煎服，可治痢疾、伤寒；花瓣可止血；根煎服有驱除绦虫的效果。而现代医学研究认为孕妇多喝石榴汁还可避免胎儿脑受损。

（4）加工利用 石榴可鲜食，也可榨汁后加工成高级的清凉饮料或酿制石榴酒。但石榴的芳香成分极易挥发，所以在加工石榴果汁饮料和石榴果酒时，必须谨慎选择加工工艺。石榴皮含单宁物质10.4%~32.3%，可作鞣皮工业的鞣料，也可作为棉、毛、丝、麻的天然染料。

6. 桑葚

桑葚（*Morus alba*，图6-17），又名桑果、桑实、桑枣、桑椹子等，为桑科落叶乔木桑树的成熟果实，每年4~6月果实成熟，颜色为紫、红或青，其中以紫色成熟者为佳，红者次之。我国大部分地区均有栽培，尤以南方育蚕区如江苏、浙江产量最大，湖南、四川、河北次之。

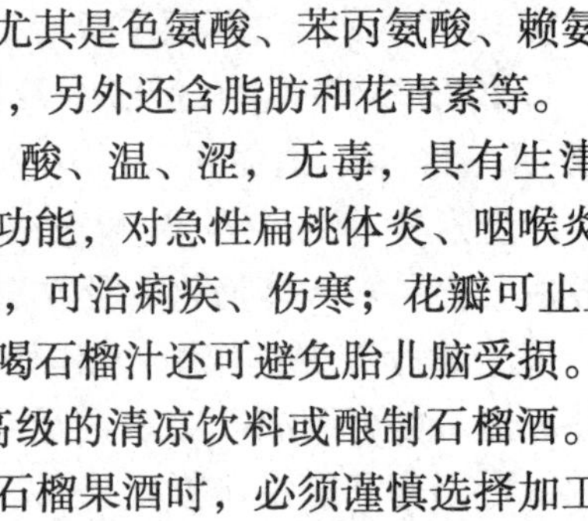

图6-17 桑葚

（1）营养和保健作用 自古以来，桑葚就作为水果和中药材应用。2000多年前，桑葚已是中国皇帝御用的补品，现在又被国家卫生部列为“既是食品又是药品”的农产品之一。作为食品，桑葚果肉多汁、滋味甘美，含有丰富的营养成分，被誉为水果中之珍品。据测定，每100克桑葚含水分82.8g、粗蛋白约1.7g（其中含有18

种氨基酸，特别是含有人体所必需的 8 种氨基酸）、糖类 13.8g（包括容易被人体吸收的果糖和葡萄糖），并含有维生素 B_1、维生素 B_2、维生素 B_6、维生素 C、维生素 E 等多种维生素及铁、钙、锌、硒等矿物质元素及胡萝卜素、纤维素等。其营养约为苹果的 10 倍、葡萄的 4 倍。

桑葚除含有丰富的营养成分外，还含有很多药理成分，如活性多糖、黄酮类物质和芦丁等，因此也具有许多保健功能。

中医认为，桑葚味甘酸，性寒，入心、肝、肾经。我国历代的中医本草公认桑葚具有补肝益肾、养血生津、滋液熄风、黑发明目、润肠通便、延年益寿等作用。如《本草纲目》中记载，桑葚可"止产渴，利五脏，通血气，令人聪明，生精神。捣汁后服，解酒中毒，酿酒服，利水气，消肿。"《滇南本草》则谓其"益肾脏而固精，久服黑发明目。"

现代药理研究也表明，桑葚在胃中能补充胃液的缺乏，可增强胃的消化力，进入肠内能刺激肠黏膜，使肠液分泌增多，肠的蠕动增强。另外，桑葚还具有调整机体免疫功能、促进造血细胞生长、降血脂、护肝、防癌、美容养颜、延缓衰老等多种作用。

需要注意的是，食用桑葚虽然有很多好处，但并非人人皆宜。因桑葚性质偏寒，故脾胃虚寒、大便稀溏者不宜食用。

（2）加工利用　桑葚除供鲜食外，也可晒干食用，味道甜而微酸，颇似葡萄干。还可以加工成罐头、清凉饮料、果酒、果酱、软糖、糕点等，并可提取出果胶、紫红色天然色素。桑子还可榨取高级食用油。用桑葚加工成的食品，具有纯洁天然、无公害特色，医疗保健功能也较为显著，已越来越受到消费者的青睐。

7. 番木瓜

番木瓜（*Carica papaya*，图 6－18），为番木瓜科番木瓜属小乔木栽培种，又名木瓜、乳瓜、万寿果。气味清香，味酸。果皮从黄绿色至黄色，有不规则的深皱纹，薄而软。果肉从黄色至橙红色，密度类似南瓜。有很多黑色小种子，扁长三角形，多脱落，脱落处平滑光亮。番木瓜原产热带美洲，在世界热带、亚热带地区均有分布。17 世纪传入我国，目前主要分布于广东、广西、云南和台湾等省（区），是岭南四大名果之一，素有"岭南果王"的称号。栽培的主要品种有岭南种、穗中红、蓝茎、苏劳和泰国红肉。

图 6－18　番木瓜

（1）营养与保健作用　番木瓜果实中含有丰富的营养成分，如糖、脂肪、蛋白质、钙盐、胡萝卜素、B 族维生素、维生素 C、维生素 D、维生素 E、多种微量元素（如锌、硒）、果胶和鞣质等，同时还含有很多药效成分。因此，番木瓜是一种很好的营养品，也是良好的食疗果品。

中医认为，番木瓜味甘、性平、无毒，有健肠胃、助消化、润肺躁、除热痰、通乳汁、益身体等功效。现代医学研究表明，番木瓜所含的番木瓜碱具有抗菌、抗病原体的作用；丰富的维生素 C 具有阻断致癌物质亚硝胺合成的作用，因此具有抗癌活性；木瓜蛋白酶有助于消化，可用于治疗胃炎和慢性消化不良，同时还具有美容护肤的功效；β－胡萝卜素是一种天然的抗氧化剂，能有效对抗全身细胞的氧化，具有延缓衰老的功效；而其种子则可以驱虫。

番木瓜大部分的人都适合食用，并且有益健康，但是体质虚弱及脾胃虚寒的人，最好不要冷食。

（2）加工利用　大部分番木瓜果实都用于鲜食，只有少部分用来加工成果汁、果酱、蜜饯、腌渍产品等；青果中含果胶丰富，可用来提取木瓜果胶。

8. 黑加仑（醋栗）

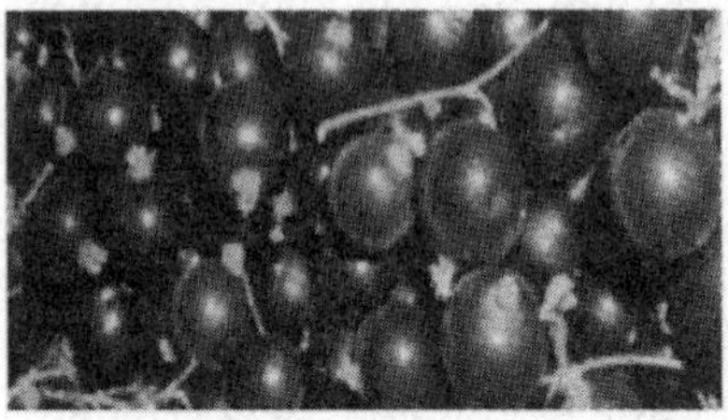
图 6－19　黑加仑

黑加仑（图 6－19），学名黑穗醋栗（*Ribes nigrum* L.），俗称黑豆、黑加仑、黑粒子、斯马劳金等，是虎耳科茶镳子属的多年生小灌木。果实紫黑色，圆或长圆形，平均重0.7～1.9g。果皮韧性强，较耐运输。该属植物约有 160 种，其野生种广泛分布于欧、亚两洲。16 世纪开始在英国、荷兰、德国驯化栽培，至今只有 400 多年的历史。我国东北、西北、西南地区都有野生种分布，主要产区是黑龙江省。主要的栽培品种有亮叶厚皮、丰产薄皮及路得克等。

（1）营养与保健作用　黑醋栗营养成分极为丰富，鲜果中富含各种维生素，特别是维生素 C 含量高达 181mg/100g，高于绝大多数水果，是苹果的 20 倍，橘子的 4 倍；含有较高比例的矿物质，如钙、镁、钠、钾、铁、磷和锌等，其中钙的含量为水果之冠；另外还含有大量的葡萄糖、果糖等易被人体消化吸收的糖类和较高量的保健因子生物类黄酮。而黑加仑子中则富含人体所必需的多种脂肪酸，特别是 α－亚麻酸和 γ－亚麻酸，因此具有很高的营养价值和保健作用。据中国预防医学科学院食品研究所试验表明，少年儿童经常饮用黑加仑制品，可减少牙龈出血，促进身体更健壮、更聪明。中、老年常饮用黑加仑制品，可软化血管、降低血脂、减缓衰老、增强抗病能力。另外，生物类黄酮和 γ－亚麻酸还具有较高的抗癌活性，对防癌、抑癌也都有积极的作用。

（2）加工利用　黑加仑果实营养丰富，除少量鲜食外，大部分用于加工成原果汁、果粉、果奶、罐头和黑加仑酒等，具有很好的保健作用，是目前比较理想的保健型食品，在欧洲黑加仑汁被称为三大保健饮料之一。果实中维生素 C 含量很高，在水果中仅次于猕猴桃，可作为提取维生素 C 的原料。种子中含有多种不饱和脂肪酸，可以用来加工黑加仑种子油。黑加仑果实还可以作为降脂药品的加工原料。

9. 沙棘

沙棘（*Hippophae rhamnoides*，图 6－20）又名醋柳、酸刺、黑刺，属胡颓子科沙棘属植物沙棘的成熟果实，形状有圆形、扁圆形、长圆形，大小如同豌豆，颜色有黄色、橘黄色、黄绿色、橘红色、红色五种，味酸甜可口，成熟期为 9～10 月。沙棘发源于喜马拉雅山及其毗邻地区，广泛分布于欧亚大陆。我国的西北、华北、东北、西南地区均有大面积的栽培。

沙棘属植物全属现有四个种，在中国都有生长，包括中国沙棘、西藏沙棘、肋果沙棘和柳叶沙棘。

（1）营养与保健作用　沙棘是一种药食两用的水果，而我国是世界上沙棘医用历史最早的国家，早在1300年前，我国唐代的《月王药珍》、《四部医典》及清代的《晶珠本草》等均记载了沙棘的医药用途。1977年卫生部首次将沙棘正式列入《中国药典》，并相继公布沙棘为药食两用品种。

图6-20 沙棘

国内外研究证实，沙棘中营养成分十分丰富，除含有多种维生素、多种微量元素和多种氨基酸外，还含有多种生理活性物质，如黄酮类化合物、磷脂类化合物、香豆素及5-羟色胺等。其中维生素C含量高于任何一种水果，维生素E与β-胡萝卜素也远高于同类植物含量。沙棘子中不饱和脂肪酸含量高达80%，并且种类齐全；富含人体所必需的八种氨基酸；而微量元素中则以钙、铁、锌、钾、硒的含量较高。

根据祖国传统医学理论，沙棘主要有利肺、壮阴、升阳、养胃、健脾、活血、化淤等药理功效。

现代医学研究表明，沙棘中丰富的生理活性成分对人体也具有广泛的医疗和保健价值。沙棘黄酮具有降血压、防止动脉粥样硬化、降低血黏度、降低血液中胆固醇、提高高密度脂蛋白及清除血管壁的沉积物、增加冠状动脉血流量和增强心脏功能等作用，从而对脑血管病及偏瘫、痴呆等症有一定康复作用。沙棘中的香豆素、5-羟色胺等具有明显的抗癌活性及抗肿瘤作用，特别对胃癌、食道癌、直肠癌、肝癌等消化系统肿瘤效果比较明显。沙棘中含有的大量氨基酸、有机酸、维生素等多种营养成分，对于提高机体免疫能力、促进新陈代谢、改善肝功能及延缓人体衰老等方面也都有积极的作用。

（2）加工利用　沙棘所含营养成分全面，而且整个植株都可以利用。沙棘果实营养丰富，可以食用，也可以加工成多种饮品和食品，如沙棘汁、沙棘浓缩汁、沙棘果酒和果醋等。在一些欧洲国家，人们也把沙棘果实当作食品和调味品，用于制作糖果、糕点、软糖、冰淇淋等，也用于烹制菜肴，如鱼汤的调料和烤肉的佐料。沙棘叶可制茶或作饲料，种子可加工油脂，花不仅可以作蜜源，而且可浸提香精。所以沙棘是饮料、食品、医药等工业的重要原料。

四、柑　橘　类

柑橘为芸香科植物的果实，主要特征是果实是由合生心皮发育而成的浆果，每个心室（即果实中的囊瓣）含有特殊的汁胞。这种果实在植物学上称“柑果”。我国是世界柑橘重要起源中心，有文字记载的柑橘栽培历史已达4000多年。目前，我国柑橘栽培面积居世界第一位，产量居第三位，是仅次于巴西和美国的第三大柑橘生产国。

1. 主要种类和品种

柑橘类水果种类很多，共有13属，其中经济价值较大供果树栽培用的有3属，即枳属、柑橘属和金柑属。

（1）枳属　只有枳一个种，是落叶灌木或小乔木。果皮上被覆着细密短鬃毛，果味苦，不堪食用，但可供药用，也可作为多种柑橘的砧木。

（2）金柑属　金柑为常绿灌木或小乔木。果小，圆形或卵圆形，子房3~5室，果皮厚、肉质化，味甜可食，果肉略酸。该属有山金柑、牛奶金柑、长寿金柑等6个种。

(3) 柑橘属　该属是种类最多、分布最广、栽培价值最大的一个大属，包括大部分栽培品种。按我国习惯可分为大翼橙类、宜昌橙类、枸橼类、柚类、橙类和宽皮柑橘类六大类。其中栽培较多的为宽皮柑橘类中的柑和橘、柚类中的柚和葡萄柚、枸橼类中的柠檬和橙类中的甜橙。

① 橘（*Citrus reticulata*，图6－21）：又名黄橘，果实大小不一，果皮有橙黄、橙红、朱红等色泽，皮质细薄，白皮层也较薄，细胞平滑或突起，囊瓣7～11瓣，果皮极易剥离，胚深红色，子叶淡绿色，味甜或多酸。由于橘子果实芳香甜润，令人垂涎，人们誉它有四悦之说，即“味悦入口，色悦入目，气悦入鼻，誉悦入耳”，即色、香、味、形俱全。著名品种有浙江的黄岩蜜橘、江西南丰蜜橘、广东潮汕芦橘、福建龙溪、福州和四川的红橘等。

② 柑（图6－22）：多为橘和其他柑橘的杂交种。果实比橘大，近球形，果皮橙黄。细胞突起，白皮层一般较厚，囊瓣9～11瓣。果皮比橘紧，但可以剥离。胚淡绿色、子叶乳白色。果实汁液丰富，味酸甜。著名品种有广东的蕉柑和鹅蛋柑、温州蜜柑等。

③ 甜橙（*Citrus sinensis*，图6－23）：又名黄果、金球、广柑等，是我国主要柑橘类栽培品种之一，也是世界上栽培最多的柑橘类水果。果实比橘大，近球形，皮薄而紧密、光滑，不易剥离，囊瓣也不易剥离，汁多味佳，香气浓。甜橙主要产于我国的广东、湖北、湖南、福建等地，品种很多，根据其特征特性不同，可分为普通甜橙、脐橙（果顶有孔如脐，内有小果瓤囊露出）、血橙（果面红色，果肉赤红色或橙色而有赤红色斑条）、晚生橙（春季开花，次年夏季结果）等几种。著名品种有新会橙、潮叶甜橙、雪柑、冰糖橙、锦橙、伏令夏橙等。

图6－21　橘

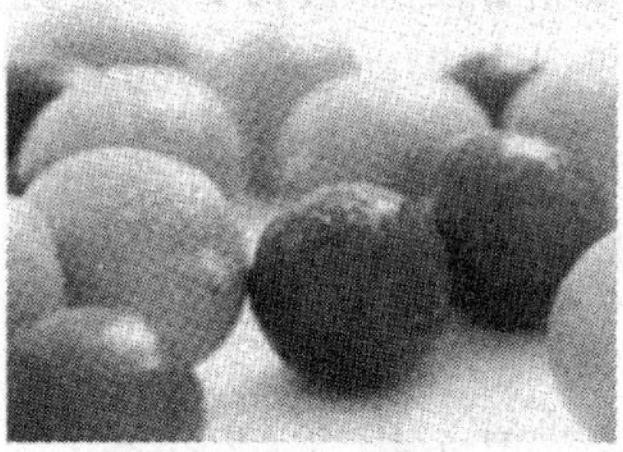

图6－22　柑

图6－23　甜橙

④ 柚类（*Citrus grandis*，图6－24）：有普通柚和葡萄柚两种，普通柚又名文旦。原产于我国、印度和马来西亚一带，我国的主要产区与柑、橘基本相同，以广西、福建、四川等地为主。柚子果形大，呈球形、扁圆形或梨形，直径10～25cm，瓤瓣12～20个，果皮多为黄色，较厚，难剥离。果肉透明，黄白色或粉红色，柔软多汁，酸甜适口。著名品种有浙江玉环柚（楚门文旦）和四季柚、广西的沙田柚、福建坪山柚等；葡萄柚又名西柚，主要产于美国、巴西等地，我国产量较低，果实扁圆形、穗状着生，如葡萄状，故名葡萄柚，果皮色泽嫩黄，果肉白色或粉红色，汁多味甜，是国际市场上的重要水果。

⑤ 柠檬（*Citrus limon*，图6－25）：又名洋柠檬，在我国主要分布于广东、广西、四川、福建等地。果实长圆形，长5～7cm，两端尖，有乳头。果皮厚，密布腺点，成熟时

呈黄色。囊瓣 8 ~ 10 瓣，具有浓烈的香气和酸味。著名品种有油力克柠檬、里斯本柠檬、香柠檬等。

图 6 – 24 柚

图 6 – 25 柠檬

2. 营养成分

柑橘的可食部分差异很大，在 85% ~54% 之间。其中总糖含量多为 8% ~12%，含糖种类与品种有关，包括果糖、葡萄糖、蔗糖等。各种有机酸形成的总酸量多为 1% ~2%，以柠檬酸为主，还有少量的苹果酸、草酸和酒石酸。维生素中维生素 C 的含量最为丰富，为 20 ~ 50mg/100g，比苹果、梨、葡萄等要高几十倍。另外维生素 A 和维生素 B_1 的含量也较高。矿物质中钙的含量最高，为 30 ~ 40mg/100g。

3. 食疗与保健作用

柑橘果实全身都是宝，其皮、肉、络、核都是正统中药，有理气健胃、止咳平喘的作用。

中医认为，橘肉味甘、酸、性凉，有理气健胃、润肺止咳、涩肠止痢及醒酒等功效。高血压、冠心病、慢性胃炎、营养不良及病后体弱者，每天饭后吃 1 ~ 2 个橘子，对身体很有益处。

橘皮，在中药中名为陈皮，皮色青者又叫青皮。性温、味苦，主治肺、脾病症，具有理气燥湿的功效。李时珍《本草纲目》认为，“配伍时，同补药则补，同泻药则泻，同升药则升，同降药则降”，因此是一味用途甚广的药物。现代药理研究指出，橘皮中的胡萝卜素和维生素 C 的含量比果肉还多；丰富的果胶能降血压，并且新的研究显示，果胶还有助于降低男性前列腺癌的复发率；含有的挥发油对消化道有刺激作用，可促使胃液分泌，加快肠胃蠕动，增加呼吸道黏膜的分泌，故有健胃、祛痰的功效；橘皮苷是一种黄酮苷，具有扩张冠状动脉、增加血流量的作用，还能降低血管脆性，因而有益于心血管疾病。橘皮中的甲基橙皮苷还具有抗菌、消炎和利胆的作用。

橘络，味苦、性平，具有理气、化痰、通络、通经的作用，常用于治疗气滞经络、咳嗽引起的胸肋痛等症，并能防治高血压。

橘核，入药后可治疗疝气痛、睾丸肿痛、膀胱气痛等。

橘根、橘叶，入药各具舒肝、润肺、和胃、健脾、理气等功能。

4. 加工利用

除柠檬外，柑橘类果实都可以鲜食，也可以加工成各种产品。世界柑橘加工业的主导产品是橙汁和橘瓣罐头，分别占加工品总量的 81% 和 5%。另外还可以用来加工柑橘脯、柑橘酱、柑橘糕和柑橘酒，也可作为烹饪配料。果皮可以用来提取各种保健和药理成分，如果胶、柠檬酸、芳香油、膳食纤维等，也可用来制作蜜饯。

五、瓠 果 类

1. 西瓜

西瓜（*Citrullus vulgaris*，图 6－26）为葫芦科一年生草本蔓生植物的果实，又名水瓜、夏瓜、寒瓜等。原产非洲南部，唐、五代时引入契丹，后由新疆一带引种到内地。因其从西方传入，故名西瓜。现除少数寒冷地区外，我国南北各地都有栽培，总产量居世界首位，品种之多也为世界之最。

（1）主要种类和品种　西瓜按用途一般可分为两大类，即食用西瓜和子用西瓜。

食用西瓜指作为水果直接生食的西瓜。果实大，果肉含糖量高，汁多味甜。这类西瓜品种很多。从瓜形上分，有圆形、椭圆形、筒形（枕形）等；从瓜皮颜色分，有白皮、黑皮、花皮、豆青、黄皮五类；从瓜瓤色泽分，有红瓤、白瓤、黄瓤之分；从瓜子颜色分，有黑子、白子、褐子等；从有子无子分，有无子瓜、有子瓜。其中山东德州的喇嘛瓜（又名西洋枕）、昌乐的金山瓜、菏泽的桃尖瓜、安徽的凤阳瓜、江西的抚州瓜等都以皮薄、汁多、糖分高、入口爽脆而驰名中外。

图 6－26　西瓜

子用西瓜，通称子瓜、打瓜、瓜子瓜，果实较小，果肉味淡不甜，果实中种子既多又大。我国江苏、内蒙、甘肃等地均有栽培。

（2）营养成分　西瓜汁多味甜，营养丰富，拥有“夏季瓜果之王”的美称。西瓜果实水分含量一般在94%以上；除不含脂肪外，几乎含有所有的营养素，包括维生素（维生素A、维生素B_1、维生素C、烟酸、胡萝卜素等）、糖类（葡萄糖、果糖、蔗糖等）、氨基酸（β－丙氨酸、α－氨基丁酸、谷氨酸、精氨酸、瓜氨酸等）、有机酸（苹果酸、丙酸）和矿物质（钾、铁、钙、磷）。因此炎夏吃西瓜，不仅可消暑、清热、解渴，还可补充营养素。

（3）食疗与保健作用　祖国医学认为，西瓜味甘，性寒，归心、胃、膀胱经，具有清热解暑、除烦止渴、利小便、醒酒等功效。

现代研究认为西瓜营养丰富，对人体也具有很好的保健作用。西瓜水分含量高，进入人体后，有稀释器官黏液、利于机体代谢、加快废物排出的作用；适量的糖能利尿；适量的钾盐能消除肾脏水肿；西瓜中的配糖体还有降低血压的作用。另外，西瓜尚能清利湿热，故也适用于肝炎、胆囊炎和胆石症病人食用。

从药用价值来看，西瓜皮值得开发。西瓜皮又名“西瓜翠衣”、“西瓜青”，同样能清热解暑、止渴利尿。而西瓜子祖国医学认为味甘，性寒，具有利肺、润肠、止血、健胃等功效。

但是，西瓜毕竟是生冷之品，吃多了易伤脾胃，所以，脾胃虚寒、消化不良、大便滑泄者少食为宜。

（4）加工利用　西瓜食用广泛，除鲜食外，入馔可制成著名的凉菜“西瓜盅”和热菜“拔丝西瓜”；西瓜肉可以制作西瓜汁、蜜饯、糖瓜条、西瓜酱、西瓜罐头、西瓜酒等食品；西瓜子可制成多种风味的瓜子食用；西瓜皮可制果脯或做菜腌渍、炒食。用西瓜还可加工成中药“西瓜霜”，可治疗急、慢性咽喉炎、扁桃体炎等症。

2. 甜瓜

甜瓜有许多种，在我国消费量较大的主要有三种，即哈密瓜、白兰瓜和香瓜。

（1）哈密瓜（*Cucumis melo*，图 6－27） 又称厚皮甜瓜、甘瓜，葫芦科植物，是甜瓜的一个变种，因相传康熙时哈密王以此瓜进贡，故称哈密瓜。哈密瓜外形呈椭圆形，果皮为黄色或青色，有网纹，果肉较厚，呈白色、青色或红橙色。在我国，哈密瓜为新疆特产，甘肃一带也有出产，大约有 180 个品种和类型。其中最受人们欢迎的有红心脆哈密瓜（肉质红嫩，香脆甜爽）、黑眉毛蜜极甘哈密瓜（肉质软而多汁，甜蜜醇香）、网纹香哈密瓜（瓜肉为绿白色，含糖量特高，风味香甜可口）等。

图 6－27 哈密瓜

哈密瓜香甜可口、营养丰富，有“瓜中之王”的美称，是天然的保健果品。哈密瓜有清凉消暑、除烦热、生津止渴的作用，是夏季解暑的佳品。食用哈密瓜对人体造血机能有显著的促进作用，可以用来作为贫血的食疗之品。中医认为，甜瓜类的果品性质偏寒，还具有疗饥、利便、益气、清肺热、止咳的功效，适宜于肾病、胃病、咳嗽痰喘、贫血和便秘患者。哈密瓜对胃病、高胆固醇也有好处。

哈密瓜可以鲜食，宜作餐后果品或制果盘，还可制作瓜干、瓜汁、瓜罐头等，也可用来制作瓜膳。在新疆，哈密瓜是维吾尔族配制抓饭的必需配料。

（2）白兰瓜（图 6－28） 为我国甘肃特产。皮为白色，又产在兰州，所以叫白兰瓜。由于白兰瓜味甜如蜜，人们又叫它“兰州蜜瓜”。以兰州市城关区青白石乡的产品最为有名。白兰瓜是一种厚皮甜瓜，形状为圆球状，每只重约 1.5kg，瓜肉翠绿，汁多子少，脆而细嫩，含糖量高达 15% 左右，享有“香如桂花，甜似蜂蜜”之誉。白兰瓜在兰州有近 50 年的种植历史。据说白兰瓜是从美国引入的，经过几十年的人工选育、自然选择和不断改进，已经成为我国的优良品种。

白兰瓜不仅香甜可口，富含维生素、蛋白酶、钙、磷、铁等营养成分，还有清暑、解渴、开胃、利尿之功效。

白兰瓜既是夏令清凉解暑的佳品，又是餐桌上百食不厌的珍馐，声誉日著，驰名中外。

（3）香瓜（图 6－29） 又叫硬皮甜瓜、黄甜瓜，原产非洲和亚洲热带地区，是当今世界发达国家最流行的水果，也是我国农业部向全国推广种植的两大果品之一。形状为圆形或长圆形，成熟时外表光滑，为绿色、黄色或白色，有香味，甜脆，多汁。此瓜生长季节短，产量高，适于在北方山地生长，牡丹江地区各市县和山东莘县均有大量种植，品种很多，有齐甜 1 号、齐甜 2 号、羊角蜜、白牙瓜等。

香瓜含有丰富的维生素及水分，能排除体内多余水分、促进新陈代谢，有利尿、防止高血压及预防肾功能障碍等功效，另外还可以驱热止渴，是消夏解暑的好水果。

图6-28　白兰瓜

图6-29　香瓜

六、其　他　类

1. 香蕉

香蕉（*Musa nana*，图6-30）是食用蕉类的总称，为芭蕉科植物的成熟果实，原产于亚洲东南部，即东南亚、马来西亚一带及中国，目前已迅速在世界各地发展，主要分布在东西两半球南北纬30°之间的热带和亚热带地区，栽培香蕉的国家和地区达120个，其中主产区为中南美洲和亚洲。香蕉是我国南方四大水果之一，据记载已有2000多年的栽培历史，现在主要以广东、广西、台湾、福建和云南等地栽培较多。

（1）主要种类和品种　香蕉果实成串，为浆果，食用其胎座。按其经济价值和形态特征可分为三类：

图6-30　香蕉

① 香蕉：果实一般弯曲、细长，横断面为圆形或四棱形，皮薄，成熟后易于剥离。初时绿色，成熟时为黄绿色至黄白色，果肉黄白色，肉质清甜嫩滑、绵软，有浓郁的香味，是芭蕉属中的最上品。著名品种有大种高杷香蕉、大种矮杷香蕉、矮香蕉、天宝蕉、河口香蕉和云南高茎香蕉等。

② 大蕉：又称鼓槌蕉。果实较大，果身直，棱角显著，呈五棱形。皮厚韧，熟后呈深黄色。果肉淡黄色，坚实爽滑，味甜中带酸，无香气，偶有种子。大蕉淀粉含量丰富，生食时味道不佳，常用作粮食或蔬菜食用，故又称烹食蕉。主要品种有大蕉、灰蕉等。

③ 粉蕉：果身近圆形而微起棱，形较小。成熟时果皮鲜黄色，薄而微韧，易开裂。果肉乳白色，质地柔滑，味甜，香气一般。主要品种有龙牙蕉、糯米蕉、西贡蕉等。

（2）营养成分　香蕉的营养价值非常高，据分析，在每100g果肉中含蛋白质1.4g，脂肪0.2g，糖类23.2g（包括葡萄糖、果糖、蔗糖和粗纤维），钙7mg，磷28mg，铁0.4mg。特别值得一提的是，香蕉中钾的含量高达256mg，而钠的含量很低，仅有0.8mg。此外，还含有胡萝卜素、硫胺素、烟酸、维生素C和维生素E等，不含胆固醇，并且热量较一般水果要低，经常食用不会使人发胖。现代研究发现，香蕉中还含有一种能刺激人脑产生5-羟色胺的物质，能使人的心情变得愉悦，减轻疼痛和忧郁，故香蕉有“快乐食品”之称。

（3）食疗与保健作用　香蕉是药食俱佳的水果，不仅营养丰富，而且具有多种保健和药用功效。

祖国中医理论认为，香蕉味甘、性寒，入脾、胃、大肠经，具有润肺养阴、清热生津、润肠通便、填精髓、解酒毒之功能。有关香蕉的药用性能，《本草纲目拾遗》中记载，香蕉有“收麻风毒”之效；《名医别录》则说其“根大寒，主痛肿，清热。”此外，香蕉的药用性能也多见于其他的医学书籍中。

现代医学和营养学发现，香蕉含有多种维生素和矿物质，且钾高钠低，不含胆固醇，经常食用能有效地防治血管硬化，降低血中的胆固醇和防治高血压，还可防止皮肤老化、脱皮、瘙痒和皲裂。香蕉刺激人脑产生的5－羟色胺具有欣快作用，可调节人的不良情绪。另外，香蕉还有防治胃溃疡、防癌、降低糖尿病患者的尿糖水平和滑肠止泻等作用。

但香蕉中矿物质含量丰富，且富含钾，有明显水肿和需要禁盐的病人不宜多吃。香蕉性寒，脾胃虚寒者多食易腹泻。所以，在食用时也要因人而异，不可一概而论。

(4) 加工利用　香蕉果实可供鲜食，也可加工成各种大众食品，如香蕉干、香蕉酱、香蕉果泥、香蕉汁、香蕉酒和香蕉罐头等。烹饪中香蕉适于拔丝和油榨。从香蕉中提取的香蕉精，是食品加工中的名贵香料，可用于制作饼干、糖果、饮料和冰淇淋等。

2. 菠萝

菠萝（*Ananas comosus*，图6－31）为凤梨科植物凤梨的果实，别名凤梨、露兜子、黄梨等，是一种热带植物，原产于南美洲的巴西、巴拉圭的亚马逊河流域一带，后从巴西传入我国，主要产于广东、广西、云南、福建、海南和台湾等地，是我国热带和亚热带地区的四大名果之一。菠萝外形为长圆形，有鱼鳞似的表皮，果肉呈淡黄色或白色，依品种不同而异，以黄色居多。菠萝果肉柔嫩、脆软、多汁，清香宜人，甜酸爽口，为人们喜爱的水果之一。

图6－31　菠萝

(1) 主要种类和品种　菠萝在植物学分类上属凤梨科凤梨属。据报道，在凤梨属中有5个种，其中有经济栽培价值的只有菠萝一个种。菠萝根据其果实、叶片和植株性状的差异等又可以分为4个类型：

① 卡因类：特点为果实较大，圆筒形，成熟时果皮橙黄色，果肉淡黄色，汁多，糖酸含量中等，香味较淡。主要品种有夏威夷、沙捞越、意大利和中国台湾无刺等。

② 皇后类：特点为果实较小，卵圆形，成熟时果皮金黄色，果肉金黄色至深黄色，汁少，含糖量高，香味浓郁。主要品种有巴西、神湾、金皇后等。

③ 西班牙类：特点为果实中等大，呈球形，果肉黄色，纤维较多，汁少，含酸量高，香味浓。主要品种有土种、红西班牙等。

④ 波多黎各类：特点为三倍体，果实较大，果肉黄白色。本类只有卡伯宗纳一个品种。

(2) 营养成分　菠萝是我国南方的大宗水果之一，不仅风味独特，而且营养成分也十分丰富。据分析，菠萝每100g可食部分中含水分88.4g、糖类10.8g、蛋白质0.5g、脂肪0.1g、粗纤维1.3g、钙12mg、磷9mg、铁0.6mg、胡萝卜素0.02mg、维生素C 18mg、维生素 B_2 0.02mg、维生素 B_1 0.04mg、烟酸0.2mg，另外还含多种有机酸及菠萝蛋白酶等。

(3) 食疗与保健作用　中医认为菠萝味甘、微涩，性平，归脾、胃经，有小毒，有清热解暑、消食止泻、降压利尿等功效，可用来治疗中暑烦渴、消化不良、肾炎、高血压、便秘和糖尿病等病症。现代研究表明，菠萝中所含的水、糖、盐、维生素等可有效补充人体的水分和营养物质，促进人体新陈代谢，对人体健康十分有利；所含的芳香成分可促进唾液分泌，增加食欲；所含的膳食纤维可促进肠道蠕动，防止肠道病变；而菠萝蛋白酶则可分解蛋白质，从而具有消食止泻和利尿作用。同时菠萝蛋白酶还可加速溶解纤维蛋白和蛋白凝块，降低血液黏度，具有抗血栓作用，对心脑血管疾病有一定的辅助治疗效果。但需注意的是，由于菠萝中含有蛋白酶，有过敏体质的人食之会引起菠萝中毒。因此，生食菠萝时要去皮，切成小块，并沾一些盐水，不但会使味道更好，而且可以破坏菠萝中的致过敏成分，避免中毒发生。

(4) 加工利用　菠萝除鲜食外，主要用于加工糖水罐头制品和菠萝蜜饯。菠萝罐头风味独特，优于一般水果，有“罐头之王”之称。制罐头后剩下的果皮、果心、果端等可用来加工菠萝汁饮料，也可以用来酿酒或制醋，或用来提取菠萝蛋白酶和香精等。菠萝也可用作烹饪原料或配料，西餐中常用来制作菠萝布丁、菠萝馅饼，或将其与肉一起烹煮，可以使肉类变得软嫩。中餐中可用来凉拌菜或用于煲汤。另外，菠萝的叶片，则是用来制作宣纸的好材料。

3. 芒果

芒果（*Mangifera indica*，图6－32）又名望果、檬果、蜜望子、漆果等，为漆树科植物芒果树的果实。原产于印度和马来西亚，我国台湾栽培最多，广东、广西、福建、云南、海南等地也有栽培。果实肾脏形，成熟前果皮淡绿色或淡黄色，成熟时为绿色或鲜黄色，并带有橙黄色红晕。果肉深黄色，香甜柔滑，汁多。果核扁平，较大，一般外带纤维。

(1) 主要种类和品种　芒果由于栽培历史悠久，分布范围较广，且过去多采用实生繁殖，因而产生了不少的变异，形成的品种、品系很多，估计全世界有1000多个品种，我国目前也有100多个，主要是根据其品种的种子特征的不同将其分为两个类群，即单胚类群和多胚类群。在中国台湾则将芒果分为土芒果、南洋种、改良种、新兴品系等四大类。著名品种有青皮芒、象牙芒、香蕉芒、大头芒、鹰嘴芒、秋芒、留香芒、香芒和桃芒等。

(2) 营养成分　芒果是热带优质水果之一，果实外观美丽、肉质细嫩、有特殊风味，有“热带果王”之称，在国内外市场很受欢迎。芒果营养丰富，可食部分占果实重量的比例约为60%。果肉含糖8.3%，蛋白质0.6%，脂肪0.2%，并含有维生素A、B族维生素、维生素C及多种人体需要的矿物质和氨基酸。特别是维生素A含量丰富，约150μgRE/100g，在所有水果中是少见的。维生素C的含量约为23mg/100g，也超过橘子和草莓。此外，还含有多种有机酸、多酚类化合物、胡萝卜素、芒果酮酸、

图6－32　芒果

芒果苷和槲皮素等生理活性物质。

（3）食疗与保健作用　祖国医学认为，芒果味甘酸、性凉、无毒，具有清热生津、解渴利尿、益胃止呕等功能。《食性本草》上说："芒果能治'妇人经脉不通，丈夫营卫中血脉不行'之症"。芒果特别适合于胃阴不足、口渴咽干、胃气虚弱、呕吐晕船等症。现代营养学和医学研究发现，芒果富含的维生素 A 可明目，所含维生素 C 可降低胆固醇和甘油三酯，有利于防治心血管疾病，并有很好的防癌抑癌作用，芒果苷可杀菌消炎。此外，常食芒果还具有一定的美化肌肤的效果。但有人吃芒果后会引起芒果皮炎，患者大都瘙痒难忍、坐卧不宁，可口服过敏药物及外用糖皮质激素药膏等治疗。芒果性质带湿毒，本身患有皮肤病、虚寒咳嗽或哮喘者应谨记避免进食。

（4）加工利用　芒果可鲜食，也可加工成蜜饯、果干、果汁或罐头等，烹饪中也可以用芒果作为甜菜的原料。未成熟的果实可用来制作果酱、果醋和腌渍品。

4．西番莲

西番莲（图 6－33），俗称鸡蛋果、巴西果、白香果、时计果、激情果等，原产巴西，目前已经遍布所有热带和亚热带国家。我国引进西番莲仅有 100 多年的历史，主要产区为广东、广西、福建、台湾等地。因其果汁营养丰富，气味特别芳香，素有"百香果"、"果汁之王"之美称。

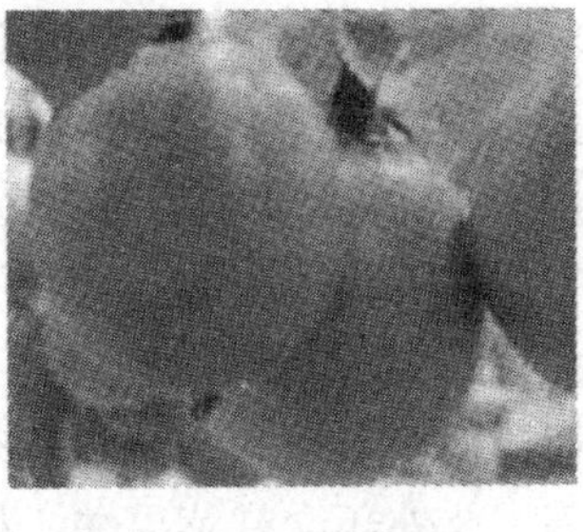

图 6－33　西番莲

西番莲果实形状为圆形或椭圆形。外果皮革质、光滑，内果皮类似柑橘类水果的白软皮。果肉（假种皮）绿红色，具有独特的甜酸风味和极好的香气，内部包含有许多黑色或褐色的果核。

（1）主要种类和品种　西番莲属植物共 400 余种，果实可供食用的约 60 种，其中作为商业性栽培的主要有两种，即黄果西番莲和紫果西番莲。紫果西番莲的果实较小，果皮紫红色，果肉含酸量较低。黄果西番莲果实较大，果肉含酸量高，出汁率也较高，品质较好。目前，我国提倡种植黄果西番莲，主栽品种有华阳、汕黄、选 511 等。

（2）营养成分　西番莲全身都是宝，特别是果汁，香味浓郁，营养丰富。据测定，每 100g 西番莲果汁含有总糖 9.0g、总酸 4g、蛋白质 0.8g、磷 20mg、钙 6mg、钾 300mg、维生素 A 1.3mg、维生素 B_1 0.02mg、维生素 C 20mg、17 种氨基酸、132 种以上的芳香物质和果胶等成分。

（3）食疗与保健作用　西番莲果汁色泽鲜艳、风味独特，具有番石榴、芒果、荔枝、龙眼、香蕉、菠萝、草莓、柠檬等多种水果的复合香味，是色、香、味俱佳的天然饮料，素有"果汁之王"的美称。同时西番莲果汁具有生津止渴、提神醒脑、帮助消化、养颜美容、去除疲劳、抗病毒、抗高血压等保健作用，是营养价值极高的水果珍品。西番莲的根、茎、叶也均可入药，有消炎止痛、活血强身、滋阴补肾、降脂降压等疗效。

（4）加工利用　西番莲果实含酸量较高，一般很少新鲜食用。果肉营养丰富，并含有多种水果的混合香气，所以最适合加工成果汁，特别是与其他水果（如芒果、菠萝、番石榴、柑橘和苹果等）加工混配成混合果汁，可以显著地提高这些水果汁的口感与香味，产品目前已成为国际果汁饮料市场上最流行的时尚产品，并且可以作为果冻、糕点、馅饼等食品的添加剂。西番莲带子浆可被制造成罐头，供家庭或餐饮使用，用于冰淇淋、沙拉、点心等食品中，不仅增香还有点缀作用。果肉还可制成果脯、果酱等。此外，西番莲种子含油量达25%左右，可用来榨油；果皮可提取果胶；紫色果壳还可提天然紫色素；植株的叶片和藤蔓可提取对人体无成瘾等副作用的镇痛剂。

5. 杨桃

杨桃（*Averrhoa carambola*，图6－34）又名羊桃、五棱子、五敛子等，原产于我国南部和东南亚各国，现在所有热带地区都有广泛栽培，我国的主要产区为广东、广西、云南、福建、海南、台湾等地。

图6－34 杨桃

杨桃果实外观鲜艳，呈翠绿鹅黄色，有5～6个棱或瓣，横切面呈星星状，皮薄肉脆，汁液多，甜度高，味道清凉而爽口，是久负盛名的岭南佳果之一。

（1）主要种类和品种 杨桃又分为酸杨桃和甜杨桃两大类。酸杨桃果实较小而味酸，香气较浓，草酸含量较多，俗称“三稔”，较少生吃，多用作烹调配料或蜜饯原料。甜杨桃果实较大而味甜，香气较柔和，草酸含量较低，是一种高级热带鲜食水果。甜杨桃有“大花”、“中花”、“白壳仔”三个品系，其中以广州郊区花地产的“花红”品味最佳。

（2）营养成分 杨桃含有对人体健康有益的多种成分。杨桃鲜果含糖量约7.4%，包括葡萄糖、果糖和蔗糖。含有丰富的维生素，如维生素A、维生素C、维生素B_1、维生素B_2等。此外还含有苹果酸、柠檬酸、微量脂肪和蛋白质等多种营养成分和挥发性成分。

（3）食疗与保健作用 杨桃含有对人体健康有益的多种成分，对于人体有帮助消化、滋养和保健功能。

中医认为，杨桃性味甘、酸、平。其果能主风热、生津、止渴，并具有利尿、解毒、醒酒、助消化等功效。其根可益精、止血、止痛。其枝叶可散热毒、利小便。其花可清热。

现代研究表明，杨桃能减少机体对脂肪的吸收，有降低血脂、胆固醇的作用，对高血压、动脉硬化等心脑血管疾病有防治作用，同时还可保护肝脏、降低血糖、护发美发。杨桃中含有的大量果酸，还能抑制角质细胞内聚力及黑色素沉淀，有效地去除或淡化黑斑，从而具有一定的美容作用。

但杨桃性寒，凡脾胃虚寒或有腹泻的人宜少食，肾衰竭患者忌食杨桃。

（4）加工利用 甜杨桃一般主要用于鲜食。酸杨桃则主要作为加工原料，用于制造果汁饮料、蜜饯、干果、果酒、果酱和糖水罐头等，也可以用作烹饪配料。

6. 橄榄

橄榄（*Canarium album*，图6－35）亦称青果、青子、白榄，为橄榄科橄榄属植物的果实，原产于海南岛，现南方诸省均有栽培，是我国特有的热带果品。果实卵圆形，长约3cm，单果重9～10g，果皮颜色幼时为绿色，成熟后为黄绿色。橄榄与众果不同，有“先涩后甜”的特点。民谚云：“一颗青果两头尖，皮又脆来味又鲜，开头吃起有点苦，慢慢方知回味甜。”把橄榄的滋味特点说得十分贴

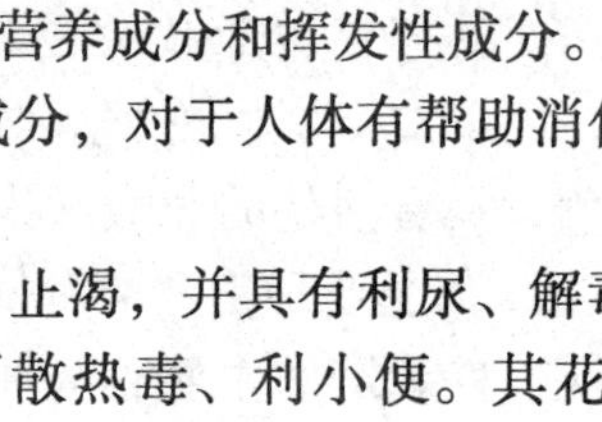

图6－35 橄榄

切。据群芳谱记载，因橄榄初食酸涩，但越嚼越甘，生津止渴、余味无穷，所以常用来比喻忠言逆耳，受之有益。

(1) 主要种类和品种　我国栽培的橄榄主要有白榄和乌榄两种，云南等地尚分布有少量的野生种。橄榄已有2000多年的栽培历史，经长期自然和人工选择和驯化栽培，形成了众多的遗传资源，现有绝大多数品种都是从实生类群中选出的农家种，其后代变异大，中间性状多，品种资源极为丰富。

(2) 营养成分　鲜橄榄皮肉细嫩、清香适口，有较丰富的营养成分。据分析，它含有蛋白质、脂肪、糖类、多种维生素和钙、磷、铁等微量元素。其中，鲜橄榄的含钙量在水果家族中名列前茅，每100g果肉含钙49mg，比香蕉、苹果、柿子、桃子多20倍。橄榄果实的营养价值很高，尤其对孕妇及儿童大有裨益。

(3) 食疗与保健作用　橄榄，既是佳果，又为良药。中医素来称橄榄为“肺胃之果”。据诸多的医药文献资料记载，橄榄的果实、根、仁都能入药。

橄榄果：橄榄的果实在医疗保健上，常用作清凉甘缓之剂。味甘、涩、酸，性平，入肺、胃经，具有清肺、利咽、生津、解毒等功效，适宜用来治疗咽喉肿痛、烦渴、咳嗽吐血、菌痢等症，解河豚毒及酒毒。

橄榄根：涩、微温，具有清咽、解毒之功，适宜治疗咽喉肿痛、脚气、筋骨疼痛等症。

橄榄核：适宜治疗胃痛、疝气、肠风下血等症，也可化鱼鲠。

橄榄仁：有润躁、解酒毒之功。

橄榄露：是橄榄果实的蒸馏液，具有清肺、利咽、生津止渴等作用，适宜治疗咽喉肿痛、咳嗽痰中带血、泻痢、烦渴、解酒毒及河豚鱼中毒等。

近年来研究发现，鲜橄榄汁还有解除煤气中毒的功效。

(4) 加工利用　橄榄除鲜食外，还可以加工成各种蜜饯果品，如拷扁橄榄、和顺甜榄、香草橄榄、去皮酥、咸橄榄、十香橄榄等。橄榄无论是鲜果还是加工品，其味甘甜爽口、风味独特，深得消费者青睐，是果中珍品。此外，橄榄的核壳可炼制活性炭，核仁可以榨油。

7. 荔枝

荔枝（*Litchi chinensis*，图6-36）又名离支、火荔、丹荔等，为无患子科植物荔枝树的果实。原产于我国南部，至今已有2000多年的栽培历史，为热带水果中的珍贵果品之一。因其色、香、味俱佳，因此有“果中皇后”之美称，古人则以“饱餐荔枝即神仙”来比喻对它的酷爱。

荔枝果实为心形、椭圆形、卵形或圆形。外果皮革质，有瘤状突起，熟时赤色。假种皮（果肉）有白色、乳白色、淡黄乳白和黄蜡色，厚薄与风味随品质不同而异，汁多味甘，半透明，与种子极易分离。种子光亮、内含淀粉。荔枝每年6、7月成熟，有“一日色变、二日香变、三日味变”之说，因此以鲜为贵。

图6-36　荔枝

(1) 营养成分　鲜荔枝的可食部分约为73%，每100g荔枝肉当中含水分81.9g、蛋白质0.9g、脂肪

0.2g、糖类16.6g、粗纤维0.5g、钙2mg、磷24mg、铁0.4mg、维生素B_1 0.10mg、维生素B_2 0.04mg、烟酸1.1mg、维生素C 41mg，另外，还含有苹果酸、柠檬酸、果胶和游离氨基酸等多种营养成分。荔枝核中含有57%左右的淀粉。

（2）食疗与保健作用　中医认为，荔枝味酸，性平偏温，具有生津益血、理气止痛等功用，尤其是对病后体虚、气血不足、胃脘胀痛、胃阴不足及口渴咽干等症具有显著的医疗保健作用。《本草纲目》中也有关于荔枝“生津、通神、益智、健气、益人颜色”等功效的记载。荔枝核中医临床上常用于散滞去湿寒，行血中之血，治因寒而致的疝疾或胃痛等症。荔枝壳还能治妇女血崩及小儿痘疮。现代医学研究发现，荔枝能改善人体血液循环和消化系统功能，从而具有美容的作用，也可改善人的性功能及机体的贫血状况等。

荔枝属湿热之品，传统中医有“一枚荔枝三把火”的说法，因而不宜吃得太多，否则会引起“荔枝病”——即荔枝急性中毒，轻者有头晕、心慌、恶心、四肢无力、出冷汗等症状，严重者还会出现抽搐甚至突然昏迷。儿童和阴虚火旺的人更应当少吃。

（3）加工利用　荔枝除鲜食外，大多数用于干制，也可以制成罐头、果汁、果酱、果酒、蜜饯等其他产品，还可以作为甜菜的烹饪原料。荔枝核含有57%的淀粉，也可以用作酿酒原料。果皮、树皮、树根含有大量单宁，是制药的原料，种子亦可入药。所以，荔枝全身是宝，可以综合利用，是一种发展前途广阔、实用价值很高的果树。

8．椰子

椰子（*Cocos nucifera*，图6－37）是棕榈科植物椰子树的果实。椰子树为棕榈科乔木，热带木本油料植物，原产于东南亚，目前全球有80多个热带国家都有种植，其中菲律宾、印度、马来西亚和斯里兰卡是椰子的主要产区。椰子也是我国热带主要果品之一，南方的很多省份都有栽培，主要产地为海南和台湾。

图6－37　椰子

椰子果为核果，一般为椭圆形或卵状，有的呈三棱形。未成熟的椰子为青绿色，成熟后呈暗褐棕色，一个成熟的中等大小的椰子果有1500～2000g。椰果外果皮薄，中果皮厚纤维质，内果皮木质坚硬，果腔内含种仁、胚乳状液体。种仁（果肉、胚乳）白色肉质，含脂肪可达70%，具芳香味。

（1）营养成分　椰子的营养价值很高。现代医学研究表明，椰肉中含有蛋白质、糖类、椰子油、维生素B_1、维生素B_2、维生素C等，其中椰子油含量约为35%，主要成分为癸酸、棕榈酸、油酸、月桂酸等脂肪酸及多种固醇类物质；椰汁中则含有果糖、葡萄糖、蔗糖、蛋白质、脂肪、B族维生素、维生素C以及钙、磷、铁等微量元素及矿物质。

（2）食疗与保健作用　椰子是药食两用的佳品。我国的中医认为，椰肉味甘、性平，具有补益脾胃、杀虫消疳、令人面色润泽的功效；椰汁味甘、性温，有解渴去暑、生津、利水、强心、驱虫、止呕止泻等功能。椰油则具有补充机体营养、美容和防治皮肤病等作用。当脾胃倦怠、食欲不振、四肢乏力、身体虚弱时，将椰肉切碎，并加入适量的鸡肉和糯米，蒸熟后饮食，效力更佳；但体内热盛的人不宜吃椰子。

（3）加工利用　椰子的用途很广，新鲜的椰汁“清如水，甜如蜜”，饮后清凉、甘甜、可口，风味独特，营养价值高，是解暑的最佳饮品。椰肉芳香滑脆，柔若奶油，可以直接食用，也可制作菜肴、蜜饯或做成椰丝、椰蓉食用，还可以用来制备椰油。椰壳可以用来烧制活性炭或加工椰雕、乐器。椰子综合利用产品达360多种，在国外有“宝树”、“生命木”之称。

9. 龙眼

龙眼（*Euphoria longan*，图6－38），别名益智、蜜脾、桂圆、骊珠、荔枝奴等，为无患子科植物龙眼的假种皮，因其种子圆墨光泽，种脐突起呈白色，看似传说中“龙”的眼睛，故名龙眼。原产于亚洲热带，我国南部和西南部都有栽培，以福建最多。龙眼果球形，外皮黄褐色、粗糙，具有不明显的瘤状突起，假种皮白色肉质，味甜多汁，内有黑褐色种子一枚。著名品种有普明庵、乌龙岭等。

图6－38　龙眼

（1）营养成分　自古以来，龙眼就被视为滋补佳品，其营养价值确实非一般水果可比。据分析，桂圆（干）在每100g可食部分当中，含水分26.9g、蛋白质5.0g、脂肪0.2g、糖类64.8g，还有磷206mg、钙38mg、铁0.7mg以及丰富的维生素C、维生素K、叶酸和烟酸等，此外还含有机酸、腺嘌呤和胆碱。

（2）食疗与保健作用　龙眼不但是营养丰富的果品，而且具有药用价值。现代医学、营养学分析证明：龙眼及其制品龙眼干、龙眼肉、龙眼膏、龙眼酱等，具有开胃健脾、补虚益智、养血安神之功效，桂圆干可作为治疗病后体虚、贫血萎黄、神经衰弱、产后血亏的佳品。祖国医学认为，龙眼肉性甘温，有益智宁心、开胃益脾、补气养血、润肤美容等多种功效，可治疗贫血、心悸、失眠、健忘、神经衰弱及病后、产后身体虚弱等症，是老少皆宜的一种天然补品。历代医家对龙眼颇多赞美，李时珍说：“食品以荔枝为贵，而资益则龙眼为良”；《本草经》中记载：“龙眼甘平、无毒，主治五脏邪气，安志厌食，久服强魄、聪明、轻身不老、通神明”。另外，国外有些研究表明，龙眼还具有很强的抗癌及抗衰老作用。

但是，脾胃有痰火及湿滞停饮、消化不良、恶心呕吐者忌服。孕妇，尤其妊娠早期，则不宜服用龙眼肉，以防引起腹痛、“见红”等先兆流产症状，甚至引起流产或早产。此外，因其葡萄糖含量较高，故糖尿病患者不宜多服。吃未熟透的龙眼，还容易引起哮喘病。

（3）加工利用　龙眼营养丰富，是珍贵的滋养强化剂，新鲜龙眼味甘如蜜，除鲜食外，可制成罐头、酒、膏、酱等，可加工成桂圆干肉等，还可做八宝饭，或加莲子、大枣等做成粥，亦可作为菜点的原料。龙眼果核含淀粉70%以上，每百斤可酿制酒精体积分数37%的烧酒30多斤，它还是制造高级活性炭和糊精的好原料。此外龙眼的叶、花、根、核均可入药。龙眼树木质坚硬，纹理细致优美，是制作高级家具的原料，又可以雕刻成各种精巧工艺品。

10. 刺梨

刺梨（*Rosa roxburghii* Tratt，图6－39），别名文先果、茨梨、油刺果等，属蔷薇科野生植物，原产中国，主要分布于广西、云南、贵州省交界的高寒山区。果实多为扁圆球形，也有扁圆形、圆锥形或纺锤形；未熟时绿色，成熟后呈黄色，有时带红晕；果面、果梗和萼片均密生针刺，故俗称之为“刺梨”；果肉脆，味道酸中带涩，有一股特殊的芳香；果内含种子（瘦果）30～50粒。

图6－39　刺梨

（1）营养成分　刺梨中含多种营养物质，包括蛋白质、脂肪、糖类、钙、磷、铁、硒、锌等矿物质、多种维生素（包括维生素C、维生素B_1、维生素B_2、维生素E等），尤其是维生素C，含量大大高于其他水果和蔬菜，每100g鲜果中维生素C含量可高达2500mg，因此被称为“维C之王”。另外，刺梨中还含有对人体有益的固醇素及酶类，主要是超氧化物歧化酶和过氧化物酶等。

（2）食疗与保健作用　刺梨及其制品，风味独特，富含人体所需的多种营养成分，有多功能的保健作用。除能促进人体新陈代谢、滋补强身之外，其所含的大量天然维生素C对致癌物质*N*－亚硝基乙基脲在生物体内的合成具有明显的阻断作用，能降低癌症的发生率，也可预防冠心病、血管硬化等疾病；所含超氧化物歧化酶，无毒、无抗原性，具有抗衰老、抗炎症、抗病毒感染等作用，同时也具有抗癌作用；刺梨中的维生素E和β－谷固醇具有治疗早期宫颈癌和皮肤癌的作用。因此，刺梨被称为防癌抗癌、延年益寿的珍果。此外，刺梨中所含丰富的微量元素还可以纠正驱铅后引起的人体微量元素混乱综合征。

（3）加工利用　刺梨果实金黄色，果质脆，果味酸甜适中，稍带点涩味，可直接当一般水果食用，也可加工成果脯、鲜果汁、糖果、饮料等。干果还可用来泡茶、浸酒，对防癌、抗衰老作用显著。

11．槟榔

槟榔（*Areca catechu*，图6－40）是棕榈科植物槟榔的种子，有仁频、宾门等多种称谓，自古以来就是我国东南沿海各省居民迎宾敬客、款待亲朋的佳果，既可生吃，也可干吃。

祖国中医理论认为，槟榔性味温辛、无毒，有杀虫、破积、下气、行水等多种功效，对虫积、食滞、脘腹胀痛、泻痢后重、水肿及脚气等症有较好的治疗效果。清代汪昂在《本草备要》一书中论述槟榔有“醒能使醉，醉能使醒，饥能使饱，饱能使饥”的奇妙功能；医学家李时珍在《本草纲目》中则记载，槟榔可“下水肿、通关节、健脾调中、治心痛积聚”。现代医学研究表明，槟榔果实中含有多种人体所需的营养元素

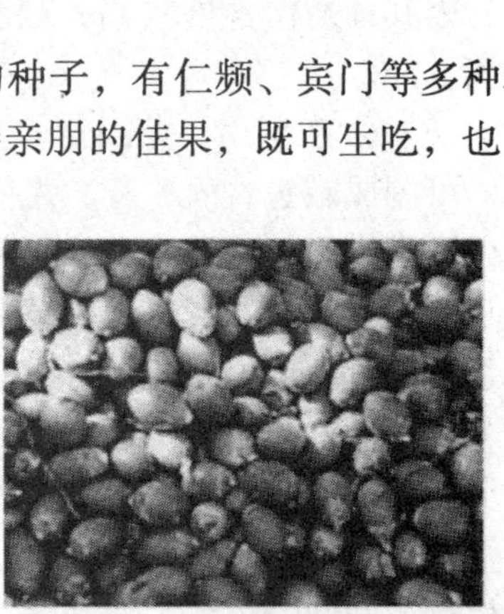

图6－40　槟榔

和有益物质，如脂肪、槟榔油、生物碱、儿茶素、胆碱等成分，具有独特的御瘴功能，是历代医家治病的药果，又有“洗瘴丹”的别名。另外，槟榔还有治青光眼、眼压增高、驱虫等效果。

同时医学研究表明，槟榔对人体也有一些副作用。槟榔的种仁里含有较多的胆碱、儿茶素和槟榔素等化学物质，除了对治病有一定的功效外，若长期吸收过多对人体的脑部和胃部均有不同程度的损害。另外，医学专家认为，常嚼食槟榔会造成口腔黏膜下纤维化，导致口腔癌，国际癌症中心已将槟榔认定为一级致癌物。因此，不能嗜食槟榔。

第三节　干　果　类

1. 板栗

板栗（*Castanea mollissima* blume，图 6－41），又名毛栗、栗子，为壳斗科栗属植物的种仁，是最早栽培的经济树种之一，主栽品种除原产我国的板栗外，还有分布于日本和朝鲜半岛的日本栗，分布于南欧、地中海地区的欧洲栗，以及南北美的美洲栗。我国南北各地的板栗品种 300 个以上，由于自然条件、繁殖和栽培技术不同，形成南方和北方两大品种群。北方品种群栗果较小，种皮易剥离，肉质细腻，具糯性，蛋白质和糖的含量较高，淀粉较低，适于炒食，著名品种有河北的良乡栗、山东郯城的大油栗等；南方品种群栗果较大，种皮稍难剥离，子叶含糖较低，淀粉较高，肉质偏粳性，适于烹制菜肴，著名品种有萝岗油栗、河源油栗、封开油栗、韶栗 18 号、魁栗、大果乌皮栗等。

图 6－41　板栗

（1）营养成分　板栗果实营养丰富，富含人体所需的各种营养成分。每 100g 栗子仁（熟）中蛋白质含量约为 4.5g，脂肪为 1.5g，糖类 45.7g，富含各种维生素，尤其是维生素 B_1、维生素 B_2、维生素 C 和胡萝卜素的含量比一般干果都高。栗子所含的矿物质也很全面，包括钾、镁、铁、锌、锰等，特别是钾的含量比一般的水果都高。新鲜栗果所产生的热量约为 777.5J/100g，与大米、面粉相近，是很好的粮食代用品，故有人称它是铁杆庄稼。在干果中，它所提供的热能很高，充饥的同时还能促进脂肪代谢。

（2）食疗与保健作用　板栗对人体的滋补功能，可与人参、黄芪、当归等媲美。历代著名中医都认为，板栗性甘、味温、无毒，归脾、胃、肾三经。果肉能养胃健脾、壮腰补肾、活血止血，适用于脾胃虚寒引起的慢性腹泻，肾虚所导致的腰膝酸软、腰腿不利、小便频繁及外伤骨折、淤血肿痛、皮肤生疮和筋骨痛等症。因而，肾虚者不妨多吃板栗。

现代医学研究认为，板栗富含不饱和脂肪酸和多种维生素，对高血压、冠心病和动脉硬化等疾病有较好的预防和治疗作用。老年人如常食板栗，可达到抗衰老、延年益寿的目的。板栗富含柔软的膳食纤维，血糖指数比米饭低，只要加工烹调中不加入食糖，糖尿病患者也可适量食用。

但板栗生食难以消化，熟食又易胀气，故不要一次吃得太多，吃时要细嚼慢咽，才可起到补肾养脾之效。

另外，栗壳和树皮有收敛作用；鲜叶外用治皮肤炎症；花可治瘰疬与腹泻；根能治疝气。

(3) 加工利用　板栗营养丰富，栗肉芳香浓郁，是备受欢迎的高级营养补品。既可带壳炒食，也可去壳后加工成各种食品如栗脯、栗糕、栗酱、栗酒和栗粉等。板栗在烹饪中运用也十分广泛，适于烧、煨、炒、炖、扒、焖、煮等，多用作菜肴的配料，如做栗子鸡、栗子猪肉汤、栗粉大枣粥、栗子粥等。另外，其木材质地优良，是建筑、制造业的好材料；树皮、果皮、树叶富含单宁，可生产优质鞣料；栗花不仅是良好的蜜源，而且被广泛用于制作蚊香和驱蚊杀虫剂。

2. 核桃

核桃（*Juglans regia*，图 6－42），为胡桃科植物，又称胡桃、姜桃等，与松仁、腰果、榛子并称为世界著名的“四大干果”。原产于亚洲西部的伊朗，汉张骞出使西域时传入我国，现今已分布我国各地。核桃可食部分为除去果壳后的种仁，即核桃仁。核桃仁营养丰富，在干果之中，享有“干果之王”的美誉，是人们喜食的保健食品之一。

图 6－42　核桃

(1) 营养成分　核桃仁营养价值比较高，有“长寿果”之称。据测定，每 100g 核桃仁（干）中含脂肪约 58.8mg，其脂肪酸中主要为亚油酸（71%）、亚麻酸（12%）等不饱和脂肪酸；含蛋白质 14.9mg，并且为优质蛋白质；含糖类 19.1mg；富含多种矿物质包括钙、磷、铁等；此外还富含维生素 A、胡萝卜素、维生素 B_2、维生素 B_6、维生素 E 等维生素及磷脂、鞣质等营养物质。有人测试，吃 500g 核桃仁所摄取的营养相当于吃 2500g 鸡蛋或 2000g 牛肉。

(2) 食疗与保健作用　核桃仁也是滋补良药。现代医学和营养学研究认为，核桃中所含脂肪的主要成分是亚油酸甘油酯，食后不但不会使胆固醇升高，还能减少肠道对胆固醇的吸收，所以很适合动脉硬化、高血压、冠心病人食用；核桃中的维生素 B_6 能帮助受损的心脏再生；核桃中含有丰富的磷脂，能增强细胞活力，对造血、促进皮肤细腻、伤口愈合和毛发生长都有重要的作用；核桃中所含的微量元素锌和锰是脑垂体的重要成分，常食有益于脑的营养补充，有健脑益智作用；核桃仁中所含维生素 E，可使细胞免受自由基的氧化损害，是医学界公认的抗衰老的物质，因而核桃有“长寿果”之称。近年来的科学研究还证明，核桃树枝对肿瘤有改善症状的作用，以鲜核桃树枝和鸡蛋加水同煮，然后吃蛋，可用于预防子宫颈癌及各种癌症。

祖国医学认为，核桃性温、味甘、无毒，有温肺、补肾、益肝、健脑、强筋、壮骨的功能，是食疗佳果。经常吃些核桃，不仅能滋养血脉、增进食欲、乌黑须发，而且还能医治性功能减退、神经衰弱、记忆力衰退等，所以民间有“常吃核桃，返老还童”之说。《本草纲目》也有记载，核桃“通命门、利三焦、上通心肺、下通二肾、益气养血、贯属于脑”，具有“饮食自健、肌肤光泽、肠腑润而血脉通、润肌黑发固精、治燥调血之功也”。唐代名医孟诜则称，核桃可“通经脉，润血脉，常饮骨肉细腻光滑”。因此，核桃又有“益智果”、“人间仙果”等美誉。但中医认为，多吃核桃会助湿生痰，导致腹胀。并且核桃属油料作物，脂肪含量和热量都很高，肥胖者、患有高血压、冠心病、糖尿病的人不宜多吃。

(3) 加工利用　核桃仁除生食外，可煮食、炒食、蜜制、油炸、制作蛋白饮料或提取核桃油，也可用作烹饪原料或糕点、糖果的配料或馅料。与奶油、玫瑰、干草、椒盐等各种风味配合可制成多种炒货，供作零食或茶酒点心。

3．榛子

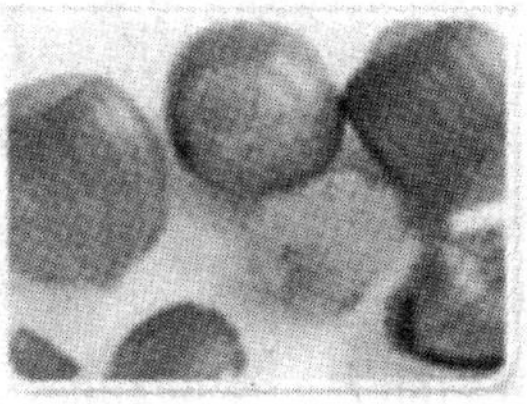

图6－43　榛子

榛子（*Corylus heterophylla*，图6－43），又称山反栗、榧子、榛栗等，是桦木科植物榛的种子。果实形似栗子，外壳坚硬，果仁肥白而圆，含油脂量很高，香味浓郁，是备受消费者喜爱的坚果类食品。榛子原产中国，栽培历史悠久，分布范围广泛，野生资源丰富，主要产地为内蒙、黑龙江、吉林、辽宁、河北等省。全世界的榛属植物有20多种，中国约有12种，包括平榛、毛榛、山白果榛、刺榛和滇刺榛等。

（1）营养成分　在所有的坚果中，榛子在人类的营养与健康中起着尤为重要的作用，有"坚果之王"的美誉。据测定，每100g榛子仁（熟）中含有蛋白质15.6g、脂肪52.9g、糖类26.7g、膳食纤维8.8g、维生素B_1 0.19mg、维生素B_2 0.12mg、维生素E 22.18mg、钙86mg、磷336mg、铁4.2mg，此外，还含有其他多种维生素和矿物质。

（2）食疗与保健作用　榛子是一种名贵干果，营养丰富，对人体具有多种保健功效。榛子脂肪含量丰富，并且多由人体自身不能合成的不饱和脂肪酸组成，具有促进胆固醇代谢、软化血管的作用；榛子中丰富的矿物质和维生素则对儿童生长发育、促进消化系统和神经系统功能、增强体质、防止疲劳、延缓衰老等十分有益。

榛子也有一定的药用价值，中医认为榛味甘、性平，入脾、胃经，具有开胃、调中、明目之功效，常用于治疗饮食减少、体倦无力、眼花、肌体消瘦等症。另外，医学研究表明，榛子中含有抗癌成分紫杉酚，对卵巢癌、乳腺癌及其他一些癌症有一定疗效。

（3）加工利用　榛子果实酥香可口、营养丰富，既可生食亦可炒食，味美可口并有止咳作用。果仁可以制作糕点、糖果等食品，也可制成榛子乳、榛子粉等高级营养补品；还可以制淀粉或榨油，出油率达50%左右，油呈橙黄色，味香质清，既可作为煎、炒、烹、炸的高级油品，也可用于制作肥皂、蜡烛和化妆品等工业制品。

4．腰果

腰果（*Anacardium occidentale*，图6－44），又名鸡腰果、介寿果、树花生，为漆树科常绿乔木或灌木的果实，因其坚果呈肾形而得名。原产地为美洲热带，现已在世界各地广泛栽种。我国云南、广西、广东、福建和台湾等地也有种植。

腰果的果实分为上下两部分：上半部分为柔嫩多汁的鲜果，人们习惯称之为"假果"，俗称"腰果梨"。腰果梨是由花托发育膨大而形成的肉质果，呈卵圆形或扁菱形，成熟后鲜红色或橙黄色，样子很像梨子，比真果（腰果）大3～4倍；下半部分为香甜松脆的干果，人们习惯称之为"真果"，又称"腰果"。腰果是腰果梨下端的肾形坚果，色泽一般由青灰色渐变为黄褐色，果壳坚硬，里面包着白玉色的腰果仁。腰果果实成熟时香飘四溢，甘甜如蜜，清脆可口，与核桃、松仁、榛子一起被称为世界"四大干果"，在国际市场上占有重要的地位。

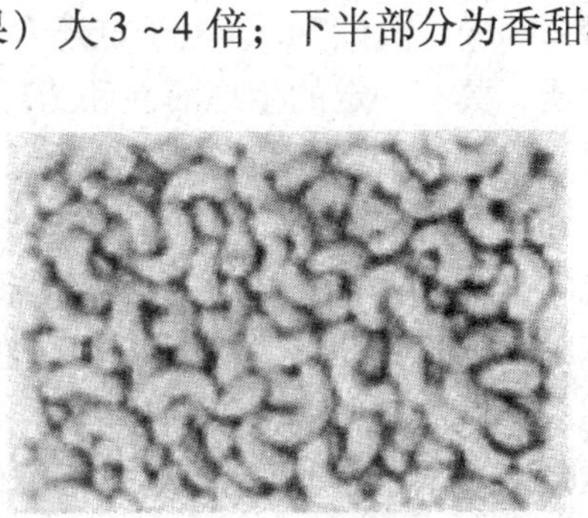

图6－44　腰果

（1）营养成分　腰果梨质地柔软，香甜多汁，其滋味很像酥梨，果肉含水分87.8%、脂肪0.1%，还含有多种矿物质和多种维生素，是热带夏季鲜美的清凉饮料之一。腰果仁营养成分也十分丰富，每100g腰果仁（熟）中含脂肪50.9g、蛋白质24.0g、糖类20.4g，此外还含有钙、铁、磷及多种维生素，是一种美味干果。

（2）食疗与保健作用　腰果仁中脂肪含量丰富，其成分主要是不饱和脂肪酸，有很好的软化血管的作用，对保护血管、防治心血管疾病大有益处。丰富的油脂，还可以润肠通便，并且具有很好的润肤美容和延缓衰老的功效。经常食用腰果仁有强身健体、提高机体抗病能力、增进性欲、使体质增强等作用，是老少皆宜的食物。

新鲜的腰果梨汁味道酸中带甜，有利尿和治水肿的功效，还可用来防治胃炎、咽喉炎、高血压等症，对慢性痢疾也有一定疗效。

腰果的树皮和种子可入药，有截疟、杀虫的功效。现代研究还表明，腰果种皮含鞣质、固醇和少量槚如酸，种子油中含有大量的槚如酸，其水提取物有降血压、降血糖等作用。

但腰果含油脂丰富，因此不适合胆功能严重不良患者和肥胖患者食用，有“哈喇”味的腰果不宜食用。另外，腰果（特别是变质的腰果）容易引起过敏体质的人出现皮炎、荨麻疹、过敏性休克和支气管哮喘等过敏反应，食用时要引起注意。

（3）加工利用　腰果可谓全身是宝。腰果梨柔软多汁、营养丰富，可作水果食用，也可用于酿酒，制果汁、果冻、果酱、蜜饯和泡菜等；腰果仁有清香味，可以生吃、炒食、油炸或盐渍，也可用于加工腰果巧克力或其他高级点心。腰果种仁含油量高，还可制取高级食用油；腰果仁坚硬的果壳也含油脂45%～50%，可以榨油，也可以提取高级树脂、着色剂和芳香油等。

5. 松子

松子（*Pinus koraiensis*，图6－45）又称海松子、罗松子、红松果等，为松科植物红松的种子。其种仁称为松仁。松子形状为倒三角锥形或卵形，外包木质硬壳，壳内为乳白色果仁，果仁外包一层薄膜。松子的主要产区集中在东北、西南、西北地区。不同产地的松子所含各种组分有所不同。

图6－45　松子

（1）营养成分　松子仁营养丰富，据测定，每100g松子仁中含有蛋白质16.7g，脂肪（主要成分为油酸、亚油酸等不饱和脂肪酸）63.5g，糖类9.8g，钙78mg，磷236mg，铁6.7mg。松子仁还含有一些特殊成分，如α－蒎烯、β－蒎烯、二戊烯等烯类物质，具有一定的生理活性和药理作用。

（2）食疗与保健作用　松子仁，性甘味温，入肝、肺、大肠经。中医认为松子仁具有养血补液、滋润止咳、滑肠通便的功效，可以治疗肺燥咳嗽、老人津枯肠燥便秘等。唐代的《海药本草》中就有“海松子温胃肠，久服轻身，延年益寿”的记载。李时珍《本草纲目》也记载：“松子味甘，性小温，无毒。主治骨关节风湿、头眩、祛风湿、润五脏、充饥、逐风痹寒气、补体虚、滋润皮肤，久服轻身延年不老。另有润肺功能，治燥结咳嗽。”现代医学研究表明，松子仁中的脂肪成分主要是油酸、亚油酸等不饱和脂肪酸，具有软化血管、防治动脉硬化的作用，是中老年人的理想食物；松子仁中所含的磷，对脑和神经系统大有裨益，是学生和脑力劳动者的健脑佳品，对老年性痴呆也有很好的预防作用；松子仁中丰富的油脂，有润肠通便、润肤美容、延缓衰老等功效。此外，松子仁中所含烯类物质还具有消炎、降压、镇痛、镇咳、祛痰和抗真菌作用。因此，松子有“长寿果”等美誉。

(3) 加工利用　松子可与奶油、玫瑰、甘草、椒盐等风味品配合制成多种炒货，供作美味小食品食用，也可作糖果、糕点的辅料，还可用来榨取松子油，除替代植物油食用外，还是干漆、皮革工业的重要原料。松子皮则可制造染料、活性炭等。

6. 香榧子

香榧子（*Torreya grandis*，图6-46）又名玉榧、玉山果、赤果等，为红豆杉科植物香榧的种子。香榧是我国特产的果树，其种子为核果状，外被假种皮，大小如枣，核如橄榄，两头尖，呈椭圆形，成熟后果壳为黄褐色或紫褐色。果仁黄白色，是世界上最著名的干果之一。主要产于江苏南部、浙江、福建北部、安徽南部及湖南一些地方，其中以浙江枫桥香榧和安徽太平香榧最负盛名。

图6-46　香榧子

(1) 营养成分　香榧子炒熟后香酥甘醇，风味独特，品质甚佳，营养丰富。据测定，每100g香榧果仁（熟）含水分1.1g、蛋白质12.4g、脂肪57.0g（其中油酸、亚麻酸等不饱和酸含量达78.4%）、糖类26.9g、粗纤维13.0g、灰分2.6g，另含钙83mg、磷248mg、铁1.8mg。此外，香榧子中还含有多种维生素、葡萄糖、多糖、草酸、挥发油和鞣质等。

(2) 食疗与保健作用　香榧营养丰富，药食同源，具有多种药理功效。传统中医药学认为，榧子性微温，味甘，入肺、胃、大肠经，具有润肺、润肠、化痰、止咳、杀菌、驱虫、治痔疮和小儿遗尿等功能。现代科学研究表明，香榧所含不饱和油脂和丰富的营养成分具有驱虫、降脂活血、增强食欲、消积化谷、排毒养颜、免疫抗病、强身健体、延年益寿和治尿频的作用；香榧假种皮中含有丰富的抗癌成分紫杉醇，提取后可用于抗癌药物的生产；香榧子含有一种生物碱，对子宫有收缩作用，民间常用以堕胎；此外，还有研究表明，榧子仁中所含的四种脂碱对淋巴细胞性白血病有明显的抑制作用，并对治疗和预防恶性程度很高的淋巴肉瘤有益。

但榧子所含脂肪油较多，易滑肠，大便稀溏者不宜多食，素有痰热体质者也需慎食。

(3) 加工利用　香榧子脂肪含量丰富，食用时须炒熟，去除种皮后食其种仁，味道甘香脆美，烹饪中可作为菜肴和糕点的配料，也可入药或榨油食用。香榧假种皮含柠檬醛和芳香脂，可用来提取高级香精，主要应用于食品、医药、日用等工业生产上。

7. 白果

白果（*Ginkgo biloba*，图6-47）为银杏科植物银杏的种子，又名灵眼、佛指柑、鸭脚子。民间有“公公种树，孙子得果”之说，故又称“公孙树”。银杏是史前的古老树种，寿命极长，可达千余年，故有“活化石”之称。白果外观为核果状，外种皮肉质，中种皮骨质，内种皮膜质，内有种仁，它们都有不同的药用价值，其可食部分为果实中的核仁。

(1) 营养成分　白果营养丰富，据测定，每100g果仁含蛋白质6.4g，脂肪2.4g，糖类36g，粗纤维1.2g，钙10mg，磷218mg，铁1mg，胡萝卜素0.32mg，核黄素0.05mg，以及白果醇、白果酚、白果酸、五碳多糖等多种成分。

图6-47　白果

(2) 食疗与保健作用　祖国传统医学认为，白果性平，味甘苦涩，有小毒，入肺、肾经，有敛肺气、定喘嗽、止带浊、缩小便、消毒杀虫之功效，主治哮喘、痰嗽、梦遗、白带、白浊、小儿腹泻、虫积、肠风脏毒、淋病、小便频数以及疥癣、白癜风等病症。《本草纲目》中对白果有"熟食温肺、益气、定喘嗽、缩小便、止白浊、生食降痰、消毒杀虫"的记载。

现代科学研究证明，银杏种仁中含有的白果酸、白果酚有抗大肠杆菌、白喉杆菌、葡萄球菌、结核杆菌、链球菌的作用，可用于治疗呼吸道感染性疾病如肺结核等；白果醇提取物可明显抵抗机体脂质过氧化反应，延缓衰老；白果有收缩膀胱括约肌的作用，对于小儿遗尿、小便频数、带下白浊、遗精不固等病症有辅助治疗的作用；白果也可外用，将煮熟的白果捣烂涂于患处，可对粉刺、头面癣疮、鼻面酒渣等起到一定的治疗作用。此外，银杏叶中含有莽草酸、白果双黄酮、异白果双黄酮、固醇等，近年来用于治疗高血压及冠心病、心绞痛、脑血管痉挛、血清胆固醇过高等病症，都有一定效果。

白果除有医疗作用外，还有一定毒性。引起白果中毒的成分主要是白果酸。中毒后的潜伏期为1~12h，先有恶心、呕吐、腹痛、腹泻等胃肠道症状，随后可出现头晕、烦躁、抽搐、昏迷等神经症状，严重者如不及时就医，甚至有生命危险。为防止白果中毒，首先要注意不能生吃白果，熟吃时，也不要一次吃得过多，尤其是儿童，因其分解毒性的能力差，一次食用不宜超过10粒，并且食用时要去除掉肉中的绿色胚芽。

(3) 加工利用　白果以果仁供熟食，食用方法有多种，如炒、烤、蒸、煨、炖、烩、烧等，可作为菜肴的主料或配料，如做银杏鸭、白果炖鸡、白果粥等，也可作为糕点的配料。而银杏叶可用来提取黄酮类物质。

8. 杏仁

杏仁（*Prunus armeniaca*，图6-48）为蔷薇科植物杏或山杏的种子，是我国卫生部颁布的第一批"既是药品又是食品"的中药材之一。杏仁有甜杏仁和苦杏仁之分，前者多用于食用，后者多作为药用。

扁杏又称杏扁，是以食仁为主的仁用杏，属蔷薇科，杏属，是龙王帽、一窝蜂、白玉扁、北山大扁等品种的总称，也是我国特有的经济树种。果实扁圆形或椭圆形，平均重约32.9g。果皮橙黄色，阳面有紫红色晕，并有红斑点。果肉黄色，肉质柔软，味极甜。离核，仁极大，鲜仁重0.9g，卵形、饱满、香甜，出仁率34.4%，是优良的仁肉兼用品种。

图6-48　杏仁

扁杏仁有很高的营养价值、保健作用和医疗效能。据测定，每100g扁杏仁中含蛋白质28.4g、粗脂肪53.7g、糖类10g、钙0.36mg、铁0.41g、磷0.44mg，还含有人体所需的多种氨基酸及维生素，是理想的滋补佳品。

扁杏仁在医药上具有润肺、解饥、散寒、驱风、止泻、润燥之性能，通常用于止咳、祛痰、平喘及解毒等，也可以作为治疗支气管炎、风寒肺病、哮喘的良药。杏仁中含有维生素 B_{17}，能在体内降解生成苯甲醛进而转变成安息香酸和氰氢酸，能抑制和杀死癌细胞，缓解癌痛。

大扁杏浑身是宝，具有较大的经济价值。其仁营养价值较高，不经加工可直接食用，也可制成小食品销售，或作为食品加工及烹饪的配料，很受消费者的欢迎和喜爱；杏仁油是优良的食用油，又是高级的润滑油；果肉可以加工成杏脯、杏酱、杏汁、杏青梅、果丹皮等；杏核可综合利用制造活性炭，或从中提取维生素 B_{17} 用于抗癌药物的生产。

9. 瓜子仁

瓜子仁是黑瓜子、白瓜子和葵花子种仁的总称。

（1）黑瓜子　黑瓜子（*Citrullus lanatus* spp.，图 6－49）是葫芦科植物打瓜的种子。打瓜也称子瓜，是一种专门取子用的西瓜。我国绝大多数地区都有出产。黑瓜子营养丰富，特别是油脂含量较多，并且主要为多不饱和脂肪酸，具有利肺、润肠、止血、健胃和降压等功效。黑瓜子经过加工可制成五香瓜子、奶油瓜子、多味瓜子等，是深受人们欢迎的休闲食品之一。黑瓜子仁还可用作糕点的馅料。

（2）白瓜子　白瓜子（*Cucurbita moschuta*，图 6－50）即南瓜子，是葫芦科植物南瓜的种子，因种皮白色而得名。我国各地均有种植。南瓜子生吃、炒吃都可以，对人体有杀灭寄生虫和防治前列腺疾病的作用，因此，男性适宜经常适量食用。此外，南瓜子中含有丰富的泛酸，可以缓解静止性心绞痛，并有降压的作用。

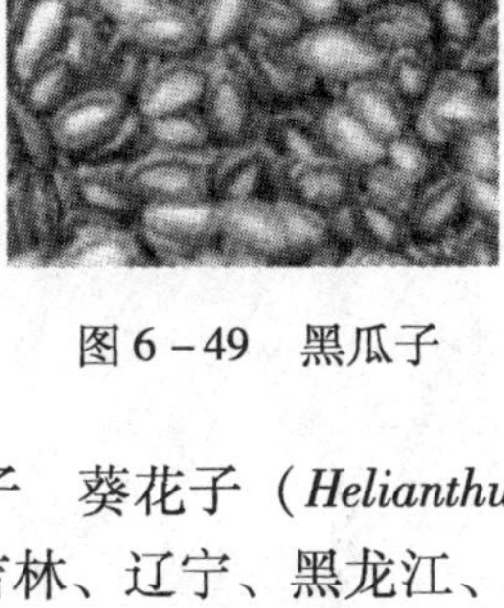

图 6－49　黑瓜子

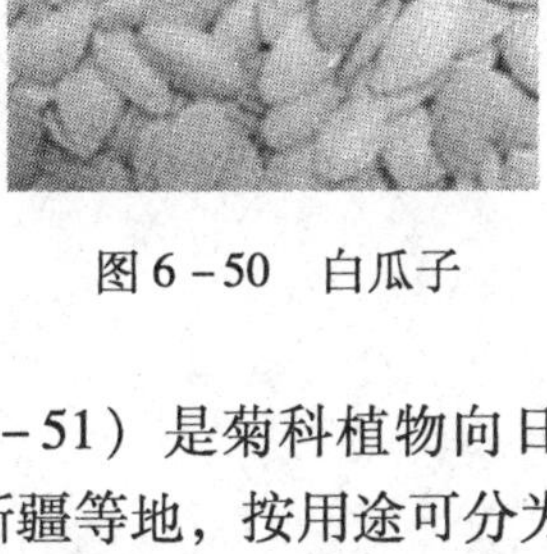

图 6－50　白瓜子

（3）葵花子　葵花子（*Helianthus annuus*，图 6－51）是菊科植物向日葵的种子，主要产于我国的吉林、辽宁、黑龙江、内蒙、山东和新疆等地，按用途可分为食用型、油用型和中间型三类。食用型供炒食用，油用型供榨油用。葵花子营养丰富，含蛋白质、脂肪、多种维生素及矿物质，其中，丰富的铁、锌、镁等微量元素有防止人体发生贫血等疾病的作用，丰富的维生素 B_1 和维生素 E 对安定情绪、软化血管、降低血压、延缓衰老等有很好的作用。此外，葵花子也有驱虫的功效。葵花子脂肪含量丰富，可用于榨油，也可炒食或用作糕点的馅料。

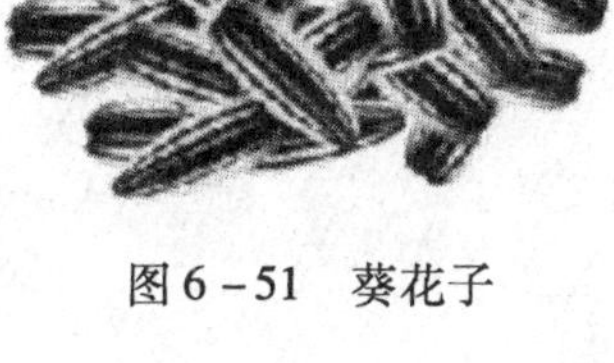

图 6－51　葵花子

瓜子营养丰富、香气诱人，适当嗑点瓜子，能刺激舌头上的味觉神经，促进唾液、胃液的分泌，有利于消化、有益健康，还能促进面部肌肉的运动。但由于瓜子中除含有一定的糖分外，还含有大量油脂，食用后不但会引起血脂升高，而且血脂还可通过糖异生作用转化为葡萄糖，升高血糖，因此糖尿病人应该尽量少吃。另外，嗑瓜子时，最好用手剥壳，否则会造成唾液过多流失，导致口腔溃疡、牙龈炎、龋齿、消化不良等病，而且还使味觉迟钝、食欲减退。患有肝炎的病人也最好不嗑葵花子，否则其所含的大量不饱和脂肪酸尤其是亚油酸，会消耗掉大量胆碱，使体内磷脂的合成发生障碍，脂肪大量堆积在肝脏中，严重影响肝细胞的生理机能，甚至导致肝细胞坏死。

10. 开心果

开心果（*Pistacia vera*，图 6－52）又名“阿月浑子”、“无名子”，是漆树科黄连木属的阿月浑子的果实。最早产于土耳其，公元前 1000 年左右即已由人工栽培，后来传到伊朗、阿富汗、叙利亚。现在美国栽培很多。开心果果实较大，长圆形，长约 2cm，宽约 1cm。熟时呈黄绿色或粉红色。可食部分为果皮内的种仁。

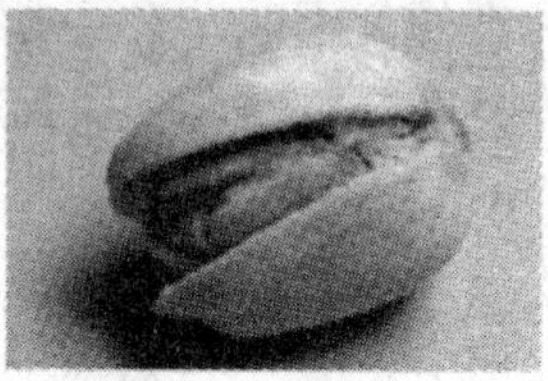

图 6－52　开心果

开心果营养丰富，每 100g 种仁（熟）含蛋白质约 20g、糖类 21.9g、脂肪 53.0g，此外还含有丰富的维生素 E（约 19.36mg）。

《本草拾遗》记载：“阿月浑子味温无毒，主治诸痢，去冷气，令人肥健。”《海药本草》中也记载了阿月浑子主治腰冷、阴肾虚弱之症。现代研究表明开心果主要含有单不饱和脂肪酸，此类脂肪酸被认为可通过减少总胆固醇含量和 LDL 胆固醇量而降低患冠心病的风险；果仁中含有的大量维生素 E，有抗衰老的作用，还能增强体质。因此，古代波斯国国王视之为“仙果”。

开心果主要用于熟食，作休闲干果用。

第七章　动物性食品原料——畜类

人类的生存和发展对动物性食品的依赖可以追溯至远古时期。我国是世界上驯养动物及利用肉食较早的国家。据考证，我国驯养家畜始于史前时期，浙江河姆渡遗址化石证明，猪在公元前7000年前即被驯化。近年在广西甑皮岩遗址，又发现有11300年前猪的骨骼，显示出原始猪在中国农耕开始若干年前已成为最早驯化的肉食动物。牛、鸡的驯化约在9000年前，最初均作肉食，后牛也被役用。至西周春秋时代，已有各种各样的肉食加工，随着历史的发展，我国食文化也愈来愈丰富多彩。

动物性食品从广义上讲是指所有能被人们作为食品而食用的动物性产品，主要指经畜牧养殖获得的畜产品，也包括少量野生动物。随着社会的发展和加工技术的进步，动物性食品则更多地是指那些经过加工处理后的畜产品。

畜产品包括肉品、乳品和蛋品等，其中肉品占绝大部分。我们通常所说的“肉”是指动物体的可食部分，不仅包括动物的肌肉组织，而且还包括像心、肝、肾、肠、脑等器官在内的所有可食部分。在食品加工中，将动物可食部分从形态学上分为肌肉组织、脂肪组织、结缔组织和骨骼组织。因此，从食品加工的角度出发，肉是指畜禽宰杀后除去血、皮（也有不去皮的）、毛、内脏、头、蹄的胴体，包括肌肉、脂肪、骨骼或软骨、腱、筋膜、血管、淋巴、神经和腺体等。在肉品工业生产中，把刚屠宰后不久体温还没有完全散失的肉称为热鲜肉；经过一段时间的冷处理，保持低温（0~4℃）而不冻结状态的肉称为冷却肉；而经低温冻结后（-23~-15℃）的肉称为冷冻肉。肉按不同部位分割包装称为分割肉，如经剔骨处理则称剔骨肉。

从广义上讲，肉也包括禽肉和鱼肉。不过在国外一般将牛、猪、羊等陆生动物的肉称为“红肉”，而把禽肉和鱼肉称为“白肉”。地球上有3000多种哺乳动物，但常供肉食消费的只有几十个品种。由于世界各国的动物品种、来源及食用习惯不同，食用动物的种类也有一定的差异。大多数国家和地区以牛、猪、羊为主要肉类来源，在欧洲有些国家亦消费马肉、鹿肉等。但有些国家食肉比较特别，例如爱斯基摩人食用海豹和北极熊，中非地区的部族食用犀牛、河马和象，澳大利亚土著居民食用袋鼠；挪威和日本食用鲸。

20世纪的中国肉类工业，经历了三个时期的历程。1900—1949年为第一阶段，肉类工业几乎处于零的状态；1950—1978年为第二阶段，新中国成立后我国肉类工业开始起步，但发展缓慢，产量最低的1962年，猪、牛、羊肉的总产量只有194万t，人均年占有量为2.9kg；1978年改革开放后为第三阶段，肉类工业全面持续增长，加工技术突飞猛进，我国成为世界第一产肉大国，为肉类工业的发展奠定了良好基础。1980年，全国肉类总产量已达1205.4万t，人均占有量为12.2kg。20世纪80年代中期，国家对肉类商品流通体制进行重大改革，形成多渠道、少环节、开放式的流通体制，进一步促进了肉类生产的发展。现在我国在肉类食品加工方面拥有世界上最大的生产能力，2000 年我国肉类产量为 6281 万 t，占全球肉类食品总产量的 27%；猪肉产量占世界总产的 45% 以上，稳居世界第一位。2001 年我国国民生产总值（GDP）增长率为 7.2%，肉类食品行业工业总产值的增长率（12.3%）远高于 GDP 的增长幅度，说明肉类食品行业在整个国民经济中的地位越来越重要。

我国肉制品的产量近年来虽有很大的发展，但总的说来我国肉类的人均消费量，特别是熟肉制品的消费量还是很低的，尤其是经济较为落后的中小城市和广大的农村地区。因此肉类生产和肉制品生产仍然是我们较长期的任务。

我国肉类制品分为两大类：一类是中国传统风味的中式肉制品，有 500 多个名、特、优产品，其中一些产品，如金华火腿、广式腊肠、南京板鸭、德州扒鸡、道口烧鸡等传统名特产品，早已蜚声国内外。另一类是西式肉制品，在中国只有 150 年的历史，有香肠类、火腿类、培根类、肉糕类、肉冻类等。

自 20 世纪 80 年代以来，我国 21 个省市 200 多个企业先后从德国、荷兰、法国、奥地利、意大利、美国等地引进肉类屠宰加工设备，引进了西式灌肠生产线、西式火腿肠生产线、肉制品加工检测仪器等。近五年来我国的肉制品加工业发展迅猛，在肉制品产量增加的同时，肉类产品质量也在发展中得到了不断提高。

肉和肉制品与其他食品一样，由不同的营养成分组成，主要包括水分、蛋白质、脂肪、糖类、维生素和矿物质等。特别是肉中的蛋白质具有很高的营养价值，更是人类必需的高质量蛋白质的重要来源。它含有人体必需的氨基酸，氨基酸组成比例合理，对维持人体正常的生命活动、保持身体健康起着重要作用。动物性食品在人类的饮食结构中占有重要地位，因而大力发展肉类工业，生产出高营养、低成本、多功能的动物性食品对促进我国经济的发展、提高人民营养水平、增进健康都具有极其重要的意义。

研究动物性食品原料的营养与质量、保藏与运输以及肉在加工过程中的变化，成为肉制品加工的重要内容，并已成为食品科学的一个重要分支。肉及肉制品与我们的生活息息相关，人均消费肉食的数量和肉制品加工水平，不仅反映了消费者的生活水平，也从一个侧面反映了一个国家的经济发展状况。

伴随畜产品的“极大丰富”也曾导致多次畜产养殖业的“危机”，但其深层次的原因并非生产过剩或者流通不畅，而是加工技术的相对滞后以及畜产原料与加工不协调所致，因此，畜产加工业的发展需要优质畜产原料供应的保障。21 世纪我国食品加工业和畜产养殖业将在新的结合点上共同发展。随着科学技术的发展和人民生活水平的提高，人类对畜产品的加工和利用也就更为普遍和多样化，畜产食品在人类生活中的地位也将越来越重要，人们对畜产食品的要求也越来越高。“放心肉”、“安全奶”、“营养蛋”等这些都首先对畜产食品的原料生产提出了更高的要求，也成为动物性食品原料及制品的发展方向。

第一节　肉用畜

肉类食品原料主要是家畜和家禽，简称肉用畜禽。可供人类消费食用的畜禽种类很多，动物品种不同肉质也有差异，可适宜于不同的加工和食用方法。根据生产数量和饮食习惯，我国用于肉品生产的家畜有猪、牛、羊、家兔、驴、骆驼等。

一、猪

（一）猪肉的营养价值

猪又名豕、豚等，是偶蹄目（Artiodactyla）猪形亚目（Suiformes）猪科（*Suidae*）野猪属的野猪（*Sus scrofa*）经驯化选育获得的主要肉用家畜。人类吃猪肉的历史较长，猪肉是人类一种重要食物，猪肉约含蛋白质17%、脂肪29%、糖类1%，此外，维生素 B_1、维生素 B_2、烟酸、矿物质也很多。猪肉是一种高热量食物，每100g猪肉在人体内可产生3887kJ的热量。清黄宫绣所著《本草求真》说，猪肉能“润肠胃，生津液，丰肌体，泽皮肤。”但是猪肉由于含脂肪和胆固醇较高，多食容易引起心血管系统疾患。我国古时对此已有认识，梁陶弘景所著《别录》认为“猪肉闭血脉，弱筋骨，不可多食。”这里“闭血脉”，就是现代医学所说的动脉粥样硬化，以及在此基础上发生的血栓形成、血管闭塞。孙思邈说；“久食令人少子，发宿疾。”国外有些科学家还指出，多食猪肉会损害人的容颜，使人易老。猪的内脏、皮、蹄、骨有重要的药用价值。

祖国医学认为，猪肉性微寒，味甘、咸，归脾、胃、肾经，有补肾滋阴、养血润燥、益气等功效。猪蹄性味甘、咸，平，归胃经，有补气血、润肌肤、通乳汁等作用。猪肚性味甘，温，归脾、胃经，有补虚损、健脾胃、止渴作用。猪肝性味甘、苦，温，归脾、胃、肝经，有养肝明目、健脾补气的作用。猪心性味甘、咸，平，归心经，有补虚养心、安神降血压等功效。猪胆性味苦寒，能清热解毒。

（二）猪的经济类型

中国是世界上猪肉生产量最大、猪种资源最丰富的国家。中国产猪地区分布很广，各省均有饲养，由于各省地理条件以及习惯的不同，饲养猪的品种也有所差异。新中国成立以来，各地在原有地方猪种的基础上相继培育了一批新猪种。改革开放以来，从国外引进的一些优良猪种也得到了较大发展。

我国猪种资源丰富。猪的经济类型由于划分的依据不同，方法不一，最常用的类型划分有：根据猪胴体瘦肉含量，可分为脂肪型（脂用型）品种、鲜肉型（兼用型）品种和腌肉型（瘦肉型）品种。多数地方猪种属于脂肪型品种，多数培育猪种属于鲜肉型品种，多数引入猪种属于瘦肉型品种。

由于人们根据市场对瘦肉和脂肪要求不同和各地区猪饲料供应的差异，经过长期的选育而形成不同类型的猪种——脂肪型、腌肉型和鲜肉型，这是品种向专门化方向发展的结果与产物。三种类型在体质外形、生产性能、肉脂比例、生活习性和对环境条件的要求等方面各具特点。

1. 脂肪型

脂肪型猪一般脂肪占胴体的45%以上，第6~7胸椎间上方膘厚在6cm以上，可提供较多的脂肪。外形特点为下颌重、垂肉多，体躯宽、深而短，体长与胸围相等或略小于胸围，整个外形呈方砖形。一般皮薄毛稀、体质细致、性温顺、耐粗饲、抗暑热、产仔较少。广西陆川猪、老式巴克夏猪等均属此类型的典型代表。

2. 腌肉型（瘦肉型）

此类型与脂肪型相反，一般瘦肉可占胴体的55%以上，第6～7胸椎间上方膘厚在3cm以下，能提供较多的瘦肉，可用于加工腌制腌肉与火腿。外形特点为前躯轻、后躯重、中躯长，外形呈长流线形。四肢较高，背腰平直且特别长，体长大于胸围15～20cm，皮薄毛稀、体质结实、生长发育快，但对饲料条件要求高，特别是要求饲料蛋白质水平高。国外品种如大约克夏猪、长白猪、杜洛克猪等以及我国浙江金华猪均属此类。

3. 鲜肉型（兼用型）

以生产鲜肉为主，胴体瘦肉和脂肪比例相近；6～7胸椎间上方膘厚3～5cm，外形介于脂肪型和瘦肉型之间。体型中等，背腰宽，中躯短粗，后躯丰满，体质结实，性情温顺。我国地方猪种多属此类。

（三）我国地方猪种类型

我国地域辽阔，地形和气候差异较大，各地选育形成许多优良猪种。根据猪种起源、生产性能和外形特点，通常将我国地方猪种大致分为六种类型。

1. 华北型

华北型猪主要分布在淮河、秦岭以北，包括东北、华北、内蒙古、新疆以及陕西、湖北、安徽、江苏等省区的北部地区。该地区寒冷干燥，青饲料不足，饲养粗放；猪体质健壮、体躯较大，四肢粗壮、背腰宽，大腿不够充实，头较平直，嘴长，皮厚有褶，毛粗密，鬃毛发达，多为黑色。

华北猪生长较慢，一般12个月才达100kg以上，瘦肉率45%左右；前期增重慢，后期增重快，脂肪积累在肥育后期，膘不厚，板油多，瘦肉量大，肉味香浓。属于此类猪种的有：东北民猪、西北八眉猪、内蒙河套大耳猪、山西马身猪、河北深州猪、山东莱芜猪等。

2. 华南型

分布于云南、广西和广东偏南地区、福建省东南部、台湾全省。由于环境温暖潮湿，猪的新陈代谢旺盛，成熟早，体质疏松，易积累脂肪，早期易肥，体重为75～90kg，肥膘一般4～6cm；肉质细嫩，屠宰率较高，一般在75%以上。

华南猪一般体躯较短、矮、宽、圆、肥，皮薄毛稀，鬃毛短小，背腰宽阔，腹多下垂，臀部丰满，四肢开阔且粗短多肉，头短小，面稍凹，略有横行皱纹，毛色多为黑色或黑白花。属于华南型的猪种有：广西的陆川猪、两广小花猪、滇南小耳猪、福建槐猪等。

3. 华中型

分布于长江和珠江三角洲地区。其体形与华南型相似，体质疏松，早熟，背较宽，骨骼较细，背腰多下凹，四肢较短，腹下垂，体躯较华南猪大，额部多有横纹，皮毛稀疏，肉质细嫩，毛色多为黑白花。如浙江的金华猪、湖南的宁乡猪、广东的大花白猪、湖北的监利猪、江西的赣中南花猪、安徽的皖南花猪、福建的闽北黑猪和贵州的关岭猪等均属此型。

4. 江海型

主要分布于汉水和长江中下游及东南沿海和台湾西部的沿海平原。这一地区猪种混杂，差异较大，属华北、华中的过渡型。额较宽，皱纹深多，耳大下垂，皮薄多皱，体小型，成熟早，脂肪沉积力强，增重较快，6个月可达60kg以上，大型猪可达100kg，屠宰率达70%。太湖猪、姜曲海猪、虹桥猪、阳新猪及台湾猪等属于此类型。

5. 西南型

主要分布在四川盆地和云贵高原的大部分地区以及湘、鄂的西部。西南地区的猪种的体形基本相同，腿较粗短、额部多旋毛或横行皱纹，背腰宽而凹，腹大下垂，屠宰率较低，毛色以全黑居多，也有黑白花和红毛。属该类型的猪种有内江猪、荣昌猪、乌金猪、关岭猪、柯乐猪及云南富源大河猪等。

6. 高原型

主要分布于青藏高原，属于小型晚熟种，长期放牧奔走，体形小而紧凑，四肢发达，背窄微弓，腹紧，臀部斜，皮较厚，毛密长，鬃毛发达而富有弹性，生长缓慢，屠宰率低，但胴体瘦肉较多，属于该类型的有藏猪和合作猪。

（四）猪的品种简介

1. 我国地方良种

（1）民猪（图7-1） 原产于东北和华北部分地区。

图7-1 民猪

外形特征：头中等大，面直长，耳大下垂。体躯扁平，背腰狭窄，臀部倾斜，四肢粗壮，全身被毛黑色，毛密而长，猪鬃较多，冬季密生绒毛。

产肉性能：具有抗寒、体质健壮、脂肪沉积能力强、肉质好以及适于放牧粗放管理等特点。成年公猪体重200kg，成年母猪体重150kg，10月龄肉猪体重136kg；屠宰率72%。

图7-2 陆川猪

（2）陆川猪（图7-2） 产于广西陆川等县及广东高州、湛江等地。

外形特征：体躯矮短肥胖，头较短小，额生横纹，多有白斑，耳小向外平伸，背腰宽而凹陷，腹大拖地。被毛短细稀疏，除耳、背、臀和尾为黑色外，其余部位均为白色。

产肉性能：该猪早熟易肥、屠宰率高、繁殖力强、耐粗饲、适应性好、性情温顺。成年公猪体重87kg，成年母猪体重79kg。最适屠宰期为8月龄，体重70kg，屠宰率68%。

（3）荣昌猪（图7-3） 原产于四川荣昌与重庆一带。

外形特征：全身白色，体形中等，头大小适中，面微凹、耳中等大、下垂，额面皱纹横行、有旋毛。背腰微凹，腹大而深，四肢细致、结实。除两眼四周或头部有大小不等的黑斑外，被毛均为白色。

产肉性能：荣昌猪具有适应性强、瘦肉率较高、配合力较好和鬃质优良等特点。成年公猪体重158kg，成年母猪体重144kg；12月龄肥猪体重100～125kg，屠宰率70%左右。瘦肉率48%。

图7－3　荣昌猪

(4) 内江猪　原产于四川内江与资中等县。

外形特征：体型较大，额面横纹深陷，额皮中部隆起；耳中等大、下垂，体躯宽深，背腰微凹，腹大，四肢较粗壮；全身黑色，鬃毛粗长。

产肉性能：生长发育较快，耐粗饲，适应性强，肥育性能好，杂交优势显著。成年公猪体重175kg，成年母猪155kg左右；12月龄肉猪体重124kg，膘厚5cm，屠宰率70%左右。

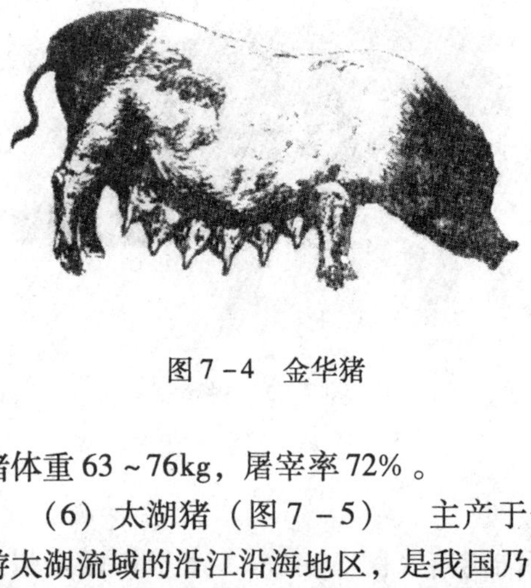

图7－4　金华猪

(5) 金华猪（图7－4）　产于浙江金华、义乌、东阳三个县。

外形特征：体型中等偏小，耳中等大、下垂，背微凹，腹大微下垂，四肢细短，毛色以中间白、两头黑为特征，即头颈和臀尾部为黑皮黑毛，体躯中间为白皮白毛。故又有“金华两头乌猪”之称。

产肉性能：具有性成熟早、繁殖力高、皮薄骨细、肉质好、适于腌制优质火腿等特点。成年公猪体重140kg，母猪体重110kg；8～9月龄肉猪体重63～76kg，屠宰率72%。

(6) 太湖猪（图7－5）　主产于长江下游太湖流域的沿江沿海地区，是我国乃至世界猪种中繁殖力最高、产仔数最多的品种。

图7－5　太湖猪

外形特征：体型中等，头大额宽，额部皱褶多而深，耳特大，软而下垂，胸较深，背腰微凹，腹大下垂，臀宽倾斜。全身被毛黑色或灰色，毛稀疏，四肢末端为白色。

产肉性能：性成熟早，产仔数多，一胎产仔20头以上者属常见。成年公猪体重140kg，成年母猪114kg；6～10月龄重65～90kg，屠宰率67%左右；肌肉间脂肪较多，肉质较好。

(7) 八眉猪　又称泾川猪或西猪，为西北地区古老品种，中心产区为陕西泾河流域、甘肃陇东和宁夏固原地区。

外形特征：体型中等，头较狭长，耳大下垂，腹稍大，四肢结实，被毛黑色。

产肉性能：适应性强，耐粗饲，属肉脂兼用型。肉质好，在较好饲养条件下，8 月龄重可达 75kg，屠宰率为 62%。

(8) 宁乡猪（图 7-6） 产于湖南省宁乡县的草冲和流沙河一带。

图 7-6 宁乡猪

外形特征：头中等大小，额部有形状和深浅不一的横行皱纹。耳较小且下垂，颈短粗，背多凹陷，腹大下垂，四肢短粗，毛色有乌云盖雪（体躯上部全为黑色，下部为白色）、大黑白花和小散花三种。

产肉性能：宁乡猪具有早熟易肥、脂肪沉积能力强和性情温驯等特点。成年公猪体重 113kg，母猪体重 95kg 左右。

图 7-7 藏猪

(9) 藏猪（图 7-7） 产于我国青藏高原的广大地区，属典型高原型猪。

外形特征：体型小，具有典型高原猪外形，被毛多为黑色，部分猪兼有"六白"特征，少数猪为棕色。

产肉性能：放牧条件下育肥体重增加很少，12 月龄体重 35～40kg；屠宰率低，皮较薄，瘦肉率较低。

(10) 微型香猪（图 7-8） 原产于中国、越南，生活在自然条件闭塞、地貌复杂、森林密布、雨量充沛的地带。微型香猪是一类个体小、身短、肉质好、味香、营养价值高的优质品种猪的统称，国外称"迷你猪"。我国有多个微型香猪品种，如小香猪、版纳猪、五指山猪、开城河香猪、从江香猪等。

外形特征：体格短小，头长，额平，额部皱纹纵行，眼周有明显的无毛区，吻端粉红，耳薄向两侧平伸，背腰微凹，腹大而圆、下垂，四肢短细，被毛黑色，现已培育出纯白色珍品小香猪。

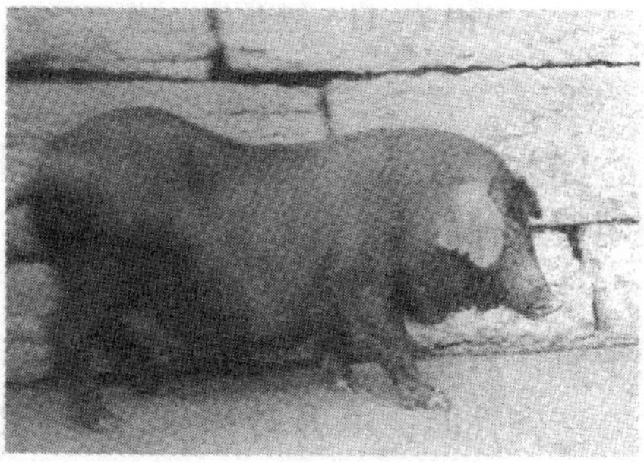

图 7-8 微型香猪

产肉性能 适应性强，成年公猪体重 20～45kg，母猪 30～40kg；育肥猪 10 月龄体重 38kg 左右，屠宰率 63.5%，瘦肉率高达 52.2%，膘厚 4.5cm。

2. 国内培育品种

指利用大白猪（中型约克夏、苏联大白猪）、巴克夏及波中猪等外来猪种与地方猪种杂交育成的新品种，这些培育品种既保留了地方品种的适应性强、耐粗放饲养管理、繁殖力高、肉质好的特点，同时提高了胴体瘦肉率和肥育性状等生产性能，主要包括哈尔滨白猪、上海白猪、湖北白猪、新淮猪、北京黑猪、东北花猪等。

图 7－9　新金猪

（1）新金猪（图 7－9）　原产辽宁金县和新金县。

外形特征：体型中等，体质健壮，生长快。面凹，背腰宽平，胸宽深。

产肉性能：皮薄，背膘厚 3.5cm 以上，肉质良好，屠宰率 75% 左右。

（2）上海白猪（图 7－10）　产于上海近郊的上海和宝山两县，主要由约克夏猪、苏白猪和太湖猪培育而成。

图 7－10　上海白猪

外形特征：体型中等，体质结实，颜面平直或微凹，耳中等大小略向前倾，背宽，腹稍大，腿臀较丰满，被毛白色。

产肉性能：生长较快，产仔较多，适应性强，胴体瘦肉率高，皮薄肉嫩。体重在 20～90kg 阶段，日增重约 615g。90kg 屠宰，屠宰率 70%，瘦肉率 52.5%。

图 7－11　哈尔滨白猪

（3）哈尔滨白猪（图 7－11）　产于黑龙江省南部地区，哈尔滨市及其周围各县，现也广泛分布于黑龙江省外。

外形特点：被毛白，面稍凹，背腰平直，腹不下垂，四肢健壮，臀腿丰满。

产肉性能：属大型肉脂兼用优良品种，肥育快，肉质良好；成年公猪体重 222kg，母猪体重 176kg；11 月龄体重达 100kg 以上，屠宰率高达 78%。

（4）黑花猪　产于黑龙江省西部地区，是由克米洛夫公猪与当地猪杂交育成的肉脂兼用型品种。

外形特点：体质坚实，头大小适中，嘴中等长而宽，两耳直立或前倾，胸宽体长，背腰平直，后躯丰满，四肢健壮，各部匀称。

产肉性能：10 月龄体重可达 135.5kg，6 月龄 97.5kg 体重时，膘厚 4.5cm，屠宰率为 74.4%。

（5）北京黑猪（图 7－12）　主要由北京双桥农场、北郊农场用巴克夏猪、约克夏猪、苏白猪及河北黑猪杂交培育而成。

图 7－12　北京黑猪

外形特征：体质结实，结构匀称。头大小适中，两耳向前上方直立或平伸，面微凹，额较宽。颈肩结合良好。背腰较宽且平直。四肢健壮，臀腿较丰满。全身被毛黑色。

产肉性能：属兼用型猪种，生长速度较快，肥育猪90kg屠宰，屠宰率72%～73%，胴体瘦肉率49%～54%。

（6）新淮猪（图7－13） 育成于江苏省淮阴地区，主要用约克夏和淮阴猪培育而成。

外形特征：头稍长，嘴直或微凹，耳中等大、向前下方倾垂。背腰平直，腹稍大但不下垂，臀略斜。四肢强壮有力。被毛黑色。

产肉性能：具有适应性强、产仔数多、生长发育较快、饲料利用率较高等特点。成年公猪体重200kg，成年母猪体重150kg；8月龄育肥肉猪体重100kg，屠宰率71%。

图7－13 新淮猪

3. 国外引进猪种

世界上以大白猪和长白猪分布最广，其次杜洛克、汉普夏等瘦肉型猪种亦有较广的分布，各国多以这些猪种直接或杂交用以培育专门化品系生产商品猪。从19世纪末起，我国相继从国外引入了10余个猪种，主要用于经济杂交，对我国新猪种的培育以及商品瘦肉猪的生产起到很重要的作用。

图7－14 大约克夏猪

（1）大约克夏猪（图7－14） 原产于英国英格兰的约克夏郡，是世界著名瘦肉型猪种，也称为大白猪，瑞典、美国、加拿大饲养头数较多。

外形特征：体形高大、匀称。耳立，颜面凹陷，背腰伸长而坚实且微弓。四肢较高，后躯发育良好，腹线平直。全身被毛白色。

产肉性能：适应性好，生长快，饲料利用率较高，产仔较多，胴体瘦肉率高。成年公猪体重300～370kg，成年母猪体重250～330kg；6月龄体重可达100kg左右。屠宰率较高，胴体瘦肉率为65.6%。

（2）苏联大白猪（图7－15） 简称苏白猪，原产于前苏联，由大约克夏猪长期驯化与人工选育而成，属于肉脂兼用型。

产肉性能：适应性强，产仔多，生长快，杂交效果好；成年公猪体重330～350kg，成年母猪240～260kg；6～7月龄肉猪体重90～100kg，屠宰率75%，瘦肉占体重的50%。

图7－15 苏联大白猪

（3）长白猪（图7－16） 又叫兰得瑞斯，是北欧波利维亚地方土产种猪，以丹麦的兰得瑞斯种为世界所知名；因其体躯长，毛色全白，故在我国通称长白猪；该猪是世界上著名瘦肉型猪种之一。

外形特征：头小清秀，颜面平直。耳向前倾平伸略下垂；胸宽深，肋骨开张，背腰特长，背线微呈拱形，后躯丰满，体躯前窄后宽呈流线形。全身被毛白色。

图 7－16　长白猪

产肉性能：具有产仔较多、生长发育快、省饲料、胴体瘦肉率高，但体质较弱、抗逆性差、对饲料要求较高的特点。成年公猪体重 300～350kg，成年母猪 250～300kg；6 月龄肉猪体重 90kg，日增重 500～800g，屠宰率为 69%～75%，胴体瘦肉率为 53%～63%。

（4）巴克夏猪（图 7－17）　原产于英国巴克郡和威尔郡，是由中国华南猪、泰国猪与英国本地猪杂交育成，原属脂肪型，现已转向肉用型猪。

图 7－17　巴克夏猪

外形特征："六端白，全身黑"为本品种的毛色特征，即鼻、尾、四肢六端为白色，其余均为黑色，体躯短宽深，呈圆拱形，头短，颜面微凹，耳稍向前倾，颈短宽，胸深宽，肋骨丰圆，大腿丰满，四肢骨细，强健有力，体质结实，性情温顺。

产肉性能：8 月龄肉猪体重 90kg，屠宰率 80% 左右。据 1990 年世界养猪展览会测定，平均日增重 738g，最后肋膘厚 2.87cm；巴克夏猪肉质优良，肌肉中胶原含量低于其他品种，肉质较嫩。

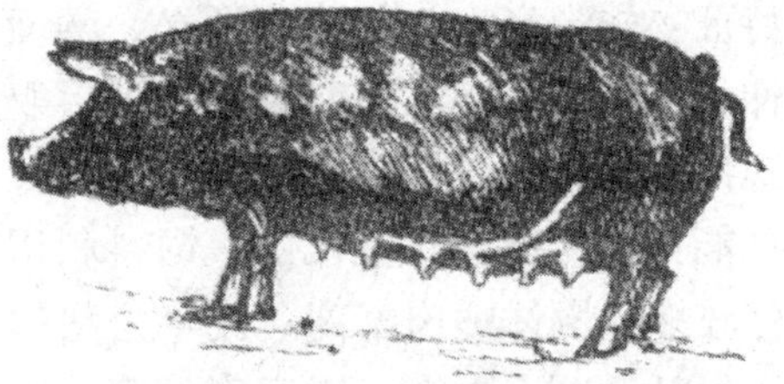

图 7－18　克米洛夫猪

（5）克米洛夫猪（图 7－18）　原产于前苏联克米洛夫州。

外形特征：体质结实，结构匀称。头中等大，颜面微凹，耳直立或稍微前倾。胸宽深，背腰平直，后躯丰满。肢蹄强健。被毛为黑白花色，白毛呈片状或点状不规则分布。

产肉性能：适应性强，用于杂交具有较高的杂种优势，但后期生长速度不快，胴体瘦肉量少。成年公猪体重 310～330kg，成年母猪体重 240～250kg。

（6）杜洛克猪（图 7－19）　产于美国纽约州和新泽西州，原为脂肪型，由西班牙、西部非洲输入的红猪与英国巴克夏猪杂交育成，现为世界著名瘦肉型猪种之一。

图 7－19　杜洛克猪

外形特征：全身有浓淡不一的棕红毛，体躯高大，粗壮结实，两耳中等大，略向前倾，耳尖稍下垂。头小轻秀，嘴短直，颜面微凹。胸宽而深，后躯肌肉丰满，四肢粗壮。

产肉性能；具有体质健壮、抗逆性强、生长速度快、饲料利用率高、胴体瘦肉率高、肉质良好的特点。成年公猪体重 300～350kg，成年母猪体重250~300kg；6月龄体重可达90kg以上，屠宰率75%，胴体瘦肉率61%，产肉性能优良；肉质好，肌肉中含粗脂肪2% ~4%，粗蛋白质22%左右。

图7-20　汉普夏猪

（7）汉普夏猪（图7-20）　原产于英国汉普夏郡，后被引进美国，在伊利诺伊州、印第安纳州、肯塔基州广泛饲养，是美国分布最广的瘦肉型品种之一。

外形特征：头颈中等，颜面稍直而嘴长，耳大小中等直立，背线稍弓而腹线较平直，肩部充实，臀部稍倾斜，肌肉丰满，体长中等。毛黑而在肩部到前肢色白呈带状（宽10~13cm），此为该品种的特征，又称“银带猪”。

产肉性能：生长发育较快，抗逆性较强，饲料利用率较高，胴体瘦肉率高，肉质较好；成年公猪体重300~380kg，成年母猪体重250~300kg；6月龄体重90kg，屠宰率为73.05%，胴体瘦肉多，瘦肉率约65%。

（8）皮特兰猪（图7-21）　原产于比利时，是肉用型品种。

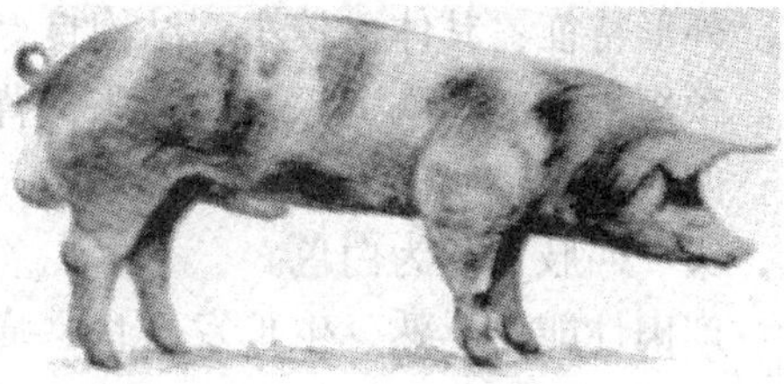

图7-21　皮特兰猪

外形特征：体型大，体躯宽而短，肌肉特别发达；毛色灰白，夹有黑白斑点，有的间有红色，耳前倾。

产肉性能：特点是日增重高，瘦肉率高；但繁殖力低，耐粗饲性能差，适应性差，肉质差。体重达90kg以后，生长速度显著降低，瘦肉率高，达60%以上，并能在杂交中显著提高杂交后代的胴体瘦肉率。

二、牛肉的营养价值与牛的品种

牛是偶蹄目（Artiodactyla）反刍亚目（Ruminantia）牛科（Bovidae）牛亚科（Bovinae）牛属（*Bos*）的野牛（*Bos frontalis*）经各种驯化的牛类的总称。

牛肉是西方人喜欢食用的动物肉的一种，近年来在我国也有很大发展。目前世界上许多优良品种按生产方向的不同，可将其划分为乳用、肉用、役用和兼用等生产类型。

（一）牛肉的营养价值

牛肉的营养丰富，每100g牛肉含蛋白质20.1g、脂肪10.2g、维生素B_1 0.07mg、维生素B_2 0.07mg、钙7mg、磷170mg、铁0.9mg，牛肉的蛋白质质量好，所含的必需氨基酸齐全。

祖国医学认为，牛肉性味甘，水牛性凉，黄牛性温，归脾、胃经，有补脾胃、强筋骨等功效。

牛胆上有一种称为“牛黄”的物质，是十分名贵的药材。牛黄有清热解毒、清心开窍、豁痰镇惊的功效，并能促使红细胞增生。牛骨髓有润肺、补肾、补血的作用。

（二）世界主要肉用牛品种

1. 夏洛来牛（Charolais）

图 7－22　夏洛来牛

夏洛来牛（图 7－22）原产于法国的夏洛来地区和涅夫勒省，系著名大型肉牛品种。

外形特征：体型大，骨骼粗壮，全身肌肉丰满。头大小适中而短，角为白色，颈粗短，胸深宽，背长平宽，臀部肌肉圆厚丰满，尻部常出现隆起的肌束，称“双肌牛”，被毛乳白色。

产肉性能：适应性强，耐粗饲、增重快、瘦肉多，成年公牛重 1100～1200kg，母牛 700～800kg，12 月龄育肥牛体重达 500kg 以上，最高日增重 1.88kg，屠宰率达 65%～68%；但其肌肉的纤维较粗，大理石状纹较差，需早肥育、早屠宰。

2. 海福特牛（Hereford）

海福特牛（图 7－23）原产于英国英格兰西部的海福特县，属小型肉用牛品种。

外形特征：其体格较小、结构良好，头短额宽。颈短粗多肉；胸宽深，肋开张，背腰宽且平直；四肢较短，肌肉发达，臀部丰满；身体暗红色，头、四肢下部为白色。

图 7－23　海福特牛

产肉性能：早熟、生长发育快、瘦肉多；耐粗饲，抗病力强，适于放牧；成年公牛体重 950kg，母牛 600kg；周岁体重达 450～500kg，屠宰率 67%，净肉率 60%，肉质细嫩多汁，呈大理石纹状，风味好。

3. 利木赞牛（Limouzin）

图 7－24　利木赞牛

利木赞牛（图 7－24）原产于法国中部的利木赞省，系大型肉牛品种。

外形特征：体型较大，全身肌肉丰满，骨骼略细；头短、额宽；肩峰隆起，体躯长而宽，肋骨开张，背腰平宽直；四肢强健而细，被毛为深浅不一的红色，角为白色。

产肉性能：生长发育快，早熟；成年公牛体重 950～1200kg，成年母牛 600～800kg；肉品质好，细嫩味美，脂肪少，瘦肉多；特别是小牛产肉性能好，8 月龄小牛就具有成年牛的大理石纹状肌肉，瘦肉率 80%～85%，屠宰率为 63%～71%。

4. 安格斯牛（Angus）

安格斯牛（图 7－25）产于英国苏格兰的阿伯丁和安格斯地区，属早熟中小型肉牛品种。

外形特征：体型低矮，体质结实；身躯宽而深，背腰平直，后躯发育良好，肌肉发达。四肢短。全身被毛黑色，无角是其重要的外貌特征。

产肉性能：耐粗饲，适应性强、成熟早，易肥育，胴体品质好，出肉率高；成牛公牛体重800～900kg，母牛体重500～600kg；12月龄育肥牛体重可达400kg，屠宰率60%～65%；肉呈大理石状纹，肉质较好。

图7－25　安格斯牛

5. 西门塔尔牛（Simmental）

西门塔尔牛（图7－26）原产于瑞士阿尔卑斯西北部山区，分肉乳兼用和乳肉兼用类型。

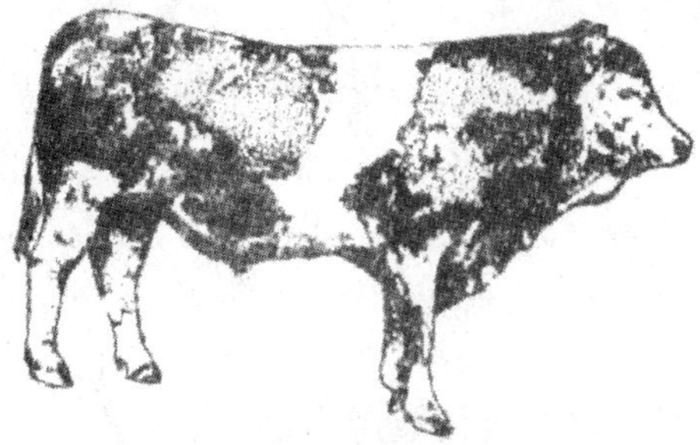

图7－26　西门塔尔牛

外形特征：体型大，骨骼粗壮结实，肌肉丰满；头大颈短，额宽，角左右平伸，向前弯曲，再扭转向上；前躯发育良好，胸深，背腰长平宽直。臀部肌肉充实，股部肌肉深厚；毛色为黄白花，一般为白头。腹部、尾帚、四肢下部为白色。

产肉性能：具有适应性强、耐高寒、耐粗饲、易肥育等特点；泌乳能力强，生长迅速；成年公牛体重平均为965kg，母牛577kg；半肥育状况下，一般母牛屠宰率达53%～55%。肥育后公牛可达65%；肉品质好，胴体脂肪含量少。

6. 短角牛（Shorthorn）

短角牛（图7－27）原产于英国约克州等地，有肉用和乳肉兼用两种类型。

外形特征：体躯宽大，肌肉丰满，角短小；颈短而多肉，垂皮发达。胸深而宽，肋骨开张，臀部丰满；四肢短，肢间距宽；被毛卷曲，多为棕红色，少数为红白花或红色，白色者极少。

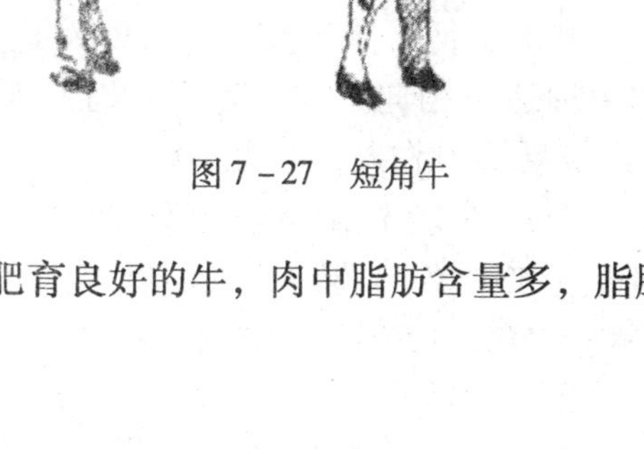

图7－27　短角牛

产肉性能：增重快，早熟易肥，利用粗饲料能力强；成年公牛为800～1200kg，母牛为500～800kg；400日龄体重可达410kg；屠宰率55.9%，净肉率46.39%；肉质好，肌肉纤维细，肥育良好的牛，肉中脂肪含量多，脂肪沉积均匀，肉呈大理石状纹。

7. 丹麦红牛

原产于丹麦。

外形特征：体格高大，角中等长；胸部宽深，背腰平直，后躯宽平；被毛紫红或红色，头颈部呈黑红色或黑色。

产肉性能：性成熟早、生长速度快、耐粗饲、耐热、抗寒、适应性好；成年公牛平均体重1050kg，母牛675kg；11月龄体重可达448kg，胴体瘦肉率65%～72%，屠宰率为 54% 。

8．西婆罗牛

是美国为适应南方炎热气候和抗蜱而培育的新品种。用西门塔尔牛改良婆罗门牛肌纤维粗糙的缺点，又保留了耐高热和抗蜱的性能，在肉用性能上比夏婆罗（夏洛来、婆罗门组合）和婆罗福特（婆罗门、海福特组合）的性能都好，是适应我国南方改良的牛种。

9．日本和牛

有黑色和牛、褐色和牛两种，是日本的优质肉用改良牛，以生长快、肉质好而著称。

10．皮埃蒙特牛

原产于意大利北部，是古老的肉乳兼用品种，屠宰率和瘦肉率高，眼肌面积大，脂肪含量很低，且以极细的碎点散布在肌肉纤维中，适合生产高档牛排。

（三）国产主要黄牛品种

我国肉用牛多为役肉兼用，无特定的肉用型品种，种类包括黄牛、水牛和牦牛。黄牛是我国对牦牛和水牛以外的所有家牛的惯称。黄牛分布于全国各地，水牛多分布于华南，牦牛分布在青藏高原地带。黄牛是作为肉用的大宗原料，其次是水牛和牦牛。

我国主要黄牛品种如下。

1．秦川牛

秦川牛产于陕西省渭河流域的关中平原地区，是体格高大的兼用牛良种。

外形特征：骨骼粗大，肌肉发达，体质健壮；头部方正，颈稍短，垂肉发达。公牛有明显的肩峰；胸部宽深，背腰平直宽广，后躯发育稍差，四肢粗壮结实；被毛以紫红、红色为多。

产肉性能：肉用性能好，容易育肥，出肉率高；成牛公牛体重 600 ~ 800kg，母牛 380 ~ 480kg；18 月龄牛宰前活重为 410kg；育肥至 20 ~ 24 月龄，屠宰率可达 63% ，净肉率为 53% ，瘦肉率 76% ；肉质细嫩，大理石纹明显，是优质的肉用牛；秦川牛产肉指标已基本接近国外一般水平。

2．三河牛

三河牛（图 7 – 28）产于内蒙古呼伦贝尔盟的三河地区，是我国培育的第一个乳肉兼用牛品种。

外形特征：体型高大，肌肉发达；头清秀，角粗细适中稍向上向前弯曲；背腰平直，腹围大；被毛以红白花占绝大多数。

产肉性能：成年公牛体重 1050kg，母牛 548kg；产肉性能良好，未经肥育的阉牛屠宰率一般为 50% ~55% ，净肉率 44% ~48% 。

图 7 – 28　三河牛

3．南阳牛

南阳牛产于河南省南阳地区，是黄牛中体格最高大的，属大型役肉兼用品种。

外形特征：体格高大，肌肉发达，结构紧凑，骨骼结实；公牛头方正，颈短粗，前躯发达，肩峰隆起，胸垂发达；母牛中躯发育良好，后躯偏轻。四肢端正，筋腱明显。被毛有黄、红、白色三种，深浅不同，以黄色居多。

产肉性能：易育肥，肉质良好，屠宰率高；成年公牛体重 650 ~ 700kg，母牛 400 ~

450kg；中等膘情平均屠宰率为55.6%，净肉率为46.6%，对3～5岁壮龄阉牛强度育肥屠宰率为64.5%，净肉率为56.8%。肉质细嫩，颜色鲜红，大理石纹状明显。

4. 鲁西牛

鲁西牛产于山东省西部，黄河以南的济宁、菏泽地区，属役肉兼用品种。

外形特征：体躯高大，肌肉发育好；垂肉发达，前躯较深，背腰宽广，侧视呈长方形，具有较好的役肉兼用体型。后躯发育较差，尻部肌肉不够丰满，有肩峰，被毛从棕红到淡黄色，以黄色最多。

产肉性能：产肉性能优良，成年公牛体重525kg，母牛体重358kg；易肥育，中等膘情平均屠宰率53%～55%，净肉率47%左右；强度育肥屠宰率为63.1%，净肉率53.5%。肌纤维细，脂肪分布均匀，呈明显的大理石花纹。

5. 晋南牛

图7－29　晋南牛

晋南牛（图7－29）产于山西省运城、临汾地区，属大型役肉兼用品种。

外形特征：体型较大，骨骼粗壮；头中等长，额宽嘴阔，俗称“狮子头”；前胸宽，肉垂较发达，肩峰不明显，臀端窄；被毛以枣红色为主，其次为红色和黄色。

产肉性能：产肉性能好，但后躯发育差，体成熟较晚；成年公牛体重600～700kg，母牛300～500kg；成年牛肥育后屠宰率为63.38%，净肉率为54.06%，肉质好。

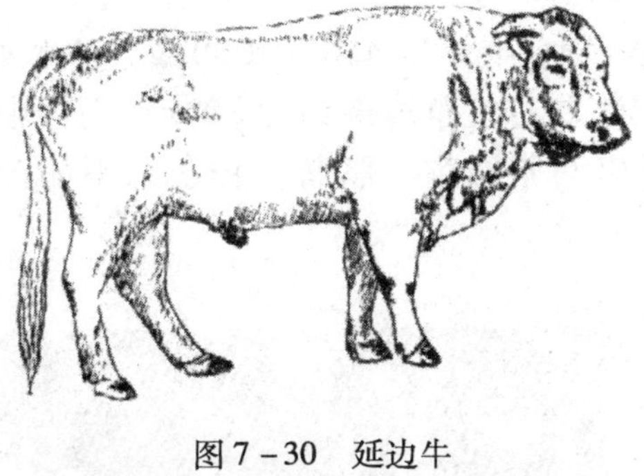

图7－30　延边牛

6. 延边牛

延边牛（图7－30）产于朝鲜及吉林延边朝鲜自治州，属寒温带山区的役肉兼用品种。

外形特征：体质结实，胸部宽深，骨骼坚实。公牛头方额宽，颈厚而隆起，肌肉发达。母牛头大小适中，乳房发育较好。被毛多呈深浅不一的黄色。

产肉性能：易肥育，肉质细嫩；成年公牛体重480kg，母牛380kg；18月龄成年公牛经肥育屠宰率为57.7%，净肉率为47.23%。牛皮质量最优。

7. 草原红牛

图7－31　草原红牛

草原红牛（图7－31）产于吉林、内蒙古和河北省。

外形特征：头轻，角向上方弯曲，颈肩宽厚，胸宽深，背腰平直，后躯略短，尻部宽平，被毛多为深红色，鼻镜呈粉红色。

产肉性能：成年公牛体重825kg，母牛482kg；短期育肥牛的屠宰率和净肉率分别达到58.1%和49.5%。肉质良好。

8. 新疆褐牛

新疆褐牛（图 7－32）产于新疆伊犁、塔城等地。

外形特征：头清秀，角中等大小，向侧前上方弯曲，呈半椭圆形，胸深，宽，背腰平直。体躯健壮，肌肉丰满。被毛为浅褐色。

产肉性能：成年公牛 800kg 左右，母牛 420kg 左右；阉牛经牧区天然草场放牧 9～11 个月屠宰率为 53.1%，净肉率为 39.3%。

图 7－32　新疆褐牛

（四）其他种类牛

水牛（*Bubalus arnee*）是牛科（Bovidae）水牛属（*Bubalus*）中仅存的一种，也有人分出不同的种。

1. 水牛

（1）中国水牛（图 7－33）　中国水牛在我国是仅次于黄牛的肉用牛品种，我国水牛数量仅次于印度，居世界第二位；主要分布在华南及长江流域各省的水稻产区，属于沼泽型水牛。

外形特征：体躯强壮，肌肉发达；前躯发达，尻稍斜，头部平宽，眼大角粗长，胸宽深，背腰平直，腹圆大，四肢粗短，被毛稀疏，毛色灰青。

图 7－33　中国水牛

产肉性能：适合粗饲，饲养成本较低；成年公水牛体重 450～1000kg，母牛 400～710kg；2 岁时屠宰，肉质最好；屠宰率为 52% 左右，净肉率约为 38%；胴体中瘦肉多，肉色较黄牛深暗；水牛肉质粗硬，且肌肉间脂肪少，脂肪呈白色，不如黄牛肉嫩味美。

（2）摩拉水牛（图 7－34）　产于印度，俗称印度水牛。

外形特征：体型高大，四肢粗壮，皮薄而软，富光泽；头小角短，角呈螺旋状；胸宽深，臀宽但斜尻；被毛稀疏，皮肤和被毛黝黑，个别牛棕色或褐灰色。尾帚白色或黑色。

产肉性能：耐粗饲，耐热，抗病力强；成年公水牛体重 450～800kg，母牛 350～700kg；是与我国水牛杂交的后代，体型大，生长快，役力强，产奶性能高。

图 7－34　摩拉水牛

2. 牦牛（*Bos grunniens*）

牦牛是海拔 3000～5000m 高山草原上的特有牛种，主要分布在青藏高原，多为肉、乳、毛、皮、役兼用品种；因其叫声似猪，故也称猪声牛。我国是牦牛最多的国家，约占世界总数的 85%。因海拔高缺氧，肌肉肌红蛋白含量高，故肉呈深红色；质嫩味美，品质高于黄牛，出肉率一般在50%以上。

图7－35　天祝白牦牛

（1）天祝白牦牛（图7－35）　产于甘肃省天祝藏族自治县，是我国稀有而珍贵的地方良种牦牛。

外形特征：体格大小居中。头长而宽，面部下端稍窄，鼻镜小。角长而尖锐，全身被毛白色，皮肤为粉红色。

产肉性能：肉用性较好，成年公牦牛活重264.1kg，母牦牛189.7kg；在高山草原放牧条件下，成年牛经秋季育肥后屠宰率为52%，净肉率为36%～39.6%。

牦牛毛是我国出口畅销畜产品之一，以白牦牛的毛最为驰名。

（2）麦洼牦牛（图7－36）　产于四川省阿坝藏族自治州红原县麦洼地区。

图7－36　麦洼牦牛

外形特征：头狭长。角细长，角尖向上向前（或向后）开张呈弧形，也有无角者；被毛以纯黑最多，其次为褐色或淡灰色，也有黑白花毛色，纯白毛色偶尔可见。

产肉性能：成牛公牦牛体重302kg，母牦牛体重198kg。1岁麦洼牦牛去势后于草地放牧150d，体重为129.8kg，屠宰率为41.1%，净肉率30.8%。

3. 犏牛

犏牛是我国用黄牛、牦牛杂交培育的第一代杂种牛，其中以公黄牛与母牦牛配种育成的真犏牛肉质最好，而用公牦牛与母黄牛杂交育成的假犏牛肉质较差。犏牛的出肉率介于双亲之间；犏牛的体型介于两亲本之间，躯体较长，四肢强健，关节粗大，力大持久。

4. 瘤牛

瘤牛因髻甲部有一肌肉组织隆起似瘤而得名，肉垂也特别发达，是亚洲和非洲的一种家牛，与普通牛杂交的后代有生育力。瘤牛皮肤分泌物中含有臭气的皮脂能驱虫、虱，故可抗焦虫病，以巴基斯坦辛地红牛最著名。

三、羊肉的营养价值与羊的品种

（一）羊肉的营养价值

绵羊（*Ovis aries*）属于偶蹄目（*Artiodactyla*）反刍亚目（*Ruminantia*）牛科（Bovidae）羊亚科（Caprinae）绵羊属（*Ovis*），亚洲中西部的赤盘羊（*Ovis orientalis*）可能是家畜绵羊的野生祖先。家畜山羊的野生祖先一般被认为是分布于亚洲中部和西部的山羊属（*Capra*）的野山羊（*Capra aegagrus*）。

羊肉占我国供肉量的第三位，并以其独特风味受到人们的喜爱，是重要的肉类原料；羊肉的营养价值高，肌纤维细嫩柔软、味美可口，消化率高。

冬天吃羊肉，是我国民间家喻户晓的经验，认为羊肉性温，又有助元阳、补精血功效，因而非常适宜作为一种冬令补品。羊肉的蛋白质含量略高于猪肉，每100g瘦羊肉含蛋白质17.3g、脂肪13.6g、维生素A 30000IU、维生素B_1 0.07mg、维生素B_2 0.13mg、烟酸4.9mg、钙15mg、磷414mg、铁3mg。

祖国医学认为，羊肉性味甘，热，归脾、胃、肾经，有温中健脾、补肾壮阳、益气养血、利产妇等作用。

羊肝含有维生素A、铁等营养素，养肝明目是其特殊的功效，为夜盲症、眼干燥症、视物昏花的常用药，名医孙思邈就常用羊肝来治疗夜盲症。羊肾，能补肾气、益精髓，对腰脊疼痛、足膝痿弱、耳鸣耳聋、阳痿、尿频、遗溺等症特别有效。羊血的功效则在于止血、祛淤和解毒。

羊分为绵羊、山羊两大类型，多为皮、毛、肉兼用。

（二）世界绵羊品种

1. 汉普夏羊（图7-37）

产于英格兰南部。体大胸深，背宽平直，臀部发育好，被毛白色。4月龄羔羊在好的饲养条件下，胴体重可达20kg，日增重400g。

2. 夏洛莱羊（图7-38）

产于法国，现广泛分布于英国、德国、比利时、葡萄牙等国家，是世界上著名大型肉用品种。该羊体型较大，四肢短粗，胸宽而深，背腰平直，后躯长、宽，肌肉丰满，整体呈圆桶状，具有良好的肉用体型；成年公羊体重达100~150kg，母羊75~95kg，早期生长发育快，120~150d羔羊体重可达50kg左右；屠宰率达55%以上，且脂肪少，肉嫩味美，耐粗饲，适应性强。

图7-37 汉普夏羊

图7-38 夏洛莱羊

3. 特克塞尔羊（图7-39）

特克塞尔羊产于荷兰，已被引入法国、德国、比利时、捷克等国和非洲一些国家。羔羊生长快，4~5月龄体重达40~50kg，屠宰率为55%~60%。

4. 考力代羊

产于新西兰，属毛肉兼用半细毛羊。公母羊均无角，颈短而宽，胸宽深，背腰平直，体躯呈圆桶状，肌肉丰满，全身被毛白色，头、耳、四肢偶有黑色斑点。

图7-39 特克塞尔羊

考力代羊产肉性较好。成年公羊体重100~115kg，成年母羊60~65kg；早熟性好，4月龄羔羊体重可达35~40kg，屠宰率为51%~52%。

5. 罗姆尼羊

育成于英国东南部的肯特郡。其外形特征，四肢较高，体躯长而宽，后躯比较发达，头形略长，体质结实。成年公羊体重90~110kg，剪毛量3~4kg；成年母羊体重80~90kg，剪毛量3~5kg，产羔率120%。净毛率60%~65%，羊毛长度11~15cm，细度46~50支。4月龄肥育公羔22.4kg、母羔20.6kg。成年羊屠宰率55%。罗姆尼羊引入我国东南沿海和西南各省饲养适应性尚好，而在西北和内蒙古饲养适应性较差。

6. 茨盖羊

原产于前苏联，其外形特征为体格较大，公羊有螺旋形的角，母羊无角，胸深，背腰较宽直，被毛覆盖头部至眼线；毛色纯白，但有些个体在脸、耳及四肢有褐色或黑色的斑色；茨盖羊体质结实，耐严寒和粗放的饲养管理条件，抗病力强，适应性好。成年公羊体重80~90kg，母羊体重50~55kg，屠宰率50%。

其他世界著名肉用或毛肉兼用绵羊品种有法国的泊列考斯羊、德国的肉用美利奴羊、英国的莱斯特羊等。

（三）我国绵羊品种

1. 寒羊

产于山东、河北、河南，是我国地方优良品种。具有生长快、成熟早、繁殖力高、肉脂品质好等特点。其外貌特征一般为耳大下垂，头和颈较长，鼻梁隆起，体躯较长，后躯发达；寒羊的脂尾类型不一，可分为大尾和小尾两种。

寒羊生产性能为早熟，产羔多，生长发育快，肉质肥嫩，是肥羔生产的理想品种。成年公羊体重为72kg，母羊52kg；屠宰率为62%~69%，净肉率为46%~57%。寒羊皮是很好的裘皮原料。

2. 同羊

同羊（图7-40）主产于陕西渭南、咸阳地区。同羊全身背毛纯白；肉质鲜美，肥嫩多汁，瘦肉绯红，肌纤维细嫩，烹之易烂，食之可口，尾脂成块、洁白如玉、食之不腻。成年公羊体重52.5kg，母羊48.0kg；屠宰率52%~58%，净肉率为38%~41%，脂尾重可达体重的10%。

图7-40　同羊

图7-41　阿勒泰羊

3. 阿勒泰羊

阿勒泰羊（图7-41）主产于新疆北部阿勒泰地区，属肉脂兼用粗毛羊品种。具有体型大、早熟、生长快、肉脂品质好、耐粗饲、抗严寒等特点；成年公羊体重85.6kg，母羊为67.4kg；屠宰率为52.8%。尾椎周围脂肪大量沉积而形成“臀脂”，脂臀占胴体重的17.9%。毛色以棕红色为主。生长发育快，产肉脂能力强，适于进行肥羔生产。

4. 乌珠穆沁羊

乌珠穆沁羊（图7－42）产于内蒙古的乌珠穆沁草原，属肉脂兼用粗毛羊。毛色以黑头羊居多。乌珠穆沁羊成熟早，脂肪蓄积力强，产肉力高，且肉质细嫩。

图7－42 乌珠穆沁羊

5. 新疆细毛羊

骨骼坚实，皮肤紧密，毛、肉兼优。肉质肥美鲜嫩、无膻味。公羊体重82～94kg，母羊45～50kg。

6. 蒙古羊

原产于内蒙古及蒙古国。蒙古羊一般为白色，头狭长，鼻梁隆起，公羊多数有角，母羊多数无角，耳大下垂，大多头部和四肢有黑色，尾有多量脂肪，圆而下垂；出肉率高，是涮羊肉的最好原料。公羊平均体重60kg以上，母羊40～60kg，出肉率一般40%～50%。

图7－43 西藏羊

7. 西藏羊

西藏羊（图7－43）原产于青藏高原，分布于海拔3000m以上的高原，抗寒能力强，尾巴呈锥形。体躯被毛多呈白色，头、四肢多为黑色或褐色。按其所处地域可分为两种类型，即草地型和山谷型。到秋高草茂季节则长得臀圆腿粗、肌肉丰满、肉质细嫩，公羊体重可达50～70kg，母羊40～58kg，出肉率50%。

8. 哈萨克羊

原产于新疆维吾尔自治区，分布在天山北麓、阿尔泰山南麓及准噶尔盆地一带。外形表现为鼻梁隆起，公羊角粗大，母羊无角；背腰宽，体躯浅，四肢高、粗健，善于行走；尾为肥尾，高附臀部，故又称肥臀羊，毛色极不一致。肉质肥嫩、脂肉丰满，公羊平均体重62.5kg，母羊48～59kg。屠宰率为49%。

9. 滩羊

原产地为宁夏中部，是裘皮用羊品种。滩羊体形近似蒙古羊，体格中等，公羊有大而弯曲的螺旋角，母羊无角。尾为脂尾，体躯被毛一般为白色，头部多为黑色；成年公羊体重为40～50kg，成年母羊体重35～45kg，屠宰率45%以上。

羔羊生后25～30d宰杀，取其裘皮。滩羊裘皮结实、轻软、保暖性好，毛股长而弯曲，形成各种花穗，光泽悦目，在国内外享有很高的声誉。

此外还有波利帕依羊、摩尔兰羊、达姆莱羊、格劳玛克羊、白萨福羊、兰州大尾羊等肉用性能也较好的绵羊品种。

（四）世界山羊品种

世界山羊品种主要介绍波尔山羊。

图 7－44　波尔山羊

波尔山羊（图 7－44）产于南非干旱亚热带地区，分布于世界各地，是目前世界上体格大、生长发育快、肉用品质好的著名肉用山羊种，主要有普通波尔山羊、长毛波尔山羊、无角波尔山羊、土种波尔山羊和改良波尔山羊。

波尔山羊腿短，体型好，后躯发育好，丰满，肌肉多，毛色为白色，头部红色并存有一条白色毛带；具有生长发育快、适应性强、繁殖力强等优点，被誉为“肉用羊之星”。羊肉脂肪含量适中，胴体品质好。成年公羊重 95～110kg，母羊 90～100kg；平均屠宰率为 48.3%。

世界著名肉用山羊除波尔山羊外，还有产于西班牙的塞云娜山羊、瑞士的萨能山羊（图 7－45）和产于印度的比特按羊等。

图 7－45　萨能山羊

（五）中国山羊品种

1. 太行山羊

太行山羊产于太行山东、西两侧的晋、冀、豫三省接壤地区。毛色主要为黑色，少数为褐、青、灰、白色。太行山羊肉质细嫩，膻味小，脂肪分布均匀。

2. 黄淮山羊

黄淮山羊分布于黄淮平原的广大地区，被毛白色。其肉质细嫩，膻味小。

3. 陕西白山羊

陕西白山羊产于陕西省南部地区，是早熟易肥、产肉性能好的山羊品种。被毛以白色为主，少数为黑、褐或杂色。羊肉细嫩，脂肪色白坚实，膻味较轻。

4. 马头山羊

马头山羊主产于湘鄂西部山区，是南方山区优良肉用山羊品种之一。被毛以白色为主，次为黑色、麻色及杂色；具有体型大、肥育效果好、屠宰率高、肉质好等特点，适宜于向肥羔羊方向发展；成年公羊体重 43.8kg，母羊 33.7kg；屠宰率 62.6%，净肉率 44.5%；肉味美、细嫩，肌肉呈红色。

5. 江南白山羊

主产于江西、两湖、贵州等江南一带，皮毛大部分为白色，其次为黑色，褐色较少。体形适中，四肢发达，肉质香嫩可口。

6. 板角山羊

主产于四川东部地区，具有适应性强、屠宰率高、产肉性能好等优点，也可向肥羔方向发展。成年公羊体重 40.5kg，母羊 30.3kg；屠宰率 55.7%，净肉率 42.9%。

7. 新疆山羊

主产于新疆各地，具有适应性强、肉用性能好等优点；成年公羊体重 59.5kg，母羊体重 32.4kg；屠宰率 41.3%，净肉率 28.9%。

8. 成都麻羊

成都麻羊占成都一带山羊总数的45%，皮毛为棕色，杂以褐色、黑色，似麻花。体形较大、健实、肌肉丰满，系理想的皮肉兼用型山羊。

9. 武安山羊

武安山羊原产于河北武安县，分布在太行山以东，河北省南部一带，为大型山羊。成年公羊体重约51kg，母羊30kg。肌肉丰满，出肉率为40%左右。皮毛黑色较多，白色、青色次之。

四、兔肉的营养价值与家兔的品种

家兔是兔型目（Lagomorpha）兔科（Leporidae）兔亚科（Leporinae）兔属（*Lepus*）动物经驯化选育而成。

目前家兔饲养遍及世界各地，有肉用、皮用、皮肉兼用和毛用之分；我国饲养的较普遍的是肉用及皮肉兼用兔。肉用型兔以生产兔肉为主要目的，主要特征为体型较大，头较大，颈短粗，多数有肉髯，体躯肌肉丰满，骨细皮薄，肉质鲜美；繁殖力强，生长快，成熟早，屠宰率高。

兔肉被称为美容肉，原因是兔肉营养价值较高，肉质细嫩，而结缔组织少，比猪、牛、羊、鸡更容易消化，用于儿童、老人更为相宜。兔肉含蛋白质21.5%，脂肪含量最低3.8%，胆固醇是所有肉类中最低的，含有丰富的钙、磷、铁等矿物质及不饱和脂肪酸、卵磷脂等有益成分。家兔以蔬菜和野草为饲料，具有兔肉的自然风味。

祖国医学认为，兔肉性味甘，寒，归肝、大肠经，有补中益气、凉血解毒的功效，特别是对体虚、营养不良、疲倦乏力者有益。

1. 中国家兔

中国家兔（图7-46）是我国饲养较多的皮肉兼用兔，分布广泛；以产肉为主，又称菜兔，也称中国本兔，具有适应性好和抗病力强等优点；毛色以白色居多，也有黑色、灰色、咖啡色。白色兔为红眼睛，杂色兔眼睛颜色与毛色相同；体型较小，结构紧凑，臀部发育好；被毛短而紧密，皮板较厚；头型清秀，耳短小直立。成年兔体重1.5～2.5kg，屠宰率50%以上，肉质细嫩鲜美。

图7-46　中国家兔

2. 喜马拉雅兔

原产于喜马拉雅山脉一带，经长期培育已成为一个广泛饲养的皮肉兼用品种。目前，除我国外，美国等国家都有饲养。

喜马拉雅兔体型紧凑，体格健壮，耐粗饲，繁殖力强；眼淡红色，毛色纯白，唯鼻端、两耳、尾及四肢呈黑褐色，又称八黑兔；成年兔体重4～5kg。著名的青紫兰兔和加利福尼亚兔等都含有喜马拉雅兔的血缘。

3. 黑龙江本地兔

黑龙江本地兔有白兔和黑兔两种，耐粗饲、繁殖快、体型小、增重慢，成年兔体重3kg左右，为地方良种。

4. 青紫兰兔

是我国广泛饲养的优良的皮肉兼用兔，由于与南美洲的珍贵毛皮兽——青紫兰绒鼠的毛皮相似而得名，在我国又称之为山羊青兔。

青紫兰兔有三个不同的类型：标准型、美国型和巨型。各类型都有各自的特征和标准，但毛都呈深灰色，并夹有全黑全白色的粗毛；绒毛基部呈深灰色，毛干中部色淡而呈灰白色，毛尖黑色，所以吹开被毛呈现彩色轮状旋涡；耳尖及尾背面黑色，尾底、眼圈和腹下灰白色。

标准青紫兰兔体型较小，结实而紧凑，成年母兔体重2.7~3.6kg，公兔2.5~3.4kg。

美国型青紫兰兔体长中等，腰臀丰满，成年母兔体重4.5~5.4kg，公兔4.1~5.0kg。

巨型青紫兰兔是偏于肉用的巨型的品种，成年母兔体重5.9~7.3kg，公兔5.4~6.8kg。这种兔体质强壮，生长迅速，适应性强。

5. 日本大耳白兔

日本大耳白兔（图7-47）是日本用中国白兔选育而成的皮肉兼用优良品种。毛色纯白，被毛紧密，眼红耳大，母兔颌下有肉髯；具有体质健壮、成熟早、繁殖力强、生长快的特点。成年兔体重4~6kg，最高达8kg；肉质优良。

日本大耳白兔是我国现有饲养品种中最理想的兔种之一。

6. 德国花巨兔

德国花巨兔（图7-48）是原产于德国的著名大型皮肉兼用良种。主要特征是：体躯被毛为白色，唯鼻、嘴、眼圈及耳朵为黑色。从颈部至尾根沿背部有一条较宽的黑色背线，体两侧有对称的蝶状黑色斑块，色泽美观大方，人称“熊猫兔”。体型高大健壮，体躯稍长呈弓形，骨骼粗重，腹部离地面较高。该品种性情活泼、行动敏捷、抗病力强、繁殖力强，成年兔体重6~8kg。

图7-47 日本大耳白兔

图7-48 德国花巨兔

7. 比利时兔

是用比利时的贝韦伦一带的野兔改良而成的大型肉用品种；由于体长而清秀，被誉为兔族中的“竞走马”。与多数品种比，体长清秀，腿长，体躯离地面较高，走路快；被毛深赤而带黄褐色，十分光亮；耳尖部有黑亮的毛边，被毛坚韧，紧贴体表；骨细小，但肌肉丰满；耐粗饲，易饲养，适应性强，繁殖力强，前期生长快，成年体重6~8kg。

8. 新西兰兔

是优良的肉用品种，按毛色分白色、红黄色和黑色3种。体型中等，臀圆，腰部和肋部丰满，头圆短而粗，四肢粗壮有力；具有适应性强、耐粗饲、易饲养、早期生长快（2月龄可达1.5～2kg)、产肉力高、肉质鲜嫩等特点。成年兔体重4～5kg。

9. 加利福尼亚兔

原产于美国加利福尼亚州，是著名的肉用品种兔之一。全身被毛白色，但两耳、鼻端、四肢下端及尾巴为灰黑色，俗称“八点黑兔”；眼红色。其体型中等，秀丽美观，肩和后躯发育好，适应性和抗病力强，耐粗饲，性温驯，繁殖力高。成年兔平均体重4～5kg。

10. 公羊兔

又名垂耳兔，是已有百年历史的肉用品种，分布较广，可分为法、英、德三系。

公羊兔耳特别长且下垂，头型酷似公羊，故称“公羊兔”；毛色有白、黑、棕、黄等色；体质疏松肥大，眼小颈短，背腰宽，臀圆骨粗；该品种生长快，抗病力强，耐粗饲，易于饲养，性情温顺，反应迟钝；早期生长发育快。成年兔体重6～10kg。

11. 力克斯兔

全身密生有美丽光泽的短绒毛，长短一致呈直立状态，颜色有黑、白、黄、褐、栗、灰六种，是优良的皮肉兼用形兔。成年兔体重2.5～3.5kg。

12. 安哥拉兔

原产于土耳其的安哥拉，是珍贵的毛肉兼用品种；全身绒毛长而厚，色白，嘴齐，颈短，产肉性能良好。成年兔（六月龄）体重3～5kg。

五、其他肉用畜品种

除猪、牛、羊、兔这些大宗肉品原料畜之外，也有一些人们传统喜好或新近开发的肉用畜种类，如马、驴、骆驼等，这里就主要种类做简单介绍。

（一）马的典型品种

马（*Equus caballus*）属于奇蹄目（Perissodactyla）马型亚目（Hippomorpha）马超科（Equoidea）马科（Equidae）马属（*Equus*）动物。

马一直是人们生产和生活中重要的役用家畜与交通工具，随着农业生产的机械化普及和交通的发展，现在除牧区、山区外，大部分马匹已经不再以役用和挽用为主。同时，随着国际时尚的变化，马肉逐渐被人们喜爱，马也有向肉用型发展的趋势。

1. 蒙古马

蒙古马（图7－49）是历史悠久的地方良种，源于蒙古野马，主产于蒙古高原。

图7－49 蒙古马

蒙古马体质粗糙结实，头重颈短，耳小，前胸丰满，背腰平直，四肢粗壮。毛色复杂，栗、骝、青、黑色为多。适应性强，抗病力强，耐粗饲。

蒙古马体格较小，体高在120～135cm之间，体重为250～350kg。

2. 河曲马

河曲马（图7－50）在海拔3000m以上的高原牧区形成，分布在甘肃、四川、青海三省的交界处。河曲马体质结实，头稍重，耳直立，颈稍扬，颈肩结合良好，背腰平直且较长，胸廓深长，四肢坚实。毛色以黑、青较多。

图7－50　河曲马

河曲马体型较大，体高在140cm左右，平均体重公马为330kg，母马为315kg。

3. 西南马

指我国西南地区，包括云南、贵州、四川等省所产马的总称。

西南马体小结实，匀称紧凑，动作灵活。体型近方形，头清秀，额宽眼大，颈略呈水平，颈腰短，尻较斜短，四肢坚实，肌腱明显，蹄质坚硬，被毛短密。

西南马体高平均在114.2～116.6cm，体重在200kg左右。

因产区地形、气候、经济条件不同又分为三个类群：即建昌马、丽江马和贵州马。

4. 安宁果下马

主要产于我国云、贵、川、广西四省区。因其体躯矮小，“高三尺，乘之可于果树下行”，故称果下马。由于最初在安宁河谷发现，故命名为安宁果下马。

安宁果下马有轻、重两种类型，而以轻型为主。毛色多样，常见以青、栗、骝毛为主，其中常有龟背、竹节斑纹和球节部胼胝状角质突起，是其特征。

安宁果下马体格矮小，高不到100cm，平均体重122kg，是当今世界上除美国雪特兰马之外，唯一存在的成年体高在100cm以下的矮马自然品种，适宜开展游乐、竞赛、儿童骑乘和短途旅游。

5. 三河马

产于内蒙古三河地区和大兴安岭以西。三河马体质结实，结构匀称，肌肉发达，骨骼充实，头颈美观，鬐甲明显，胸廓深广且长，公马体重为376.5kg，母马为331.6kg。

6. 伊犁马

产于新疆伊犁哈萨克自治州的昭苏、尼勒克等县。伊犁马体质结实细致，结构紧凑，头清秀，颈高举，肩长背直，胸发达，四肢干燥，但尻略斜。毛色以骝、栗为主。伊犁马平均体重 350～450kg。

7. 阿尔登马

原产于比利时的阿尔登山区，后经前苏联培养成与原来有所不同的苏联阿尔登马，是重挽型马。

阿尔登马颈中等长，鬐甲低，胸深而宽，背长宽，肋长而开张，尻宽稍斜，四肢短而干燥，关节及肌腱明显，蹄中等大。毛多为栗毛和骝毛。一般体重为500～550kg。

8. 奥尔洛夫马

奥尔洛夫马原产于俄国，是轻挽型马。奥尔洛夫马体型俊美，步伐轻快，体质结实，头较重，额宽，颈长，鬐甲较低，前胸发达，背腰平直，肌肉发达；毛色以青毛居多，次为黑、骝、栗毛；平均体重为 481.3kg。

（二）驴的典型品种

驴（*Eguu asinus*）的祖先是非洲野驴（*Eguus asinus*），二者列为同一种。

驴（图 7－51）主要为役用，但由于其肉质细嫩、味道鲜美，故素有“天上龙肉，地下驴肉”之说，近年来日益成为重要的肉食品种。肉用驴是相对于役用驴或其他用途的驴而提出的新概念，其生产方向偏重于产肉。

图 7－51　驴

驴肉味甘、酸、性平，有补血、益气功效，具有瘦肉多、脂肪少的特点，脂肪中不饱和脂肪酸含量较高，可以减轻饱和脂肪酸对人体心血管系统的不利影响。

1. 关中驴

产于陕西省渭河流域的关中平原，是世界较为著名的大型驴种。关中驴体大匀称，外型优美，眼大有神，头颈高举，前躯发育较好，背腰较宽平，姿势端正；成年驴体高 126～133cm，体重 300～350kg 左右；毛色多为黑色。

2. 德州驴

产于鲁北、冀东平原沿渤海各县，又称渤海驴，是著名的大型驴种。德州驴体大粗壮，匀称，肌肉丰满，头较重，中躯粗实、宽平，后躯发育较好，四肢端正，毛色多为粉黑。成年驴体高 130～136cm，体重达 260kg 左右，肉中肌间脂肪为 5.05%。

3. 泌阳驴

产于河南省驻马店地区的泌阳县，属中型品种。泌阳驴结构紧凑，体质坚实，外形美观，中躯平直而坚实，四肢粗壮，被毛细密有光泽，毛色多为粉黑。泌阳驴体高 120～

125cm；在中等营养水平下平均体重118.8kg，屠宰率约为48.29%，净肉率34.91%。

4. 晋南驴

晋南驴产于山西省南部的运城、临汾地区，为大型驴种。毛色主要为黑色，有“三白”特征。成年驴体重240~250kg，产肉性能好，屠宰率约为52.7%，净肉率40.4%。

5. 佳米驴

产于陕西佳县、米脂、绥德三县，是中型驴种；毛色粉黑。对未经肥育、膘情中等的骟驴进行屠宰，平均屠宰率49.18%，净肉率35.05%，瘦肉率高。

6. 华北驴

产于黄河中下游、淮河流域广大地区，为小型驴种。毛色复杂，以灰为主。华北驴肉质好、肌纤维细、质嫩味美、肉色暗红，对平均体重115.6kg、六成膘的驴进行屠宰，其屠宰率为41.7%，净肉率33.3%。

（三）骡

骡以拉丁美洲为最多（约占60%），其次为亚洲；我国骡的分布以华北、西北、东北居多。骡是马和驴的种间杂交种，因此，又因马和驴在杂交组合中作父本和母本位置的不同，将骡分为马骡和驴骡二种。母马和公驴交配所生后代叫马骡；母驴和公马交配所生后代叫驴骡。马骡和驴骡都兼有马和驴的某些特征特性，二者在外形上很相似，但也有区别；因其肉肌纤维细、质嫩味美，受到一些人的喜好。

（四）骆驼的品种

骆驼属于偶蹄目（Artiodactyla）胼足亚目（Tylopoda）骆驼科（Camelidae）骆驼属（*Camelus*），包括双峰驼（*Camelus bactrianus*）、单峰驼（*Camelus dromedarius*）和野骆驼（*Camelus ferus*）。

骆驼以役用为主，但其毛、肉、乳等也是上好的产品。主要品种如下。

1. 河西双峰驼

河西双峰驼（图7-52）产于甘肃，有较好的产肉性能，12~14岁淘汰去势驼体重平均为331.5kg，屠宰率为46.5%，胴体瘦肉率高达69.8%。脂肪组织少，占胴体的3.4%。

图7-52 河西双峰驼

2. 苏尼特双峰驼

苏尼特双峰驼（图7-53）产于内蒙古自治区的锡林郭勒盟及其临近地区，体大，双峰脂肪沉积能力强，产肉多。

图 7-53　苏尼特双峰驼

3. 新疆双峰驼

新疆双峰驼产于新疆，分为北疆驼和南疆驼。北疆驼体型较大，平均成年体重，公驼582kg，母驼479kg，屠宰率52.7%，净肉率37%；南疆驼体型偏轻，个体较高，四肢较长，体躯窄浅。

（五）海狸鼠

海狸鼠又称獭狸、沼狸、河狸鼠等，属哺乳纲、啮齿目、海狸鼠科、海狸鼠属动物，有三个亚种，是一个半水栖、草食性、毛皮肉兼用型动物。原产于南美洲，现遍布世界各地。我国于1956年开始引种饲养，到目前已分布全国各省（区）。成年海狸鼠平均重6～7.5kg，最大可达15kg；海狸鼠肉呈鲜红色，细嫩鲜美，风味独特，高蛋白，低脂肪，被人们誉为“海龙肉”，是宴席的上等美味佳肴。

第二节　乳与乳制品

乳是各种哺乳动物哺育幼仔的最理想的天然食物，其营养素丰富、比例适宜、容易消化吸收，能适应和满足初生婴儿的生长发育，也适合于病人和老年人。由于各种动物生长发育的差异，各种动物乳的营养构成也有所不同。

对新生儿来说，母乳是最理想、完善的食物，若母乳不足则可用其他动物乳经调配后代替，日常生活中最常用的是牛乳。现代乳品工业已成为食品业的支柱产业，在发达国家乳及乳制品已成为人饮食的重要部分，是优质蛋白质、钙、磷、维生素A、维生素D、维生素B_2等的主要来源。乳类经初加工和深加工后，可制成各种乳类食品、工业原料、保健食品。

乳为白色乳状复杂乳胶体，水约占83%，由乳糖、水溶性盐、维生素呈分子或离子态构成真溶液；乳白蛋白和乳球蛋白呈大分子态构成高分子溶液；酪蛋白在乳中形成酪蛋白钙-磷酸钙复合胶粒，呈胶体悬浮液；乳脂呈细小微粒分散在乳清中，少量的蛋白质和磷脂包裹在脂肪粒周围起乳化作用，维持脂肪粒呈乳胶状态。乳的颜色通常是白色微黄，受胡萝卜素和核黄素含量的影响，与季节、饲料有关。乳的香气主要来自低分子化合物如丙酮、乙醛、短链脂肪酸和内酯。乳类的相对密度为1.032，相对密度大小与乳中固形物含量有关。乳蛋白中酸性氨基酸占有一定比例，因此乳偏酸性。

一、乳

（一）牛乳

牛乳每100g含蛋白质3.5g、脂肪4.0g、糖类5g、钙120mg、磷93mg、铁0.2mg、硫胺素0.04mg、核黄素0.13mg、烟酸0.2mg、维生素A 42mg、维生素C 1mg。牛奶蛋白质中赖氨酸含量仅次于蛋类，胆固醇含量每100g中仅含16mg。

祖国医学认为，牛乳性味甘，微寒，归心、肺、胃经，有补虚损、益肺胃、养血、生津润燥、解毒等功效。

鲜乳是指经净乳、均质、巴氏杀菌或超高温灭菌、冷却、包装之后生产出的奶制品。巴氏杀菌乳一般是经72~75℃、16s热处理，然后用普通塑料袋包装或纸屋包装。超高温乳是采用140℃、3~4s的灭菌工艺，然后采用无菌灌装，一般用复合袋或利乐砖形包装。巴氏消毒乳在0~4℃可保存48h，超高温奶在常温下至少可保存1个月，冷藏温度下可保存3~4个月。

（二）羊乳

羊乳的特点是每100g含蛋白质3.8g、钙140mg、铁41mg，10种主要维生素的总含量是780μg。可以看到羊乳中的钙、铁含量高于其他乳品，山羊乳的脂肪球直径只是牛乳脂肪球直径的1/2或更小，因此，山羊乳进入胃里后，与消化液接触面积大，很快就能被消化吸收。山羊乳与牛乳相比，牛乳偏酸性，山羊乳略偏碱性，这对胃酸分泌过多的人和溃疡病患者，是具有治疗作用的饮食。另外，一部分人比较容易对牛乳中某些蛋白质分子发生过敏反应，山羊乳的蛋白质成分与牛乳有明显的差别，适合过敏者饮用。羊乳有补肾作用，一般肾虚的人应常吃羊乳及羊乳制品。羊乳中含有上皮细胞生长因子EGF（Epidema Growth Factor），可护肤并有助于弹性蛋白形成，使皮肤美白健康。羊乳中超氧化物歧化酶（SOD）含量非常丰富，常饮用有养颜、抗炎、抗衰老作用。

《本草纲目》记载：羊乳性味甘、温，无毒，有补寒冷虚乏、润心肺、治消渴、滋阴养胃、安五脏、补劳损、利皮肤、润毛发、明目、解毒等功效。

（三）马乳

马乳为马科动物马的乳汁，含有丰富的维生素和矿物质，容易被人体消化吸收。马乳中含蛋白质2.0%，乳糖6.7%，脂肪2.0%，无机盐0.70%。马乳中含酪蛋白仅有1.05%，而可溶性蛋白却占1.03%，所以马乳容易消化吸收，被称为白蛋白性乳类。马乳中富含多种维生素，有维生素A、维生素B_1、维生素B_2、维生素B_6、维生素B_{12}、维生素C、维生素E和叶酸等，含量最大的是维生素C，酸马乳含酵母很多，每千克中的含量相当于30~50g医疗用酵母，所以能增进食欲、活化胰腺机能、促进消化。由于酵母细胞和乳酸菌的生命活力，从化学成分分析看，马乳营养相似于人乳。德国斯图加特的费尔德医院小儿科的雷恩·曼德林博士表示："马乳中有许多抗体可以帮助对抗细菌和病毒，而且马乳是与人乳最接近的奶，我们经常让早产儿喝马乳以增强其力量和免疫力"。

酸马乳也称"马奶酒"，是北方游牧民族传统的奶制品之一，蒙古族饮用酸马乳已有2000多年的历史。酸马乳疗法从13世纪以来名扬四海，在蒙医饮食疗法中占有独特而重要的位置。马乳经过发酵成分会发生很大变化。酸马乳的化学成分与马乳有明显的区别。酸马乳中乳糖含量减少，乳酸、乙酸等风味物质的含量增加。马乳中的干物质含量占10% ~11.4%，酸马乳中只有6.8% ~8.6%。马乳中的乳糖含量为6% ~7%，而酸马乳中仅为1.4% ~4.4%。酸马乳维生素C和B族维生素含量增加，此外还形成抑制传染病（如肺炎、肠胃炎等）的抗生素，具有强身、治疗各种疾病的功效。实验和临床研究都证明了酸马乳对高血压、冠心病、肺结核、慢性胃炎、十二指肠溃疡、胃神经官能症、结肠炎、肠结核、糖尿病等症的预防和治疗作用非常明显。

祖国医学认为，马乳性味甘、温，无毒，有治消渴、养血安神、补血润燥、清热止渴等作用。

二、主要的乳制品

（一）炼乳

炼乳是一种高度浓缩乳，是19世纪中叶由葛尔·波顿研制出的乳制品，具有保存时间长等特点。按成分和使用目的分为多个品种（见表7-1）。甜炼乳其工艺是在鲜奶中加约16%蔗糖进行减压浓缩，使体积降到原来的1/3，产品中蔗糖浓度可达40%以上。但由于含糖量大，加水冲淡的同时也使蛋白质含量下降，不宜作婴幼儿食物。炼乳是将牛乳预热杀菌，在真空下低温浓缩至原体积的1/2，经均质、冷却、灌装密封，又在116℃下用蒸汽加压灭菌15min。炼乳分为淡炼乳和甜炼乳，甜炼乳含有45%的蔗糖。

表7-1　不同品种炼乳营养成分的比较　单位：g/100g

种类	水分	蛋白质	脂肪	乳糖	灰分	蔗糖
全脂加糖炼乳	26.38	8.46	8.72	14.73	1.93	40.20
脱脂加糖炼乳	28.34	8.36	0.86	13.28	1.71	47.45
全脂无糖炼乳	73.63	6.71	8.22	10.13	1.55	—
脱脂无糖炼乳	71.05	11.16	0.45	14.94	2.40	—

（二）乳粉

乳粉可分为全脂乳粉、脱脂乳粉、乳清粉、调制乳粉等。消毒后的鲜乳先经浓缩除去70% ~80%的水分，然后采用喷雾干燥法进行脱水干燥，制得乳粉，产品溶解性能良好，对蛋白质的性质、乳的色香味及其他营养成分影响均很小，蛋白质含量约22%、脂肪含量约24%。脱脂乳粉系鲜乳先经脱脂和浓缩，然后喷雾干燥，产品的脂肪含量一般不超过1% ~3%。

调制乳粉：调制乳粉是以牛乳为基础，参照人乳组成的模式和特点，在营养组成上加以调整和改善，各种营养成分和比例更接近人乳，如改变酪蛋白的含量及与乳清蛋白质的比例，补充乳糖，适当强化维生素和微量元素，甚至还要加入免疫蛋白、肉碱、牛磺酸等成分，可适合于婴儿的生理特点和需要。

（三）酸奶

是在消毒后的鲜乳或乳粉中接种选定的乳酸菌（常用为嗜酸乳酸杆菌、保加利亚乳杆菌、双歧杆菌等），经过不同的工艺发酵而成的乳制品。经过发酵，乳糖分解生成乳酸，使蛋白质凝固；脂肪水解产生多种风味物质，更有利于人体消化吸收；乳酸能刺激肠胃蠕动、激活胃蛋白酶、增加消化机能、预防老年性便秘及提高人体对矿物质元素钙、磷、铁等的吸收利用率。酸奶除保留牛乳全部的营养成分外，还存在有益于人体健康的活性乳酸菌。乳酸及酸奶中的其他有机酸还能够有效地改善肠道菌系，抑制病原体繁殖，起到延缓人体衰老及抗癌、防癌等功效。

（四）奶油

奶油是乳中脂肪，是经离心搅拌器分离制得的，约含 20% 的脂肪和 30% 的蛋白质与 50% 的乳糖。黄油（俗称白脱油）是将奶油进一步离心搅拌制成。黄油约含 85% 的脂肪和少量水分，它不含乳糖，蛋白质含得也极少，但含有维生素 A。

（五）乳酪

国内外的乳酪生产方法和食用方法有一定区别。乳酪是由牛乳经过发酵、凝乳、除去乳清、加盐压榨、后熟等处理后得到的产品。除部分乳清蛋白和水溶性维生素流失外，其他营养素得到保留和浓缩。经后熟发酵，蛋白质和脂肪部分分解，提高了消化吸收率，并产生乳酪特有的风味。有的维生素经细菌发酵含量增加。乳酪中蛋白质、维生素 A、B 族维生素和钙等营养素的含量均十分丰富，并含较多脂肪，能量较高。我国内蒙古等地的“奶豆腐”等食品就类似于乳酪，但一般是由牛的初乳制成，其中含有大量的维生素和免疫球蛋白类物质，而脂肪的相对含量较低。

第八章　动物性食品原料——禽类及禽蛋类

禽类原料主要包括家禽、野禽等鸟类动物的肉品及禽蛋，也包括以禽肉、禽蛋加工的制品，其中许多制品已成为我国各地的地域性特产，如南京板鸭、河南固始风鸡、道口烧鸡等等。

鸟类动物的主要特征为：体均被羽；前肢成翼；心脏具两心耳和两心室；呼吸器官除肺外，并有由肺壁凸出而形成的气囊，用以助肺行双重呼吸；卵生，胚胎外被羊膜。鸟类动物全世界有9000余种，我国约有1100种。禽类依据生活方式分为陆禽、水禽和飞禽。在众多的鸟类动物中作为人类的食品原料的仅仅是指少部分饲养的家禽，并且随着饲养技术的不断提高和食品工业的迅猛发展，禽类的养殖也逐渐专门化，在人们的长期研究与驯化的过程中，形成了肉用、蛋用、肉蛋兼用、药用等禽类品种，其中蛋用型依蛋壳颜色分白壳蛋系、褐壳蛋系、粉壳蛋系。

禽肉的组织与畜类一样，从烹饪加工及可利用的程度看，包括肌肉组织、结缔组织、脂肪组织和骨骼组织。这四种组织相对比例的不同决定了禽肉品质和风味的差异。其组织比例依禽的种类、品种、性别、年龄、饲养情况、禽体部位不同而不同，因此在烹饪、加工中也有不同的用途。此外，禽类加工过程中还会产生一些俗称鸡杂、鸭杂的副产品，如肫（腺胃、肌胃）、肝、舌、胰、心、肠、爪、鸭掌，也用来加工成各种食物，特别是鹅的肥肝具有极好的经济价值。

各种禽蛋都可以食用，如鸡、鸭、鹅、鹌鹑等禽蛋，其中鸡蛋的产量最大，在人们的日常饮食生活中食用最普遍与方便，营养价值较高，在食品加工行业应用也最为广泛。特别是一些蛋的再加工产品如干蛋（蛋白粉、蛋黄粉、蛋白片、蛋黄片）被广泛应用于肉类加工业、冷饮工业、特殊用途的食品中。

第一节　禽　　类

随着饲养工业的发展和饲养技术的提高，家禽在动物性食品中的比例越来越高；同时育种科学的进步使得食用禽类的品种增多，且使用越来越专门化，例如人们通过对鸡的长期选育形成肉用、蛋用、肉蛋兼用、药用等品种。由于鹅肝食用价值很高，通过选种杂交已形成了产肝性能优的鹅。禽类包括鸡、鸭、鹅及野禽，目前我国饲养的家禽主要包括鸡、鸭、鹅、鹌鹑、火鸡等，近年来，有些地方开始规模化养殖鹧鸪、鸵鸟等，但饲养广泛的家禽主要是鸡、鸭、鹅、火鸡、鹌鹑。

禽肉往往比畜肉更受到人们的欢迎，这是因为禽肉在营养价值上更高一些，且肉质更为柔嫩细腻，滋味与风味更为诱人，更易于消化吸收。首先是禽肉类的蛋白质含量较高，而脂肪含量相对是最低的。优良品种的鸡肉，每100g肌肉中含蛋白质可高达24.4g，超过其他肉类；而脂肪含量低，如鸡是1.2%～2.8%，鸭是6%～7.5%，鹅是11.2%；且禽肉蛋白质的质量极优，含有人体营养所需的所有必需氨基酸；脂肪组织一般不单独集结在一起，而是均匀地分布在肌肉组织中，增加了肉质的柔嫩性。同时，脂肪中所含有不饱和脂肪酸的比例高于畜肉类的脂肪，胆固醇含量则少于其他畜肉脂肪。如鸡肉中的三种主要不饱和脂肪酸是油酸、亚油酸和棕榈酸，约占禽肉中所有脂肪的 79%。因此，特别是中老年人，食用禽肉类食品，有助于防止胆固醇增高，并可降低血脂，防止冠心病的发生。其次，由于禽肉含有较丰富的肌酸和肌酐，所以具有特殊的香味和鲜味。此外，禽肉所含的维生素和矿物质含量相对来说也较高，主要含有钙、磷、铁、硫胺素、核黄素、烟酸和维生素 A、维生素 D、维生素 E 等，对人体十分有益。

一、鸡

（一）鸡的营养价值

鸡是鸟纲（Aves）鸡形目（Galliformes）鸡属（Gallus）动物，古人向来都遵之为羽族之首，我国在5000 多年前即已开始饲养鸡了，目前是世界上饲养量最大的一种家禽。鸡的祖先是“原鸡”，中国、印度、缅甸和马来西亚等地是原鸡的故乡。鸡的品种极多，约有 300 种，我国比较有名的是山东的“九斤黄”、江苏的“狼山鸡”、上海的“浦东鸡”、北京的“油鸡”、江西的“乌骨鸡”等。鸡肉不仅味美，而且营养丰富，蛋白质高达23.2%，而脂肪量差异较大，有的品种仅含 1.2%，维生素和矿物质的含量也很多，维生素 A 在小鸡肉中含量更高。

秦汉时期的《神农本草经》记载，鸡是“无毒，多服、久服不伤”的食物，“人欲轻身益气不老延年者”可常食鸡。病后虚弱、产后调补都首选鸡。《神农本草经》上列之为上品。“鸡肉补虚、暖胃、强筋骨、续绝伤、活血、调经、止崩带、节小便频数等。”（载于《随息居饮食谱》），清代袁枚说：“鸡功最巨，诸菜赖之。”

鸡肉有益五脏、补虚损、健脾胃、活血脉等功能，鸡肝有补肝、益肾、安胎、补血、治夜盲作用，鸡心能补心、镇静，鸡肾常常用于辅助治疗头晕眼花、咽干、盗汗等症，鸡胆汁有清热解毒功效，鸡脑、鸡血、鸡油分别有补脑、补血和润发作用。

乌骨鸡的皮、肉、骨都是乌黑的，是一种极有药效的鸡种；有名的“乌鸡白凤丸”，即以它为主药制成。其主要营养成分中，蛋白质 47% ~57%，富含 8 种必需氨基酸，无机盐和维生素基本齐全，含有胡萝卜素，特别是铜、锌、锰含量丰富。现代研究发现，乌骨鸡除增强体力和延缓衰老外，对预防心血管疾病和癌症有一定意义。

祖国医学认为，鸡肉性味甘、温，归脾、胃经，有温中益气、补脾养血、补精填髓等作用，宜于营养不良、病后体虚乏力、气血不足、头晕心悸者食用。乌骨鸡性味甘、平，归肝、肾、肺经，有补肝肾、益气血、补阴退虚热等功效。

从现代营养学角度看，鸡肉营养素含量丰富，不仅含有丰富的蛋白质、脂肪、矿物质、维生素等营养成分，还含有大量的不饱和脂肪酸，是老年人及心血管疾病患者的理想蛋白类食物。

（二）鸡的主要品种

1. 奥赛克

奥赛克是张家口高等农业专科学校与河北省秦皇岛市种鸡场合作选育出的新鸡种。

该鸡种分产白壳蛋的冀育 1 号和产粉壳蛋的冀育 2 号，后改名为奥赛克白和奥赛克粉蛋鸡。这两种商品蛋鸡适应性强，产蛋性能高，饲料转化率高，已成为河北省的重要蛋鸡良种。冀育1号20周龄育成率90.2%，产蛋期存活率90.9%，开产日龄166d，开产体重1.43kg，43周平均蛋重57.8g，最高产蛋率93.3%，72周龄总产蛋量17.1kg。冀育2号20周龄育成率97.2%，产蛋期存活率92.4%，开产日龄168d，开产体重1.69kg，43周龄平均蛋重61.7g，最高产蛋率90.8%，72周龄总蛋重16.8kg。

2. 依莎巴布可克B－380

依莎巴布可克B－380系美国巴布可克公司育成的四系配套杂交鸡，世界上有70多个国家和地区饲养。其特点是产蛋量高，蛋重适中，饲料报酬高。依莎巴布可克B－380曾祖代鸡已于1987年引入北京市种禽公司原种鸡场，该场是我国巴布可克B－300祖代鸡的唯一供种基地。商品鸡：0～20周龄育成率97%，产蛋期存活率90%～94%，72周龄入舍鸡产蛋量275个，平均蛋重61g，总蛋重16.79kg，每千克蛋耗料2.5～2.6kg，产蛋期末体重1.6～1.7kg。“七五”蛋鸡攻关生产性能主要指标随机抽样测定结果为：0～20周龄育成率88.7%，20周龄体重1.46kg，72周龄产蛋量285个，平均蛋重58.96g，总蛋重16.8kg，每千克蛋耗料2.29kg，产蛋期存活率85.1%，充分显示巴布可克B－300的高产性能。

3. 滨白42

滨白42是东北农学院利用引进素材育成的两系配套杂交鸡，是目前滨白鸡系列中产蛋性能最好、推广数量最多、分布最广的高产蛋鸡。滨白42适于东北地区的寒冷气候，关内也有分布，但数量不多。主要指标随机抽样中测定的结果为：0～20周龄育成率96.9%；160日龄达50%产蛋率，72周龄产蛋量257.2个，平均蛋重58g，总蛋重14.92kg，每千克蛋耗料2.72kg，产蛋期存活率85.3%。5184只鸡的中试测定结果：72周龄产蛋量242.7个，平均蛋重58.2g，总蛋重14.13kg，每千克蛋耗料2.69kg，产蛋期存活率88.3%。20周龄体重1.49kg，产蛋期末体重1.96kg。

4. 海赛克斯白鸡

海赛克斯白鸡系荷兰优利布里德公司育成的四系配套杂交鸡，以产蛋强度高、蛋重大而著称，被认为是当代最高产的白壳蛋鸡之一，其产蛋遗传潜力300个。海赛克斯白鸡35～140日龄见蛋，160日龄达50%产蛋率，210～220日龄产蛋高峰就超过90%以上，总蛋重16～17kg。据英国、瑞典、德国、比利时、奥地利等国测定，平均资料为：72周龄产蛋量274.1个，平均蛋重60.4g，每千克蛋耗料2.6kg，产蛋期存活率92.5%。1984年北京市中日友好养鸡场饲养的海赛克斯白鸡，72周龄入舍鸡产蛋总重分别达到16kg和16.13kg，创国内蛋鸡生产水平的最高记录。

5. 北京油鸡

北京油鸡（图8－1）是北京地区特有的地方优良品种，饲养历史距今已有300余年。北京油鸡是一个优良的肉蛋兼用型地方鸡种，具特殊的外貌（即凤头、毛腿和胡子嘴）、肉质细致、肉味鲜美、蛋质佳良、生命力强和遗传性稳定等特性。北京油鸡体躯中等、羽色美观，主要为赤褐色和黄色。赤褐色者体型较小，黄色者体型大。雏鸡绒毛呈淡黄或土黄色。冠羽、胫羽、髯羽也很明显，很惹人喜爱。成年鸡

图8－1　北京油鸡

羽毛厚而蓬松。公鸡羽毛色泽鲜艳光亮，头部高昂，尾羽多为黑色。母鸡头、尾微翘，胫略短，体态敦实。北京油鸡羽毛较其他鸡种特殊，具有冠羽和胫羽，有的个体还有趾羽。不少个体下颌或颊部有髯须，故称为“三羽”（凤头、毛腿和胡子嘴），这就是北京油鸡的主要外貌特征。北京油鸡的生长速度缓慢。屠体皮肤微黄，紧凑丰满，肌间脂肪分布良好，肉质细腻，肉味鲜美。20 周龄的公鸡重为 1500g，母鸡为 1200g。受精蛋孵化率 90%，雏鸡成活率 97%，雏鸡死亡率 2%，年产蛋量 120 枚，蛋重 54g，蛋壳颜色为淡褐色。北京油鸡外形独特、生命力强、遗传性能稳定，鸡肉品质和蛋质优良，是我国一个非常珍贵的地方鸡种，具有良好的开发应用前景。

6. 海兰 W－36 白壳蛋鸡

海兰 W－36 系美国海兰国际公司育成的配套杂交鸡。其特征是体型小而清秀，全身羽毛白色、紧贴，冠大鲜红，公鸡的冠较厚而直立，母鸡冠薄而多倒向一侧，喙、胫和皮肤均为淡黄色，耳叶白色。该品种成熟早，产蛋量高，饲料消耗少，性情非常安静，抗高温高湿能力强，蛋壳品质极优。成熟早，产蛋量高，156～157 日龄开产，高峰期产蛋率达 93%～94%，至 80 周龄产蛋数 282～290 枚，蛋料比 1∶2.43，平均蛋重 58.8g。18 周龄成活率为 97%～98%，体重达 1280g。肉味鲜美，蛋壳品质极优。

7. 阿萨肉鸡

阿萨肉鸡为丹麦阿萨育种公司培育的四系配套白羽肉鸡，其适应环境能力较强。

8 周龄平均体重 2.61kg，料重比 2.14。屠宰后鸡体各部分比例为：胸肉 23.4%，大腿肉 19.3%，小腿肉 14.3%，翅肉 11.9%，其他 31.1%。一般性食用。

8. 北京白鸡

此种鸡对北京当地的环境条件比较适应，是原北京农业大学畜牧系教授与有关方面合作，经过多年培育成的四系配套的优良白壳蛋鸡。年产蛋量：舍饲母鸡 260～280 枚，蛋重 58～62g，产蛋高峰期产蛋率达 90%～92%，育成期的成活率 96%～98%。

9. 滨白鸡

滨白鸡对黑龙江当地的饲养条件适应性比较强，为黑龙江省新培育的地方当家品种鸡，深受当地群众欢迎。生产性能较稳定，产蛋量高，其父母代的生产性能，72 周龄产蛋量 229 枚，料蛋比为 2.95，0～20 周龄的成活率为 90% 以上，种蛋受精率 90% 以上，受精蛋的孵化率 85%。生长较快，品质优良，一般性食用。

10. 迪卡花鸡

迪卡花鸡是美国迪卡国际育种公司新培育的白壳蛋鸡，该鸡体型小，18 周龄体重为 1.35kg，40 周龄以后成年鸡体重为 1.75kg；抗病力强，一般不易患病，一旦患肠炎等普通病，产蛋量不减，育成率（0～18 周龄）96%，产蛋鸡成活率 92%。均匀度好，发育整齐，无过小、过大鸡，均匀度为 95% 以上。迪卡花鸡适于我国北方地区饲养。开产早，50% 产蛋率的开产日龄为 146d；产蛋多，高峰期产蛋率（90% 以上）持续 4 个月，年产蛋量（72 周龄）为 293 枚；蛋个大，平均蛋重 63.8g（15 枚蛋重为 1kg），平均每只产蛋母鸡年产蛋总重 19kg；耗料少，产蛋母鸡日耗料量为 115g，料重比为 2.1∶1。蛋质优良，商品蛋存放 5～6d 仍很新鲜，蛋壳结构良好，破壳率低，畸形蛋少。

11. 伊莎鸡

伊莎鸡是从法国伊莎公司引进的、产褐壳蛋的良种蛋鸡。父母代生产性能：76 周龄入舍母鸡产蛋量292枚，22周龄达5%产蛋率，24周龄达50%产蛋率，高峰期产蛋率达92%，74周龄产蛋率66%。平均蛋重65g，成活率93%。

12. 迪卡蛋鸡

美国迪卡公司迪卡鸡属于褐壳蛋鸡。它的主要生产性能，22～24周龄产蛋率达50%，入舍鸡产蛋量，60周龄达215～235枚，72周龄达270～300枚，78周龄达295～300枚，27～30周龄达到产蛋高峰期，产蛋率90%～95%，蛋重63～64.5g，产蛋期成活率92%～97%。饲养至36周龄以上，体重可达2.18kg。品质优良，味道鲜美，含多种必需营养物质。一般性食用。

13. 江村黄鸡

江村黄鸡是广东省广州市江村家禽企业发展公司培育出的地方名鸡，江村黄鸡JH—3号、JH—2号配套系是目前我国通过国家审定验收的三个配套系中的两个。JH—3号（特优质鸡）外型紧凑，全身羽毛金黄，色泽油润光亮，体型、脚较矮细，鸡味浓郁，口感与本地鸡相似，但生长性能及生产性能远远优于本地土鸡。JH—2号（快速型）鸡在保持江村黄鸡的外貌、外型特征的基础上，具有生长速度快、饲料转化率高的特点，其商品鸡抗逆性强、饲养成活率高，生产性能远远优于本地土鸡。这两种鸡品质优良、鸡味浓郁，口感与本地鸡相似，既适合大规模集约化笼养，亦适合小规模的个体户散养。

14. 农大褐3号蛋鸡

农大褐3号节粮小型蛋鸡是中国农业大学的育种专家历经多年工作培育的优良蛋用品种。农大褐3号体型小、占地面积少。体重比普通褐壳蛋鸡小25%左右，仅1.6kg左右，体高也少10cm左右。耗料少，饲料转化率高，抗病力较强。它充分利用了“DW”基因的特点，能够提高蛋鸡的综合经济效益。据测算，饲养农大褐3号在正常情况下比普通蛋鸡每只多获利9元左右。在保证饲料营养适宜的环境、科学的免疫防病程序及严格的管理制度条件下，农大褐3号每只蛋鸡产蛋16kg以上。

此种鸡耗料少，饲料转化率高。产蛋期日采食量88g左右，比普通鸡少20%左右，料蛋比一般在2.1∶1，高水平可达2∶1。农大褐3号体重比普通褐壳蛋鸡小25%左右，仅1.6kg左右，体高也少10cm左右。

15. 旧院黑鸡

旧院黑鸡是世界上产绿壳蛋的珍贵稀有鸡种，为中国鸡的基因库填补了一项空白。旧院黑鸡主要分布在万源县的旧院区、大竹区、官渡区、城果区，以及毗邻的白沙工农区和城口、宣汉等县的部分乡。旧院黑鸡的产区地势复杂，属于大巴山中山区，坡陡沟深，山坡谷地坡度一般在50°左右，海拔500～2300m，年降雨量894.2～1672mm，无霜期196～254d，年平均气温14.2～15.4℃，最高温度为38.8℃，最低温度零下4℃，主产玉米、小麦、水稻、洋芋、红苕、杂粮等。林地面积28%，草地面积24%，是发展养鸡业的良好基地。

旧院黑鸡体格较大，呈长方形，两胫粗健，全身各部结构紧凑，耐粗饲，抗病力强，速生羽，全身羽毛黑色。按皮肤颜色可分为白色和乌色两种，其中乌色鸡有较高的药用价值；据冠形可分成单冠和豆冠两个品系；依蛋壳颜色可分为浅褐色和绿色两种。据历年的调查、试验和省畜科院家禽研究室的研究，旧院黑鸡的绿壳蛋性状是遗传性状，且对白色蛋壳性状呈显性遗传，旧院黑鸡与现代蛋鸡品种杂交可大幅度提高产蛋性能，培育出商品绿壳蛋鸡种。

旧院黑鸡体大、肌肉丰满、肉质细嫩、香味浓厚，一般性食用及药用。耐粗饲，可饲喂五谷杂粮。

旧院黑鸡3月龄前生长速度快，据引种观察测定，3月龄的月平均净增重公鸡达634.1g，相对增重率为211.1%，母鸡为497.4g，相对增重率为165.6%。4月龄后生长速度明显减慢。6月龄公鸡体重达（2225±30.92）g，母鸡为（1565±23.65）g。从出壳至3月龄的料肉比为3.14:1，饲料报酬较高。屠宰率高，旧院黑鸡体大肉多。

旧院黑鸡每窝产蛋15~25枚，盛产期4~7月。年产蛋量100左右。

16. 爱拨盖加肉鸡（AA肉鸡）

爱拨盖加肉鸡简称为AA肉鸡，原产于美国。1981年以来，我国广东食品集团、上海大江有限公司、江苏省海门县京海肉鸡公司种鸡场、江苏省连云港市东辛农场及北京、黑龙江、安徽等省市曾先后引进祖代、父母代种鸡饲养、繁育。

AA肉鸡是美国爱拨盖加种鸡公司培育成的一种配套高产肉用鸡种，是当今世界优良的肉用品种之一。该鸡祖代分为A、B、C、D四个品系，其中A、B为父系中的公母鸡，C、D为母系中的公母鸡，四个品系均为白洛克型，羽毛均为白色单冠。

AA种鸡所繁殖的肉用仔鸡具生长快、耗料少、抗病力强的特点，而且羽毛整齐、屠体美观、肉嫩味鲜。

AA肉鸡引入我国以来，几年来经过各引进场的饲养繁育，该鸡种已遍布全国各省市。通过各地饲养，深受欢迎。其商品肉鸡具适应性和抗病力强、易养快长、肉质细嫩、味美无腥等特点，是目前白羽肉鸡的优良品种。

17. 明星肉鸡

明星肉鸡原产于法国，我国于1985—1988年由上海、甘肃、江西先后从法国伊莎育种有限公司引进祖代、父母代种鸡。

明星肉鸡是法国伊莎育种有限公司培育的带有矮个基因的五系配套原种肉鸡。该公司的育种专家在肉用矮小型鸡的育种上取得了很大成绩，首次育成了突变型鸡——带矮小型基因的鸡。以矮小型鸡为基础，选育出“明星肉鸡”，该鸡的育成有20~30年历史，故该鸡具有体小、耗料少而饲养密度高的特点。

明星肉鸡父母代体重7周龄680g，22周龄1.86kg，40周龄2.4kg。入舍母鸡至64周龄产蛋总数平均为166.38枚，产种蛋数为156.52枚，提供肉用仔鸡数为132.52只。产蛋40周龄平均蛋重63.5g。该鸡具黄脚、黄皮肤、胸肉多、脂肪低、皮薄、骨细、肉味美、性情温顺、适应性强、易管理等特性。与其他品种相比，体型小30%，饲料消耗低20%左右，饲养密度提高20%~30%。因此，该品种鸡的生产性能和经济效益均较好，同时也为我国培育矮小型鸡种提供了良好的母本。

18. 红波罗肉鸡

红波罗肉鸡又称红宝肉鸡，原产加拿大。我国最早在1972年由广东、广西引进商品代鸡，在1981—1983年广州、上海、广西、东北等地先后从加拿大谢弗公司和法国子公司引进了祖代和父母代种鸡。

红波罗肉鸡为有色红羽，具有三黄特征，即黄喙、黄脚和黄皮肤。

红波罗肉鸡父母代平均体重20周龄为1.87~2.01kg，24周龄为2.22~2.38kg，64

周龄为3.0~3.2kg。入舍母鸡累计产蛋为（66周龄）185枚，入舍母鸡提供种蛋数（64周龄）165~170枚，入孵蛋平均孵化率为83%~85%，每只入舍母鸡出雏数为137~145只。育成期死亡率为2%~4%，产蛋期死亡率（每月）0.4%~0.7%。平均日采食量为145g。商品代肉用仔鸡用全价饲料60日龄体重可达2.2kg，中等营养水平70日龄可达1.8kg，饲料转化率为2.2~2.7。

红波罗肉鸡引入我国后，表现出较强的抗逆性，母系产蛋量之高在肉鸡种鸡中也是少有的，而且有较高的受精率、孵化率和成活率。肉用仔鸡生长较快，屠体皮肤光滑、味道较好。

19. 绿壳蛋鸡

绿壳蛋鸡（图8-2）是一种十分奇特的家鸡新品种，其特征为五黑一绿，即黑毛、黑皮、黑肉、黑骨、黑内脏，但所产的蛋壳却为绿色。它的蛋白浓厚，蛋黄呈橘黄色，含有大量的孵磷脂和维生素A、维生素B、维生素E以及微量元素碘、锌、硒，属于高维生素、高微量元素、高氨基酸、低胆固醇、低脂肪，是理想天然保健食品，经常食用能增强免疫功能、降低血管、软化血管。另外，它还可以增强儿童智力，对婴幼儿发育不良、儿童厌食和提高孕妇和病员的营养，是极好的营养滋补食品。绿壳蛋鸡性情温和，喜群居，抗病力强，适应性广，全国各地均可饲养，养殖与土鸡一样，主食五谷杂粮，喜食青草、青菜、嫩树叶。绿壳蛋鸡具有特殊的药用价值，母鸡年产蛋160~190枚，孵化率、成活率可达90%，出壳养70d可达1kg。绿壳蛋鸡具有生长速度快、肉质优、高价值、高产、节粮等优点，成年公鸡1.5~2kg，母鸡1.2~1.5kg。食用与药用。

图8-2　绿壳蛋鸡

20. 柴乌鸡

柴乌鸡是中国地方原生鸡种，该鸡种为小型鸡种，有其独特的种源优势，既可作为蛋用鸡进行开发，又可作为肉用鸡进行开发。与普通乌鸡相比有明显的性状区别：羽毛为片羽（普通乌鸡为丝羽），羽色多样：黑、白、黄、麻、芦花兼有。鸡冠分红、黑两色，公鸡多红冠，母鸡多黑冠。柴乌鸡生命力顽强，特别适应北方饲养。蛋的品质特别优异，作为肉用鸡开发：既有乌鸡的高营养，又有普通柴鸡的肉质细嫩、适口性好的特点。食用。

21. 杏花三黄鸡

广东“三黄鸡”早已驰名中外，饮誉广东。其特征是“三黄”，即是指该鸡的嘴巴黄、羽毛黄以及脚趾上的角质鳞片也为黄色。其中阉鸡偏于橙黄色，后备母鸡则为淡黄色。也就是说该鸡全身皆是清一色的黄色。

一般来说，该鸡成年公鸡1.5kg左右，母鸡则仅1.0kg左右，属于小体型鸡。该品种鸡全身肌肉丰满、结实、匀称，皮肉紧密。杏花“三黄鸡”骨细脆，脚短而细小，酮体净肉率达92%以上，该鸡风味独特，是由于该鸡的骨细而脆、皮薄肉嫩，食时感觉肉嫩而爽、滑而不腻。一般性食用。杏花“三黄鸡”由于食量小、好动、喜杂食等，一般栏养要5~6个月才可以出栏，而散养则更久些。

22. 穗麻鸡

穗麻鸡（图 8－3）主要分布于广州市白云区、番禺市，其他区、县级市也有饲养，其特征酷似清远麻鸡，体型稍大，单冠、直立，冠肉髯、耳垂鲜红，体圆、较短，胸较宽，脚较短，结构紧凑，体胫皮肤为黄色，项羽带麻点分淡黄麻、褐麻和棕麻。父母代种鸡 145～150 日龄开产，产蛋高峰期为 28 周龄，产蛋率 67%，至 66 周龄产蛋 127 枚。商品代鸡 90 日龄上市，成活率 94.2%。平均体重：公鸡 1820g，母鸡 1425g。肉料比 1∶3.03，半净膛率 91%，全净膛率 75.8%。肉质细滑，鸡味浓。

图 8－3　穗麻鸡

23. 澳洲黑鸡

澳洲黑鸡属于肉蛋兼用型品种。其特征为全身羽毛黑色而富有光泽，喙、胫、趾均呈黑色，脚底呈白色。母鸡 6 月龄开产，平均年产蛋量 160 个左右，蛋重约 60 克，蛋壳褐色。略有就巢性。成年公鸡体重达 3.75kg 左右，母鸡可达 2.5～3kg。鸡肉品质优良，口味细腻爽口。

24. 白洛克鸡

白洛克鸡原产于美国，是著名肉蛋兼用型品种。20 世纪 60 年代，外贸部门引进白洛克鸡投放省内各地饲养繁殖，生产出口冻（肉）鸡。1972 年，江苏省家禽研究所又从澳大利亚引进白洛克鸡饲养。该鸡全身羽毛白色，喙、胫、趾均呈深黄色，皮肤浅黄色。近代肉鸡配套品系中一般均有白洛克鸡的血缘。母鸡平均年产蛋量 150～160 个，蛋重约 60g，蛋壳褐色。成年公鸡体重达 4～4.5kg，母鸡可达 3～3.5kg。屠体美观，尤其胸、腿肌肉发达，肉质优良。可一般性食用，也可生产出口冻（肉）鸡。

25. 京星万寿黄羽肉鸡

京星万寿黄羽肉鸡中国农业科学院畜牧研究所培育的属于优质黄羽肉鸡新品系。其父母代母鸡体型小、单冠、脚短 1/3、颈短、性情安静。该品种对马立克氏病有特殊抗性、成活率较高。饲养京星肉鸡父母代比饲养同类肉鸡父母代综合经济效益可提高 40% 以上。京星肉鸡商品代性成熟早、肉味鲜美、细嫩可口。一般性食用。

26. 狼山鸡

狼山鸡（图 8－4）是著名的蛋肉兼用型地方品种，原产于如东县境内。该品种鸡历史上因集散地为南通港，港口附近有游览胜地——狼山，故名。该品种主要特征为全身羽毛以黑色羽最多，黄羽次之，白羽最少。黑羽鸡又分光头光脚、光头毛脚、凤头光脚、凤头毛脚 4 个类型，其中又以黑羽光头光脚为多。羽色黑中带绿，富有光泽。体格大而健壮，昂头翘尾，羽毛紧密。单冠直立，耳垂和肉髯鲜红色，虹彩黄色，脚趾黑色，皮肤白色。初生雏鸡头部羽绒呈黑白花，俗称“大花脸”，背部羽绒呈黑色，腹、翼尖及下颌羽绒呈淡黄色，明显区别于其他黑色鸡种的雏鸡。狼山鸡主要分布在如东县境，南通县的石港等地也有少量分布，肌纤维较细，肉质鲜美。

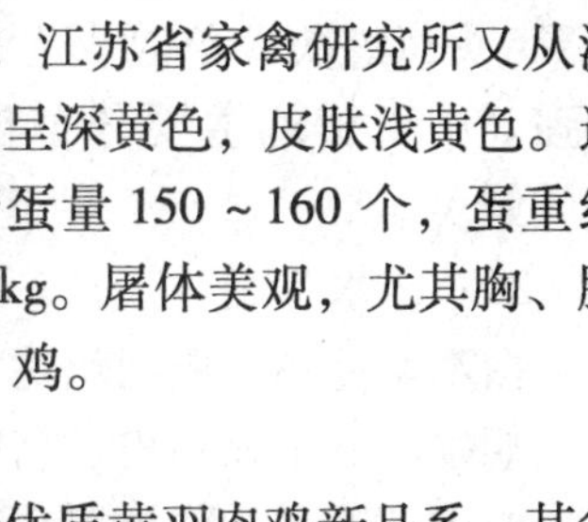

图 8－4　狼山鸡

27. 溧阳鸡（九斤黄）

溧阳鸡（图8-5）是著名肉用型地方品种，产于江苏省西南丘陵山区，其主要特征是羽毛黄色，麻黄和麻栗色也常见，也以黄羽、黄喙、黄脚为特点，俗称“九斤黄”。公鸡羽色黄或橘黄，主翼羽全黑或半黄半黑，副主翼羽黄或半黑，主尾羽黑色，胸、颈、鞘羽全黄或橘黄色，有的羽毛有黑边。母鸡羽色多为草黄色，少数麻黄色。雏鸡羽绒木黄色，部分有似蛙背的黑条纹。公鸡单冠直立，耳垂、肉髯长大而鲜红，母鸡单冠直立或侧冠，眼大，虹彩呈橘黄色。体型较大，躯体略显方形，胸宽，肌肉丰满，腿粗长。肉质鲜美。一般性食用。

图8-5 溧阳鸡

28. 岭南黄鸡

该品种具有“三黄”、生长快、饲料转化率高等特点。品质优良，肉味鲜美。一般性食用。

29. 中型黄鸡（三黄鸡）

该种鸡产于江苏省长江、太湖流域地区。中型黄鸡属于蛋肉兼用型地方品种。该品种包括如皋鸡和太湖鸡两个地方类型，该鸡主要特征为羽毛呈黄色，仅颈羽、翼羽、尾羽尖有黑色，公鸡羽毛金黄而有光泽。以黄羽、黄喙、黄脚为特点，俗称“三黄鸡”。头似蛇头，单冠直立，体型中等，腿中等长，胫无羽。行动灵活，善觅食，适应性强。中型黄鸡主要分布在沿长江、太湖流域各地，以南通、苏州、扬州地区较多。肉质鲜美。

30. 金水乌鸡

白羽丝毛系、白羽丝毛快长系：具有十大特征，即凤头、丛冠、白羽丝毛、毛腿、绿耳、胡须、五爪、乌皮、乌肉、乌骨。

黑羽丝毛系：除被覆羽毛是黑色丝毛之外，其他同白羽丝毛系。

金水乌鸡白羽丝毛系80日龄体重1kg，料肉比2.8:1；白羽丝毛快长系70日龄体重1kg以上，料肉比2.74:1；黑羽丝毛系70日龄体重0.64kg以上，料肉比3.36:1。种鸡就巢比例是10%以下，年产蛋216枚/只。

31. 丝光鸡

丝光鸡（图8-6）腿短身矮，有的通体羽毛黑色，黑中呈金，艳丽夺目，尾羽向上内翘，酷似一只黑色发亮的金元宝，有的通体羽毛白色。它性情温顺、活泼、惹人喜爱，可供人们玩赏；丝光鸡抱巢性较强。丝光鸡年产蛋平均140枚，蛋重20g，蛋壳为淡褐色。成年公鸡体重0.60~0.70kg，成年母鸡体重0.40~0.50kg。丝光鸡的肉质结实、丰满、皮薄、味美、营养丰富。据测定，其肌肉中的风味化合物和鲜味成分含量以及嫩度、肌纤维素等均高于普通肉鸡，且皮下脂肪极少。

图8-6 丝光鸡

32. 山鸡

山鸡为凤凰的原型，是一种集野味、观赏、保健、食疗为一体的珍禽新品种。山鸡适应能力强，疾病少，饲养简单，经济效益较高。繁殖力强，山鸡年产蛋120～150枚。山鸡生长快，80d体重可达1.5kg，饲养成本不足10元，户养10组山鸡（10公30母）年收入2万元以上。

山鸡肉质细嫩鲜美、清香可口，具有补中益肾、平喘、补肝及补脑提神之功效。山鸡锶和钼的含量比普通鸡高10%以上，有预防和治疗癌症的作用，是一种理想的营养滋补保健品。山鸡肉具有强身壮体、滋补五脏气血、增强人体免疫功能、延缓衰老等多种奇特功效。

33. 南昌黄鸡

南昌黄鸡体型小，全身羽毛、喙、皮肤、脚均为黄色，鸡冠为单冠直立，冠、肉髯、眼圈、脸、耳叶鲜红色，耳毛淡黄。公鸡胸较深，胸肌发达。母鸡胸、腹稍深，背较短，体稍宽，鸡体小巧玲珑。公鸡2月龄即可出售，体重0.7kg左右；母鸡110日龄可出售，体重1.25kg。成年母鸡1.5kg左右，公鸡2～2.5kg。母鸡130日龄开产，500日龄产蛋135枚左右，蛋重45g左右。

南昌黄鸡肉质细嫩鲜美，10～12周龄的仔鸡风味更加独特，犹如飞禽。其营养价值极高，除含人体必需的氨基酸外，微量元素的含量也很丰富，脂肪和胆固醇的含量很低。优质黄鸡是适应于各类人群的滋补食品。

34. 日本竹鸡

日本竹鸡的体长约为30cm，体重250～500g，喙黑色或近褐色，额与眉纹为灰色，头顶与后颈呈嫩橄榄褐色，并有较小的白斑，胸部灰色，呈半环状，下体前部为栗褐色，渐后转为棕黄色，肋具黑褐色的斑点，跗和趾呈黄褐色。

肉厚骨细，味道鲜美，高蛋白，低脂肪，含有人体所需的多种氨基酸和微量元素，是集野味、观赏、保健为一体的珍禽品种。

35. 岑溪三黄鸡

原产于广西壮族自治区岑溪地区，是广西四大名鸡之一。该鸡体型小、适应性广、耐粗饲。

岑溪三黄鸡肉厚皮薄、味道鲜美，极富野味。

36. 白山鸡

白山鸡俗名白羽山鸡、白野鸡，分布于喜马拉雅山和中国西部，白山鸡成年公鸡体长65～75cm，体重1.3～1.6kg，9～10月龄性成熟。母鸡体长45～55cm，体重1.1～1.4kg，10～11月龄开产，年产量80～120枚，蛋呈椭圆形，蛋壳呈橄榄黄色或棕绿色，蛋重30g左右，公母配比1:4，种蛋受精率80%～86%，孵化期为24～25d。肉用、蛋用。

37. 香港嘉美鸡

嘉美鸡有胡须，其嘴、脚比一般鸡小，胸口呈尖形，重量约1.25千克，煮熟后外表不如三黄鸡好看，但肉质爽、口味美。

嘉美鸡的产蛋量比普通鸡多，普通鸡每年产蛋量为120～180个，但上等嘉美鸡每年产蛋量多8成，可产蛋280～300个。

38. 闽南火鸡

闽南火鸡具有适应性较广、抗病力强、产肉多、肉质好、能充分利用青绿、野生饲草等优点。闽南火鸡体型呈纺梭形，成年公鸡体重5.74kg，母鸡平均体重为2.94kg，6～7月龄开始产蛋，年产蛋数60～80枚，营养条件好时，年可产蛋100个。120日龄前体重增长较快，以后母鸡的增重明显下降，公鸡仍保持较快增长速度。

鸡肉性温，对气虚、脾寒者有壮补功效。常食火鸡肉和蛋可以治疗胃病，也是大有发展前途的禽种。

39. 四川山地乌骨鸡

四川山地乌骨鸡（图8－7）集约化大规模饲养不会影响其黑色素的沉积，保持原有乌色程度；零星散养和围养使其回归自然，用最少的投资，获得最佳的美味食品。新品系70周龄产蛋145～172个，蛋重55～58g，产蛋期死淘率10%以下，孵化率84%，育雏率90%以上；配套系商品代100日龄体重2.0kg。

图8－7　四川山地乌骨鸡

乌皮、乌肉、乌骨、乌内脏，含大量黑色素和紫胶素，对人体有强身健体、养颜驻容、抗衰老等作用。与中药配伍可治多种疾病。食用、蛋用。

40. 黑羽乌骨鸡

此种鸡是江苏省家禽科学研究所地方鸡种开发中心培育出的一种保健药鸡，具有黑羽、乌皮、乌肉、乌骨的特点，生命力强。商品代鸡70日龄公母平均体重1kg，饲料转化比2.9:1，饲养成活率97%以上。保健、食用。

41. 青壳蛋鸡

青壳蛋鸡为珍稀鸡种，成年公鸡体重1.75～2.0kg，母鸡1.5kg，年产蛋量180～200个，青壳蛋率达90%。蛋壳颜色为青绿色，蛋中胆固醇含量低，且富含Zn、Se、I等微量元素，对人体具有特殊的营养功效。

二、鸭

（一）鸭的营养价值

鸭（图8－8）是鸟纲（Aves）雁形目（Anseriformes）鸭科（Anatidael）河鸭属（Anas）动物，我国也是世界上养鸭最早的国家，最早的书《尔雅》中即有称野鸭为“凫”，家鸭为“鹜”的记载。家鸭系由绿头鸭演变而来，现世界各地均有分布。距今400多年前的明代，北京地区培育出一种头大、颈短、体长、背宽、胸肌丰满、羽毛纯白、红嘴红脚的优良鸭种，这种鸭肉味颇美，称为“北京鸭”。北京鸭于1874年移居美国，又由美国传至各地。鸭肉营养丰富，每100g鸭肉中含蛋白质16.6g、脂肪7.5g、钙11mg、磷1.45mg、铁4.1 mg、维生素$B_1$0.07mg、维生素$B_2$0.15mg、烟酸4.1mg。

图8－8　鸭

鸭肉中的蛋白质主要是肌浆蛋白和肌凝蛋白。另一部分是间质蛋白，其中含有溶于水的胶原蛋白和弹性蛋白，此外还有少量的明胶，其余为非蛋白氮。肉食含氮浸出物越多，味道越鲜美。鸭肉中含氮浸出物比畜肉多，所以鸭肉味美。老鸭肉的含氮浸出物较幼鸭肉多，野鸭肉含氮浸出物更多，因此，老鸭的汤比幼鸭鲜美，野鸭滋味更比老鸭好。此外，烹调时，加入少量盐，能有效地溶出含氮浸出物，会获得更鲜美的肉汤。

鸭肉中的脂肪含量适中，约为7.5%，比鸡高，比猪肉低，并较均匀地分布于全身组织中。脂肪酸主要是不饱和脂肪酸和低碳饱和脂肪酸，因此，熔点低，约为35℃，易于消化。鸭肉是含B族维生素和维生素E含量比较多的肉类。100g可食鸭肉中含有B族维生素约10mg，其中6~8mg是烟酸，其次是核黄素和硫胺素；含维生素E 90~400μg。

鸭肉还含有0.8%~1.5%的无机物。与畜肉不同的是，鸭肉中钾含量最高，100g可食部分达到近300mg。此外，还含有较高的铁、铜、锌等微量元素。

祖国医学认为，鸭肉性味甘、微咸，平，归肺、脾、肾经，有滋阴补虚、利尿消肿、清虚热止咳、消肿疮等功效。

（二）鸭的主要品种

1. 白鹜鸭

白鹜鸭主产于福建省，其体躯狭长，头小，颈细长，腹部下垂，行动灵活，全身羽毛紧密，喙黑色，脚蹼黑色或黑红色。由于该品种鸭具有特殊的药理作用，新中国成立后，白鹜鸭被编入《中国家禽品种志》，誉为“全国唯一药用鸭”。年产蛋200~240个，平均蛋重55g，开产日龄120d左右。成年鸭体重达1.25~1.5kg。白鹜鸭不油腻，汤味独特，肉质鲜美，食用时只需加少许食盐和味精。经测定，白鹜鸭富含18种氨基酸和10种微量元素，低胆固醇。白鹜鸭具有清热解毒、滋阴降火、祛痰开窍、宁心安神、开胃健脾之功效，是缓解癌症病患者病情，延长生命的首选食物。白鹜鸭饲养期越长，其药效越好，经饲养4个月以上才具有药效。由于具有其他家禽所没有的特殊药理作用及独特的风味，白鹜鸭越来越被人们重视，它必将成为人们首选的食疗滋补品。白鹜鸭治咯血、虚痨等病症。自古在民间常用其作为治疗麻疹、肝炎、无名低热、高烧、烦躁失眠和痢疾等病的辅助食物。

2. 仙湖3号瘦肉型鸭

仙湖3号瘦肉型鸭是由佛山科学技术学院邓金海教授等人培育而成，每只种母鸭平均年产蛋量达230~250枚，平均年提供鸭苗160~190只。肉鸭生长速度快、抗病力强、饲料报酬高、瘦肉率高，47~49日龄上市体重一般超过3.5kg，料肉比为（2.6~2.9）:1。

3. 绍兴鸭

绍兴鸭是我国优良的蛋鸭品种，体躯狭长，喙长颈细，臀部丰满，腹部略下垂，全身羽毛以褐麻色为基色，有带圈白翼梢和红毛绿翼梢两个类型，成年鸭体重1.5kg左右。500日龄产蛋量一般为250~280个。成年鸭体重可达1.5kg左右。品质优良。食用和加工。

4. 高邮鸭（麻鸭）

高邮鸭原产于江苏省高邮，是我国有名的大型麻鸭品种，具有觅食能力强、耐粗饲、善产双黄蛋等特点；公鸭体型较大，背阔肩宽、胸深，头和颈上半部羽毛深绿色，背、腰、胸褐色芦花羽，腹部白色、尾羽黑色；母鸭颈细身长，全身羽毛褐色，有黑色细小斑点，如麻雀羽毛；成年公鸭体重2.5~3.3kg，母鸭2~2.5kg。能较好地适应当地环境条件。仔鸭放养2月重达2.5kg；成年公鸭体重达2.5~3.3kg，母鸭可达2~2.5kg。品质较好，营养丰富。

5. 北京鸭

原产于北京近郊。北京鸭是世界上最优良的肉鸭品种，鸭头小、颈粗、中等长；体躯长方形，前胸突出，背宽平，胸骨长而直，两翅较小，紧附于体躯两侧，尾羽短而上翘，公鸭尾部有2~4根向背部弯曲的性羽，腿粗短、蹼宽厚；母鸭腹部丰满。北京鸭全身羽毛白色并稍带乳黄色光泽，喙、胫、蹼橘黄色，眼为虹彩蓝灰色。仔鸭生长速度快，42~49日龄平均体重3kg以上，年产蛋200~240枚，蛋重90~100g，品质优良。

6. 高产蛋鸭

江南Ⅱ号能较好地适应当地环境条件，母鸭平均产蛋324.3枚，总蛋重21.75kg，产蛋期蛋料比1:2.76，产蛋期存活率98.94%。江南Ⅰ号500日龄入舍母鸭平均产蛋310.2枚，总蛋重21.18kg，产蛋期蛋料比1:2.85，产蛋期存活率97.05%。

7. 福建金定鸭（俗名绿头鸭、华南鸭）

福建金定鸭是福建传统的家禽良种，是以生蛋为主的优良卵用鸭，主要产于龙海县紫泥乡，该乡有村名金定，有200多年的养鸭历史，金定鸭因此得名；金定鸭属麻鸭的一种，这种鸭体大健壮、食欲旺盛，有大容器的消化器官和良好的生殖器官。产蛋率高，每年生蛋期10个月以上，每只鸭年产蛋可达250个左右，重约15kg。

8. Z形北京鸭

“Z形北京鸭”是由若干专门化品系组成的配套杂交组合及其产品的总称，由父本父系（Z4）、父本母系（Z3）、母本父系（Z1）、母本母系（W2）组成。“Z形北京鸭”的主要特点：早期生长快，饲料利用率高，繁殖力和生命力强；“Z形北京鸭”是能与引进种鸭相媲美的我国优良配套系肉鸭，其有很强的适应性，无论平原、丘陵地带和山区均可饲养。父系7周龄体重3.43kg，肉料比1:2.79；配套系7周龄体重3.3kg，肉料比1:2.8。母系40周产蛋量210.34枚。

9. 奥白星63

奥白星63体型优美、硕大丰满，其对环境条件的适应能力比较强，种公鸭尾部有2~4根向背部卷曲的性指羽，母鸭腹部丰满，腿粗短。奥白星63父母代产蛋量高，受精率高，42周可产蛋220~240枚，受精率93%。商品代肉鸭生长速度快，耗料低，一般肉鸭49日龄重3.45kg，料肉比2.7:1，较好的47日龄重3.07kg，料肉比（2.5~2.6）:1。而奥白星公鸭，料肉比2.3:1，其生长速度的优势非常明显。瘦肉率高，壁层脂肪仅占活体重的1.44%。

10. 绍兴鸭

绍兴鸭是我国优良的蛋鸭品种，体躯狭长，喙长颈细，臀部丰满，腹部略下垂，全身羽毛以褐麻色为基色，有带圈白翼梢和红毛绿翼梢两个类型，成年鸭体重1.5kg左右。500日龄产蛋量一般为250~280个。成年鸭体重可达1.5kg左右。品质优良。

11. 狄高鸭

狄高鸭为原产澳大利亚的标准品种，生长快，早熟易肥，60日龄体重可达到2.0千克，体型大，年产蛋230枚，蛋重88g。为优质的肉鸭品种。

三、鹅

（一）鹅的营养价值

鹅（图8-9）是鸟纲（Aves）雁形目（Anseriformes）鸭科（Anatidael）雁属（Anser）的大型水禽，又称舒雁、家雁。嗜食青草、耐寒、抗病力强、生长快、寿命较其他家禽长，因而是一种经济效益很高的动物。适于水乡和丘陵等地区放牧饲养，肉、羽有较高的经济价值。多数人认为欧洲鹅起源于灰雁（A. anser），外形硕大、颈粗短、躯平，头部无肉瘤。中国鹅起源于鸿雁（Anser cygnoides），体躯呈斜方形，颈长，喙基部上端有明显的肉瘤，驯化历史悠久。埃及发现距今约4000年前的养鹅壁画。中国河南安阳的殷墟文化遗址中，也有公元前12世纪的墓葬品玉鹅出土。中国鹅的饲养量居世界第一，我国的华东、华北地区饲养较多。

图8-9 鹅

鹅按体型可分为大、中、小3种，后两者居多。大型成年鹅，如欧洲种的图卢兹鹅、爱姆鹅，以及中国种的狮头鹅等。中型种如玛塞布鹅、莱茵鹅，以及中国的武岗铜鹅、广东阳江鹅、安徽雁鹅、湖南溆浦鹅等。小型种体小而产蛋量高，如江苏太湖鹅、广东清远鹅、东北地区的豁眼鹅和山东玉龙鹅等，有的年产蛋可达100~120个，而大型鹅仅产25~35个。

鹅按羽色可分为白色和灰褐色两种。前者足及喙橙黄色，体型较小；后者体型较大，中国古代称苍鹅，色黄褐、灰褐到乌鬃间有白色羽毛或白羽轮。也有白羽中带灰褐毛或灰褐毛中带白毛的。鹅的趾间有蹼，善游泳。眼光锐利，听觉敏捷，可用作警卫工具。喙为扁平型，喙边有缺刻，便于挖掘和撕断草根。嗉囊不发达，但肌胃压缩力比鸡大1倍，盲肠也较鸡、鸭发达。对青草、糠麸、谷实的消化吸收能力很强，采食量大，适合放牧饲养，或作短期填肥。

鹅肉质肥嫩、鲜美。鹅肉每100g含蛋白质10.8g、脂肪11.2g、钙13mg、磷23mg、铁3.7mg，并含有维生素A、维生素B_1和烟酸等。鹅作为食疗食物，最早载于梁陶弘景所著《名医别录》。

《本草纲目》上记载："鹅肉利五脏，解五脏热，止消渴"，正因为鹅肉能补益五脏，所以常食鹅汤、鹅肉，不会令人咳嗽。事实上，鹅肉的作用还很多，实验证明，常食鹅肉汤，对于老年糖尿病患者还有控制病情发展和补充营养作用。《随息居饮食谱》记载，鹅肉补虚益气、暖胃生津，尤适宜气津不足之人，凡时常口渴、气短、乏力、食欲不振者，可常食鹅。鹅肉性味甘平、鲜嫩松软、清香不腻，在深冬食之符合中医养生学"秋冬养阴"的原则。此外，用鹅肉炖萝卜还可大利肺气、止咳化痰平喘，而深冬感冒较多，经常吃一点，对治疗感冒和急慢性气管炎有良效。总之，鹅肉物美价廉，尤适用于冬季食用。

从生物学价值上看，鹅肉是全价蛋白质、优质蛋白质。鹅肉中的脂肪含量较低，仅比鸡肉高一点，比其他肉要低得多。鹅肉不仅脂肪含量低，而且品质好，不饱和脂肪酸的含量高达66.3%，特别是亚麻酸含量高达4%，均超过其他肉类，对人体健康有利。鹅肉脂肪的熔点亦很低，质地柔软，容易被人体消化吸收。近年来，我国养鹅业发展迅速，饲养规模不断扩大，发展较快的地区有安徽、江苏、黑龙江、吉林、辽宁、河南和广东等地，近年来各地仍在继续加大饲养和加工规模。鹅是一种以吃青饲料为主的大型水禽，作为健康绿色食品越来越受到人们的喜爱。鹅肉的营养价值较高，其蛋白质含量为22.3%，比牛肉、羊肉都高得多。鹅肉中脂肪含量较低，且多为有益健康的不饱和脂肪酸。同时，鹅肉还具有药用、食疗功能。

祖国医学认为，鹅肉性味甘，平，归脾、肺经，有益气补虚、和胃止渴、利五脏等功效，对年老体衰、病后虚弱、消化力差和糖尿病患者有一定的意义。

（二）鹅的主要品种

1. 昌图豁鹅

此种鹅 产于辽宁省昌图县。属于中国小型鹅，是优良的地方良种。昌图豁鹅体型较小，体躯呈长方形，全身白色，个别鹅头顶或尾根基部有少量褐色毛。头较小，头顶部肉瘤明显。眼大小适中，呈三角形，在双眼的上眼睑后方有明显的自然豁口，故称为豁鹅。喙扁平，跖、蹼、肉瘤均为橘黄色。颈细长，向前上方呈弓形。公鹅比母鹅略大，成鹅体重为4.0～4.5kg，母鹅体重3.5kg左右。昌图豁鹅具有耐粗饲、适应性强、生长速度快、抗病力强等特点。该鹅不仅是蛋用鹅的优良品种，而且可以作为肉用。

昌图豁鹅出生后180d开始产蛋，产蛋率逐渐上升。母鹅在良好的饲养管理条件下，平均年产蛋128枚，每枚蛋重118g，蛋壳白色，呈椭圆形。成鹅活体拔毛每只一次可拔羽绒75g。昌图豁鹅肉味美而鲜嫩，肌肉丰满，肉质较好，育肥后进行屠宰测定，全净膛胴体率为71.73%，半净膛为80.35%。该鹅经肥肝测定平均肝重250g，最大肥肝重为586g。

2. 皖西白鹅

皖西白鹅为安徽省优良地方鹅种，该品种具有体型大、早期生长发育快、抗病力强、耐粗饲、耗料少、屠宰率高、肉质好，特别是产毛量高、羽绒蓬松质佳等特点，在国际市场上享有盛誉。

皖西白鹅8～10月龄开始产蛋，年平均产蛋25枚左右。在鹅群中也有2%～3%“常蛋鹅”，年产蛋可达60～70枚，蛋重140～160g，最大的蛋重215g。皖西白鹅刚孵出的雏鹅重80～100g，早期生长速度快，据南京农业大学江浦鹅场的试验观察表明，皖西白鹅、四川白鹅、浙东白鹅三个鹅种在同等条件下，以皖西白鹅的早期生长速度最快。在农村粗放饲养条件下，30日龄体重可达1.5kg以上，60日龄3.0～3.5kg，90日龄4.5～5.5kg；成年公鹅平均体重6.8kg，最大公鹅可达9.5kg。母鹅平均体重5.0～6.0kg。

3. 浙东白鹅

浙东白鹅是浙江地区优良肉用型鹅种，具有体形大、生长快、肉质好、耐粗饲等特点。主要分布在浙江东南沿海的名胜山、定海、奉化、宁海、勤县和绍兴、余姚、上虞、嵊州、新昌等地。母鹅年可产蛋40～50枚，蛋均重149.06g。

肉色紫红、肉嫩骨脆，可做白斩鹅；气味清香，鲜嫩可口；鹅肝质地细嫩、营养丰富、别具风味，是深受欧美各国欢迎的珍贵佳肴。冻鹅肉是浙江出口的名牌产品，远销港、粤等地。

4. 太湖鹅

太湖鹅原产于长江三角洲的太湖地区。太湖鹅最具中国鹅的典型特征。肉瘤明显，颈弓形而细长，前躯高抬，喙、肉瘤橘黄色，胫、蹼橘红色，虹彩蓝灰色。该品种适应当地环境条件。母鹅开产日龄为160d，年产蛋60～80枚，蛋重135g，蛋壳白色。70日龄体重可达2.5kg，成年公鹅体重4～4.5kg，母鹅体重3～3.5kg。品质优良。

5. 四川白鹅

四川白鹅原产于川西平原，分布于四川省平坝和丘陵水稻产区。其全身羽毛洁白，喙、胫、蹼橘红色，虹彩为灰蓝色；公鹅头颈较粗，体躯稍长，额部有一呈半圆形的肉瘤；母鹅头清秀，颈细长，肉瘤不明显。成年公鹅体重4.5~5kg，母鹅4~4.5kg，公鹅性成熟期180d。开产日龄220d，年产蛋80~110枚，蛋重150g。成年公鹅体重达4.5~5kg，母鹅可达4~4.5kg。

6. 南溪白鹅

“南溪白鹅”是四川的优良种鹅，是在一定的自然环境下，经长期人为驯化选育而形成。全身羽毛洁白，啄、胫、蹼呈橘红色，虹膜呈灰色；成年公鹅体型大、头颈粗壮，体躯较长，额部有一呈半圆形的肉瘤；成年母鹅，头清秀、颈细长、肉瘤不明显，该品种对当地的环境条件具有较强的适应能力。母鹅200~230日开产，产蛋时间为9月至次年5月，年均产蛋60~80枚，高的可达100~200枚，每枚蛋重平均149.92g；实行放牧加补饲，比单一放牧饲养提早10~17d开产，产蛋期可延长23~42d，每只平均蛋期产蛋数可增加14~27枚，蛋重每枚可提高3%~7%，最高产蛋数可达213枚。出壳重88g，公鹅180日龄左右性成熟，平均体重3845g，最大体重可达6275g，成年母鹅体重平均3390g，最大体重5813g。

7. 豁眼鹅

原产于山东莱阳地区，分布于辽宁、吉林、黑龙江等地。其因眼睑有一疤状豁口而得名。体躯呈长方形，全身羽毛白色。头较小，头顶部肉瘤明显，肉瘤、喙、蹼均为橘黄色。成年公鹅体重4~4.5kg，母鹅体重2.5~3.5kg。开产日龄180d，年产蛋130~160枚，蛋重130g，第2年至第3年为产蛋高峰期。成年公鹅体重可达4~4.5kg，母鹅体重可达2.5~3.5kg。一般性食用。

8. 法国朗德鹅

原产于法国朗德省。适应环境能力较强，该品种毛色灰褐，颈背部接近黑色，胸毛色浅，呈银灰色，腹部呈白色，成年公鹅体重7~8kg，母鹅6~7kg。8月龄开始产蛋，年平均产蛋35~40枚，种蛋受精率65%左右。成年公鹅体重7~8kg，母鹅6~7kg，经填饲活重可达10~11kg，肥肝重700~800g。

9. 东北仔鹅

原产于东北松辽平原，分布于黑龙江、吉林、辽宁等省。其体型较小、紧凑，体躯呈蛋圆形，颈细长，有小肉瘤，头上有缨状头髻，颌下偶有咽袋，全身羽毛白色。成年公鹅体重4~4.5kg，母鹅3~3.5kg。以产蛋多而著名，母鹅180日龄开产，年产蛋100~180枚，蛋重131g，蛋壳白色。成年公鹅体重可达4~4.5kg，母鹅可达3~3.5kg。

10. 道州灰鹅

道州灰鹅是湖南省地方中型肉用鹅种。适应当地气候环境，其外型美观、个体适中、觅食力强、抗病力强、耐粗饲；全身羽毛基本是灰色，而腹部及颈腹面绒毛白色，嘴呈黑色，脚（蹠、蹼）橘黄色；颈短，脚短，体短，屁股圆。母鹅270日龄开产，年产蛋40枚，蛋重181.7g，年产蛋3~4窝，并集中在8月下旬至第二年3月底，就巢性强。生长迅速，肥育快，60~75日龄个体重3.5~4kg。90日龄公鹅体重5kg，母鹅4~4.5kg。

11. 图卢兹鹅

原产于法国西南部图卢兹镇。图卢兹鹅头大、喙尖、颈粗短、体宽而深，咽袋与腹袋发达，羽色灰褐色，腹部红色，喙胫、蹼呈橘红色。成年公鹅体重10~12kg，母鹅体重

8～10kg，年产蛋20～30枚。

12．匈牙利鹅

原产于多瑙河流域和玛加尔平原。匈牙利鹅羽毛白色，喙、蹼橘黄色。成年公鹅体重6～7kg，母鹅5～6kg，母鹅年产量15～20枚。一般饲养条件下，鹅肥肝重达500～600g，肥肝性能良好。

13．天府肉鹅

四川农业大学家禽研究室成功培育出了遗传性能稳定的天府肉鹅配套系。母鹅全身羽毛白色，暖橘黄色，头清秀，颈细长，肉瘤不太明显。公鹅体型中等偏大，额上无肉瘤，颈粗短，成年时全身羽毛洁白，初生雏和商品代雏鹅头、颈、背部羽毛为灰褐色，从2～6周龄逐渐转为白色。

商品代肉鹅：在放牧补饲饲养条件下，60日龄活重3.25～3.50kg，70日龄活重3.92kg。成活率达95%以上。

14．舟山白鹅

主产于浙江东部沿海的定海、象山等地，成年鹅喙扁阔，前额部半球形肉瘤高突，颈细长，腿粗壮；体型中等，结构紧凑；体躯分长方形和长尖形两类；全身羽毛为白色；喙，跖、蹼部幼时橘黄色，成年后橘红色，爪玉白色，眼帘金黄色，虹彩灰蓝色。嗜食青草，耐寒，合群性及抗病力强。生长快，寿命较长。肉质肥嫩可口。毛是羽绒制品的优质原料。

15．豫杂四季鹅

是以扬州四季鹅和豫杂四季鹅多代杂交优化选育而成的肉蛋毛兼用鹅新品种，和其他鹅品种相比，具有产蛋多、易饲养、增重快、自抱窝等诸多优势，其养殖效益远高于其他鹅品种。耐粗饲，产蛋多，两个月长到4kg多。耐粗饲能力特强。自产蛋、自抱窝，轻轻松松养小鹅。为中型肉蛋毛兼用型品种。鹅肉细腻，屠宰率高，富含40多种人体必需的氨基酸、微量元素。

16．中国鹅

中国鹅分布于全国各地，为标准品种，生长发育快、肉质鲜美、屠宰率高、产蛋多。国内外许多品种都有该鹅的血统。

17．狮头鹅

原产于广东饶平县，为优质地方品种，生长快、耐粗饲，公鹅体重可达到10～17kg，母鹅体重9～13kg，是我国最大的肉用鹅品种。

四、鸽

（一）鸽肉的营养价值

鸽子（图8－10）是鸟纲（Aves）突胸总目（Carinatae）鸽形目（Columbiformes）鸽属（*Columba*）原鸽（*C. livia*），又名野鸽子、野鸽、脖鸽，属于陆禽，古称飞奴。

乳鸽，指25～28日龄的雏鸽，体重从出壳时的10g迅速生长到600g左右，达60多倍。其肉味鲜美、肉质柔嫩、营养丰富、蛋白质含量高，是纯天然的传统滋补食品，人食用乳鸽的消化吸收率在95%以上。

乳鸽具有超常的神经定位和控制系统，脑中分泌丰富的松果体素。鸽是禽类唯一的无胆动物，肝脏中储存着丰富的胆素，血液中含有丰富的血红蛋白，骨骼中有大量的软骨素。这些特殊的营养成分对调节人体大脑神经系统、改善睡眠、增进食欲、帮助消化、激活性腺分泌和脑垂体分泌，以至全面平衡人体机能，调理并强壮身体，有着特殊的食疗作用。

《本草纲目》记载“鸽羽色众多，唯白色入药”，从古至今中医学认为鸽肉补肝壮肾、益气补血、清热解毒、生津止渴等。现在医学认为：鸽肉壮体补肾，生机活力，健脑补神，提高记忆力，降低血压，调整人体血糖，养颜美容，延年益寿。

图 8－10　鸽子

鸽肉既是名贵的菜肴，又是高级滋补品，鸽肉为高蛋白、低脂肪食品，蛋白质含量为 24.5%，超过兔、牛、猪、羊、鸡、鸭、鹅等肉类。而脂肪含量都低于其他肉类，仅为 0.73%。鸽肉中含 17 种氨基酸、10 余种微量元素，其氨基酸含量的总和超过龟鳖，有大补之功效。鸽的血、肉、脑、肝、骨中含有前清蛋白、铁传递蛋白、卵磷脂、脑磷脂等营养成分。

（二）主要品种

世界上肉鸽品种很多，被公认的优良品种有 40 多个。

1. 贺姆鸽

由美国杂交选育而成，是世界著名肉鸽品种，有多个品系。肉用贺姆鸽（大贺姆鸽）成年公鸽体重 700～750g，母鸽 650～700g。特点是体型较短，背宽胸深，毛色有白、灰等多种；繁殖力强，年产乳鸽 8～10 对；4 周龄乳鸽体重 600g 左右。

2. 蒙腾鸽

原产于法国，又称蒙丹鸽、法国地鸽，喜在地面行走，不擅飞翔。成年鸽体重 800～900g，年产乳鸽 6～8 对，4 周龄乳鸽体重可达 750g 左右。

3. 波兰山猫鸽

原产波兰，是有名的肉用鸽；肉味鲜嫩甘美；成鸽多产，繁殖性能好；成年鸽体重可达 580～650g；羽毛有灰、黑、红、黄等颜色。

4. 石岐鸽

原产于广东石岐等地，体型较大，适应性强，耐粗饲，就巢、孵化、受精、育雏等生产性能良好，可年产乳鸽 7～8 对。但其卵壳较薄，孵化时易被踩破。成年石岐公鸽体重 750～800g，母鸽 650～750g，4 周龄乳鸽体重达 600g 左右。乳鸽具有皮色好、骨软、肉嫩、味美等特点。

5. 杂交王鸽

又称香港杂交王鸽和东南亚杂交王鸽，体型介于美国王鸽和石岐鸽之间，羽毛颜色有白色、灰红色、黑色、蓝色、棕色和杂色等。1 年龄成年公鸽体重 650～800g，母鸽 550～700g；繁殖性能较好，年产乳鸽 6～7 对，乳鸽生长较快，3 周龄以上乳鸽体重 550～650g。但杂交王鸽的遗传性能不稳定，体型和毛色不一，在饲养过程中易发生品种退化，必须不断进行选育，才能留作种鸽。

6. 王鸽

是美国于 1890 年培育成的品种，故亦称美国王鸽。现在王鸽中有大王鸽、银王鸽等分支，以羽毛可分为白羽王鸽、银羽王鸽、黑羽王鸽等，并有纯白、红粉、蓝色、灰黑等毛色。王鸽体态丰满结实，头颈粗壮，虹彩乌黑微带红色，胸深而阔呈球形，尾部较短期呈水平或上翘，公鸽 650～750g，母鸽为600～650g。

7. 卡诺鸽

卡诺鸽又叫卡奴鸽，原产比利时和法国，为肉用和观赏兼用鸽。作为肉用品种，以白羽和绛羽卡奴鸽为最佳，成年鸽体重 620～740g，高产鸽年繁殖乳鸽 10 对。

8. 鸾鸽

育成于意大利和西班牙，故又被称为罗马鸽，是最古老的品种之一。鸾鸽是所有鸽的品种中最大的鸽种，体重最大达 1800g，翼展 90cm，一般体重 1200～1500g，但繁殖力较差，雏鸽生长慢，因体大笨拙常压坏和踏碎种蛋而影响孵化率。

9. 佛山鸽

佛山鸽是我国广东省佛山市养鸽人早在 1910 年用本地鸽同仑替鸽杂交育成的新品种肉用鸽。成年公鸽体重 700～800g。年繁殖乳鸽 6～7 对。

五、鸵　　鸟

（一）鸵鸟肉的营养价值

鸵鸟（图 8－11）属于鸟纲（Aves）平胸总目（Ratitae）鸵鸟目（Struthionformes），国内外养殖的基本都是非洲鸵鸟。原产于非洲，是世界上现存体型最大的草食性禽类，不能飞行，但善于奔跑。成年鸵鸟的体重为 120～150kg，体高为 1.75～2.75m。鸵鸟生长很快，一岁龄的鸟体重就可达 100kg 以上。我国从 1992 年开始引种、饲养、人工驯化鸵鸟，最初是由广东省江门市畜牧局率先从美国引进优良品种，繁育孵化，饲养成功后逐步在全国获得推广。目前，在全国专业鸵鸟养殖企业已经发展到 400 多家，存栏鸵鸟数量已达 10 万多只，成为亚洲第一大鸵鸟养殖国（列澳大利亚之后为世界第五）。

图 8－11　鸵鸟

鸵鸟是高蛋白、低脂肪、低胆固醇、低热量的优质红肉，是讲究美食、追求绿色健康的人们的理想肉食品，也是高血压、心脏病、高血脂、糖尿病、动脉硬化、肥胖症患者的上佳保健食品。鸵鸟肉含有 21 种人体必需的氨基酸，具有“五高三低”的特点，即高蛋白、高铁、高钙、高硒、高活性糖、低脂肪、低胆固醇、低热量，是鸟类中唯一的纯红肌肉。因为鸵鸟以青菜和野草为主食，是高血压、心脏病、高血脂、糖尿病、动脉硬化、肥胖症患者的最佳保健食品，还被有关专家称为天然钙中钙。养殖特点是适应性广，抗病力强，能在 45℃ 到零下 30℃ 的恶劣环境中生存，南北均可养殖。饲养成本低，以草食为主。繁殖能力高，一只成年母鸟年下蛋 80～120 枚。成年鸟体重可达 200kg，生长速度快，产蛋高峰时产蛋达到 80～100 枚，有效繁殖期为 40～50 年。雌鸵鸟每年 3～4 月份开始产蛋，持续到 9 月份。其持续时间的长短受食物、气候及自身条件的影响。在自然条件下，繁殖季节一开始，一只雄鸵鸟带 2～3 只雌鸵鸟（即通常所说的“一妻二妾制”）形成一个单位而单独活动。雌鸵鸟在交配后很快就会产蛋，一般隔一天产 1 枚蛋，通常产 12～16 枚就开始自然孵化。一般产 12～20 枚休息 1 周，然后开始下一个产蛋周期，但高产鸵鸟可连续产40枚才休息。主要与饲养管理有关。低产鸵鸟及老龄鸵鸟的产蛋几乎没有规律。正常种蛋的受精率为60% ~85%。

（二）主要品种

非洲鸵鸟被人类驯养的历史才100年，形成较有规模性养殖也就是最近二三十年的事，所以人工养殖的鸵鸟只有3个品种，即蓝颈鸵鸟、红颈鸵鸟和非洲黑鸵鸟。

1. 蓝颈鸵鸟

分为南非蓝颈鸵鸟和索马里蓝颈鸵鸟两种。南非蓝颈鸵鸟原产地南非，头顶有羽毛，雄鸟颈部蓝灰色，跗跖红色，无裸冠斑，尾羽棕黄色，通常将喙抬得较高。索马里蓝颈鸵鸟原产地索马里、埃塞俄比亚、肯尼亚，头顶无羽毛，雄鸟颈部有一较宽的白色颈环，身体羽毛明显呈黑白两色，而雌鸟为偏灰色。颈部和大腿为蓝灰色，跗跖亮红色，尾羽白色，有裸冠斑，虹膜灰色，通常将喙抬得较高。蓝颈鸵鸟体型较大、生长速度快，作为商品鸟10~12月龄即可上市，比黑鸵鸟提前1~2个月，产蛋性能略低于非洲黑鸵鸟。

2. 红颈鸵鸟

分为北非红颈鸵鸟与马塞红颈鸵鸟。北非红颈鸵鸟原产地非洲北部撒哈拉沙漠，头顶无羽毛，周围长有1圈棕色羽毛，并一直向颈后延伸，雄鸟的颈和大腿为红色或粉红色，喙和跗跖更红，在繁殖期特别明显，有裸冠斑。马塞红颈鸵鸟原产于肯尼亚南部至纳米比亚、博茨瓦纳和津巴布韦、坦桑尼亚。头顶有羽毛，雄鸟颈部和大腿为粉红色，繁殖季节变为红色。腿部亮粉红色，尾羽污白色，略带褐色或红色，在颈部大约1/3处沿着黑色体羽替代裸皮处有一小圈白色羽毛。红颈鸵鸟饲养较少。

3. 非洲黑鸵鸟

人工培育品种，是在南非利用蓝颈鸵鸟等原始品种通过杂交后长期选育而成。非洲黑鸵鸟体型较小、腿短、颈短、体躯丰厚，性情温驯，羽毛密集，分布均匀，羽小枝较长，看上去非常漂亮，便于饲养管理。其产蛋性能优于蓝颈和红颈鸵鸟，一般4~5岁的雌鸟年均产蛋100枚，优秀者可达150枚。

六、鹌　鹑

（一）鹌鹑的营养价值

鹌鹑（图8-12）原为野鸟，属于鸟纲（Aves）鸡形目（Galliformes）雉科（Phasianidae）鹌鹑（Coturnixcoturnix），以谷物及杂草种子为主食。《本草纲目》详尽描述：“鹑，大如鸡雏，头细而无尾，毛有斑点，甚肥。”鹌鹑食量虽不大，但产蛋率很高，每只鹌鹑一年可产蛋300个左右。现在人工饲养鹌鹑已十分普遍，在日本的养殖业中，饲养鹌鹑已仅次于养鸡，发展迅猛。鹌鹑肉味极鲜美，营养价值很高，含蛋白质22.2%，还含有多种维生素、矿物质、卵磷脂、激素和多种人体必需氨基酸。鹌鹑肉是一种高蛋白、低脂肪、低胆固醇的肉类。鹌鹑蛋中含有丰富的芦丁，因而有防治高血压和动脉粥样硬化等疾病的功效，肉和蛋不仅是营养滋补佳品，还是疗效卓著的良药，故素有“动物人参”之称。

图8-12　鹌鹑

李时珍在《本草纲目》中指出鹌鹑的肉可以："补五脏，益中续气，实筋骨，耐寒暑，消结热。和小豆、生姜煮食，止泻痢。"西汉时，我国就已经开始驯养鹌鹑，不过那时驯养的目的主要是为了赛斗和赛鸣，民间斗鹑曾盛行于黄河南北。据《唐外史》载，西凉地区经过驯化，进贡给唐明皇的鹌鹑，可以随金鼓的节奏而争斗。宋徽宗更喜欢饲养好斗的鹌鹑，以供取乐。后来曾有《鹌鹑谱》总结养鹌鹑的经验。到了明、清年间，斗鹑已成了达官贵人的一种赌博方式。后来，鹌鹑的饲养日趋减少，直到20世纪70年代后期才又迅速地发展起来成为特禽养殖业的一个重要内容。现在鹌鹑已进入人们肉用食物中的五鸟——"鸡、鸭、鹅、鸽、鹑"之列。

祖国医学认为，鹌鹑肉性味甘，平，有补益五脏、强筋壮骨、止腹泻、消疳积、养肝清肺的功效，常用于体虚贫血、消化不良、食欲不振、头昏乏力、肺虚久咳、小儿疳积诸症。

鹌鹑的肉和蛋不仅是营养滋补佳品，而且是治疗许多疾病的良药。鹌鹑肉及鹌鹑蛋的食用方法很多，我国制作的鹑菜品种达60多种。以鹑肉为原料的罐头食品和以鹑蛋为配料的固体饮料在国内外市场上备受推崇，养殖鹌鹑已在国际上引起重视。

（二）主要品种

我国常见鹌鹑品种可分为蛋用型和肉用型两类，有从国外引进的，也有国内自行培育的，同样具有较高的育种价值与经济效益。由于多方原因，迄今国内尚缺乏一个完善的良种繁育体系，缺乏有关品种标准，技术指标都呈不同程度的退化趋势，因此在引种时必须考虑市场的需求、自身的经济条件与技术水平。

1. 蛋用型鹌鹑

（1）中国白羽鹌鹑　我国自行培育的新品系，高产高效，在北京、河北、淮北等20多个省市地区已推广，体型同朝鲜鹌鹑。中国白羽鹌鹑系采用朝鲜鹌鹑的突变个体——隐性白色鹌鹑，由北京市种鹑场、南京农业大学、北京农业大学等单位经过7年的反交、筛选、提纯、纯繁等工作培育而成。其体型略大于朝鲜鹌鹑。羽色在初时体羽呈浅黄色，背部深黄条斑。初级换羽后即变为纯白色，其背线及两翼有浅黄色条斑。经检测，表明该白羽品种纯系为隐性基因。

白羽鹌鹑体羽在初生雏胎毛阶段为浅黄色，至初级换羽后即成白色，偶有黄色条斑。眼呈粉红色，喙、脚为肉色或黄色。体态优美，屠体洁白或呈浅黄色，美观，商品等级高。成年鹌鹑体重130～160g，40～45日龄开产，年均产蛋量270～300个，蛋壳上有棕色或青紫色斑块或斑点，在育雏期生活力稍差，宜采取高温育雏。年平均产蛋率80%～85%，年产蛋量265～300枚，蛋重11.5～13.5g。但产蛋性能明显超过同期朝鲜鹌鹑。

（2）日本鹌鹑　是国际公认的蛋用型品种，其原祖为中国野生鹌鹑，经65年反复改良培育而成，主要分布在日本、朝鲜、中国及印度一带。在我国分布小，数量也少。日本鹌鹑体形娇小、轻盈活泼、富神经质，体羽紧贴体躯。体羽多呈栗褐色，其头部为黑褐色，其中央有淡色直纹3条，背羽赤褐色，均匀分布着黄色直条纹和暗色横纹。成年公鹌鹑脸、下颌为赤褐色，胸羽呈砖红色；母鹑脸色淡褐色，下颌灰白色，胸羽淡褐色，上缀有粗细不等的黑斑点。成年公鹑体重104g，母鹑135g。35日龄见蛋，10月龄母鹑平均产蛋率达85%，年产蛋280～300个，平均蛋重10.34g。蛋壳上有深褐色斑块，有光泽；或呈青紫色细斑点或斑块，壳表为粉状而无光泽。但由于日本鹌鹑体小和蛋小，故在市场上的竞争力欠强。

（3）朝鲜鹌鹑　由朝鲜采用日本鹌鹑培育而成，分为龙城品系和黄城品系，体重较日本鹌鹑稍大，体羽与日本鹌鹑相似，纯合度与均匀度差，但在我国覆盖面广。成年公鹑130g，母鹑150g。在限饲条件下，40～50日龄开产，年产蛋率75%，年产蛋量260～280个，蛋重10.5～12g，采种日龄90～300d。朝鲜鹌鹑经多年封闭育种，已培育出高产、稳产的几个品系，适应广，备受欢迎。朝鲜鹌鹑目前在我国养鹑业中所占比例极大，覆盖面广。朝鲜鹌鹑生产性能高，但由于缺乏系统选育，整齐度稍差。

成年公鹑体重125～130g，母鹑约150g。45～50日龄开产，年产蛋量270～280枚，蛋量11.5～12g。

（4）黄羽鹌鹑　是由南京农业大学种鹌鹑场发现的突变个体培育成的，体羽浅黄色，体型与体重与朝鲜鹌鹑相似，其产蛋率、抗病力超过朝鲜鹌鹑。高峰期产蛋率达93%～95%，年平均产蛋率达83%以上。属隐性黄羽。体羽黄色，体型、生产性能与朝鲜鹌鹑相似。但具有伴性遗传特性，为自别雌雄配套系的父本。

（5）爱沙尼亚鹌鹑　体羽为赭石色与暗褐色相间。公鹌鹑前胸部为赭石色，母鹌鹑胸部为带黑斑点的灰褐色。身体呈短颈短尾的圆形。背前部稍高，形成一个峰。母鹌鹑比公鹌鹑重10%～12%，具飞翔能力，无就巢性。该品种为蛋肉双重用途的鹌鹑种，其主要生产性能：年产蛋315个，前6个月产蛋165个，产蛋率91%，年平均产蛋率86%，年平均产蛋总量3.8kg，平均开产日龄47d，成年鹌鹑每天耗料量为28.6g，每千克蛋重耗料2.62kg。肉用仔鹌鹑平均每千克活重耗料2.83kg，35日龄时平均活重为公鹌鹑140g、母鹌鹑150g，平均全净膛重为公鹌鹑90g、母鹌鹑100g；47日龄时平均活重为公鹌鹑170g、母鹌鹑190g，平均全净膛重为公鹌鹑120g、母鹌鹑130g。

（6）中国自别雌雄配套系　由我国首创，利用隐性基因鹌鹑纯系具有伴性遗传的特性，与栗羽型母鹑（含肉用型栗羽鹌鹑）杂交时，其子一代可根据胎毛颜色自别雌雄，这一杂交组合，称为自别雌雄配套系。为商品蛋鹑的分群管理、培育与生产力的提高，节约雄雏的笼养面积与饲料，降低饲养成本，起了决定性的作用，因此广泛受到商品鹑场、养鹑户的欢迎，生产水平也稳中有升，甚至超过日本鹌鹑与朝鲜鹌鹑，形成了良好的买主市场。为发挥杂一代生产潜力，要求亲本纯度与生产水平要高，否则无杂种优势。

① 隐性白羽公鹑×朝鲜母鹑（栗羽）自别雌雄配套系杂交子一代初生雏淡黄色者为雌雏（近父本胎毛颜色），初级换羽后即为白羽，而栗色胎毛则为雄雏（近母本胎毛颜色）。自别准确率为100%，年均产蛋率在85%以上，高峰期在95%以上。必须加强育雏期的保温条件与饲养，才可获得高育雏率。

② 隐性黄羽公鹑×朝鲜鹌鹑（栗羽）自别雌雄配套系杂交子一代胎毛颜色为黄色者（背部隐有深黄色条斑）为雌雏，而栗褐色胎毛则为雄雏。准确率在99%以上，育雏率可达93%以上。杂交母鹑生活力与产蛋率超过亲本，年均产蛋率在85%以上。近2年多来向全国推广杂交黄羽母雏，普遍受到欢迎。

2. 肉用型鹌鹑

是以产肉为主要用途的品种和品群。其商品种蛋孵出后，不分公母雏，经过3～4周龄的饲养和育肥后，作为肉用仔鹑上市。当然，淘汰的种鹑体型硕大，作为肉鹑也颇受欢迎。

(1) 迪法克 (FM系) 鹌鹑　该品种适应性与生活力强，体羽呈栗褐羽型。体型大，头与喙均小，初生雏胎毛色泽鲜明，成鹑羽毛呈黑褐色，间杂有红棕色的直纹羽毛。成年公鹑体重300~350g，开产日龄38~43d，年平均产蛋率70%~75%，蛋重12.5~14.5g。每只日耗料33~35g，已向全国推广。

(2) 莎维玛特鹌鹑　体型大，体态与羽色基本同迪法克鹌鹑，其生长速度与生产性能的某些方面已超过迪法克FM系鹌鹑。成鹑体重350~400g，开产日龄为40d左右，年产蛋量250个以上，蛋重13.5g左右，3周龄平均体重125~150g，5周龄平均体重超过220g。料肉比2.8:1。生产效率与效益相当可观。

3. 中国白羽肉鹑

是我国由迪法克FM系肉鹑中突变的杂白色个体培育而成。白羽肉鹑体羽偶有杂色羽，尚有待于进一步纯合与提高。成年体重200~250g，开产日龄42d左右，

七、美 洲 雁

美洲雁属于鸟纲 (Aves) 雁形目 (Anseriformes) 鸭科 (Anatidael) 雁属 (Anser) 飞禽，又称美洲香醇雁，原产于南美洲，于1997年引进我国，该雁具有一定的飞翔能力，是爱清洁、性情温顺、叫声柔哑的森林禽种。雄性香醇雁在繁殖季节发出麝香气味，故称麝香醇雁，人称美洲香醇雁。早在十几年前美国、巴西、法国、俄罗斯等国家，经人工驯化养殖，肉食已进入饭店、家庭的餐桌，为市场增加了新的飞禽肉食品种，是世界著名肉用特禽，属于极为珍贵的肉用禽种，历来也被欧美宫廷奉为珍品。

美洲香醇雁属特禽品种，其肉质鲜美，食之具有天鹅之味，口感远远优于鸡、鸭、鹅，营养极其丰富。经国家肉类食品研究中心检测其肉、蛋均含有18种氨基酸和维生素A、维生素E和钙、锌等营养成分，其肉蛋白含量为14.8%以上，远高于鸡、鸭、鹅，而脂肪含量仅为8%以下。其肉具有滋阴壮阳、生发益寿、养颜抗衰、保肝益智、祛病健身的功效。

八、火　　鸡

(一) 火鸡的营养价值

火鸡 (图8-13) 属于鸟纲 (Aves) 鸡形目 (Galliformes) 火鸡科，学名吐绶鸡，起源于野火鸡，又称七面鸟，原产墨西哥，是后经人工驯化而成的大型家禽。

图8-13　火鸡

作为一种新兴的食品，它具有丰富的营养价值，其肉质肥嫩鲜美、无异味。肉中所含蛋白质比牛肉、羊肉和猪肉都高，约为30%。火鸡肉脂肪含量低，尤其是胆固醇的含量是所有禽肉中最低的，且脂肪中富含人体所必需的不饱和脂肪酸；肉中还含有较多的维生素E和B族维生素。长期食用不会增加血液中的胆固醇含量，且具有抗衰老、防止高血压、心、血管病发生的作用。同时因火鸡以食草食虫为主，是一种无农药残留的禽种。所以，火鸡肉既是老年人和高血压患者的理想肉食品也是当今绿色食品、减肥食品中不可缺少的

一种美味。在我国只有京津沪和西南少数的大城市有消费，内地基本属空白。

（二）主要品种

按羽毛颜色分为青铜火鸡和白色火鸡，青铜火鸡产于美洲，个体较大，胸部较大，成年火鸡可达到9～16kg。年产蛋达50～60枚，蛋重75～80g。白色火鸡来自荷兰，肉品良好主要品种有：尼古拉和布特（重型）、贝蒂纳（轻型）等。喜群居，性格温顺，抗病力及适应气候能力强，可在±40℃之间生存，属草食禽类，耐粗饲性极强，主食多种鲜草、草子、虫类，在其摄取的食物中，草类占60%～70%。瘦肉率高达90%，蛋白质达33%，比鸡肉25.4%、牛肉24%、猪肉23%、羊肉21%都要高，而且营养丰富、肉质极佳，汤汁鲜美，含脂肪率低。

我国引种饲养的主要有美国重型白羽宽胸的尼古拉火鸡、加拿大中型海布里德火鸡和法国轻型贝蒂纳火鸡，其中前两种中、重型火鸡体大笨重，自然交配困难，多采用人工授精，适合于工厂化饲养；而贝蒂纳火鸡很适合规模化养殖和放牧散养。

从小火鸡出壳到生长140d后，重型公火鸡可长到16kg，母火鸡9kg；中型公火鸡重13kg，母火鸡可达8kg；小型公火鸡可长到10kg，母火鸡重达5.4kg。火鸡四季孵化，繁殖力强。火鸡一般6～7个月龄就开始产蛋，每产蛋15～25枚时，就自行孵抱1次，孵化期26～28d，带领小鸡10d左右，又进入产蛋期，尔后又孵化，周而复始，四季不分。火鸡一般年产蛋80～120枚，孵抱4～5次，若采取人工孵化，年产蛋可以达到150～190枚，并且火鸡授精、孵化和成活率均在95%以上，刚出壳的火鸡就有90～110g。

1. 美国尼古拉白羽宽胸火鸡

是美国人利用美国东部的黑色火鸡和西南部的花色火鸡（成年公火鸡体重为7kg左右，母火鸡为3.6～4.2kg）反复选育，经过自繁和杂交培育成功的。经历了40多年的精心培育，该品种现已占美国国内火鸡生产量的75%左右，是世界上著名的大型火鸡品种，远销30多个国家和地区。该品种成年公火鸡体重可达20～22kg，母火鸡可达9～11kg。该品种肉火鸡上市屠宰时平均体重10kg左右，料肉比为2.8:1，屠宰率85%以上。平均蛋重85g，种蛋受精率80%～90%，受精蛋孵化率80%左右，210日龄成熟开产。

2. 加拿大海布里德火鸡

该品种是加拿大海布里德火鸡公司提供的白羽宽胸火鸡，分为大、中、小3个品系，大型品系接近尼古拉火鸡的性能。

3. 青铜火鸡

原产于美洲，曾是世界上分布最广的火鸡品种，羽毛与野生火鸡接近。羽毛暗黑色，颈部羽毛为青铜色，背部有黑色条纹，翅膀末端有黑斑，尾羽末端有白边。成年公火鸡体重16kg，母火鸡8kg。

4. 贝茨维尔小型火鸡

是美国贝茨维尔研究中心育成的著名小型火鸡品种。商品火鸡14～16星期上市，上市时公、母火鸡平均体重3.5～4.5kg。成年公火鸡体重14kg，母火鸡可达8kg。该品种具有早熟、饲养适应性强、生长快、肉质鲜美、产蛋多等优点，很受美国、加拿大和欧洲人的欢迎。

5. 黟科小型火鸡

是安徽省黟县科委火鸡研究所繁育成功的一种能自然交配、常年产蛋并能自行孵蛋、以草食为主的优质“黟科”小型火鸡，其体重6～10kg。黟科小型火鸡野性强，在风雨中露宿，常年不患病，生长快，以草食为主。夥科小型火鸡能提前1~2个月即5~6月龄便开始产蛋，每产蛋20余枚便自行孵蛋。孵化期26~28d，带养小鸡约10d后又开始产蛋，每年可孵6~7批。出壳小火鸡约100g，很好饲养。小型火鸡年产蛋可高达180~200枚，受精率、孵化率均可达95%以上。生长快，从出壳到4月龄饲喂10kg粮食，加青草、草子、嫩叶、竹叶等粉碎的农作物秸秆即可长到6~10kg体重。肉质鲜美，高蛋白、低脂肪且低胆固醇，是滋补精品。其肉、羽毛、皮革、血液、肝胆均有很高的实用价值和独特的药用功效。

火鸡肉以高蛋白质、低脂肪、低胆固醇著称，是滋补营养和美食兼备的佳品。火鸡主要以产肉为主，其他副产品也有重要医药价值。火鸡血可制成主治胃、十二指肠溃疡、慢性肝（胃）炎等的鸡血糖浆；火鸡肝可制成肝粉具有补血功能；火鸡胆可制成百日咳糖衣片，适于治疗小儿百日咳；火鸡肠可以食用，也可作为腊肠肠衣和生物药品原料等；火鸡羽毛特别是尾羽可用来制作羽毛扇和一些装饰品，小羽可用来制作被褥、座垫，具有隔凉、隔潮、保温、舒适的特点；羽毛还可以经过理化法处理后用来加工羽毛粉，是家禽和毛皮兽的重要蛋白饲料之一，所含粗蛋白质高达85%左右，其含硫氨基酸高于任何一种植物性蛋白质饲料。

第二节 禽 蛋 类

我国禽蛋生产发展极其迅速，蛋类工业的结构也发生了根本变化。鲜蛋生产供应的极大丰富已使蛋类加工业失去了保鲜的功能，制蛋与蛋制品的加工成为中国蛋类加工的主要组成部分，咸蛋、松花蛋不仅满足国内市场供应，而且还出口加拿大、新加坡等诸多国家。但是我国蛋类加工业相对蛋类生产与人民生活需要而言还相当落后。同世界其他发展中国家一样，蛋品深加工刚刚起步，与发达国家还存在很大差距，加工程度低、产品品种少的问题还相当突出。

而发达国家在蛋制品的深加工研究和开发上却投入了大量的资金和技术，已开发深加工蛋制品60多种，如丹麦研制的发酵蛋白粉、速溶蛋粉，日本的加碘蛋，美国的浓缩蛋液、鱼油蛋等等。蛋制品消费保持良好的销售态势，例如美国的蛋制品消费已由占全蛋品量的15%增长到20%，德国和法国的蛋制品进口量已占全蛋品消费量的16%和18%；加拿大鲜蛋销售下降4%，蛋制品消费却增长3%～5%。这种趋势说明蛋制品加工前景广阔，国际市场对深加工的蛋制品将可能会形成一个新的需求热潮。

禽蛋主要由三部分构成，蛋壳（占12%～13%）、蛋白（占55%～66%）和蛋黄（占32%～35%）。

一、禽 蛋 类

（一）鸡蛋

鸡蛋是最接近于各种营养物质都处于完全平衡的食品，含有丰富的蛋白质类、维生素类和矿物质类。鸡蛋蛋白质部分有很高的消化率和营养品质。与所有其他食品相比，鸡蛋蛋白质生物学价值最高，含有维持生命和促进生长发育所需要的全部必需氨基酸。此外，鸡蛋是铁、磷、微量矿物质、维生素A和维生素E及大部分B族维生素等的较好来源，鸡蛋是维生素 D 的丰富天然来源，仅次于鱼肝油。从热值来看，鸡蛋的热值是适中的，一枚中等大小的鸡蛋，大约含热值 313.5kJ。把鸡蛋加入任何一种食品中，都会增加该食品的营养质量。祖国医学认为，鸡蛋味甘，性平，归肺、脾、胃经，有滋阴润燥、养血安胎、清咽开音等功效。

国内外营养学家和医学家对鸡蛋的营养价值和保健功能的评价有二个方面：

首先是健脑益智。鸡蛋黄中的卵磷脂、甘油三酯、胆固醇和卵黄素对神经系统和身体发育有很大的作用。卵磷脂被人体消化后，可释放出胆碱，胆碱会通过血液到达脑内，从而可避免老年人的智力衰退，并可改善各个年龄组的记忆力，因此，无论是青少年还是中老年人，要保持良好的记忆力，每天可以吃一两枚鸡蛋。

其次是保护肝脏。鸡蛋中的蛋白质对肝脏组织损伤有修复作用。蛋黄中的卵磷脂可促进肝细胞的再生，还可提高人体血浆蛋白量，增强肌体的代谢功能和免疫功能。

（二）乌鸡蛋

乌鸡蛋每 100g 蛋白质含量 13.4g，比普通蛋高出 8.2%，而胆固醇只有 129.5mg，脂肪 2.8mg，比普通蛋降低 81.4% 和 76.5%，并且蛋中含有丰富的维生素 A、维生素 E、维生素 C 和胡萝卜素。

（三）鸭蛋

鸭蛋中含有蛋白质、磷脂、维生素 A、维生素 B_1、维生素 D、钙、钾、铁、磷等营养素。祖国医学认为鸭蛋味甘，性凉，有滋阴清肺、平肝止泻、丰肌泽肤、醒酒等作用。鸭蛋性偏凉，这一点不同于鸡蛋（性平），故脾阳不足、寒湿下痢者不宜服用。

（四）鹌鹑蛋

鹌鹑蛋也具有较高的营养价值。中医药学认为，鹌鹑蛋味甘，性平，有补气益血、强身健脑、丰肌泽肤等功效。鹌鹑蛋对贫血、营养不良、神经衰弱、月经不调、高血压、支气管炎、血管硬化等病人具有调补作用；对有贫血、月经不调的女性，其调补、养颜、美肤功用尤为显著。鹌鹑蛋有抗过敏性的功效，世界上许多国家都用鹌鹑蛋治疗诸如支气管哮喘、荨麻疹等，有良好疗效。

另外还有富硒乌鸡蛋和富硒营养蛋。科学研究证明：食品中的微量元素硒被誉为抗癌之王，经常食用富硒食品可以增强人体免疫力，延缓衰老。

日本科学家花费了 20 年时间，研制出含碘高的特殊鸡蛋——“碘蛋”。它是以海藻等含碘饲料特殊喂养，使植物中的无机碘在母鸡体内转变为有机碘，便于人体吸收。据测定，含碘量比普通鸡蛋高几十倍，既是老幼皆宜的“滋补佳品”，又能对某些缺少碘引起的常见病有显著疗效。自从 1976 年问世以来，不仅畅销日本国内市场，甚至得到美国特许，打进了美国市场。

二、蛋 制 品

蛋制品主要是经过加工的蛋品，我国蛋品加工已有 600 多年的历史，主要为传统的蛋类加工方式，品种有松花蛋、咸蛋、糟蛋，这些蛋制品经加工处理后形成了特殊的风味，经加工后，蛋白质易于消化吸收。如将鸡蛋加工成咸蛋后，其含钙量会明显增加，可由每 100g 的 55mg 增加到 512mg，约为鲜鸡蛋的 10 倍，但也应注意咸蛋中的钠的含量较高。这类产品目前是我国蛋制品加工中的主导优势产品，因此目前我国蛋类加工现代化程度相对低下，主要以咸蛋、松花蛋为主，生产量约占我国蛋类加工比重的80%以上；现代蛋制品如冰蛋黄、冰蛋白、全蛋粉、蛋白粉、蛋黄酱、蛋饮料、溶菌酶等蛋制品，生产量不及蛋类加工总量的20%。有报道在福建、浙江、湖南等省建成了年产量在1000t以上的出口创汇生产厂。国外一些国家，蛋制品多，生产规模大，主要有液态蛋、冷冻蛋、浓缩蛋、分离蛋、干燥蛋等现代蛋制品，其中大多数是以半成品形式利用其热凝固性、起泡性、乳化性用于焙烤制品、糕点、糖果、蛋黄酱和沙拉的调制、人造奶油、肉制品、水产品的生产方面。

（一）干燥蛋制品

蛋粉已经成为国际贸易的大宗产品。美国1999年出口蛋粉6035t，欧共体是9352t（1998年）。日本1999年进口蛋粉1.41万t，相当于鲜蛋10.07万t，其中全蛋粉为2268.5t，蛋白粉10108.4t，蛋黄粉1734.6t。日本全年进口的各种蛋品，如以鲜蛋计算是11.91万t，纯鲜蛋仅2219.10t，即进口蛋粉约占其禽蛋进口总量的84.55%，日本是中国潜在的蛋粉进口国。

鸡蛋白粉、鸡蛋黄粉、鸡全蛋粉是指鲜蛋经过打蛋、分离、过滤、均质、巴氏杀菌、喷雾干燥而制成的干蛋制品。

鸡蛋白粉、鸡蛋黄粉和鸡全蛋粉不仅很好地保持了鲜蛋的营养成分，而且具有显著的功能性质，是糕点、肉制品加工、冰淇淋、面条、面包、饼干、膨化食品生产中理想的原辅料，蛋粉作为鲜蛋的替代品，具有使用方便、卫生、容易储存、运输等特点。

鸡蛋白粉具有良好的功能性质，如凝胶性、乳化性、保水性、保脂肪性等，可以加入火腿肠等肉制品和方便面中以改善制品质量。

鸡蛋中含有大量的水分，其中蛋黄约含50%、全蛋约含75%、蛋白约含88%。将含水分如此高的全蛋、蛋黄或蛋白进行冷藏或运输，既不经济，又易变质。干燥是贮藏蛋的很好方法，早在20世纪初（1900年）我国即有了干燥蛋白片，其起泡性很好并且耐贮藏，加工的秘诀是干燥前先用细菌发酵，除去其中的葡萄糖。

近年干燥蛋制品工业有了很大发展，已成为蛋制品加工业中的重要组成部分。我国现代化蛋品加工业起步较晚，20世纪80年代引进了很多成套加工设备，但由于蛋源短缺及蛋成本过高，其作用没有完全得到发挥。

干燥蛋制品主要包括干蛋白、干全蛋、干蛋黄和特殊类型干蛋品。

（1）干燥蛋白粉　喷雾干燥蛋白粉是通过喷雾干燥而制成的粉状制品，主要用于制作天使蛋糕。蛋白片是通过浅盘干燥而制成的片状或粒状的制品，将蛋白片在水中浸泡一夜即可还原使用，非常方便，常用于以下行业：

食品工业：干蛋白在食品工业上应用很广泛，如可用作冰糖及糖精加工时的澄清剂，加工点心时可作为起泡剂，加工冰淇淋、巧克力粉、清凉饮料、饼干等时均有使用。

纺织工业：在染料及颜料浆中加入35%～50%干蛋白片的水溶液，可以增加印染的染着性；若加以蒸热，即可使染料或颜料固着于纺织物上，所以，印染棉、绢、毛等纺织品时，常用干蛋白作固着剂。

皮革工业：干蛋白可用做皮革鞣制中的光泽剂。涂于皮革表面，使皮革表面光滑、防水耐用、质量优良。

造纸、印制工业：制造高级纸张可用干蛋白作施胶剂，提高纸张的硬度、强度，增强其韧性和耐湿性；印刷制版时，需用干蛋白作为感光剂和胶着剂；陶器、瓷器以及玻璃器皿上的彩画和图案是用印画纸印上的，而印画纸是用干蛋白和颜料配制成的25% 浓度的涂料液和配合料，在纸上印刷而成的。

医药工业：主要用干蛋白制造蛋白银治疗结膜性眼炎，用鞣酸蛋白治疗慢性肠炎，制造蛋白铁盐作为小儿营养剂，干蛋白也常用于制造细菌培养基。

(2) 普通干燥全蛋粉和蛋黄粉（普通干燥全蛋粉、干蛋黄粉、除葡萄糖干全蛋粉和干蛋黄粉） 此类全蛋和蛋黄制品发泡力很差，但具有良好的黏着性、乳化性和凝固性，故常用于制造夹心蛋糕、油炸圈饼和酥饼等。

(3) 加糖干燥全蛋粉和蛋黄粉 是在干燥前的杀菌阶段加一定量的糖，使制品具有良好的起泡性及其他功能特性，适用于制造任何糕饼、冰淇淋、鸡蛋面条等。蛋黄粉还可提炼出蛋黄素供医药用，提炼出蛋黄油用于油画、化妆用品等。

(4) 其他干蛋品（炒蛋用混合蛋粉、煎鸡蛋粉和蛋汤用速食鸡蛋粉等） 是将蛋与其他食物（如脱脂乳、酥烤油等）混合，或加入碳酸钠粉调 pH 后喷雾干燥而成的制品。

(二) 冰蛋

冰蛋是鲜鸡蛋去壳、预处理、冷冻后制成的蛋制品。冰蛋分为冰鸡全蛋、冰鸡蛋黄、冰鸡蛋白以及巴氏消毒冰鸡全蛋。

第九章　水产食品原料

第一节　概　　述

一、水产原料的基本概况

水产品包括各种鱼类、虾、蟹、贝类、部分爬行类、两栖类及海藻类（海带等），是人类蛋白质、无机盐和维生素的良好来源。由于味道特殊并鲜美，成为烹饪、水产品加工业的重要原料，也是重要的进出口贸易产品。

水产品加工行业是关系到人民日常生活的重要消费品制造行业，在农副食品加工业中占据重要地位。面对全球水产品市场持续高涨，食品安全问题越来越突出地受到各国政府的重视，对国际贸易产生巨大影响，水产品精深加工研究、提高水产品综合效益成为水产品加工业发展的重要方向。

我国拥有广阔的海岸、江、河、湖泊，水产品丰富，鱼的种类达2000种以上。水产品在膳食中有重要地位，富含人类生长发育所需要的最主要营养物质（蛋白质），优于畜禽产品，是优质食物蛋白源，而且鱼虾类、爬行类的蛋白质更易消化吸收。水产品中藻类的一般营养成分与水产动物的差异较大，粗蛋白和粗脂肪的含量较低，糖的含量较高。总的来看各类水产动物的一般营养成分差异不大。除了为人类提供宏量营养素外，许多水产品还含有特殊的成分，如多糖、牛磺酸等，有些海洋产品具有重要的药用价值，为海洋药物开发研究提供较大的空间。

由于水域环境的污染可能会使一些水产动物感染肺吸虫和肝吸虫，如河蟹常成为肺吸虫的中间宿主，另外有一些鱼，如鲐鱼、金枪鱼等，当死亡后蛋白质分解，组氨酸脱羧基产生组织胺，食用不当引起过敏反应。鱼肉与畜肉不同，由于所含的水分和蛋白质较多，结缔组织较少，因此比畜肉更容易腐败变质，鱼类即使刚刚死亡，体内往往已产生引起食物中毒的毒素。因此，无论是烹饪还是加工在选择鱼类原料时以新鲜为好。

为了确保水产品质量安全，近年国家采取了很多措施：一是建立、健全和完善有关法律法规。二是加强渔业水域生态环境监测工作，确保出现问题的水产品不上市。三是强化养殖环节的质量安全管理。近年来，国家加快了水产养殖业公共服务基础设施建设步伐，建成国家级水产良种场，国家级病害防治、环境监测、质量检验“三合一”中心，地级养殖病害防治中心，县级水生动物疫病防治站，水产养殖技术服务能力和管理水平有了明显提高，抗风险能力逐步增强，提高了水产养殖质量安全管理水平。四是实施了水产品药物残留专项整治工作。着力推进无公害产品生产基地、出口产品原料生产场（船）、加工企业全面建立“五项”制度，从源头控制危及水产品质量的不利因素。一些城市已建立了水产品市场准入制度。

根据国际、国内市场的需求，调整产品结构，推进淡水鱼、贝类、中上层鱼类、藻类加工体系的建立，积极发展高营养、低脂肪、无公害、环保型水产食品。针对国际贸易特别是加入WTO后，国家通过培植开发名牌产品，扶持骨干企业，积极开拓国际市场。除加强水产品市场建设和管理，发展水产品精深加工，开发高附加值产品，努力开发速冻、即食性水产、调味品、水产饮品，解决鱼腥味难题，保留新鲜味感和营养，还重点抓好淡水鱼类、海水中上层鱼类加工综合利用、贝类净化加工等的基地和配套冷链设施建设，提高产品附加值。在加强水产品标准体系建设、全面推行HACCP管理系统，制定、修订一批水产品质量、品种、生产技术、生态环境等标准方面，逐步与国际接轨，以提高产品竞争力。

另外为了保护水产资源，促进渔业可持续发展，实施了海洋伏季休渔制度、长江禁渔期制度，不仅保护了资源，也保护了渔民的长远利益。

二、水产品的主要化学成分

表9－1列出了一些水产品的主要化学成分。

表9－1　　一些水产品的主要化学成分

品种	可食部/%	水分/%	蛋白质/%	脂肪/%	糖类/%	胆固醇(mg/100g)	钙(mg/100g)	磷(mg/100g)	铁(mg/100g)
草鱼	58	78.1	17.7	2.6	0.5	81	17	152	0.7
鲢鱼	61	82.8	16.3	2.1	0	103	53	184	1.2
鲤鱼	62	77.4	17.3	5.1	0	83	65	407	1.6
鲫鱼	40	85.0	13.0	1.1	0.1	93	54	203	2.5
鳊鱼	60	77.2	21.0	0.9	0		120	165	1.1
泥鳅	36	73.5	22.6	2.9	0		51	154	3.0
鳜鱼	62	77.1	18.5	3.5	0	494	79	143	0.7
黄鳝	55	79.1	18.8	0.9	0	117	38	150	1.6
带鱼	72	74.1	18.1	7.4	0	97	24	160	1.1
鲭鱼	49	45.2	14.4	39.4	0.2	60	7	160	
赤魟	43	77.7	20.5	0.6	0		33	166	1.6
鲥鱼	68	64.7	16.9	17	0.4		33	216	2.1
刀鲚	60	78.2	18.2	2.5	0	330	26	529	—
鲈鱼	58	78.1	17.5	3.1	0.3		56	131	1.2
蓝圆鲹		71.1	22.7	2.9	0.6		18	131	17.4
海鳗	70	78.3	17.2	2.7	0.1	186	110	235	1.2
鲅鱼	70	77.0	19.1	2.5	0.2	82	22	209	1.0
银鲳	64	76.0	15.6	6.6	0.2	68	19	240	0.3
牙鲆	57	77.2	19.1	1.7	0.1		23	165	0.9
牡蛎	100	80.5	11.3	2.3	4.3		118	178	3.5
淡菜（干）	100	13.0	59.1	7.6	13.4		277	864	24.5
蚶	32	88.9	8.1	0.4	2.0	283			
乌贼	73	84.0	13.0	0.7	1.4	275	14	150	0.6
海参（干）	81	5.0	76.5	1.1	13.2	0	—	—	—
海蜇	100	65.0	12.3	0.1	3.9	5～16	182	—	9.5
对虾	70	77.0	20.6	0.7	0.2	150	35	150	0.1
虾皮	100	43.0	24.5	2.1	6.0	608	1760	1000	4.0
海蟹	64	70.0	15.5	2.9	8.5		384	340	10.5
甲鱼	55	79.3	17.3	4.0	0	77	15	94	2.5

（一）蛋白质

鱼、虾等水产类原料的肌肉组织含量比较高，含量一般为15%～25%，肌肉纤维细短，间质蛋白含量少，水分高，组织柔软细嫩，比畜禽类肌肉更容易消化、吸收。鱼类肌肉蛋白质属完全蛋白质，利用率可达85%～95%，鱼类蛋白质与人体组织蛋白的组成相似，因此生物价值较高，属优质蛋白。必需氨基酸的含量与组成特点是评价食物营养价值的最重要指标。水产动物的必需氨基酸含量与组成都略优于畜禽产品。它们的必需氨基酸含量占氨基酸总量的比例：贝类等于或略低于优质蛋白，虾蟹类、鱼类和中华鳖则高于畜禽食品。必需氨基酸之间的比值是否符合人类膳食蛋白质的模式（人体消化吸收的最适必需氨基酸比值），也是评价食物或蛋白质质量的重要指标。主要水产动物各种必需氨基酸之间的比值基本上与全蛋模式相似，因此是人类理想的优质蛋白或完全蛋白。主要水产动物的赖氨酸、精氨酸和谷氨酸等呈味氨基酸的含量与牛肉、羊肉、猪肉相似或更高（牡蛎与鱿鱼较差），因此，肉味鲜美，特别是中国对虾、鲢、鲫、中国鳖与牛肉的呈味氨基酸含量明显高于其他种类，因此，它们的肉味更鲜美。

有些鱼类制品，例如鱼翅，虽然蛋白质的含量也很高，但主要以结缔组织蛋白，如胶原蛋白和弹性蛋白为主，这两种蛋白质中氨基酸的组成不符合人体的需要，缺乏色氨酸，属不完全蛋白质。表9－2列出了一些水产品氨基酸的组成。

表9－2　　一些水产品的氨基酸组成　　单位：mg/100g

品种	氨基酸种类								
	缬氨酸	亮氨酸	异亮氨酸	苏氨酸	苯丙氨酸	色氨酸	蛋氨酸	赖氨酸	精氨酸
草鱼	899	1310	751	687	667	170	413	1474	966
鲢鱼	860	1416	847	736	663	131	394	1231	1105
鲤鱼	1008	1641	957	827	764	—	393	1368	1138
鲫鱼	813	1353	772	675	—	147	—	1043	949
花鲢	758	118	672	636	586	150	400	1351	972
鳕鱼	913	1437	862	814	741	200	608	1523	1109
鳜鱼	953	1579	861	955	897	190	612	1845	1248
小黄鱼	867	1378	749	770	679	202	406	1525	1130
黄鳝	744	1322	769	771	803	250	476	1471	1300
带鱼	940	1474	927	788	638	148	848	1238	1163
鲈鱼	1004	1577	901	915	767	181	0	1512	1435
鲅鱼	972	1583	965	873	720	161	431	1447	—
银鲳	894	1364	833	739	644	244	504	1507	1111
牙鲆	1063	1499	1021	881	801	197	586	1855	1345
蛏子	283	447	256	302	287	89	178	423	460
乌贼	479	878	581	450	389	95	301	693	—
花蛤	358	471	310	360	248	92	163	736	572
青虾	825	1242	702	670	671	203	465	1208	—
对虾	1021	1561	781	842	823	213	574	1530	—
扇贝	395	857	401	432	454	101	347	851	716
梭子蟹	745	1076	614	666	511	222	319	1000	1298

（二）脂肪

水产类的脂肪含量各不相同，同样是鱼类，脂肪的含量也有很大的差异，可在0.5% ~ 11%，一般在3% ~5%，银鱼、鳕鱼的脂肪含量只有1%左右，而河鳗的脂肪含量可高达28.4%。鱼类的脂肪呈不均匀分布，主要存在于皮下和脏器的周围，肌肉组织中含量很少。虾类的脂肪含量很低，蟹类的脂肪主要存在于蟹黄中。

鱼类脂肪含量少，大部分为不饱和脂肪酸，在不饱和脂肪酸中，长碳链、多价不饱和脂肪酸占的比例也较大，故鱼类脂肪具有一定的防止动脉粥样硬化和冠心病的作用。

鱼类的脂肪多呈液态，熔点比较低，消化吸收率比较高，可达到95%，其中不饱和脂肪酸占70% ~80%，特别在海产鱼中，不饱和脂肪酸的含量高，用海产鱼油来防治动脉粥样硬化具有明显的效果。

生活在北极圈的爱斯基摩人是全球冠心病发病率最低的民族，营养学者认为，这可能与他们自古以来长年吃鱼有关。

鱼类的胆固醇含量不高，每100g鱼肉中含有胆固醇60 ~114mg；但鱼子中的含量比较高，每100g鱼子中含354 ~934mg；虾和蟹肉中胆固醇含量也不高，但每100g虾子胆固醇可高达940mg；每100g蟹黄中胆固醇含量也高达466mg。

（三）无机盐

鱼类无机盐的含量比较高，可达到1% ~2%，磷的含量最高，约占无机盐总量的40%；此外，钙、钠、氯、钾、镁等含量也比较高。钙在小虾皮中的含量特别高，可达到2%；海产品含有丰富的碘，有的海鱼中碘的含量可达到500 ~1000μg；而淡水鱼的碘含量只有50 ~400μg；很多海产品中还含有丰富的微量元素，例如每1000g牡蛎含锌高达1280mg，是人类锌的很好的食物来源。

（四）维生素

鱼类是核黄素的良好来源。鱼类，特别是海产鱼的肝脏中维生素A和维生素D的含量特别高，因而常作为生产药用鱼肝油的原料。但有些鱼体内含有硫胺素酶，新鲜鱼如果不及时加工处理，鱼肉中的硫胺素则被分解破坏。

（五）含氮浸出物

鱼类的含氮浸出物比较多，占鱼体质量的2% ~3%，主要包括三甲胺、次黄嘌呤核苷酸、游离氨基酸和尿素等。氧化三甲胺是鱼类鲜味的重要物质，三甲胺则是鱼腥味的重要物质，还有一些有机酸常常与磷结合成磷酸肌酸，此物常略带苦味。

鱼类水产品还含有SOD（超氧化物歧化酶），SOD是很重要的自由基清除剂，可清除机体代谢过程中所产生的过量的氧自由基，延缓由于自由基侵害而出现的衰老现象。因此，鱼类不但营养丰富，也是极佳的抗衰美容食品。另外，鱼肉中含有丰富的胶原蛋白和黏蛋白。胶原蛋白是一种大分子蛋白，在分子结构上有一定的空间，从而能充分维持生命的“结合水”，保持皮肤光洁、无皱褶和富有弹性，防止毛发脱落，使头发富有光泽，并有促使人体肌肉健美和骨骼发育的功效。

三、水产品的分类

（一）商业分类

中华人民共和国农业部1989年11月6日发布了水产及水产品分类与名称SC 3001—

1989，包括主题内容与适用范围，并规定了水产及水产加工品的分类原则、产品名称、使用规则、产品分类及名称。这一规定主要适用于水产行业的计划、统计、产品生产及流通。标准所列产品名称不包括仅作为加工原料的海、淡水动植物。水产及水产加工品按产品基本属性分为 12 类。

1．鲜活水产品

海水鱼类：大黄鱼、小黄鱼、黄姑鱼、白姑鱼、带鱼、鲳鱼、鲅鱼（马鲛鱼）、鲐鱼、鳓鱼、鲈鱼、鲱鱼、蓝圆鲹、马面鲀、石斑鱼、鲆鱼、鲽鱼、沙丁鱼、鳀鱼、鳕鱼、海鳗、鳐鱼、鲨鱼、鲷鱼、金线鱼、其他海水鱼类。

海水虾类：东方对虾、日本对虾、长毛对虾、斑节对虾、墨吉对虾、宽沟对虾、鹰爪虾、白虾、毛虾、龙虾、其他海水虾类。

海水蟹类：梭子蟹、青蟹、其他海水蟹类

海水贝类：鲍鱼、泥蚶、毛蚶（赤贝）、魁蚶、贻贝、红螺、香螺、玉螺、泥螺、栉孔扇贝、海湾扇贝、牡蛎、文蛤、杂色蛤、青柳蛤、大竹蛏、缢蛏、其他海水贝类。

其他海水动物：墨鱼、鱿鱼、章鱼。

淡水鱼类：青鱼、草鱼、鲢鱼、鳙鱼、鲫鱼、鲤鱼、鲮鱼、鲑（大麻哈鱼）、鳜鱼、团头鲂、长春鳊、鲂（三角鳊）、银鱼、乌鳢（黑鱼）、泥鳅、鲶鱼、鮰鱼、鲈鱼、黄鳝、罗非鱼、虹鳟、鳗鲡、鲟鱼、鳇鱼、其他淡水鱼类。

淡水虾类：日本沼虾、罗氏沼虾、中华新米虾、秀丽白虾、中华小长臂虾、其他淡水虾类。

淡水蟹类：中华绒螯蟹、其他淡水蟹类。

淡水贝类：中华圆田螺、铜锈环棱螺、大瓶螺、三角帆蚌、褶纹冠蚌、背角无齿蚌、河蚬、其他淡水贝类。

其他淡水动物：鳖（甲鱼）、牛蛙、棘胸蛙、蜗牛。

2．冷冻水产品

冻海水鱼类：冻大黄鱼、冻小黄鱼、冻黄姑鱼、冻白姑鱼、冻带鱼、冻鲳鱼、冻鲅鱼、冻鲐鱼、冻鲈鱼、冻蓝圆鲹、冻石斑鱼、冻鳓鱼、冻海鳗、冻河鲀、冻比目鱼、冻鲆鱼、冻沙丁鱼、冻马面鲀、冻鱼块、冻鱼片、其他冻海水鱼类。

冻海水虾类：冻对虾、冻去头对虾、冻鹰爪虾、冻虾仁、冻龙虾、其他冻海水虾类。

冻海水贝类：冻扇贝柱、冻赤贝肉、冻贻贝肉、冻杂色蛤肉、冻蛏肉、冻文蛤肉、冻海螺肉、冻牡蛎肉、其他冻海水贝类。

其他冷冻海产品：冻梭子蟹、冻鱿鱼、冻墨鱼、冻墨鱼片。

冻淡水鱼类：冻银鱼、冻青鱼、冻草鱼、冻鲢鱼、冻鳙鱼、冻鲤鱼、冻鲮鱼、冻鲑鱼、冻鮰鱼、冻鳜鱼、冻泥鳅、冻鳝鱼片、冻黑鱼片、其他冻淡水鱼类。

冻淡水虾类：冻淡水虾、冻淡水虾仁。

冻淡水贝类

3．水产干制品

鱼类干制品：大黄鱼干、鳗鱼干、银鱼干、海蜒、青鱼干、调味马面鱼干、烤鱼片、烤鳗、调味烤鳗、鱼松、其他鱼类干制品。

虾类干制品：虾米（海产）、虾米（淡水）、虾皮、对虾干。

贝类干制品：干贝、鲍鱼干、贻贝干（淡菜）、蛤干、海螺干、牡蛎干、蛏干、其他贝类干制品。

藻类干制品：淡干海带、盐干海带、熟干海带、调味熟干海带、紫菜、裙带菜、石花菜、江篱、麒麟菜、马尾藻、其他藻类干制品。

其他水产干制品：梅花参、刺参、乌参、茄参、鱼翅、鱼皮、鱼唇、明骨、鱼肚、鱿鱼干、墨鱼干、章鱼干。

4. 腌制品

腌制鱼：咸鲅鱼、咸鳓鱼、咸黄鱼、咸鲳鱼、咸鲐鱼、咸鲑鱼、咸带鱼、咸鲢鱼、咸鳙鱼、咸鲤鱼、咸金线鱼、糟鱼、醉鱼、其他鱼类腌制品。

其他腌制品：咸泥螺、醉泥螺、醉蟹、盐渍海蜇皮、盐渍海蜇头、盐渍熟裙带菜。

5. 罐制品

鱼罐头：清蒸鱼罐头、油浸鱼罐头、鲜炸鱼罐头、茄汁鱼罐头、五香鱼罐头、熏鱼罐头。

其他水产品罐头：杂色蛤罐头、贻贝罐头、扇贝罐头、海螺罐头、蟹肉罐头。

6. 鱼糜及鱼糜制品

鱼糜、鱼香肠、鱼丸、鱼糕、鱼卷、鱼饼、鱼面、虾片、仿蟹肉、仿虾仁、仿扇贝柱。

7. 动物蛋白饲料

鱼粉、鱼浆（液体鱼蛋白饲料）。

8. 水产动物内脏制品

鲜海胆黄、海胆酱、盐渍海胆黄、鲟鳇鱼子、鲑鱼子、盐渍鲱鱼子、虾子、乌鱼蛋。

9. 助剂和添加剂类

印染用褐藻酸钠、纺织浆纱用褐藻酸钠、食用褐藻酸钠、藻酸丙二醇酯、褐藻酸、琼胶、卡拉胶、甲壳素、鱼胶、鱼油。

10. 水产调味品

鱼露、蚝油、虾油、虾酱、虾味汤料、海藻汤料、其他水产调味品。

11. 医药品类

甘露醇、碘、角鲨烯、鱼脂酸丸、鱼肝油酸钠、蛋白胨、清鱼肝油、乳白鱼肝油、果汁鱼肝油、维生素 AD 胶丸、维生素 E 胶丸、维生素 AD 滴剂、维生素 E 滴剂、畜禽用鱼肝油、海马、海螵蛸。

12. 其他水产品

海藻凝胶食品：海藻蜇皮、海藻果珠、海藻胶果冻粉、海藻果冻、海藻凉粉、海藻鱼子。

珍珠类：淡水珍珠、海水珍珠、珍珠层粉。

（二）生物分类

在脊索动物门、软体动物门、节肢动物门、棘皮动物门、腔肠动物门等生物门类中都有水产品食品原料的存在。

鱼类：按照生长水域不同分为海产鱼类、淡水鱼类。

也可按照骨骼性质分为硬骨鱼类、软骨鱼类。

软体动物：螺、蚌、贝、牡蛎、乌贼、柔鱼、章鱼。

节肢动物：虾（对虾）、蟹、蔓足类。

棘皮动物：海参、海胆、海星。

腔肠动物门：水母、海蜇。

海藻类：海带、紫菜、江蓠、裙带菜、淡菜等。

第二节 鱼类的营养价值与主要品种

一、鱼类概述

世界上已知鱼类有26000多种，是脊椎动物中种类最多的一大类，约占脊椎动物总数的48.1%。它们绝大多数生活在海洋里，淡水鱼有8600余种。

鱼类包括圆口纲、软骨鱼纲（Chondrichthyes）和硬骨鱼纲（Osteichthyes）等类群：

圆口类：这一类鱼是最原始的鱼形脊椎动物。鱼口没有真正的上下颚，口器形成吸盘，过着寄生或半寄生生活。身上没有真正的脊椎，只有脊索。仅有少数种类遗留至今。在我国淡水中，仅七鳃鳗属的3个种生活于东北地区黑龙江至辽河诸河流中。

软骨鱼类：软骨鱼类从上泥盆纪发现，至石炭纪最为发达，随着再继续进化已成为现代的鲨类与鳐类。此类鱼全身骨骼均为软骨，鳞片为细小盾鳞，肠内有螺旋瓣。这是一群低等的真正鱼类，现生软骨鱼类几乎都是生活在海洋中，仅有极个别种类生活于淡水中，赤魟为海产鱼类。

软骨硬鳞鱼类：此类鱼属硬骨鱼类，但骨骼系统为软骨性。体表鳞片表现为骨质菱形的原始鳞片，尾鳍为歪形，肠内具螺旋瓣。现生的鲟鱼类出现于白垩纪，现在生存的种类不多，仅分布于高纬度的北冰洋区。我国淡水中生活着白鲟科的一种和鲟科2属8种。

真骨鱼类：这是真正的鱼类，中国的千种以上淡水鱼类中，除少数种（13种）外，几乎都属真骨鱼类。中国的淡水鱼类以鲤形目为主，尤其是鲤科鱼类约占总数的一半。其中鲱形目1科3属5种，鲑形目6科17属32种，鳗鲡目1科1属2种，鲤形目6科170属740种，鲇形目10种27属110种，鳉形目2科3属4种，颌针鱼目1科1属4种，鳕形目1科1属1种，刺形目1科2属2种，鲻形目1科3属7种，合鳃鱼目1科1属1种，鲈形目12科51属110种，鲉形目1科4属8种，鲽形目3科3属5种，鲀形目1科2属6种，总数为15目49科1037种。

现代分类学家给“鱼”下的定义是：终生生活在水里、用鳃呼吸、用鳍游泳、具有颅骨和上下颌的变温的脊椎动物。

鱼类属于脊椎动物亚门，与其他脊椎动物的区别是：体多有鳞片、少数无鳞、终生水中生活、以鳍游泳、鳃呼吸、具有颅骨和上下颌、多数有鳔、心脏为一心房一心室。鱼类的主要特征如下：

1. 体型特征

鱼体跟多数脊椎动物一样，分为前（头）、后（尾）、背、腹、左、右六个方位。为比较鱼类体型方便，通常在鱼体上做出三条几何轴线，叫做体轴，分别是：

头尾轴（主轴）：自头的前端至尾的末端贯穿体躯中央的一条轴线。

背腹轴（纵轴或矢轴）：自背部最高处通过头尾轴至腹部的一条轴线。

左右轴（横轴）：自左至右（或右至左）与头尾轴、背腹轴呈垂直的一条轴线。

依据方位和体轴比例将鱼的体型分为：

（1）纺缍形　头尾轴最长，背腹轴较短，左右轴最短。整个鱼体头尾稍尖，中部大，形如梭状。这是最常见的一种体型。这种体型适于游泳，动作迅速，多生活于水的中上层，如淡水中的鲸、鲤和海洋中的鲐、金枪鱼类等都属于此类型。

（2）侧扁形　头尾轴较短，背腹轴相对较长，左右轴更短。体短而高，左右侧扁。这种体型也很常见。游泳不快，行动缓慢，多生活于中、下层水流较缓处，如淡水的团头鲂、长春鳊，海水中的鲳和许多珊瑚礁鱼类。

（3）平扁形　头尾轴一般，背腹轴最短，左右轴较长。体背腹平扁，左右宽阔。这类体型的鱼行动缓慢，适于底层生活，如淡水中平鳍鳅科的某些鱼，海洋中的魟、鳐。

（4）棍棒形　头尾轴极长，背腹轴和左右轴均短，且略相等。体呈棍棒状。这类体型的鱼一般动作缓慢，适于水底穴居或穿绕于水底的礁石岩缝之间，如淡水中的鳗鲡、黄鳝，海洋中的蛇鳗、海鳗等。

（5）特殊体型

球形——如许多鲀类，遇到危险身体则鼓气膨大如球，故将这类体型叫做球形。

箱形——箱鲀外形似一只小箱子，则将这类体型叫做箱形。

侧扁形——鲆鲽鱼类看起来像是侧扁形，但它们长期侧卧海底，两眼已长在体的同一侧，口也偏歪，颌齿两侧形状不一，这类鱼叫做不对称侧扁形。

海马形——如海马。

2. 头部特点

鱼头部器官主要有吻、口、唇、触须、鼻、眼、鳃裂和鳃孔等。

（1）吻　吻的形状随鱼的种类不同而不同。

板鳃鱼类和鲟类的吻都较发达，有辅助摄食的作用。真骨鱼类的吻一般不甚发达，呈正常状。有些鱼类的吻变异很大，例如白鲟的吻向前伸得很长，可用来挖掘泥中食物；烟管鱼的吻呈管状，很适于伸至草丛或石隙间取食；箭鱼的吻呈剑状，用来自卫或攻击其他鱼类。

（2）口　口是鱼类捕捉食物的主要器官之一，它的形状和位置随各种鱼类的食性而有不同。鱼类口的位置和形状常作为分类的依据。

圆口类的口不具上下颌，七鳃鳗因营半寄生生活，口具吸盘作用，用来吸附在其他鱼体上，吸吮其体液。盲鳗营寄生生活，善袭食鱼群，常从鱼鳃钻入体内，咬食内脏和肌肉，故口不呈吸盘状，无吸附能力。

软骨鱼类和硬骨鱼类的口由上下颌组成。

鲨类大多呈圆弧形，鳐类则多数横裂，均位于头的腹面，便于摄食身体下方的食物，然而在水面上有食物时，鲨鱼是把吻突出水面，口接近食物方能捕捉；鳐鱼则须在猎物的上方先袭击之，然后用身体和胸鳍扼住猎物再吞食。

硬骨鱼类口的形状和位置变化较大，大致可分为三种类型：

口前位（端位）：口开于吻端，上下颌等长。口前位的多为善游泳营猎捕食性的中上层鱼，或以吃中下层食物为主的鱼，如鲸、鲐。

口上位：口开于吻的前上方，下颌长于上颌。口上位的多是以水层中生物为食的中上层鱼，或肉食性的底层鱼，如翘嘴红鲌。

口下位（腹位）：口开于吻的下方，上颌长于下颌。口下位的多是以底栖生物或水底碎屑为食的中下层鱼，如鳐类。

有些鱼类的口形状很特殊，例如颌针鱼的口，其上下颌有似鸟的长喙，有利于捕捉大型鱼。

（3）唇　鱼类的唇一般不发达，但有些鱼类的唇很明显，如很多鲃亚科种类、胭脂鱼、单角鲀类等。唇是上下颌外裹的一层厚皮，多数没有肌肉组织，唇能帮助摄食，具触觉和味觉的功能。

（4）须　在口的附近，有些鱼类长有须，它们多数以底栖动物为食，用须来辅助觅食。分为吻须、鼻须、颌须、颏须。不同的鱼类不但须着生部位不同，须的数目、长短也不同。多数须是成对的，须位置、长短和数目也常作为分类的依据。

（5）鼻孔　鼻孔是嗅觉器官的向外开孔。鼻孔是嗅觉器官的通道，能感受外界的化学刺激。圆口类鼻孔只有一个，软骨鱼类的鼻孔成对，硬骨鱼类的鼻孔也成对，多位于眼的前方，罗非鱼每侧只有一个鼻孔。鱼类的鼻孔除盲鳗类、肺鱼类、总鳍鱼类外，均不和口咽腔相通。

（6）眼　眼是视觉器官，鱼类的眼没有真正的眼睑，眼完全裸露，不能闭合。脂眼睑、瞬褶和瞬膜都是鱼类分类的特征。多数鱼类眼位于头的两侧，一般比较大，和水的透光性差有关。但鱼眼的位置和形态常因鱼的体型或生活方式的不同而有变化。善游泳的鱼，眼通常位于头两侧，而且较突出，生活于水底的底层鱼类或平扁型鱼类，眼多位于头的背面，便于观察来自上方的生物。有些鱼的眼很特殊，例如弹涂鱼的眼生在眼柄上，能观看四方。鲆鲽鱼类由于常侧卧水底，眼就扭转到一侧。生活在黑暗无光的洞穴中的鱼，眼用不着而退化成为盲鱼。深海鱼类的眼也退化而变得很小，或完全失去眼睛，或为适应微光环境，眼明显增大，往往向前或向背部延伸成筒状。

（7）鳃裂和鳃孔　鳃裂：鱼类头部的后方两侧，具有左右成对排列的裂缝，向咽喉一侧的裂缝为内鳃裂，开向身体外表的裂缝为外鳃裂。各类鱼的鳃裂数不同。鲨类鳃裂开于头的两侧，鳐类则开于头的腹侧。鳃孔（鳃盖孔、鳃盖裂）：具有鳃盖的硬骨鱼类，鳃盖末端的开口。

3. 鳍

鳍是鱼类适应水中运动的器官，可以分为奇鳍和偶鳍两大类。

背鳍：位于鱼体背部正中线上，背鳍的主要功能是保持鱼体直立平衡，防止鱼体倾斜摇摆。具有鳍棘的背鳍，有防卫和攻击的作用。多数 1～2 个，极少数有 3 个，形态大小很不一致。在硬骨鱼类中低等种类通常只有 1 个背鳍，并且仅由软条组成，如鲱形目、鲤形目的鱼类；高等硬骨鱼类多数具有 2 个背鳍，如鲈形目的鱼有些鱼类在背鳍后方尚有 1 个或几个分离的小形鳍，叫做小鳍或副鳍，如鲐。一些鱼类则在背鳍后方有 1 个富含脂肪组织而不具鳍条的鳍，叫做脂鳍，如鲑科、鲵科的鱼类。

臀鳍：位于鱼体后下方，肛门和尾鳍之间，多数 1 个，极个别有 2 个。有些鱼类的臀鳍后方也有小鳍，其数常与背鳍后方的小鳍数相等，臀鳍的功能和背鳍大致相似，以保持身体平衡为主。有些鱼类的臀鳍较长，也辅助游泳，如鳗鲡。

尾鳍：位于尾部末端，尾鳍主要有推进鱼体向前游动、转向和稳定的功能。尾鳍只有1个，形态变化颇大。根据椎骨末端形态及尾鳍上下叶的形状，鱼类尾鳍大体可分为三种类型：原型尾、歪型尾、正型尾，鱼类游泳速度的快慢和尾鳍形状有很大的关系。

胸鳍：位于胸部，即头后鳃孔的附近，1对，可协助鱼体转向。有些鱼类的胸鳍很特殊，如鳐类的胸鳍扩大，为主要的运动器官，飞鱼的胸鳍很发达，像鸟类的翅膀，可离水在空中滑翔数百米。弹涂鱼的胸鳍基部具有臂状的肌肉，可在滩涂上爬行或跳跃。鲂的胸鳍下部有3枚指状的游离鳍条，可用来爬行，或翻掘砂石和贝壳，找寻食物。胸鳍跟背鳍、尾鳍一起，起控制鱼体平衡作用。

腹鳍：位于腹部，1对。腹鳍腹位如鲱形目、鲤形目，腹鳍胸位如鲈形目。

4. 皮肤与鳞

皮肤：鱼类皮肤的结构由表皮和真皮两层组成。鱼类表皮衍生的皮肤腺主要有黏液腺和毒腺。

鳞片：是皮肤的衍生物，被覆在鱼的体表，因含有钙质，所以比较坚韧，是一种保护性的结构。现存鱼类除圆口类无鳞外，绝大多数都有鳞片。根据鳞片形状的不同可分为三种：即盾鳞、硬鳞和骨鳞。

5. 骨骼

软骨——圆口类、软骨鱼类，由生骨区产生的软骨细胞形成软骨，并终生保持软骨状态。

软骨化骨——硬骨细胞侵入软骨区域内，经过骨化作用，逐渐代替了软骨而成的硬骨。

膜骨——真皮和结缔组织等，由于硬骨细胞的作用，直接骨化不经过软骨阶段而成的硬骨。

6. 肌肉

横纹肌：主要附于骨骼上，分布在体壁、附肢等处，又称骨骼肌，受中枢神经（脑、脊髓）支配，为随意肌。

平滑肌：主要分布在内脏器官中（心脏除外），如消化管道、血管、生殖器官的壁等处，受植物性神经支配，为不随意肌。

心脏肌：只构成心脏，受植物性神经支配，为不随意肌。

7. 鳔

鳔可根据鳔管的有无，分为两大类：

喉鳔类：终生有鳔管与食道相通，鳔内气体由口经食道、鳔管入鳔，也由鳔管排气，红腺不明显或不发达，如鲱形目、鲤形目等鱼类的鳔。

闭鳔类：鳔管退化或消失，与食道无联系，鳔前腹面内壁有红腺（或叫气腺）分泌气体，鳔后背方有卵圆窗吸收气体，如鲈形目鱼类的鳔。

圆口类、软骨类无鳔，低等硬骨鱼类如肺鱼类、多鳍鱼等的鳔具肺的作用。真骨鱼类底栖种类鳔不发达，上层快速游泳的种类如金枪鱼、马鲛鱼等也无鳔。鳔的功能：调节比重、呼吸作用、感觉作用、发声作用。

二、我国的鱼类资源与分布

我国拥有 $4.7\times10^6 km^2$ 的海域，海洋生物种类繁多，数量庞大，现有鱼类近3000种，其中淡水鱼1000多种。就鱼类资源而言，《全国渔业资源调查和区划》统计，我国海洋鱼类有1694种，其中硬骨鱼类有1519种，占89.7%；软骨鱼类有175种，占10.3%。在我国整个海域，鱼类种数的分布呈南多北少的趋势，南海种类最多，黄、渤海种类最少。

有些鱼类，在一生或一年中进行周期性、定性和结群性的长距离游动，以寻找它们在不同生理阶段所需要的环境条件，从而完成繁殖、生长、发育等各项生命活动，这些鱼类称为洄游鱼类。它们所进行的周期性、定向性和集群性的长距离游动称为洄游，依据目的不同又可分为生殖洄游、索饵洄游、越冬洄游。

最近出版的《中国脊椎动物大全》介绍分布在中国的淡水（包括沿海河口）的鱼类共有1050种，分属于18目52科294属。其中纯淡水鱼类967种，海河洄游性鱼类15种，河口性鱼类68种。

（一）海产鱼

1. 海产鱼主要分布

（1）黄、渤海区的鱼类约有291种，其中常见的鱼类159种，主要经济鱼类约50种，如大黄鱼、小黄鱼、带鱼、鳓鱼、鲅鱼、鲐鱼、鲳鱼、鲮鱼、鲆鱼、鲽鱼、鲱鱼、鳕鱼、真鲷、白姑鱼、黄姑鱼、鲈鱼、鳐鱼、鲻鱼等。

（2）东海大陆架海区的鱼类有727种，但产量比南海高，主要经济鱼类有近百种，如大黄鱼、小黄鱼、带鱼、银鲳、鲐鱼、海鳗、鲽鱼、鲻鱼、灯笼鱼、石斑鱼、蓝圆、金色小沙丁鱼等。

（3）南海北部大陆架海域的鱼类有1064种，其中经济鱼类有125种，如大黄鱼、带鱼、蓝圆、竹荚鱼、金线鱼、鳗鱼、鲱鲤、蛇鲻、鲐鱼、石斑鱼、金枪鱼等。

（4）南海大陆坡海域的鱼类有205种，南海诸岛海域的鱼类有523种。主要种类有短鳍拟飞鱼、鲣鱼、鲔鱼、旗鱼、金枪鱼、箭鱼、鲨鱼以及众多的珊瑚礁鱼类。

2. 我国海洋鱼类具有的特点

（1）鱼的种类多　中国海从热带、亚热带到温带，跨越近40个纬度。生活在中国海的鱼类既有暖水性的，也有暖温水性和温水性的，黄海北部有冷水性鱼类。南海的许多鱼类则与印度洋鱼类相似，因此，我国海洋鱼类的种类位居世界前列。

（2）高产鱼种类少　中国海水文气象要素的差异大，季节变化亦大，因而适应多种鱼类生活，但也因此不能出现巨大的单一鱼类群体。除少数鱼种年产量在30万t以上外，大多数鱼种的年产量约在5万t以内。

（3）生长快、成熟早、食性复杂　由于我国近海饵料丰富而广泛，因而缓和了鱼类之间的食饵竞争，有利于鱼类的生长发育。鱼类初次性成熟的年龄一般为2~3龄，繁殖力比较高。饵料基础的丰富也使鱼类的食性比食性单纯的高纬地区鱼类复杂得多。有的鱼既食浮游生物，也食底栖生物。鱼种间关系复杂。

（4）产卵期交错，产卵场广布　不同的鱼种产卵的时间不一。一年四季都有鱼类产卵。如东海的小黄鱼在3~4月产卵，大黄鱼在4~6月产卵，带鱼在5~7月产卵。产卵场则广泛分布于江河入海口、近岸浅滩处及离岸较远处等内外水域。

（5）分布比较集中　中国海的中下层鱼类多为浅海性鱼种，大多栖息在深度100m以内的海区，受大陆架局限，水平洄游范围较小。如大黄鱼栖息水深一般不超过60m，小黄鱼在深于100m的海域不多见。在100～200m深的海域则生活着一些暖水性的鱼类。各种鱼类多聚集在大陆架浅海水域，渔产分布比较集中。

3. 主要经济鱼类资源

（1）底层经济鱼类资源　底层鱼类是生活在海底和海底附近水层中的鱼类。我国近海底层经济鱼类主要有带鱼、大黄鱼、小黄鱼、马面鲀、海鲶、真鲷、鳕鱼、鲈鱼、蛇鲻、银鲳、大眼鲷、红鳍笛鲷、二长棘鲷、金线鱼、鲱鲤、海鳗等。带鱼、大黄鱼、真鲷、马面鲀、银鲳属暖温性洄游鱼类，常生活于几个海区中；小黄鱼属温水性洄游鱼类；鳕鱼是典型的冷水性底层鱼类，主要产于黄海北部和中部；海鲶、大眼鲷、红鳍笛鲷、二长棘鲷、鲱鲤均为暖水性底层鱼类，没有明显的长距离洄游习性，主要生活在南海；鲈鱼是主要生活在渤、黄海近岸，不进行长距离洄游的鱼类；蛇鲻分布于东海、南海，以南海产量为高；金线鱼则属深水低温高盐鱼类，生活于南海。

（2）中上层经济鱼类资源　中上层鱼类是生活在海洋中层和中层以上的鱼类。我国近海的中上层经济鱼类主要有马鲛鱼、鲐鱼、鲱鱼、蓝圆鲹、沙丁鱼、乌鲳、黄鳍金枪鱼、副金枪鱼等。马鲛鱼、蓝圆鲹、沙丁鱼、鲐鱼、乌鲳均为洄游性中上层鱼类，活动范围广；鲱鱼是我国典型冷水性鱼类，俗称青鱼，仅分布于北纬35°以北的黄海海域；副金枪鱼和黄鳍金枪鱼都属大洋性洄游鱼类，主要分布在南海和东海。

（二）淡水鱼

淡水鱼类是指生活在淡水水域中的各种鱼类。根据1959年意大利威尼斯国际会议对各种盐度水体的分类法规定，凡盐含量低于0.05%者属于淡水。现知全世界淡水鱼类有8410余种，中国淡水鱼类则有850余种。在这些类别中种类最多的是鲤鱼类，而鲇鱼的绝大多数种类也是生活在淡水中，其数量仅次于鲤科。中国淡水鱼类的组成也与世界淡水鱼类的组成类似。

淡水鱼类所生活的环境多种多样，在不同理化性质及生物群落的环境中的鱼类，表现出各自不同的生活方式、食性、生长及生殖等特性。如生活在高原水系中的鱼类，适应在气候寒冷、水流湍急的环境中生活。它们的体型一般较长，有较强的游泳能力，繁殖季节早，以使幼鱼有较长的生长期，食性多以刮取着生藻类或底栖生物为食。它们的典型代表为裂腹鱼类和条鳅类。不少生活在江河上游，水急、石砾多的溪河中的鱼类，个体不大，形态特殊，不少种类腹部有“吸盘”状器官，使其能紧贴在急流中的石砾上而不致被水流冲走；产卵也在湍急的环境中，卵多为黏性；食性以刮取石块或底泥上的着生藻类为主。平原地区水系中生活的鱼类，由于水流平缓，沿岸湖泊多，种间关系也显得比较复杂，有专靠猎食小型鱼类的凶猛鱼类，也有草食性和杂食性的鱼类。许多种类产的是漂浮性卵，产卵量也较多，为这些种群的保存和发展创造了极为有利的条件。也有不少种类产沉性卵或黏性卵，甚至还有筑巢护卵的习性。

1. 淡水鱼分布

（1）黑龙江区　包括黑龙江、松花江及乌苏里江、图们江、鸭绿江各流域。区内鱼类主要群系是耐寒的种类，如圆口纲的三种七鳃鳗，鲑形目的鲑科10种，茴鱼科2种，胡瓜鱼科1种，狗鱼科1种，鳕形目的江鳕，鲟形目的史氏鲟、鳇，刺鱼目的三刺鱼等冷水性种类，均为本区特有的代表性种类。

(2) 西北高原区　本区包括新疆、西藏北部、内蒙古、青海、甘肃、陕西、山西等地。区内主要是高原或山地，所栖息的鱼类均具备特殊的适应条件，如能耐旱耐碱，或能栖居于急流水底，故种类比较少，虽本区各属是各区中最少者，但有些特殊适应生存环境的属，种类特别多，成为优势类群。例如裂腹鱼亚科约70种，条鳅亚科110种构成本区的特有种类。

(3) 江河平原区　本区为一大平原，包括长江中下游、黄河下游、淮河流域和辽河下游，区内除各江河干、支流外，还有鄱阳湖、洞庭湖、太湖、巢湖等大小数千湖泊，因其地势平坦、水流缓慢，主要鱼类的特殊适应特点是，一般的形状是身体侧扁，头尾均尖，略呈纺锤形，胸、腹、臀、尾鳍都很发达。鲤科的大多数种、属分布在这一区域，如鲤、鲫、鳊、草、青、鲢、鳙、赤眼鳟、鳍、鳡、鲌、鲹、麦穗鱼、铜鱼、棒花鱼等。

(4) 东洋区　本区包括广东、广西、海南、云南东部、贵州、福建、台湾等地，区内鱼类多属喜温暖的亚热带、热带鱼类。本区内生活于高山峻岭河川中的鱼类，由于水流湍急，栖居的鱼类多在口部或胸部具有吸盘，以能在急流中生存。本区以热带性生物的种属繁多为特征。其鱼类群系组成与越南、泰国、缅甸、印度各国的情况相似，其代表性种类主要为鲤科的丹亚科、野鲮亚科、鲃亚科、平鳍鳅科，鲇形目的长臀鮠科、锡伯鲇科、芒科、粒鲇科、胡子鲇科、鲱科、鈍头鮠科等。

(5) 怒澜区　本区为雅鲁藏布江、怒江、澜沧江、金沙江所流经的区域，包括西藏南部和东部、四川西部、云南西部。区内河流均为南北流向，使东洋区和西北高原区的鱼类通过江水的交流而共存于本区。譬如野鲮亚科、鳅科的沙鳅属、平鳍鳅科、鮀科、鲶科的鲶属、合鳃目的黄鳝、鳢科的乌鳢等种类与东洋区相同，而裂腹鱼亚科、条鳅亚科等种类与西北高原区相同。

2. 主要经济鱼类资源

中国淡水鱼类中包括了许多经济价值很高的种类，青鱼、草鱼、鲢和鳙是传统的四大养殖鱼类。鲤、鲫、团头鲂、鳊及鲮等也是重要的养殖经济种类。中国内陆水域十分辽阔，总水面近0.2亿hm^2，66.7hm^2以上的湖泊有2.5万个，水库8.4万余座，池塘133.3万hm^2，流域面积在666.7hm^2以上的河流有5500条，为发展淡水养鱼创造了优越的自然条件。中国有悠久的养鱼历史和丰富的养鱼经验，淡水鱼产量居世界第一位。20世纪80年代以后，各地大力发展淡水鱼类养殖业，总产量逐年提高。中国淡水鱼类中除了上述养殖鱼类之外，还有许多经济价值较高的渔业对象，如鳡、鮠、鳜、铜鱼及鲌类等。中国淡水鱼类中经济价值较高的种类至少有110余种，其中以鲤科鱼类居多数。

三、主要鱼类与营养价值

(一) 淡水鱼

1. 鲤

鲤 (*Cyprinus carpio*，图9-1) 属鲤形目、鲤科、鲤亚科、鲤属，俗称：鲤拐子、毛子、鲤子。体侧扁而腹圆，头后背部稍隆起。口端位，呈马蹄形。须2对，颌须比吻须长。下咽齿主行呈臼齿状。背鳍基部较长，背鳍和臀鳍均有一根粗壮而带锯齿的硬刺。鳞较大，身体背部呈灰黑色，体侧青灰带金黄色，腹部灰白色，臀鳍和尾鳍下叶呈橘黄色。

图9-1 鲤鱼

鲤鱼肌肉营养成分的组成，随品种和生长阶段而有变异，其变化范围为：水分占75.0%~79.6%，蛋白质14.8%~20.5%，脂肪1.1%~8.7%，灰分1.0%~1.2%。食用价值为每千克鱼肉总热量5.9mJ。可食部分占鱼体重的52.02%。蛋白质中所含数种人体氨基酸的含量都比较高。每100g可食部分还含糖类0.2g、钙28.0mg、磷175~407mg、铁0.5~1.6mg，以及多种维生素。

2. 鲫

鲫（*Carassius auratus auratus*，图9-2）属鲤形目、鲤科、鲤亚科、鲫属，俗称喜头、鲫拐子（湖北）、河鲫鱼（上海）、月鲫仔（广东），古称鲼、鲋、寒鲋。鲫体侧扁而高，体长为体高的2.2~2.8倍，腹部圆，头较小，吻钝，口端位，无须，下咽齿侧扁；背鳍和臀鳍均具一根粗壮且后缘有锯齿的硬刺。鳞较大，整个身体呈银灰色，背部深灰色，腹部灰白色。鲫鱼在中国除青藏高原外各地各种水域皆产。

图9-2 鲫鱼

鲫鱼肉质细嫩，味道鲜美，有较高的营养价值。每100g可食部分含蛋白质13.0~19.5g，脂肪1.1~7.0g，碳水化合物0.1~5.8g，矿物质（灰分）0.9g，钙50~116mg，磷192~218mg，铁1.1~4.4mg。鲫鱼的养殖品种繁多，常见的各种金鱼，便是普通鲫鱼经过人工筛选、驯化而成的变种。

3. 银鲫

银鲫（*Carassius auratus gibelio*，图9-3）是鲫的近缘亚种，俗称鲫瓜子（东北）、红鲫（新疆阿勒泰）。银鲫的体形及体色与普通鲫鱼极相似，但身体比普通鲫鱼显著地高且宽，体长为体高的1.9~2.4倍；体色较深；生长速度较鲫鱼快，个体也较大，最大个体可达3kg。

银鲫广泛分布于欧、亚大陆的温带水域，我国盛产于东北的黑龙江——辽河流域、新疆额尔齐斯河流域。

图9-3 银鲫

4. 鲢

鲢（*Hypophthalmichthys molitrix*，图9-4）属鲤形目、鲤科、鲢亚科、鲢属，俗称鲢子、白鲢、边鱼。体侧扁，头较大，但远不及鳙。口阔，端位，下颌稍向上斜。鳃耙特化，彼此联合成多孔的膜质片。口咽腔上部有螺形的鳃上器官。眼小，位置偏低，无须。下咽齿勺形，平扁，齿面有羽纹状，鳞小。自喉部至

图9-4 鲢鱼

肛门间有发达的皮质腹棱。胸鳍末端仅伸至腹鳍起点或稍后。体银白，各鳍灰白色。

鲢广泛分布于亚洲东部，在我国各大水系，随处可见。此鱼生长快，从2年龄到3年龄，体重可由1kg增至4kg，最大个体可达40kg。天然产量很高。同时，鲢的食物为浮游植物，因而成为饲养鱼类的上等鱼品，历来被列入我国淡水养殖的“四大家鱼”之一。

鲢肌肉的营养成分随体长和季节的变化而变化，其变化范围为：水分占60.3%～80.9%，蛋白质15.3%～18.6%，脂肪2.0%～20.8%，灰分1.0%～1.4%，无氮浸出物0.2%～1.7%。鱼体肌肉的生化成分亦随着鱼体的生长发育而变化，当水分含量逐渐下降时，蛋白质及脂肪则逐渐增加。鲢肌肉脂肪的脂肪酸组成计有20种，其中4种饱和脂肪酸，3种单烯酸，3种二烯酸，9种三烯酸，1种四烯酸，碳链长度在12～20之间。饱和脂肪酸的质量分数比不饱和脂肪酸低，而饱和脂肪酸的含量随鱼体的增长而增加，不饱和脂肪酸则随鱼体增长而减少。

除蛋白质和脂肪外，它每100g可食部分还含有糖类0.8g、钙22～31mg、磷86～167mg、铁1.2～13.3mg、硫胺素0.04mg、核黄素0.21mg、烟酸2.1mg，营养比较丰富。

5. 鳙

鳙（*Aristichthys mobilis*，图9－5）属鲤形目、鲤科、鲢亚科、鳙属，俗称花鲢、胖头鱼、黑鲢、黄鲢、松鱼、鳙鱼、大头鱼。

鳙鱼体侧扁，头极肥大。口大，端位，下颌稍向上倾斜。鳃耙细密呈页状，但不联合。口咽腔上部有螺形的鳃上器官，眼小，位置偏低，无须，下咽齿勺形，齿面平滑。鳞小，腹面仅腹鳍甚至肛门具皮质腹棱。胸鳍长，末端远超过腹鳍基部。体侧上半部灰黑色，腹部灰白，两侧杂有许多浅黄色及黑色的不规则小斑点。

图9－5　鳙鱼

分布于亚洲东部，我国各大水系均有此鱼，但以长江流域中、下游地区为主要产地。

鳙肌肉的营养成分为：每100g可食部分含水分73.2～83.3g，蛋白质14.8～18.5g，脂肪0.9～7.8g，灰分1.0～1.3g，无氮浸出物0.1～1.3g，钙36mg，磷187mg，铁0.6～1.1mg，硫胺素0.02mg，核黄素0.15mg，烟酸2.7mg。而且随着鱼体的生长发育，水分的含量逐渐减少，蛋白质和脂肪的含量则逐渐增加。鳙和鲢的含脂量不同，主要是食物不同而致。鲢、鳙都是滤食浮游生物，但鲢以摄食浮游植物为主，而鳙以摄食浮游动物为主。在浮游植物中含有大量的糖类，它是鱼类机体合成脂肪的主要碳源，因而它们肌肉的脂肪及蛋白质含量显出差异。鲢含脂量比鳙高，而鳙的蛋白质含量一般比鲢高。鳙肌肉脂肪中脂肪酸的组成计有15种，其中8种为饱和脂肪酸，3种单烯酸，1种二烯酸，2种三烯酸，1种四烯酸，碳链长度在13～20之间。鱼体的饱和脂肪酸的质量分数比不饱和脂肪酸低，而饱和脂肪酸的含量随鱼体的增长而增加，不饱和酸则随鱼体增长而减少。

6. 大麻哈鱼

大麻哈鱼（*Oncorhynchus keta*，图9－6）属鲑形目、鲑科、麻哈鱼属，俗称大发哈鱼、达发哈鱼、罗锅鱼、花斑鳟、花鳟。大麻哈鱼体长而侧扁，略似纺锤形；头后至背鳍基部前渐次隆起，背鳍起点是身体

图9－6　大麻哈鱼

的最高点，从此向尾部渐低弯。头侧扁，吻端突出，微弯。口裂大，形似鸟喙，生殖期雄鱼尤为显著，相向弯曲如钳状，使上下颌不相吻合。上颌骨明显，游离，后端延至眼的后缘。上下颌各有一列利齿，齿形尖锐向内弯斜，除下颌前端4对齿较大外，余齿皆细小。眼小，鳞也细小。生活在海洋时体色银白，入河洄游不久色彩则变得非常鲜艳，背部和体侧先变为黄绿色，逐渐变暗，呈青黑色，腹部银白色。

大麻哈鱼分布在北太平洋的东、西两岸，我国以乌苏里江、黑龙江、松花江为最多，图们江、珲春河、密江、绥芬河、嫩江、牡丹江以及台湾省的大甲溪也有分布。其捕捞季节为9～10月份，鱼群体长一般为53～81cm，重为1～5kg，最大个体可达10kg左右。我国江河的大麻哈鱼有3种：普通大麻哈鱼（*O. keta*）、马苏大麻哈鱼（*O. masou*）和驼背大麻哈鱼（*O. gorbuscha*）。

大麻哈鱼是我国淡水名贵鱼类之一。其肉质细腻，呈红色，味鲜美，脂肪含量极为丰富，营养价值相当高。含蛋白质为14.9%～17.5%，脂肪为8.7%～17.8%，水分为61.4%，每100g含钙50mg、磷153mg、铁1.9mg。此外，还含有糖类和多种维生素。其卵晶莹透亮，粒粒如珍珠，富含磷酸盐、钙质及维生素A、维生素D，被公认为宴席珍膳。将其盐渍成“大麻哈鱼子”，便是闻名于国际市场的“红鱼子”，极受欧美各国大众的欢迎。

7. 细鳞鲑

细鳞鲑（*Brachymystax lenok*，图9－7）属鲑形目、鲑科、细鳞鱼属，俗称山细鳞鱼、江细鳞鱼（东北）、金板鱼、花鱼（陕西）、梅花鱼（甘肃）、小红鱼（新疆）。

图9－7　细鳞鲑

因鳞细小而得名。体长，侧扁，头稍尖，吻钝。口小，横裂。在黑龙江流域是一种重要的经济鱼类。肉肥美，含脂量高（3.8～7.7%），体大，一般重1kg，最大个体可达8kg。此外，卵也相当名贵。

8. 鳗鲡

鳗鲡（*Anguilla japonica*，图9－8）属鳗鲡目、鳗鲡科、鳗鲡属，又名日本鳗鲡，俗称白鳝、青鳝、风鳗、鳗鱼。身体细长如蛇形，体长最大可达1.3m，前端圆柱形，自肛门后渐侧扁，尾部细小，头尖长。吻钝圆，稍扁平；口大，端位；上下颌均具尖细的齿；唇厚，为肉质。无腹鳍，臀鳍低长，与尾鳍相连，尾鳍短，呈圆形。体背部灰黑色，腹部灰白或浅黄，无斑点。鳗鲡在黄河、长江、闽江、韩江及珠江等流域，海南岛、台湾和东北等地均有分布。

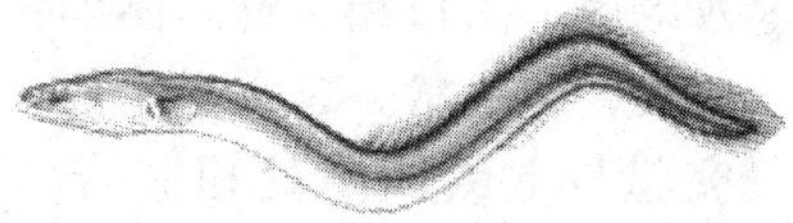

图9－8　鳗鲡

鳗鲡肉质细嫩、味美，尤含有丰富的脂肪，肉和肝的维生素A的含量特别高，具有相当高的营养价值。每100g可食部分含蛋白质19.0g，脂肪7.8g，钙46mg，磷70mg，铁0.7mg，维生素A78IU，硫胺素0.06mg，核黄素0.12mg，烟酸2.4mg。

9. 青鱼

青鱼（*Mylopharyngodon piceus*，图9－9）属鲤形目、鲤科、雅罗鱼亚科、青鱼属，俗称黑鲩、青鲩、螺蛳青。体长，略呈圆筒形，尾部侧扁，腹部圆，无腹棱。头部稍平扁，尾部侧扁。口端位，呈弧形。上颌稍长于下颌，无须。下咽齿1行，呈臼齿状，咀嚼面光滑，无槽纹。背鳍和臀鳍无硬刺，背鳍与腹鳍相对。体背及体侧上半部青黑色，腹部灰白色，各鳍均呈灰黑色。

图9－9　青鱼

青鱼主要分布于我国长江以南的平原地区，长江以北较稀少；它是长江中、下游和沿江湖泊里的重要渔业资源和各湖泊、池塘中的主要养殖对象，为我国淡水养殖的“四大家鱼”之一。

青鱼个体大、生长迅速，为我国重要的经济鱼类。肉质肥嫩，味鲜腴美，尤以冬令最为肥壮。其每100g可食部分蛋白质15.8～19.5g，脂肪2.6～5.2g，钙25～72mg，磷171～246mg，铁0.8～0.9mg，硫胺素0.13mg，核黄素0.12mg，烟酸0.17mg。

10. 草鱼

草鱼（*Ctenopharyngodon idellus*，图9－10）属鲤形目、鲤科、雅罗鱼亚科、草鱼属。草鱼的俗称有：鲩、油鲩、草鲩、白鲩等。其体较长，略呈圆筒形，腹部无棱。头部平扁，尾部侧扁。口端位，呈弧形，无须。下咽齿二行，侧扁，呈梳状，齿侧具横沟纹。背鳍和臀鳍均无硬刺，背鳍和腹鳍相对。体呈茶黄色，背部青灰略带草绿，偶鳍微黄色。

图9－10　草鱼

草鱼生长迅速，广泛分布于我国除新疆和青藏高原以外的广东至东北的平原地区。自1958年人工催产授精孵化成功后，已移植至亚、欧、美、非各洲的许多国家。草鱼肉质肥嫩、味鲜美。每100g可食部分含蛋白质15.5～26.6g，脂肪1.4～8.9g，钙18～160mg，磷30～312mg，铁0.7～9.3mg，硫胺素0.03mg，核黄素0.17mg，烟酸2.2mg。

11. 鳡

鳡（*Elopichthys bambusa*，图9－11）属鲤形目、鲤科、雅罗鱼亚科、鳡属，俗称黄钻、黄颊鱼、竿鱼、水老虎、大口鳡、鳏。体细长，亚圆筒形，头尖长。吻尖，呈喙状。口大，端位，下颌前端正中有一坚硬突起与上颌凹陷处相嵌合。无须，眼小，稍突出。下咽齿3行，齿末端呈钩状。鳞细小。背鳍较小，其起点位于腹鳍之后；尾鳍分叉很深。体背灰褐色，腹部银白色，背鳍、尾鳍深灰色，颊部及其他各鳍淡黄色。

图9－11　鳡鱼

鳡分布甚广，我国自北至南的平原地区各水系皆产此鱼。生长迅速，2龄鱼体重3.5kg。天然产量高，为江河、湖泊中的大型经济鱼类之一。但因大量吞食其他经济鱼类，又被视为养殖业中的“害鱼”之首。其肉质鲜美，一向被列入大型上等食用鱼类。每100g可食部分含蛋白质18.1～20.8g，脂肪1.3～5.4g，钙11～24mg，磷144～203mg，铁0.7mg，硫胺素0.04mg，核黄素0.15mg，烟酸1.7mg。

12. 翘嘴鲌

翘嘴鲌（*Culter alburnus*，图9－12）属鲤形目、鲤科、鲌亚科、鲌属，俗称大白鱼、翘壳、翘嘴白鱼、翘嘴鲌。体长，甚侧扁，头背面平直，头后背部

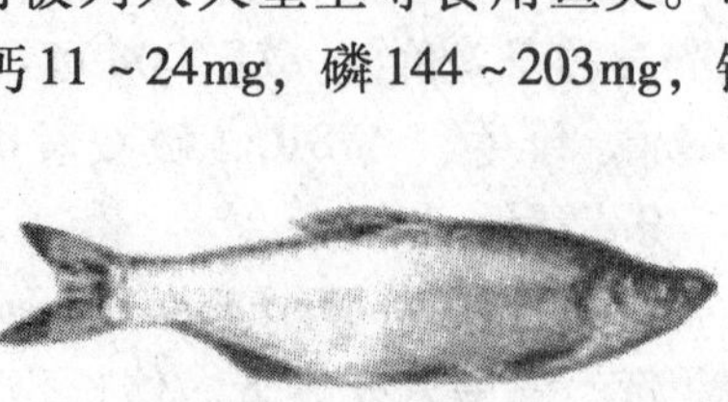

图9－12　翘嘴鲌

隆起，体背部接近平直。口上位，下颌很厚，且向上翘，口裂几乎成垂直。眼大，位于头的侧下方。下咽齿末端成钩状。腹鳍基至肛门间有腹棱；背鳍具强大而光滑的硬刺；尾鳍分叉，下叶稍长于上叶。体背略呈青灰色，两侧银白，各鳍灰黑色。翘嘴鲌分布甚广，肉白而细嫩，味美而不腥，一贯被视为上等经济鱼类。其营养成分为：每100g可食部分含蛋白质18.6g，脂肪4.6g，钙37mg，磷166mg，铁1.1mg，核黄素0.07mg，烟酸1.3mg。

13. 蒙古鲌

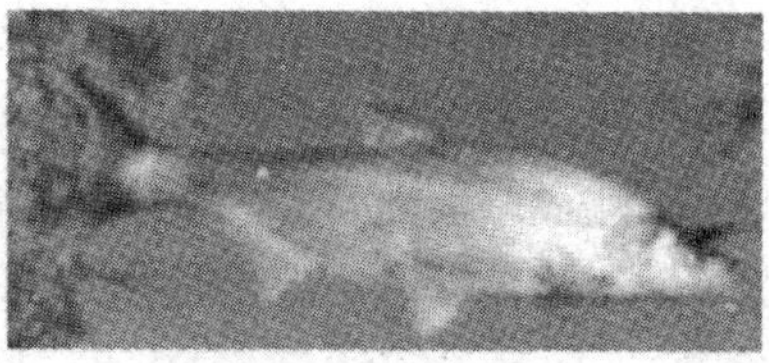

图9－13　蒙古鲌

蒙古鲌（*Culter mongolicus*，图9－13）属鲤形目、鲤科、鲌亚科、鲌属，俗称红梢子、尖头红梢子。体长，侧扁，头部背面平直，头后背部稍隆起。吻稍突出，口端位，下颌稍突出，口裂稍斜。腹鳍甚至肛门有腹棱，背鳍具光滑的硬刺；尾鳍分叉深，两叶末端尖，下叶稍长于上叶。体背部及头部呈浅棕色，腹部银白，背鳍灰色，胸鳍、腹鳍、臀鳍及尾鳍上叶均为浅黄色，尾鳍下叶为橘红色。该鱼生长速度及个体虽不及翘嘴鲌，但分布极广泛，天然产量占一定比重。常见个体约500g，最大个体可达4kg。肉质鲜嫩而不腥，其蛋白质含量为15.3%、脂肪为5.0%，故经济价值也较大。

14. 鳊

图9－14　鳊

鳊（*Parabramis pekinensis*，图9－14）属鲤形目、鲤科、鲌亚科、鳊属，俗称鳊鱼、长春鳊、草鳊、油鳊、长身鳊，古名槎头鳊、缩项鳊。体高，侧扁，呈长菱形，头后背部隆起。头小，近似三角形，古人根据这种既方且扁的体形特征，给它们取名“鳊”、“鲂”。李时珍在《本草纲目》中写道：“鲂，方也；鳊，扁也”。口较小，端位；上颌比下颌稍长，上下颌前缘有角质层。无须。腹面自胸部基部下方至肛门间有明显的皮质腹棱。背鳍具强大光滑的硬刺，臀鳍鳍条较多，基部很长。体背部深青灰色，其他部分银白色；每个鳞片的后部有一宽黑斑，各鳍灰黑色。

鳊广泛分布于全国主要水系的江河、湖泊中，产量大、肉鲜美、质鲜嫩而含脂量高，内脏含脂量更大，食用以清蒸最佳，故深受人们喜爱。每100g可食部分含蛋白质21.0mg，脂肪6.9～8.0g，钙120mg，磷165mg，铁1.1mg。《湖北通志》记载：“鳊，即鲂，各处通产。以武昌樊口、襄阳鹿门所出为最。”鳊鱼一年四季均为佳肴，故民俗有“春鲶夏鲤四季鳊”之说。

15. 鲂

图9－15　鲂

鲂（*Megalobrama skolkovii*，图9－15）属鲤形目、鲤科、鲌亚科、鲂属，俗称三角鳊、乌鳊、平胸鳊。体高，甚侧扁，呈菱形，头后背部隆起。头小，口端位；上下颌前缘均具发达的角质层。腹棱仅自腹鳍基部至肛门；背鳍具光滑硬刺，其长度显著大于头长；尾柄长大于或等于尾柄高。体背部青灰色，两侧浅灰色带有浅绿色泽，腹部银白，每个鳞片后部较深，各鳍呈青灰色。分布广，生长较快，个体较大，最大个体可达5kg左右，在天然水域中有一定的产量。肉味鲜美，质细嫩，含脂量高。每100g可食部分含蛋白质18.5g，脂肪6.6～8.0g，糖类0.2g，钙76mg，磷211mg，铁2.2mg。如《诗经》中便有“岂其食鱼，必河之鲂”的诗句。鲂、团头鲂和鳊的形态特征均极相似，古代统称之为“鲂”或“鳊”。

16. 团头鲂

团头鲂（*Megalobrama amblycephala*，图9－16）属鲤形目、鲤科、鲌亚科、鲂属，俗称武昌鱼。体高，甚侧扁，呈菱形，头后背部隆起，体长为体高的2.0～2.3倍。头小，吻圆钝，口端位，口裂宽，上下颌等长，上下颌的角质层较薄；胸部平坦，腹部仅自腹鳍基部至肛门，具有皮质腹棱。背鳍具光滑硬刺，其长度较头长为小；臀鳍长，具27～32根分枝鳍条，尾柄高而短。体背部青灰色，两侧银灰色，体侧每个鳞片基部灰黑，边缘黑色素稀少，使整个体侧呈现出一行行紫黑色条纹，腹部银白，各鳍条灰黑色。团头鲂仅分布于长江中、下游附属中型湖泊。生长速度较快，因其为草食性，且能在静水中繁殖，目前已在全国各地人工养殖。团头鲂肉质细嫩、腴美、脂肪丰富，胜于长春鳊和三角鲂。每100g可食部分含蛋白质20.8g，脂肪15.8g，糖类0.9g，钙155mg，磷195mg，铁2.2mg，堪称上等鱼类。

图9－16　团头鲂

17. 鲮

鲮（*Cirrhinus molitorella*）属鲤形目、鲤科、野鲮亚科、鲮属，俗称土鲮鱼、花鲮。体梭形，侧扁，腹部圆，背部在背鳍前方稍隆起。头短，吻钝圆，鲜鱼肉入药。

18. 华鲮

华鲮（*Sinilabeo rendahli*，图9－17）属鲤形目、鲤科、野鲮亚科、华鲮属，俗称青龙棒、桃花棒、野鲮鱼、青衣子。体长，略呈棒状，尾柄高而宽厚。吻钝圆而突出，口下位，横裂。肉味鲜美，不亚于青鱼，经济价值较高。

图9－17　华鲮

19. 鲶

鲶（*Silurus* spp，图9－18）属鲶形目、鲶科、鲶属，俗称鲶、泥鱼。体长，头部平扁，头后侧扁。口阔，上位，下颌突出。上下颌及犁骨上有许多绒毛状细齿。成鱼须2对，幼鱼期须3对。眼小，体光滑无鳞。背鳍萎缩呈丛状；胸鳍有1根硬刺，其前缘有锯齿；臀鳍长，后端与尾鳍相联；尾鳍小，呈斜切形。体呈灰褐色，具黑色斑块，有时全身黑色，腹部白色，其他各鳍灰黑色；幼鱼期体黄绿色。

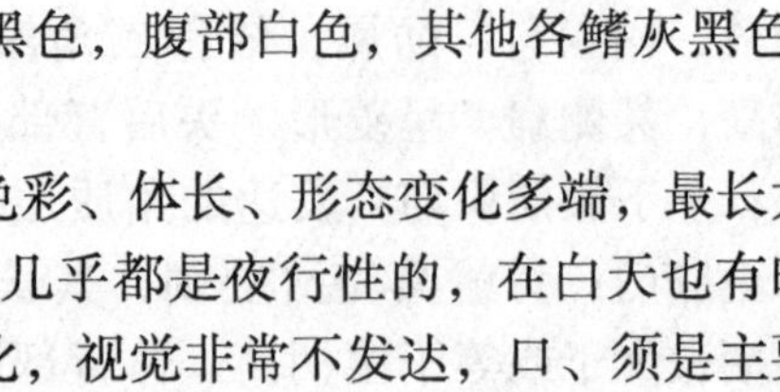

图9－18　鲶鱼

鲶类是世界上淡水鱼中种类最多的一群。它们的色彩、体长、形态变化多端，最长大鲶体长超过1m。鲶大多有须，头扁平，营独居生活，几乎都是夜行性的，在白天也有时会出来游动，少数种类是群居生活。鲶类眼睛基本退化，视觉非常不发达，口、须是主要的感觉器官。大多分布在以亚马逊河为中心的周围地区。常见鲶有两种：大口鲶（*S. soldatovi*，河鲶）和鲶（*S. asotus*，土鲶）。其形态差异为：大口鲶的口裂较深，末端至少可达眼球中点下方；颌须达胸鳍基部；胸鳍刺前缘粗糙或有微弱的锯齿。土鲶的口裂较浅，末端仅达眼前缘下方；颌须末端可达胸鳍后端；胸鳍刺前缘有明显的锯齿。

鲶分布于黑龙江、黄河、长江、珠江等水系。肉质细嫩、少刺，冬季肉味尤为鲜美。其蛋白质含量为14.4%，脂肪为20.6%，是优良而贵重的食用鱼之一。鲶鱼肉性味甘、温，有利水、催乳之功效。用其与香菜、香油炖食，或与豆腐炖食（不加盐），可用于水肿病人利尿；熬汤可在产妇乳汁不足时起催乳作用；它对黄疸、肺病、心脏病等症也有一定疗效。

20. 长吻鮠

长吻鮠（*Leiocassis longirostris*，图9－19）属鲶形目、鲿科、鮠属，俗称鮰鱼、江团、肥沱、肥王鱼。体长，吻锥形，向前显著地突出。口下位，呈新月形，唇肥厚，眼小。须4对，细小。无鳞，背鳍及胸鳍的硬刺后缘有锯齿。长吻鮠的生长速度较快，为同类鱼中体型最大的一种，最大个体可达15kg，常见者多为2～4kg，在长江流域的渔获物中所占比重较大。鮰鱼为大型的经济鱼类，其肉嫩味鲜美，富含脂肪，又无细刺，蛋白质含量为13.7%，脂肪为4.7%，为淡水食用鱼中的上等名贵品种。

图9－19 长吻鮠

21. 鲻

鲻（*Mugil cephalus*，图9－20）属鲻形目、鲻科、鲻属，鲻是鲈的同类，俗称乌鲻、白眼、博头、乌仔鱼、乌头。背部呈青灰色，腹部呈银白色，被圆鳞包住。没有侧线，头顶是扁平的，体呈圆筒形，背部较平直，腹部圆，前部平扁，向后渐侧扁。头短，平扁，吻宽而短，口小，眼睛具有特殊的眼睑叫做脂睑。

图9－20 鲻

鲻鱼广泛分布于全世界热带到温带的海域，鲻为近岸生活的海产鱼类，尤喜栖息于咸淡水混合的水体和江河入口处，也有上溯至纯淡水江段的。性活泼，善跳跃，对环境适应力强，在淡水、咸淡水和盐度高达4%的海水中都能生活，属中下层鱼类。生长迅速，体型较大，体长可达80cm，产量很高。沿海地区从前都在一定时期捕捞天然鱼苗进行养殖。

22. 乌鳢

乌鳢（*Channa argus*，图9－21）属鲈形目、攀鲈亚目、鳢科、鳢属，俗称黑鱼、才鱼、乌鱼、乌棒、蛇头鱼、生鱼。乌鳢含肉量高，营养价值高，每100g肌肉中含蛋白质18.8～19.8g、脂肪0.8～1.4g、糖类1.2g、钙57～120mg、磷163～400mg、铁0.5～0.8mg。乌鳢可入药。

图9－21 乌鳢

23. 黄鳝

黄鳝（*Monopterus albus*，图9－22）属合鳃鱼目、合鳃鱼科、黄鳝属，俗称鳝鱼、罗鳝、蛇鱼。体细长

图9－22 黄鳝

呈蛇形，体前圆后部侧扁，尾尖细。头长而圆。口大，端位，上颌稍突出，唇颇发达。上下颌及口盖骨上都有细齿。眼小，为一薄皮所覆盖。左右鳃孔于腹面合而为一，呈倒"V"字形。体润滑无鳞。无胸鳍和腹鳍；背鳍和臀鳍退化仅留皮褶，无软刺，都与尾鳍相联合。生活时体呈黄褐色，具不规则黑色斑点，黄鳝的体色常随栖居的环境而不同。分布于亚洲东南部，中国除西部高原外，全国各水域均产此鱼。

黄鳝肉嫩味鲜，营养价值甚高。每100g鳝鱼肉中蛋白质含量达17.2~18.8g，脂肪0.9~1.2g，钙质38mg，磷150mg，铁1.6mg，胡萝卜素428mg，此外还含有硫胺素、核黄素、烟酸、抗坏血酸等多种维生素。黄鳝不仅为席上佳肴，其肉、血、头、皮均有一定的药用价值。

24. 鳜

鳜（*Siniperca* spp.，图9-23）属鲈形目、鮨科、鳜亚科、鳜属，俗称鳜花鱼、季花鱼、桂花鱼、桂鱼、鯚鱼。体较高而侧扁，背部隆起。口大，下颌明显长于上颌。上下颌、犁骨、口盖骨上都有大小不等的小齿，前鳃盖骨后缘呈锯齿状，下缘有4个大棘；后鳃盖骨后缘有2个大棘。头部具鳞，鳞细小；侧线沿背弧向上弯曲。背鳍分两部分，彼此连接，前部为硬刺，后部为软鳍条。体黄绿色，腹部灰白色，体侧具有不规则的暗棕色斑点及斑块；自吻端穿过眼眶至背鳍前下方有一条狭长的黑色带纹。常见鳜鱼有2种，外形极为相似，区别在于：翘嘴鳜（S. chuatsi）的鳃耙为7，眼较小，头长为眼径的5.3~8.1倍，上颌骨伸达眼后缘之后的下方，侧线鳞为110~142，颊下部有鳞，幽门垂为198~440个。而大眼鳜（S. kneri）的鳃耙为6，眼较大，头长为眼径的4.7~5.1倍，上颌骨仅伸达眼后缘之前的下方，侧线鳞为85~98，颊部不被鳞，幽门垂为74~98个。翘嘴鳜生长速度快，个体大，常见为2~2.5kg，最大个体重可达50kg；大眼鳜生长缓慢，个体较小，最大个体能长至重2kg。鳜鱼广泛分布于中国东部平原的江河湖泊，天然产量相当高。肉洁白、细嫩而鲜美，无小刺，富含蛋白质。每100g可食部分含蛋白质15.5~19.3g，脂肪0.4~3.5g，钙79~206mg，磷107~143mg，铁0.7~5.6mg，硫胺素0.01mg，核黄素0.10mg，烟酸1.9mg。鳜鱼自古就被列为名贵鱼类之一。

图9-23 鳜

25. 河鲈

河鲈（*Perca fluviatilis*，图9-24）属鲈形目、鲈科、鲈属，俗称五道黑。体侧扁，长椭圆形，尾柄较细。头小，吻钝，口端位。下颌比上颌稍长，上颌骨后端达眼的下方，上下颌及口盖骨上均有细齿。前鳃盖骨后缘有许多小锯齿，后鳃盖骨后缘有1根刺。两背鳍略分离，第一背鳍为8~16根硬刺，其中第4根最长；第2背鳍为3根硬刺和13根软鳍条，以第1、2根鳍条最长。胸鳍侧位而较低，腹鳍胸位，尾鳍浅叉形，两叶末端圆。体为棕褐色，有7~9条黑色横斑，腹部白色；背鳍浅灰黄色，第1背鳍后部有1个大黑斑；胸鳍浅黄色；臀鳍、腹鳍及尾鳍为橘黄色。河鲈广泛分布于欧洲及亚洲北部冷温带，在我国仅产于新疆额尔齐斯河与乌伦古河流域。在俄罗

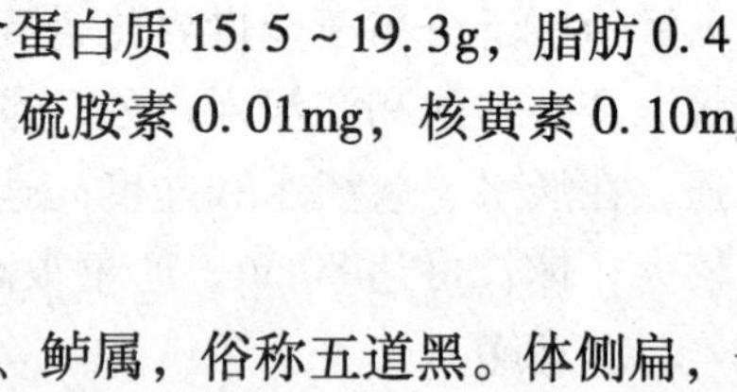

图9-24 河鲈

斯为非常重要的捕捞对象。我国新疆北部天然产量很大。此鱼肉质肥美，为当地有名的上等食用鱼类之一。

26. 河鲀

河鲀（*Fugu* spp.，图 9－25）属鲀形目、鲀亚目、鲀科、东方鲀属，约有 19 种，通称河鲀。

图 9－25　河鲀

身体椭圆形，前部钝圆，尾部渐细。吻短，圆钝；口小，端位，横裂。上下颌各具有 2 个板状门齿，中缝明显。唇发达，下唇两端向上弯曲在上唇的外侧。眼小，鳃孔小，为一弧形裂缝，位于胸鳍的前方，体表密生小刺。背鳍位置很后，与臀鳍相对；无腹鳍；尾鳍后端平截。体背灰褐，体侧稍带黄褐，腹面白色；体背、侧面的斑纹随种类不同而各异。河鲀肌肉洁白如霜、肉味腴美、鲜嫩可口，含蛋白质甚高，营养丰富。而《本草纲目》中则有较详细的记载："河豚有大毒，味虽珍美，修治失法，食之杀之。"虽然如此，人们往往仍经受不住脍炙人口的河豚佳肴的诱惑。河鲀的毒素主要分布于卵巢和肝脏，其次是肾脏、血液、眼睛、鳃和皮肤，而精巢和肌肉是无毒的。如果鱼死后较久，内脏毒素溶入体液中便能逐渐渗入肌肉内。其毒素的毒量多少常因季节的不同而有差异。每年 2～5 月为卵巢发育期，毒性较强；6～7 月产卵后，卵巢退化，毒性减弱。肝脏也以春季产卵期毒性最强。所以，每当春末夏初鲜食河鲀鱼时，应特别谨慎，必须选择鲜活鱼体，严格去除内脏，以免中毒。在医药工业上，常利用它的精巢提炼鱼精蛋白、精氨酸等；它的卵巢、血液、内脏等，可提炼河鲀毒素；肝可提制甘油；胆可提制牛磺酸；皮可制成胶片。总之，河鲀全身几乎无一废物，关键在于如何利用。

（二）海产鱼

我国境内海域海洋生物资源丰富，有多种鱼类，主要鱼类 300 多种，其中经济价值较高和常见的有 30～40 种。暖水性种类自南而北递减，暖温性、冷温性种类反之。暖温性、暖水性鱼类种群分别占鱼类群体的 49.3% 和 47.5%，冷温性种占 3.2%。按分布，有广布型、偏南型、偏北型和外海型四大类。

1. 黄花鱼

黄花鱼（*Pseudosciaena polyactis*）属鲈形目、石首鱼科（Pseudosciaena crocea）鱼种，是大（图 9－26）、小黄花鱼（图 9－27）的统称，其学名为大黄鱼、小黄鱼，也称石首鱼、黄鱼等，为鱼中上品。鱼头中有两颗坚硬的石头，叫鱼脑石，故又名石首鱼。身体侧扁，尾巴狭窄，头大，侧线以下有分泌黄色物质的腺体。是我国重要的经济食用鱼种。大黄鱼通体黄色，与小黄鱼的主要区别：鳞较小，背鳍与侧线有鳞 8～9 行，鳔腹分枝的下分枝中前小枝与后小枝等长，脊椎骨一般为 26 个。大黄鱼一般体长 300～400mm，体重 400～800g，最大 750mm 长、4kg 重。大黄鱼是结群性近海鱼类，分布于我国南海、东海和黄海南部。小黄鱼通体黄色，在背鳍与侧线间鱼鳞 5～6 行，鳔腹分枝的下分枝之前小枝长于后小枝，脊椎骨一般为 29 个。小黄鱼体长一般在 160～250mm 之间，体重 200～400g，为底层结群性洄游鱼类，分布于我国东海、内海和渤海。表 9－3 列出了黄花鱼主要化学成分。

图 9－26　大黄花鱼

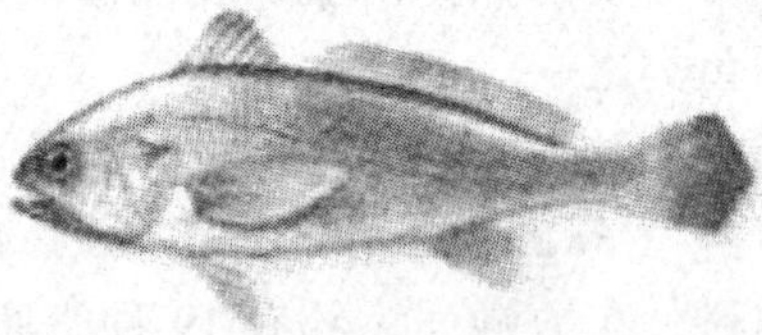

图 9－27　小黄花鱼

表 9－3　　　　黄花鱼主要化学成分（每 100g 中）

主要营养素含量	品种	
	大黄花鱼	小黄花鱼
可食部/%	66	63
水分/%	77.7	77.9
蛋白质/g	17.7	17.9
脂肪/g	2.5	3
碳水化合物/g	0.8	0.1
能量/kJ	406	414
胆固醇/mg	86	74
维生素 A/mg	10	0
维生素 E/mg	1.13	1.19
硫胺素/mg	0.03	0.04
烟酸/mg	0.1	0.04
钙/mg	53	78
钠/mg	120.3	103
锌/mg	0.58	0.94
锰/mg	0.02	0.05
磷/mg	174	188
镁/mg	39	28
硒/μg	42.57	55.2
碘/μg	0	5.8
钾/mg	260	228
铁/mg	0.7	0.9
铜/mg	0.04	0.04

黄花鱼性味甘、平，无毒，归肾经，功效为开胃益气、补肾利尿，解野蕈中毒。鱼脑石治肾结石、膀胱结石、小便不通。黄鱼鳔治鼻出血、齿龈出血、紫癜。鱼腹中的白色鱼鳔可做鱼胶，有止血之效，能防止出血性紫癜症。黄花鱼含蛋白质较高，并含脂肪、灰分、钙、磷、铁、硫胺素、核黄素、烟酸、碘等，其中磷、碘含量尤高。由于其味鲜美，可增进食欲。此外，黄花鱼的白脬可炒炼成胶，再焙黄如珠，称鱼鳔胶珠，具有大补真元、调理气血的功效，对消化性溃疡、肺结核、肾结核、再生障碍性贫血、脉管炎等均有

较好疗效。黄鱼的干品称为白鲞，现代医学用白鲞改善食道癌临床症状，促进康复。

2. 带鱼

带鱼属于刀鱼属、鲈形目、带鱼科（*Trichiurus haumela*，图9－28），也称牙带、白带鱼、刀鱼、鳞刀鱼、柳带、裙带、脚带、青棕带、带条鱼。体显著侧扁延长成带状，尾细长如鞭，一般体长60～120cm，体重200～400g。头窄长而侧扁，前端尖突。两颌牙发达而尖锐，眼大、位较高，眼间隔平坦、中间微凹，体表光滑，鳞退化成表皮银膜，全身是富有光泽的银白色，背部及背鳍、胸鳍略显青灰色。背鳍长，起点于鳃孔后上角沿背部齐长，臀鳍不明显，只有鳍棘刺尖外露，无腹鳍。带鱼广泛分布于世界各地的温、热带海域，我国沿海均产之。浙江嵊山渔场是带鱼的最大产地，其次是福建的闽东渔场，主要渔获期为春、冬两个汛期。北方海域以6月份为旺汛期，东海各渔场以11月至翌年2月份为旺汛期。带鱼是我国最主要的海产经济鱼类之一、其年产量居全国海产经济鱼类之首位。带鱼肥嫩而味美，深受人们喜爱。

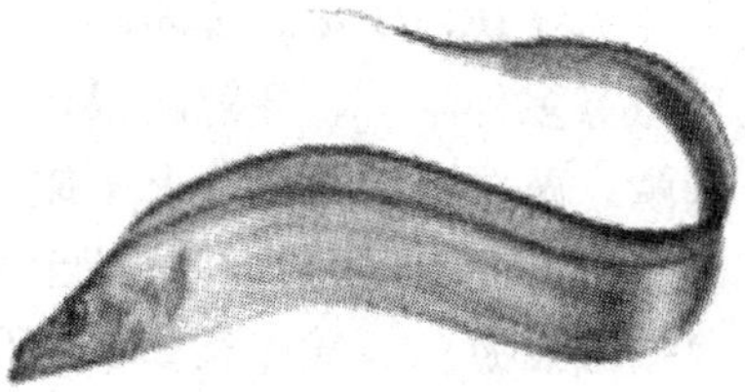

图9－28 带鱼

可食部每100g含水分74g，蛋白质18.1g，脂肪11.5g，钙24mg，磷160mg，铁1.1mg，硫胺素0.01mg，核黄素0.09mg，烟酸1.9mg，碘80μg，维生素A50IU。

3. 鲽形目

硬骨鱼纲（Osteicthys）、鲽形目（Pleuronectitormes）又分为鲆、鲽、鳎三个亚目，即通常称为比目鱼或偏口鱼的鱼类。体形平扁，成鱼的两眼全移到头的一侧，平时平卧海底，有眼的一侧朝上，体色较深；无眼的一侧向下，体色一般为白色。幼鱼的身体原为左右对称，眼在头的两侧，与一般鱼类相同，在发育过程中逐渐失去对称，两眼移到一侧，这种变化显然是和底栖生活相适应的。常见的如牙鲆（偏口鱼），两眼均位于头的左侧。鲽，两眼均位于头的右侧。舌鳎，俗称牛舌鱼，眼均在左侧，体狭长呈舌形。

鲽鱼（*Clidoderma asperrimum*，图9－29）在我国近海主要有高眼鲽、星鲽、长鲽、木叶鲽、黄盖鲽、油鲽和石鲽等品种，从广义上讲，也有把鲽与鲆统称为比目鱼的，因为鲽的眼与鲆相反，两眼位于头部右侧。鲽鱼在仔鱼阶段，两眼也是对称地长在头部左右两侧，经过20d的变态发育，左眼越过头的上缘而搬到头的右侧，与右侧眼相对，身体失去了平衡，下沉海底栖息生存。

图9－29 鲽鱼

鲽鱼每100g含蛋白质17g、糖类1.4g、热量326J、钙27mg、磷34mg、铁2.5mg和维生素B_1、维生素B_2等多种维生素。

鳎科（Soleidae）鳎鱼（*sole*，图9－30），身体呈鞋底状或舌状，两眼均在右侧，吻部有时钩状下弯，口小，前位或下位，前鳃盖骨边缘不游离，有的种类背、臀、尾鳍相连。主要分布在热带和亚热带，已知中国有18种。

舌鳎两眼均在头部左侧，体长侧扁呈舌状，口小，颌不发达，吻部一般均向下后方延长成钩状突，包覆下颌，牙细小呈绒毛状，眼小，背臀鳍完全与尾鳍相连，有眼侧有侧线

2~3条，无眼侧通常无侧线或1~2条侧线。我国常见的宽体舌鳎俗称牛舌、鳎目，而半滑舌鳎在黄渤海分布较广，产量较多。

牙鲆（*Paralichthysolivaceus*，图9-31）为鲆科、鲆属的一种，俗名有牙片、偏口、比目鱼等多种叫法。牙鲆两眼均在头左侧，有眼侧为褐至深褐色，被栉鳞，无眼侧白色，被圆鳞，两侧口裂等长，上下颌各具一行大尖牙。牙鲆是温水性底层鱼类，仔鱼眼对称，在发育中有变态过程，右眼转至左侧，变态过后下沉海底，常侧卧于泥沙中，依季节做短距离集群洄游，一般体长250~500mm，大者达700mm，分布于北太平洋西部，我国沿海均产之。牙鲆肉质细嫩，味道鲜美，具有较高的经济食用价值。

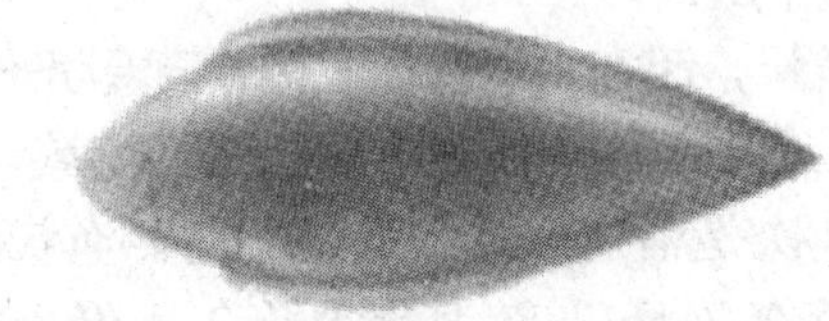

图9-30　鳎鱼

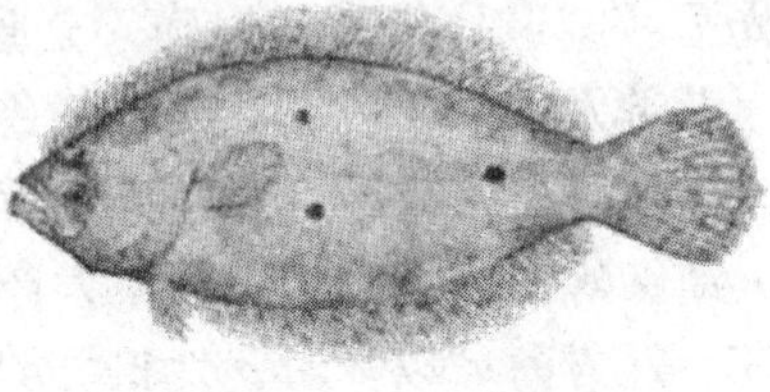

图9-31　牙鲆

4. 银鲳

银鲳［*Pampus argenteus*（Euphrasen），图9-32］属于鲳科，又称白鲳、鲳鱼、平鱼、长林、车片鱼、镜鱼、草鲳、白伦、乌伦、枫树、叶、扁鱼。为暖水性中上层鱼类，4~6月在舟山渔场产卵洄游，6~8月索饵，10月后逐渐游返外海越冬场。体呈卵圆形，侧扁，一般体长20~30cm，体重300g左右。头较小，吻圆钝略突出、口小，稍倾斜，下颌较上颌短，两颌各有细牙一行，排列紧密。体被小圆鳞，易脱落，侧线完全，体背部微呈青灰色，胸、腹部为银白色，全身具银色光泽并密布黑色细斑。无腹鳍，尾鳍深叉形。分布于印度洋和太平洋西部。我国沿海均产之，东海与南海较多。主要渔场有黄海南部的吕泗渔场，可形成较大的渔汛。渔期自南往北逐渐推迟，广东及海南岛西部渔场为3~5月份，闽东渔场4~8月份，舟山及吕泗渔场4~6月份，渤海各渔场为6~7月份。银鲳是出口品种，其英文名为Silvery pomfret，输往国别和地区；日本、中国香港、中国澳门，出口口岸：辽宁、河北、天津、山东、江苏、上海、浙江、福建、广东、广西。

图9-32　银鲳

5. 鲈鱼

花鲈（*Cuvier et Valenciennes*，图9-33）属鲈形目（Lateolabrax japonicus）、鮨科、花鲈属，俗称鲈鱼、花寨、板鲈、鲈板。体长，侧扁，背腹面皆钝圆；头中等大，略尖；吻尖，口大，端位，斜裂，上颌伸达眼后缘下方。两颌、犁骨及口盖骨均具细小牙齿。前腮盖骨的后缘有细锯齿，其后角下缘有3个大刺，后鳃盖骨后端具1个刺。鳞小，侧线完全、平直。背鳍两个，仅在基部相连，第1背鳍为12根硬刺，第2背鳍为1根硬刺和11~13根软鳍条。体背部灰色，两侧及腹部银灰。体侧上部及背鳍有黑色斑点，斑点随年龄的增长而减少。

图9-33　鲈鱼

鲈鱼因其体表肤色有差异而分白鲈和黑鲈。黑鲈的黑色斑点不明显，除腹部灰白色外，背侧为古铜色或暗棕色；白鲈鱼体色较白，两侧有不规则的黑点。鲈鱼分布于太平洋西部，我国沿海均产之，黄海、渤海较多，为常见的经济鱼类之一，也是发展海水养殖的品种。主要产地是青岛、石岛、秦皇岛及舟山群岛等地，渔期为春、秋两季。北部湾每年的 11 月 ~ 翌年 1 月份为盛渔期。鲈鱼是出口品种。鲈鱼喜欢栖息于河口咸淡水处，亦能生活于淡水中。主要在水的中、下层游弋，有时也潜入底层觅食。鱼苗以浮游动物为食，幼鱼以虾类为主食，成鱼则以鱼类为主食。性成熟的亲鱼一般是 3 冬龄体长达 600mm 左右的个体。生殖季节于秋末，产卵场在河口半咸淡水区。分布于东亚的中国、朝鲜及日本，我国沿海的淡水水体中皆产此鱼。

鲈鱼生长迅速、个体大，一般重 1.5 ~ 2.5kg，最大个体可达 15kg 以上。其肉佳美。其肉每 100g 含蛋白质 17.5g，脂肪 3.1g，糖类 0.4g，热量 418kJ，钙 56mg，磷 131mg，铁 1.2mg，维生素 B_2 0.23mg，烟酸 1.7mg 和微量维生素 B_1。

6. 凤鲚

凤鲚（*Coilia mystus*，图 9 – 34）属鲱行目、鳀科、鲚属（*Coiliamystus Linnaeus*），俗称黄鲚、凤尾鱼、子鲚、烤子鱼。

图 9 – 34　凤鲚

凤鲚属于河口性洄游鱼类，平时栖息于浅海，每年春季，大量鱼类从海中洄游至江河口半咸淡水区域产卵，但决不上溯进入纯淡水区域。刚孵化不久的仔鱼就在江河口的深水处肥育，以后再回到海中，翌年达性成熟。雌鱼大于雄鱼，雌鱼体长 12 ~ 16cm、重 10 ~ 20g，雄鱼体长仅 13cm、重 12g 左右。一般是 4 月下旬（谷雨前后）亲鱼开始由海中来到江河口，但数量不多；5 月上旬（立夏）至 7 月上旬则大批到来，此时便是凤鲚渔汛的旺季；7 月下旬产过卵的亲鱼又陆续回到海中生活。凤鲚在洄游到江河口产卵期间很少摄食。其食物为虾、桡足类和幼鱼。凤鲚是长江、珠江、闽江等江河口的主要经济鱼类，鱼汛季节产量很高，仅长江口年产量便达 4×10^6 ~ 4.5×10^6kg，渔获物中雄鱼往往多于雌鱼。

7. 鳕鱼

鳕鱼通常是指鳕形目鳕鱼科（*Gadous macrocephaius*，图 9 – 35）鱼类，我国北方称鳕为“大头腥”、“大头鱼”，朝鲜称鳕为“明太鱼”。鳕鱼的典型特征：体延长，稍侧扁，尾部向后渐细，一般长 25 ~ 40cm，体重 300 ~ 750g。头大，口大，上颌略长于下颌，颈部有一触须，须长等于或略长于眼径。两颌及犁骨均具绒毛状牙。体被细小圆鳞易脱落，侧线明显。背鳍 3 个，臀鳍 2 个，各鳍均无硬刺，完全由鳍条组成。头、背及体侧为灰褐色，并具不规则深褐色斑纹，腹面为灰白色。

图 9 – 35　鳕鱼

鳕鱼是海洋世界的大家族，已知约有 500 种，是海洋渔业的主要捕捞对象。主要捕捞种类属鳕科、无须鳕科和长尾鳕科。大多数分布于大西洋北部大陆架海域，重要鱼种有太平洋鳕、大西洋鳕、黑线鳕、蓝鳕、绿青鳕、牙鳕、挪威长臂狭鳕和狭鳕等。狭鳕是鳕科中的重要种类，是冷水性中下层鱼类，广泛分布于太平洋北部，从日本海南部向北沿俄罗斯东部沿海，经白令海和阿留申群岛、阿拉斯加南岸、加拿大西海岸至美国加利福尼亚中部，白令海和鄂霍次克海是两个重要渔场。狭鳕是渔获量很高的经济鱼类。

鳕鱼属冷水性底层鱼类，为北方沿海出产的海洋经济鱼类之一。鳕鱼每100g肉含蛋白质16.5g、脂肪0.4g。

鳕鱼周身是宝，除肉可食用外，眼球可用于提取维生素B，肝可提取鱼肝油。鳕鱼肝油中含有丰富的维生素A和维生素D，同时鳕鱼肝油对结核菌有抑制作用，所以患肺结核病的人可长期服用鱼肝油。其胰可用于提取胰岛素，鳕鱼鳔可制鳔胶。

8. 蓝点马鲛

蓝点马鲛［*Scomberomorus niphonius*（Cuvier et Valenciennes），图9－36］属鲅科，又称马鲛、鲅鱼，为暖水性中上层鱼类。体长而侧扁，呈纺锤形，一般体长为25～50cm，体重300～1000g，最大个体长可达1m、重4.5kg以上。鲅鱼身上布满蓝色斑点，腹部呈银灰色，带蓝点的鲅鱼为北方海域独有，南方的鲅鱼少有蓝点。鲅鱼现在是黄海、渤海产量最高的经济鱼类。鲅鱼产量高，是因为它成长快，上市的一般是两年鱼。鲅鱼产卵季节结群向近海洄游。主要渔场有舟山、连云港外海及山东南部沿海。每年的4～6月份为春汛，7～10月份为秋汛，5～6月份为旺季。

图9－36　蓝点马鲛

9. 蓝圆鲹

蓝圆鲹（*Decapterus maruadsi*）（Temminck et Schlegel，图9－37），属于鱼纲、鲈形目、鲹科。身体呈纺锤形，稍侧扁。头近圆锥形，长12～30cm。青灰色。体背部蓝灰色，腹部银白色。鳃盖后上角处有1块黑斑，眼被脂睑，仅瞳孔中央留露1条长缝。上下颌有1列细齿。第二背鳍和臀鳍后方各有一游离小鳍。侧线后部具有棱鳞。体被小圆鳞。为暖水性中上层鱼类，洄游性显著，游泳迅速，有结群习性和趋光性，分布在我国南海、东海和黄渤海，产量大，是一种食用经济鱼类。头部朝向日出日落方向，夜晚趋向月光，适用于蓝绿光诱捕，多以浮游生物为食。我国的沿海都有，以南海产量较多。为灯光围网作业主要捕捞经济鱼类之一。少量供鲜食，大部分制成腌干品。

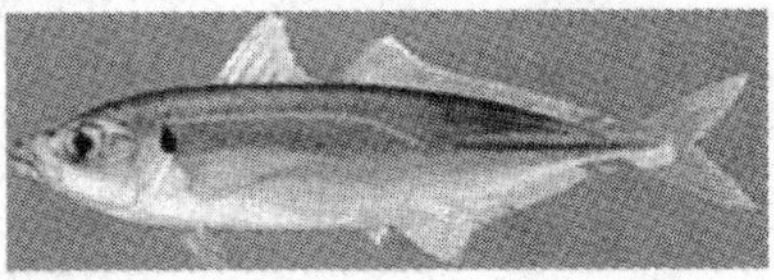
图9－37　蓝圆鲹

10. 赤魟

赤魟（*Dasyatis akajei*，图9－38）属鳐目（Batoidei）魟科、魟属，俗称草帽鱼、蒲扇鱼、黄貂鱼。身体极扁平，体盘近圆形，宽大于长。体盘背面赤褐色，边缘略淡；眼前外侧、喷水孔内缘及尾两侧均呈橘黄色，体盘腹面乳白色，边缘橘黄色。赤魟分布于我国南海和东海，长江口咸、淡水中亦有。赤魟个体较大，最大个体可达15kg。肉味尚佳，皮厚实，无血有光泽，含丰富的胶质，水发后烹制成“大扒鱼皮”，味道鲜美，是宴席上的珍品。

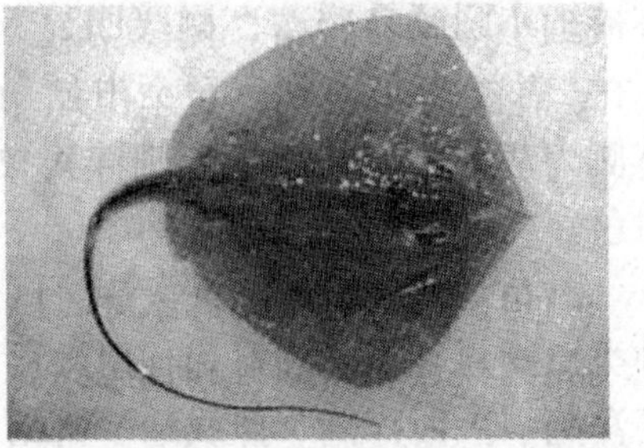
图9－38　赤魟

赤虹包括各种鳐。体形背腹扁平，胸鳍扩展与头和躯干愈合成盘状，鳃裂5对，开口于头的腹面（鳃裂腹位），口、鼻均在腹面，喷水孔在背面。尾多细长或呈鞭形，游泳主要靠胸鳍。生活在浅海的底层，游泳能力不强，食物以无脊椎动物为主。我国常见的如孔鳐（*Raja porosa*），尾上具3～5纵行瘤刺，产于黄海、东海。赤虹（*Dasyatis akajei*），尾细长如鞭，尾上有一个长棘，分布于东海和南海。电鳐（*Narke japonica*），因具有发电器官而得名。电器官位于扩大了的胸鳍内，呈蜂窝状，是由六角形肌肉细胞组成，放电量可达100V左右，用以防御敌害或以电击昏小动物以捕食。

11. 鲐鱼

鲐鱼［*Pneumatophorus Japonicus*（Houttuyn），图9－39］属鲈形目、鲭科，又称油筒鱼、青鲇，为暖水性中上层鱼类。4～5月、7～10月在舟山渔场产卵、索饵，以秋季在舟山渔场北部最盛。体呈纺锤形，有两个分离的背鳍，在第二个背鳍和臀鳍之后，各有小鳍五个。头大，前端尖细。眼大，位高，有发达的脂眼睑。尾柄细，尾鳍叉形。侧线明显。体背呈青蓝色，腹部银白色。鲐鱼为远洋暖水性鱼类，不进入淡水。每年进行远距离洄游，为中上层洄游性鱼类，趋光性强，是灯光围网主要捕捞对象之一。我国沿海均有分布，但以黄海渔场产量较高。

图9－39　鲐鱼

12. 鲥鱼

鲥鱼［*Macrura. reevesii*（Richardson），图9－40］，地方名时鱼、三来、三黎鱼、迟鱼、鲥刺，属鲱形目、鲱科、鲥属，其肉质细嫩鲜美、脂肪丰富，并有很高的药用价值，为我国珍稀名贵经济鱼类，1988年被列为国家一级野生保护动物。鲥鱼体长而侧扁，体被锯齿状的圆鳞，一般体长25～40cm。口大，端位，吻尖。下颌稍长于上颌，上颌骨正中有一显著凹陷，呈一斜裂，上下两颌均无齿。眼位于头的前部两侧，脂眼睑发达，几乎遮盖眼的一半。腮孔大。鳞片大而圆薄，上有细纹，无侧线。腹部有大型锐利的棱鳞，排列成锯齿状。有胸鳍、腹鳍各一对，腹鳍极小；背鳍、臀鳍各一个，背鳍条14～15，臀鳍条16～18；尾鳍深叉形，被有小鳞。体背和头部为灰色，略带蓝色光泽，体两侧和腹部为银白色。腹鳍、臀鳍灰白色，其他各鳍暗蓝绿色。鲥鱼为江海洄游性鱼类，以浮游生物为食。生殖洄游期间停止摄食或很少摄食，平时分散栖息于近海中上层，春末夏初（4～6月）做溯河生殖洄游，产卵后亲鱼回归大海，幼鱼则进入支流或湖泊中索饵，秋后入海长肥，直至性成熟。据查，20世纪70年代，长江鲥鱼年产量曾达75×10^4kg，洞庭湖和湘、资、沅、澧四水也常捕到鲥鱼。但此后由于水利建设切断了鲥鱼的产卵和索饵洄游通道，加上捕捞过度和水域环境污染，鲥鱼天然资源急剧减少。目前长江流域鲥鱼年产量仅500kg左右，洞庭湖和湘、资、沅、澧四水鲥鱼资源几乎绝迹。而国内市场鲥鱼价每千克高达1000元。因此，鲥鱼人工繁殖和养殖，前景非常广阔。

图9－40　鲥鱼

每100g鲥鱼肉中含蛋白质16.9g、脂肪16.9g、钙33mg、磷216mg、铁2.1mg等营养成分。《随息居饮食谱》描述：鲥鱼性温、味甘，开胃、润脏、补虚。

13. 沙丁鱼

图9-41 沙丁鱼

远东拟沙丁鱼（*Sardina melanostictus*，图9-41）属鲱科，又称沙脑鰛、真鰛、大肚鰛。体形侧扁，一般体长14~20cm。体被大圆鳞，不易脱落，体背部青绿色，腹部银白色，体侧有两排蓝黑色圆点，上排斑点不显著，下排斑点一般为6~9个，多数为7个。鳃盖骨上有明显的线状射出条纹。背鳍1个，鳍基有鳞鞘，鳍条16条；臀鳍1个，鳍条17根，最后2根鳍条明显延长；尾鳍深叉形，鳍基有2个显著的长鳞。主要分布于西北太平洋的日本周围及朝鲜半岛沿岸海域。我国主要产于黄海，其次为东海。渔期从每年的4月下旬至6月下旬。具有生长快、繁殖力强的优点，且肉质鲜嫩。

沙丁鱼中含有一种具有5个双键的长链脂肪酸，可防止血栓形成，对治疗心脏病有特效。但由于此种鱼个体小、产量高、产值低，保鲜加工困难大，多做鱼粉原料，也可加工成鱼糕、鱼丸、鱼卷、鱼香肠等多种方便食品。

第三节 其他水产品

1. 乌贼鱼

乌贼鱼为软体动物乌贼科乌贼鱼的肉或全体，又名墨鱼、墨斗鱼。

乌贼鱼每100g含水分81g，蛋白质17.1g，脂肪、碳水化合物少量，无机盐1.3g，维生素A 120IU，新鲜乌贼鱼还含有5-羟色胺及多肽物质，其中所含之多肽类物质和5-羟色胺有抗病毒、抗放射线作用，对提高机体免疫力、防止骨质疏松、治疗倦怠乏力和食欲不振等有一定的辅助作用。

2. 鱿鱼

鱿鱼也称柔鱼、枪乌贼，营养价值很高，是名贵的海产品。它和墨鱼、章鱼等软体腕足类海产品在营养功用方面基本相同，都是富含蛋白质、钙、磷、铁等，并含有十分丰富的诸如硒、碘、锰、铜等微量元素。鱿鱼中含有丰富的钙、磷、铁元素，对骨骼发育和造血十分有益，可预防贫血。鱿鱼除了富含蛋白质及人体所需的氨基酸外，还是含有大量牛磺酸的一种低热量食品。可抑制血中的胆固醇含量，预防成人病，缓解疲劳，恢复视力，改善肝脏功能。其含的多肽和硒等微量元素有抗病毒、抗射线作用。

3. 甲鱼

甲鱼又名鳖、团鱼、元鱼，多生活于湖泊、小河及池塘的泥沙之中，全国各地均有。

每100g甲鱼肉中含蛋白质16.5g、脂肪1g、糖类1.6g、钙107mg、磷135mg、铁1.4mg。鳖尚含维生素及20甲烯戊酸。20甲烯戊酸是抵抗血管衰老的重要物质。甲鱼壳含动物胶、角蛋白、碘及维生素D等。

4. 乌龟

乌龟又名水龟、金龟，为滋补佳品。

乌龟含有蛋白质、动物胶、脂肪、糖类、钙、磷、铁、烟酸及维生素B_1、维生素B_2等营养物质，容易被人体吸收，对重病初愈者有很好的补益作用，是大病初愈者的理想食物。

5. 泥鳅

泥鳅又名黄鳅、鳅鱼，被称为“水中人参”。

泥鳅个头虽小，但营养价值不低。在每100g泥鳅中，含蛋白质18.4g，比一般鱼、肉类食品都要高，尤其以人体必需氨基酸如赖氨酸的含量更为丰富；另外，还含有脂肪3.7g、糖类2.5g、钙38mg、磷72mg、铁0.9mg，以及大量的维生素和微量元素，其中维生素 B_1 的含量比鲫鱼、黄鱼、虾高出3~4倍，而维生素A、维生素C和铁的含量也比其他鱼类要高。泥鳅肉中有一种抵抗人体血管衰老的重要物质，它类似于二十碳戊烯酸这种不饱和脂肪酸，非常适于年老体衰者食用。

6. 虾

虾又名“长须公”、“虎头公”，别号“曲身小子”，其家族庞大，有龙虾、对虾、海虾、白虾、青虾、毛虾等。虾含蛋白质较高，并含脂肪、糖类、钙、磷、铁、碘、维生素A、维生素 B_1、维生素 B_2、烟酸，还含有丰富的抗衰老维生素E及碘等。虾皮中含钙量很高，据报道孕妇常吃虾皮，可预防缺钙抽搐症及胎儿缺钙症等。

7. 蟹

蟹又称螃蟹，有河蟹、海蟹区别。

据研究，每100g蟹中含脂肪2.6g、蛋白质14g、糖类5.44g、磷191mg、铁0.8mg、维生素A230mg，尚含有10种氨基酸，其中谷氨酸、甘氨酸、脯氨酸、精氨酸等含量较多。蟹从海水进入淡水3h后，肌肉中总氨基酸量即见减少，变化最显著的是脯氨酸和甘氨酸。蟹的甲壳以往都被废弃，近年来科学家从中提取甲壳素，可用作渗析和离子交换材料、胶囊材料、生物功能材料。如果用它处理水，其净水效果优于活性炭。蟹壳还可以用于制造人工皮肤，制成新型内服药品的载物。同时从蟹甲壳中还可提取一种叫NACOS-6的物质，能增强人体细胞活性，进而增强抗癌效果。

8. 海参

海参又名海鼠、海黄瓜、沙参，其种类多达1000余种。在我国以梅花参、刺参、瓜参、黑乳参较著名。

营养分析表明，每100g鲜海参含蛋白质21.5g、脂肪0.3g、糖类1.0g、钙118mg、磷22mg、铁1.4mg，还含有海参苷、酸性黏多糖、海参毒素、碘、钒等多种物质。

9. 海蜇

鲜活的海蜇外观形似一顶降落伞，可以分为两个部分。“伞盖”部分加工的制品是海蜇皮，“伞盖”下口腔和触须部分加工的制品则是海蜇头。海蜇做菜滑嫩，清脆耐嚼，是人们喜爱的一道菜肴。

海蜇富含多种营养物质，在每100g海蜇中含蛋白质12.3g、糖类3.9g、脂肪0.1g、钙182.2mg、铁5.9mg、碘132mg，还含有部分B族维生素、胆碱、甘露多糖。

10. 鲍鱼

鲍鱼又称鳆鱼、明目鱼、石决明肉、镜面鱼、将军帽、九孔鲍，其实它非鱼类，亦非古人称干鱼为“鲍”之鲍鱼，而是属于鳆纲鲍科门的一种单壳贝类。鲍鱼肉质细嫩、味道鲜美，富含蛋白质、矿物质、维生素类，但脂肪的含量极低，因此是一种高蛋白、低脂肪的营养保健食品，也是一种水产珍品。

11. 干贝

干贝又名江珧柱，是软体动物贝类栉江珧的后闭壳肌干制而成，其肉质细嫩、味道鲜美，是海味珍品，为我国传统食品八珍之一。

干贝是一种高蛋白、低脂肪的营养保健食品。据测定，每100g干贝中含蛋白质67.3g，是鸡蛋的5倍，牛肉的3.5倍，而脂肪仅含3g。此外，还含有丰富的糖类、多种维生素及钙、磷、碘等矿物质。

12. 蛤蜊

蛤蜊是海中蛤类食物的统称，有文蛤、海蛤、青蛤、沙蛤、沙蜊、吹潮等不同种类。据营养分析，在每100g蛤肉中，含蛋白质10g、脂肪1.2g、糖类2.5g，以及碘、钙、磷、铁等多种矿物质和多种维生素，而蛤壳中则含碳酸钙、磷酸钙、矽酸镁、碘、溴盐等。

13. 牡蛎

牡蛎又名蛎蛤、海蛎、蚝子，属于贝类食品。

牡蛎含有大量人体需要的营养物质。据测定，每100g牡蛎干品中，含蛋白质45～57g、脂肪7～11g、糖原19～38g，以及维生素A、B族维生素、维生素C、维生素D、维生素E和微量元素铁、锰、磷、铜、锌、碘等，其中含锌量极高。此外，它还含有海洋生物特有的多种活性物质和牛磺酸，有利于减肥、抗菌。牡蛎所含有的物质非常有利于人体的健康，为理想的营养水产食品之一。

14. 海带

海带又名昆布、海草，有“海底庄稼”之称。经常食用海带，能够降低患病率，提高平均寿命。

据营养分析，海带所含的许多成分往往为其他食物不可替代。每100g中含蛋白质8.2g、糖类56.2g、脂肪0.1g、钙1177mg、磷216mg、铁156mg、胡萝卜素0.57mg、维生素B_1 0.09mg、维生素B_2 0.36mg、烟酸1.6mg和钴、氟、纤维素、脯氨酸、褐藻酸、甘露酸等。海带为“碘之王”，其碘的含量高达3%，是防止甲状腺肿的首选食物。

15. 紫菜

紫菜又名索菜，生长在浅海岩壁，薄如纸片，故又有人称之为“纸菜”。

紫菜所含的营养素全面而又丰富。经分析测定，在每100g紫菜中，含蛋白质29～35.6g，可与大豆媲美；此外还含有糖类48.5g、脂肪0.2g、钙343mg、磷457mg、铁33.2mg、碘1800mg、维生素B_2 2.07mg、维生素C 1.0mg、烟酸5.1mg、胡萝卜素1.23mg、维生素B_1 0.44mg，此外，还含有一定量的胆碱、维生素A、维生素B_{12}、硒、锌、锰、镁等等，这些物质对人体骨骼、血液、神经诸系统的生长、代谢均有益处。

第十章　食　用　菌

第一节　概　　述

我国栽培食用菌、吃食用菌历史悠久，远在2001年前《周礼》就记载有对木耳的栽培。1400年前，后魏《齐民要术》记载有木耳的烹调方法。香菇的栽培在我国已有800多年的历史，宋元时代民间栽培香菇已初具规模，元代王桢《农书》就详细记载香菇栽培术，书中所载的“檠蕈”方法直到今天仍然采用。草菇栽培也有200多年历史。其他一些菇类多数在20世纪70年代才逐渐发展起来。在世界栽种的四大菇类中，我国就有三大类（香菇、木耳、草菇），目前我国栽的食用菌种类已达到50多个品种。

一、食用菌的概念

食用菌是指高等真菌中可供人们食用的大型真菌，现有被鉴定的数百种食用菌，在分类上它们分属于不同的纲、科、属、种，它们都有各自的名称。高等真菌是指在生长发育的一定阶段能形成肉质或胶质子实体的一类真菌。我国有近900种野生食用菌，进行商业化栽培的已有50余种。常见的野生食用菌有牛肝菌、羊肚菌、榛蘑、松蘑等，经常栽培的有平菇、香菇、黑木耳等，珍稀菇类有杏鲍菇、杨树菇、白灵菇等，还有食药兼用的冬虫夏草、灵芝等。

食用菌的特点：

（1）食用菌无根、茎、叶，不含叶绿素，不能通过光合作用来制造营养物质，依靠寄生、共生和腐生的方式来生存。

（2）食用菌的细胞壁大多由甲壳质、几丁质和纤维等物质组成。它有真正的细胞核，这是与黏菌、细菌、放线菌的明显区别。

（3）食用菌细胞中储藏的养料是肝糖和脂肪，而不是淀粉，这是与绿色织物的区别。

（4）食用菌的大多数菌丝体由分支或不分的细胞构成。由菌丝体不断繁殖、发育形成新的子实体能产生孢子，并能进行有性繁殖和无性繁殖，继续不断地繁殖后代。

二、我国的食用菌产业的现状及发展

食用菌是一种具有医疗保健和滋补功效的食品。全世界已有80多个国家和地区生产食用菌，栽培品种不断增加，年总产量平均以10% ~20% 的速度递增，目前全国食用菌的产值仅次于粮、棉、油、果、菜，超过了茶叶和蚕桑，在农业中排名第六，成为我国国民经济中一项重要产业。目前国内人工栽培的食用菌有50多种，其中常规种类有双孢菇、香菇、各种平菇（包括凤尾菇、白平菇、红平菇）、草菇、金针菇、滑菇、银耳、黑木耳、毛木耳、猴头、竹荪等，这些种类多以产量高、生长速度较快、栽培技术成熟、产品大众化而受到广大消费者的欢迎。其次，近年来人工驯化及开发了大量的珍稀菇类，如真

姬菇、姬松茸、杏鲍菇、阿魏蘑、白灵菇、茶新菇、杨树菇、鸡腿菇、灰树花、榆黄蘑、白金针菇、大球盖菇等，栽培面积逐年扩大，种类不断增加。珍稀菇类品质好、口感好，有的有特殊营养价值和药用价值，很受消费者欢迎。第三是野生菌，以其天然无污染、不能人工栽培的特点，销售市场，国际市场价格较高，如羊肚菌、牛肝菌、鸡油菌、松茸等。

在我国的食用菌产品主要有以下几类：

鲜品：不同规格包装的香菇、平菇、草菇、金针菇等。

干品：不同规格包装的香菇、银耳、黑木耳、毛木耳、冬菇、金针菇、姬松茸等。

罐头：纯品种和部分品种的混合食品罐头或软包装罐头。

深加工食品：如茯苓夹饼、冰花银耳等。

保健食品及药品：灵芝、冬虫夏草、香菇、银耳等。

随着科学技术的不断发展，食用菌产品除了以往的脱水烘干制品、罐头制品、腌制品外，已经开发了速冻制品、真空包装制品、饮料、调味品、方便食品等新型的多种多样的产品形式，受到人们的欢迎。

三、食用菌产业的发展方向

我国食用菌产业已经成为国民经济不可缺少的一部分，在国际食用菌市场占有重要地位，已经成为出口创汇的主要产业。

我国的食用菌生产较为成熟，但产后加工水平较低，缺乏理论基础数据，所以应该注重研究食用菌的化学组成、理化性质和储藏加工过程中的各种变化，为食用菌深加工提供理论基础，以充分发挥食用菌的营养价值和保健价值，更为广泛地用于生产保健品、药品、食用添加剂、加工食品等产业中，提高食用菌的利用价值，实现更高的经济效益和社会效益。

开发食用菌生产的新原料、新配方，进行食用菌废弃培养料的综合利用研究，实现生态良性循环，减少食用菌生产中木材的消耗量，保护森林资源，研究开发新原料、新配方，充分利用农作物秸秆等农副产品，实现废物利用。

应尽快以高新技术装备武装食用菌加工业，促进企业向精深加工业发展。充分运用微波技术、冷冻干燥技术、真空油炸技术、挤压膨化技术、微胶囊技术、超临界流体萃取技术、膜分离技术等高新技术，使食用菌加工业水平迅速提升，以适应瞬息万变的市场。

第二节　食用菌原料的生物学特征

食用菌是对可以食用的大型真菌（也称大型真菌）的通称，是指真菌中能形成大型子实体或菌核并能供食用的种类，常被称之为“蕈”、“菌”、“菇”、“耳”等。在真菌分类学上，食用菌极少数属于子囊菌亚门，如羊肚菌、鹿花菌、竹黄、冬虫夏草等；绝大部分属于担子菌亚门，特别是伞菌亩种蘑菇科、牛肝菌科、口蘑科、侧儿科、红菇科、桩菇科；银耳目中的银耳科、木耳科和花耳科；多孔菌中的齿菌科、油菌科、珊瑚菌科、牛肝菌科等为常见食用菌。

一、食用菌的形态结构

菇类是由生长在基质表面的子实体和生活在基质内部的菌丝体组成。

1. 子实体

最常见的为伞菌状如撑开的伞，由菌盖、菌褶、菌柄组成，某些菌类还有菌环或菌托如图 10－1 所示。

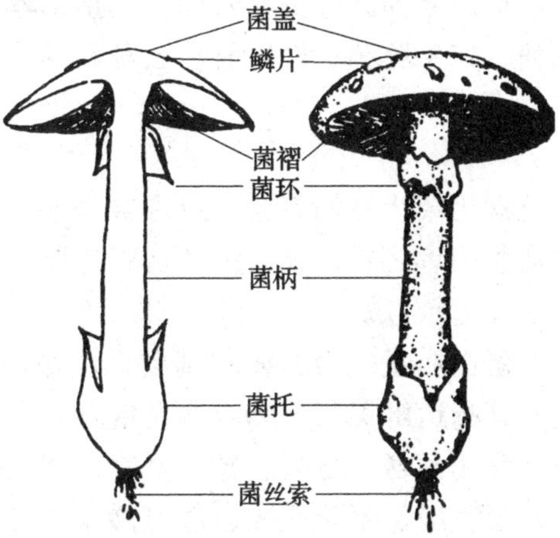

图 10－1　真菌子实体外观

菌盖的形状也多种多样，如钟形（草菇）、半圆形（蘑菇）、贝壳形或扁形（平菇）、漏斗形（松乳菇）、笠形（香菇）、长卵形（毛头鬼伞）、平展形（金针菇）、圆锥形（斑褶菇）等，如图 10－2 所示。菌盖皮层细胞所含色素不同，形成不同色泽，如白、黄、深灰、棕、黑等色。

菌褶是菌盖下面着生子实层的部分，又叫子实层体。菌褶本身基本无色，但产生孢子后，因孢子色泽不同而出现不同色泽。菌盖和菌褶为菌肉，是人们主要食用或加工的部分。由于各种菌类所含化学成分不同，表现出各种典型的风味和香气，如鸡油菌具有杏仁香，口蘑具有新鲜面粉香，松乳菇具有可口辣味等。

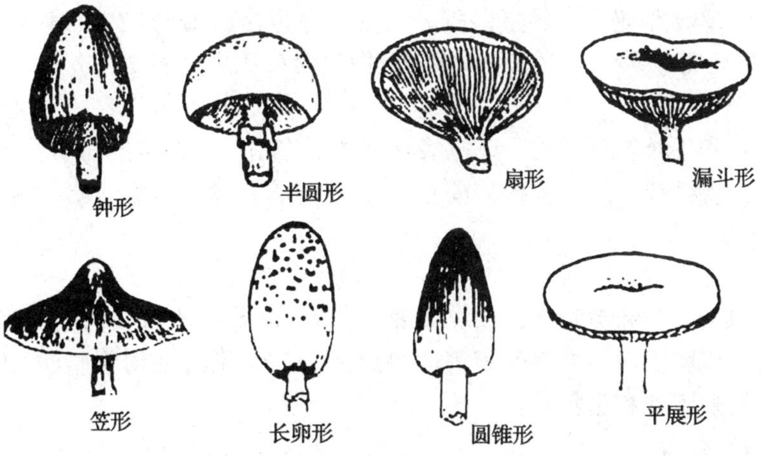

图 10－2　真菌菌盖类型

菌柄是菌盖和菌褶的支撑物，子实体是菇类的繁殖器官，孢子产生在子实体的菌褶中。

2. 菌丝体

食用菌生产所使用的“菌种”是菇类的菌丝体。菌丝体是菇类的繁殖器官，主要功能是从死亡有基质中分解、吸收、运转养料，以满足菌丝体增殖和子实体生长发育的需要。菌丝体是多年生的，只要有适宜的条件，则菌丝体能无休止地繁殖下去。菌丝体一般是由许多分支菌丝组成的网状体，但也有由菌丝组成的绳索结构或与树根分布相似的结构（称为菌索）；也有由菌丝密集而成的呈块状或颗粒状的休眠体称为菌核。

3. 食用菌的生活方式

食用菌的生活方式有三种类型，一种是腐生型，绝大多数食用菌都是腐生，其菌丝腐生在枯木、落叶、草堆、腐质土壤和粪堆之内，人工栽培食用菌有益于废物的利用，如草菇、香菇、双孢菇等的栽培；二是兼性寄生型，即寄生又腐生，如蜜环菌；三是共生和伴生，食用菌和高等植物共生，是指菌丝以菌根的形式寄生在一些树木的根毛上，两者互助互利，如牛肝菌、松口蘑、松乳菇等。

二、食用菌的营养价值

食用菌为高档蔬菜，自古被誉为“山珍”、“山珍之王”，兼具荤菜（肉、蛋类等）和素菜两者之长，具有多种营养物质，是享誉古今的美味食品。

1. 蛋白质

蛋白质是生命的物质基础，生命的存在形式。食用菌富含蛋白质、氨基酸，味道鲜美。其味道鲜美与菇体内含大量游离氨基酸与核苷酸有关。

食用菌含亮氨酸、异亮氨酸、酪氨酸、甲硫氨酸、苯丙氨酸、赖氨酸、组氨酸、精氨酸、蛋氨酸、半胱氨酸、色氨酸、天冬氨酸、苏氨酸、丝氨酸、谷氨酸、脯氨酸、甘氨酸、丙氨酸、缬氨酸等。

香菇、平菇、金针菇、凤尾菇、银耳、黑木耳、猴头菌等常用食用菌氨基酸总量平均为15.76%（干重），必需氨基酸总量平均为6.43%（干重）。

鲜蘑菇蛋白质含量为3.5%~4.5%，1000g干蘑菇所含的蛋白质相当于2000g瘦肉或3000g鸡蛋，或12kg牛奶所含的蛋白质。大白菜含蛋白质1.1%，白萝卜为0.6%，苹果为0.2%，鲜牛奶为3.3%，可见，鲜蘑菇蛋白质含量比牛奶还高。

2. 核酸

在细胞增殖和生长发育过程中，核酸具有重要作用，是遗传的物质基础，人体所需核酸是从食物中获得。成人一日核酸需要量4g，一些食用菌如双孢菇、草菇等的核酸含量高达5.4%~8.8%。

3. 脂类

真菌脂类包括脂肪和类脂（磷脂、固醇酯等），前者在体内氧化供给能量，后者如磷脂与蛋白质结合成脂蛋白，是细胞膜等的组成部分。食用菌平均含脂肪2%~8%。一些食用菌还含有较多不饱和脂肪酸。

4. 糖类与纤维素

糖类是人体主要的能量来源。真菌多糖具有多种生理、药理活性。食用菌中糖类的含量为30%~93%。食用菌的纤维素含量为2.5%~21.5%，纤维素可加强胃的蠕动，防止便秘，还是胆固醇和胆盐的螯合剂，可减少胆盐沉积，并降低血液胆固醇含量。

5. 维生素

食用菌多含有B族维生素、维生素C、维生素D、烟酸、泛酸、叶酸、胡萝卜素（α-、β-、γ-）。

6. 矿物质

人体必须从食物中补充一定量的矿物质，以保持体内矿物质元素的平衡。食用菌含有多种具有生理活性的矿物质，其中铁、钾、钠含量最高，其次为钙。

表 10－1、表 10－2 分别列出了部分食用菌的营养成分。

表 10－1　　　　部分食用菌的营养成分（一）

食用菌种类	可食部分	水分/%	营养素含量/（g/100g）			
			蛋白质	脂肪	糖类	膳食纤维
双孢菇	100	91.4	3.5	0.4	3.8	1.8
平菇	100	94.4	1.7	0.1	3.2	1.6
杏鲍菇	100	89.6	1.3	0.1	8.3	
竹荪（干）	100	13.9	17.8	3.1	60.3	
鸡腿菇（干）	100	10.8	26.7	2.0	51.8	18.8
茶树菇（干）	100	12.2	23.1	2.6	56.1	15.4
白牛肝菌	93	90.2	4.0	0.4	4.5	
黑牛肝菌	95	90.6	3.6	0.2	4.8	
木耳	100	10.9	10.6	0.2	65.5	7.0
银耳	100	15.8	6.6	3.1	68.0	1.0
羊肚菌	100	13.6	24.5	2.6	39.7	7.7

表 10－2　　　　部分食用菌的营养成分（二）

食用菌种类	氨基酸种类与含量/（mg/100g）											
	Ile	Leu	Lys	Met	Phe	The	Trp	Val	Arg	Glu	Gly	Ser
鸡枞（干）	1940	2980	1230	180	1080	1320	270	1380	1150	2830	1250	1310
松蘑（干）	1230	1590	290	70	280	380	50	330	360	1140	330	380
杏鲍菇330	122	100	40	10	70	43	6	55	28	91	42	380
白牛肝菌（干）	1960	2840	990	630	1070	1230	280	890	1220	3140	1050	1220
黑牛肝菌	310	235	104		44	129	167	256	170	761	223	184

三、食用菌的保健功能

食用菌营养丰富、味道鲜美，自古以来是人们的美味佳肴，并以是含有高蛋白、低脂肪、人体必需氨基酸、矿物质、维生素和多糖等营养成分的“健康食品”而著称，医疗保健作用十分显著。

1．具有抗肿瘤活性

目前临床上使用的抗癌药物大多是直接抑制肿瘤细胞增长的药物，这些药物不仅副作用大，而且也损坏了正常细胞。近年来，人们已着眼于筛选既能抑制癌细胞生长，同时又不产生副作用或副作用很小的抗癌药物。人们发现食用菌菌丝体和子实体中含有的高分子多糖类生理物质就具有抑制肿瘤生长的作用。有大量研究证明，包括香菇多糖和灵芝多糖在内的 100 种以上食用菌所含多糖能抑制小鼠移植性肉瘤S－180 生长，具有抗肿瘤活性。

研究较深入的有银耳、香菇、茯苓、灰树花、巴氏蘑菇、猴头菇等。

2. 增强免疫功能

多种食用菌菌丝体和子实体中含有的高分子多糖类生理活性物质不仅具有抗肿瘤的作用，还有增强机体免疫功能的作用，包括增强非特异性免疫功能，增强特异性体液免疫和细胞免疫功能，如从食用菌菌丝体中分离提取的香菇多糖、猴头多糖和灵芝多糖能促进实验小鼠免疫球蛋白生成，并对其吞噬细胞和T、B淋巴细胞的功能有明显增强作用。研究较多的有银耳、黑木耳、香菇、巴西蘑菇、灰树花、猴头菇、茯苓等。

3. 调节血脂作用

血液中胆固醇升高时引起动脉硬化、高血压、心脏病、脑软化等疾病，随着人民生活水平的提高，该类病的发病率也有逐年上升的趋势。日本科学工作者的研究发现，从香菇中分离提取的香菇嘌呤，用小鼠做动物实验，具有显著降低小鼠血液中胆固醇含量的作用。银耳、黑木耳、香菇、猴头菌等均能降低胆固醇，具有调节血脂作用。

4. 保肝解毒作用

肝脏是人体的"化工厂"，参与蛋白质合成和化学物质的代谢与解毒，正常肝功能为生命所必需。食用菌如香菇、猴头菇、银耳等对多种实验性肝损伤具有保护作用。

5. 降血糖作用

银耳、黑木耳、猴头菌等食用菌所含有的多糖能降低实验性糖尿病动物的血糖。日本库川女子大学人类环境科学学院食品科学与营养系曾报道将被液多孔菌（又名灰树花）让糖尿病小鼠口服，可显著地改善其耐糖能力，减少尿糖和尿量等，使糖尿病的诸多症状得以改善。

6. 抗衰老作用

灵芝是一种传统的名贵中药，具有滋补强壮、扶正固本的功效。自古以来，灵芝一直被认为是延年益寿的珍品。近代科学研究证明：灵芝的菌丝体和子实体中含有的高分子多糖类生理活性物质除具有抑制肿瘤生长和增强机体免疫功能的作用外，还有延缓衰老的作用。

7. 预防病毒疾病的作用

"流感"可使人体抵抗力降低，从而导致其他疾病的并发。自从发现蘑菇的提取液可以抑制病毒增长以来，食用菌对感冒的食疗作用引起了人们的极大兴趣，近期的研究已经知道在食用菌中存在着能刺激抗体产生干扰素的诱导物质（能抑制病毒的抗体），这种诱导物质叫"蘑菇核糖核酸"，它能强烈地抑制病毒的增殖。"蘑菇核糖核酸"的发现，不仅为人类预防各种病毒性疾病带来了新的希望，而且也为农业病毒的防治开辟了新的途径。近来发现不少食用菌的水浸液对一些植物病毒有比较强的抑制作用。这种水浸液的感染抑制率可高达90%以上。

8. 其他作用

银耳有抗放射作用和升高白细胞数作用，黑木耳、茯苓有抗氧化作用、清除自由基作用和抗衰老作用，黑木耳有抑制血小板聚集的作用，猴头菌有抗溃疡作用，香菇有抗病毒作用等。

第三节　食用菌的品种及营养特性

一、双孢蘑菇

双孢蘑菇［*Agaricus bisporus*（lange）Imbach，（图10－3）］属伞菌科蘑菇属，因其担子上通常仅着生2个担孢子而得名，又名双孢菇、白蘑菇、洋菌、西洋草菇。它是世界5大食用菌中最重要的一种，以中国、美国、法国、荷兰等国生产量最大。蘑菇颜色洁白、菌褶粉红、色美味鲜、质地脆嫩、营养丰富，品种主要有双孢蘑菇、四孢蘑菇、双环蘑菇。蘑菇采后极易发生酶褐变，一般均用盐水或焦亚硫酸钠或B9进行护色处理。除作为菜肴外，大量用于生产脱水菇片、盐渍、罐头、酱、酱油等加工品。双孢蘑菇是目前世界上人工栽培最广泛、产量最高、消费量最大的食用菌。

图10－3　双孢蘑菇

双孢蘑菇含有丰富的蛋白质、多糖、维生素、核苷酸和不饱和脂肪酸，新鲜蘑菇和干蘑菇组成如下：每100g含蛋白质分别为2.9g和35.6g，脂肪0.2g和1.4g，糖类3g和14g，钙8mg和100mg，磷6.6mg和162mg，铁1.3mg和32mg，维生素B_1 0.11mg和0.02mg，维生素B_2 0.16g和2.53mg，烟酸3.3mg和55.1mg，维生素C 4mg和1mg。另外，还含有脂肪酸、亚油酸、多种游离氨基酸、维生素A、维生素B_6、维生素D、维生素E、维生素K、叶酸、泛酸等，其中泛酸的含量在食物中是比较多的，还含甘露醇、海藻糖、麦角固醇、多种有机酸。日本科学家从蘑菇中提得一种称为PS－K的类多糖化合物，具有抗癌作用。有实验表明，双孢菇的提取液有抑制一些病原性微生物的作用。祖国医学认为，双孢菇性味甘，平，归、肠、胃、肺经，具有健脾开胃、润肺化痰、平肝提神等功效。

双孢蘑菇加工技术主要有保鲜加工、速冻加工、罐藏加工、盐渍加工和干制加工等，主要产品有保鲜菇、速冻菇、罐头菇、盐水菇和干（片）菇，此外还有调味蘑菇、蘑菇酱油、蘑菇调味品、蘑菇浓缩液、蘑菇饮料、蘑菇蜜饯及蘑菇（多糖）保健品、蘑菇美容品等多种产品。

二、香　　菇

香菇［*Lentinus deodes*（Berk）Sing，图10－4］属伞菌目、白蘑科、香菇属，又名香蕈、香菰、板栗菌、冬菇、椎茸，是世界上已达工业生产规模的5大食用菌之一，我国早在1913年就人工栽培香菇，全国长江以南的很多省份均可生产。由于它味道鲜美、香气沁人、营养丰富，含有十多种氨基酸（其中有7种人体必需的氨基酸），还含有维生素B_1、维生素B_2、烟酸

图10－4　香菇

及矿物质，素有“植物皇后”、“素菜之王”之誉。

香菇子实体较小至稍大，菌盖直径5～12cm，可达20cm，扁平球形至稍平展，表面菱色、浅褐色、深褐色至深肉桂色，有深色鳞片，而边缘往往鳞片色浅至污白色，有毛状物或絮状物，菌肉白色，稍厚或厚，细密，菌褶白色，密、弯生、不等长。菌柄中生至偏生，白色，常弯曲，长3～8cm，粗0.5～1.5cm，菌环以下有纤毛状鳞片，内实，纤维质，菌环易消失，白色。香菇的品种有秋菇、冬菇、春菇之分，市场上则以花菇、厚菇、薄菇分类。花菇生长于雪后初晴之时，因菇面受寒冻裂，经阳光照射又再弥合，故形成了众多的花纹。花菇肉质肥厚、鲜嫩、香味浓郁，是香菇中的佳品。厚菇背面隆起，边缘下卷，菇质厚实，香味也佳，因产于冬季，又称冬菇。薄菇又叫香信，生于开春之后，由于温度适宜、生长迅速，因而个大而薄，产量高，但质味较逊。

香菇中含不饱和脂肪酸甚高，还含有大量的可转变为维生素D的麦角固醇和菌固醇，对于增强抗疾病能力和预防感冒有良好效果，经常食用对预防人体特别是婴儿因缺乏维生素D而引起的佝偻病有益，可预防人体各种黏膜及皮肤炎病。香菇中所含香菇太生（lentysin）可预防血管硬化，可降低人的血压，从香菇中还分离出降血清胆固醇的成分（C8H1104N5、C9H1103N5）。香菇灰分中含有大量钾盐及其他矿物质元素，被视为防止酸性食物中毒的理想食品。香菇中的糖类以半纤维素居多，主要成分是甘露醇、海藻糖和葡萄糖、戊聚糖、甲基戊聚糖等。

我国不少古籍中记载香菇“益气不饥，治风破血和益胃助食”。民间用来助痘疮、麻疹的诱发，治头痛、头晕。现代研究证明，香菇多糖可调节人体内有免疫功能的T细胞的活性，可降低甲基胆蒽诱发肿瘤的能力。香菇对癌细胞有强烈的抑制作用，对小白鼠肉瘤180的抑制率为97.5%，对艾氏癌的抑制率为80%。香菇还含有双链核糖核酸，能诱导产生干扰素，具有抗病毒能力。

香菇含有水溶性鲜味物质，可用作食品调味品，其主要成分是5′-乌苷酸等核酸成分，香味成分主要是香菇酸分解生成的香菇精（lentionione）。所以香菇是人们重要的食用、药用菌和调味品。

香菇的营养成分极为丰富，每100g干香菇含蛋白质13g，脂肪1.8g，糖类50g，钙124mg，磷415mg，铁25.3mg，还有大量的维生素B_1、维生素B_2、维生素B_{12}、维生素C、烟酸和麦角固醇等。

祖国医学认为，香菇性味甘，平，归肝胃经，有扶正补虚、健脾开胃、祛风透疹、化痰理气、解毒、抗癌等作用。

三、草　　菇

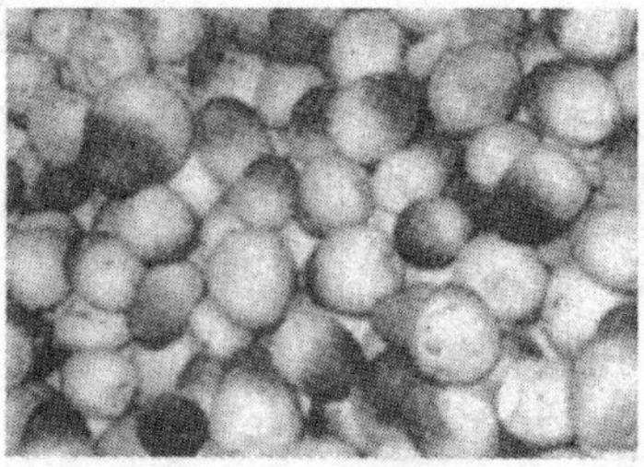

图10-5　草菇

草菇［*Volvariella volvacea*（Buii. ex Fr），图10-5］隶属担子菌纲、伞菌目、光柄菇科、苞脚菇属，也称为麻菇，是我国南方普遍栽培于稻草堆上的一种伞菌。肉肥嫩，味鲜美，香若兰，是深受人们喜爱的食用菌之一。它的别名很多，闽粤一带，因它生长在稻秆上，称为秆菇；湖南浏阳一带，因它原生于腐熟的麻秆壳叶上，菌柄基部有一蛋壳形的苞脚（菌托），所以称为美味苞脚菇；烘干时具有特殊浓郁的香味，又称兰花菇。草菇鲜菇肉质肥嫩、味鲜爽口，干菇芳香浓郁，是宴席珍品。

草菇的营养价值很高，据福建农学院分析，新鲜草菇含水分 92.39%，蛋白质 2.68%，脂肪 2.24%，灰分 0.91%，糖 2.6%（还原糖 1.66%，转化糖 0.95%）。每 100g 鲜草菇中含维生素 C 206.27mg。草菇蛋白质中含有 17 种氨基酸，其中包括人体所需要的 8 种必需氨基酸。草菇蛋白质含量高于一般的蔬菜，比常食用的水果、蔬菜，如马铃薯、茄子、番茄、白萝卜、大白菜、藕等分别高出 1.8 倍、3.33 倍、4.43 倍、3.8 倍、2.22 倍、2.96 倍。国内外均认为，草菇是“素中之荤”，是蛋白质来源之一。草菇蛋白质由 18 种氨基酸组成，人体必需的 8 种氨基酸全有，占氨基酸总量的 38.2%。100g 鲜草菇含维生素 B_1 0.35mg，烟酸 46.88mg，维生素 C 206.29mg。维生素 C 的含量比橙、柚、辣椒、番茄、芥菜分别高出 3.82 倍、1.68 倍、1.04 倍、6.25 倍、2.4 倍。维生素 C 含量居于水果、蔬菜之首，被称为“健康食品”。

草菇含有较多的鲜味物质——谷氨酸和各种糖类，使草菇具有鲜美的风味。中医认为，草菇性寒、味甘，有消暑去热之功和发乳肥孩、护肝健胃及解毒之效。现代医学研究表明，草菇含有异构蛋白，可增强人体免疫机能，降低胆固醇含量，预防动脉粥样硬化。

四、平　菇

平菇［*Pleurotus cornucopiae*（paul. Pers.）Rolland，图 10－6］又称白黄侧耳、美味侧耳、紫孢侧耳。

子实体中等大至较大。菌盖直径 5～13cm，初期扁半球形，伸展后基部下凹，光滑，幼时铅灰色，后渐呈灰白至近白色，有时稍带浅褐色，边缘薄，平滑，幼时内卷，后期常呈波状。菌肉白色，稍厚。菌褶宽、稍密，延生而在柄上交织，白色至近白色。柄短，扁生或侧生，内实，光滑，长 2～5cm，粗 0.6～2.5cm，往往基部相连。

图 10－6　平菇

春秋季节生于阔叶树干上，近覆瓦状丛生。

白黄侧耳是一种人工大量栽培的食用菌，味道鲜美，炒菜做汤都可，而且有抑制肿瘤的作用，有试验表明对小白鼠肉瘤的抑制率为 60%～80%，对艾氏癌的抑制率为 60%～70%。

平菇味道鲜美、质地柔嫩、营养丰富，是一种高蛋白、低脂肪的营养食品。平菇含有 18 种氨基酸、多种维生素和微量元素，其中 8 种氨基酸是人体生理活动所必需的。特别是粮食和豆类中通常缺乏的赖氨酸、甲硫胺酸在平菇中都很丰富。根据元代《日用本草》记载，平菇有益气、杀虫作用。如经常食用平菇，可以减少人体胆固醇含量，降低血压。

五、金 针 菇

金针菇［*Flammulina velutipes*（curt. ex Fr）Sing］属于担子菌纲、伞菌目、白蘑科、金钱菌属，又称朴菇、毛柄金钱菇、毛柄类火菇、金菇等。据考证，金针菇是我国最早进行人工栽培的菌种之一。金针菇菇柄脆嫩，菌盖黏滑，味道鲜美。

金针菇的子实体由菌盖、菌褶、菌柄三部分组成，多数成束生长，肉质柔软有弹性。菌盖球形或呈扁半球形，直径1.5~7cm不等。幼时球形，逐渐平展，过分成熟时，边缘皱褶，向上翻卷。菌盖表面有胶质薄皮，湿时有黏性，色纯白、黄白相间或黄褐色不等，野生的金针菇则是黄褐色的。菌肉白色，中央厚、边缘薄，菌褶白色或带奶油色，稍密，不等长。菌柄硬，长5~20cm，直径2~8mm，等粗或上面稍细，柄上端呈白色或淡黄色，基部暗褐色（黄色品种）。初期菌柄内部有髓心，后期变中空。

金针菇的营养极其丰富，每100g干菇含粗蛋白31.23g（纯蛋白13.49g），粗脂肪5.78g，粗纤维3.34g，灰分7.58g。据上海工业仪器研究所测定，每100g鲜菇中含水89.73g，蛋白质2.72g，脂肪0.13g，灰分0.83g，糖5.45g，粗纤维1.77g，铁0.22mg，钙0.097mg，磷1.48mg，钠0.22mg，镁0.31mg，钾3.7mg，维生素B_1 0.29mg，维生素B_2 0.21mg，维生素C 2.27mg。金针菇中含有18种氨基酸，每10g干菇中含氨基酸总量达20.9mg，其中人体必需氨基酸占总量的44%~50%，高于一般菇类，其中赖氨酸和精氨酸含量分别达1.024mg和1.231mg，也高于一般菇类。

金针菇中富含精氨酸和赖氨酸以及多种矿物质，其中赖氨酸特别有利于儿童骨骼成长和智力发育，精氨酸则利于防治肝脏疾病和胃溃疡，含锌量也比较高，能促进儿童的健康成长和智力发育，对儿童有增长智力的作用，长期食用金针菇的儿童，不但体重和身高有明显增长，而且会显得聪明多智、记忆力更强。金针菇中含有多种氨基酸、活性多糖、维生素和微量元素，对成人也有增强记忆力和抗衰老的作用，所以，称它为“增智菇”。

六、灵　芝

灵芝［*Ganoderma lucidum*，图10-7］俗称灵芝草，古称瑞草，是一种高等真菌，在植物分类上属真菌植物门、担子菌纲、多孔菌目、多孔菌科、灵芝属，是分解纤维素、木质素能力较强的一种真菌。灵芝已知的有100多个品种，自然界中以赤芝、紫芝较为常见。野生灵芝多生长在阴坡阔叶林或针阔混交林内的腐木和树桩上。福建省主要分布在闽西北林区。近几年已有人工栽培，以松溪县出产的质量最佳。

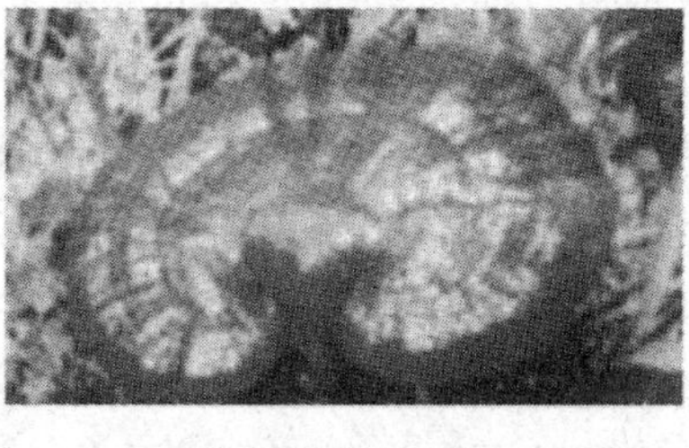

图10-7　灵芝

灵芝自古以来有“仙草”、“瑞草”之称，中华传统医学长期以来一直视其为滋补强壮、固本扶正的珍贵中草药。灵芝的菌盖（菌帽）木栓质，半圆形或肾形，宽12~20cm，厚约2cm，皮壳坚硬，初黄色，渐变为红褐色，有光泽，具环状棱纹和辐射状皱纹，边缘薄而平截，常稍内卷。菌盖下表面菌肉白色至浅棕色，由无数菌管构成；菌柄侧生，长达19cm，径约4cm，红褐色至紫褐色，有漆样光泽。菌管内有多数孢子。孢子褐色卵形，直径为（8.5~11.5）μm×（5~6）μm，一端平截，外壁光滑，内壁粗糙。

紫芝的子实体形状与灵芝极相似，主要区别为，菌盖与菌柄的皮壳呈紫黑色或黑色，菌肉锈褐色，孢子直径（10~12.5）μm×（7~8.5）μm，内壁有显著小疣。

2000年前东汉时期的《神农本草经》中将灵芝列为上品，认为“久食，轻身不老，延年神仙”。明朝李时珍编著的《本草纲目》中记载：灵芝味苦、平，无毒，益心气、活血、入心充血、助心充脉、安神、益肺气、补肝气、补中、增智慧、好颜色、利关节、坚筋骨、祛痰、健胃。

灵芝的药用价值如下：

（1）抗肿瘤。肿瘤之所以会发生发展，很关键的一个环节是自身免疫力功能的低下或失调。研究提示：灵芝是最佳的免疫功能调节和激活剂，它可显著提高机体的免疫功能，增强患者自身的抗癌能力。人体的免疫机制主要有两种：一是细胞免疫，二是体液免疫。现行的所有免疫调节药物，大多只能对其中的一种功能起到某种调节作用，唯独灵芝，其不仅对两者均有明显作用，能增强网状内皮系统的吞噬能力，促进白细胞介素Ⅱ（IL－2）的生成，提高天然杀伤肿瘤细胞（NK）活性，激发干扰素的生成，并且有抗放射作用，能促进骨髓造血机能。正因为灵芝有着上述可贵的作用，故欧美许多国家争相利用灵芝开发抗癌新药。

（2）抗衰老。灵芝所含的多糖、多肽等有着明显的延缓衰老功能。这功能主要基于以下机理：

① 促进和调整免疫功能。对成年人和老年人而言，这种促进和调整可明显延缓衰老。对于处于生长发育阶段的少年儿童而言，则可促进其免疫功能的完善，增强抗病能力，确保其健康成长。

② 调节代谢平衡，促进核酸和蛋白质的合成。研究表明：灵芝能促进血清、肝脏和骨髓的核酸及蛋白质的生物合成，因此可以有效的抗病、防衰老。

（3）抗氧化、清除自由基。自由基是细胞代谢过程中不断产生的具有高度活性的物质，对机体具有损害作用，它能诱导氧化反应，使酶活性降低和酸代谢异常，并使生物膜中的多种不饱和脂类发生超氧化变性形成脂质过氧化物（LPO），引起细胞结构破坏和功能下降，对机体各器官组织均有明显损害作用，可加速衰老和诱使多种病理状态产生。

（4）具有促进 DNA 合成、延长传代细胞分裂代数的能力。实验表明：灵芝能促进 DNA 合成，延长传代细胞分裂代数，增进细胞寿命，从而推迟衰老。

当机体受某种抗原侵袭导致免疫功能亢进，产生各种变态反应或免疫性病理损害时，灵芝又能抑制亢进的免疫水平，保持机体自身的稳定。

（5）治疗冠心病、高血压、高血脂、动脉粥样硬化、脑血栓、中风等心脑血管疾病。

（6）保肝解毒作用。有关医学专家认定灵芝提取物是最佳的保肝之品。

（7）大汉灵芝对于胃溃疡有明显的抑制作用，可用于溃疡类疾病的治疗。

（8）对于慢性支气管炎、支气管哮喘有治疗作用。

（9）抗神经衰弱。

（10）美容作用。灵芝能保持和调节皮肤水分，恢复皮肤弹性，使皮肤湿润、细腻，并可抑制皮肤中黑色素的形成和沉淀，因此用灵芝制成的各种美容品亦成为护肤美容品中的新贵，若与内服灵芝合用，内外标本兼顾，则功效更著。另外，在浴液中加入一点灵芝，则对全身肌肤都可起到滋润和保护作用，可令全身肌肤光滑细腻，并能有效防止细菌对皮肤的侵袭。

（11）其他作用。降血糖、刺激骨髓造血、升高白血球数，可用于各种原因（如放射线、药物、血液病等）引起的白细胞减少症；还可帮助机体提高对各种不良环境（如高原缺氧等）的耐受性；以及可抑制子宫平滑肌过度收缩，治疗功能性子宫出血；此外，对视网膜功能变性、脑发育不全症、进行性肌营养不良和萎缩性肌强直症、骨质增生等亦有很显著的临床疗效。还具有很强的镇痛作用。

七、竹　荪

竹荪［*Dictyophora indusiata*，图 10－8］属于真菌门、腹菌纲、鬼笔目、鬼笔科、竹荪属，又名竹参、竹笙、面纱菌等，是一种世界著名的营养丰富、香甜浓郁、酥脆适口的珍贵食用菌类，“与肉共食，味鲜防腐”，堪称“色、味、香”三绝，有“真菌之花”、“蘑菇女皇”之称。

图 10－8　竹荪

竹荪是寄生在枯竹根部的一种隐花菌类，形状略似网状干白蛇皮，它有深绿色的菌帽，雪白色的圆柱状的菌柄，粉红色的蛋形菌托，竹荪中轴（菌柄）张着网状伞形的衣裙，洁白婀娜似少女，故有“竹女”、“白裙公主”、“山珍之花”、“真菌之花”、“菌中皇后”的美称。竹荪营养丰富、香味浓郁、滋味鲜美，自古就被列为“草八珍”之一。竹荪菌种类世界上已知有 10 种，我国已知的有 6 种，通常供食用的仅 3 种，即长裙竹荪（Ctyopindusiata）、短裙竹荪（Oduplicata）和红托竹荪（O. rubrovolvota）。其自然分布，主要在温暖湿润的南方竹林中，常生长于某些特定的竹林小环境中。

竹荪之鲜，因含有较多的氨基酸，还含有蛋白质、糖类、矿物元素和维生素等营养物质。竹荪有防食物腐败的特点，竹荪还具有“与肉共存、味鲜防腐”的功能，用竹荪配制的菜肴能保持数日不馊，故又把竹荪称为“山珍之王”。在炎热的夏季做菜煲汤时，置少许竹荪入内，可防止酸败、延长存放时间。它还是食疗佳品，能减少腹壁脂肪，还具有镇痛、补气、降低血压的作用。竹荪是我国高档出口土特产品。

经常食用能调节人体的新陈代谢、清肺益气、降低胆固醇、预防肝硬化等，已成为世界各国喜爱食用的高级滋补食品。

八、黑　木　耳

黑木耳［*Auricularia auricula*（L ex. Hook）Undrew］属于真菌门、担子菌亚门、有隔担子菌亚纲、木耳目、木耳科、木耳属。黑木耳是一种营养丰富的食用菌，又是我国传统的保健食品和出口商品。它的别名很多，因生长于腐木之上，其形似人的耳朵，故名木耳；又似蛾蝶玉立，又名木蛾。重瓣的木耳在树上互相镶嵌，宛如片片浮云，又有云耳之称。

人们经常食用的木耳主要有两种：一种是腹面平滑、色黑而背面多毛呈灰色或灰褐色的，称毛木耳（通称野木耳）；另一种是两面光滑、黑褐色、半透明的，称为光木耳。毛木耳朵较大，但质地粗韧、不易嚼碎、味不佳、价格低廉。光木耳质软味鲜，滑而带爽，营养丰富，是人工大量栽培的一种，我们常见的黑木耳即指光木耳。黑木耳自古以来就是

高达20种，特别是对人体必需的8种氨基酸含量很高，占氨基酸总量的44.14%；多种维生素及矿物质元素含量也极为丰富，有些营养成分超过了“冬虫夏草”的含量，被誉为食品之冠。

2. 保健价值

它不仅营养丰富、味道鲜美，而又是主治消化不良、痰多气短的良好中药。入药可益肠胃、化痰理气，具有补肾、壮阳、补脑、提神的功能，对精肾亏损、阳痿不举、性功能减退、性欲冷淡有明显的改善作用，对头晕失眠、肠胃炎症、脾胃虚弱、消化不良、饮食不振有良好的疗效。长期食用可防癌、抗癌、抑制肿瘤、预防感冒、增强人体免疫力。

十二、鸡　　枞

鸡枞［*Termitomycesalbuminosus*，图10－9］又称鸡脚菇、鸡肉丝菇、伞把菇、豆鸡菇、白蚁菇、鸡菌、鸡棕、蚁鸡枞，是云南的著名特产。鸡枞属担子菌纲、伞菌科，为高营养食用菌。菌盖初期圆锥形，似斗笠，后伸展，中央部分有显著的乳头状突起，中央突起部分深褐色，越往边缘颜色越淡，边缘灰褐色、灰白色至淡黄色，表面湿时黏，光滑；菌肉肥厚，色洁白，味极鲜美，老熟后变为米黄色，菌柄组织与菌盖相连，常扭曲，具有很长的假根，在江苏、江西、湖南、福建、台湾、广东、西藏都有分布，唯云南的鸡枞产量大、分布广、品质佳。因其肥硕壮实、质细丝白、鲜甜脆嫩、清香可口，切片肉质酷似鸡白肉，且有鸡肉的清香，故而得名鸡枞。鲜鸡枞味道鲜美，清香中透着甘甜，但不易保存。

图10－9　鸡枞

1. 营养价值

鸡枞营养价值较为丰富，含有钙、镁、铁、蛋白质等多种营养成分。鸡枞（干品）每100g含蛋白质28.8g，糖类42.7g，热量1195.5kJ，钙23mg，磷750mg，维生素B_2 1.2mg，烟酸64.2mg，维生素C 5.41mg等。另外，鸡枞中的氨基酸含量多达16种。鸡枞中的氨基酸含量多达16种，含磷量高是鸡枞的一大特点。人体需要补充磷时，可常吃鸡枞。由于鸡枞体丰肥、肉质细嫩、洁白无瑕，炒食、清蒸、串汤做菜清香四溢，鲜甜可口；油炸更为香脆爽口，回味无穷，故为古今中外颇为赞美的珍贵食用菌，食之能令人食欲大增，有健脾和胃的功效。鸡枞对人体有非常好的滋补作用，是体弱、病后和老年人的佳肴。

2. 保健价值

鸡枞不但做菜鲜美，营养丰富，而且药用保健价值也很高。中医认为：鸡枞，甘平无毒，对此《本草纲目》、《本草撮要》、《本草从新》等药物学著作中均有记载。《本草纲目》记载：鸡枞具有“益胃、清神、治痔”等功效。鸡枞还具有提高机体免疫力、抑制癌细胞的作用，并含有治疗糖尿病的有效成分，并对降低血糖有明显效果。此外，鸡枞有养血润燥、健脾和胃的功能，对于妇女也很适合。鸡枞用于治疗食欲不振、久泻不止、虚劳怔忡、痔疮下血诸症也是有一定效果的。

十三、松　茸

图 10－10　松茸

松茸（图 10－10）又称松覃、松口蘑、老鹰菌、青岗菌、鸡丝菌，被列为“松茸、灵芝、冬虫夏草、羊肚菌”四大菌王之首，主产于吉林省延边朝鲜族自治州的龙井、和龙、汪清、安图等县市，是长白山区的著名特产。在日本古代，松茸是老百姓向贵族和天皇进贡的珍品之一，素有“海里的鲱鱼子，陆地上的松茸”的说法，在云南丽江纳西族地区，松茸也是婚宴上的珍贵菜肴之一。

松茸属担子菌亚门、层菌纲、伞菌目、口蘑科、口蘑属，生长于松林地和针阔叶混交林地，每年七、八、九月出菇。新鲜的松茸散生或群生，子实体扁半球形至近平展，形若伞状，菌盖直径 5～20cm；色泽鲜明，菌盖呈褐色，菌柄为白色，均有纤维状茸毛鳞片；菌肉肥厚嫩白，肥厚；菌褶白色或稍带乳黄色，较密，弯生，不等长，有浓郁的特殊香气。

1. 营养价值

松茸营养丰富，据分析，松茸（干品）每 100g 含蛋白质 20.3g，脂肪 3.2g，粗纤维 14.8g，糖类 0.4g，灰分 12.2g，硫胺素 0.01mg，核黄素 1.48mg，铜 10.3mg，硒 98.44mg 等。还含钾、铁等微量元素和丰富的维生素。它还含有菌类中少有的 B－G 酸、核酸衍生物、肽类、有机锗、多糖等。在日本、美国和欧洲国家，把松茸推崇为“菇中之王”、“蕈中珍品”。

2. 保健价值

松茸中还含有松茸醇、异松茸醇等药用成分，有强身、益肠胃、止疼等功效，可用其治疗手足麻木、腰脚疼痛等病症，同时松茸具有强身、益肠胃、止痛、理气化痰、驱虫等功效。

现代科学研究表明，松茸中的松茸多糖具有治疗糖尿病的作用，能强烈地抗辐射、抗肿瘤、抗放射性物质伤害机体细胞和抑制肿瘤细胞增殖，并吸收、排泄致癌物质，阻止化学物质、放射线和病毒致癌，还能提高人体的自身免疫能力，是食药兼用真菌中抗癌效果较好的一种，可见松茸不仅味道鲜美，还是对人体健康有益的保健食品，不少国家已将其列为国宴上的珍馐，招待贵宾。

十四、冬 虫 夏 草

冬虫夏草是一种叫虫草菌的真菌（麦角菌目、虫草属），寄生在鳞翅目昆虫蝙蝠蛾幼虫身体里形成的。立秋后，虫草菌的子囊孢子成熟散落到土中；冬天，蝙蝠蛾的幼虫躲进泥土里越冬。当虫草菌的孢子遇到蝙蝠蛾幼虫时，就伸出菌丝进入虫体内，吸收虫体的养料生长发育。菌丝繁殖蔓延并环绕成团，形成菌核。到最后，菌核充满虫体，死幼虫只剩下一层皮。冬去春来，大地回暖，到了第二年春夏之际，由菌核从幼虫的头顶长出一根棒状的子实体，看上去酷似一棵草，因此人们叫它“冬虫夏草”。因此冬虫夏草实质上是一种真菌寄生在蝙蝠蛾幼虫上而形成的昆虫和真菌两种生物的结合体。

国际公认中国为冬虫夏草的唯一产地，冬虫夏草属中国特产名贵药材，青海省为冬虫夏草主产区。在众多的天然虫草中，唯有青藏高原及其边缘地带海拔3500～5000m高山地区草甸和高山灌丛带生长的冬虫夏草被国际公认为是最有价值的珍贵稀奇药材，被誉为青藏高原的传奇珍品，世界驰名的“黄金草”、“药中之王”，中国中药中的“神草”，与人参、鹿茸并称为中国的三大滋补品。

冬虫夏草虫体似蚕，长3～5cm，表面深黄色至黄棕色，有环纹20～30个，足8对（中部4对比较明显）。子座细长圆柱形，长4～7cm，直径约0.3cm，表面深红棕色至棕褐色，有细纵皱纹，上部稍膨大。断面为白色，气微腥，味微苦。选择时以虫体完整、丰满肥大、外色黄亮、内色白、子座短者为佳。

1. 营养价值

冬虫夏草含水分10.84%、脂肪8.4%、粗蛋白25.32%、粗纤维18.53%、糖类28.90%、灰分4.10%。脂肪中含饱和脂肪酸13.00%（硬脂酸）、不饱和脂肪酸82.2%（油酸31.69%、β－亚油酸68.31%），含维生素B_{12} 0.29μg/100g，并含有极微量的重金属（在10%～20%之间）和砷盐（16mg/kg）。在微量元素中，以钾、钙、铬、镍、锰、铁、铜、锌等人体必需微量元素的含量较为丰富。在冬虫夏草中又分离出腺嘌呤、腺嘌呤核苷、尿嘧啶、二十烷、蕈糖、D－甘露醇、麦角固醇、生物碱、硬脂酸、乙－丙氨酸等，其中甘露醇含量为7%～9%。甘露醇用于脑水肿，可防治急性肾功能衰竭，并有祛痰作用。最近报道青海产冬虫夏草中除甘露醇外，尚含二种糖醇类物质，分子式为$C_6H_{14}O_6$。其蛋白质氨基酸达17种和含0.004%～0.37%的游离氨基酸，如赖氨酸、牛磺酸、天冬氨酸、苏氨酸、丝氨酸、谷氨酸、脯氨酸、羟脯氨酸、甘氨酸、丙氨酸、胱氨酸、缬氨酸、蛋氨酸、异亮氨酸、亮氨酸、苯丙氨酸、酪氨酸、色氨酸、精氨酸等19种，其中人体必需氨基酸较多，这是虫草补益作用的物质基础。尸体中氨基酸种类略多于子座，含量多数高于子座，这说明“子座短着为佳”和“虫体肥壮、色黄者为佳”是有一定道理的。

2. 保健价值

冬虫夏草是我国传统的名贵药膳滋补品，它性平味甘，具有补肺肾、止咳嗽、益虚损、养精气之功能。青藏高原洁净、寒冷、缺氧、紫外线强烈等特殊的生态环境赋予了冬虫夏草神奇的功效：

（1）抗疲劳　冬虫夏草有影响机体代谢功能、人体内分泌系统功能和抑制平滑肌的作用。人体在过度运动以后就会导致体内的自由基大量增加，由此而产生的丙二醛就会对细胞有毒性作用，这是造成人体疲劳的主要原因。而冬虫夏草能明显地抑制脂质过氧化，减少自由基的产生，使丙二醛量显著下降，达到保持细胞膜的正常功能的作用，从而有效地保持人体机能的活动能力。

（2）强身延年、延缓衰老　冬虫夏草历来就是滋补身体、强壮身体的上等佳品，更是强身健体、延年益寿、抗衰老的常用药物。冬虫夏草有十分明显的抗脂质过氧化作用，能够显著降低肝匀脂质过氧化物水平，大大提高了人体的免疫调节能力，通过对病原微生物所引起的衰老和自然性衰老的抵抗，从而达到强身健体、益气延年的效果。

（3）抗肾损伤　一直以来，冬虫夏草就有止血化淤、补肺益肾的作用，它含有维生素B_1、维生素B_{12}、维生素C及有机酸等15种微量元素和氨基酸、糖、醇类、核苷类及钾、钙等19种化学成分。针对各种肾病可以迅速消除蛋白尿、水肿、血尿；软化血管、降低血脂、尿素氮、血清肌酐，升高血清蛋白，改善贫血、全身瘙痒、恶心、呕吐、精神不振等症状，甚至还可激活残存的肾组织，调节机体免疫系统，排肾毒。

氨基糖苷类药物对肾脏急性毒性损害人人皆知道，冬虫夏草可以对抗肾毒性作用。大量的实验证明，冬虫夏草可以延缓尿蛋白的出现，降低尿素氮、血清肌酐，增加肌酐清除率，提高尿渗量，降低NAG酶的释放，稳定肾小管上皮细胞溶酶体膜。

（4）抗菌作用　冬虫夏草素是一种核苷抗生素，有广谱抗菌作用，并能抑制Ehrlich ascites肿瘤细胞生长，在试管内能抑制链球菌、鼻疽杆菌、炭疽杆菌、猪出血性败血症杆菌及葡萄状球菌的生长。

（5）免疫调节功能　冬虫夏草对增强人体的免疫功能效果显著，对体弱病患者、劳心劳力者，增强体质、延年益寿都会有意想不到的效果。冬虫夏草可以明显提高机体单核-巨噬细胞系统的吞噬功能，并且吞噬指数及吞噬百分率都有明显提高，而且巨噬细胞内酸性磷酸酶的活性也跟着增高，并使细胞处于激活状态。同时，冬虫夏草制剂还可以增加单核细胞、巨噬细胞表面Fc受体数目，从而增加其对抗原信息的识别、处理、传递的能力和通过Fc受体实现的对靶细胞的ADCC效应；此外，冬虫夏草对体液免疫具有双重调节功能，可对抗由氢化可的松及环磷酰胺所致的体液免疫功能低下，提高血清溶血素水平及脾细胞的免疫溶血活性；另外，冬虫夏草还对细胞有免疫作用，对迟发型过敏反应有双向作用，并有保护或提升T细胞的作用，对受刺激的淋巴细胞转化率提高，具有一定的促进作用。

（6）抗癌、抗肿瘤作用　虫草的水提物或醚提物可以明显抑制肉瘤、肺癌、乳腺癌等肿瘤的生长，增强一硫基嘌呤的抗癌作用，并且口服或腹腔给药均有效。虫草醇提物对前胃鳞状上皮增生无治疗作用，但是可以减少其癌变的发生率。促进T淋巴细胞、自然杀伤细胞、单核-巨噬细胞、白细胞增殖与分化及产生各种免疫活性因子，因而有抗癌肿、抗传染病的效能。

（7）增强常压耐缺氧能力。

（8）抗病原微生物。

（9）镇静、解毒。

（10）平喘及祛痰。

（11）对心血管、血液系统有改善作用。

十五、灰　树　花

灰树花［*Grifola frondosa*］是一种新开发的食用菌，是一种高级保健食品，又称莲花菌、贝叶多孔菌，日本称之为舞茸。

灰树花是食、药兼用蕈菌，属担子菌亚门、层菌纲、非褶菌目、多孔菌科、树花菌属，生于栎树或其他阔叶树桩周围，是近年来我国和日本正在推广的一种珍贵食药兼用菌。其子实体大或特大，肉质，有柄，多分枝，末端生扇形或匙形菌盖，重叠，成丛，形态婀娜，层叠似菊，如海底珊瑚；食之脆嫩可口，味如鸡丝，香气诱人，而且具备全面平衡的营养。每100g灰树花含蛋白质22.75g、氨基酸23.58g，并含有维生素C、维生素B_1、维生素B_2及有机锗。

灰树花有抑制高血压和肥胖症的功效；由于富含铁、铜和维生素C，它能预防贫血、坏血病、白癜风，防止动脉硬化和脑血栓的发生；它的硒和铬含量较高，有保护肝脏、胰脏，预防肝硬化和糖尿病的作用；硒含量高使其还具有防治克山病、大骨节病和某些心脏病的功能；它兼含钙和维生素D，两者配合，能有效地防治佝偻病；较高的锌含量有利大脑发育、保持视觉敏锐、促进伤口愈合；高含量的维生素E和硒配合，使之能抗衰老、增强记忆力和灵敏度。灰树花还是引人注目的抗癌药源，一方面，较高的硒含量有抗御癌肿的作用，尤其是所含灰树花多糖（Grifolan），以β-葡聚糖（glucan）为主，其中抗癌活性最强，带6条支链的β-（1，3）-葡聚糖占相当大的比重，据说比已经面市的香菇多糖（Lentinan，日本的PSK）、云芝多糖（上海的PSP）等有更强的抗癌能力；同时它又是极好的免疫调节剂。作为中药，灰树花和猪苓等效，可治小便不利、水肿、脚气、肝硬化腹水及糖尿病等，是非常宝贵的药用真菌。

十六、鲍　鱼　菇

鲍鱼菇［*Pleurotus abalonus* Han *et al*］为担子菌类松茸（Tricholomataceae）侧耳属食用菇菌类，原产于越南、印度、非洲、中国。鲍鱼菇子实体肉质肥厚、菌柄粗短、脆嫩可口、营养丰富，有鲍鱼风味，故此得名。其子实体含粗蛋白19.20%、脂肪13.49%、可溶性糖16.61%、粗纤维40%、精氨酸1.30%、赖氨酸1.09%，氨基酸总量21.87%，其中必需氨基酸8.65%，高于其他侧耳属菇类。其蛋白质含量高于大部分蔬菜，富含维生素及矿物质。鲍鱼菇每100g干品中含蛋白质7.8g，脂肪2.3g，水分10.2g，糖类69g，粗纤维5.6g，钙21mg，磷220mg，铁3.2mg，烟酸6.7mg。由于它的淀粉含量非常低，故极适用于糖尿病人食用，对肥胖症、脚气病、坏血病及贫血患者也是一种食药兼用的理想食品。

十七、滑　子　蘑

滑子蘑［*Pholiota nameko*］又名真珠菇，是丝膜菌科、鳞伞属的食用真菌。它是一种黄色或锈棕色的菇，常几个成簇地生长在一起，秋季丛生于阔叶树倒木、树桩上。因其表面附有一层黏液，食用时滑润可口而得名。

滑子蘑的形态：菌盖初期为半球形，随着生长逐渐展平，中央凹陷，边缘波浪形，盖径3~8cm。菌盖肉质，表面光滑，湿润时有蛋清状黏液。菌盖幼时黄褐色，开伞后淡黄色。菌柄较细，直径0.5~1cm，长5cm左右，圆柱形，有时基部略粗。菌环为膜质着生于菌柄上，菌环以上部分为白色，以下部分为淡黄色。菌柄也附着有黏液。子实体稍大，菌环将自动消失。孢子椭圆形或近卵形，表面平滑，孢子卵锈色。

其味道鲜美，营养丰富。它富含蛋白质、核酸、抗坏血酸、叶酸、泛酸、核苷酸等多种维生素和钙、铁、铜等造血物质，而且还能预防疾病。据资料介绍，每100g鲜菇中含蛋白质1.1g，脂肪0.2g，糖类2.5g；矿物质以磷、钙为主，含磷33mg，钙3mg；维生素有B_1 0.08mg，B_2 0.1mg，烟酸3.3mg。滑子蘑干品每100g中含有粗蛋白35g，高于香菇、平菇；另外附着在滑子蘑菌伞表面的黏性物质是一种核酸，对保持人的精力和脑力大有益处，并且还有抑制肿瘤的作用。滑子蘑实体还含有对肿瘤有抑制作用的多糖体，据测定对肉瘤180抑制率为86.5%。

十八、杨 树 菇

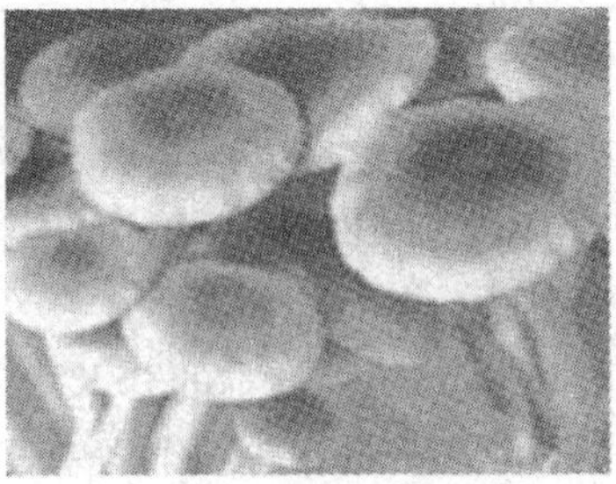

图 10－11　杨树菇

杨树菇［*Agrocybe aegerita*（Brig. ex Fr.）Sing，图10－11］又名柳菇、柱状田头菇、柳环菌等。在分类学上，杨树菇隶属于担子菌亚门、层菌纲、伞菌目、粪锈伞科、田头菇属（田蘑属）。春至秋季生于油菜、柳等树干的腐朽部分，资源稀少，十分珍贵，民间称为“神菇”，被列为国家“九五”星火计划发展项目，是出口的拳头产品，也是近年驯化培育出来的山林珍品。菌盖表面平滑，子实体呈黄褐色至咖啡色，菌褶初白色，成熟后变咖啡色，菌柄中实，纤维质，脆嫩。

其盖肥柄脆、味纯清香、菇盖滑润、营养丰富、极其鲜美。杨树菇成熟时，食物纤维在子实体中的含量以菌柄为最高，因而杨树菇的菌盖和菌柄能给人以不同的风味和质感，盖肥柄脆，口感极佳，营养丰富。据分析，每 100g 干菇中，含蛋白质 19. 35g，脂肪 2. 05g，碳水化合物 30. 28g，维生素 B_{10} 1. 1mg，其蛋白质含有 18 种氨基酸，总氨基酸含量为 168. 68mg/100g。8 种必须氨基酸含量为 81. 33mg/100g，占总氨基酸的 48. 22% 。灰分中含磷、铁、钠、钾、锌等多种矿物质元素，芳香成分含 31 种挥发性物质，因此，杨树菇是一种食用价值很高的伞菌。

十九、真 姬 菇

真姬菇［*Hypsizygus marmorens*］又名蟹味菇，属担子菌亚门、层菌纲、伞菌目、白蘑科、离褶菌族、玉蕈属，是秋季群生于山毛榉等阔叶树的枯木或活立木上的一种木质腐生菌，1986 年 3 月由日本引入我国。

真姬菇子实体丛生，每丛 15～50 株不等，有时散生，散生时数量少而菌盖大。菌盖幼时半球形，边缘内卷后逐渐平展，直径 4～15cm，近白色至灰褐色，中央带有深色大理石状斑纹。菌褶近白色，与菌柄成圆头状直生，密集至稍稀。菌柄长 3～10cm，粗 0. 3～0. 6cm，偏生或中生。孢子阔卵形至近球形，显微镜下透明，成堆时白色。真姬菇味道鲜美、形态美观、质地脆嫩，是近年来风靡日本市场的食用菌珍品。其味比平菇鲜，肉比滑菇厚，质比香菇韧，口感甚佳，还具有独特的蟹香味。真姬菇的蛋白质中氨基酸种类齐全，包括 8 种人体必需氨基酸，还含有数种多糖体，其子实体的热水和有机溶剂提取物有清除人体自由基的作用，这意味着常食真姬菇有抗癌、防癌、提高免疫力、预防衰老、延长寿命的功效。

二十、长根奥德蘑

长根奥德蘑［*Oudemansiella radiata*（Relhan. Fr.）Sing］又名长根金钱菌、长根菇，属伞菌目、白蘑科、奥德蘑属，是我国南方地区近几年开发出来的一种中高温型珍稀食用菌。夏秋季单生或群生在阔叶林中地上，其假根着生在地下腐木上，分布较广。

长根奥德蘑子实体中等至稍大。菇盖直径 25～15cm，幼时半球形，后期平展，中部微凸起呈脐状，并有深色辐射状皱褶，光滑，湿时微黏，淡褐色或茶褐色至棕黑色。菇肉白色，薄。菌褶白色，弯生，较宽，稍稀，不等长。菇柄近圆柱形，长 10 ~ 20cm，直径 1 ~ 3cm，色与盖同，近光滑，有纵条纹。

长根菇是食用物中的上品，肉质细嫩，富含蛋白质、氨基酸、脂肪、糖类、维生素和微量元素等多种营养成分，尤其粗大的菌柄香脆可口，食用品质极佳，营养价值很高。

发酵液及子实体中含有长根菇素（小奥德蘑酮），有降血压作用。据记载同其他降压药配合，降压效果显著。另试验抗癌，对小白鼠肉癌 180 有抑制作用，对自发性高血压大白鼠腹腔注射有强烈的降压作用。可见长根菇是一种集美食、保健、理疗于一身的纯天然食用菌，有很高的食用药用价值。

二十一、猴　头　菇

猴头菇［*Hericium erinaceus*］又称猴头、猴头菌、猴头蘑，属齿菌科、猴头菌属。其子实体肉质，呈块状，直径 5 ~ 10cm，基部狭窄，白色，干燥后淡黄色。除基部外，其余部分均密生肉质、针状的茸刺。

猴头菌多生于栎等阔叶树立木上或腐木上，分布较广。我国主要产于东北、云南等地，现在开始大规模的人工栽培。肉嫩味美，味淡清香，营养极其丰富，是珍贵的烹饪原料。

二十二、阿　魏　蘑

阿魏蘑［*Pleurotus ferulae*］又名阿魏侧耳，阿魏蘑隶属于担子菌亚纲、层菌纲、伞菌目、侧耳科、侧耳属，因生于伞形花科植物阿魏的根上而得名。野生阿魏蘑是产自新疆的著名食药用菌，仅自然分布在新疆伊犁、塔城、阿勒泰、木垒等地，当地民间称它为“天山神菇”。每年早春 4 月底至 5 月初为自然生长期，生长时间仅十几天。

形态特征：阿魏蘑子实体稍大，单生或群生。菇盖直径 5 ~ 15cm，初期盖缘内卷呈半球形，后渐变平，中央浅凹。幼时褐色，成熟后浅色。菌肉白色。菌褶向下延生，密集。菇柄与杏鲍菇的区别是向下渐细，较短，手感与口感较松软。

阿魏蘑洁白如雪，肉质细腻、脆滑，浓香袭人，营养丰富，味道鲜美，风味独特，被誉为“草原上的牛肝菌”。阿魏蘑药用成分和营养成分齐全，具补肾、壮阳、补脑、提神、预防感冒、消积杀虫、增强人体免疫力等功效，是一种价值相当高的药食兼用菌。食用，肥厚多肉适合烹调成各种名菜。药用，可治胃寒、肢麻等疾。白阿魏蘑子实体不仅洁白清亮，菌肉肥厚，质地细腻、脆嫩，口感好，而且营养丰富，具医疗保健作用。据国家食品质量监督检验中心分析，白阿魏蘑蛋白质含量高达 14.7%，并含有的 18 种氨基酸中，人体必需的 8 种氨基酸齐全。阿魏蘑营养丰富，据国家食品质量监督检测中心对白灵菇样品的检测，含蛋白质 14.7%，糖类 43.2%，脂肪 4.31%，粗纤维 15.4%，灰分 4.8%，维生素 C 26.4%，维生素 E 小于 0.02%。多糖（以葡萄糖计）190mg/g。此外，还含有钾、钠、钙、磷、镁、锰、锌、铜、硒等多种矿物质，尤其是钾、钠、钙、镁、磷含量特别丰富。氨基酸的含量也很丰富。

二十三、杏　鲍　菇

杏鲍菇［*Pleurotus eryngii*］又名刺芹菇、刺芹侧耳，在欧洲称之为“蚝菇王”、意大利侧耳、意大利蚝菌（Italian Oysterfungus），前苏联学者 Vasilkov 称之为草原牛肝菌，杏鲍菇日本称之为杏鲍茸、西洋刺耳、刺芹菇、雪茸，中国台湾称之为杏仁鲍鱼菇、杏香鲍鱼菇。隶属于担子菌亚门、层菌纲、伞菌目、侧耳科、侧耳属。杏鲍菇主要分布于西欧国家以及南亚、中东一带和我国的新疆、青海、四川地区，它是高山、草原、沙漠地带的一种品质优良的大型肉质伞菌。

形态特征：杏鲍菇子实体单生或群生，菌盖初球形、半球形，后渐平展，浅黄白色。菌褶延生，密集，乳白色。菌柄偏生至侧生，中实，棒状到球茎状，表面平滑，浅黄白色，无菌环，孢子椭圆至纺锤形。

杏鲍菇是一种品质优良的大型肉质伞菌、子实体质地脆嫩、营养丰富、风味可口，被称为“平菇王”，具有愉快的杏仁香味。杏鲍菇是符合联合国粮农组织（FAO）和世界卫生组织（WHO）标准，具有“天然、营养、保健”三种特征的珍稀食用菌之一。美国真菌学家认为，杏鲍菇是侧耳属中风味最好的食用菌。杏鲍菇与其它一般品种的平菇、香菇、鸡腿菇等的区别是：组织紧密、富有弹性，采摘后保存的时间较一般菇要长。杏鲍菇肉质肥嫩，适合炒、烧、烩、炖、做汤及作火锅用料，亦适宜西餐。即使做凉拌菜，口感也非常好，加工后口感脆、韧，呈白至奶黄色，外观好。杏鲍菇的营养非常丰富，是一种高蛋白、低脂肪的营养保健食品。杏鲍菇含有 18 种氨基酸，其中 8 种是人体必需氨基酸，且都是 L－型，易被人体吸收利用，它可与肉类、禽蛋相媲美。

据国外文献报道，杏鲍菇子实体中还含有丰富的寡糖，具有改善胃肠功能和美容的效果，若用于保健食品开发有很大的潜能。中医认为，杏鲍菇有益气、杀虫和美容作用，可促进人体对脂类物质的消化吸收和胆固醇的溶解，对肿瘤也有一定的预防和抑制作用。它还含有利尿、健脾胃、助消化的酶类，具有强身、滋补、增强免疫力的功能。

第十一章　新食品资源的开发

由于世界人口急剧增长，传统食品资源已逐渐不能满足需要，于是迫切需要开发各种有前途的食品新资源。蛋白质是食品工业的一大原料，也是人体必不可少的营养素之一。世界各国对蛋白质新资源的开发十分重视。单细胞蛋白和叶蛋白是其中有代表性的两种新资源。叶蛋白以其丰富的资源、良好的营养及功能特性引起了人们的浓厚兴趣，日益显示出广阔的应用前景。

我国野生植物高达3万种，其中绝大部分可食，是人类获取天然保健品和食品新原料的宝贵资源。近30年来，我国在野果、野菜和野菌的开发利用方面收到了一定的效果，如猕猴桃、酸枣、沙棘、绞股蓝、马齿苋、竹荪和牛肝菌等都有其加工食品面市。另外，对粮油新资源的开发也应予以重视。各种杂粮的深加工、高级食用大米（抛光米、增香米）的开发、食用功能性油脂（红花油、月见草油、葡萄子油、微生物油脂、油脂替代品等）的研究也应加强。

动物性食物的开发利用前景也十分广阔，新资源开发利用方面有蛇、蝎子、蜗牛、牛蛙、蝉的幼虫等。昆虫也是一种食物，某些食用昆虫含有许多人体必需氨基酸，是优质动物蛋白质来源。如利用蚕蛹制备蚕蛹复合氨基酸；蚂蚁体内微量元素硒和锌含量较高，还含有高能磷酸化合物、草体蚁醛及蚁酸等，因而蚂蚁具有双向免疫调节和明显的抗衰老作用。目前，我国可供食用的昆虫就有370多种，这方面的研究工作也急需加强。

以微生物菌体制作人类新型的食品材料也已经引起人们的关注。自然界微生物资源十分丰富，能够生产出多种自然界资源十分匮乏的食品新材料。

此外，沿海各省市的海洋资源特别丰富，各种海产品的生理活性物质、海洋动植物的开发近期应重点进行，对盐生杜氏海藻（用来生产β－胡萝卜素）和螺旋藻的开发都是这方面的热门课题，下面仅就单细胞蛋白、保健食品资源的开发等几个方面做一简单介绍。

第一节　叶蛋白和单细胞蛋白

一、叶　蛋　白

叶蛋白是从植物叶子中提取出来的蛋白质。叶蛋白是一种多聚物，含多种氨基酸和维生素，不含胆固醇，是畜、禽的优良饲料，也是人类膳食中蛋白质的重要补充物。用于生产叶蛋白的原料植物包括豆类、薯类、蔬菜、向日葵、甜菜的茎叶，各种乔灌木如槐、桑、榆、胡枝子、紫穗槐、葛藤的叶子，苜蓿、三叶草等全草也是提取叶蛋白的原料。

绿叶是世界上最大的蛋白质来源。植物叶片蛋白质含量丰富，一般为10%～30%，高的可达60%。20世纪70年代以来，英、美等国都已经加快了叶蛋白的开发研究，有的已有商业性蛋白浓缩物生产。我国地域广阔、生态环境复杂，分布着品种繁多的植物，蕴藏着丰富的叶蛋白资源，开发叶蛋白资源具有十分诱人的前景。

绿色的植物茎叶中的蛋白质可以分为两类，一类为固态蛋白，它存在于经粉碎、压榨后分离出的绿色沉淀物中，主要包括不溶性的叶绿体及线粒体构造蛋白、核蛋白、细胞壁蛋白。这类蛋白一般难溶于水。另一类蛋白为可溶性蛋白，它存在于经离心分离出的上清液中，包括细胞蛋白、线粒体构造蛋白的可溶性部分以及叶绿体基质蛋白。LPC 就是可溶性蛋白的凝聚物。可溶性蛋白质可以进一步分为大相对分子质量和小相对分子质量两种蛋白质。前者经分析认为是核酮酸－1，5－二磷酸羧化酶，相对分子质量为 52 万～56 万，它仅存在于含有叶绿素的组织中。这种蛋白质是由脱氢酶、过氧化物多酚氧化酶组成的蛋白质复合体。由于在加热时需要较高的温度才能凝聚，故称馏分Ⅱ。

在 LPC 生产过程中，经粉碎（捣烂）、压榨过滤后，固态蛋白随同残渣被分离出去，其余的可溶性蛋白质则分散在上清液中。对上清液施行加温，或者是溶剂抽提、加酸、加碱，可使可溶性蛋白质由溶解状态变为凝集状态，成为 LPC。LPC 主要由细胞蛋白与叶绿体基质蛋白组成。

我国有广阔的叶蛋白资源，开发利用叶蛋白是解决我国食品行业中蛋白资源紧缺的一条有效途径。

目前，叶蛋白生产主要来源于以下三种途径：

① 牧草和绿肥类：主要利用新鲜的植物叶片进行生产。在众多的植物中，以苜蓿的含氮量最高，约为 19.87%（干重），此外，还有豆科的紫云英、十字花科的胡萝卜、茄科的烟草以及一些水生植物，如三叶白、水花生、浮萍等。

② 树叶类：我国已对 30 余种树叶的成分、叶蛋白及饲养效果进行了研究，如洋槐叶、榆树叶、紫荆叶、柳树叶、杏树叶、可可树叶、柿树叶、杨树叶、榕树叶、桑树叶、枣树叶、紫穗槐叶、柏树叶、香椿树叶、松树叶、泡桐叶、香蕉叶、橘子树叶等。树叶中的粗蛋白含量高达 12.1%。

③ 农产品废弃物：我国已对一些农产品的废弃物如苎麻叶、芦笋叶、甘薯藤叶、子粒苋等的蛋白进行了研究，如芦笋干叶中含粗蛋白 26.54%。我国仅甘薯藤的总产量 1992 年即达 3600 万 t，接近甘薯的总产量，是一种很丰富的可利用的蛋白资源。

二、单细胞蛋白

微生物菌体内含有大量的蛋白质，采用生物工程技术培养单细胞微生物而获得的这种蛋白常用作食物和蛋白饲料。1967 年在美国召开的第一次全世界单细胞蛋白会议上，确定了将微生物菌体蛋白统称为单细胞蛋白，简称 SCP。

单细胞蛋白又叫微生物蛋白、菌体蛋白。按生产原料不同，可以分为石油蛋白、甲醇蛋白、甲烷蛋白等；按产生菌的种类不同，又可以分为细菌蛋白、真菌蛋白等。

单细胞蛋白所含的营养物质极为丰富。其中，蛋白质含量高达 40%～80%，比大豆高 10%～20%，比肉、鱼、奶酪高 20% 以上；氨基酸的组成较为齐全，含有人体必需的 8 种氨基酸，尤其是谷物中含量较少的赖氨酸。一般成年人每天食用 10～15g 干酵母，就能满足对氨基酸的需要量。单细胞蛋白中还含有多种维生素、糖类、脂类、矿物质以及丰富的酶类和生物活性物质，如辅酶 A、辅酶 Q、谷胱甘肽、麦角固醇等。

单细胞蛋白具有以下优点：

第一，生产效率高，比动植物高成千上万倍，这主要是因为微生物的生长繁殖速率快。

第二，生产原料来源广，一般有以下几类：① 农业废物、废水，如秸秆、蔗渣、甜菜渣、木屑等含纤维素的废料及农林产品的加工废水；② 工业废物、废水，如食品、发酵工业中排出的含糖有机废水、亚硫酸纸浆废液等；③ 石油、天然气及相关产品，如原油、柴油、甲烷、乙醇等；④ H_2、CO_2等废气。

第三，可以工业化生产，它不仅需要的劳动力少，不受地区、季节和气候的限制，而且产量高、质量好。

用于生产单细胞蛋白的微生物种类很多，包括细菌、放线菌、酵母菌、霉菌以及某些原生生物。这些微生物通常要具备下列条件：所生产的蛋白质等营养物质含量高，对人体无致病作用，味道好并且易消化吸收，对培养条件要求简单，生长繁殖迅速等。单细胞蛋白的生产过程也比较简单：在培养液配制及灭菌完成以后，将它们和菌种投放到发酵罐中，控制好发酵条件，菌种就会迅速繁殖；发酵完毕，用离心、沉淀等方法收集菌体，最后经过干燥处理，就制成了单细胞蛋白成品。

20 世纪 80 年代中期，全世界的单细胞蛋白年产量已达2.0×10^6t，广泛用于食品加工和饲料中。单细胞蛋白不仅能制成“人造肉”，供人们直接食用，还常作为食品添加剂，用以补充蛋白质或维生素、矿物质等。由于某些单细胞蛋白具有抗氧化能力，使食物不容易变质，因而常用于婴儿粉及汤料、作料中。干酵母含热量低，常作为减肥食品的添加剂。此外，单细胞蛋白还能提高食品的某些物理性能，如意大利烘饼中加入活性酵母，可以提高饼的延薄性能。酵母的浓缩蛋白具有显著的鲜味，已广泛用作食品的增鲜剂。单细胞蛋白作为饲料蛋白，也在世界范围内得到了广泛应用。

任何一种新型食品原料的问世都会产生可接受性、安全性等问题。单细胞蛋白也不例外。例如，单细胞蛋白的核酸含量在4% ~18%，食用过多的核酸可能会引起痛风等疾病。此外，单细胞蛋白作为一种食物，人们在习惯上一时也难以接受。但经过微生物学家的努力，这些问题会得到圆满解决。

第二节　几种保健食品新资源的开发前景

一、岩藻多糖

近几年来，日本学者对褐藻类海藻食品的保健作用进行了深入的研究，涉及化学成分分析、药理作用和医药保健用途等。据研究，任何一种海藻均含多糖成分，海藻多糖的结构随品种而异，其生理活性亦有差异。海藻多糖公认的活性作用如下：① 抗癌/抑瘤作用。② 免疫增强作用。③ 抗过敏作用。④ 改善肝功能。⑤ 抗血凝作用。⑥ 清理肠道环境。⑦ 降血脂/血糖作用。⑧ 抗溃疡作用。

在褐藻类海藻中提取的多糖以“岩藻多糖”含量最高。在化学上岩藻多糖属于“硫酸多糖”类，科研人员现已分离出 3 种不同分子结构的岩藻多糖 G 型、F 型与 L 型。试验结果也证实它们具有促进癌细胞凋亡（抑瘤作用）、免疫平衡和促进体内受损组织修复的作用，表明它们具有广阔的市场前景。

岩藻多糖可以添加到面包、饼干、糖果、饮料或其他食品中以提高其营养价值，也可直接加工成胶囊或口服液。它无色无味，且长期服用亦无任何不良作用，日本市场上已有“海之惠”、“岩藻多糖25”和“TAKARAFUE”等多种品牌的岩藻多糖保健食品，其主要功能包括：抗菌、提高人体免疫力、减肥、降血脂等。

至于岩藻多糖的原料，目前日本主要从提取了溴素后剩下的海带渣中提取。这样不仅能废物利用，提高水产品加工业的经济效益，还能为保健食品行业增加一种新原料。

裙带菜也含丰富的岩藻多糖，其结构和作用与来自昆布（海带）的岩藻多糖有差异。日本冲绳县海洋养殖公司的科技人员已成功地从当地生产的裙带菜中提取出“岩藻多糖”供作保健食品原料。

顺便提一下，日本科学家从一种名为“海蕴”的褐藻植物中提取出一种新型岩藻多糖——“MC26”。海蕴又名“水云”，通常生长于风平浪静海域里的岩礁上。海蕴藻类仅1mm粗细，枝高仅有30cm左右。海蕴藻类柔嫩，带有黏性，将其与糖醋拌和后入口嫩滑爽口，是水产品中的珍品，目前日本仅年产数百吨。日本学者发现：来自海蕴的“MC26”具有出色的抗病毒作用，它能抑制包括流感病毒、单纯疱疹病毒和HIV—I（艾滋病毒）等多种病毒的复制。有人认为，MC26能抑制SARS病毒，故属于一种新型抗菌物质。也许在不久的将来，MC26有望开发成为一种新型海洋药物，其市场潜力不可低估。

近据日本方面报道，从海蕴中提取的岩藻多糖还有抑制幽门弯曲杆菌（一种引起胃溃疡的细菌）的作用，故有人建议将海蕴多糖加工成胶囊类作抗胃溃疡的新型保健食品推广应用。

总而言之，来自海洋褐藻的各种“岩藻多糖”在不久的将来有望成为国际市场上的畅销产品，其市场前景十分广阔。

二、功能性糖醇

功能性糖醇是由相应的糖加氢而得，主要有木糖醇、赤藓糖醇、乳糖醇、山梨糖醇、甘露糖醇、麦芽糖醇、氢化淀粉水解物、异麦芽糖醇和低聚异麦芽糖醇。功能性糖醇具有如下的生理功效：

首先它在人体中的代谢途径与胰岛素无关，摄入后不会引起血液葡萄糖与胰岛素大幅度的波动，可用于糖尿病人的专用食品。

其次它不是口腔微生物（特别是变异链球菌）的适宜作用底物，有些糖醇（如木糖醇）甚至可抑制变异链球菌的生长繁殖，故长期摄入木糖醇不会引起牙齿龋变。

再次部分多元糖醇（如乳糖醇）的代谢特性类似膳食纤维，具备膳食纤维的部分生理功能，诸如预防便秘、改善肠道菌群体系和预防结肠癌的发生等。

相比于对应的糖类物化性质，功能性糖醇的共同点表现在：吸湿性较大，但甘露醇和异麦芽糖醇的吸湿性小；甜度较低，黏度较低，能量值较低；不参与美拉德反应，需配合其他甜味剂才能应用于焙烤食品。

目前功能性糖醇的工业化生产，除赤藓糖醇外，大多是在高温、高压条件下利用镍作为催化剂氢化相应的糖而制得的。这个过程工艺复杂，分离精制任务繁重。近年来，生物技术在功能性糖醇生产方面的应用有了发展，利用微生物发酵法生产是一个重要的发展方向。

三、降血糖天然保健食品

糖尿病现已成为一种世界性高发性疾病，据了解仅中国已确诊的糖尿病人有4000万人。此外还有几千万“糖耐量升高者”，他们是潜在的糖尿病人。糖尿病一旦发病很难治愈，故必须服用降糖药物来控制过高的血糖。因为长期高血糖会引起血管硬化、肾脏病变、视网膜受损和其他几种并发症。

近几年来，日本与欧美国家已先后开发出若干种可降血糖的天然保健食品。

1. 匙羹藤

属于萝摩科植物的“匙羹藤”原产印度，我国闽、粤、桂、台诸省均有分布（国内俗名为“武靴藤”）。据国外报道，匙羹藤叶富含三萜类皂苷物质“匙羹藤酸”，它在肠管内可直接抑制葡萄糖的吸收。美国和日本等国已开发出多种含匙羹藤酸的保健食品，如匙羹藤茶、匙羹藤胶囊、匙羹藤口香糖等等。

2. 沙棘

沙棘属于胡颓子科植物“沙棘”的浆果。我国“三北”地区是世界上最大的沙棘产地。沙棘浆果中含有丰富的黄酮类物质“沙棘黄酮”。据国内报道，沙棘黄酮与膳食纤维一起加工成保健食品可治疗顽固性高血糖患者，因为它对“胰岛素抵抗症”特别有效。这一报道引起西方医学界极大的兴趣。

沙棘汁作为一种天然果汁在国内外市场上销售良好，国内企业如能尽快开发沙棘汁降血糖保健食品，将创造巨大经济效益。

3. 薏米

薏米为禾本科植物“薏苡”的种仁，其口感良好，也是一种药食兼用的药材。日本学者发现：薏米水提取物可降低餐后血糖。日本市场上已有薏米/绿茶复合饮料、薏米/黑米降糖粥等。

4. 胡芦巴

胡芦巴为豆科一年生植物“胡芦巴”的种子。研究表明，胡芦巴含有“胡芦巴苷”、“半乳甘露聚糖”等多种活性成分。胡芦巴种子药食兼用、口感较香，可直接作为食品原料，具有显著降血糖作用。现印度、日本等国已开发出多种降糖保健食品。

5. 桑叶

桑叶作为保健食品新原料近几年引起世人瞩目。据国外报道，桑叶中含有一种天然α－葡糖苷酶抑制剂，它在肠道内能直接抑制葡萄糖的吸收，故可防止人体过度吸收葡萄糖引起的高血糖与肥胖症。日本现已开发出多种含桑叶提取物的天然降糖保健食品，其中有口服液、饮料和胶囊剂等。相信这些天然保健食品其市场前景十分广阔。

6. 绿茶（粗茶）提取物

日本学者发现，经常饮绿茶的人其血糖不易升高。研究表明：绿茶中含有一种名为“茶多糖”（TPS）的天然物质，它能有效抑制血糖升高。奇怪的是，越是低档绿茶（粗茶）其中TPS含量越高，而口感好的高档绿茶含TPS反而少（据茶叶专家解释：茶叶口感好坏与其所含氨基酸物质的多少有关，高档绿茶含氨基酸较多）。

日本已从粗茶叶中提取 TPS，并作为降糖保健食品的原料或与其他植物提取物一起加工成降糖茶和降糖保健食品。

四、健脑保健食品

健脑保健食品始终是国外保健食品行业关注的热点，其原因十分简单，从中老年人到莘莘学子对健脑保健食品有巨大需求。

进入 21 世纪后，国外科学家对健脑食品的研究取得了重大进展。脑生理研究表明，人脑的效率高低与其分泌的“儿茶酚胺”类神经传递质大有关系，而某些天然食物（或药物）可以调节脑中儿茶酚胺的分泌，故非常适合开发成为健脑保健食品。据介绍，以下几种原料最适合开发健脑食品。

1. L－酪氨酸

它是大脑合成儿茶酚胺类神经传递质（如多巴胺、去甲肾上腺素等）的主要原料。人老后儿茶酚胺分泌量会减少，导致记忆衰退和帕金森氏症等脑科疾病，故适当补充 L－酪氨酸可以提高“儿茶酚胺”的合成量，防止脑功能衰退。

2. 磷脂酰丝氨酸（PS）

最新研究表明，磷脂酰丝氨酸（PS）有助于改善脑功能，增强脑细胞的活力。PS 对人体十分安全，老年人每天口服 400～600mg PS 制剂可预防脑衰和帕金森氏症。

3. 银杏叶提取物

银杏叶含丰富的黄酮与萜内酯等活性成分。每天口服 120mg 银杏叶提取物有助于预防脑功能退化（老年痴呆症）。

4. 甘油磷酰基胆碱（α－GPC）

临床研究证实，α－GPC 可刺激人体增加磷酰化胆碱的合成量，而后者是一种非常重要的神经生理物质，可保持大脑的年轻态。

5. DMAE（二甲胺基乙醇）

临床研究表明：DMAE 是合成乙酰胆碱的一种重要原料，而后者对记忆力的好坏有直接影响，故无论中老年人或青年学生补充 DMAE 可改善记忆力。国外推荐的 DMAE 口服量为每日 200μg，且十分安全。

五、植物多酚类

近几年来，由植物提取的天然保健食品在国际市场上日益红火，其中多酚类保健品所占市场份额最大。多酚属于三大植化产品之首（其他两种为生物碱与多糖）。科学家发现，以黄酮为主的多酚类产品具有抗心血管硬化、抗癌、抗衰老和其他医疗保健作用。现将国内外学者推荐的 15 种最有发展前景的多酚类保健产品介绍如下。

1. 蓝莓提取物

蓝莓（blueberry）原产欧洲与北美洲，我国大兴安岭林区也有分布。据研究蓝莓主要活性成分花青素也是一种多酚物质，它有保护视网膜、防止眼球疲劳引起的近视的作用，属于一种新“眼保健食品”，无论老人或青少年学生均可服用。国内外企业均已开发出“蓝莓保健食品”（我国深圳海王药业公司开发的“眼之宝”系以法国进口蓝莓干粉为原料制作的）。

2. 绿茶多酚

绿茶多酚（简称茶多酚），通常占茶叶干重的20%左右。茶多酚是世界公认的天然保健食品。仅日本每年销售各种茶多酚类保健食品即达20多亿日元，欧美国家茶多酚也是一种畅销保健品。茶多酚有多种保健功能，其中包括抗血管硬化、降血压（血脂）等。

3. 青苹果提取物

从未成熟的苹果（青苹果）中提取的多酚物质近几年来已成为国际市场上的畅销保健品。据研究，青苹果提取物中原花青素约占50%，儿茶素、表儿茶素约占15%，绿原酸等多酚物质约占28%，其他多酚约占10%。青苹果提取物具有显著降压、降血脂作用，对高血压患者尤为适宜。

4. 红酒多酚

红葡萄酒的心血管保健作用已得到科学界的公认。红酒最主要的保健物质是其所含的一种多酚物质——白藜芦醇。研究表明，红酒所含的多酚能防止血管硬化及防治冠心病等心血管疾病。近悉法国一公司已开发出一种新型保健食品“红酒多酚”，据介绍该产品系将红酒经喷雾干燥所得浸膏加工而成，常服可预防心肌梗死。

5. 葡萄叶提取物

葡萄叶提取物含一定量的“白藜芦醇”等多酚物质，其作用与红酒提取物类似。

6. 葡萄子提取物

该产品主要含花青素与没食子酸等多酚成分，它们有抗氧化、抗衰老、抗白内障、改善心血管功能，对预防高血压、动脉硬化、增强人体抗突变反应能力等有显著疗效，甚至对胃溃疡、肠癌、糖尿病、心脏病、关节炎等疾病都有治疗作用。

7. 紫苏子提取物

紫苏主要产于中国、日本与韩国等东南亚国家。据日本研究，紫苏子中提取的多酚物质具有出色的抗过敏作用，可用于防治过敏性鼻炎、过敏性湿疹等常见过敏症状。

8. 月见草提取物

月见草种子含没食子酸、儿茶素、花青素等多酚物质。日本的实验证实，月见草提取物可防治痛风病、糖尿病、肾炎和肝炎等多种疾病。日本已有该类保健食品上市。

9. 甜茶多酚

甜茶树是我国广西山区的一种野生蔷薇科常绿乔木植物。当地人常用“甜茶树叶”泡茶。日本学者从甜茶树叶中分离出的多酚物质具有显著抗过敏作用，可防治花粉过敏症。

10. 乌龙茶提取物

乌龙茶是中国特产茶，其他产茶国家（如印度、斯里兰卡与日本等国）至今无法仿制。据日本研究，中国乌龙茶含有一种“千倍体单宁”物质，有抗葡糖苷酶作用，故在小肠中可抑制葡萄糖的吸收，防止血糖过高与肥胖症。

11. 越橘提取物

越橘（Cranberry）原产欧洲与北美洲，我国东北林区亦有分布。越橘提取物的生理功效主要体现在对视力的改善作用和对血管的保护作用上。另外，一些国外的研究表明，越橘提取物所含的多酚物质有很强的抗菌作用，能防治尿道感染、口腔、呼吸道感染等多种感染疾病。国外市场上已有数十种越橘类保健食品。

12. 大豆异黄酮

大豆异黄酮由15种不同的多酚类物质所组成。国内外大量研究证实，大豆异黄酮是一种植物雌激素，在结构和功能上与人体雌激素十分相似，可用于防治激素引起的多种疾病（如前列腺肥大症、心血管疾病、乳癌、骨质疏松症等）。此外大豆异黄酮还有降血脂、抗血管硬化等药理作用。

13. 番石榴提取物

番石榴为亚热带植物。据欧洲报道，番石榴叶提取物含多种多酚物质，主要是番石榴酸、番石榴单宁和原花青素等。据研究番石榴提取物有很强抑制葡萄糖吸收作用，此外它还有皮肤美白作用。

14. 芦丁

芦丁主要从槐米中提取，它是一种天然保健品与药品原料。芦丁具有抗氧化、增加毛细血管通透性和强化血管壁等多种作用。芦丁可直接作为保健食品原料。此外，芦丁还可作为一种添加剂用于食品、饮料与化妆品中以提高产品的稳定性。

15. 荔枝提取物

荔枝是中国南方诸省特产。据研究荔枝核所含的配糖体成分具有多种生理活性，其中包括抗癌、抗胶原酶和降血糖作用等。原来一直被人视为废物的荔枝核今后有望开发成为新型保健食品原料。

第三节　新资源的安全性问题及发展趋势

一、食品新资源的安全性问题

中国是世界上物种最为丰富的国家之一，丰富的物种给食品野生资源的开发提供了基础。我国又是世界上昆虫物种最为丰富的国家，可以进一步挖掘昆虫食品资源的潜力。当然新资源和新资源食品的安全性也存在着不确定性。

保健食品的安全性得到广泛关注，至2001年底，卫生部已经批准4000多种保健食品产品，其中不少原料成分并未经过系统的毒理学评价，如芦荟苷、银杏酸、葛根素、甘草酸、姜黄素等。作为保健食品长期和广泛食用，其安全性是值得关注的。此外，藻类作为保健食品原料被广泛应用，但由于环境污染而造成了淡水湖泊中藻类的微囊藻毒素污染。因此，食品主要原料的安全性已成为十分重要的食品安全问题。

随着食品加工技术的不断发展，使用一系列的新工艺和新技术，也会带来一系列新的食品安全问题，如转基因食品安全性的不确定性、辐照食品的安全性问题、食品工业用菌的安全性（在生产加工中的产毒污染问题）亦是一个备受关注的问题。

为了规范食品新资源的市场，保证食品新资源的安全，1990年7月28日卫生部发布施行了《新资源食品卫生管理办法》（详细内容见附录1），食品新资源的安全性得到了法律的保障。卫生部对药食同源物品、可用于保健食品的物品和保健食品禁用物品在《关于进一步规范保健食品原料管理的通知》中也做出了具体规定。三种物品名单如下：

1．既是食品又是药品的物品名单

丁香、八角茴香、刀豆、小茴香、小蓟、山药、山楂、马齿苋、乌梢蛇、乌梅、木瓜、火麻仁、代代花、玉竹、甘草、白芷、白果、白扁豆、白扁豆花、龙眼肉（桂圆）、决明子、百合、肉豆蔻、肉桂、余甘子、佛手、杏仁（甜、苦）、沙棘、牡蛎、芡实、花椒、赤小豆、阿胶、鸡内金、麦芽、昆布、枣（大枣、酸枣、黑枣）、罗汉果、郁李仁、金银花、青果、鱼腥草、姜（生姜、干姜）、枳椇子、枸杞子、栀子、砂仁、胖大海、茯苓、香橼、香薷、桃仁、桑叶、桑葚、橘红、桔梗、益智仁、荷叶、莱菔子、莲子、高良姜、淡竹叶、淡豆豉、菊花、菊苣、黄芥子、黄精、紫苏、紫苏子、葛根、黑芝麻、黑胡椒、槐米、槐花、蒲公英、蜂蜜、榧子、酸枣仁、鲜白茅根、鲜芦根、蝮蛇、橘皮、薄荷、薏苡仁、薤白、覆盆子、藿香。

2．可用于保健食品的物品名单

人参、人参叶、人参果、三七、土茯苓、大蓟、女贞子、山茱萸、川牛膝、川贝母、川芎、马鹿胎、马鹿茸、马鹿骨、丹参、五加皮、五味子、升麻、天门冬、天麻、太子参、巴戟天、木香、木贼、牛蒡子、牛蒡根、车前子、车前草、北沙参、平贝母、玄参、生地黄、生何首乌、白及、白术、白芍、白豆蔻、石决明、石斛（需提供可使用证明）、地骨皮、当归、竹茹、红花、红景天、西洋参、吴茱萸、怀牛膝、杜仲、杜仲叶、沙苑子、牡丹皮、芦荟、苍术、补骨脂、诃子、赤芍、远志、麦门冬、龟甲、佩兰、侧柏叶、制大黄、制何首乌、刺五加、刺玫果、泽兰、泽泻、玫瑰花、玫瑰茄、知母、罗布麻、苦丁茶、金荞麦、金樱子、青皮、厚朴、厚朴花、姜黄、枳壳、枳实、柏子仁、珍珠、绞股蓝、胡芦巴、茜草、荜拨、韭菜子、首乌藤、香附、骨碎补、党参、桑白皮、桑枝、浙贝母、益母草、积雪草、淫羊藿、菟丝子、野菊花、银杏叶、黄芪、湖北贝母、番泻叶、蛤蚧、越橘、槐实、蒲黄、蒺藜、蜂胶、酸角、墨旱莲、熟大黄、熟地黄、鳖甲。

3．保健食品禁用物品名单

八角莲、八里麻、千金子、土青木香、山莨菪、川乌、广防己、马桑叶、马钱子、六角莲、天仙子、巴豆、水银、长春花、甘遂、生天南星、生半夏、生白附子、生狼毒、白降丹、石蒜、关木通、农吉痢、夹竹桃、朱砂、米壳（罂粟壳）、红升丹、红豆杉、红茴香、红粉、羊角拗、羊踯躅、丽江山慈姑、京大戟、昆明山海棠、河豚、闹羊花、青娘虫、鱼藤、洋地黄、洋金花、牵牛子、砒石（白砒、红砒、砒霜）、草乌、香加皮（杠柳皮）、骆驼蓬、鬼臼、莽草、铁棒槌、铃兰、雪上一枝蒿、黄花夹竹桃、斑蝥、硫磺、雄黄、雷公藤、颠茄、藜芦、蟾酥。

二、食品新资源的发展趋势

随着全国人民生活水平的不断提高，消费者食品观念的改变，生活节奏的加快，消费者对食品的要求是讲营养、讲口味、讲安全、变花样，保健食品、营养食品、特色食品、方便食品等为今后主要发展方向。2001 年 4 月 18 日在北京召开的中国亚健康学术研讨会上传出目前中国的人群中，真正健康的人群约占 15%，有 15% 处在疾病状态，剩下的 70% 则处于亚健康状态。从天然原料中提取功能因子或有效成分，发展第三代保健食品，为这 70% 的人群服务，可使他们的生活质量好一点，精神饱满一点，寿命长一点。为此，食品新原料应具有高效性、专用性、功能性等特点。今后食品新原料发展趋势如下。

1. 研究开发天然食品新资源

绿色食品是当今食品发展的一大潮流，在这一潮流中，天然功效成分、天然色素、天然防腐剂等不仅有益于消费者的健康，而且能促进食品工业的发展。

2. 大力研究生物食品新资源

天然食品材料一般都有较高的安全性，但自然界植物、动物的生长周期长，生产效率低。采用现代生物技术生产食品材料不仅可以大幅度提高生产能力，而且还可以生产一些新材料，如红曲红、乳链球菌素、溶菌酶等。

3. 研究专用功能性食品新资源

目前功能性食品日益兴起，在功能性食品开发中，创特色是十分重要的。例如，在开发儿童食品上，集中开发营养型、利智型、乳品型产品；婴幼儿食品既要有母乳化奶粉，又要有针对不同生长发育期的食品及有助于开发儿童智力的食品。饮料要开发自然纯正的浓缩果汁、蔬菜汁等新产品；老年人食品以清淡食品为主，除注意低糖、低盐、低脂外，口味上要采用清淡型、风味型以及疗效保健型食品。对一些特需食品如孕妇、产妇食品、乌发食品、美容食品、运动员食品、清嗓子食品、野战食品及病员疗效食品等要有不同针对性。为了使食品体现上述种种特色就要求开发及积极生产专用功能性食品新材料。

附录　新资源食品卫生管理办法

【分类号】2360039005
【标题】新资源食品卫生管理办法
【时效性】有效
【颁布单位】卫生部
【颁布日期】900728
【实施日期】900728
【失效日期】
【内容分类】卫生监督类
【文号】卫生部令第4号
【名称】新资源食品卫生管理办法
【题注】

全　　文

第一条　为加强对新资源食品的卫生管理，根据《中华人民共和国食品卫生法（试行）》的有关规定，制定本办法。

第二条　食品新资源系指在我国新研制、新发现、新引进的无食用习惯或仅在个别地区有食用习惯的，符合食品基本要求的物品。以食品新资源生产的食品称新资源食品（包括新资源食品原料及成品）。

第三条　新资源食品的试生产、正式生产由中华人民共和国卫生部（以下简称卫生部）审批。

卫生部聘请食品卫生、营养、毒理等有关方面的专家组成新资源食品审评委员会，负责新资源食品的审评。新资源食品审评委员会的审评结果作为卫生部对新资源食品试生产、生产审批的依据。

第四条　新资源食品在获准正式生产前，必须经过试生产阶段。

申请试生产新资源食品的单位或个人，必须按本办法规定的审批程序向其所在省、自治区、直辖市食品卫生监督机构提出申请，并报送有关资料及样品。经受理申请的食品卫生监督机构的技术审查、省级卫生行政部门的初步审查和新资源食品审评委员会的审评通过后，报卫生部审批。批准后，发给“新资源食品试生产卫生审查批件”，批准文号为“卫新食试字（　）第　号”。

新资源食品试生产期为两年。试生产期满后，试生产审查批件自行作废。

第五条　申请转为正式生产的新资源食品试生产单位，应在试生产期满前六个月，向所在省、自治区、直辖市卫生行政部门提出申请，经受理申请的卫生行政部门审查后，报卫生部审批。审批通过的，发给“新资源食品卫生审查批件”，批准文号为“卫新食准字

(　)第　号”。

第六条　使用获卫生部批准正式生产的新资源食品原料生产食品的，必须经省级卫生行政部门批准，报卫生部备案。

第七条　试生产的新资源食品在广告宣传和包装上必须在显著的位置上标明“新资源食品”字样及新资源食品试生产批准文号。

新资源食品在试生产期内，产品只限在卫生部指定的范围内销售。

新资源食品在试生产期内，不得进行技术转让。

第八条　新资源食品在试生产和生产时，不得改变产品配方及生产工艺。

第九条　对新资源食品，禁止以任何形式宣传或暗示疗效。

第十条　食品卫生监督机构要加强对新资源食品的经常性卫生监督。

对违反本办法第六条、第七条、第八条和第九条规定的及出现卫生安全问题的，食品卫生监督机构可根据情节轻重，处以警告并限期改进、责令停业改进，情节严重的卫生部可撤销其批准文号。

第十一条　未获得新资源食品试生产批准文号和试生产期满未获得新资源食品审查批准文号的新资源食品以及被撤销其批准文号的新资源食品不得生产经营。

第十二条　违反本办法第十一条规定的，按《中华人民共和国食品卫生法（试行）》的有关规定追究法律责任。

第十三条　本办法由卫生部负责解释。

第十四条　本办法自公布之日起执行。1987 年由卫生部颁布的《食品新资源卫生管理办法》同时废止。

新资源食品审批工作程序

第一条　新资源食品初审工作程序：

（一）申请生产新资源食品的单位和个人，必须向其所在省、自治区、直辖市食品卫生监督机构提出卫生审查申请，填写《新资源食品审查申请表》并报送下列申报资料及样品。

申报资料包括：

1. 食品新资源名称及国内外研究利用情况；
2. 新资源食品名称、配方及生产工艺；
3. 产品成分（包括营养物质、有生物效应物质及有毒有害物质等）的分析报告；
4. 食品新资源的安全性毒理学评价报告或有关文献资料（外文资料应提交原文及中文译文）；
5. 个别地区有食用习惯的食品应提供有关该食品食用历史的证明资料；
6. 该产品的质量标准；
7. 产品标签及说明书样稿（正式打印件）；

（二）受理申请的食品卫生监督机构对申报资料进行技术审查，并对连续试制的 3 批样品进行食品卫生质量检验，在申报者报送最后 1 批样品后的 30 个工作日内向同级卫生厅（局）提交检验报告和技术审查意见书。

（三）省、自治区、直辖市卫生厅（局）在15个工作日内对申报资料的完整性进行审查，并结合食品卫生监督机构的技术审查意见提出初步审查意见。初步审查通过的，将申请表及申报资料（一式15份）送卫生部食品卫生监督检验所；初步审查未通过的，应及时退审。

第二条 新资源食品试生产审批程序：

（一）卫生部食品卫生监督检验所在收到申报资料后的30个工作日内，对资料进行全面复核，申报资料不符合要求的，在此期间通知申报者补报资料或安排复审试验；资料符合要求的，发收审通知。

（二）新资源食品审评会分别于每年5月和10月下旬召开，在审评会前10天通过复核审查的新资源食品，方可列入审评会审评。卫生部食品卫生监督检验所应在审评会前40天将参加审评的新资源食品复核资料送达审评委员。

（三）审评会后，新资源食品审评委员会向卫生部提交审评报告，卫生部根据审评意见在30个工作日内作出是否批准的决定，审批通过的，发给“新资源食品试生产卫生审查批件”；审批未通过的，应及时退审。

第三条 试生产的新资源食品转为正式生产的审批程序：

（一）拟将试生产的新资源食品转为正式生产的单位和个人，须提前6个月向所在省、自治区、直辖市卫生厅（局）提出申请。受理申请的卫生厅（局）在接到申请后4个月内，委托省级食品卫生监督机构对该产品进行市场抽样检验，并根据检验结果提出审查意见报卫生部。

（二）卫生部根据审查意见和该产品试生产期的产品卫生、安全状况以及是否违反《新资源食品卫生管理办法》等情况审批。审批通过的，发给“新资源食品卫生审查批件”；审批未通过的，应及时退审。

第四条 新资源食品审批过程中所需进行的各项检验、审查和审批均须收费，费用由申报者负担。

新资源食品的申报资料除存档外，申报单位可在审批后1个月内要求退回，逾期不提出要求的，由卫生部食品卫生监督检验所负责销毁。

参考文献

1. 杜克生编著. 食品生物化学. 北京：化学工业出版社，2001
2. 刘邻渭主编. 食品化学. 北京：中国农业出版社，2000
3. 赵晋府主编. 食品工艺学（第2版）. 北京：中国轻工业出版社，1999
4. O.R. 菲尼马著. 食品化学（第2版）. 王璋等译. 北京：中国轻工业出版社，1991
5. 刘江汉，傅丽芳编著. 食品工艺学（上）. 北京：中国轻工业出版社，1991
6. 辛淑秀主编. 食品工艺学（中）. 北京：中国轻工业出版社，1999
7. 纪明侯编著. 海藻化学. 北京：科学出版社，1997
8. 吕作舟编著. 食用菌加工与保鲜. 广州：广东科技出版社，2002
9. 章克昌主编. 调味品、食品添加剂与人体健康. 北京：化学工业出版社，1997
10. 赵谋明主编. 调味品. 北京：化学工业出版社，2001
11. 徐有卿. 食品化学. 北京：科学出版社，1994
12. 杨月欣，王光亚，潘兴昌. 中国食物成分表2002. 北京：北京大学医学出版社，2002
13. 李里特编著. 食品原料学. 北京：中国农业出版社，2002
14. 周世英，钟丽玉编. 粮食学与粮食化学. 北京：中国商业出版社，1986
15. 陆启玉主编. 粮油食品加工工艺学. 北京：中国轻工业出版社，2005
16. 赵冰. 蔬菜品质学概论. 北京：化学工业出版社，2003
17. 徐天宇，芮天杰. 植物性食品. 北京. 中国农业机械出版社，1987
18. 赵丽芹主编. 果蔬加工工艺学. 北京：中国轻工业出版社，2002
19. 吴锦铸，张昭其主编. 果蔬保鲜与加工. 北京：化学工业出版社，2001
20. 陈景长，曹之富. 蔬菜商品经济学. 北京：中国农业科技出版社，1995
21. 薛效贤，薛芹编著. 鲜果品加工技术及工艺配方. 北京：科学技术文献出版社，2005
22. 崔桂友主编. 烹饪原料学. 北京：中国商业出版社，1997
23. 杜朋编译. 果蔬汁饮料工艺学. 北京：农业出版社，1992
24. 中国疾病预防控制中心营养与食品安全所编著. 中国食物成分表2002. 北京：北京大学医学出版社，2002
25. 中国疾病预防控制中心营养与食品安全所编著. 中国食物成分表2004. 北京：北京大学医学出版社，2004
26. 陈辉主编. 现代营养学. 北京：化学工业出版社，2005
27. 李里特主编. 食品原料学. 北京：中国农业大学出版社，2005
28. 凌关庭主编. 保健食品原料手册. 北京：化学工业出版社，2002
29. 陈合，许牡丹主编. 新型食品原料制备技术与应用. 北京：化学工业出版社，2004
30. 王洪新等编著. 食品新资源. 北京：中国轻工业出版社，2002
31. 郑建仙主编. 功能性糖醇. 北京：化学工业出版社，2005
32. 郑建仙主编. 植物活性成分开发. 北京：中国轻工业出版社，2005